深远海工程装备与高技术丛书

海洋智能无人系统技术

汪 洋 丁丽琴 吴 鹏 李黎明 高志龙 编著

上海科学技术出版社

图书在版编目（CIP）数据

海洋智能无人系统技术 / 汪洋等编著. -- 上海 : 上海科学技术出版社, 2020.10
（深远海工程装备与高技术丛书）
ISBN 978-7-5478-5044-2

Ⅰ. ①海… Ⅱ. ①汪… Ⅲ. ①海洋环境－自动监测－环境监测系统 Ⅳ. ①X834

中国版本图书馆CIP数据核字(2020)第153033号

海洋智能无人系统技术

汪　洋　丁丽琴　吴　鹏　李黎明　高志龙　编著

上海世纪出版(集团)有限公司
上 海 科 学 技 术 出 版 社　出版、发行
(上海钦州南路 71 号　邮政编码 200235　www.sstp.cn)
上海雅昌艺术印刷有限公司印刷
开本 787×1092　1/16　印张 29.75
字数 650 千字
2020 年 10 月第 1 版　2020 年 10 月第 1 次印刷
ISBN 978－7－5478－5044－2/U・104
定价：260.00 元

内 容 提 要

《海洋智能无人系统技术》共22章，总结了作者在海洋环境无人监测系统相关技术及应用方面的部分研究工作和心得体会。第1～3章不仅对海洋环境监测系统的发展现状进行了概述，还对其未来发展趋势进行了探讨，强调了海天耦合无人监测系统的重要意义；第4～8章、第9～14章、第15～19章分别对三个重要子系统（USV、AUV和微小卫星）的整体架构和技术原理进行了详细阐述；第20～22章介绍了基于人工智能和大数据的海天耦合监测数据处理系统和相关技术，并给出了应用实例。

本书内容涵盖面广，可作为无人海事系统领域从事管理、教学和科研等工作的各类人员的参考用书。

学 术 顾 问

丛书编委会

前　言

海洋环境监测是海洋生态环境保护、海洋资源勘探，以及海事监督管理的基础，是海洋生态文明建设和海洋经济发展的重要支撑。然而，传统的海洋环境监测系统存在监测手段单一、监测范围小、监测实时性差和监测安全性能低的缺陷。在这种背景下，采用高度智能化和网联化的新型监测技术和监测装备，不仅可以提高信息采集和处理的效力，还可以联通不同的海洋环境监测体系，进而形成新型的海天耦合海洋环境无人监测系统，实现对海洋环境多维度、多粒度和多尺度的全方位实时监测。毫无疑问，这将是未来海洋环境监测系统的发展方向。

本书不仅对基于水面无人艇(unmanned surface vehicles，USV)、自主式水下航行器(autonomous underwater vehicles，AUV)和微小卫星的三种新型无人监测技术的工作原理进行了详细阐述，还结合作者多年的科研工作经验，探讨了海天耦合无人监测系统的整体架构和相关应用。本书的内容框架如下：

第1～3章阐述了海洋环境监测系统的概况，以便读者了解海洋环境监测的背景和意义、海洋环境监测系统的发展现状及发展趋势。

第4～8章、第9～14章、第15～19章分别论述了USV水面环境监测系统、AUV水下环境监测系统、微小卫星天基海洋环境监测系统的发展历史、基本组成部分及其关键技术。其中，第7章、第13章和第18章重点讨论了水面、水下和天基监测技术的工作原理及相应的载荷传感器；第8章、第14章和第19章详细介绍了常用的水面、水下和卫星通信技术的工作原理和相应的组网机制。

第20～22章论述了基于人工智能和大数据的海洋监测信息处理架构、算法和应用实例。其中，第21章重点介绍了基于深度学习的海洋大数据挖掘算法；第22章给出了具体的海洋监测数据应用实例，以便读者更好地理解海洋监测系统的作用和现实意义。

在本书的末尾，作者总结了未来海洋环境监测中的四大重点研究方向和挑战，值得广大科研工作者进一步探索。

本书作者在海洋工程装备领域具有丰富的理论知识和项目经验，长期与国内外从事海洋监测方向的高校和公司保持密切合作关系。为了满足广大读者群体的需要，作者尽量用浅显易懂的语言来阐述海洋环境监测系统的技术部分。

本书适合作为无人海事系统领域从事管理、教学、科研和使用的各类人员的参考用书。与国内外同类书籍相比，本书的理论性和技术先进性更强。

最后，衷心感谢参与本书编撰和校正工作的研究者(郭俊琪、周润东、孙晨阳、禤舒琪、张天琳、朱雷鸣)，以及出版社的工作者，感谢他们辛勤的付出和细致严谨的工作态度。感谢广大读者对于本书的关注和支持，并真诚希望对于本书中的缺点和错误给予指正。

作 者

2020 年 7 月

目　录

第 1 章　海洋环境监测背景、定义与意义

海洋是潜力巨大的资源宝库,也是支撑我国未来发展的战略空间。我国海域辽阔,海洋资源丰富,开发潜力巨大。经过多年发展,我国海洋经济取得显著成就,对国民经济和社会发展发挥了积极带动作用。大力发展海洋经济、进一步提高海洋经济的质量和效益,对于提高国民经济综合竞争力、加快转变经济发展方式、全面建设小康社会具有重大战略意义。然而,海洋经济活动可能对海洋生态环境造成破坏。加强海洋环境监测、科学利用海洋资源、推进海洋生态文明建设,是促进社会和经济可持续发展的有效举措。本章主要介绍海洋环境监测的背景、定义与意义。

1.1 海洋环境监测的背景

在众多的权威分析报告中,都有这样一个共同的结论:21 世纪人类面临的三大难题是人口、资源和环境。解决这些问题的出路之一在海洋,因而有人把 21 世纪称作"海洋的世纪"。经济要发展,环境要保护,这也是我国海洋环境监测在今天乃至下个世纪需要面对和认真研究的课题。

水是人类社会的宝贵资源,分布于海洋、江、河、湖和地下水及冰川共同构成的地球水圈中。地球上存在的总水量中海水约占 97.3%,淡水仅占 2.7%。水是人类赖以生存的主要物质之一,随着世界人口的增长和工农业生产的发展,用水量也在日益增加。我国属于贫水国家,人均占有淡水资源量仅有 2 300 m^3,低于世界上多数国家。

在全球陆地资源日趋紧张和环境不断恶化的今天,世界各国纷纷将目光转向海洋,开发海洋资源、发展海洋经济成为沿海国家国民经济的重要支柱,也是可持续发展战略的前沿阵地。现代海洋开发带来巨大经济效益的同时,也带来了一系列资源和生态环境问题。目前近海渔业资源捕捞过度,使海洋生物资源受到了严重的破坏。海洋环境污染日趋严重,生态环境也日趋恶劣。陆源污染是海洋环境污染最主要的污染源,石油生产也严重污染海洋环境。此外还有不断增加的有机物质、营养盐和大量的放射性物质进入海洋,工业热污染及其他固体物质对海洋的污染也在加强。我国海洋污染主要来源于陆源排污,排入中国海域的污水和各种有毒物质的 80%来自陆地。20 世纪 70 年代以前只在少数海域发生的赤潮,近年来发生频率逐年增加、面积加大、持续时间增长,损害严重而缓慢性的灾害如厄尔尼诺、海岸侵蚀、海平面升降等也频频出现,因此海洋环境监测技术的研究和开发显得尤为重要。

我国的海洋经济近年来得到长足发展,但是海洋环境正在恶化的事实提醒我们要注意保护海洋环境。在《中国海洋 21 世纪议程》中,已将防止、减轻和控制陆上活动对海洋环境的污染损害,重点海域的环境整治与恢复,海洋环境污染监测能力建设,完善海洋环境保护法律制度等方面提到日程上来。如何保持海洋经济快速发展的同时,海洋生态环境不会进一步恶化，而且使某些海域的环境质量在一定程度上有所改变；如何加强海洋灾害要素成因机制和相互作用研究、提高预报技术和水平用于预防和减轻海洋灾害，以缓解海洋经济发展与环境之间的矛盾，是我们必须面对和解决的问题。

1.2 海洋环境监测的定义

海洋监测系统是当前最重要的海洋信息系统之一，其功能是对某一特定海域或水域进行实时的数据采集与传输，监控该水域的温度、盐度、洋流等水文条件，能够用于海洋环境监测、海洋科考、航道监控等。

在过去30年中，随着海洋环境保护事业的不断发展，监测工作的不断深入，海洋环境污染监测事业从小到大，从弱到强，从一般到具体，从现状评价到宏观预测，从局部控制到全国海洋环境质量保证，蓬勃发展壮大，形成了具有中国特色的海洋环境污染监测体系。不仅在监测队伍建设上、监测技术水平上有很大的提高和进步，而且从学术角度也有所创新，已成为环境科学的一门分支科学。与此同时，海洋环境污染监测管理制度也不断完善，制定了一系列法规、标准及管理办法。可以说，中国的海洋环境污染监测工作有了长足的发展。根据监测目的的不同，海洋监测可分为以下四类：

(1) 常规监测，亦称监视性监测或例行监测，是海洋环境监测中最基本的工作。它是按一定的要求和计划，定时定点地测定污染源排放情况及其排污负荷变化情况，分析污染物超标程度和频率，评价环境质量，预测海洋环境变化趋势，为污染源的治理和管理提供科学依据。

(2) 污染事故监测，系指因发生事故或者突发性事件造成或者可能造成海洋污染事故时，对受到或者可能受到污染危害的区域进行应急的监测，其目的是测定事故污染程度和波及的范围，监测污染后果，以便及时采取措施，减少和控制海洋污染损害。同时，通过监测对因事故发生的海洋污染纠纷调查处理提供依据，尤其是为海洋环境民事责任纠纷的解决提供技术监测资料。

(3) 调查性监测，系指国家或地方组织的全国海洋环境情况综合性调查及全国或者地方海洋环境专项调查，对海洋环境进行污染源和环境质量状况两方面的监测。

我国《海洋环境保护法》第一条规定："为保护和改善海洋环境，保护海洋资源，防治污染损害，维护生态平衡，保障人体健康，促进经济和社会的可持续发展，制定本法。"这一条规定了海洋环境保护立法的目的，也表明海洋环境监测的根本宗旨。海洋环境监测就是要对海洋环境质量状况，包括环境污染和生态破坏的状况进行全面的调查研究，作出定量的科学评价，为国家和沿海地方人民政府制定海洋环境保护的方针、政策、法规、标准、规划、对策和措施提供科学依据，为行使海洋监督管理权的部门进行执法管理提供技术保障。可以说,海洋环境监测既是海洋环境监督管理的一个组成部分,又为全面的海洋环境监督管理服务。离开海洋环境监测,海洋环境管理将寸步难行。

(4) 研究性监测,亦称专题监测,系指在海洋环境科学研究工作中,为确定、研究某些污染物对周围环境的污染范围、污染强度及其迁移转化规律而进行的监测。

1.3　海洋环境监测的意义

1.3.1　经济意义

海洋中具有丰富的自然资源,通过海洋遥感,获得海水中叶绿素、泥沙浓度等信息,可以分析海域中渔场的分布情况并根据鱼群的情况合理地安排捕捞,满足可持续发展的同时又能获得更大的经济效益,同时这样的信息也可以为海水养殖业的发展提供重要的帮助。

21 世纪是公认的海洋世纪,为了抢占海洋领域的新优势,世界主要海洋国家把发展海洋经济作为本国发展的重大战略。近年来,美国、欧盟、日本、澳大利亚等国家和地区分别制定了《美国海洋行动计划》《"蓝色经济"的创新计划》《海洋基本计划》《海洋研究与创新战略框架》等一系列海洋政策及法规,以全新的姿态向海洋进军,掀起了新一轮的海洋经济发展热潮。目前,全球大约 75%的大城市、70%的经济和人口集中在距海岸 100 km 的海岸带地区,海上货运量占全球货运总量的 60%以上。美国 80%的生产总值受海洋经济、海岸带经济驱动,75%的就业与海洋经济有关。海洋经济已经成为全球及主要海洋国家区域经济的重要组成部分。

中国作为陆海兼备的大国,在海洋方面有着广泛的战略利益。"十二五"以来,我国不断加强海洋政策调整与部署,开启了全面发展海洋经济的新时代。2011 年,国务院先后批复了《山东半岛蓝色经济区发展规划》《浙江海洋经济发展示范区规划》和《广东海洋经济综合试验区发展规划》。同年,浙江舟山群岛新区也获国务院批准设立,成为国内首个以海洋经济为特色的国家级新区。2012 年,党的十八大报告明确提出"提高海洋资源开发能力,发展海洋经济,保护海洋生态环境,坚决维护国家海洋权益,建设海洋强国",标志着建设海洋强国上升为国家战略。在国家海洋战略的指引下,沿海省市海洋经济竞相发展,基本形成了以环渤海、长三角和珠三角为核心的海洋经济发展格局。2015 年,我国实现海洋生产总值 64 669 亿元,占国内生产总值的 9.6%,相比 2011 年,年均增速达 8.4%。其中,环渤海地区为 23 437 亿元,占全国海洋生产总值的 36.2%;长三角地区为 18 439 亿元,占全国海洋生产总值的 28.5%;珠三角地区为 13 796 亿元,占全国海洋生产总值的 21.3%。

海洋中具有丰富的矿物及自然资源，通过对海洋环境的监测，可以帮助人们更好地开发和保护海洋资源。海洋中丰富的生物、矿产资源等在长期的形成过程中，对海洋环境有极大的依赖性。普遍状态下，海洋环境存在自身平衡。当海洋环境遭到陆地污染等侵害后，这种平衡被打破，丰富的海洋资源将难以维持原有的存在情况，由此造成巨大的海洋资源开发损失，严重影响海洋资源开发带来的经济效益，因此良好的海洋环境监测技术是海洋资源开发重要的技术保障。通过海洋环境监测，可以得到众多的海洋环境数据，以此为依据研究下一步的开发策略，以便更好地开发和利用海洋资源。

1.3.2 安全意义

针对违法用海行为的执法工作主要面临的问题表现为：① 打击违法行为力量不足。近年来，在利益驱使下，一些违法用海行为如盗采海砂、倾废、排污等日趋严重，严重破坏了海域海洋环境、海洋生物资源和岸边旅游资源。例如在打击盗采海砂的行动中，由于执法力量有限，一些采砂船依靠熟悉当地海域情况，夜间盗采白天休息，加之流动性、隐蔽性极强，给海监执法工作带来了巨大的困难。② 对违法用海行为取证困难。由于没有设备针对违法用海行为造成的污染程度及污染面积进行及时的监测，随着潮水的涨退和洋流活动，污染物会迅速扩散，不能及时现场取证容易造成证据消失，也就不能为执法提供依据。而通过对海洋环境进行监测，可以及时地发现这些违法用海行为，并通过手段对这类行为进行打击。

有迹象显示，相较于军事目标，恐怖分子和犯罪分子更趋向于袭击经济目标，海上的经济目标主要是指海上石油平台、海底管线、光缆和海上储油设施等。因为海上经济目标最具价值又最易受攻击，如伊拉克与尼日利亚海域的石油设施被袭、非洲合恩岛附近的劫船、印度洋海域日益猖獗的袭击等已造成了巨大的经济损失。海上经济目标数量多、分布广、防护难度大，有些重要目标距离较近，遭袭后易产生次生灾害和连带毁伤，部分重要经济目标科技含量高、结构复杂、抗毁能力弱，遭袭后及时恢复功能难度较大，尤其是在信息技术应用于军事斗争的情况下，城市重要经济目标的防护工作面临着严峻挑战。而目前国内尚无针对海上经济目标而建设的保障体系。

随着各沿海国家对海洋权益的日益重视，海洋科学技术的发展、海洋开发的深入及对外合作交流的增加，各类违法侵权行为呈上升态势，不仅是对海洋维权执法能力的检验，更是对海洋监测科技支撑水平的考验。近年来，外国调查船只频繁进入我国管辖海域进行探测活动，使用现代高科技手段获取具有重要军事价值的海洋信息，对我国的海上安全带来严重威胁，而我国常常不能及时发现和有效阻止，这要求我国不断提升海上执法力量的海洋监测科技支撑水平，提升监视监控和通信联络能力，提升海上执法平台保障能力，并采用高技术执法装备和手段。另外，为巡航执法活动提供海洋环境保障，以及保障海上战略通道畅通，是国家海洋战略利益不断拓展的客观需要。海洋环境，包括海洋风场、浪场、流场、声场、磁场、压力场、温度、盐度、深度、密度、腐蚀度和海面大气水气等环境参数对各种海洋维权执法平台和装备有着重要的影响，需要进一步强化海洋环境监测手段，提供维护国家海洋权益所必需的科学证据，提供国家安全与巡航执法海洋环境保护所必需的海洋环境信息，为有效维护我国的海洋权益提供有力支持。

1.3.3 生态意义

海洋环境的污染问题是世界各沿海国家在海洋经济发展过程中的普遍问题。我国在海洋经济稳步发展的同时，近岸海洋生态环境也承受着巨大的压力。部分海域在高强度的社会经济活动影响下，面临严重的资源衰退和环境恶化，对我国海洋经济可持续发展形成了严重制约。随着现代化工农业生产的迅速发展，沿海地区人口的增多，海洋开发利用程度的加强和增大，海洋污染的情况日趋严重，从而引起了海洋自然灾害的频繁发生，对沿海地区社会经济发展和人民生命财产安全已经造成了巨大的危害，进而对国家的经济建设产生不良影响。

引发海洋污染的原因是多种多样的，其危害的方式、程度都不尽相同。海洋污染主要包括石油类污染、重金属污染、热污染、有机废液和固体废物污染等。其中石油类污染已成为影响海洋生态环境的重要污染之一。油污在进入海水后，受到海浪和海风的影响，形成一层漂浮在海面上的油膜，阻碍了水体与大气之间的气体交换，而且海洋溢油扩散范围大、持续时间长和难以消除。油类黏附在鱼类、藻类和浮游生物上，对浮游植物的光合作用产生抑制作用，同时其在分解的过程中又消耗了海水中的溶解氧，致使海洋生物死亡，并破坏海鸟生活环境，导致海鸟死亡和种群数量下降，破坏了海洋的生态环境。石油污染还会使水产品品质下降，造成巨大的经济损失。海洋环境监测技术可以对溢油面积、溢油量、溢油的漂移范围和漂移路径做出估计，也可结合气象和水文等资料计算出溢油源的位置，为确定责任主体和海底石油资源的分布位置提供依据。

随着海水营养化程度日趋严重，赤潮已经成为不可忽视的一类自然灾害。赤潮又称红潮，是因海洋中的浮游生物暴发性急剧繁殖造成海水颜色异常的现象。赤潮并不都是红色的，不同的浮游生物导致海水不同的颜色，赤潮只是各种颜色潮的总称。过于丰富的营养元素导致藻类生物的大量繁殖而引起缺氧是产生赤潮的主要原因。铁、锰等微量元素和某些有机化合物是赤潮生物大量繁殖的重要诱因。由于海洋污染日趋严重，赤潮发生的次数也愈益频繁，海湾和沿岸海域更为突出。赤潮是海洋污染的信号，赤潮期间鱼、虾、蟹、贝类大量死亡，对水产资源破坏很大，严重的还会因形成沉积物而影响海港建设。防止赤潮发生的有效措施是防止营养物质污染，特别要控制氮、磷等营养元素大量进入水体。海洋环境监测技术可以对污染物的排放进行精确的追踪，也可以通过多种方法对赤潮生物密度进行预测，进而对可能发生的赤潮灾害进行防范。

台风、海啸、巨浪等灾害现象时有发生，再加上海洋环境本身就对气候有极其重要的影响，因此如果不能提前做好灾害预防，将对人身生命、财产等造成不可估量的损失。如1953年2月发生在荷兰的强大风暴潮导致2 000余人死亡，而众所周知的厄尔尼诺现象，往往使南美洲西海岸形成暴雨和洪水灾害。诸如以上的海洋灾害无一不给人类敲响了警钟。通过发展海洋环境监测技术，人类可以通过监测所得到的大量数据总结出海洋环境变化以及海洋灾害发生的规律，从而可以及时准确地做出判断，减少或避免海洋灾害给人类和社会造成的各种损失。

随着人类对地球认识的不断深化，海洋现已成为世界各国新一轮竞争的重要舞台，以高新技术为基础的海洋战略性新兴产业将成为全球经济复苏和社会经济发展的战略重点。海洋开发进入立体开发阶段，在深入开发利用传统海洋资源的同时，不断向深远海探索开发战略新资源和能源，大力拓展海洋经济发展空间。21世纪以来，我国海洋事业进入快速发展时期，在“十二五”规划中明确提出了“数字海洋建设”，建设近海海洋信息基础平台、海洋综合管理信息系统和“数字海洋”原型系统，逐步完成“数字海洋”空间数据基础设施的构建，以维护海洋权益与国家安全、保护海洋生态与环境、提高海洋资源开发能力、促进海洋经济发展。

第 2 章　海洋环境监测系统发展现状

自从海洋监测被关注以后，目前已经有航空遥感监测、巡航飞机监测、高频雷达监测、船基自动监测、海岸固定监测站等多种监测手段。航空遥感监测通过在航空器上安装遥感装置，对监测海域进行实时、连续的观测，通过不同的遥感技术可以对监测海域的水生植物、可疑目标、海岸、溢油等状态进行监测；船基自动监测通过移动船舶作为监测平台，配备多种监测设备实现海流剖面、水文和水质参数、有害藻类、溢油等监测；海岸固定监测站由近海平台、岸站、导航浮标、锚系浮标、灯塔等组成，通过安装多种测量装备，可以测量风速、潮汐、表层水温、溶解氧、营养盐等参数，结合历史数据和实测数据，对监测海域的水质情况和污染治理给出指导意见。本章将介绍现在常用的四类监测方法，分别是监测站、调查船、浮标监测及卫星监测。

2.1 监测站

陆地海洋监测站是最古老的海洋环境监测之一，自人类认识海洋之初就一直存在，随着科技的不断进步，陆地监测站的职能不断增多，智能化也不断得到提升。中国国家海洋局下属就有许多的海洋监测站，负责对周边海域进行连续海洋水文气象观测、对数据进行编制并且发报；从 20 世纪初的手动人工机械观测设备到半自动观测设备，如今已经发展到可以自动完成采集、存储、查询、实时显示和传输等功能。随着海洋生态保护任务的加剧，这些监测站增加了海啸预警、海冰预警、风暴潮预警和海浪预警功能，同时监测站也承担了近海浮标投放及维护的指责。海洋监测站成本低、可靠性高，但是其固定的位置限制了海洋监测的发挥空间，只能在近海固定选址处监测海洋情况。图 2.1 所示为新洋港海洋监测站。

图 2.1　新洋港海洋监测站

2.2 调查船

海洋调查船是专门用来在海上从事海洋调查研究的工具。欧美的海洋调查船建造和使用已经有几个世纪的历史，在调查船发展的过程中逐渐根据使用目的出现了综合调查船、渔业调查船、海洋地质调查船、海洋钻探调查船、海洋声学调查船等的分类。我国海洋调查船的建造和使用历史虽远远短于欧美发达国家，但也逐渐丰富和形成了自身比较齐全的海洋调查船类型。图 2.2 所示为我国的海洋调查船“张謇”号。

图 2.2　我国的海洋调查船“张謇”号

综合调查船工作内容多，航行区域广，大多以本国临近大洋或更远海区为航区。因此，现代综合调查船型值及续航力、自持力等较大，调查设备通常也比较齐全。

渔业调查船是专门从事渔业资源、渔场和海洋环境等科学调查，以及渔具、渔法和渔获物保鲜试验研究的船舶。这种船需要装备各种探测和试捕工具，以及海洋环境调查的仪器设备，如拖网、捕鱼声呐、剖面仪等。另外，甲板上还需要安装必要的起吊设备。

海洋地质调查船是从事海洋地质调查的船舶，其任务是应用地球物理勘探和采样分析等手段，研究海底的沉积与构造，评估海底矿产资源的蕴藏量。船上装有专门的海洋地质调查仪器设备，如精密的地震、地磁、重力探测仪器和准确的导航定位系统。船上还设有回声测深仪、侧扫声呐、多波束测深仪、采泥器、柱状采泥器、地层剖面仪，以及地震、重力、地磁、地热等地球物理调查设备，并设有地质、化学实验室等。

海洋钻探调查船的主要任务是钻取海底的岩心样品，因此它需要装备高大的井架、重型的起吊设备、大面积的中央井、全套的岩心取样系统和可靠的动力定位系统等，尤其是保持船位不动的动力定位系统相当关键。海洋钻探对于研究海底构造和查清矿藏资源具有重要意义，因而引起了国际上的普遍重视。

海洋声学调查船是海洋声学研究的重要载体和组成部分，其用于海洋声学信息采集，可满足海洋声学调查的各类需求，提升海洋声学调查和水声侦听领域的科研能力，同时可兼顾水下目标声学信息采集、水下目标警戒等军事用途，能够促进军民融合，为海洋声学调查和水声侦听提供海上平台和移动的研究室。专业的声学调查船为满足水声设备的正常使用，对母船噪声特性和耐波性均有较高要求。

海洋调查船是目前海洋监测的主力军，但其成本较高、灵活性较差、难以同时长时间部署，在恶劣天气条件下调查船也不宜执行高风险的任务，这种海洋监测方式存在自身的缺陷。

2.3　浮 标 监 测

浮标监测是目前海洋观测的主要手段，是海洋环境立体监测网的重要组成部分，具有抗恶劣环境强、容量大、在位时间和寿命长(最长使用寿命达 20 年)、抗人为破坏能力强等特点，尤其能在一些如风暴潮、台风等灾害性天气过程中获取宝贵的水文气象数据资料，为灾害性天气过程研究提供数据支持，已成为国家海洋监测、海洋军事维权、环境保护、减灾防灾、石油和生物资源勘探开发、港湾建筑、渔业捕捞、海水养殖工程等重要载体，这是其他海洋监测手段所无法替代的。因此，对于海洋浮标监测系统的设计和分析能够更好地促进海洋监测技术的发展，推动海洋的开发和利用，为经济的发展和社会进步做出贡献。

国外的海洋浮标发展起步较早。传统的海洋观测设备是天气船，主要依靠船舶来对所需的海洋数据进行实时测量，但是却受限于恶劣天气的影响。20 世纪 60 年代，美国海洋技术人员利用浮标获取恶劣海况的数据，取得了良好的效果，并大大降低了成本。随后，很多国家如德国、法国、日本、意大利、苏联等纷纷效仿，加强了对浮标技术的研究，这是海洋浮标的发展萌芽阶段。随后的十几年，浮标技术不断发展，特别是 1973 年爆发的第一次全球能源危机，石油能源的稀缺迫使人们想要更进一步了解和发掘海洋，这对海洋浮标的研制起到了正面积极的推动作用，各个国家开始把浮标技术规范化、制度化。1970 年以后，其他行业技术的发展更迭带动了浮标的发展，集成电路和卫星通信的更新使浮标性能加强，包括工作时间、数据接收率、有效覆盖区都有了大幅度提高，使之能够更高效、更稳定、更长久、更可靠地服务于海洋监测。自此，海洋浮标正式迈入了实用化、商品化的阶段。

我国海洋浮标的发展和研制始于20世纪60年代左右，海洋浮标正式纳入国家发展规划。我国的第一台海洋浮标——H23型浮标于1966年建造完成，可以进行水文和气象各要素全面监测，为我国海洋浮标技术发展奠定了坚实的基础；在后来的几十年间，我国在第一台浮标的基础上，不断提高其技术性能和工艺水平，通过不断的试验和改进，又相继研制了2H23、HFB-1、“南浮1”号等多种浮标，满足了不同的技术需求，也渐渐缩短与发达国家的差距。截至2017年，我国海洋浮标资料网分为北海、东海和南海三大海域，约有130套浮标在位业务化运行。

2000年启动的国际Argo计划，在美国、日本、法国、英国、德国、澳大利亚和中国等30多个国家和团体的共同努力下，已经于2007年10月在全球无冰覆盖的开阔大洋中建成一个由3 000多个Argo剖面浮标组成的实时海洋观测网，即“核心Argo”，用来监测上层海洋内的海水温度、盐度和海流，以帮助人类应对全球气候变化，提高防灾抗灾能力，以及准确预测诸如发生在太平洋的台风和厄尔尼诺等极端天气、海洋事件等。这是人类历史上建成的首个全球海洋立体观测系统。15年来，各国在全球海洋布放的Argo浮标数量超过12 000个，已累计获得了约150万条温度和盐度剖面，比过去100年收集的总量还要多，且观测资料免费共享，被誉为“海洋观测技术的一场革命”。目前，国际Argo计划正从“核心Argo”向“全球Argo”，即向季节性冰覆盖区、赤道、边缘海、西边界流域和2 000 m以下的深海域，以及生物地球化学等领域拓展，最终会建成一个至少由4 000个Argo剖面浮标组成的覆盖水域更深、涉及领域更宽广、观测时域更长远的真正意义上的全球Argo实时海洋观测网。海量观测资料已经应用到世界众多国家的业务化预测预报和基础研究中，并在应对全球气候变化及防御自然灾害中得到广泛应用，取得了大批调查研究成果。图2.3所示为Argo浮标的投放。

图2.3　Argo浮标的投放

2002年初我国正式加入国际Argo计划，并成立中国Argo实时资料中心。中国Argo计划的总体目标是在邻近的西北太平洋和印度洋海域建成一个由100～150个Argo浮标组成的大洋观测网，使我国成为Argo计划的重要成员国；同时能共享到全球海洋中的全部 Argo 剖面浮标观测资料，为我国的海洋研究、开发、管理和其他海上活动提供丰富的实时海洋观测资料及其衍生数据产品。同年，在国家科技部的资助下启动实施了“我国新一代海洋实时观测系统——Argo 大洋观测网试验”项目，正式拉开了实施中国 Argo 计划的序幕。在国家科技部、国家教育部、国家自然科学基金委员会、中国科学院和国家海洋局等部门的支持下，至 2015 年 12 月，中国 Argo 计划已在太平洋、印度洋和地中海等海域布放了 353 个剖面浮标(图 2.4)，其中准 Argo 浮标，即由国家科研项目出资购置布放且其负责人同意观测资料与国际 Argo 成员国共享的浮标 183 个，已获取累计 38 000 余条温度、盐度剖面和 6 000 多条溶解氧剖面，约占全球 Argo 剖面数量的 2.5%。

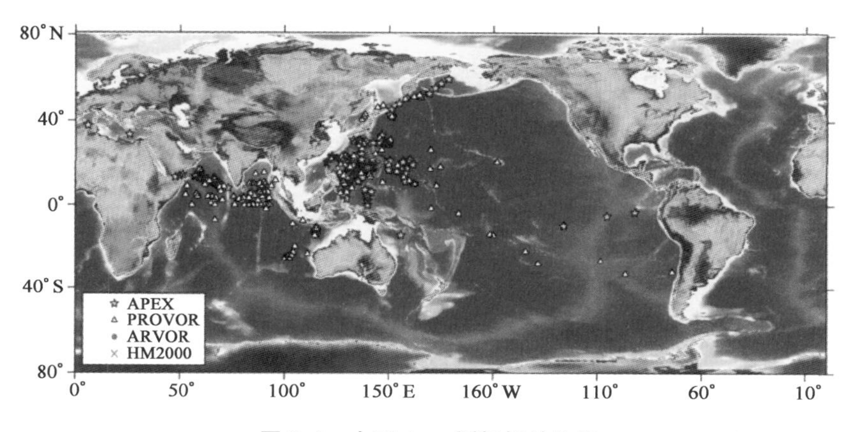

图 2.4 中国 Argo 浮标投放位置

海洋浮标是海洋环境监测体系的基石，但是浮标布置成本高，相对较为固定，难以对目标施行跟踪监测。

2.4 卫星监测

1957 年 10 月 4 日，苏联发射了世界上第一颗人造地球卫星“斯普特尼克 1”号。从那时起，使用卫星来对地球进行观测就成为军事及民用两大领域的研究热点。

对地观测卫星先后经历了 20 世纪 60 年代的起步阶段，70 年代的初步应用阶段，80 年代到 90 年代的大发展阶段，直到近十余年来，对地观测卫星中专门用于海洋观测的海洋卫星及具备部分海洋信息观测功能的卫星开始向高空间分辨率、高时间分辨率、高光谱分辨率、高信噪比和高稳定性等方向发展。国外主要航天大国均有专门的海洋卫星观测计划，并形成了多种业务应用，在海洋环境的监测和军民应用中对海洋卫星的依赖程度不断加大。

美国是世界上首个发展海洋卫星遥感技术的国家，在1978年发射了世界上第一颗海洋卫星SEASAT。近几十年来美国发展了海洋环境卫星、海洋动力环境卫星和海洋水色卫星等不同类型的专用海洋卫星，实现了从空间获取海洋水色和海洋动力环境信息的能力。

经过多年的建设，我国在海洋卫星方面取得了显著进展。自2002年5月到2011年8月陆续发射了HY-1A/B和HY-2A三颗卫星，已经初步建立海洋水色和海洋动力环境卫星监测系统。2016年8月10日，我国首颗分辨率达到1 m的C频段多极化合成孔径雷达(synthetic aperture radar, SAR)成像卫星(“高分三”号，如图2.5所示。)成功发射。它显著提升了我国对地遥感观测能力，是高分专项工程实现时空协调、全天候、全天时对地观测目标的重要基础。2017年1月23日，“高分三”号卫星交付用户单位正式投入使用。“高分三”号卫星的成功运行，使我国民用天基高分辨率SAR数据全部依赖进口的现状得到极大改善。“高分三”号卫星已在多个行业开展了广泛应用，可实现对海上船舶、海岛和海岸带的高精度监测，海上溢油、绿潮、海冰等海洋灾害的全天候观测。

图2.5 “高分三”号卫星

卫星监测技术的发展方向包括：第一，提高观测精度与时空分辨率；第二，提升定量遥感水平；第三，发展新型海洋遥感载荷技术。在应用方面，卫星监测的发展方向包括：第一，研发海洋动力环境遥感技术及业务化产品；第二，完善海洋生态环境遥感产品；第三，研发海洋地球物理遥感产品；第四，完善渔业遥感应用及商业化服务；第五，开展海洋遥感定标与检验基础设施技术研究。

综上所述，监测站、调查船、浮标监测及卫星监测等成熟技术使得我国的海洋环境监测已经跨越了传统的船舶式走航监测，开始了“点-线-面-层”立体化、实时化、全方位监测。其核心是以海洋浮标、观测站等开展的定点实时监测，以调查船等开展的走航式线状监测，以卫星、飞机等开展的遥感监测和以Argo浮标、漂流浮标及水下固定监测站等开展的海面以下分层监测及海底监测。但是海洋环境复杂且多变，随着技术的不断进步，未来海洋环境监测系统将向着无人化、智能化、网联化发展，通过海天耦合联合监测自动获取海洋环境监测的结果是海洋环境监测技术发展关键所在。

第3章　海洋环境监测系统发展趋势

尽管上一章中介绍的方法各有优势，但它们均为非接触式测量，且在使用中受到各种局限。例如航空遥感容易受到天气的影响，而且在航空管制时不便于监测；船基自动监测系统受到船舶活动范围的限制，监测范围相对较小，对事件报告的实时性差；海岸固定监测站监测范围有限。在这种背景下，采用高度智能化、自主性强、分布范围广、全天候的信息采集、传输、处理、融合的先进技术和手段对海洋环境进行监测、对溢油污染进行监测与预测、对受灾地点进行定位、保护边界安全，以实现对海洋的全方位监测、使灾害降到最低的思想应运而生。

未来海洋环境监测系统的发展离不开智能化（无人化）和网联化两大特性，智能化是大量数据采集的前提条件，而网联化则将不同的海洋环境监测体系联通，形成未来新型海洋环境监测体系，最终通过海天耦合联合监测将大区域、大数据联合，对于解决经济、安全、生态问题都有着不可替代的巨大意义。本章以新兴的水面无人艇（unmanned surface vehicles，USV）、自主水下航行器（autonomous underwater vehicles，AUV）和微小卫星技术对于海洋监测体系发展的影响入手，介绍未来的海洋环境监测发展趋势，强调海天耦合无人监测系统的重要性。

3.1 水面无人艇监测系统

USV 是一种可通过遥控模式或者自主模式在水面航行，并可同步展开军事对抗、环境调查、人员搜救、巡逻侦察等活动的非智能化水面机器人。在军事领域，USV 可用于执行海洋战场环境调查、关键海域灭扫雷、海上反潜追踪、海上防护/拦截/打击等任务；在民用领域，USV 可用于执行浅水区海洋环境要素调查、极地冰区海洋环境调查、海上事故应急响应、海上污染区环境监测、海上重要人工构筑物安防巡逻等任务，是未来军民两用的核心装备之一。

海洋调查常面对风高浪急、暗礁丛生等恶劣环境，传统作业手段劳动强度高、安全风险大、作业效率低。与大型水面船舶相比，USV 体积小、重量轻、吃水浅，具备无人、高效等特点，非常适合在浅水区、污染区、极地等复杂海域环境中作业，有助于减轻强度、降低风险、提高效率和节约成本，具有广阔的应用前景。

受台风、寒潮等天气因素的影响，近岸海域的海洋调查活动常常需要避风。在等待天气满足作业条件时，“干三天、避两天”的状况非常普遍。以近岸路由勘察项目为例，在水深大于 10 m 的深水区，多采用大船拖带拖鱼和挂装多波束测深仪、侧扫声呐、浅地层剖面仪等声学设备的方式开展综合地球物理调查。在水深小于 10 m 的浅水区，多采用小艇搭载单波束测深仪、侧扫声呐等声学设备的趁潮扫海方式。将两种手段结合使用，可获取管道、光缆、电缆等海底人工构筑物的现状。一般情况下，由一艘大船携带 1～2 条小艇。即便大船与小艇同时作业，日工作量也非常有限，作业效率不高。

在华南沿海地区，每年清明节至 6 月底期间的海况相对较好，其他月份则台风频发，每个海洋调查活动平均约有 1/3 的时间浪费在避风上。以国家海岸局南海调查技术中心的项目为例，该项目海上总作业时间 56 天，避风累计时间超过 30 天，有效作业时间仅为 25 天，不足总时间的 50%。该项目租赁了 3 000 t 级的大型海洋调查船开展调查，而受台风影响，由避风产生的船舶和人员开销超过了 300 万元，导致成本大幅上升。

针对上述问题，可采用大船和 USV 同步作业的方式，与天气抢时间窗口，提高好天气时的日均作业量，缩短总作业时间，进而达到提高作业效率、节约调查成本的目的。图 3.1 为 2018 年南海某海域海洋环境综合调查的航次现场示意图，图中大船为 1 艘 45 m 长、500 t 级的海洋调查船，后甲板空间长为 16 m、宽为 8 m，可以携带一艘 5.5 m 长的多波束 USV（红色方框）、3 艘 1.7 m 长的单波束 USV（后甲板前部的两个橙色方框）、1 艘 1.7 m 长的环境监测 USV（后甲板尾部橙色方框）和 1 艘保障小艇。5 艘 USV 同步开展作业，可有效缩短总作业时间、节省用船成本。同时，多波束 USV 的通信距离约为 15 km，4 艘小 USV 均具备通信中断下的自主跑线和数据记录功能。图 3.2 为两类 USV

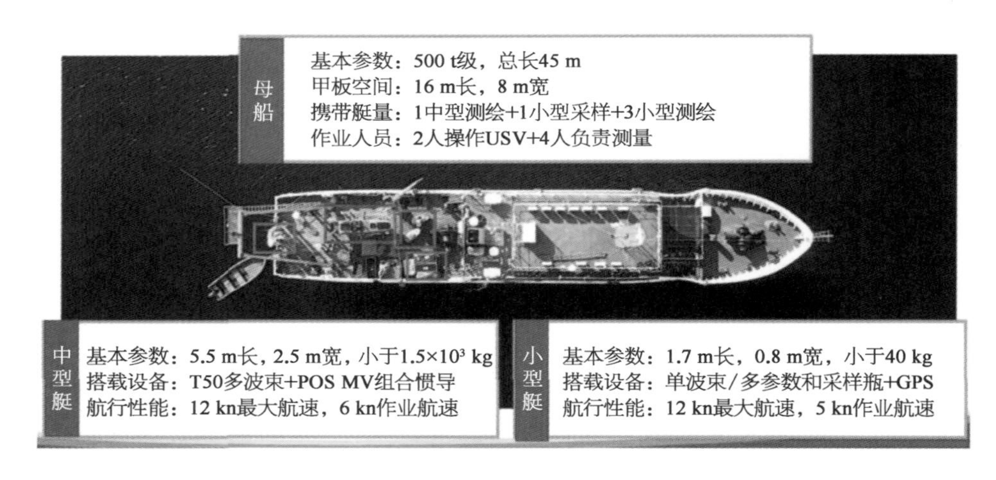

图 3.1　海洋调查船布置图

图 3.2　两类 USV 作业图

作业图。在USV作业期间，大船和保障小艇也可同步开展海洋调查，进一步提高作业效率、降低调查成本。

早在第二次世界大战期间，USV便已被应用于军事作战领域。在诺曼底登陆战役中，盟军将USV驶往欺骗海域，释放烟幕剂，造成舰队编队登陆的假象，达到军事诱骗的目的。20世纪90年代，自主驾驶技术出现并被应用于USV领域，先进的无人猎扫雷艇开始出现，并逐渐具备了监控、侦察、对抗等多种军事功能。目前，随着控制、通信、网络、传感器等技术的不断成熟与完善，USV的应用需求呈多样化发展，在民用领域中也逐渐得到了应用。在军事领域，较为著名的USV包括美国研制的斯巴达侦察兵(Spartan Scout)、持续追踪反潜无人舰(anti-submarine warfare continuous trail unmanned vessel, ACUTV)，以及以色列研制的保护者(Protector)。

与欧美相比，我国USV技术起步相对较晚，早期研究多集中于高校、研究所等单位主持的基础研究、型号预研等项目。2008年，由中国航天科工集团公司和中国气象局大气探测技术中心联合研发的“天象一”号，是我国首艘投入工程应用的USV，承担了北京奥运会青岛奥帆赛场比赛海域的水文气象测量任务，获取了风向、风速、水温、气温等多种环境参数数据。自2013年以来，在科技、海洋、交通、环保等行业的持续资助下，上海大学和珠海云洲智能科技有限公司在民用USV市场中推出了多个系列的海洋调查USV，逐渐带动了国内USV市场的成熟发展。在现阶段，我国研制与生产USV的机构已经超过了100家，典型的USV包括了上海大学研制的精海系列、哈尔滨工程大学研制的“天行一”号、华南理工大学研制的波浪推进USV、中国航天科技集团有限公司九院十三所研制的“智探一”号、珠海云洲智能科技有限公司研制的“瞭望者”号、四方公司研制的SeaFly-01等。在军民应用领域，我国已基本完成了USV平台在前期技术储备和验证阶段的工作，大规模应用在短期内有望实现。

目前，针对USV开发的专用型载荷较少，大多数设备的安装方式与大船相同。以集成单波束测深仪为例，传统的集成方法如下：

(1) 在USV端，加装单波束测深仪的探头和工控主机，以及GPS定位设备。

(2) 在控制基站端，通过通信链路远程访问USV端工控主机的远程桌面，进行单波束测深仪的设置与数据采集。

(3) 在控机基站端，通过文件传输协议(file transfer protocol, FTP)服务等方式远程下载水深数据。

这样的方式对于通信链路的要求颇高，在通信失联时USV所搭载的设备将处于失控状态，不利于对海洋环境的持续监控。

此外，单一USV的功能和效率相对有限，多艇协同和多平台协同作业技术可进一步提高USV的作业效率和数据采集精度。对水深较浅的海域，将多条小型单波束USV进行组网协同测量，可提高高潮期间的作业量，缩短任务执行周期。对于水深极浅、包含大量干出礁的海域，无人机和USV协同作业技术的应用价值较高，无人机负责干出礁区域，USV负责航行安全区，两者可协同测量并一体化成图。对于需要高精度海底地形测量的应用问题，可将AUV携带声学设备贴底采集高精度的海底地形地貌，由 USV 为 AUV 提供水下定位和通信支持。上述协同作业技术的发展可进一步拓展 USV 的应用领域。

作为未来海洋环境监测网的关键一环，USV 更多承担着灵活布放 AUV 并作为 AUV 机动指令塔的功能，作为“AUV 母舰”，USV 技术的进步直接影响着海洋环境监测的未来发展。

3.2 自主水下航行器监测系统

世界首台水下机器人研制于 1953 年，经过数十年的发展，水下机器人已成为探索海洋的重要工具，它能够在恶劣的海洋环境下完成指定的任务。水下机器人主要包括三种类型：载人潜水器(human occupied vehicle, HOV)、遥控水下机器人(remotely operated vehicle, ROV)和 AUV。HOV 的优点是机器人与母船或者岸基之间无缆，活动范围不受限制；其缺点是研制成本较高，对潜航员存在一定的安全隐患。HOV 的这些特点使得其适用于需要工作人员直接参与的场景，如海洋科考等。ROV 通过脐带缆与母船或者岸基连接，其优点是可以通过脐带缆通信并获得能源，其缺点在于脐带缆限制了它的活动范围。这样的特点使得 ROV 适用于需要复杂操作和大功率作业的场景，比如水坝探缝、船底清理等。AUV 无人无缆，能够依靠自身携带的能源自主完成作业任务，相比 HOV 具有安全、结构简单、造价低等优点，相比 ROV 具有作业范围广、无需水面支持系统等优点。凭借这些优势，AUV 在大范围雷区搜索、敌情侦察、海油工程、海上救援、海洋观测、海底调查等领域的应用越来越广泛。

早在 20 世纪 50 年代，一些国家就开展了 AUV 的研制。早期的 AUV 功能较单一，主要以开发海洋石油和天然气为目的进行研发。到 20 世纪末，无人潜航器(unmanned underwater vehicle, UUV)技术得到了进一步的发展，其性能更加强大，功能更加丰富，能够完成海底信息探测、协助水下科考、海底管道维修及水下长时间潜伏侦察等多种任务。许多国家成立了 AUV 研究中心，如美国麻省理工学院的 AUV 实验室、美国海军研究生院智能水下运载器研究中心、日本东京大学机器人应用实验室、英国海事技术中心等。而在国内，上海交通大学水下工程研究所、哈尔滨工程大学水下机器人实验室等多个机构也致力于这方面的研究。

20 世纪 90 年代后期，随着计算机技术发展和电子技术的日益成熟，AUV 进入快速发展阶段，一批有影响的 AUV 相继研制成功并得到成功应用，包括美国的自主海底探查机(autonomous benthic explorer, ABE)、英国的 Autosub－1、加拿大的 Theseus、中国的“探索者”号、中国和俄罗斯共同研制的 CR－01。

进入 21 世纪，AUV 技术得到了进一步的发展，商业化的 AUV 不断涌现，如美国

Hydroid公司的Bluefin系列AUV、挪威Kongsberg公司的REMUS系列AUV和HUGIN系列AUV、美国Teledyne公司的Gavia系列AUV(如图3.3所示),标志着AUV进入了较大规模实际应用阶段。

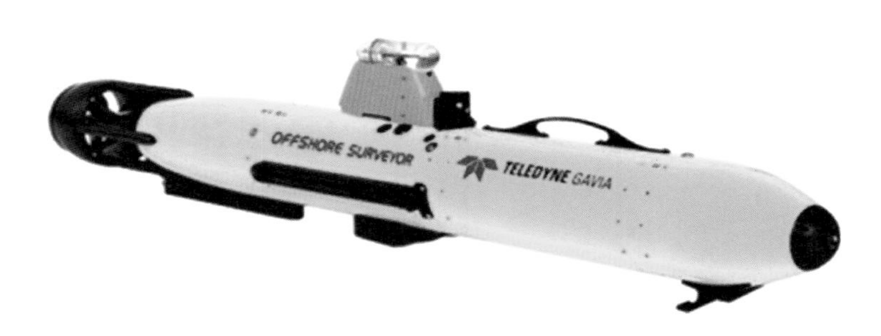

图3.3　美国Teledyne公司的Gavia系列AUV

AUV用于海洋环境监测的有效载荷主要是为满足水下探测、测量和通信,而配置的水声、电子、光学等设备与海洋调查船、载人潜水器相比,AUV尺寸小、能源有限,因此一型AUV所能配置的任务载荷比较有限,所担负的任务也相对单一。按功能任务划分,AUV的海洋环境监测载荷通常包括海洋探测设备、测量设备和通信设备等。

AUV的海洋探测设备主要包括声呐设备和水下光电设备。AUV的声呐设备主要包括前视声呐、侧扫声呐、多波束测深声呐、浅层剖面仪、测深仪、测高仪、声学多普勒流速剖面仪等,其中一些设备和海洋测量设备共用。前视声呐目前主要用于水雷探测和再定位、水下结构物勘测、海洋动物研究等;侧扫声呐用于海底的绘图和勘测;多波束测深声呐用于高效能、全覆盖的测深;声学多普勒流速剖面仪利用声学多普勒原理测量水流速度剖面,具有测深、测速、定位的功能;主动探测声呐主要是指工作频率在1 kHz到几十kHz的主被动搜索声呐,用于探测舰艇、海洋大型生物等目标。水下光电设备主要包括水下电视系统和水下照相机等。AUV使用水下电视系统时,控制器和录像机将安装在其耐压舱中,海水对可见光有较强的吸收和散射作用,光能量衰减很快,可视距离仅30 m左右。蓝绿光在水中衰减较小,水下可视距离达100 m以上。水下电视系统可用于水下侦察、海道测量、海洋资源调查和勘探等;水下照相机可以提供高清晰度的物体照片。

AUV的海洋测量设备主要有海水物理特性测量仪器和水声测量换能器。海水物理特性测量仪器主要包括用于测定、计算和记录海水的电导率/盐度、温度、深度(压力)及声速(水密度)等参数的温盐深仪,以及用于测量海水溶解氧、荧光和浊度的传感器等。测量完成后,数据存储在仪器内置的物理单元中。仪器配套有相关软件,不仅可用于数据传输,而且具有强大的数据处理功能。操作员还可以通过线缆、通用分组无线服务技术或卫星进行无线在线实时监控。仪器防水性好,能耗低,自带的电池一般可连续工作1年以上。水声测量换能器主要是水听器,水听器是用于接收水声信号的换能器,通常作为基元,以多个水声换能器组成基阵使用。标准水听器性能稳定,可接收水中的环境噪声和测量信号。专用换能器是为适应专门测量场合或用途而设计的特殊换能器。

AUV 上的通信设备主要是保障 AUV 之间、AUV 与其他平台之间的通信，用于传输海洋观测数据和仪器设备状态、接收控制指令和导航数据等相关信息。主要的水面通信方式有卫星通信和无线电通信，无线电波在水下传播具有很大的局限性，因此水下通信方式主要是水声通信。在卫星通信方面，受 AUV 尺寸、能源限制，其天线尺寸不能很大，发射机、接收机和信号处理设备尺寸也不能太大。其使用的工作频率为 400 或 8 000 MHz 特高频波段及 2～4 GHz 的 S 波段。目前，AUV 主要使用铱星通信系统的 L 波段。AUV 无线电通信主要使用超短波通信。AUV 的无线电通信设备在外形、尺寸、能源消耗上与飞机、舰艇上的不尽一致。无线电通信方式传输数据量很大，可以实时传输静止图像信息。采用超短波无线电通信时，通信距离为几千米到几十千米。挪威的 Hugin3000 型 AUV 采用 400 MHz 特高频无线电通信，通信距离 2～3 km。美国的 AUV 还采用 Wi-Fi 技术的 2.4 GHz 频段进行无线电通信。水声通信近程信息传输距离小于 10 km，数据率每秒几千到十几千比特，可传输黑白图像信息，远程信息传输距离在几十千米，数据率在几至几十比特，可传输指令和控制信息。挪威的 Hugin 系列 AUV 可通过水声链进行遥控，遥控距离达 110 n mile。法国 ALIVEAUV 装备了 TRITECH 公司的 AM－300 声调制解调器，具有低误码率、低功耗、抗多途和可在浅水中使用的特性，主要用于水下通信、AUV 的控制和数据收集、遥控海洋数据收集。

AUV 测量的优势主要体现在使用成本低，可在任何地方、任何时间布放和控制，且能在整个海洋空间进行采样；AUV 也是新型智能化海洋监测网络组成的关键，通过灵活地派遣 AUV 进行测量并将数据汇总到固定浮标处，可以高效地进行大范围海洋观测；AUV 还可以在极端恶劣的条件下进行探测，在海洋科考方面具有巨大的应用前景。而在军事应用方面，2005 年美国海军曾向宾夕法尼亚大学开出合同，希望能够在近海搭建 AUV 和浮标网络以探测潜艇，这一项目被称为 PLUSNET。同时 AUV 也承担了海洋测量系统网络化中的通信导航节点任务，灵活的水声信号传输使得水下树状网络得以向更远的距离建设。

现阶段，AUV 作为智能化终端，灵活地搭载多种载荷，完成水下探测等任务；作为未来网络化海洋环境监测系统的执行环节主力，其智能化无人化程度将直接决定着海洋监测系统收集信息的能力。随着处理器、电池、传感器技术的不断进步及人工智能等行业的发展，AUV 必将迎来更进一步的革命。

3.3 微小卫星监测系统

在广袤的海洋水域巡逻具有非常多的困难因素。通用舰载自动识别系统（automatic

identification system，AIS)是一种应答器系统，以自组织的方式将船舶的动态、静态和航行相关报告广播到所有其他设施。AIS基站的沿海网络可以加强岸边船舶交通服务(vessel traffic services，VTS)的应用。通过天基卫星可以将AIS拓展到公海，但在交通密度高的区域仍存在部分困难。

2008年，重量为6.5 kg的微型卫星NTS(如图3.4所示)发射升空，这一卫星将测试是否可以在低轨道接收到AIS系统发出的信号。NTS最终完成了它的任务目标，图3.5为NTS探测到的全球船只信息，为一颗称为海洋监测和信息微卫星(maritime monitoring and messaging microsatellite，M3MSat)的可操作微卫星的研究提供了宝贵的前期经验。M3MSat是由COMDEV和UTIAS太空飞行实验室合作开发的，COMDEV是主承包商。除了基于为NTS开发的创新AIS接收机技术，M3MSat还将整合增强的数据收集和处理能力。该任务还需要及时探测和消除AIS信号的碰撞，为商业客户和加拿大政府提供反应灵敏的船舶跟踪能力。M3MSat基于高度灵活的COMDEVAIM多任务总线平台，大小为0.6 m×0.6 m×0.8 m，质量为85 kg。

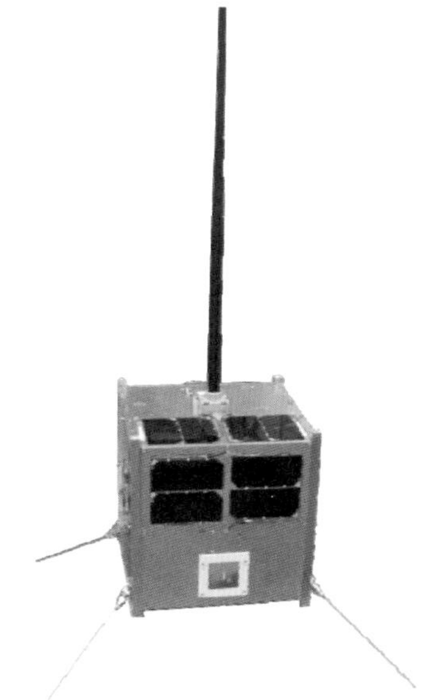

图3.4　NTS卫星

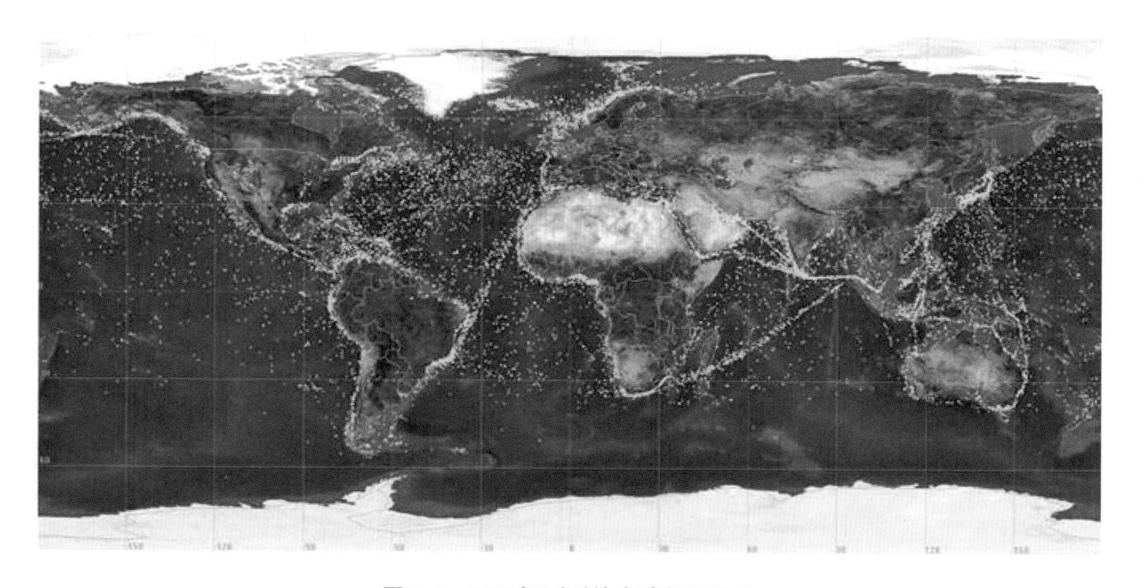

图3.5　NTS探测到的全球船只信息

海岸雷达、飞机和船只是传统上海域监测的主要手段，但对所有海域的持续监测几乎是不可能完成的任务，沿海雷达覆盖了海岸线上的区域，而飞机和船只可以在偏远海域巡逻，但覆盖的区域有限。在恶劣的天气条件和黑暗中，传统监测手段遇到了巨大的困难，海面上的云和雾可能非常密集，并可能伴随着风暴，同时夜间和黑暗条件下的监测也是一大挑战。

根据国际海上人命安全公约（international convention for safety of life at sea，SOLAS）的强制要求，所有长度超过 45 m 的船舶都必须配备 X 波段导航雷达。通过极地低地球轨道微型卫星对 X 波段导航雷达进行被动探测，可以对船只进行监测、定位，并对船舶周边的单位和地面站进行广播。搭载的无源雷达探测传感器由采用贴片天线技术的相控阵天线、具有相应模数转换器的多通道接收机和数字信号处理单元组成。接收机将被设计用于测量雷达脉冲参数和到达角（angle-of-arrival，AoA），而处理器运行用于发射器地理定位的算法。

印度尼西亚尝试在微小卫星上使用 SpaceCam 相机，作为对 AIS 信号的补充。他们使用 SpaceCam C4000，一款专为太空应用中的科学成像而设计的高分辨率 12 位摄像系统，具有小尺寸 5.5 μm×5.5 μm 的正方形光敏面和 400 万像素的高图像分辨率，适合空间成像，特别是高地面分辨率地球观测。这款相机拥有 1 000 mm 焦距镜头和 2 048×2 048 像素的传感器，可产生 5 m 的地面分辨率和 7.5 km 的扫描带，这种典型特征足以从卫星观察海洋上的大型船只。从卫星下载观测图像信息后，计算机将处理 RAW 数据以实现一些辐射校正和增强，最后同 AIS 接收机的信号做对比后可以得出具体的船只位置与其图像。

目前微小卫星监测主要是通过其低轨道特性，近距离接收船只的 AIS 信息及被动探测 X 波段雷达信号，但其低轨道特性使其天然具备了海天耦合联合监测中转站及信息增强站点的优势，必将在未来的海洋监测体系中发挥重要的作用。

3.4 海天耦合无人监测系统

基于 USV、AUV 和微小卫星等新技术和新手段，可以极大地提升信息获取的效力，并且其智能化和网联化的特点可以在传统手段不便获取信息时获得关键性的数据。然而，单凭其中一种监测手段无法满足高精度、实时、长时间连续海洋环境监测，只有通过融合多种新技术新手段获得的信息，并与现有的监测站、调查船、浮标等技术手段结合所形成的海天耦合无人监测系统，才能实现对海洋环境多维度、多粒度和多尺度的连续监测。毫无疑问，这将是未来海洋环境监测系统的发展方向。

海天耦合无人监测系统的核心是一个集水面、水底、天基一体的综合海洋监测信息获取网络。利用 USV、AUV 和微小卫星等多个无人智能化平台，对多维度监测数据进行有效的收集与处理。数据的来源主要有定点实时连续监测数据、USV 和 AUV 海区实时连续监测数据、舰船/浮标航线实时监测数据、卫星遥感实时或延时监测数据等。海天耦合无人监测系统对海洋环境不同时空尺度的状况及其变化趋势进行全方位、全天候、全自动的立体监测。其架构如图3.6所示。

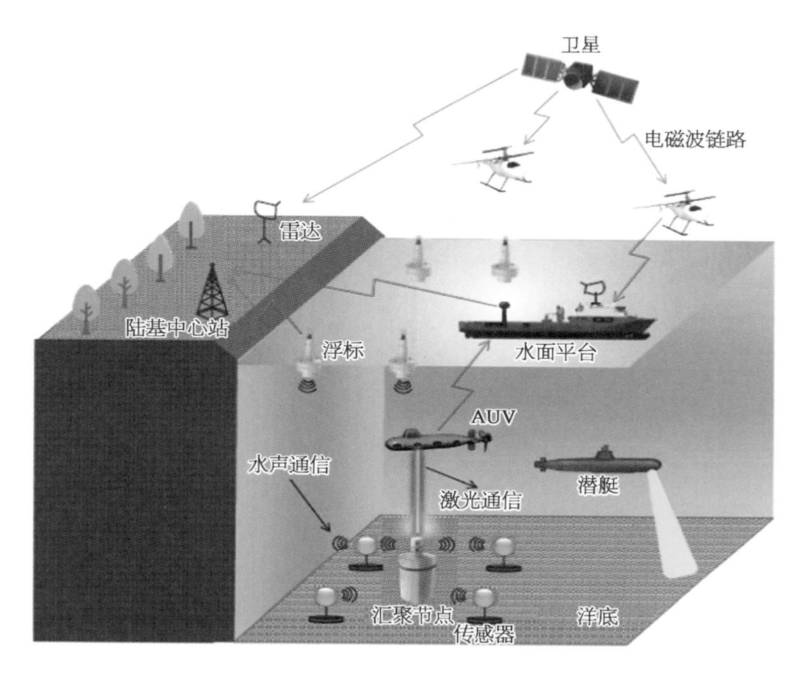

图3.6　海天耦合无人监测系统架构

海天耦合无人监测系统主要包含以下四大功能平台：

(1) 水面海洋环境监测平台：USV在水面航行过程中，通过搭载的水面环境监测传感器，对水面温度、水面风速和风向、海雾等多参数进行同步测量。USV系统主要包括船体和辅助结构、推进和动力系统、制导导航和控制(guidance, navigation and control, GNC)系统、通信系统和数据采集设备。USV可自动存储数据后进行处理，也可将数据实时回传到智能数据处理平台。

(2) 水底海洋环境监测平台：AUV在水下航行过程中，通过搭载的水下环境监测传感器，对水质成分、水底流速和温度、水下地形地貌等多参数进行同步测量。动力能源系统、自主控制系统、导航系统、通信及任务载荷是AUV最关键的模块。能源系统是“心脏”，自主控制是“大脑”，导航和通信是“感官”，任务载荷是“作业工具”。其中，监测任务载荷携带的典型的传感器包括罗盘、深度传感器、侧扫和其他声呐、磁力计、热敏电阻和电导率探头等。

(3) 天基海洋环境监测平台：主要由不同轨道、不同类型的侦查监视、环境监测等卫星组成，用于获取多海域覆盖的多特性、全天候监测信息。可采用成像、电子等手段，获取海面目标信息。主要包括卫星功能平台和监测载荷，前者是卫星正常在轨运行的基础，包括结构、热控、电源、通信、姿态管理等分系统；后者包括雷达高度计、微波散射仪、扫描微波辐射计和三频微波辐射计等监测传感器，实现海冰、海面温度和湿度、海上船只等多参数测量。

（4）智能数据处理及服务平台：主要采用基于人工智能的数据深度融合方法处理多源异构海洋环境监测信息，提高数据样本之间的关联关系认识，并且采用大数据挖掘方法提取有用的监测信息，既能更好地服务于海洋监测管理部门，也能加深对某些海洋学现象产生机理的理解。

基于上述四大平台，海天耦合无人监测系统可以对部分海洋区域进行实时、全方位的立体监测，为海洋环境监测、海洋环境预报和海洋科学研究的开展提供丰富的观测资料，在海洋科学研究中起到越来越重要的作用，并且它在维护我国海洋权益、保护海洋环境、开发海洋资源、减轻海洋灾害和实施海域使用管理等方面具有非常重要的作用。

海洋智能无人系统技术

第 4 章　水面无人艇系统概述

无人艇的应用历史最早可追溯到第二次世界大战期间，但是受到技术上的限制，无人艇在出现后的几十年中一直没有取得显著进步，仅是作为军事训练用的目标靶船。直到20世纪90年代，随着以计算机、通信、导航、控制等为代表的信息科技取得了巨大进步，才显著地推动了无人艇的发展。然而到目前为止，只有美国、以色列等军事强国在无人艇的研究领域取得了较大进展，并且于第二次海湾战争期间应用到实战中。同其他无人运载器一样，USV被广泛应用于环境恶劣且充满危险的任务中。USV技术在许多方面具有极大的发展潜力，如新的艇型设计、推进和操控等。与常规水面船舶相比，USV具有智能化、成本低、模块化、推进方式和船体多样化、高机动性等特点。

4.1 背 景

地球上大约三分之二的面积被海洋覆盖，海洋环境中气候变化、环境异常、人员需求和国家安全问题都刺激了商业、科学和军事领域对开发新型USV的强烈需求。对于USV来说，物体由于浮力漂浮在水面上，仅需少部分能量用于推动USV运动，因此USV实际待机的运行时间远远超过无人机。

USV能够在各种杂乱的环境中执行任务，不需要任何人工干预，在执行任务期间以最少的人为干预来进行决策，有着不同程度的自主能力。USV可分为两种类型，即自主水面航行器(autonomous surface vehicles, ASV)和远程操作航行器(remotely operated vehicles, ROV)。ASV能够在没有人工干预的情况下直接执行操作，而ROV则由在基站工作的操作员控制，信号通过有线或无线通信媒体从基站发送到机载设备，这些无人驾驶海上航行器可以由在安全地点的工作人员进行远程操作。

USV并不是一个新的研究和开发领域。自第二次世界大战以来，这一领域一直在持续发展，但在20世纪末USV才被广泛注意到。这一领域获得广泛认可主要有两个原因：一是计算机的更新换代刺激了技术的发展；二是为了保护海船免受恐怖分子的袭击，人们对于USV的应用需求不断提升。

目前通常只有半自动USV被投入实际应用，因为全自动USV面临着许多挑战，例如在复杂和危险环境的操作条件下，USV的GNC功能自动和可靠性有限，以及其传感器、执行器和通信功能易故障等都导致了有限的自主能力。为了最大限度地减少人为控制的需求和人为错误对有效、安全和可靠的USV运行的影响，需要进一步开发全自动USV。

借助更有效、更紧凑、商业上可获得和负担得起的导航设备，包括全球定位系统(global positioning systems, GPS)、惯性测量单元(inertial measurement units, IMU)和更强大可靠的无线通信系统，USV及其应用获得了前所未有的发展机会。USV在科学研究、环境任务、海洋资源勘探、军事用途等方面具有巨大的应用前景。USV 的潜在应用见表 4.1。

表 4.1　USV 的潜在应用

类　型	特　定　应　用
科学研究	水深测量；海洋生物逻辑现象；马贡生态系统迁移与变化；海洋活动研究多飞行器合作（空中、地面、水面或水下飞行器之间的合作工作）；作为试用平台，用于测试船体设计、通信或者传感器设备、推进和操作系统以及控制方案
治理任务	环境监测、取样和评估；灾难（如海啸、飓风、火山爆发）预测和管理，以及应急响应；污染管理和清理
海洋资源探索	石油、天然气和矿山勘探；海上平台、管道建设和维护
军事用途	港口和沿海监视、侦查和巡逻；搜救；防恐、武力保护；水雷对策；远程武器平台；目标无人机船
其他应用	交通；移动通信继电器；为美国无人驾驶汽车和其他无人驾驶设备提供加油平台

在某些特定应用领域，USV 与其他载人或者无人系统相比，其优势主要有以下几点：第一，与载人航行器相比，USV 可以执行更长时间、更危险的任务；第二，由于没有机组人员在船上，维修成本更低，人员安全程度更高；第三，USV 重量轻、体积小，可在大型舰船无法作业的浅水（河流和沿海地区）进行机动部署；第四，USV 具有更大的潜在载荷能力，能够进行更深的水深监测和采样。USV 的进一步发展有望产生巨大的效益，如更低的开发和运营成本、提高人员安全、扩大操作范围（可靠性）和精度、更高的自主性以及在复杂环境中增加灵活性。USV 与其他系统性能比较见表 4.2。

表 4.2　USV 与其他系统性能比较

属　性	USV	浮动平台	卫　星	载人船只	无人机	载人飞机
耐　力	●	○	○	◐	●	●
有效载荷能力	●	◐	●	◐	●	◐
成　本	◐	○	●	◐	●	◐
可操作性	●	●	●	●	○	●
部　署	●	●	●	●	○	●
水深测量	○	◐	●	◐	●	◐
自治要求	◐	●	●	●	◐	●

● USV 的明显优势　　◐ 附近的奇偶校验　　○ USV 的劣势

USV 未来的发展依赖于其智能化程度的发展，目标是使 USV 能够在没有人类干预的不可预测的极不规律环境中工作。这种智能化的发展是非常具有挑战性的，因为它反过来又要求USV要开发有效和可靠的子系统，这其中包括可靠的通信系统、合适的船体设计和强大的GNC策略。

4.2 发展历史

美国海军在许多年前就实施并成功测试了各种USV。USV最初是在第二次世界大战期间被研发用于军事的，当时主要用作火炮和导弹支架；而USV在教育和民用领域的部署是从20世纪70年代开始的。从20世纪90年代开始，许多重要的研究项目极大地促进了USV在任务能力和船舶自主性方面的发展，并且进一步提高了USV所能完成的任务数量，其中包括海洋探测、海岸线巡逻和环境监测任务等。本节将通过一个全面的概述介绍USV发展过程中重要的里程碑。

1）1950年之前

第二次世界大战是USV发展历史上的一个重要事件，因为USV的历史是从第二次世界大战开始的。COSMOX是第一种可编程USV，由于其固定的可编程穿越路线而被命名为“鱼雷”。虽然没有部署，但有一艘已经成功地建造并完成了测试工作。同时期美国海军开发和演示了多种“爆破火箭艇”，这种火箭艇是为清除浪区的障碍物而设计的。USV在战争中成功测试后，USV的应用领域扩展到了战后的放射性水域采样、监测以及远程操作设备等应用领域。第一代计算机和真空管用于计算的时候，机器语言是计算机设备所能理解的最低层次的编程方式。

2）1950—1970年

美国海军地雷防御实验室于1954年建造并成功测试了遥控扫雷艇，该项目用于防御。此后美国海军开发了一种远程控制的无人船，用于导弹发射和驱逐舰射击训练。美国海军还开发了一艘长15 ft的小型无人船(drone boat)，这艘小型无人船在1965年越南战争中被投入使用。从计算机发展的角度来看，技术从第一代进步到第二代，真空管被晶体管所代替。1964年集成电路取代了第三代晶体管。

3）1970—1990年

这个时间段在USV的历史上非常重要，USV开始进行技术集成相关的工作。随着1970年代第四代计算机技术中微处理器的成熟，许多国家对无人扫雷系统(unmanned minesweeping systems, UMS)产生了兴趣，并开始开发测试和部署UMS。

STANFLEX具有尺寸为3 m×3.5 m×2.5 m(长×宽×高)的不锈钢外壳，其顶部覆盖有武器系统，而电子设备和机械则被固定在里面，其交换和接替时间为30 min。Troika的意思是三件套，所以这艘载人飞船可以部署三架无人机。OWL-ASH-SEAOWL项目于1983年由Howard Hornsby从远程控制系统启动。OWLMK Ⅰ于1985年开发，在美国海军的努力下形成了国际机器人系统。

4）1990—2000 年

20 世纪 90 年代，USV 在世界各地都得到了发展。ROV 和 ASV 是海军感兴趣的领域。OWLMK Ⅰ被扩展，升级版本被称为 OWLMK Ⅱ，也称为水文自动搜索车(autonomous search and hydrographic vehicle, ASH)。在取得成功后，国际机器人系统于 1995 年独立为 NAVTEC 公司。Roboski 项目也是类似的，最初它是作为舰载部署地面目标(shipboard deployed surface target, SDST)开发的，但目前只是一个侦察航行器试验台。这些系统与船的大小相同，OWLMK 和 Roboski 的外表就像一艘汽船。1990 年后期，OWLMK Ⅱ改进了侧扫声呐和摄像机，在波斯湾投入使用。USV 在海上安全领域成功实施之后，国际科学应用公司(Science Application International Corporation, SAIC)提出了小型 USV 的概念。

在麻省理工学院海洋基金项目支持下，自动水面舰艇(autonomous surface craft, ASC)于 1993 年开发。第一艘 ASC 被命名为 ARTEMIS。这艘船是一艘拖网渔船的比例复制品，作为一个平台，能够测试 ASC。该 ASC 随后被用于收集马萨诸塞州波士顿查尔斯河的简单水深数据。ARTEMIS 的主要缺点之一是体积小，这限制了它的耐力和耐波性。ARTEMIS 的野外行动仅限于查尔斯河，对科学价值有限。为了生成具有更强大功能的 ASC，研究人员研发了 kayak 平台并将其转换为 ASC。这个新航行器在查尔斯河上进行了一系列的试验，并被安装了声学跟踪系统，用来跟踪带标签的鱼。

ARTEMIS 的下一步计划是开发一个小尺寸船只，能像一艘小型有人驾驶船舶一样具有多功能性，新的 ASC——自主沉海勘探系统(autonomous coastal exploration system, ACES)在 1996 年和 1997 年完成开发，1997 年夏天在格洛斯特市进行了实地测试。在完成这些测试后，其配备了适合进行水道测量的传感器，并于 1997 年 12 月在波士顿港成功地完成了测量。1998 年 1 月，ACE 回到实验室进行机械系统重大升级。修改和设计迭代后的版本在 2000 年夏天进行了测试。升级后的 ASC 平台如图 4.1 所示，被重新命名为 AutoCat。

图 4.1　麻省理工学院的 AutoCat

5）2000—2010 年

美国海军在专注于 USV 之前就开始了在 AUV 方面的研究。USV 位于水面的特殊性使得其可以进行水面无线电及水下声学传输，因此它们成为未来网络化战场场景中的一个关键组成部分。在海军应用中，作为网络节点的 USV 进一步发展。在成功装备有日间和热摄像机的 OWLMK Ⅱ之后，美国开发了一艘名为 SPARTAN 的 7 m 长的 USV，能够携带 1 400 kg 的有效载荷。该项目在 2001 年和 2003 年末进行了演示。自 2000 年以来，USV 的制造规模不断扩大，各种机器人和船舶制造公司在 USV 和 AUV 领域均取得了领先地位。SPARTAN SCOUT 实物如图 4.2 所示。

2001 年，美国国防部测试了名为空投便携式搜索救援船(searchand rescue portable, air-launchable, SARPAL)的遥控船。这艘船的设计允许其在危机现场从 C130 飞机上通过降落伞投送。其实物如图 4.3 所示。

图 4.2　SPARTAN SCOUT

图 4.3　SARPAL

2004 年，日本雅马哈公司开发了两种型号的 USV，分别命名为 UMV - H 和 UMV - O。UMV 代表无人驾驶船，H 代表高速，O 代表海洋中的上帝。这两种航行器都可以作为有人或无人驾驶。第一艘 UMV - OKAN - Chan 于 2003 年交付给了日本科学技术局。

2005 年，国际科学应用公司研制了两艘高速无人水面舰艇，最大航速可达 40 kn 以上。

以色列海军使用名为 Stingray 的 USV，它是自动和远程控制的结合。该 USV 是为海岸警卫队的应用而设计的，Stingray 的实物如图 4.4 所示。

图 4.4　Stingray

瑞典 KOCKUMS AB 造船厂研发了名为 Piraya 的 USV。2009 年 10 月，该公司展示了四款原型机。据该公司网站称，该项目是其中之一，因为多个 Piraya 可以由单人操作，甚至可以自主移动。这些船体积小，很难被雷达探测到。Piraya 的实物如图 4.5 所示。

在 2010 年底，许多报纸称 USV 为浮动齿轮，因为齿轮是使船舶在运行时操作更便利的支撑装置。USV 是船舶的齿轮，为船舶提供支撑。在这段时间里，出于不同的目的，大多数造船厂和国防组织都在开发他们自己的无人潜艇。2005 年，以色列 Rafael 公司开发了 USV，名为 Protector。Protector 配备了“微型哨兵”武器系统，这是世界上最好的海上资产之一。

图 4.5　Piraya

同时,科研人员也在 USV 研究上有所突破。图 4.6 显示了麻省理工学院在查尔斯河上开发的三艘 kayak USV。图 4.7 显示了这些相同的 USV 在 AUV 旁边提供了移动导航参考。

图 4.6　三艘 kayak USV 在一个网络中运行

图 4.7　联合试验时甲板上的 USV 和 AUV

海军中 USV 已被开发用于其他军事应用,如港口安全或扫雷。通常,这些 USV 是由传统的水面舰艇改装而来的,如刚性充气船等。几乎任何一艘小型船只添加控制、导航和遥测系统后都可以成为一艘 USV。大多数情况下,这些设备是由岸上或其他船上的船员遥控的。这达到了使人远离危险环境出来的重要目的,但并不一定能减少人员数量。这些系统虽然可以无人驾驶,但它们对遥测技术的依赖使它们更像 ROV,而不是 USV。

虽然一些军事应用已经将 USV 的研究重点转移到复杂的网络和行为中,但其他应用仍然集中在传统的需求上。USV 在商业和科学研究领域已经得到了广泛的应用。USV 对于枯燥乏味的持续性任务来讲,以监督控制的方式执行可以极大程度上解放船员们。在此类应用环境中,操作员通常负责规划路径点,而具体船体的运动则由计算机进行控制。从理论上讲,这种方法允许一个操作员监视多个 USV,从而极大程度地提升了单一人员的工作能力。

在学术研究需求推动下,许多双体船型 USV 被开发出来。一种意大利双体船 USV 名为 SESAMO,在南极洲被用来执行海洋研究相关工作。双体船具有高稳定性、大有效载荷能力和高甲板通道便利性的优点，这使其成为学术型 USV 的一个很好选择。葡萄牙研发的 ROAZ 像 SESAMO 一样，佐证了双体船应用方案。图 4.8 显示了支持勘测和 AUV 网络应用的 ROAZ Ⅱ USV。

图 4.8　ROAZ Ⅱ USV

虽然这些小型双体船平台有一定的优势，但它们在商业勘测应用中被更有价值的设计所替代。C&C 技术公司与 ASV 有限公司合作开发了一种用于水文测量的半潜式平台，如图 4.9 所示。这种设计源于小水线面双船体(small waterplane area twin hull, SWATH)，但只使用单一船体。USV 的大部分在水下，只有一个通讯桅杆和进气口突出水面。这种设计可以使 USV 使用内燃机推进系统，具有大有效载荷容量和良好的被动稳定性。C&C 技术公司具有将 AUV 用于商业和科学勘测的相关经验，对该 USV 的类似应用表示乐观。

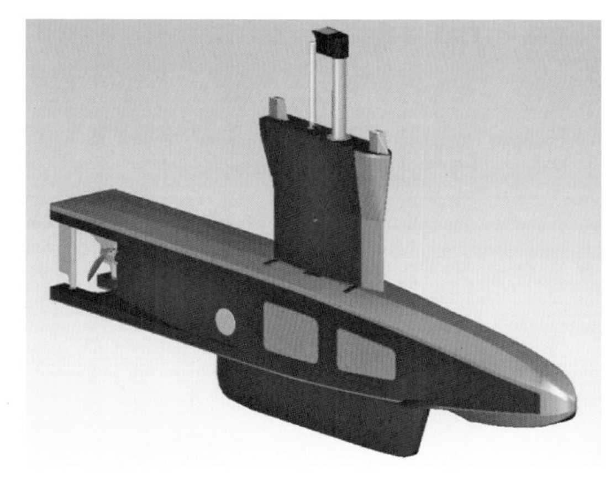

图 4.9　一种用于勘测的新 USV 设计

图 4.10　UOV 公司 USV 原型船

随着 USV 的普及，长期部署 USV 的愿景推动了技术创新。所有海洋“可再生能源”的主要来源都在开发之中，风能、太阳能甚至波浪能被用来驱动 USV 原型。小型公司正在开发风力和波浪驱动的 USV。无人海洋船舶(umanned ocean vehicles, UOV)公司已经开发出无人帆船的原型，船体长度 15～27 ft 不等，并且配备了刚性帆和太阳能电池的船载动力。图 4.10 的原型船展示了自主操作、无线通信、发电和传感器数据收集能力。它是系统集成和实验的实验台，可选择机翼和风帆配置及控制机制。因为这些成果，UOV 公司获得了美国海军海上系统司令部的一个二期小型合同业务。

虽然帆船已有数百年的历史，但一项新技术已经出现。Liquid Robotics 公司开创了一种利用波浪的能量来满足推进需求的 USV。太阳能电池板为船载电子设备提供动力，

图 4.11　波浪滑翔机 USV

使其具有极长的续航能力。波浪滑翔机的原型已经进行了 142 天的测试，在这期间航行了 2 500 n mile。在这次几乎持续不断的测试中，USV 表现出了出色的性能。如图 4.11 所示，这种新方法的 USV 呈现了一种最小化体积的方案，该方案使这个平台在长期监测中具有非常大的应用潜力。它的长续航能力和可扩展的有效载荷能力使它很可能成为许多科学应用的候选。

6）2010 年至今

基于太阳能的 USV 改进型是由弗吉尼亚州的公司研制的。该型 USV 可自行部署，并长期为传感器提供电源。这些船舶因为其可以自动在海上长时间收集数据而适合用于研究目的。2012 年，Rafael 公司公开表示该公司正在研制新型 Protector，该型号将提升现有的武器射程。

Sea Fox 项目有两个重要组成部分，一个是 AUV，另一个是 USV。USV 通过远程操作，装载有监测水体所需的各类传感器。该型 USV 装备的相机能够捕捉日光图像和微光图像。船上装有遥控装置。这艘船的最大特征是其摄像机具有稳定性。2002 年，研发人员成功对其进行了测试，其实物如图 4.12 所示。

2015 年，海洋应用物理公司对格林洛夫高级救援船（Greenough advanced rescue craft，GARC）载人或无人多用途艇进行了测试，该型船可以在恶劣条件下工作。其官方网站称这些船只在日本嘉手纳进行了 30 ft 海浪下的测试。船只通过了 Airdrops 认证，可以进行空投作业，并且可以在热流中工作。其实物如图 4.13 所示。

图 4.12　Sea Fox

图 4.13　GARC

日本雅马哈公司在 2017 年改进了其农业 USV Water Strider，用于远程控制除草剂喷洒工作。其实物如图 4.14 所示。

随着 USV 续航时间的不断提升，可以展望海洋观测的新时代。USV 协同将取代旧有的技术手段。有人船只将停靠在理想的泊位上,同时在岸上维修替换船只,并不断替换 USV 机组值班。同时,协同的 USV 小组可以在指引下深入研究海洋的实时情况。这样的研究方式有利于军事和科学任务的进行,同时采用远程 USV 执行任务可以有效地降低成本。USV 持续发展对重塑海洋科学和国防的潜力是显而易见的。图 4.15 概述了一些关键的 USV 原型及相应的导航系统。

图 4.14　USV Water Strider

4.3　系统架构及功能

4.3.1　水面无人艇基本架构

根据实际应用,USV 可能有不同的外观和功能,但是每艘 USV 必须包括以下基本组成部分。

1) 船体和辅助结构

船体变化可以分为 4 种不同类型:刚性充气船体、橡皮艇(单体船)、双体船和三体船。这些不同类型船体在设计中对应不同的 USV 应用种类。刚性充气船体适用于军事应用,主要是因为其具有更长的工作时间和更大的有效载荷能力。橡皮艇和双体船因为它们便于安装和装载的特性而受到欢迎。此外,橡皮艇 USV 很容易由现有的载人小艇技术制造或改装。双体船和三体船通常是新型 USV 的首选,因为它们相比于其他设计方案具有更好的系统稳定性,降低了在粗糙水域倾覆的风险,同时提供更大的有效载荷能力上限。

2) 推进和动力系统

大多数现有的 USV 的航向和速度控制分别由方向舵和螺旋桨(或水射流)推进系统提供,而其他的(主要是双体 USV)由差动推力控制,动力由连接在每个船体上的两个独立的发动机提供。然而,这些 USV 通常不配备额外的驱动装置,因此可以认为是欠驱动 USV。换句话说,可用发动机的数量小于 USV 运动自由度(degrees-of-freedom, DOF),这对欠驱动 USV 的安全和精确控制提出了重大挑战。其他全驱动和过驱动 USV 比欠驱动 USV 更容易操作,但是这些 USV 的成本相对较高。

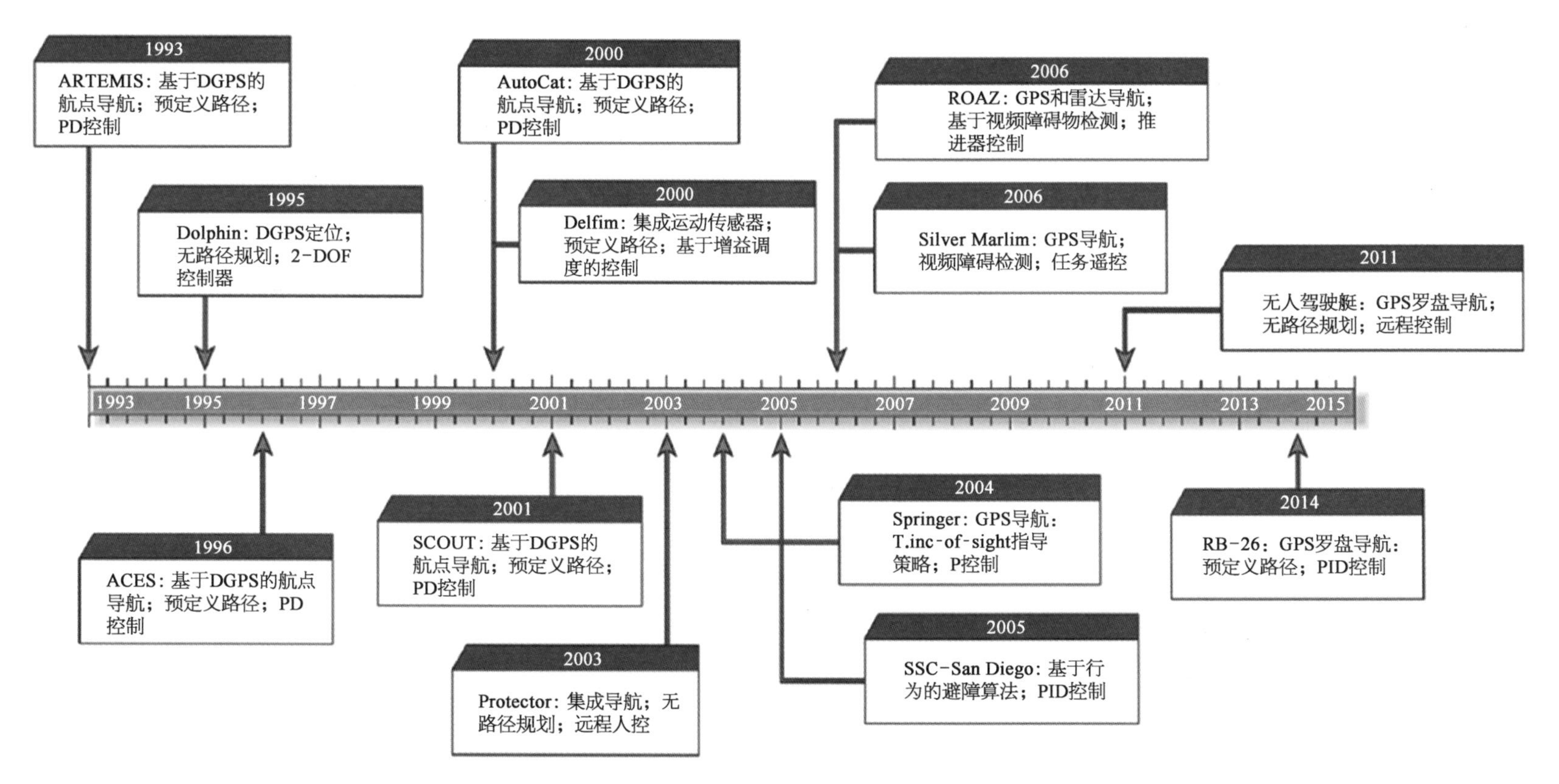

图4.15 USV原型及其航行系统发展过程

3）GNC 系统

作为 USV 最重要的组成部分，GNC 模块一般由机载计算机和软件组成，它们共同负责管理整个 USV 系统。

4）通信系统

通信系统不仅包括与地面控制站和其他船只进行协同控制的无线通信，还包括与各种传感器、执行机构和其他设备的机载有线或无线通信，因此通信系统的可靠性至关重要。

5）数据采集设备

为了保证 USV 保持良好的工作状态，提高其性能，通常将 IMU 和 GPS 作为基础传感器与系统结合使用。此外，根据 USV 的具体任务，可选择采用摄像机、雷达、声呐等传感器，在各种不同条件下监测和操作 USV。

6）地面站

地面站在 USV 的 GNC 系统中也扮演着重要的角色，它可以位于陆上设施、移动车辆或海上船只上。一般来说，任务是通过无线通信系统分配给 USV 的。USV 及其携带设备的实时状态都由地面站监控，而对于远程操作的 USV，控制命令也将从地面站发送。典型 USV 的基本架构如图 4.16 所示。

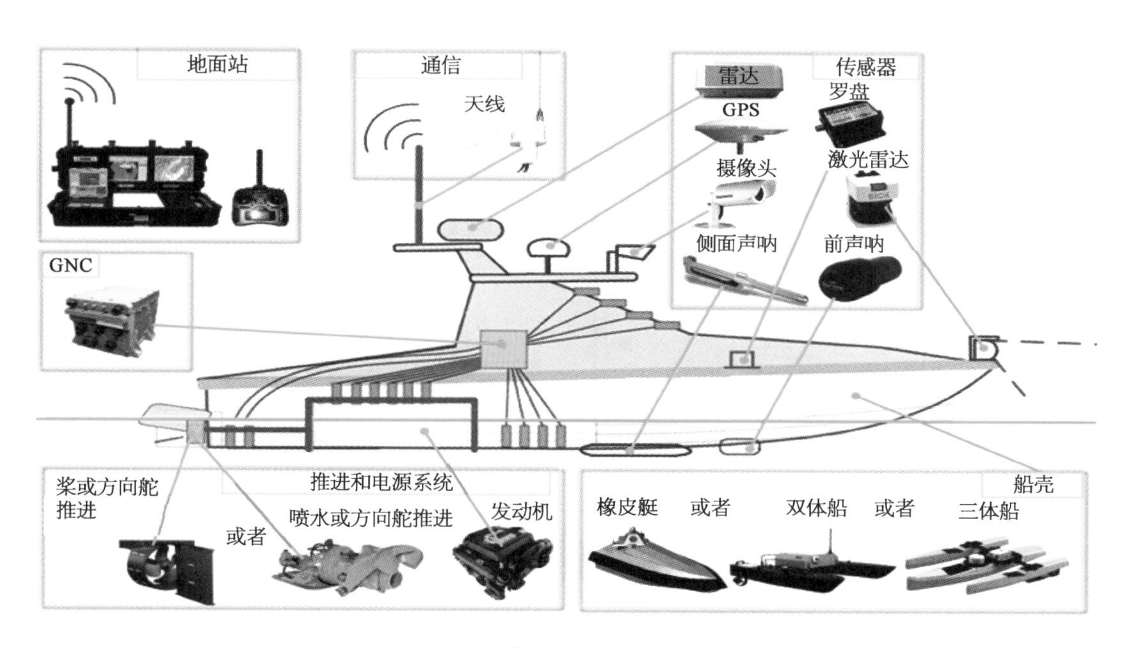

图 4.16　典型 USV 的基本架构

4.3.2　水面无人艇基本导航系统

由于 USV 是通用平台，它们在设计时将为不同的任务携带相应的传感器和执行器。将现有的载人船只改装成 USV 也是很典型的设计方法。为了使 USV 能够自主工作，它们需要一个通用的基本导航系统，允许它们从一个点导航到另一个点。自主操作 USV 的基本导航系统通常包括制导、导航和控制子系统。如图 4.17 所示，这些子系统相互作用，任何一个子系统的缺陷都可能降低整个系统的性能。

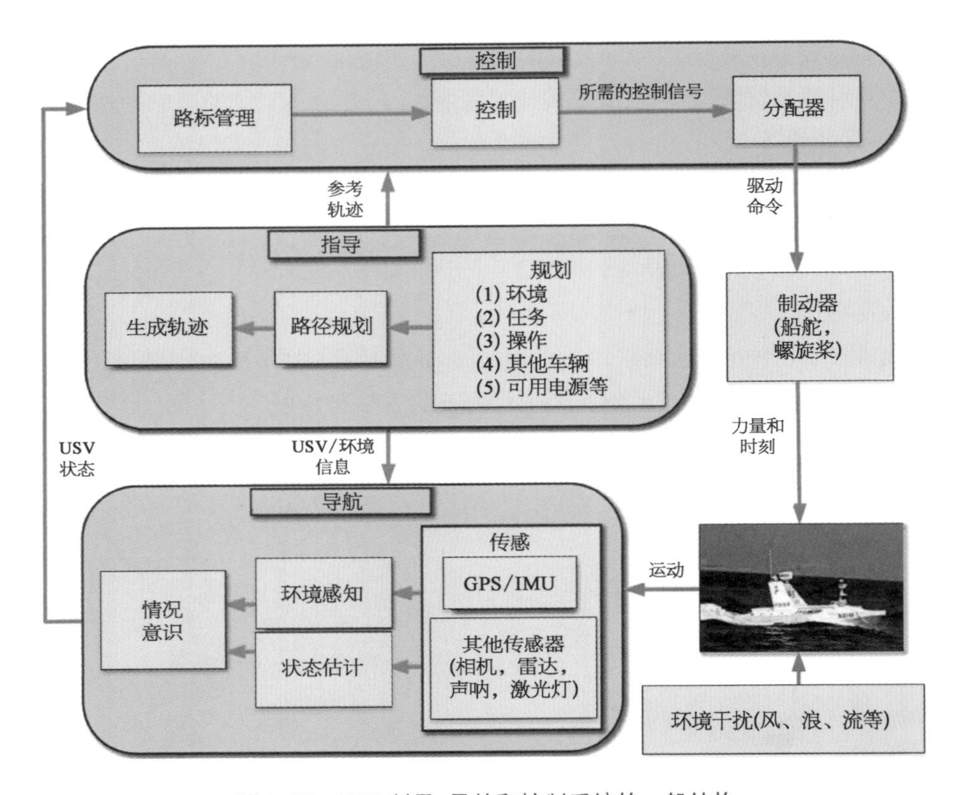

图 4.17　USV 制导、导航和控制系统的一般结构

1）导航

导航系统的重点是识别 USV 的当前和未来状态(如位置、方位、速度和加速度)，以及根据 USV 的过去和当前状态，从其携带的传感器获得的环境信息(包括洋流和风速)中识别 USV 及其周围环境。该模块的位置信息由 GPS 获得，而方位信息由 IMU 提供。

利用实时运动(real-time kinematic, RTK)技术，可以实现厘米级的定位精度。在这方面，2 个 GPS 接收器可以沿着船体的纵轴以极长的距离安装。一个固定式 GPS 接收机作为基站，为另一个接收机提供位置校正，再根据航行器上两个接收器的位置差推断出航行器的航向。当在有强磁干扰的区域(例如大型金属船附近)作业时，因为 IMU 的航向参考不可靠，所以这种备用航向信息是非常重要的。

USV 在水面上的速度可以从位置信息推断出来。速度可以直接用多普勒测速仪(Doppler velocity log, DVL)测量，但传感器的跟踪范围必须能够到达海底。此外，利用卡尔曼滤波技术可以获得更高的位置精度并提供更可靠的导航信息。

2）制导

制导系统负责根据导航系统提供的信息及地面站给定的任务，结合载具性能和环境条件，不断生成并随时更新控制系统的航道命令，使航行具有平滑性、可行性和最优化性。制导场景大致可分成以下三种：最简单的场景称为纯跟踪制导，在这种情况下USV的任务是到达指定的位置，或者在移动的航路点情况下跟踪目标，而不需要考虑USV可能走的路径，USV可能被命令在航路点上保持不动，这就是所谓的动态定位；第二个场景是路径跟踪制导，要求USV沿着规定的路径航行，这在受限制的水域中是必要的；第三个场景是轨迹跟踪制导，同时考虑空间和时间约束。在这种情况下，USV不仅必须沿着给定的路径航行，而且必须在特定的时间到达给定的点。

在有运动障碍物的动态环境中，轨迹跟踪制导可以防止USV与障碍物碰撞。但在实际情况中大部分的USV操作仅需要进行路径跟踪制导即可。在实现路径跟踪系统时，通常使用视线(line-of-sigh，LOS)原理。LOS原理如图4.18所示。USV可以认为是一个包围在一个半径固定的虚拟圆内，该半径称为视距距离。圆与指向目标航路点的路径相交的点称为LOS位置。沿着这一点，航行器既收敛于路径，又沿路径通过。

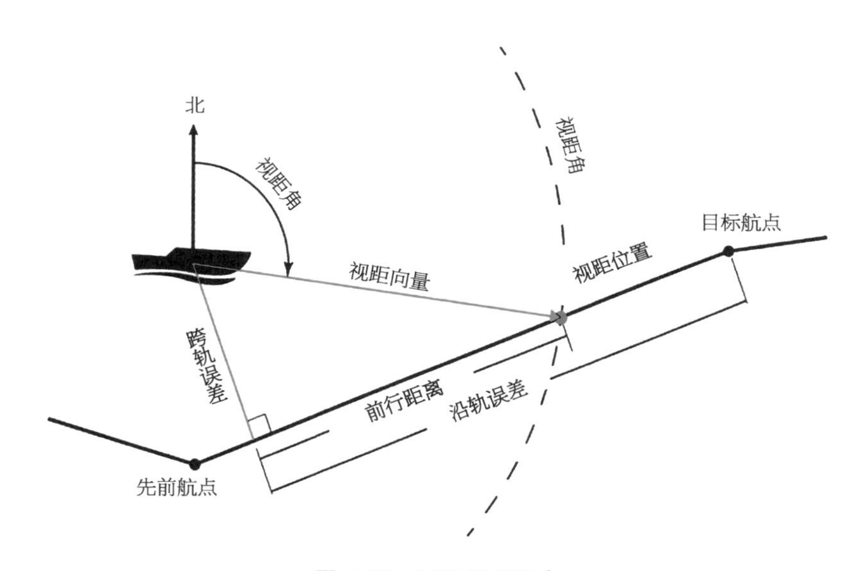

图4.18　LOS制导概念

3）控制

控制系统的重点是确定适当的控制力量和力矩，以产生配合制导和导航系统提供的指令，同时满足所需的控制目标。据研究，仅控制航行器足以进行水平面导航，然而为了精确地执行航路点稳定或自主对接需参考摇摆动力学。

在实际中，浪涌和偏航自由度被解耦为速度和转向子系统。假设这两个子系统没有相互作用，然后针对这两个子系统分别开发了线性控制技术。典型的控制方法有比例积分微分（proportional-intergral derivative，PID）控制技术和线性二次高斯（linear quadratic Gaussian, LQG)控制技术。

然而,线性控制器只能在线性化动力学模型的小范围工作条件下最优工作,当操作条件(如航行器吃水)发生巨大变化时,控制性能可能会显著下降。为此,可以开发多个线性控制器来覆盖可能的条件范围,然后可以使用增益调度技术将这些控制器连接到一个控制系统中,或者通过使用非线性控制技术,如局部控制网络或模糊逻辑,可以实现鲁棒控制性能。

4.4 水面监测关键技术

1) USV 航行建模与控制技术

控制系统侧重于结合指导和导航系统提供的指令确定要产生的适当控制力和力矩,同时满足期望的控制目标。

为了实现控制方法设计和仿真研究的目的,必须有一个足够精确的 USV 模型来实现有效的控制设计,这反过来又要求事先研究精确的 USV 数学模型并合理设置模型参数。一般来说,标准的 USV 模型由运动学和动力学两部分组成,分别对应不同的船体结构设计。如何在适当条件下对模型进行简化并完成验证,也是 USV 控制策略的一大关键挑战。

从本质上说,控制策略的发展是围绕着 4 个不同的目标而进行的: ① 设定点调节问题;② 轨迹跟踪问题;③ 路径跟踪问题;④ 路径机动问题。

同时在 USV 航行出现问题时如何自动化调节其航行状态,也是控制系统工作中一大重要挑战。

2) USV 自主导航与路径规划技术

一个可行的自主导航与路径规划系统是增加 USV 智能化水平的重要组成部分,而更复杂和严格的约束条件下需要更先进的自主导航与路径规划功能来完成给定的任务,包括绘制不良的环境和实时计算要求。作为 USV 引导系统的基本方面,路径规划分为全球和本地两种,全球化路径规划有直接使用优化算法或启发性路径搜索算法两种,本地路径规划有视线法和势场法两种方法。为了确保 USV 在动态和危险环境中的从初期指定的航路点和动态变化航路点之间的安全有效的路径规划,最新的研究计划融合全球和本地路径规划方法,组成混合路径规划策略。

3) USV 水面环境感知技术

对 USV 的安全和有效控制在很大程度上取决于具有感测、状态估计、环境感知和情境感知能力的环境感知系统。

为了在现实环境中执行任务,USV 通常需要具备监测障碍物、识别和跟踪目标以及绘制环境地图的能力，上述这些能力必然是实时进行的。此外，海洋环境中遇到的独特条件，如环境干扰（风、波浪和海流）、海雾和水的反射，也会影响环境感知的表现。根据预期应用的特征，USV 的环境感知方法通常可以分为两类：被动感知方法及主动感知方法。

被动感知方法指的是采用视觉/红外传感器的感知方法，目前在 USV 中有着广泛的应用；而主动感知则主要依靠激光雷达、雷达和声呐设备来完成环境感知的信息获取。

同时，新型传感器也在水面环境感知中得到了应用，获取到的信息有助于 USV 的任务执行及导航路径规划。

4）水面无线通信网络技术

通信系统包括与地面控制站和其他设备的无线通信，可以帮助系统执行协作控制。在拓展 USV 海天耦合监测中，USV 承担着关键节点的作用，与卫星、地面站、水下 AUV、浮标等进行通信是 USV 承载的关键任务，因此通信系统的可靠性至关重要。

海洋智能无人系统技术

第 5 章　航行状态估计

通常，USV 携带的传感器仅仅提供位置和方向信息，而其速度和加速度是通过基于测量信息进行重建得到的。执行这一过程的关键是跟踪 USV 当前状态的状态估计技术。就当前使用的传感技术而言，状态估计主要是基于 IMU 和 GPS 相关的技术，同时结合态势感知技术判断 IMU/GPS 传感结果的可用性。

5.1 基于 IMU 和 GPS 的状态估计

现有的通过 IMU 及 GPS 对位置进行较为精确测定的技术已经成熟，但在实际应用中，受到环境噪声、固有偏差的累积效应、时变模型不确定性及传感系统自身故障的影响，需要对状态估计结果进行持续的校正。

5.1.1 噪声和累积误差的消除

在这项工作中，采用多速率、高精度的惯性导航系统（inertial navigation system，INS）集成算法来计算姿态、速度和位置，并结合扩展卡尔曼滤波来集成 GPS 位置测量、矢量观测和频域载具的特征。通过直接在滤波器中对传感器读数进行建模并考虑载具的动态带宽信息，磁性和重力观测最佳地集成在扩展卡尔曼滤波中。这项工作提出了一种在频域中对摆动测量进行建模的技术，以排除线性加速度的影响，并验证了所提出的方法在仿真和实验中的有效性。

在独立的 INS 中，偏置和惯性传感器误差补偿通常是离线执行的。而扩展卡尔曼滤波则对非理想状态的惯性传感器进行动态估计，从而限制 INS 误差。常用的扩展卡尔曼滤波误差方程基于扰动刚体运动学，基于刚体运动学有

$$\dot{\boldsymbol{p}} = \boldsymbol{v},\ \dot{\boldsymbol{v}} = R^{B}\boldsymbol{a},\ \dot{R} = R(\boldsymbol{\omega}) \times \dot{\boldsymbol{b}}_{a} = \boldsymbol{n}_{b_{a}},\ \dot{b}_{w} = \boldsymbol{n}_{b_{\omega}}$$

此处的 R 是 ${}_{B}^{E}R$ 的简写，惯性传感器偏差被建模为随机游走过程。其中，姿态误差由地球坐标系中的无约束旋转矢量表示进行参数化，对于“小角度”姿态误差可以假定为局部线性和非奇异。

通过代数扰动或计算泰勒级数展开的一阶项的方式来计算运动误差；通过 INS 积分算法计算时空误差，这一计算为惯性测量过程，表示为通过沿主对角线放置矩阵参数定义的块对角矩阵，并且线性化和建模误差是高斯白噪声，并可将这一矩阵用于滤波器的实际调谐。

5.1.2 模型不确定性的处理

参照 USV 的 Springer 导航系统中区间卡尔曼滤波技术的应用。在 Springer 导航系统

中为卡尔曼滤波器和区间卡尔曼滤波算法的应用提供框架的是转向动力学的状态空间模型，用于估计船舶不确定建模假设的航向角。通过模拟揭示了区间卡尔曼滤波的几个特征，然后对其进行了讨论。图 5.1 所示为 Springer 双体船。

相较于配备有高规格导航设备（如无线电信标、雷达、陀螺罗盘）的大型商用船舶和战舰不同，USV 相对采用的都是低成本的导航设备。

Springer 的航向动力学模型（如图 5.2 所示）采用的是二阶状态空间模型，推进系统基于两台电机，分别位于船体的左右，当两台电机转速相同时，USV 直线前进。定义两台电机的转速分别为 n_1 和 n_2，那么定义有

图 5.1　Springer 双体船

图 5.2　Springer 运动动态模型

$$n_c = \frac{n_1 + n_2}{2}$$

$$n_d = \frac{n_1 - n_2}{2}$$

当 n_c 恒定而 n_d 变化时可以控制船体的转向，普利茅斯大学的研究人员在德文郡的罗德福德水库进行了实验，保持 n_c 为 900 r/min，记录了不同差值时船前进的角度以及系统所提供的推力，利用系统识别技术（system identification, SI）验证了航向动力学模型，在进行区间卡尔曼滤波时，需要 GPS、数字罗盘、速度和深度四种传感器件通过串口连接至船上的计算机。

卡尔曼滤波器在航天领域已经应用得较为广泛，该算法的固有结构允许它自然地组合来自各种传感器的测量结果，权衡它们各自的精度。这促使卡尔曼滤波器作为融合来自低成本传感器数据的工具，以获得协同高度可靠的估计结果，这样较低成本的 USV 可以取代更精确的高价传感器。在航天器姿态估计中，卡尔曼滤波器是为了航天器携带的高精度惯性传感器而开发的，多传感器数据融合在陆地和海洋中的载具导航有着广泛的应用。这些载具通常会采用低成本 INS 与 GPS 定位数据进行集成。例如，弗吉尼亚理工大学开发的 USV（VaCAS, 2011）使用差分 GPS、Micro Strain 公司提供的基于微型机电系统（micro electro mechanical system, MEMS）广泛用于移动机器人应用程序的惯性传感器。

基本的卡尔曼滤波器方案对具有白高斯系统的线性系统和具有已知协方差的测量噪声可以进行统计上的最优估计，但其必须满足确定性矩阵可以被准确描述、初始状态及协方差可以被可靠估计这两个条件。以 Springer 为例，航向动力学模型用于卡尔曼滤波的预测阶段，其校正阶段使用航向角传感器指南针的数据进行校正，因为各个传感器获得的

数据频率远高于USV运动状态更新速率，可以把航向数据视为瞬时数据。假设系统状态受随机输入干扰的影响，这一干扰为遵循确定协方差矩阵的均值为0的高斯白噪声序列，并且罗盘读数提供准确但不精确的测量同样遵循高斯白噪声分布，其平均值等于真实航向，以°(度)为单位，标准偏差为2°。

标准的卡尔曼滤波依赖于已知的统计模型来描述不确定性。但是，如前所述，这些先验统计数据可能无法准确知晓，也可能随时间而变化。例如，GPS精度受到卫星位置、无线电信号干扰、山脉等信号的物理屏障或大气条件件造成的影响，指南针读数可能受到干扰电磁场的影响。在这种情况下，必须不断调整测量噪声协方差 R 以适应传感器精度的变化，以便从卡尔曼滤波获得良好的性能。同样，理想情况下可以在变化的系统噪声协方差 Q 中考虑变化的海平面粗糙度和影响系统的其他随机效应，其最准确地反映每个时刻的条件。卡尔曼滤波还假设矩阵描述的确定性动力学是精确建模的；然而，改变有效载荷，平均风速或当前力等将转化为缓慢变化的动态，这将需要模型不断更新。虽然有许多技术试图通过引入自适应机制来提高卡尔曼滤波的可靠性，但这些技术通常不能保证所有情况下估计的结果变好，或无法提供严格的误差范围。

区间分析在20世纪50年代开始正式研究，目的是找到一种方法来限制有限精度数值计算中的舍入误差。由于计算机表示受机器二进制的限制，在计算机上只能准确表示一小部分实数，但每个实数可以通过适当的四舍五入，由计算机进行二进制表示，也因此有了区间运算(interval arithmetic, IA)的定义，如果已知误差的初始界限，那么以有限精度执行的任何计算中固有的误差传播将自动受到使用IA计算过程的限制。

在20世纪90年代，卡尔曼滤波开始应用于动态区间系统的分析，通常这样描述系统建模中的不确定性，即物理参数通常不是精确已知的，具有一定的公差，或具有不同的性质。例如，如前所述，除了其他参数，海面上航行的船的动力学模型取决于其质量，其质量取决于乘客数量。在USV模型中也是一样的，随着任务的不同，USV的载荷也会出现区别。在Springer状航向动力学模型中，使用SI技术，在特定试验期间采集的特定数据集来获得矩阵的系数。在其他试验期间，由于诸如先前概述的原因，所获得的值可能略有不同。但是，如果执行整个范围的实验，则可以间隔性地包括变化的结果，从而产生包含所获得的每个单独模型的区间系统模型。通过这种方式，所有可能的动态都被考虑在内。

从相同的原理推导出来，区间卡尔曼滤波在统计上与标准卡尔曼滤波在相同的意义上是最优的，并且保持了相同的递归公式。然而，与点估计相比，计算的区间估计的主要优点是，它们保证包含区间模型中包含的单个模型的所有卡尔曼滤波估计，这是由于IA的包含性，如果包含初始不精确数据在严格的边界内，用这些边界进行计算，得到实际解范围的严格边界。图5.3为区间卡尔曼滤波估算误差的变化。

基于相同的原理，区间卡尔曼滤波与标准卡尔曼滤波具有相同的统计最优性，并保持了相同的递推公式。然而，通过利用计算区间估计取代点估计的方式，保证了包含所有个人的卡尔曼滤波估计模型都处于区间模型中，这样的好处是，如果最初的不精确的数据都被封闭在严格的范围内，实际求解出来的也是一个包含着严格边界的解。

USV的状态估计要求较为精确地进行评估。如果已知真实的系统动力学包含在区

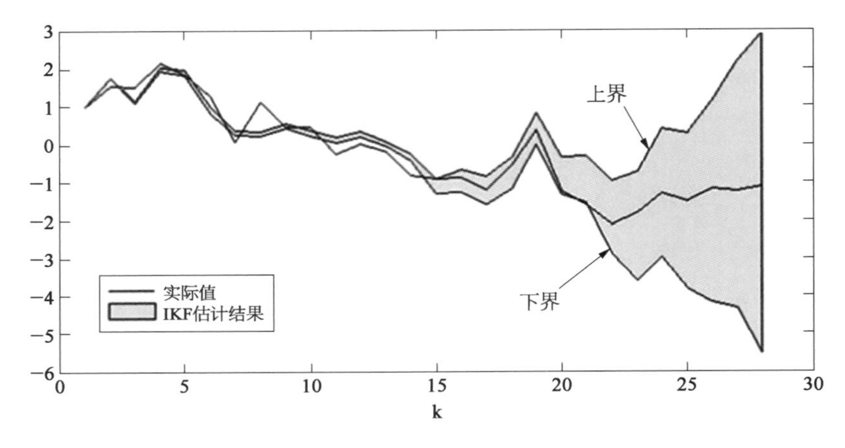

图 5.3　区间卡尔曼滤波估算误差的变化

间模型中，那么使用区间卡尔曼滤波可以进行一个状态估计。虽然不知道这个估计值的精确值，但是对于所需的目的，已给小范围的给定区间是可以接受的。例如，如果对象要在两个极限值之间保持一个状态变量，只要区间估计值保持在这些极限值之内，就不需要控制操作。同样，如果评估边界渗透到不希望的操作区域，则可以使用它来发出警报或触发其他应急机制。

虽然大多数 USV 通常是远程操作，但对自动化水平不断提高的 USV 的需求正在增加。随着大量新兴的 USV 平台以及卡尔曼滤波在导航和传感器融合中的广泛应用，目前正在开发研究用于 USV 的强大导航技术，这就对状态估计提出了更高的要求，因为实际应用中海洋条件、有效载荷等船舶特征会产生变化，这些变化转化为动力学模型中的不确定性，通常很容易受到区间的限制。对于区间系统模型，区间卡尔曼滤波是卡尔曼滤波的自然延伸，在面对这种有界模型不确定性时，它为估计提供了严格的界限，为实际处理模型的不确定性提供了巨大的帮助。

5.1.3　传感器故障的调节

盐雾和湿气可能损坏传感器、通信接口和电缆，因此 USV 导航在海洋环境中非常困难，需要开发更智能的技术。Naeem 等人提出并实现了联合卡尔曼滤波器(federated Kalman filtering, FKF)，该滤波器通过模糊逻辑自适应(fuizy logic adaptive, FLA)技术处理在 Springer USV 中产生的不同类型的传感器故障。它采用三模冗余的罗盘，并通过该智能多传感器数据融合方法，对 USV 的真实状态进行了全局估计。

为了操作 USV 这样的载具，需要稳健且可靠的导航、引导和控制(navigation, guidance, control, NGC)系统，其涉及最少或不需要人为干预。航行系统提供与载具、目标有关的信息(例如位置、速度等)，而导航系统产生载具要遵循的合适轨迹。然后，尽管存在外部干扰和建模误差，但控制系统将尽可能接近地引导无人船沿着期望的轨迹航行。Springer 使用了多传感器模糊数据融合算法开发了容错航行系统，并在罗德福德水库进行了外场实验。

Springer 使用了 3 个电子罗盘(TCM2、C100 和 HMR1000)、1 个 GPS 传感器、一个 Raymarine 深度和速度测量单元以及一个 YSI 环境监测探头。YSI 传感器能够测量几个参数,例如浊度、溶解氧、pH 等,并且在跟踪污染物时起到引导载具的关键作用。这样的设计,除了提供容错能力之外,还存在多传感器数据融合、算法所需的一些传感器冗余。

Springer 采用 LQG 控制方案,即使用线性二次调节器(linear quadratic regulator, LQR)和卡尔曼滤波器共同工作,在这个工作过程中卡尔曼滤波器提供对 LQR 未测量状态的估计。通常,调整 LQG 控制器需要 4 个参数,其中两个是过程噪声(W)和测量噪声(V)协方差矩阵,而另外两个是状态和控制加权(Q 和 R)矩阵。通常通过观察闭环系统的阶跃响应来调整 Q 和 R 矩阵,闭环系统应提供最小的稳定时间和零稳态误差等。协方差矩阵难以控制,因为它们通常表征随时间变化的环境噪声特性。因此,即使是精细调谐的控制器,也可能在一段时间内经历性能变化。在 Springer 系统中,通过使用 FLA 模型对卡尔曼滤波器的 W 和 V 矩阵进行调节,最后在 LQG 框架中使用得到的卡尔曼滤波。

这一方案基于新息自适应估计(innovation adaptive estimation, IAE)概念,使用协方差匹配技术,获得模糊推理的结果。

航行系统用作引导子系统的输入,该子系统生成并执行在所需位置之间移动所需的控制命令。完全自主的导航系统允许载具有目的地移动到期望的目的地或沿着期望的路径而无需人为干预。它的职责是从每个可用的信号源(传感器)收集信息,每个传感器都提供自己独特的输出,以提供航行系统进行参考。在许多实际应用中涉及多个传感器,以便不仅在某个时间确定导航状态,而且还提供连续的导航轨迹,在传感器发生故障时也应如此,因此经常使用术语“多传感器导航系统”。这样的系统通常利用参考公共平台的多个传感器来操作,并且与公共时基同步。

由于其具有处理复杂问题的潜力,模糊多传感器数据融合(fuzzy multisenson data fusion, MSDF)技术已成为多传感器导航最流行的方法之一。模糊逻辑的关键优势是为每个时间戳数据分配传感器获取到的数据分配实数,用于指示其真实程度,从而直接表征融合过程中传感器读数的不确定性。在文献中,已经提出了 3 种基于卡尔曼滤波器的主要 MSDF 架构:集中卡尔曼滤波器(centralised Kalman filtering, CKF)、分散卡尔曼滤波(decentralised Kalman filtering, DKF)和 FKF。所有系统都有各自的优点和缺点,但是 FKF 已被公认为是故障监测和容差的最佳解决方案。利用这些知识,Naeem 等人提出了一种改进的基于 FLA FKF 的 MSDF 架构,为 Springer 实现容错多传感器导航。

FLA - FKF 是一种两阶段数据处理技术,它将标准的卡尔曼滤波器分为 n 个局部滤波器和单个主滤波器,其中 n 是传感器的数量。在第一阶段,所有本地卡尔曼滤波器同时分析和处理它们自己的数据,以产生最佳的本地估计结果,以与模糊 LQG 自动驾驶仪的自适应卡尔曼滤波器设计类似的方式执行。在第二阶段,从主滤波器到每个局部滤波器确定反馈因子。每个反馈因子的值取决于每个局部滤波器估计的准确性,因此必须在线生成。这意味着最精确的局部滤波器从主滤波器接收最高反馈,因此在全局估计过程中作出最大贡献。完成此操作后，主过滤器会融合所有本地估算值，以生成最佳的全局结果。图 5.4 为 FLA-FKF 框图。

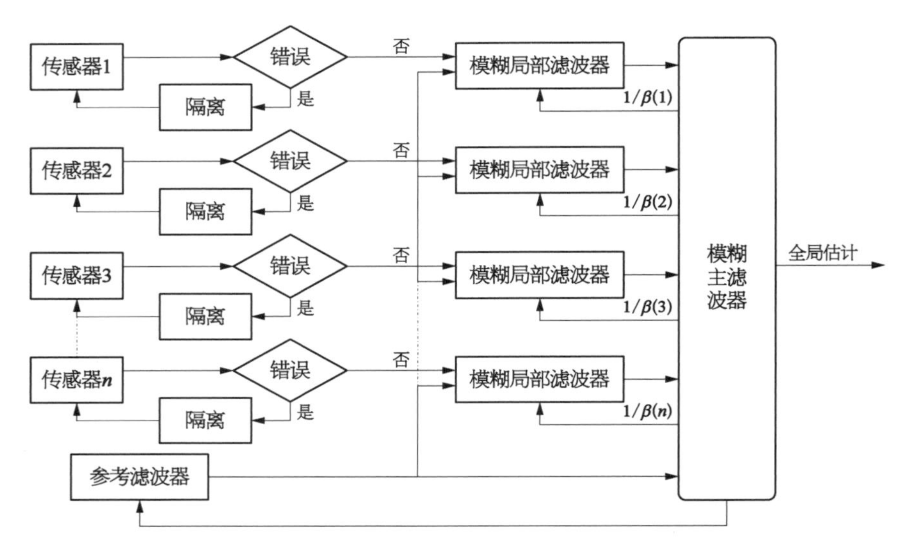

图 5.4　FLA-FKF 框图

在罗德福德水库的实验中，LQG 和使用卡尔曼滤波的模糊 LQG 控制器设法使得 USV 几乎完全以直线机动方式到达所有航路点。从 USV 的发射位置和方向可以看出，模糊 LQG 的收敛速度快于标准 LQG 的收敛速度。而在转弯测试中，模糊 LQG 可以采用最短半径进行转弯。图 5.5 和图 5.6 分别为各种方法估计 Springer 的结果和动力差结果。

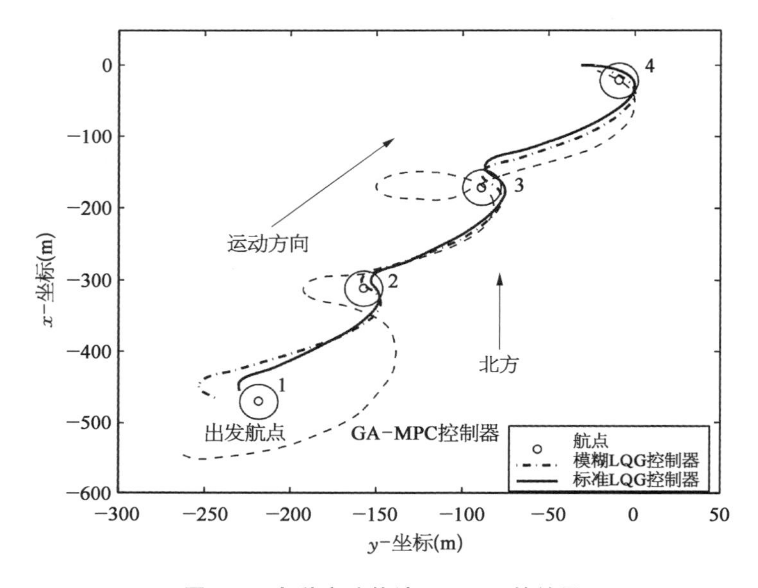

图 5.5　多种方法估计 Springer 的结果

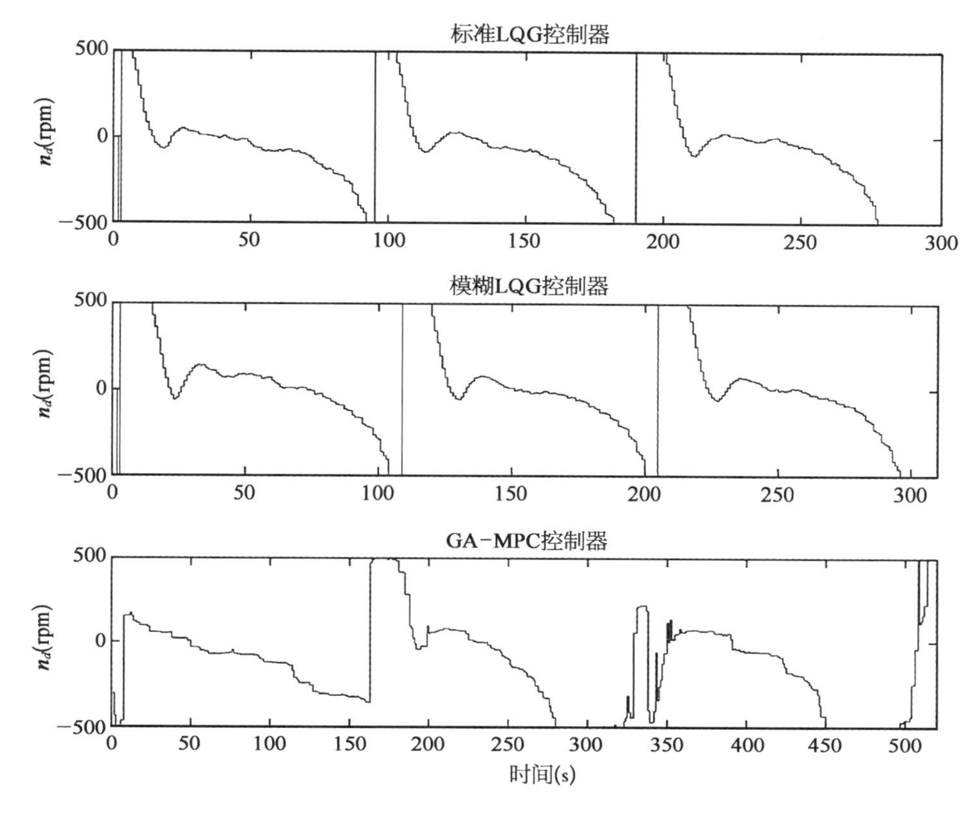

图 5.6　多种方法估计 Springer 的动力差结果

实验结果表明，MSDF 策略提供了对系统真实状态的可靠估计。此外，在测试的 3 个导航系统中，模糊 LQG 表现最好。

5.1.4　多传感器信息融合

实际上，通常采用多个传感器进行状态估计，以便为控制系统提供足够的导航信息，以有效地执行所需的任务。但有些传感器提供的数据具有较低的更新速率（如 GPS），而其他传感器则以高速率提供数据。融合这些测量的状态估计方法在准确可靠的导航信息上具有明显的优势。

2011 年，Vasconcelos 等人开发了在 DELFIMx 双体船（如图 5.7 所示）上使用捷联惯性测量、矢量观测和 GPS 辅助的基于位置和姿态估计的互补滤波的导航系统，互补滤波器提供以欧拉角表示的姿态估计、以地球坐标系表示的位置估计，同时对速率陀螺仪偏差进行补偿。其计算要求很小，因此适用于使用低成本传感器并在低功耗硬件上运行，同时也针对不同速率的传感器，提供了一种简单而有效的体系结构，适用于自动载具的应用。

为了成功地执行任务，USV 系统需要一个可靠的基于低功耗、廉价硬件的机载系统，

图 5.7　DELFIMx 双体船

能够有效地集成惯性和辅助传感器套件的信息。

该系统基于互补滤波理论，利用一个或多个位于互补频段的传感器的测量值来估计未知信号。假设未知信号具有噪声类特征，通常不符合信号描述，互补滤波利用冗余的传感器，在不失真信号的情况下，成功地抑制了互补频率区域的测量干扰。虽然在进行设计时忽略了噪声随机描述，导致实际互补滤波器的性能略有下降，但在出现超出预期方差的不规则度量时却有利于整体性能。

如图 5.8 所示，互补滤波器结构由姿态滤波器和位置滤波器组成。在离散时间中，姿态滤波器基于速率陀螺读数（有偏差）和矢量观测（如磁场和摆锤读数）的结果，重建 USV 的船体姿态。位置滤波器利用加速度计读数和 GPS 来估计 USV 的速度和其在地球内的位置。

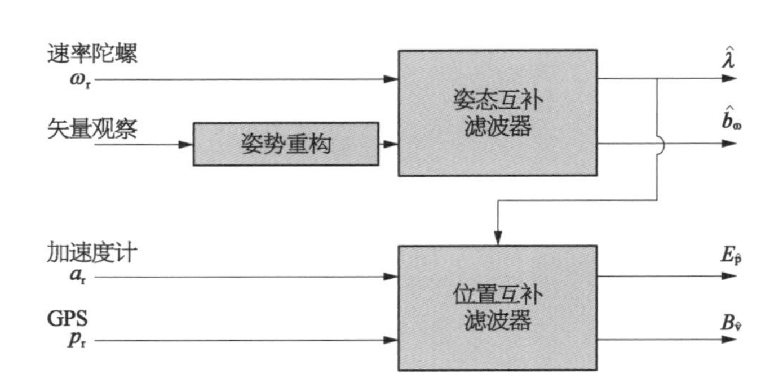

图 5.8　互补滤波器结构

导航系统结构的设计体现出低成本、低功耗的硬件架构特点。作为经典且简单的空间状态表示方法，欧拉角是姿态滤波器刚体空间状态输出。滤波器的设计采用稳态反馈增益。经典导航系统，如基于 EKF 算法的导航系统，需要在线计算协方差和增益，这可能会极大程度地占据低功耗低性能系统的计算资源。它们采用的互补滤波器是时变的，但所采用的增益是常数，并利用辅助时不变设计系统进行离线计算，因此得到了一种计算成本低廉、稳定可靠的 ASCs 微调轨迹的体系结构，该体系结构易于在低成本的软硬件中实现和测试，且具有优异的性能。利用 DELFIMx 双体船在海上试验中获得的试验数据，对导航系统的性能结果进行了验证。

欧拉角坐标下的姿态观测是利用地球磁场和引力场这两个矢量的体-地坐标系表示来确定的。利用矢量测量来确定姿态的问题在文献中称为正交 Procrustes 问题或 Wahba 问题。这项工作中采用确定性的方法计算欧拉角观测作为解决方案，类似于 TRIAD 算法。注意，可以用其他的姿态重建算法和传感器得到结果。通过磁力计测量磁场矢量，通过摆动传感器-加速度计测量俯仰角，无人船在自主运动时经常会进行短期线性加速。通过适当设计互补滤波器，在频域中补偿线性加速度的影响。

DELFIMx 是一艘 4.5 m 长、2.45 m 宽的小型双体船，质量为 300 kg，由电动机驱动的两个螺旋桨确保推进，相对于水的最大额定速度为 6 kn。对于综合指导和控制，由于其增强的性能，采用了路径跟踪控制策略，这转化为更平滑的路径收敛和对控制工作的更少需求。该载具具有翼形中央结构，在该结构的底部安装了可以承载声换能器的低阻力体。对于测深操作和海底表征，机翼配备了机械扫描铅笔束声呐和侧扫声呐。实际系统采用（DSP）TITMS320C33 作为 CPU，而 IMU 传感器采用捷联系统架构，一个三轴 XBOWCXL02LF3 加速度计和沿三个正交轴安装的三个单轴硅传感 CRS03 速率陀螺仪，采用 56 Hz 的频率进行采样，德州仪器 ADS121 进行模数转换，ADS1210 在差分输入条件下可以提供 20 位有效数字的高精度模数转换结果，符合系统的需求。同时还配备了霍尼韦尔 HMR3300 磁性传感器，采样率 8 Hz，因为其工作频率与 IMU 差距较大，采用多传感器信息融合算法进行位置估计，同时采用 THALESDG14 作为 GPS 信号接收机，在以其自主工作模式运行时可以提供 3.0 m 的误差半径，DG14 的工作频率为 4 Hz。

姿态和位置滤波器设计用于产生一个闭环频率响应，它混合了惯性和辅助传感器测量的互补频率内容。在这个频域框架中，采用状态和测量权矩阵作为调谐参数，用稳态卡尔曼滤波器增益来识别滤波器增益。

如图 5.9 所示，磁性传感器和 GPS 的低频区域与 IMU 惯性测量的开环积分的高频内容混合，最后获得比较好的滤波结果。

图 5.10 为 DELFIMx 的轨迹估计结果，图 5.10a 为 xy 平面的轨迹，图 5.10b 为 z 轴下的轨迹结果，小图为 $t = 505 \sim 510$ s 的局部放大。

图中 5.11a 所示为偏航角，图中 5.11b 所示为翻滚角和俯仰角。从图中可以发现，由于平台转动、波浪的干扰以及螺旋桨引起的船体振动，俯仰角和翻滚角会围绕着平均值进行波动，当 USV 转弯时波动会变大，在 760～880 s 处的障碍物轨迹下翻滚角和俯仰角变大达到峰值。

在 DELFIMx 双体船上的实验结果验证了所提出的导航系统结构。所采用的设计参数在频域内产生了理想的传感器融合结果，在时域内产生了良好的姿态位置估计和速率陀螺偏置补偿结果。姿态、位置估计与航迹剖面一致，表明所提出的互补滤波结构适合

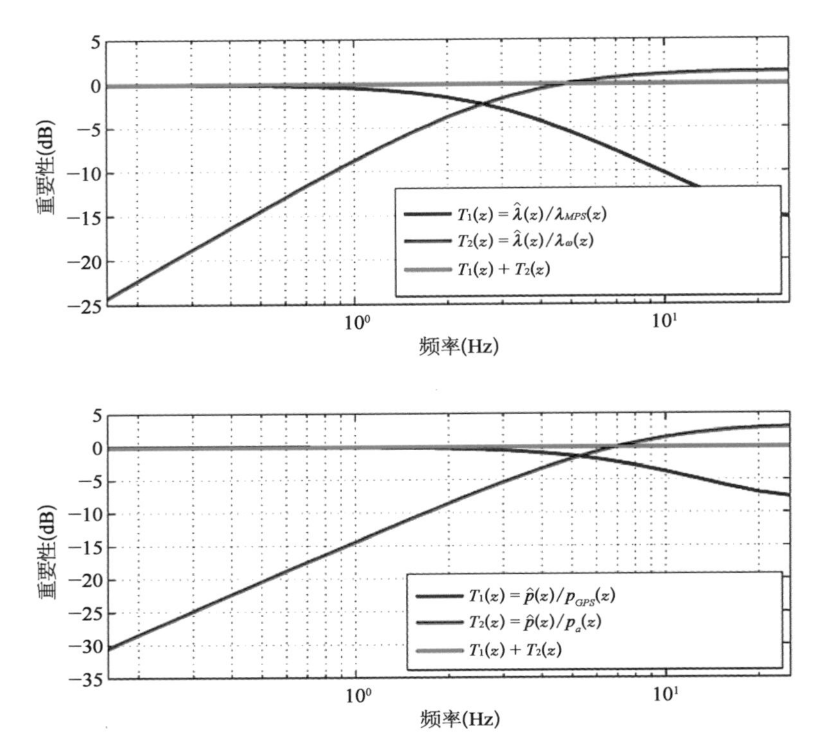

图 5.9　频域上传感器的混合方式

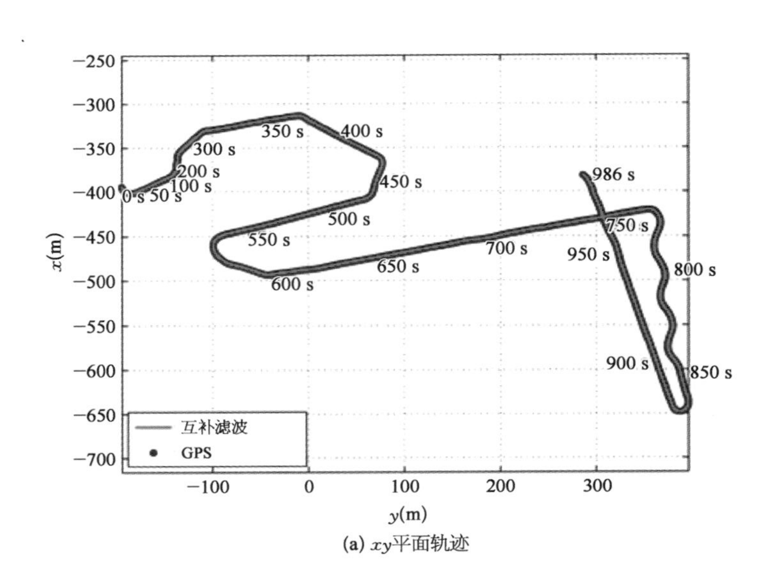

(a) xy平面轨迹

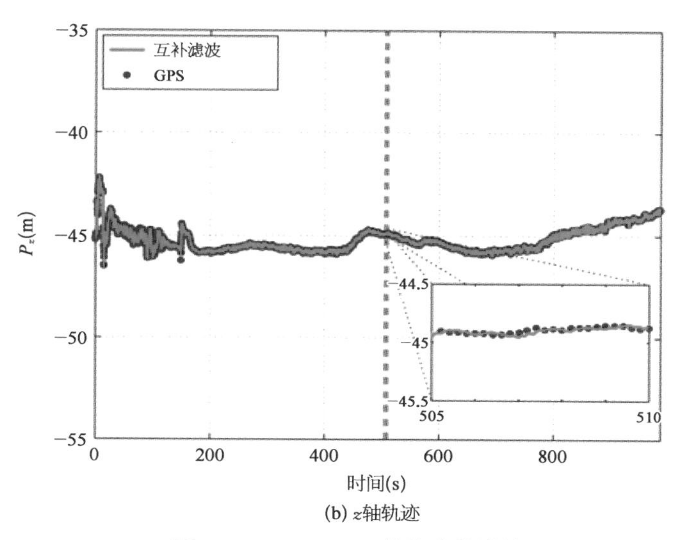

(b) z轴轨迹

图 5.10　DELFIMx 的轨迹估计结果

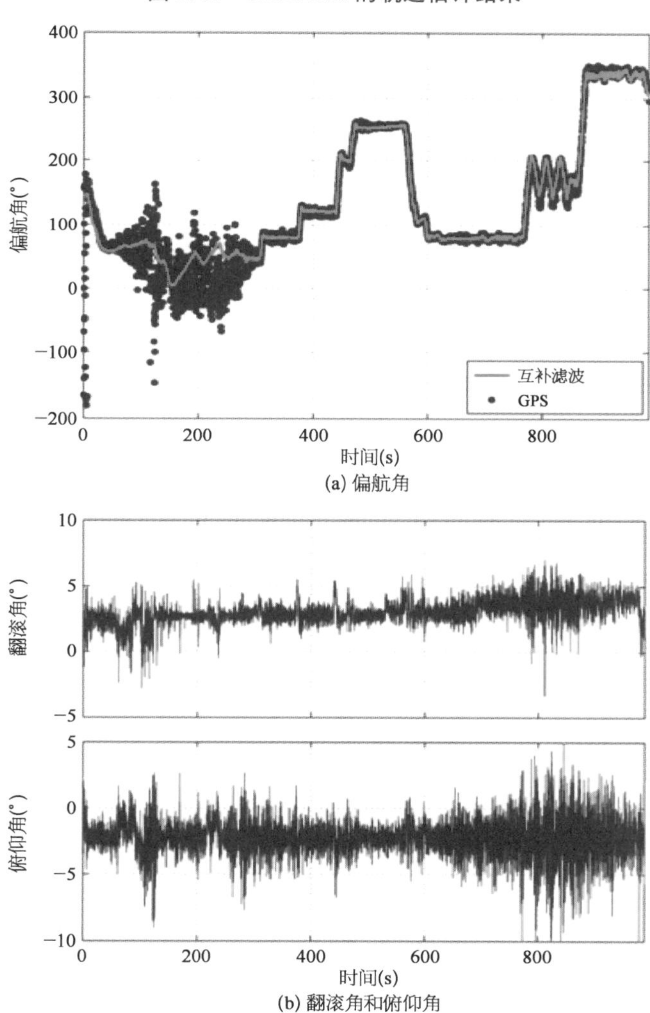

(a) 偏航角

(b) 翻滚角和俯仰角

图 5.11　运动过程中偏航角、翻滚角和俯仰角的变化

于海洋应用研究。

5.1.5 基于其他传感器的估计

除了传统的状态估计技术，主动测距传感器（激光雷达、雷达和声呐）方法也可以用于状态估计，特别是在GPS信号可能受到丢失或干扰的情况下。此外，基于视觉的方法在功耗、大小、重量和成本方面优于主动导航，因此是导航和数据收集的最佳选择。

5.2 态势感知

如果要提升USV的自动驾驶能力，对于USV目前所处状态的感知能力就尤为重要。在USV执行任务时环境的变化会导致许多的变化，例如当USV靠近桥梁或茂密树叶的底部时，GPS信号会减弱，而此时对USV进行正确导航就是一个课题。

Leedekerken等人在2014年针对USV开发了同步定位与地图构建（simultaneous mapping and localization，SMAL）的系统，考虑到了浅水环境下靠近桥梁或树叶、檐篷的GPS信号强度降低问题。

该系统使用配备有用于水下感知的成像声呐以及用于水面上方感知的激光雷达，相机和无线电雷达传感器。通过同时感测水面上方和下方，使用源自上述传感器的信息和定位的精确约束来提高水下地图的准确性。

在海洋和河流环境中存在阻碍GPS接收的物体和建筑物（如桥梁和树叶）时，精确绘制地图仍然是难题。可以在GPS无法正常工作期间使用这些传感器测量来相对定位USV，从而校正系统生成的合成地图。

处理GPS的错误信号时直接忽略GPS的定位信号即可解决问题，只要在GPS丢失之前、期间和之后传感器持续获得足够多的环境目标。然而，海洋环境通常都很空旷，其中很少或没有水上环境目标，但事实上GPS的信号会在大目标附近丢失，因此只需要处理从良好的GPS周期（但可见目标很少）到差的或没有GPS（当接近有足够大的障碍物目标时）发生的转变。

图5.12显示了沿着哈佛大桥一部分进行了两次航行的USV的GPS位置估计。向外的南向路径比向北的返回路径离桥远几米，否则两条路径的滑动程度相似。然而，返回路径的GPS位置估计显示明显的退化。

在卡尔曼滤波框架下，将航迹推算与GPS定位、IMU速率和多普勒速度仪速度的测量相结合，可以校正GPS信号的误差。

图5.13所示实验在波士顿和剑桥之间横跨或沿着查尔斯河的几个建筑物进行。哈

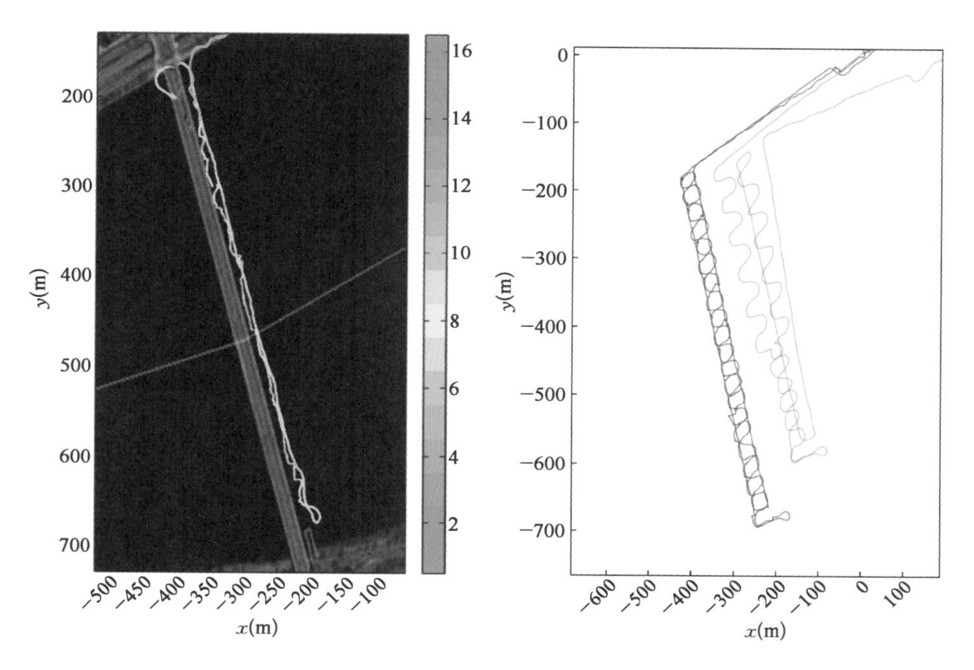

图 5.12　GPS 感知桥下 USV 结果

佛大学、朗费罗大桥，三个帆船馆和一个游艇俱乐部进行。相比于原始的图 5.13a，在使用算法进行优化校正后的图 5.13b 获得了更好的定位结果。

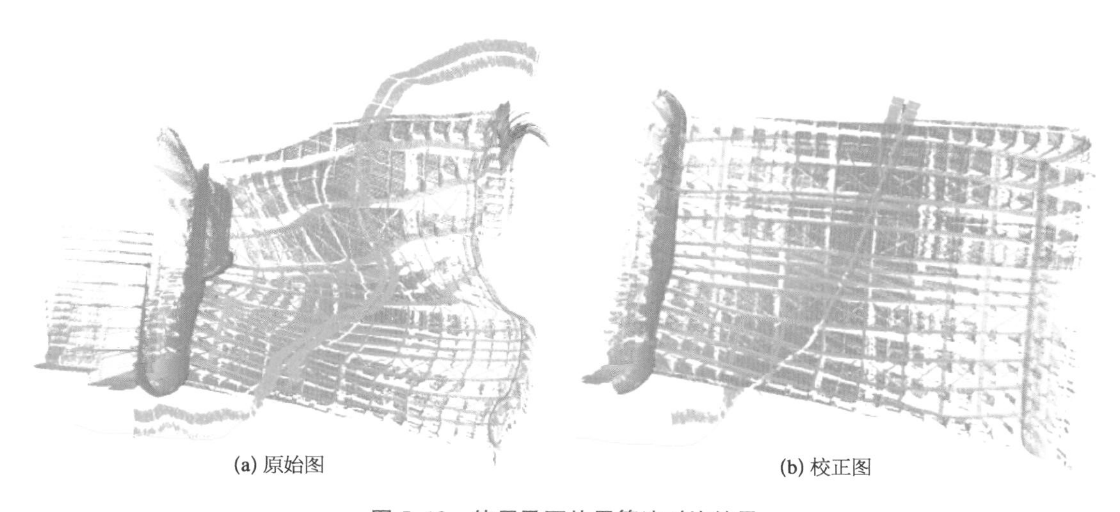

(a) 原始图　　(b) 校正图

图 5.13　使用及不使用算法对比结果

第 6 章　水面无人艇航行建模与控制技术

随着人工智能技术的发展，USV 的部署越来越多，特别是在执行相对复杂任务的应用中。本章将深入介绍 USV 航行建模与控制系统的设计，介绍并讨论用于航行建模和控制 USV 的方法。特别关注 USV 的运动规划，并提供一系列模拟结果以展示自主导航系统在实际海事环境中的有效性。

6.1 水面无人艇航行系统及控制策略

随着技术的快速发展，人们越来越关注在不同环境下运转的无人驾驶装备，包括陆地——无人驾驶地面载具(unmanned ground vehicle, UGV)，航空航天——无人驾驶飞行器(unmanned aerial vehicle, UAV)，海洋——AUV 和 USV。尽管所有类型的无人驾驶装备的发展都很重要，但是海洋无人驾驶装备，尤其是 USV 的技术发展并不像其他装备那样成熟。这在一定程度上是由于海洋环境的复杂性和政府及企业的需求较少所造成的。本节将通过讨论自主航行系统的设计来引领读者深入了解自动驾驶船舶，介绍航行建模和控制方法。在控制策略方面，将通过仿真结果来讲解运动规划(或路径规划)算法以展示实际的 USV 如何能够在开阔海域自主航行。

6.1.1 典型水面无人艇的导航控制系统

若想要更智能和更鲁棒地引导和控制 USV，自主航行系统至关重要。USV 的通用自主导航系统结构如图 6.1 所示。在系统中，数据采集模块(data acquisition module, DAM)监控并获取各种船只的实时交通信息，以确定 USV 以及其他船舶的位置、航向和速度。根据导航传感器馈送的信息，随后路径规划模块(path planning module, PPM)根据特定的任务要求生成安全航行路径。高级控制模块(advanced control module, ACM)系统最终计算获得适当的控制指令，便于船只鲁棒且准确地沿轨迹航行。

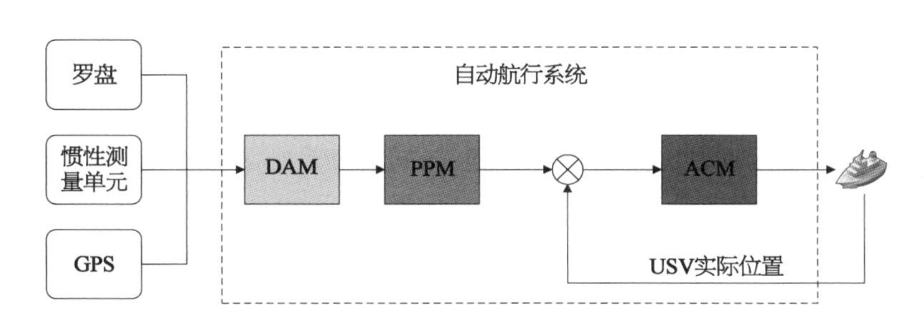

图 6.1　USV 的自主航行系统

USV 的早期发展大多集中在航行和控制模块上,其主要目的是让船舶准确地遵循预定轨迹航行。因为系统缺乏路径规划以及防撞能力,因此这些原型船只能执行简单的任务。自 2005 年以来,随着硬件技术的进步,使用人工智能的高级决策系统已经在 NGC (Nvidia GPU Cloud)系统中实施,这使得大多数 USV 平台的自主性获得了提升,障碍物监测和避障能力得以成功整合,USV 具有了执行更加复杂的任务的能力。下面回顾 USV 的代表性原型所采用的导航控制方法。

对于非军事应用,USV 主要由美国和欧洲的几所顶尖大学和研究机构研发。例如,麻省理工学院开发了一系列 USV,包括类似拖网渔船的 ARTEMIS、自主双体船海岸探索系统(ACES)、AutoCat 和 SCOUT。这些 USV 证明了使用比例微分(PD)控制和基于航路点且使用差分 GPS 的自动航向控制的可行性。这些高端 USV 的应用场景包括水文数据收集和使用分布式声学导航算法的海底潜航器的水下定位。

里斯本 DSOR 实验室最初开发了自主双体船 Delfim 用于通信中继节点以协助由欧盟项目 ASIMOV 资助的 AUV 探测任务,任务完成后,该船又被转为一个独立项目,用于收集水深和海底地图数据。Delfim 配备了姿态控制传感器、多普勒测距仪和差分 GPS,通过融合这些传感器的数据以提供准确的导航信息,并采用增益调度控制理论创建一个跟踪控制器以控制船舶沿着预定的路径航行。

英国普利茅斯大学开发了自主双体船 Springer,主要用于在浅水中进行污染物跟踪,环境和水文观测。它还可作为学术和科研机构的测试平台。该船将视距跟踪模块和控制系统集成以执行不同种类的任务。

日本雅马哈公司开发了名为 RB-26 的无线电控制农业 USV。该船主要部署在海田中,主要用于自动播种和施肥,在 USV 上安装了一个 GPS 罗盘,以获得精确度分别为 1 m 和 0.5°的位置和航向信息,并使用 PID 技术控制 USV,以遵循预定的路径来养护水稻。结果表明,RB-26 USV 可以自动跟踪预定路径,但其跟踪性能可能受到风的影响。

其余的一些针对教育和民用应用研制的 USV 包括:由德国罗斯托克大学的 Majohr 和 Buch 设计和开发的“测量海豚”,其在浅水中具有定位精度高、路径规划准确的特性;由 CNR-ISSIA Genova(意大利)开发的用于收集海面生物的自主双体船 Charlie;Twichell 等人开发了一款商业 USV,该船能够生成牡蛎栖息地的三维地图并绘制浅海海岸地图。如图 6.2 所示为典型 USV 平台。

出于安全原因,关于军用 USV 的文献并不多。但是,有关现有平台的一些信息可以在评论文章中找到。例如,美国开发了基于 Bombardier Sea Doo Challenger 2000 平台的 SSC San Diego USV,用作军事实验平台。SSC San Diego 的航点的导航系统采用了两级系统,包括接收和解析来自控制单元(operation control unit, OCU)的路径消息,以及执行 PID 控制,同时集成了避障算法用于避免近距离碰撞。

此外,以色列的 Silver Marlin USV 受到了极大的关注。除了高度的自动化和先进的障碍物监测能力外,其搭载的避障传感器可以创建其周围的动静障碍物的全局画面。该船已作为多栖特种部队的装备开始服役,该部队包括无人机,作战舰艇和地面部队。近年来这种用于复杂行动的多栖装备合作变得愈发重要,与单一平台相比,多栖装备合作的好

图 6.2　典型 USV 平台

处包括更广阔的任务范围，更强的系统鲁棒性和容错弹性。

6.1.2　水面无人艇控制策略

在无人驾驶装备研究领域，目前有三种被广泛应用的控制策略：

(1) 远程遥控策略：安装有自动驾驶仪的装备能够鲁棒地执行控制命令。但是，这类装备缺乏决策或规划系统，意味着载具由人类操作员指导。

(2) 半自动控制策略：同使用遥控器相比采用更高层次的控制策略。这些装备不仅配备了自动驾驶仪，并且能够自主做出决断。然而这类装备只能在相对简单的任务中自动化，并且在部分有难度的情况下需要人为操作。

(3) 全自动控制策略：最高等级的控制策略。装备能够在大多数情况下完全自主地执行所有类型的任务，不需要人类的操作干预。

图 6.3 从自治级别、系统可靠性和鲁棒性角度比较了这三种不同的策略。尽管远程遥控策略由于人类操作员的参与，自动化水平最低，但这种方法可以提供最高的系统可靠性，特别是对于一些复杂的任务。相反，全自动控制策略牺牲了系统的可靠性以实现高度自治。此外，为了使全自动控制策略更好地完成任务，对于人工智能技术、传感器套件、高效的信息传输通道和智能决策算法的需求也在不断提升。

目前无人驾驶领域的研究近况是：无人机和可移动机器人是自动化程度最高的，而海洋领域的装备目前仍采用半自动方式。这可能是由于普及程度的不同造成的。像无人

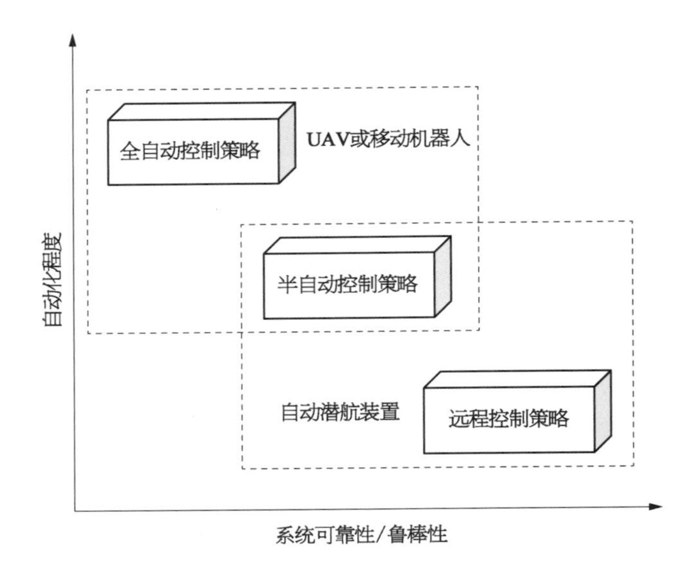

图 6.3　不同策略下系统自动化程度和系统可靠性关系图

机和可移动机器人这种广泛应用于民用领域的设备，它们的广泛应用性很大程度推进了相关的研究。另外，这两种平台的易用性也使得新技术的验证变得更加容易。最后，海洋环境的多样性对自动驾驶船舶提出了更高的要求，不仅涉及船舶设计，还涉及其相关导航系统。

6.2　水面无人艇数学建模

船舶运动的数学建模对于系统分析的准确性和载具控制的鲁棒性非常重要。一般来说，船舶以 6 个自由度移动，进而确定 6 个独立坐标以明确位置和移动方向。如图 6.4 所示，位置信息分为纵荡，横荡，和垂荡，以 x、y、z 坐标对时间的微分来表示移动速度。类似地，姿态信息分为横摇、纵摇和首摇，以 row、pitch、yaw 角对时间的微分来表示旋转角速度。

6 自由度运动是所有海洋装备运动的通用形式，包括 AUV 和 USV，它可以根据装备的类型或装备的推进系统进一步简化。如表 6.1 中，对于 AUV，因为它可以在三维环境中自由移动，可以使用 6 自由度，这 6 个动作中的每一个都可以用来控制船体。相比之下，水面船只的运动被限制在海面，这意味着它的运动可以通过忽略升沉、俯仰和横滚运动而减少到 3 自由度。值得注意的是，对于小型 USV，由于安装推进系统的空间不足，即使船舶的运动仍属于 3 自由度，也只能控制喘振和首摇运动，使得对船舶的控制不足。

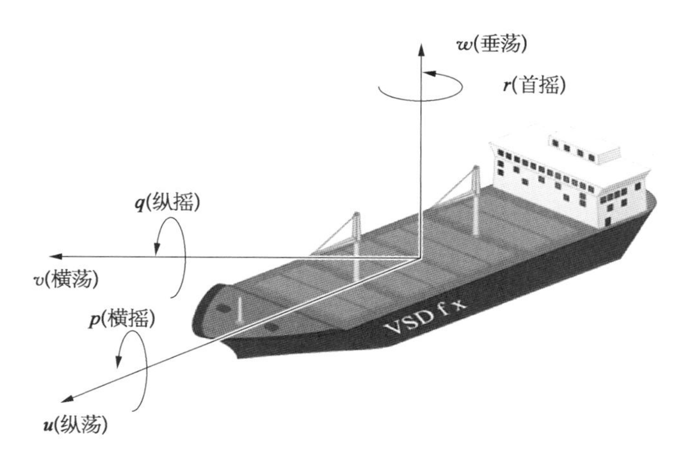

图 6.4　水面舰船自由度运动

表 6.1　不同平台下的运动方式分类

船舶类型	工作环境	自由度	移　动　控　制
水下潜航器	三维环境	6	纵荡、横荡、垂荡，横摇、纵摇和首摇
水面船舶	二维环境	3	纵荡、横荡、首摇
小型 USV	二维环境	3	纵荡、首摇

6.2.1　水面无人艇动力学模型

当获取船舶的动力学方程时，不需要考虑引起船舶运动的力的变化，仅考虑船舶的几何运动。然而，运动本身是非常复杂的，因此定义了用于表述船舶位置和速度的不同坐标系，以下为几个比较常用的坐标系：

（1）惯性坐标系：这是一个非加速参考坐标系，坐标原点位于地球中心的情况下应用牛顿运动定律。通常，位置和方向信息在惯性坐标系下表示为：

$$\boldsymbol{P}^e = \begin{bmatrix} x \\ y \\ z \end{bmatrix} \in \mathbb{R}^3$$

$$\boldsymbol{\Theta}^e = \begin{bmatrix} \phi \\ \theta \\ \psi \end{bmatrix} \in \boldsymbol{S}^3$$

其中，$\boldsymbol{P}$ 描述了船舶在惯性坐标系中的位置，而 $\boldsymbol{\Theta}$ 则代表方向信息。

（2）体坐标系：这是一个移动坐标系，其原点固定于船舶上。

x 轴为横向运动（波动运动）方向，y 轴为前向云顶（摇摆运动）方向，z 轴为垂直运动（起伏运动）方向。身体坐标系被广泛应用于运动方程中，船舶的线速度和角速度在体坐

标系中定义为

$$V^b=\begin{bmatrix}u\\v\\w\end{bmatrix}\in\mathbb{R}^3$$

$$\omega^b=\begin{bmatrix}p\\q\\r\end{bmatrix}\in\boldsymbol{S}^3$$

分别基于惯性坐标系和体坐标系定义的位置和移动速度，6 自由度运动方程可以写成

$$\dot{\eta}=J(\boldsymbol{\eta})\boldsymbol{v}$$

其中 $\boldsymbol{\eta}$ 和 $\boldsymbol{v}$ 分别为

$$\boldsymbol{\eta}=\begin{bmatrix}P^e\\\Theta^e\end{bmatrix}\in\mathbb{R}^3\times\boldsymbol{S}^3,$$

$$\boldsymbol{v}=\begin{bmatrix}v^b\\\omega^b\end{bmatrix}\in\mathbb{R}^6$$

$\boldsymbol{J}(\boldsymbol{\eta})$ 是用于将体坐标系中的速度信息转换成惯性坐标系中的速度信息的转移矩阵。可以写成

$$\boldsymbol{J}(\boldsymbol{\eta})=\begin{bmatrix}\boldsymbol{R}_b^e(\boldsymbol{\Theta}) & 0_{3\times3}\\0_{3\times3} & \boldsymbol{T}_{\boldsymbol{\Theta}}(\boldsymbol{\Theta})\end{bmatrix}$$

其中 $\boldsymbol{R}_b^e(\boldsymbol{\Theta})$ 和 $\boldsymbol{T}_\Theta(\boldsymbol{\Theta})$ 分别表示线速度转移矩阵角速度转移矩阵：

$$\boldsymbol{R}_b^e(\boldsymbol{\Theta})=\begin{bmatrix}\cos\psi\cos\theta & -\sin\psi\cos\phi+\cos\psi\sin\theta\sin\phi & \sin\psi\sin\phi+\cos\psi\cos\phi\sin\theta\\\sin\psi\cos\theta & \cos\psi\cos\theta+\sin\phi\sin\theta\sin\psi & -\cos\psi\sin\phi+\sin\psi\cos\phi\sin\theta\\-\sin\theta & \cos\theta\sin\phi & \cos\theta\cos\phi\end{bmatrix}$$

$$\boldsymbol{T}_\Theta(\boldsymbol{\Theta})=\begin{bmatrix}1 & \sin\phi\tan\theta & \cos\phi\tan\theta\\0 & \cos\phi & -\sin\phi\\0 & \sin\phi/\cos\theta & \cos\phi/\cos\theta\end{bmatrix}$$

对于水面船舶，可以忽略垂荡、纵摇和横摇运动，从而获得了自由度运动方程：

$$v=\begin{bmatrix}u\\v\\r\end{bmatrix}$$

$$\eta = \begin{bmatrix} x \\ y \\ \psi \end{bmatrix}$$

现在转移矩阵可以写成：

$$\boldsymbol{J}(\boldsymbol{\psi}) = \begin{bmatrix} \cos\psi & -\sin\psi & 0 \\ \sin\psi & \cos\psi & 0 \\ 0 & 0 & 1 \end{bmatrix}$$

6.2.2　水面无人艇运动模型

传统上 6 自由度非线性动态运动的表述采用了如下公式：

$$\boldsymbol{M}\dot{v} + \boldsymbol{C}(v)v + \boldsymbol{D}(v)v + \boldsymbol{g}(\eta) = \boldsymbol{\tau} + w$$

其中 M 是对称正定系统惯性矩阵，$\boldsymbol{C}(v)$ 是科里奥利向心矩阵，$\boldsymbol{D}(v)$ 是阻尼矩阵而 $\boldsymbol{g}(\eta)$ 则是代表引力、浮力和它们力矩的向量。等式的右边列出了影响船舶运动的所有作用力，包括输入控制向量（$\boldsymbol{\tau}$）和由风和海浪等因素引起的环境扰动（w）。

系统惯性矩阵 $\boldsymbol{M}$ 是刚体惯性矩阵（$\boldsymbol{M}_{RB}$）和质量矩阵（$\boldsymbol{M}_A$）的和，表示为

$$\boldsymbol{M} = \boldsymbol{M}_{RB} + \boldsymbol{M}_A = \begin{bmatrix} \boldsymbol{m}\boldsymbol{I}_{3\times3} & -\boldsymbol{m}\boldsymbol{S}(\boldsymbol{r}_g^b) \\ \boldsymbol{m}S(\boldsymbol{r}_g^b) & I_0 \end{bmatrix} + \begin{bmatrix} A_{11} & A_{12} \\ A_{21} & A_{22} \end{bmatrix}$$

其中 $\boldsymbol{m}$ 是船舶的质量 $I_0 \in \mathbb{R}^3$ 是惯性矩阵，r_b^g 是定义为 $[x_g, y_g, z_g]^{\mathrm{T}}$ 的重心坐标，$\boldsymbol{S}(r_g^b)$ 是一个反斜对称矩阵，形式为 $\boldsymbol{S}(r_g^b) = \begin{bmatrix} 0 & -z_g & y_g \\ z_g & 0 & -x_g \\ -y_g & x_g & 0 \end{bmatrix}$，使用流体动能的概念，质量矩阵（$\boldsymbol{M}_A$）可以进一步扩展为

$$\boldsymbol{M}_A = \begin{bmatrix} X_{\dot{u}} & X_{\dot{v}} & X_{\dot{\omega}} & X_{\dot{p}} & X_{\dot{q}} & X_{\dot{\tau}} \\ Y_{\dot{u}} & Y_{\dot{v}} & Y_{\dot{\omega}} & Y_{\dot{p}} & Y_{\dot{q}} & Y_{\dot{\tau}} \\ Z_{\dot{u}} & Z_{\dot{v}} & Z_{\dot{\omega}} & Z_{\dot{p}} & Z_{\dot{q}} & Z_{\dot{\tau}} \\ K_{\dot{u}} & K_{\dot{v}} & K_{\dot{\omega}} & K_{\dot{p}} & K_{\dot{q}} & K_{\dot{\tau}} \\ M_{\dot{u}} & M_{\dot{v}} & M_{\dot{\omega}} & M_{\dot{p}} & M_{\dot{q}} & M_{\dot{\tau}} \\ N_{\dot{u}} & N_{\dot{v}} & N_{\dot{\omega}} & N_{\dot{p}} & N_{\dot{q}} & N_{\dot{\tau}} \end{bmatrix}$$

$\boldsymbol{C}(v)$ 是基于科里奥利和离心项计算的：

$$\boldsymbol{C}(v) = \boldsymbol{C}_{\boldsymbol{RB}}(v) + \boldsymbol{C}_{\boldsymbol{A}}(v)$$

其中：

$$\boldsymbol{C}_{RB}(v)=\begin{bmatrix} 0_{3\times3} & -m\boldsymbol{S}(v_1)-m\boldsymbol{S}(v_2)\boldsymbol{S}(r_b^g) \\ -m\boldsymbol{S}(v_1)+m\boldsymbol{S}(v_2)\boldsymbol{S}(r_b^g) & -\boldsymbol{S}(I_0v_2) \end{bmatrix}$$

$$\boldsymbol{C}_A(v)=\begin{bmatrix} 0 & 0 & 0 & 0 & -a_3 & a_2 \\ 0 & 0 & 0 & a_3 & 0 & -a_1 \\ 0 & 0 & 0 & -a_2 & a_1 & 0 \\ 0 & -a_3 & a_2 & 0 & -b_3 & b_2 \\ a_3 & 0 & -a_1 & b_3 & 0 & -b_1 \\ -a_2 & a_1 & 0 & -b_2 & b_1 & 0 \end{bmatrix}$$

矩阵中：

$$\left.\begin{aligned} a_1&=X_{\dot u}u+X_{\dot v}v+X_{\dot w}w+X_{\dot p}p+X_{\dot q}q+X_{\dot r}r \\ a_2&=X_{\dot v}u+Y_{\dot v}v+Y_{\dot w}w+Y_{\dot p}p+Y_{\dot q}q+Y_{\dot r}r \\ a_3&=X_{\dot w}u+Y_{\dot w}v+Z_{\dot w}w+Z_{\dot p}p+Z_{\dot q}q+Z_{\dot r}r \\ b_1&=X_{\dot p}u+Y_{\dot p}v+Z_{\dot p}w+K_{\dot p}p+K_{\dot q}q+K_{\dot r}r \\ b_2&=X_{\dot q}u+Y_{\dot q}v+Z_{\dot q}w+K_{\dot q}p+M_{\dot q}q+N_{\dot r}r \\ b_3&=X_{\dot r}u+Y_{\dot r}v+Z_{\dot r}w+K_{\dot r}p+M_{\dot r}q+N_{\dot r}r \end{aligned}\right\}$$

$\boldsymbol{D}(v)$ 是阻尼矩阵，包括线性阻尼项 D 和非线性阻尼项 $D_n(v)$：

$$\begin{aligned} \boldsymbol{D}(v)&=\boldsymbol{D}+\boldsymbol{D}_n(v) \\ &=-diag(X_u+Y_v+Z_w+K_p+M_q+N_r) \\ &=-diag(X_{|u|u}\,|u|+Y_{|v|v}\,|v|+Z_{|w|w}\,|w|+K_{|p|p}\,|p| \\ &\quad+M_{|q|q}\,|q|+N_{|r|r}\,|r|) \end{aligned}$$

其中 X_u，Y_v，Z_w，K_p，M_q，N_r 是线性阻尼系数，$X_{|u|u}\,|u|$，$Y_{|v|v}\,|v|$，$Z_{|w|w}\,|w|$，$K_{|p|p}\,|p|$，$M_{|q|q}\,|q|$，$N_{|r|r}\,|r|$ 是二次项阻尼系数。

最终，重力、浮力和它们的力矩可以计算为

$$\boldsymbol{g}(\eta)=\begin{bmatrix} (W-B)\sin\theta \\ -(W-B)\sin\phi\cos\theta \\ -(W-B)\cos\phi\cos\theta \\ -(y_gW-y_bB)\cos\phi\cos\theta+(z_gW-z_bB)\sin\phi\cos\theta \\ (x_gW-x_bB)\cos\phi\cos\theta+(z_gW-z_bB)\sin\theta \\ -(x_gW-x_bB)\sin\phi\cos\theta+(y_gW-y_bB)\sin\theta \end{bmatrix}$$

其中 W 是重力，B 是作用点在 (x_g, y_g, z_g) 处的浮力。

6.3　水面无人艇智能路径规划和控制

由图 6.1 可知，在三个模块（DPM、PPM 和 ACM）中，由于大多数决定需要在 PPM 中完成，因此 PPM 在自主航行系统中起着最重要的作用，它能够使得船舶能够安全自主地航行。典型的决策有：① 船舶如何能够以最高效的方式找到到达目标点的参考路线；② 船舶应如何调整其轨迹以适应突发情况，比如发生了一些预料外的船舶移动；③ 船舶如何在最大程度上减少恶劣天气或环境条件的影响。所有这些问题必须在 PPM 中通过实施规划算法解决，并且由于需要在短时间内做出决策，PPM 需要有足够高的运算效率。

总的来说，规划算法可以根据其涉及的属性分为两类：

（1）路径规划：重点关注从起点到终点的路径中必须安全无碰撞，忽略速度和加速度这样的动态属性。

（2）运动规划：考虑额外动态属性（也称为轨迹规划）。

路径规划通常仅指机器人位置和几何方向的计算，而运动规划则还会涉及线速度和角速度的评估，将机器人动力学考虑在内。因此，路径规划是运动规划的子集，并且路径规划算法提供的路线通常被认为是覆盖大范围运动区域的参考路线。而运动规划算法更常用于在受限区域中航行的小型船舶，船舶在这块区域中的运动将受到约束。在本章中这两种不同的算法都没有被特别区分，它们都被称为路径规划。

对规划算法进行分类的另一种方法是根据实时性来区分，即在线和离线规划。离线规划主要处理不包含移动障碍物的环境，因此可以在航行前完成路径计算。生成的路径也可以认为是最佳路径。与之相反，在线规划通常在动态环境中采用，其中需要避免多个静止或移动障碍物，由于传感器不断更新环境信息并修改路线，因此其产生的运动路径更具实时性。

图 6.5 所示为采用在线和离线规划策略的船舶路径规划典型流程图。从图中可以看出，这两种策略的主要区别在于，对于在线规划策略，附加的碰撞风险评估系统与路径规划算法集成在了一起。碰撞风险评估能够确定与其他船舶的潜在碰撞危险，如果此类风险高到足以触发安全问题，则路径规划算法将会被建议重新规划路径并提供适当的规避动作。典型的碰撞风险评估策略包括一维方法，即最近点（closest point of

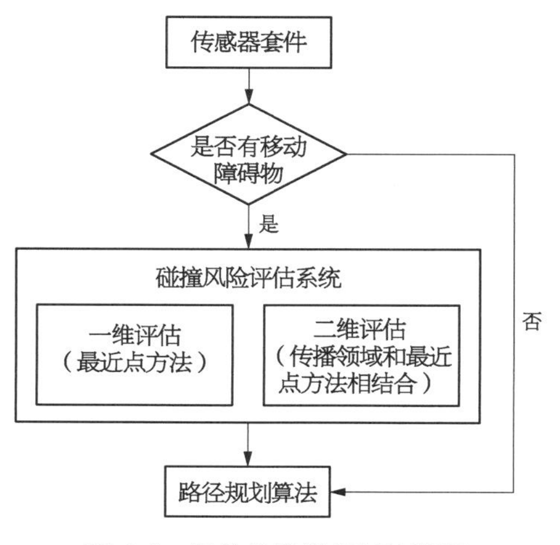

图 6.5　船舶的路径规划流程图

approach，CPA)方法和二维(2D)方法，即船舶领域模型和CPA组合。

在下面的几节中，将介绍两种不同碰撞风险评估方法背后的基本理论，然后还将介绍一种切实可行的船舶风险评估策略。在路径规划方面，在回顾和比较一系列常用的规划算法后，将具体介绍基于快速行进方法(fast marching method，FMM)的路径规划方法。

6.3.1 碰撞风险评估策略

1) 基于CPA的碰撞风险评估策略

碰撞风险评估采用的初始概念是基于CPA或相关船舶之间的瞬时最短距离。获取的参数包括时间最近点(time of closest point of approach，TCPA)和空间最近点(distance to closest point of approach，DCPA)。图6.6说明了两船遭遇情况下TCPA和DCPA的计算方式。假设USV1以速度V_1行进，而USV2则以V_2的速度行进，V_{12}则是USV1同USV2的相对速度。D是两船之间的距离，γ则是相对位置和相对运动方向的夹角，计算可得DCPA和TCPA为

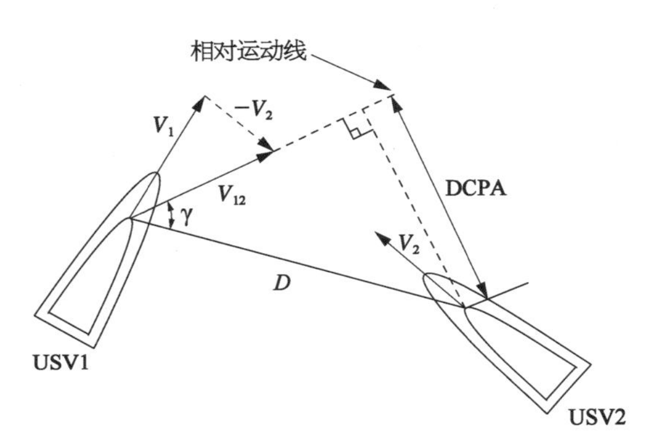

图6.6 基于DCPA的碰撞风险评估

$$d_{\text{CPA}} = D \times \sin(\gamma)$$

$$t_{\text{CPA}} = \frac{d_{\text{CPA}}}{V_{12}}$$

总体来说，如果满足以下两个条件，则两船之间存在碰撞风险：

$$d_{\text{CPA}} < d_{\text{CPA\_}limit}$$

$$0 \leqslant t_{\text{CPA}} < t_{\text{CPA\_}limit}$$

$t_{\text{CPA_}limit}$和$d_{\text{CPA_}limit}$分别表示预定义的最小时间和空间安全距离，所有船舶都应遵守这一临界距离。

2) 基于船舶领域的碰撞风险评估

基于CPA的碰撞风险评估使用一维信息(距离信息)进行，并且评估中涉及的船舶被简化为质点。然而，由于船舶运动的非线性以及海上交通环境的复杂性，用一些能明确揭示船舶行为的区域来代表船舶更为贴近实际，这样的区域被称为船舶领域。

船舶领域模型是一种能够阻止其他船舶靠近的二维安全区域，它的形状主要是根据导航统计数据构建的，通常由三种不同的形状组成，分别由Fujii和Tanaka，Goodwin和Davis等人提出。

如表6.2，可以看出Fujii和Tanaka的模型通常用于狭窄区域，而另外两种则更适合开阔海域。这三种模型已成为研究船舶领域的基本模型，并且基于模糊逻辑和人工神经网络针对特定环境和航行需求进行了后续改进。

表 6.2　三种不同船舶领域模型对比

船舶领域	发明者	形状和尺寸	适用环境
3.2L 8L	Fujii 和 Tanaka	椭圆形，其中短轴为 3.2L 长轴为 8L（L 为船身长度）	较为狭窄的区域，如海峡
船头方向 0.7 n mile 0.85 n mile 0.45 n mile	Goodwin	分为三个分散区域，半径分别为 0.85 n mile, 0.7 n mile, 0.45 n mile	开阔海域，该形状符合海上交通规则
区域 2 区域 1 区域 3	Davis 等人	圆形，根据 Goodwin 定义的区域分为三块	波动、滚转

当使用船舶领域方法进行碰撞风险评估时，首先计算关于 CPA 的信息（主要是 DCPA 值），并且如果 DCPA 值小于船舶领域大小，则需要适当的规避操纵。基于此，Tam 和 Bucknall 提出了一种实用的碰撞风险评估策略，其算法流程图如图 6.7 所示。它根据 OS 和目标船（TS）的离散化路径来评估风险，沿着固定的路径间隔，计算和评估瞬时遭遇的碰撞风险类型。评估主要包括两个步骤，即根据 OS 和 TS 的位置和速度确定该次“遭遇”的种类，并根据“遭遇”的种类和 TS 的速度来应用船舶领域计算。使用评估循环以便于考虑所有涉及的 TS，并且将评估导航路径上的所有离散点的碰撞风险。这种评估策略采用了循环式评估方法，会对所有的 TS 在所有航行路径上的离散点进行风险评估。根据风险评估结果，如果需要采取行动规避，那么路径规划算法将会重新规划路线，这些内容将会在下一节做具体讨论。

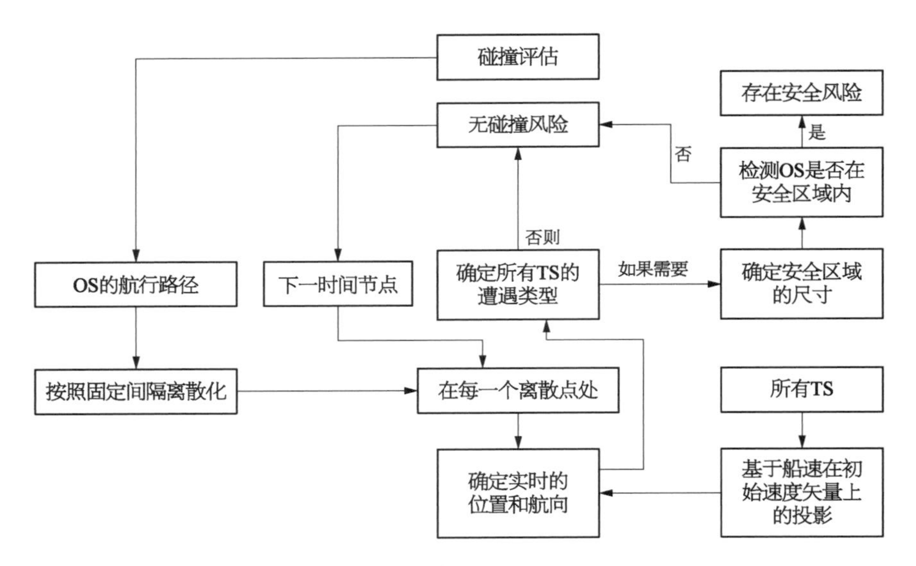

图 6.7　碰撞风险评估流程图

6.3.2　水面无人艇运动规划

USV 的路径规划的目的是生成引导轨迹，通过遵循该轨迹进行航行，船舶能够自主地完成任务。在计算路径过程中，需要考虑各种实际条件，以确保生成的路径最优。通常考虑的成本包括距离最短、能耗最小、航行安全最大化等。

比较常见的运动规划算法可以大致分为两类，即确定性和启发式方法。确定性搜索方法通过遵循一组定义好的步骤来完成任务，具有完整性和一致性的特点。只要任务下达，就一定能够获得搜索结果；此外，在环境不变的情况下，输出的结果也会保持不变。然而，确定性搜索的主要问题之一是复杂空间条件下的运算时间过长。比较流行的确定性方法包括人工势场法、地图法、快 FMM 等优化算法。

提出启发式算法的初衷是为了解决一些确定性方法无法解决的特殊问题，并在难以找到精确的解决方案时提供近似解决方案。然而，因为启发式算法只搜索全局空间的子空间，因此不能保证结果的全局最优性，即只能获得接近最优的结果。此外，由于算法在空间中是随机搜索的，导致结果的一致性不如确定性方法。最典型的启发式算法为进化算法（evolutionary algorithm，EA），其中包括遗传算法（genetic algorithm，GA）、粒子群算法（particle swarm optimisation，PSO）和蚁群算法（ant colony optimisation，ACO）。

1）FMM 算法

FMM 最初是由 J. Sethian 于 1996 年提出的，用于迭代求解 Eikonal 方程以模拟物体的移动。Eikonal 方程的形式为

$$|\nabla T(x)|V(x)=1$$

其中 $T(x)$ 是点 x 到达物体处的时间，$V(x)$ 则是物体移动速度，Eikonal 方程属于偏微分方程(PDE)，当使用 FMM 时，可以使用积分的方法获得其数字解。FMM 的求解过程类似于 Dijkstra 的方法，但以连续的方式求解。假设 (x, y) 是 $T(x, y)$ 需要求解的点。则与之相邻的点则是一个包含四个元素的 $(x+\Delta x, y)$、$(x-\Delta x, y)$、$(x, y+\Delta y)$、$(x, y-\Delta y)$ 的点集合，$T(x, y)$ 可以由以下式子获得

$$\left.\begin{aligned} &T_1=\min(T_{(x-\Delta x, y)}, T_{(x+\Delta x, y)}) \\ &T_2=\min(T_{(x, y-\Delta y)}, T_{(x, y+\Delta y)}) \\ &|\nabla T_{(x, y)}|=\sqrt{\left(\frac{T_{(x, y)}-T_1}{\Delta x}\right)^2+\left(\frac{T_{(x, y)}-T_2}{\Delta y}\right)} \\ &\left(\frac{T_{(x, y)}-T_1}{\Delta x}\right)^2+\left(\frac{T_{(x, y)}-T_2}{\Delta y}\right)=\frac{1}{(V_{(x, y)})^2} \end{aligned}\right\}$$

其中 Δx 和 Δy 则分别是 x 和 y 方向上的网格间距。

以上几个公式的解为

$$T_{(x, y)}=\begin{cases} T_1+\dfrac{1}{V_{(x, y)}} & \text{if } T_2 \geqslant T \geqslant T_1 \\ T_2+\dfrac{1}{V_{(x, y)}} & \text{if } T_1 \geqslant T \geqslant T_2 \\ \text{Eikonal 方程的二次解,if } T>\max(T_1, T_2) \end{cases}$$

为了进一步说明 FMM 算法，图 6.8 展示了一个如何针对 6×6 网格图进行规划的简单案例。图 6.8a 显示了算法的初始配置，中间点是算法起点。网格尺寸为 1×1，并且在每个点处将物体移动速度设置为 1。FMM 算法执行时，网格点被分为三个不同的组，如下所示：

远点(标记为浅蓝色)：包含具有未定到达时间值(T)的网格点。在运行 FMM 的第一步时，除起点之外的所有网格点都属于远点。

已知点(标记为红色)：包含具有确定到达时间值(T)的网格点。执行算法时，这类值不会被改变。

试验点(标记为绿色)：包含需要计算到达时间值(T)的网格点；但是，算法执行过程中这些值是可变的。

图 6.8b 展示了 FMM 执行的第一步，起点是目前唯一的已知点，T 值为 0。起点的四个相邻点由试验点组成，因此标记为绿色，计算的到达时间 T 为 1。

对于下一步，将首先从试验集中选择具有最小到达时间成本的点作为新的已知点；如果四个相邻点的开销相同，则默认下方的点为最低开销点，此时该点被设定为已知点，而其相邻点则被设为试验点(如图 6.8c 所示)。步骤 3 和 4 则重复该过程来更新路线图，如图 6.8d 和 e 所示，最终的结果如图 6.8f 所示。在图 6.8f 中，观察到起点具有最小到达时间 0；而其他点的到达时间与到起点的距离成正比增加，形成潜在场，其中势场值代表到

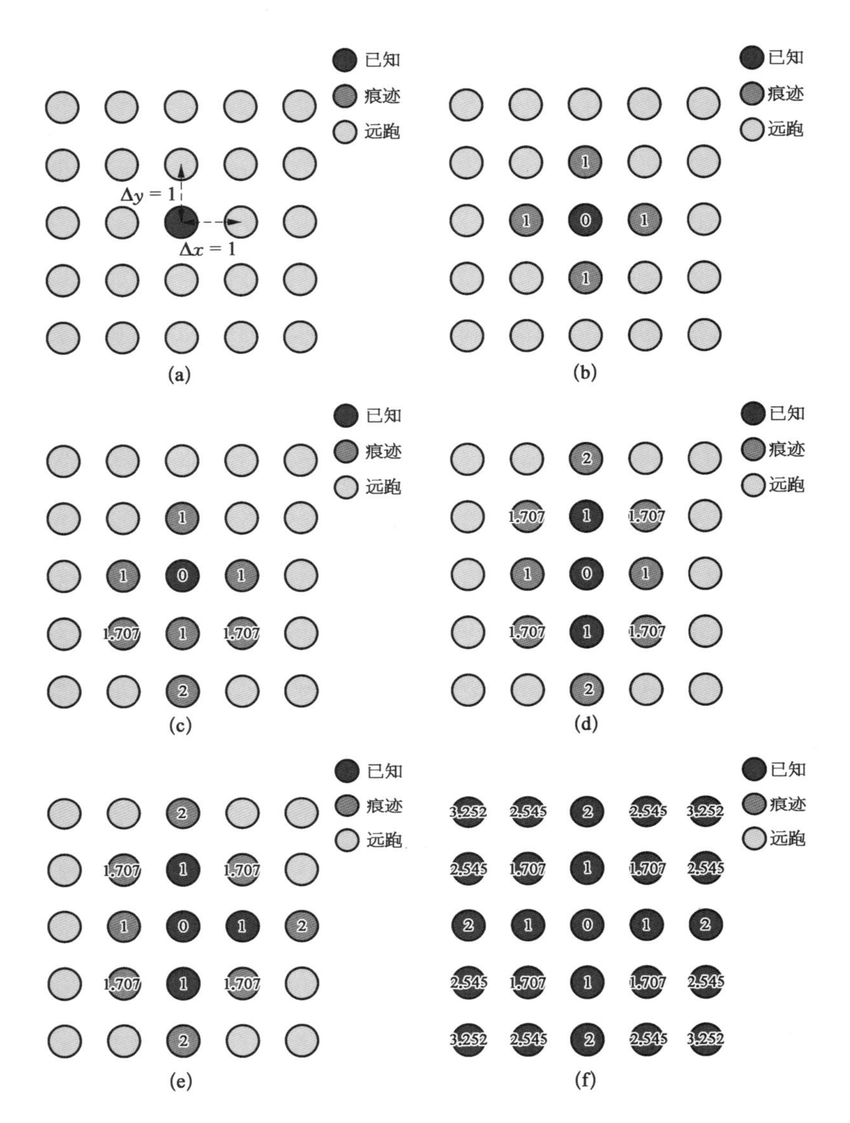

图 6.8　使用 FMM 的更新过程

达时间，最小势场值位于起点。

2）基于 FMM 的路径规划算法

表 6.3 中描述了基于 FMM 的路径规划算法，假设算法执行的路径规划空间如图 6.9a 所示，该空间有对应的二进制网格化地图，该算法首先读入 M 并计算其速度矩阵（$\boldsymbol{V}$）。FMM 基于 V 矩阵从起点计算到达时间矩阵 T。生成的 T（如图 6.9b 所示）可以被视为到达时间势场，其中势场值表示物体的到达时间，如果使用恒定速度矩阵，则势场值表示物体的到达距离。然后，基于到达时间矩阵 $\boldsymbol{T}$，通过应用梯度下降方法（如图 6.9c 中的红线所示）最终搜索最佳路径。然后，基于到达时间矩阵 $\boldsymbol{T}$，通过应用梯度下降方法（如图 6.9c 中的红线所示）搜索最佳路径。

表 6.3　FMM 路径规划算法

FMM 路径规划算法
需求：规划空间（$\boldsymbol{M}$），起点 P_{start}，终点 P_{end} 伪码：1. 由矩阵 $\boldsymbol{M}$ 计算出速度矩阵 $\boldsymbol{V}$ 2. 使用 FMM 算法根据速度矩阵 $\boldsymbol{V}$ 计算到达时间矩阵 $\boldsymbol{T}$ 3. 根据梯度下降法计算路径 4. 返回结果

另一种基于 FMM 的路径规划算法是 Goez 等人提出的平方律快速匹配（fast marching square，FMS）方法。与 FMM 相比，FMS 生成的轨迹安全性更高，原因是该算法使船舶距离障碍物更远。FMS 的表示方法见表 6.4。它首先使用 FMM 将所有障碍物内的点展开一定范围以生成潜在安全区域。基于这个安全区域，从起点再次执行 FMM 以生成最终路径。使用与此前相同的地图，FMS 生成的路径如图 6.9c 中的绿色线所示，该路径相比此前增加了安全性。

表 6.4　FMS 路径规划算法

FMS 路径规划算法
需求：规划空间（$\boldsymbol{M}$），起点 P_{start}，终点 P_{end} 伪码：1. 将所有障碍物内的点 a 设置为障碍点 2. 使用 FMM 算法生成障碍点矩阵 $\boldsymbol{M}_S$ 3. 使用 FMM 算法根据 $\boldsymbol{M}_S$，起点 P_{start}，终点 P_{end} 计算到达时间矩阵 $\boldsymbol{T}$ 4. 根据梯度下降法计算路径 5. 返回结果

最后，基于 USV 和 FMS 算法的运动学规则，Liu 和 Bucknall 提出了角度引导快速行进算法（angle-guidance fast marching square，AFMS），目的是生成符合船舶动力学的轨迹（见表 6.5 显示的伪码）。它使用 FMS 作为基本算法，并且生成了符合 USV 的运动特性的轨迹，AFMS 的核心是在规划空间（$\boldsymbol{M}$）上创建“引导范围”（GR）（见表 6.5 中的第一行所示）。GR 的形状如图 6.10 所示。它由两个不同的扇区组成，即白色部分的转弯范围扇区和阴影部分的障碍区域扇区。转弯范围扇区的尺寸由以下三个参数控制：

（1）距离（d）：锥形的半径，它能够控制影响路径的影响范围，并且与 USV 的波动运动速度有关。

$$d=\begin{cases} d_{\min} & u<u_{\text{permit}} \\ u\times \text{rangeScalar} & \text{其他情况} \end{cases}$$

其中 $d_{\min}$ 是预定义的 USV 低速行驶情况下的最小安全距离[根据国际海事组织（International Maritime Organization，IMO）的推荐大约为船身长度的 3 到 4 倍]。范围量是用于调节 GR 范围大小的参数，以防止算法生成超大的障碍区域进而屏蔽终点位置。

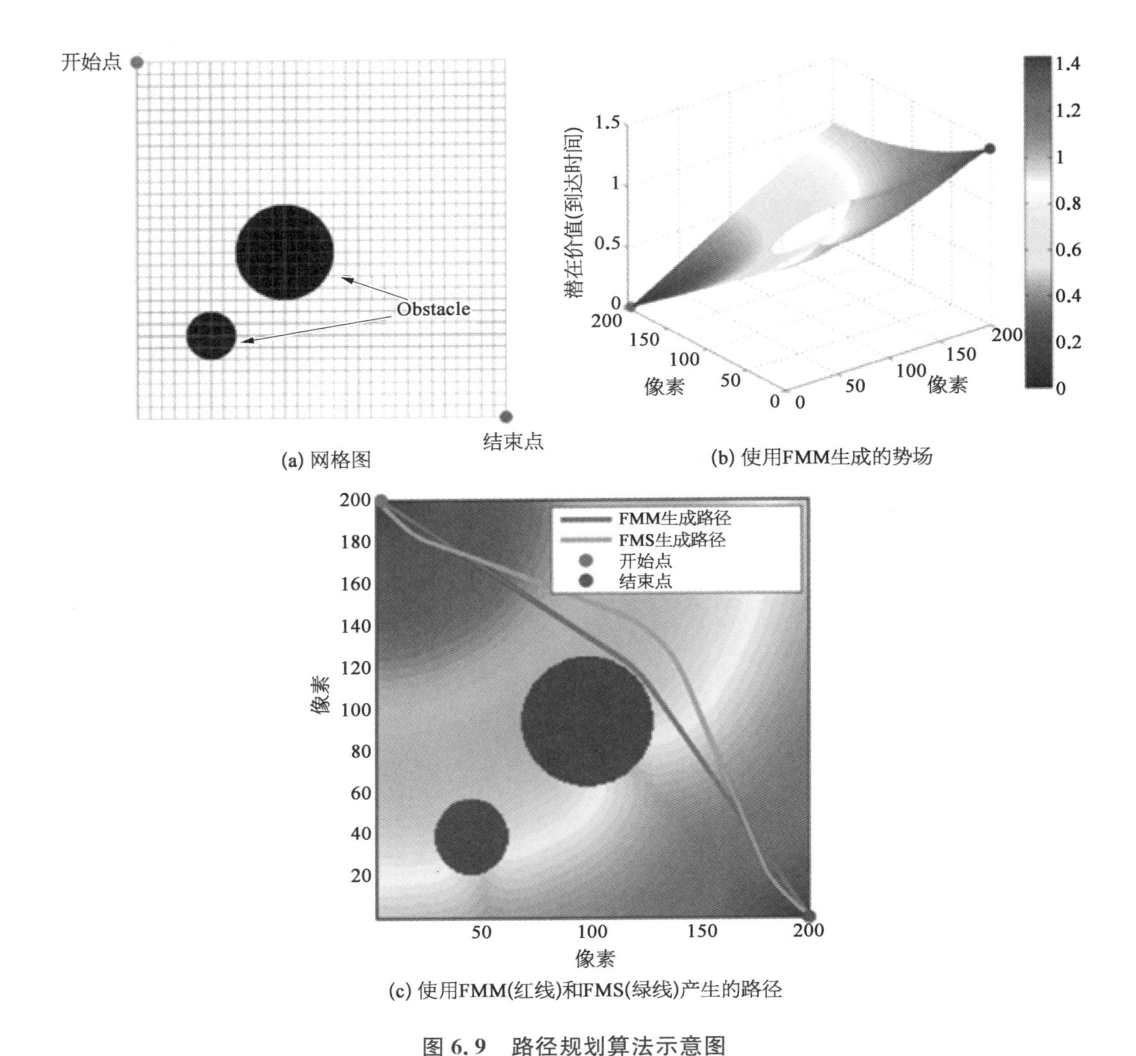

(a) 网格图

(b) 使用FMM生成的势场

(c) 使用FMM(红线)和FMS(绿线)产生的路径

图 6.9 路径规划算法示意图

每个点的势场值表示到起点的距离，势场值越高，到起点的距离越长

表 6.5 AFMS

AFMS
需求：规划空间（$\boldsymbol{M}$），起点 P_{start}，终点 P_{end}，航向角 α，转向角（θ），范围半径（r）
伪码：1. 将引导范围转化为实际可行范围
2. 将扇形范围内的障碍物点 p 的势场 MP 全部设置为 0
3. 根据梯度下降法计算路径
4. 返回结果

（2）航向角（α）：代表 USV 的当前航向并确定 GR 的方向。

（3）转向角（θ）：根据 USV 的偏航角极限计算得出的

$$\theta = r_{\max} \Delta T$$

其中 ΔT 是时间步长而 r_{max} 则是偏航角变化率的上限。

转弯范围扇区内的变化权值应该同规划空间 **M** 中的权值相同，另外，由于移动路径应包含于偏航扇区内，因此令障碍扇区的地位同障碍物一样，障碍扇区的网格势场值被指定为 0。图 6.10 为 GR 图例。

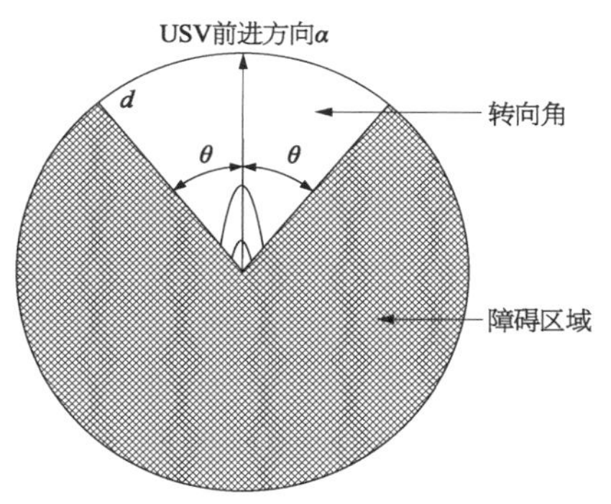

图 6.10　GR 图例

6.3.3　水面无人艇智能导航

本小节中将给出仿真结果，用以展示在实际海洋环境中自主导航的 USV 编队的表现情况，该仿真的主要目的是验证路径规划算法能否成功地避免碰撞。为保证路径的平滑性和安全性，这里采用了 FMS 路径规划算法。模拟环境中包含许多静态和动态障碍物，动态障碍物（或移动的船只）被在模拟环境中以多种方式运动，即移动的船只可以改变其速度的方向和大小。因此为了避免碰撞，需要对算法效率提出更高的要求。

在仿真过程中，假设在编队中使用相同的 USV。队首 USV 的速度被设定为常数，便于其他 USV 跟踪，但也可以根据它们在队伍中的位置实时更改速度。例如，当跟踪者已经处于编队中的期望位置时，需要它与队首 USV 保持速度一致，如果跟踪者的当前位置偏离期望位置，则跟踪者可以选择加速赶上或减速等待。

本节中使用的仿真区域是从朴次茅斯港附近的实际环境中提取的（如图 6.11 所示），这是一个大型天然水域，也是英国最繁忙的港口之一。为了便于算法搜索路线，这块 2.5 km×2.5 km 的区域被转换为一个 500 像素×500 像素的二进制地图。仿真包括三条目标船，并且 TS1 和 TS3 在仿真期间是可变速的。具体目标船的配置见表 6.6。

表 6.6　USV 编队航行的仿真参数

目标船编号	起　点	初始速度（节点）	初始方向（°）	变化后速度（节点）	变化后方向（°）
1	(399, 415)	20	150	12	270
2	(295, 422)	6	270	N/A	N/A
3	(191, 260)	12	210	21	270

根据结果，在初始阶段（图 6.11a～图 6.11d），可以先对三条目标船的动态行为进行建模，因为他们同此前时刻相比具有相同的速度，船舶领域和防撞区域。

然而，在时间节点 14 处（图 6.11e 所示），TS3 首先改变其速度，速度增加到 21 kn，航向调整到 270°（0 默认为 x 轴方向）。从图 6.11f 可以看出，该算法能够快速识别这种速度变化，并能够根据新的速度生成新的船舶领域和防撞区域。当 TS1 在时间节点 15 改变其速度时，遵循相同的程序。如图 6.11h 所示，由于 TS1 的速度已经降低，其船舶领域

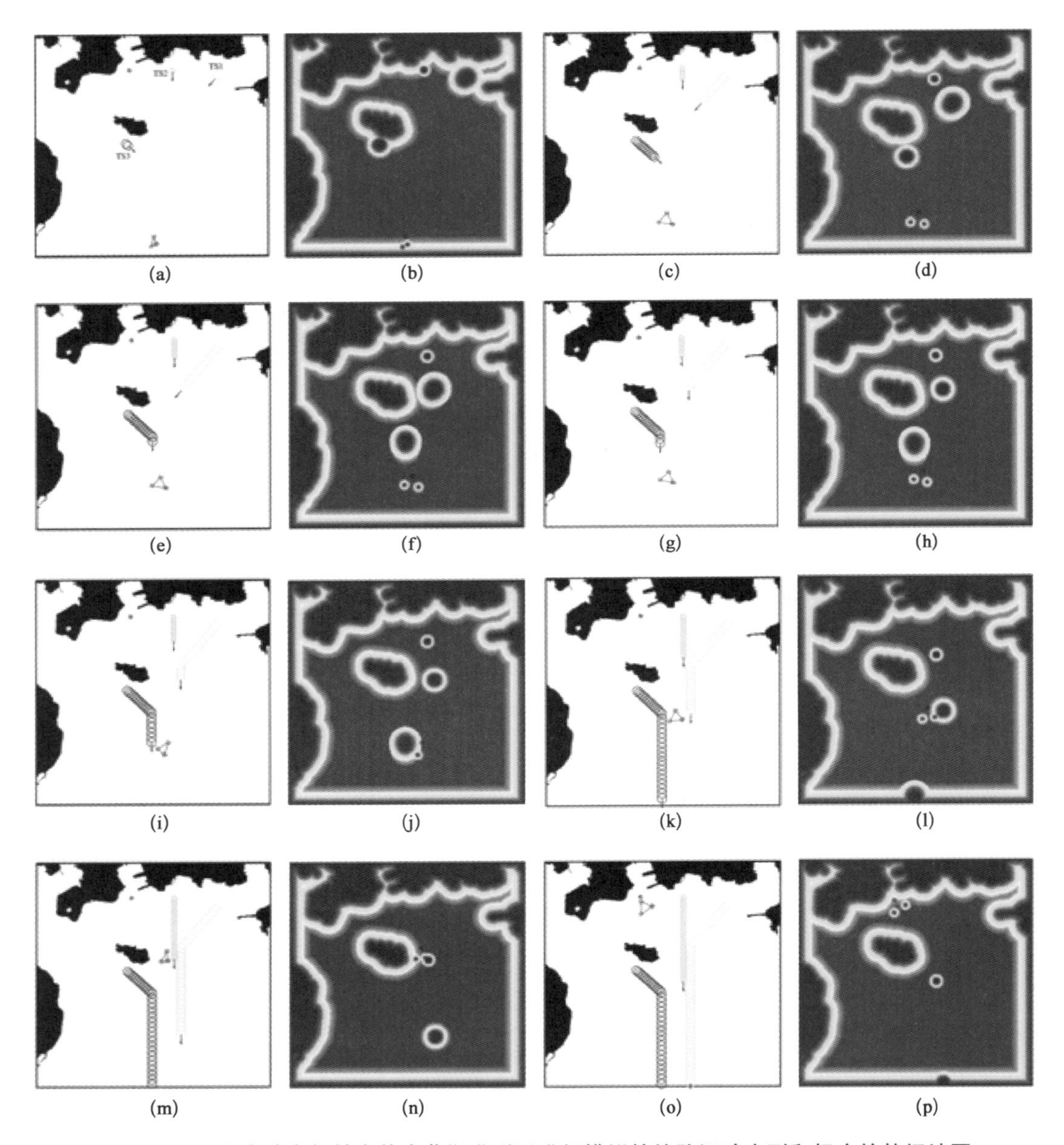

图 6.11　利用全动态船舶在朴次茅斯港附近进行模拟的编队运动序列和相应的势场地图

a 和 b 的时间节点为 2；c 和 d 的时间节点为 10；e 和 f 的时间节点为 14；g 和 h 的时间节点为 15；i 和 j 的时间节点为 19；k 和 l 的时间节点为 31；m 和 n 的时间节点为 46；o 和 p 的时间节点为 64。

和防撞区域从半椭圆形变化为圆形。

还应注意，因为算法可以识别每条 TS 的速度变化，所以在该仿真中可以始终保持避免与这些 TS 的冲突。如图 6.11i～图 6.11p 所示，USV 编队可以通过保持安全距离来远离 TS。图 6.12 所示的算法评估结果可以进一步证明这种能力。图 6.12a 绘制了 USV 编队的总体轨迹。可以观察到，每条轨迹都会远离所有静态障碍物，意味着不会发生碰撞。在移动障碍物避免方面，如图 6.12b 所示，TS 与编队中每条 USV 之间的距离都在 0

像素以上，在整个仿真过程中船与船距离的最小值约为 6 个像素，约等于真实环境中的 30 m，这个距离足以避免碰撞。

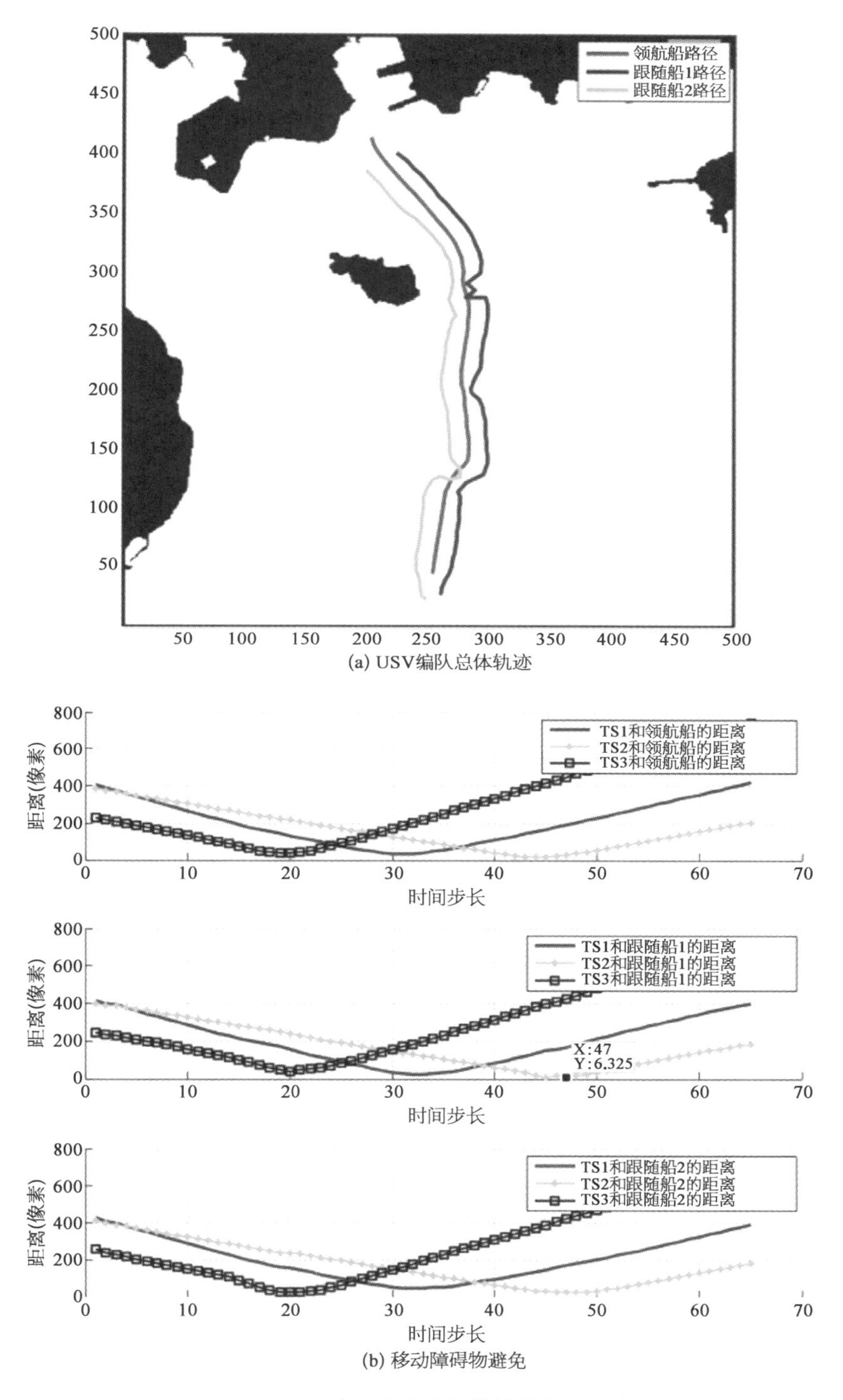

(a) USV编队总体轨迹

(b) 移动障碍物避免

图 6.12　使用全动态船舶的仿真结果

第 7 章　水面无人艇水面环境感知技术

为了在真实环境中执行任务，USV 通常需要具备实时探测障碍物、识别和跟踪目标，以及绘制环境地图的能力。此外，海洋环境中所经历的独特条件，例如环境扰动（风、波和洋流）、海雾和水反射，也会影响环境感知的结果。根据预期应用的特点，USV 环境感知方法大致可分为两大类：被动感知方法和主动感知方法。

7.1 环境感知技术

7.1.1 被动环境感知

1）单目视觉

2011 年，Gal 提出了一种利用二维商用现货（commercial of the shelf，COTS）传感器，通过采集视频流，自动获取、识别和跟踪海洋环境中 USV 位置障碍物的方法。本文的研究方向是利用 COTS 传感器开发海洋环境下的实时自动识别和跟踪能力。该算法的输出障碍物在 $x-y$ 坐标下的位置。

USV 导航最困难的挑战之一是无须人为干预的识别和识别载具周围的障碍物。此任务称为自动目标监测（automatic target detection，ATD）。高效的 ATD 系统应该实现对目标的高监测率，并同时保证足够低的虚警率。这意味着它必须保持高监测率和低错误概率之间的平衡。但 ATD 算法对于不是目标但仍然是具有与目标类似特征的杂波元素场景非常敏感和不稳定。

ATD 算法方法之一基于目标温度。通过目标温度的环境梯度，以及目标与环境的温度对比度来实现目标的识别。由于目标和环境相似性，这种方法存在较多的误报，通过引入启发式方法，通过局部的比较目标及环境背景确定阈值，可以提升算法的准确率。

算法的执行过程是：

① 从设备读取图像视频。

② 调整图像大小并转换为灰度图。

③ 初步处理，减小需要识别的空间。

④ 使用共生矩阵学习海洋环境模式。

⑤ 形态处理，尽可能分清海洋环境与目标图像。

⑥ 对已经识别的目标进行骨架化处理，使用简单结构对其进行描述。

⑦ 对已经骨架化的目标，根据其特征结构找到关键的点。

图像处理中的基本方法可以很容易地指示目标在特定帧的位置。常规的算法会立即报告目标的当前参数。最终决定每 20 帧进行一次采样处理，对输入帧进行计数，只处理当前的第 20 个输入帧，并将结果与上一个第 20 个输入帧进行比较和关联。这样做的原因是根据实际视频的帧数编号，海洋环境中目标变化最小的参数和 CPU 时间计算的结果，用第 20 个输入帧是处理的最佳帧数。这样做也使得该算法忽略了波浪和杂波干扰，并降低了误报警率。

在初步处理时，应用了许多图像模糊技术来获得更平滑的海洋纹理。输入图像可能包含许多噪声像素，这些像素会干扰减小需要识别空间过程。这对实时性能至关重要。通过自适应平滑滤镜，模糊图像并保存锐利的边缘。

运动规划和自主决策模型通常是实时完成的。为此，算法必须考虑计算时间约束并优化每个时间步的 CPU 时间。算法通过 Canary 边缘监测器，抽取图像的边缘。

图 7.1 左侧显示转换为灰度格式后的原始输入图像，右侧显示 Canny 边缘监测器的输出图像。

图 7.1　图像的初步处理结果

对海洋模式的学习是算法的实际主要部分，假设在帧的每个边缘的 10 个像素内没有目标。这一假设是因为在航行过程中采用视频设备拍摄图像，目标会比较明显地调整在视频的中心位置。这一过程通过共生矩阵来完成，通过这一方法算法在图像中找到类似的纹理。学习区域可能因图像而异，下图展示了应用共生矩阵后出现的图像。如图 7.2 所示。

随后进行形态处理，第一个过滤器是“填充过滤器”。这个过滤器用缺失的像素填充目标，即每个黑色像素(海像素)。扫描每个像素的八个相邻像素。如果像素的八个相邻像素是白色的(目标像素)，则将像素值更改为目标像素，这样可以明确目标，减少误差；第二个过滤器称为“清洗过滤器”。此过滤器执行与填充过滤器完全相反的操作。对于每个白色像素(目标像素)，如果它的八个相邻像素都是黑色像素(海像素)，将这个像素值更改为一个海像素；第三个过滤器称为“连接过滤器”。在某些情况下，如果问题出现在多个相邻像素中，则“填充”过滤器和“清洁”过滤器无法恢复损坏的像素。因此，“连接”过滤器会

图 7.2　形态处理的结果

监测目标的两个独立部分并使之相连；第四滤波器基于每个像素值由其相邻像素值确定的假设。此过滤器称为“多数过滤器”。对于每个像素，计算八个相邻值并根据相邻的多数改变当前像素值。如图 7.3 所示为应用四个过滤器后的结果。

图 7.3　应用四个过滤器后的结果

对目标关键点的标记：假设在两个采样帧之间目标并不会有巨大的变化，通过骨架算法对目标进行表征，对图像进行细化处理，得到较简单的识别目标结构。该过程简化了下一帧的目标跟踪过程，减少了 CPU 计算时间。应用骨架算法后的结果如图 7.4 所示。

海洋环境可能不稳定，通常在框架中看不到薄的结构目标。因此，目标结构应该更灵活，即使并非所有目标都在帧中，也应当支持对目标识别。为此定义了关键点概念：

图 7.4 应用骨架算法后的结果

在这一算法中,定义目标骨架轮廓的交点为关键点。对骨架结构进行关键点标记的结果如图 7.5 所示。

图 7.5 对骨架结构进行关键点标记的结果

最后一步,对关键点进行识别,通过对关键点周围一定范围的目标进行搜索匹配的方式,完成目标的跟踪识别。实际视频的识别结果如图 7.6 所示。

最后,作者对实际 USV 拍摄的视频进行了处理分析,结果显示每一帧平均的运行时间测量为 0.005 ms,最小值为 0.003 ms,最大值为 0.014 ms。基于这些结果,认为该算法可用于 USV 自主运动的实时应用,识别周围的目标。

图 7.6 实际视频的识别结果

海雾下，大气颗粒散射导致严重图像劣化。由于近海图像中存在明显的海天线和较大的天空区域，因此首先进行图像分割获得天空区域，并通过对天空区域特征进行分析，估计天空亮度，然后简化建立了大气散射物理模型，最后完成了图像场景恢复。

从远距离看，近海图像的背景一般分为三个区域：天空区域、海域、海天线区域。靠近海天线区域，图像的灰度值变大。边界线上方部分的亮度较高，而边界线以下的亮度较低，因此边缘特征清晰。使用最长曲线法来监测海天线，第一步，使用单位 3×3 的中值滤波器对图像进行预处理以滤除噪声；第二步，基于 Canny 算法完成边缘监测；第三步，使用霍夫变换线监测将通过边缘监测获得的图像提取到直线段；第四步，通过计算所有直线段的长度找到最长的直线。

图 7.7 显示了 USV 视频帧的海天线监测的基本步骤和结果，图 7.7a 是原始图像；图 7.7b 是边缘监测后的图像；图 7.7c 显示了监测到海天线。

随后估计天空的亮度。如上所述，海天线上方的区域是天空区域，并且原始图像上的

(a) 原始图像

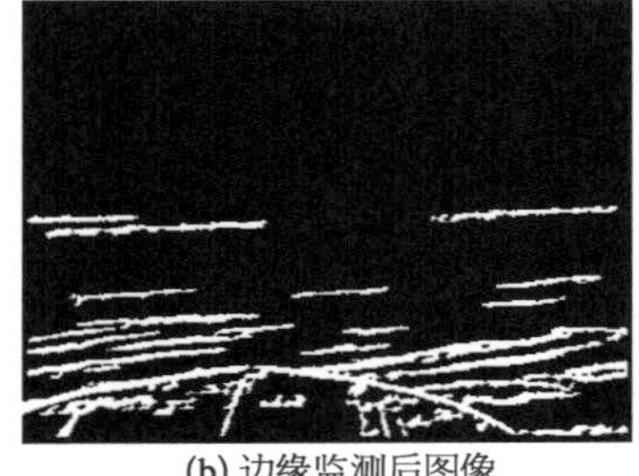
(b) 边缘监测后图像

(c) 监测到海天线

图 7.7　USV 视频帧的海天线监测的基本步骤和结果

海天线上方的区域的最大像素值被选择为天空亮度 A 的估计值。

通过 3 个颜色通道分别进行处理估计大气耗散函数，再进行中值滤波，最后重建出图像。

在 USV 实际图像处理的过程中，因为其背景图像在一定时间内变化不大，图像并不会在每一帧都进行去雾，去雾的背景将会在许多帧直接应用，通过差分方法提取背景，在当前帧和背景的图像不同之后，如果在所获得的图像中，所有像素中的变化像素的百分比大于特定阈值(通常取 80%)，就需要再次使用帧差分方法提取背景。

图 7.8 演示了如何从视频序列中分离帧图像的背景。图 7.8a 为原始帧图像；图 7.8b 为另一帧图像；图 7.8c 为背景图像。

(a) 原始帧图像

(b) 另一帧图像

(c) 背景图像

图 7.8　从视频序列中分离帧图像的背景的过程

图 7.9 为对比去雾前及去雾后的结果，分析了图中对比的视频处理效果，无论是细节还是图像的颜色都恢复得比较自然清晰，所提出的算法都比较好；通过对视频处理时间的比较，可以提高视频处理速度。

2）立体视觉

美国海军开发了 Hammerhead 锤头系统，通过立体视觉从一个移动的船舶上监测和跟踪静态和动态物体。

锤头系统用于监测水中的几何危险，几何危险指的是突出在水线以上的物体。系统由硬件和软件两部分组成。硬件组件是包含四个摄像头的传感器头，这些摄像头布置在

图 7.9 对比去雾前及去雾后的结果

向左和向右的立体对中。所有的四个摄像头都位于同一基线上，这使得锤头相机可以在不增加传感器头部足迹的情况下获得更大的视野。软件组件是一个多级处理算法，它从摄像机中获取输入图像，并产生两个输出：一个概率危险图和一个估计速度和航向的水上目标列表。概率危险图是一个离散的网格单元，根据立体处理得到的模型将其标记为危害/目标和非危害。标签还包括从该地区的电子海图（electronic navigational charts，ENC）（例如浮标、航道标记）或从基于模型的物体分析得出的危险/水上目标的识别结果。按照目前的配置，锤头系统在 Core2 四轴处理器上以 4 Hz 的频率运行，在 90°的视野范围内有效范围约为 200 m。由于该系统独特的四摄像头设计，较长的前视距离有助于降低 4 Hz 的更新速度（相当于最高速度下约 1/4 艇长）。

图 7.10 为锤头系统框图。摄像机的图像由服务应用程序捕获、记录和处理，该应用程序输出一个本地危险地图和联系人列表。它们通过有线网络传输到 R4SA 系统进行导航处理。第二个低带宽的数据通道传输遥测数据、图像和映射到远程控制台。信道使用用户数据报协议（user datagram protocol, UDP）协议，该协议可以在较差的无线网络连接条件下应用，并允许岸上或船上的观测者远程监视和控制锤头系统。

可以将图像数据记录到可移动磁盘驱动器中，以便以后回放和分析。在“重放”模式下，服务器的运行方式与“实时”模式完全相同，但图像和 INS 数据是从日志而不是物理设备读取的。此模式有助于锤头系统的离线分析及与其他组件的集成测试工作。但因为 USV 船只在运动过程中有非常高的加速度，使得磁盘驱动器会有长时间无响应的过程。锤头系统会在将数据记录到磁盘之前在系统内存中缓冲几秒钟的图像数据。

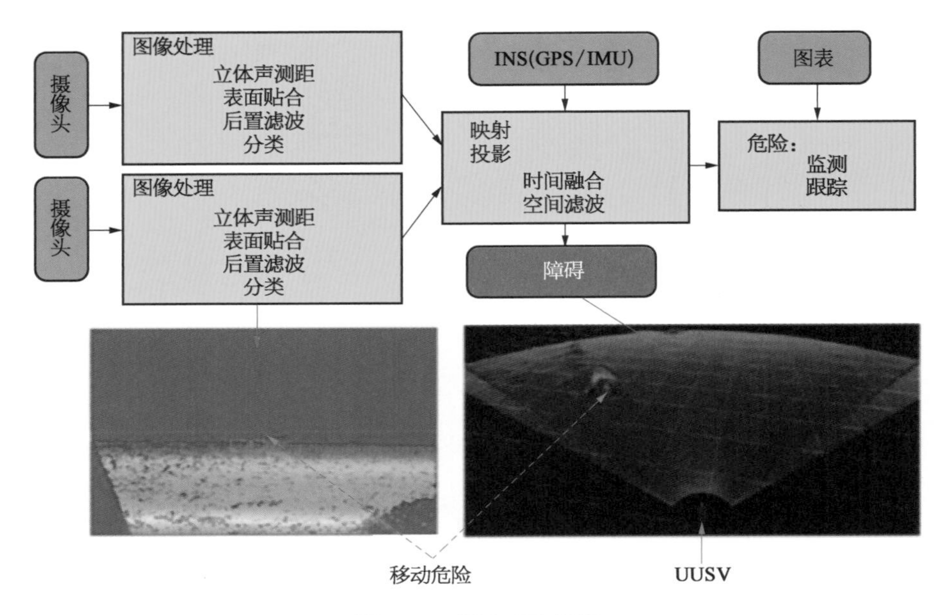

图 7.10　锤头系统框图

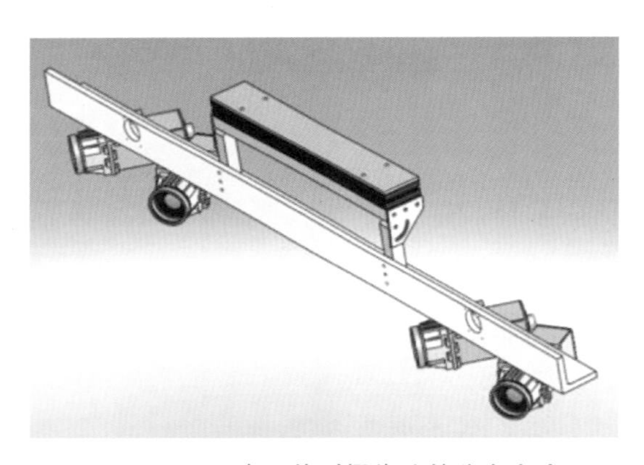

图 7.11　两个立体对摄像头的分布方式

如图 7.11 所示，两个立体对摄像头的分布方式折中考虑的分辨率，视野和外形尺寸的影响。对于单个立体对，难以同时实现大视场(有效导航所需)和小角度分辨率(远程监测所需)。相比之下，多个立体对可以提供所需的视野和角度分辨率，但是当以传统方式安装在单独的固定装置上时难以集成。因此，使用安装在同一夹具上的两个立体对的设计。四台相机共享一个共同的基线，但一对面向左，另一对面向右。这种布置在提供了良好的分辨率和视野，其代价是立体测距能力不足。最终的传感器配置有两组摄像机安装在一个通用夹具上，具有 1 m 基线和 100°组合视场。这些相机选择采用 CCD，分辨率为 1 280 像素×960 像素，单个视场约为 60°。锤头系统的软件中包括曝光控制算法，通过自适应增益控制和快门速度来补偿低太阳角度和来自水面的镜面反射等环境因素造成的相机采集影响。

软件方面，锤头系统的软件处理方式为：

(1) 图像处理过程。

① 立体测距：从左/右立体对产生稠值域的图像。

② 平面发现：找到水面并计算稳定的相机姿势。

(2) 投影。

① 投影：将范围数据投影到以船为中心的 2D 网格图中。

② 滤波：对地图进行时空滤波。

③ 分类：计算每个地图单元的危险概率。

(3) 跟踪。

① 监测：监测二维网格图中的离散对象(水上目标)。

② 分类：为每个水上目标分配一个类型。

③ 跟踪：将水上目标的运动融合成轨迹，估计速度和航向。

该过程产生两个输出：一个基于网格的危险地图，适合静态导航行为使用；一个离散的水上目标列表，适合动态导航行为使用。一些物体，如船，可能同时出现在两个输出结果中。过程也有两个分类阶段：第一个阶段为每个地图单元分配一个危险概率，第二个阶段为每个水上目标分配一个类型(例如，小船、游艇、导航标志或误报)。

将该算法应用到海洋环境中存在两个关键问题。第一，锤头的传感器上相机排列降低了有效分辨率。立体相机对的构造通常使两个相机的像平面近似对齐；这使得算法能够创建一对虚拟矫正相机，它们具有与真实相机非常相似的几何形状(因此也具有类似的视野和分辨率)。锤头上，虚拟校正相机相对于真实相机旋转了，导致校正后的图像分辨率不均匀。具体来说，校正后的图像在前向(相对于船)被压缩，并在两侧拉伸。这种压缩减少了对象的成像结果大小，降低了有效的监测范围。因此，为了在不牺牲侧面视野的前提下保持足够的正向分辨率，校正后的图像必须比原始图像大20%左右。

第二，必须对数据进行过滤，去除噪声，传统的数据处理方法在水面上应用会导致丢失所需要的数据，因此用一个简单的多尺度滤波器来增强标准的后处理技术：在多个尺度(下采样图像)上独立地进行立体测距，并删除不一致的结果。这种方法为水上图像提供了更好的信噪比，并且对总计算量的要求提升不大。

多尺度过滤结果可以获得以船为中心的相对干净的地图，可用于危险监测。该地图与来自INS的GPS信息进行地理校准，并且基于数字海图(digital nautical charts，DNC)标记静态危险。误差椭圆的大小反映了立体距离信息的不确定性，由于目标边界上混合距离像素的存在，立体距离信息在对齐深度方向上的相对距离比交叉轨迹方向上的相对距离增长得更多。网格图被传递到跟踪阶段，跟踪阶段监测，分类和跟踪水上目标，例如船只，通道标记和浮标。跟踪阶段的输出描述水上目标速度，位置和类型的结果。

图7.12为锤头系统生成的结果，(顶部)从左侧和右侧摄像头对输入图像。传感器范围内有三个物体：一个位于正北方的航道标志，一个位于西北方向的第二个航道标志，以及一艘位于北西北方向的游艇。为了清晰起见，已手动绘制边界框。(中间)后平均海拔图(红色阴影越亮表示海拔越高)。USV显示在地图的底部中心，朝向正北偏西。(底部)地图分类器的输出，以红色标记的障碍物。

在弗吉尼亚州的门罗堡对锤头系统进行了广泛测试，在测试中，锤头系统对水上目标的表现很好，但对水下目标的测试结果不佳，这与系统拍摄水面上的目标物有关，而在分类测试时，在未进行分类时系统的表现不佳，而在对水上目标进行分类后，获得了极好的分辨结果。

3) 红外视觉

长波红外(IR)摄像机是克服各种光照条件(如夜间和雾)对环境感知影响的理想解决

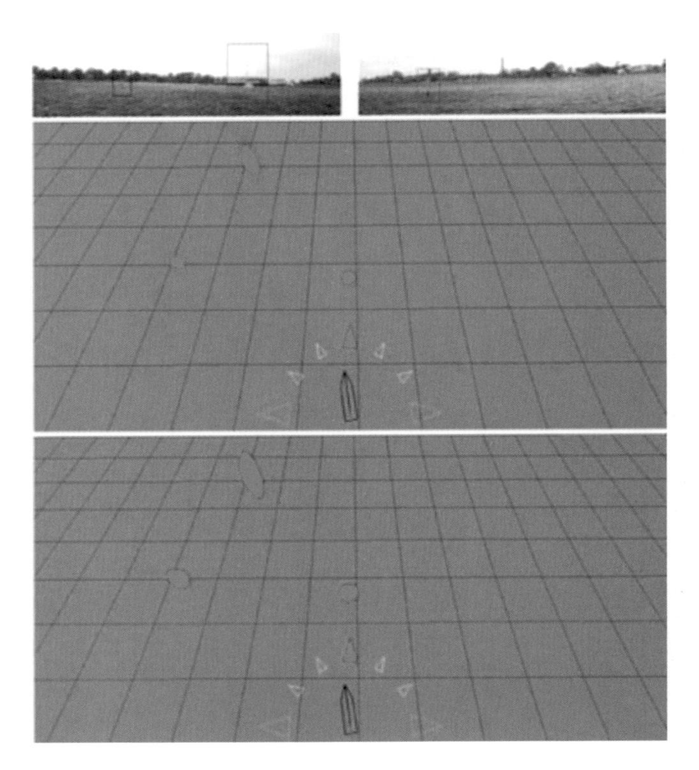

图 7.12　锤头系统生成的结果

方案,可实现白天和夜间操作。是下一步提升 USV 性能工作工作的重要一环。

7.1.2　主动环境感知

激光雷达、雷达和声呐是环境感知中广泛应用的主要有源传感器。

1) 激光雷达感知

Gal 等提出了一种多目标自动算法,用于激光雷达传感器在具有干扰杂波的海洋环境中 USV 上获取、识别和跟踪目标。在该工作中提出了几种杂波模型和公式来处理杂波现象。使用概率假设密度(probability hypothesis density, PHD)贝叶斯滤波器,用于多目标跟踪功能。

LIDAR 传感器在海洋环境中的主要局限性与杂波有关. 使用 VelodyneHDL - 64E3D - LIDAR 提供三维范围扫描。

图 7.13 为激光雷达的扫描结果,可以发现水面有明显的杂波。

目前对于海杂波的处理有三种:第一种是一维随机模型处理方法,海面上存在两种波,表面张力波和重力波,他们的概率密度函数分别为 Gamma 型和 Rayleigh 型。但一维模型在实际处理时很难直截了当地确定概率密度函数,而增加未知参量会导致算法变得过于复杂;第二种方法是纹理实现,使用神经网络技术提取海杂波的特征进行分析,得出屏蔽滤波器,但这种方法需要足够多的数据建模及验证;第三种是混沌模型法,通过建立

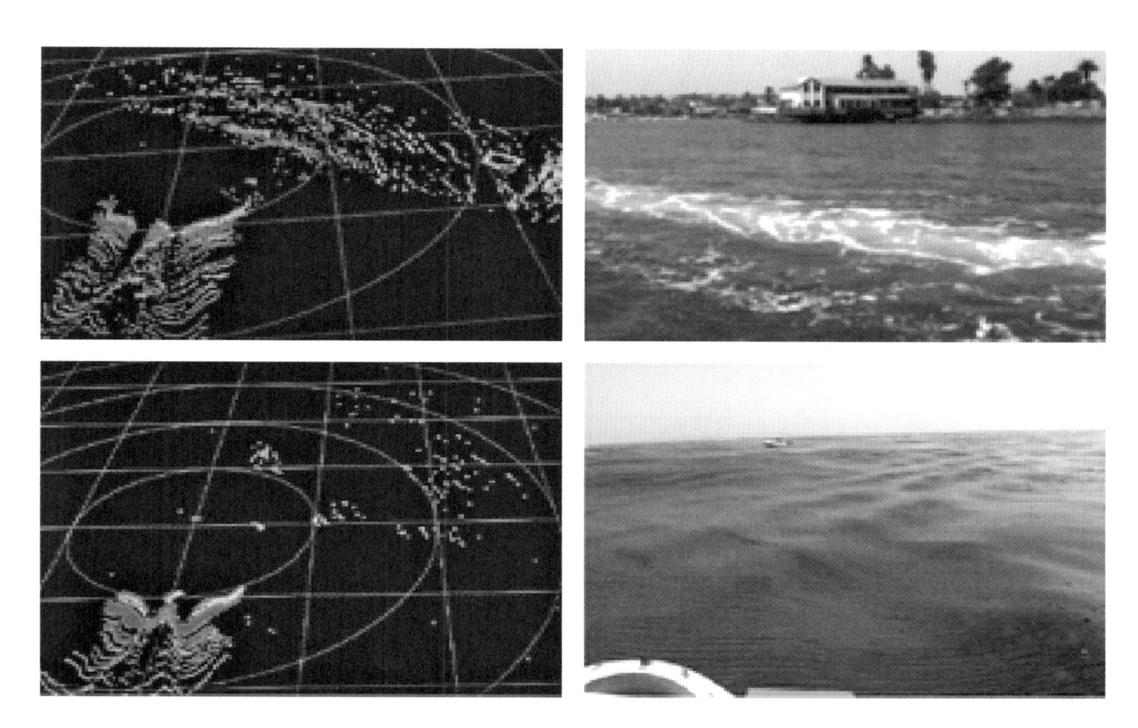

图 7.13　激光雷达的扫描结果

混沌模型的方式验证杂波的非随机性，但这个方法还需要对数据做进一步的验证。

多目标跟踪问题的目的是在存在杂波的情况下基于被噪声破坏的对象的测量值来估计未知数量的对象的状态。解决该问题的经典方法是将随机滤波器（例如卡尔曼滤波器或其变体）应用于每个对象，并使用诸如最近邻域数据关联的数据关联技术来为每个对象分配适当的测量值并且分别跟踪每个对象。另一种更好的方法是将多对象集视为单个元对象，将传感器接收的测量值视为一组测量值，并将其建模为随机有限集（random finite set，RFS）。这允许在存在杂波的情况下估计多个对象，并且在贝叶斯过滤框架中投射任何数据关联不确定性。由于其计算复杂性，最优贝叶斯多目标跟踪尚不实用。替代方案是 PHD 滤波器，其传播完整多物体后验分布的一阶统计矩。原始算法是难以处理的，因此采用了传播后强度的递归算法，其涉及高斯混合。他们使用 1.8 GHz Intel Core CPU 在 Velodyne LIDAR 的记录数据模拟中测试了他们的算法。

Velodyne HDL-64E 通过围绕其垂直轴旋转 64 个光束阵列，每秒产生约 120 万个点，提供 3D 范围扫描。通常，传感器安装在移动平台的顶部，提供在水平方向上具有完整市场的范围扫描。在 LIDAR 不稳定的情况下，使用 IMU 测量补偿 USV 的横摇和垂荡，GPS 位置测量结果也是激光雷达输入的一部分。在水平方向上，阵列提供 360°视场（field of view，FOV），角分辨率约为 0.09°。垂直方向，俯仰角的范围在 −24.8°～+2°。VelodyneHDL-64E 激光雷达可以从 100 m 的距离探测到 1 m 长的目标，其测距精度通常在 10 cm 以内。

使用均值漂移技术对范围图像进行分割。它包括两个步骤：对原始范围图像数据进行平均漂移滤波，然后对滤波后的数据点进行聚类(即确定质心和区域中心的位置，再确定质心和区域中心的平均位移矢量)。利用分段聚类的质心作为测量 Z 轴值以更新 PHD 滤波器预测，并进行收敛。平均偏移量与核得到的归一化密度梯度估计成正比。

图 7.14 左图原始图像，右图均值漂移算法结果。

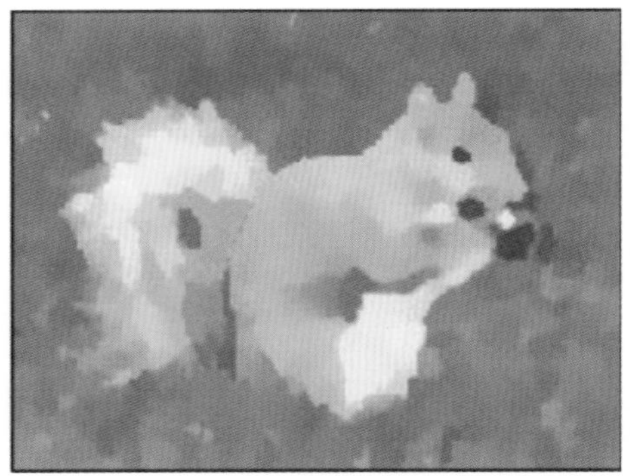

图 7.14　均值漂移算法的第一个测试例

图 7.15 左图原始图像，右图均值漂移算法结果。

图 7.15　均值漂移算法的第二个测试例

分别在两个测试例上演示了均值漂移算法的实现。未来的工作将集中在测试对海上记录的处理，以及进行使用激光雷达传感器和 PHD 滤波器的海上外场实验，对集成到小型 USV 中的算法效率和功耗进行测试和验证。

2) 无线电雷达感知

适合于嵌入式舰船雷达目标监测系统的雷达图像目标监测算法。该平滑算法可以在噪声、边界和背景区域自适应选择滤波器，提高了效率和平滑效果。在迭代门限的基础上，通过直方图选择公差系数，保证了分割算法的鲁棒性。在连接元素标记后，可以从雷达图像中提取位置、面积和不变矩特征。

在海洋中雷达目标监测分为图像处理和特征提取两部分。雷达图像处理包括图像平滑和分割。通过图像平滑可以抑制由海杂波和内部噪声导致的特征提取误差，提高目标监测的准确性。图像分割的目的是使目标和背景值的灰度具有明显的差异，从而将目标与雷达图像分离。雷达目标提取包含目标标记和特征提取。通过分割雷达图像的连接元素标记，可以提取目标的位置和区域特征。目标识别也应该具有尺度，平移和旋转不变性，因此不变矩是目标的另一个主要特征。

图 7.16 为几种典型的海洋雷达图像，分别用于湖泊雷达图像(图 7.16a)的避障测试；离港雷达图像(图 7.16b)；海岸雷达图像(图 7.16c)和海上避障轨迹雷达图像(图 7.16d)。

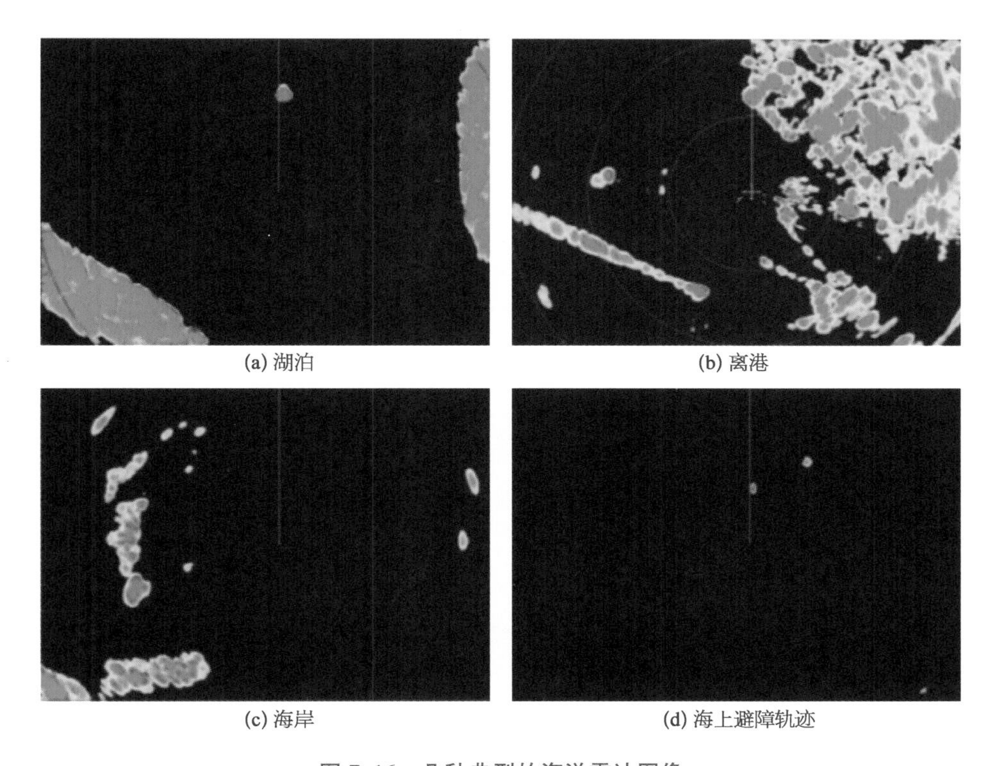

(a) 湖泊　(b) 离港　(c) 海岸　(d) 海上避障轨迹

图 7.16　几种典型的海洋雷达图像

在船用雷达的工作过程中，雷达信号可能会受到很多杂波的干扰。虽然雷达信号会滤除接收器中的大部分干扰以恢复真实图像，但雷达图像的采集和保存可能会增加新的噪声。目标和噪声的灰度级相对接近，因此仅使用阈值分割方法难以获得满意的结果。图 7.17 显示了原始图像的分割结果。

结果中出现的许多错误细节(如假目标点，连接点或间断点)可以从图 7.17b 中看出，四个雷达图像中的噪声可能导致目标监测错误甚至失败。因此，应在目标监测和跟踪之

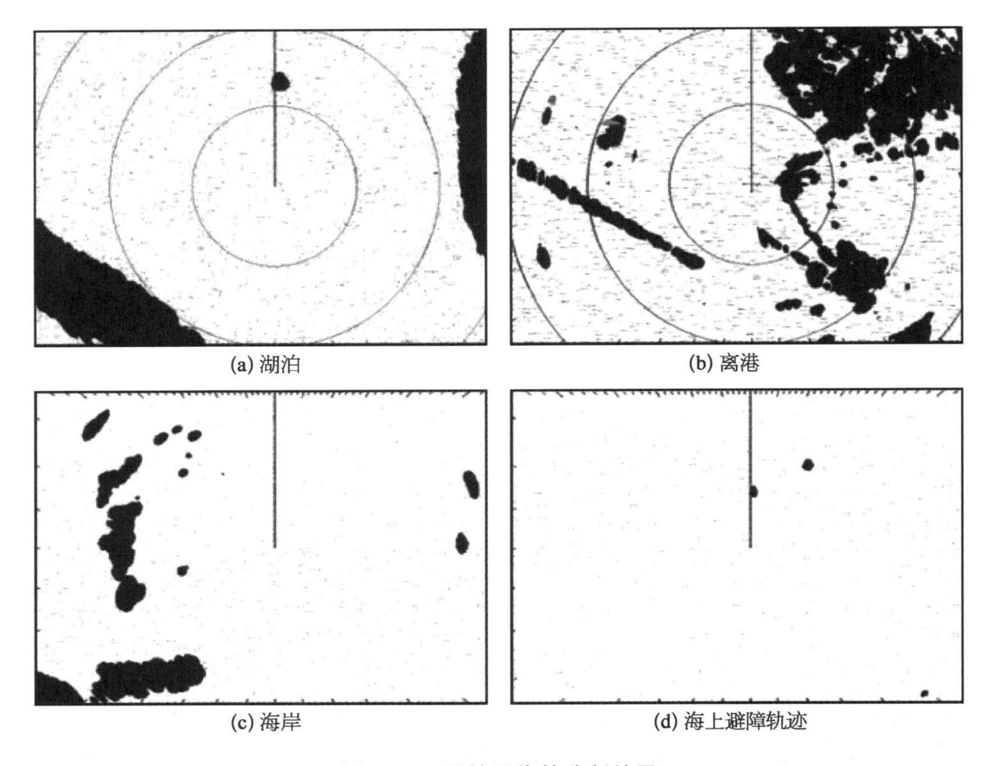

图 7.17　原始图像的分割结果

前平滑雷达图像,以减弱噪声影响。

平滑算法的可靠性和实时性对于图像处理非常重要。当中心像素受到干扰时,均值滤波器无法实现有效平滑。中值滤波器可能会导致图像边缘和细节模糊,并且计算量很大,很难满足实时要求。考虑到上述因素,他们综合了各种图像平滑算法的优点,改进了一种用于海洋雷达图像处理的实时平滑算法,通过自适应选择滤波方法提升滤波的效率。

在灰度值变化适中的区域(如背景和目标内部),并行中值滤波器不会损坏图像,当通过邻域的边界时,邻域中每个像素的灰度值会更大,均值滤波器可以抑制模糊边界效应。

第 1 步:计算 3×3 邻域中的平均值 M 和标准差 σ。

第 2 步:如果灰度值变化较大,则转步骤 3,否则转步骤 4。

第 3 步:选择均值滤波器,转步骤 5。

第 4 步:选择并行中值滤波器,转到步骤 5。

第 5 步:过滤后用灰度值替换邻域中心的灰度值。如果当前点是最后一个像素图像,则算法终止;否则转到步骤 1 验证算法的有效性。

对上述 4 图进行处理后发现,快速自适应滤波算法可以抑制原始雷达图像采集噪声的影响。自适应选择滤波算法可以保持图像清晰度和边缘细节,保证图像分割的准确性。同时,与传统的中值滤波算法相比,计算时间控制在 0.25s 以内,提高了计算效率,满足了系统的实时性要求。

在海洋雷达图像中，每个图像的回波强度可能不同因而导致图像亮度变化。雷达图像直方图双峰特性不明显；同时同一帧内的不同目标的亮度可能不同。基于这些特征，简单的单阈值分割并不能够很好地反映图像的特征，因此需要进行多阈值分割。根据海洋雷达图像的特点，他们采用自适应双阈值分割算法。

选择初始阈值 T_0，将雷达图像段分为前景和背景两部分。计算两个区域的灰度平均值 μ_1 和 μ_2，并选择 μ_1 和 μ_2 的平均值作为新阈值。连续进行迭代计算，直到 μ_1 和 μ_2 的值不再变化。

图 7.18 为对上述 4 张雷达图处理后的结果，自适应双阈值图像分割算法取得了良好的效果。在保持目标完整性的基础上，该算法完成雷达图像二值化，可以更好地适应同一帧和帧间亮度的变化。二值化结果没有缺失和错误现象。

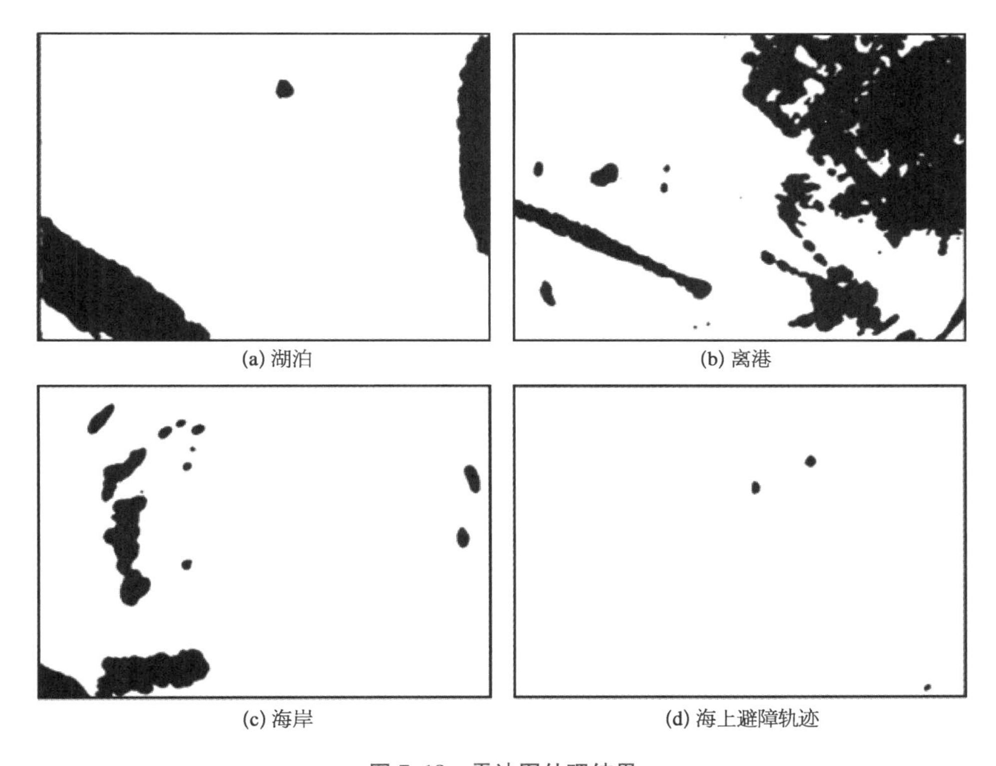

(a) 湖泊　(b) 离港

(c) 海岸　(d) 海上避障轨迹

图 7.18　雷达图处理结果

平滑和分割后的雷达图像，需要选择一个合适的连接元素标记算法，它可以标记属于相同连接元素的所有像素为相同值。海洋雷达图像目标监测系统具有很高的实时性要求，因此需要能够在短时间内完成有效的标记算法。本文采用了高的执行效率算法，结合了线标记和区域增长算法的优点。

该算法仅搜索附近两行种子段，将每个像素邻域的区域生长算法表示为 8 个种子点判断结果，大大提高了计算效率。同时该算法不会出现相同的连接元素标记冲突问题。

无论图像是简单的还是复杂的，算法都可以成功地对所有目标进行标记。即使图像复杂，计算时间可以控制在 0.15 s 以内，系统可以更好地满足实时性的要求。同时，该算法可以在一次扫描中完成所有的连接组件标记。

最后对这些目标提取计算不变矩，该算法在实际的 USV 海洋雷达图像目标监测中得到了验证。结果表明，基于上述算法的方法在基于 USV 船用雷达的实时目标监测系统中运行良好，对于目标监测任务是可行和有效的。

3）*声呐感知*

声呐是最常见的水下探测装置，在 USV 中，也有着非常好的应用价值。

这一部分将介绍用于 USV 障碍物监测和避障的机械扫描剖面声呐的实验研究。从回声返回中提取障碍物信息。通过模拟（由现场收集的数据）证明了 USV 仅依靠声呐数据导航并避开湖泊和港口环境中的障碍物的可能性。

与基于视觉的方法相比，声呐对照明条件没有要求，而相机可能无法正常工作。某些天气条件（例如下雨）会降低基于激光测距仪或基于相机的侦测方法的可靠性。

在 USV 上，声呐的工作地点就在水-气边界下方，这会导致一些问题。水体表面附近的热梯度会导致声呐难以精确测量。与此同时，USV 在水面运动时会有横摇和纵摇，这导致声呐波束的方向会不断变化。经验表明，在水体表面收集的声呐数据比在深水收集的数据更嘈杂，这要求声呐数据处理对噪声具有鲁棒性。

在 USV 上安装前向单束机械扫描剖面声呐，剖面声呐具有锥形波束，非常适合监测与 USV 相关的近水面障碍物。AUV 通常配备有成像声呐或具有扇形光束的侧扫声呐。但扇形波束对于 USV 并不是十分合适，因为它会从水底得到回波，但 USV 并不关心船体下方的情况，同时扇形波束的声呐可能在浅水中不能很好地工作。当在未知区域（例如港口或靠近珊瑚礁或河岸）移动时，声呐可以指向前方，然后在被认为安全的区域中重新定位以进行剖析。虽然先期研究的是单波束声呐，但通过引入多波束声呐应当可以提升性能，因此在算法中对多波束情况进行了兼容考虑。

声呐通常以矢量的形式返回数据，其中每个元素对应于给定时间间隔的回声返回强度，这个距离是根据回声的飞行时间来确定的。间隔沿着声呐的配置范围等分，声呐范围可以通过改变声呐的频率和脉冲长度以及一些信号处理参数来改变。

对于声呐的回波信号处理方式为：首先，将回波信号分成低强度值和高强度值。与分割图像类似，创建一个平滑的数据直方图，并查看分布模式。通常在低回波强度下存在一个显著的模式。如果声呐波束中有目标，通常也会有一些较小的模式。在数据中找到第二大模式，并在初始模式和第二模式之间选择一个阈值。如果数据中只有一个模式，将查找第一个平台并使用其位置作为阈值。（第一非负差值）。利用所选值对声呐返回数据进行阈值处理。然后求出被一些小值分隔开的局部极大值。

为了确保不会出现例如由于湍急的水体所引发的零星的高回声，将与之前的声呐返回进行比较。对两个返回以及整个返回的窗口位置应用相似性度量。使用相似性度量的比值作为被监测障碍的置信度量。如果最大值是零星出现的，则不应在两个回波信号中出现，因此相似性较低。

然后根据返回信号数和上述影响距离的声呐波参数计算出障碍物的距离。最后，利用 USV 的 GPS 定位、IMU 的方位信息和探测到障碍物时声呐头的角度，求出障碍物在全局坐标系中的坐标。

多波束声呐可以一次返回整个扇形极坐标图像，而单波束声呐只能一次测量一个角度。声呐头通常是可机械旋转的，因此可以在多个角度进行测量，一次一个角度。这样做的一个缺点是声呐在收集周围环境时的扫描速度相对较慢，尤其是采用窄锥形声呐波束时更为明显。为了解决这个问题，可以将声呐的扫描扇区限制为仅在 USV 前扫描。这可以通过用 USV 的速度改变扇形宽度来进一步解决，当快速移动时使扇区更窄，并且当移动慢时扩大扇区，这样做来保持 USV 前面的扫描之间行进的距离相对恒定并且在安全的情况下从周围环境中收集更多数据。

该扫描策略的另一个补充是在 USV 上安装高级控制器或避障算法，根据目标位置向声呐提供方向提示。例如，如果 USV 正向着某个长障碍物行驶，由于障碍物阻挡而无法笔直朝目标方向行驶，则可以将扫描扇区稍微对准障碍物而不是直接对着。这将更好地覆盖障碍物，并可能减少遗漏扫描到障碍物中可穿越间隙的机会。

实验平台是由南加州大学机器人嵌入式系统实验室设计的 USV，长度为 2.1 m，最宽处为 0.7 m。USV 由两个电动马达和方向舵驱动，速度可达 1.6 m/s。USV 配备板载 1.6 GHz Intel Atom 计算机。对于导航方面，它配备了 u-blox EVK－5H GPS 装置，位置刷新率为 2 Hz，Microstrain 3DM－G 惯性测量装置，内置磁力计/指南针，采样频率为 50 Hz。USV 还具有 wi-Fi 以与其他 USV 进行通信并方便对其进行操作。为了操作安全，USV 配备了 RC 故障安全装置，因此操作员可以在必要时始终通过遥控器接管控制装置。扫描使用的是 Imagenex 881L 型声呐，其扫描范围在 1～100 m。

在洛杉矶的 Echo Park 湖中进行了测试，湖的北方有一些在水中的链接于浮点上的网，会影响 USV 的顺利通过，而水面照相机和激光测距仪很难识别它们。实验结果可以发现声呐正确地探测到湖岸。同样值得注意的是，在湖的北端，声呐探测到网和浮子并正确识别为障碍物，因此证明了使用声呐进行障碍物感测的一个好处。如图 7.19 所示。

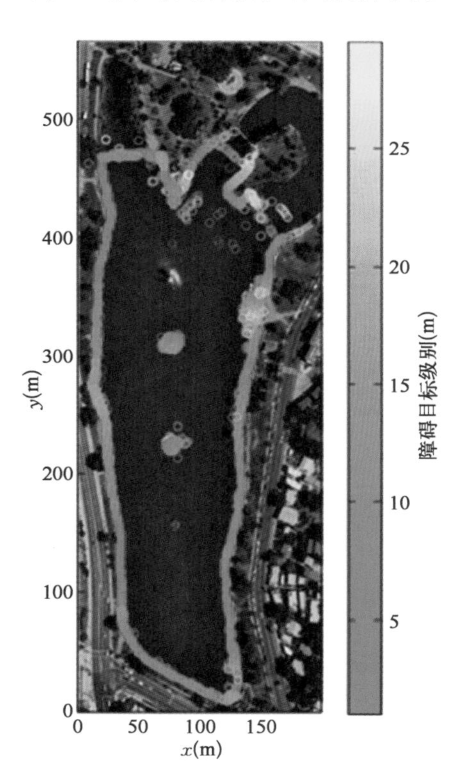

图 7.19　实验识别的 Echo Park 湖中的结果图

随后在加利福尼亚州雷东多海滩的 King Harbor Marina 河口进行了进一步的实验，先行通过声呐进行采样，最后在岸上后期进行数据识别。港口有许多由支柱支撑的浮船坞，以及墙壁、岩石堤岸和船只，相比于湖面，更多船只的环境要更复杂；另一个不同之处在于由于波浪作用导致的 USV 倾斜，但实验结果显示这对监测环境中的障碍的能力没有显著影响。如图 7.20 所示。

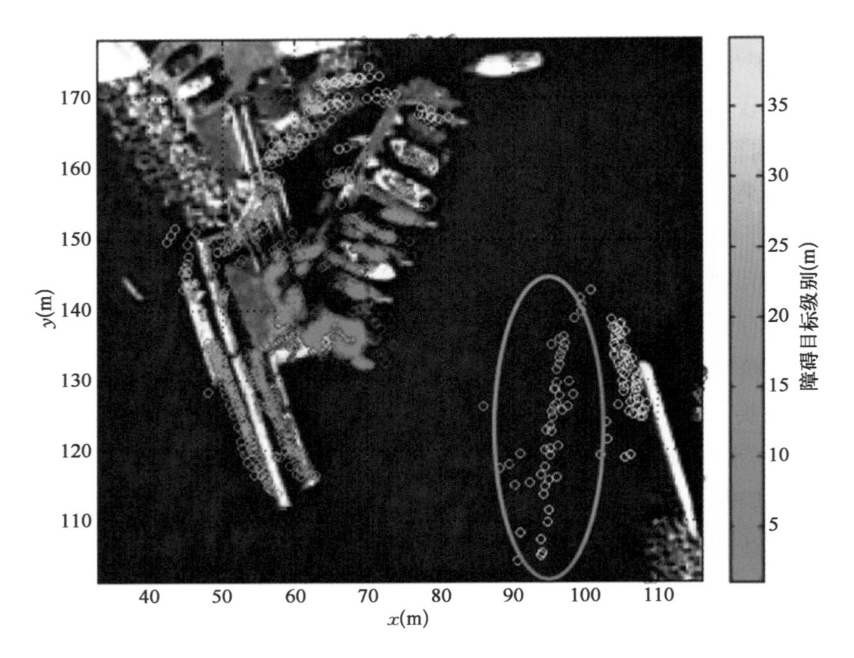

图 7.20　在 GoogleEarth 的卫星图像上绘制的监测到的障碍物

上图显示了在 GoogleEarth 的卫星图像上绘制的监测到的障碍物。监测到的障碍物与图像之间存在良好的匹配，除了被圈出的标记点外，几乎没有虚警，这显示了该算法对于噪声的有效抑制。被圈出的标记点代表经过的大型船只的回波返回，由于船只的速度低，因此连续测量一致，所以识别为障碍物。

通过对外场实验数据的分析，验证了声呐扫描障碍物系统的可行性，且该系统对于水下障碍物的识别具有得天独厚的优势。

7.2　用于环境感知的新型探测器

在真实环境中执行任务时，USV 需要搭载多种传感器实现小范围高精度的水面环境监测，从而实时探测障碍物、识别和跟踪目标以及绘制环境地图。然而，由于海洋环境独特的条件，例如环境扰动（风、波和海流）、海雾以及水反射，影响了环境感知的表现性能。因此，在 USV 部署时，传感器和感知技术的选择显得尤为重要。

目前，常用于流体力学的电导率传感器主要有以下几种："金标准"电导率传感器、流体抽吸设计的传感器以及"CDtrodes"等。"金标准"电导率传感器由嵌入玻璃毛细管中的四个铂微电极组成。它的探头只有500 μm宽，因此可以最大限度地减少了被测流体的扰动，而且能够实现出色的分辨率。然而这种传感器成本高，尖端容易损坏，不适合多点测量且其工作功率较大，因此不利于在USV安装使用。流体抽吸设计的传感器的探头有两个同心电极，其内径为600 μm，并且呈中空式。这种传感器更具鲁棒性并且已经成功应用于各种研究中来生成密度分布。但吸气探头直接与流体相互作用，因此也不适合于海上水面环境感知。而低成本感测电极"CDtrodes"是通过对可记录CD－ROMs中存在的薄金层进行分层和图案化而获得的，它也已应用于海水中的纳米粒子传感。

虽然市面上存在大量适用于流体力学的传感器，但是由于海面环境的特殊性，至今尚未出现鲁棒性且价格合理的适用于USV部署的传感器。因此，针对以上问题，本节介绍了一种新型的探头，该探头使用微型USB连接器的镀金引脚作为电极，这种电极具有亚毫米分离，可用于水电导率监测。此外，本章还介绍了专为微型USB电极量身定制的一种信用卡大小，基于Arduino的四通道电导率仪——Conduino。实验证明，这种电缆只需极小的改动就可适用于高分辨率和快速电导率测量。所介绍的Conduino特别适用于分布式和远程环境监测，浮标或USV上的海洋监测等应用。

7.2.1　微型USB探头

1）探头制备

在移除金属屏蔽层后，使用公B型微型USB连接器的引脚作为电极（图7.21a、图7.21b）。选择微型USB连接器和电缆的原因包括：（1）USB连接器引脚之间的间距 $D=600\ \mu m$，引脚宽度 $W=250\ \mu m$，长度 $L=4\sim5$ mm，因此很适合于亚毫米级空间分辨率，可用于水电导率监测；（2）通过环氧树脂覆盖引脚座可以减少暴露金属的长度，从而获得较小的传感体积，有利于小型USV的部署；（3）USB引脚镀金，因此很适合在海水中长时间操作，有利于海面环境的精准监测；（4）成本非常低，而且可以根据需要定制，提高了USV部署的可行性；（5）电缆中有五个引脚和四根导线，可以进行四极和四线测量；（6）USB电缆的简单易用性，只需轻微修改金属外壳即可拆除。电缆装配成不同长度，长度从几十厘米到几米，并包括编织屏蔽。

USB电缆的四根导线为探头的使用提供了极大的灵活性。如图7.21所示，可以采用四种操作模式。在基本配置中（图7.21c），仅使用两个电极和两根导线。通过使用一端连接到两个电极的所有四根导线，并且在另一端使用四线测量仪器，可以中和寄生导线电阻（图7.21d）。尽管电化学双层 C_{DL} 在工作频率 f_{probe} 处分流，为了补偿界面阻抗，可以使用四个相同的电极（在B型微型USB的可用的五个引脚中）执行完整的四极测量（图7.21e）。最后，如果双线测量足够，可以使用另外两根导线，例如，连接电阻式温度传感器（图7.21f）。显然，当线电阻相对于水和热敏电阻两者都可忽略时，后一种配置是可行的。

该探头的电导率范围为 $\sigma_{min}=0.1$ S/m至 $\sigma_{max}=15$ S/m（考虑到海洋平均电导率约为4 S/m，盐饱和水达到22 S/m）。对于最简单的配置（图7.22a中所示的双电极探头，在外径为1/4的刚性轴内），等效阻抗模型，如图7.22b所示，对应于标准非法拉第的情况：金

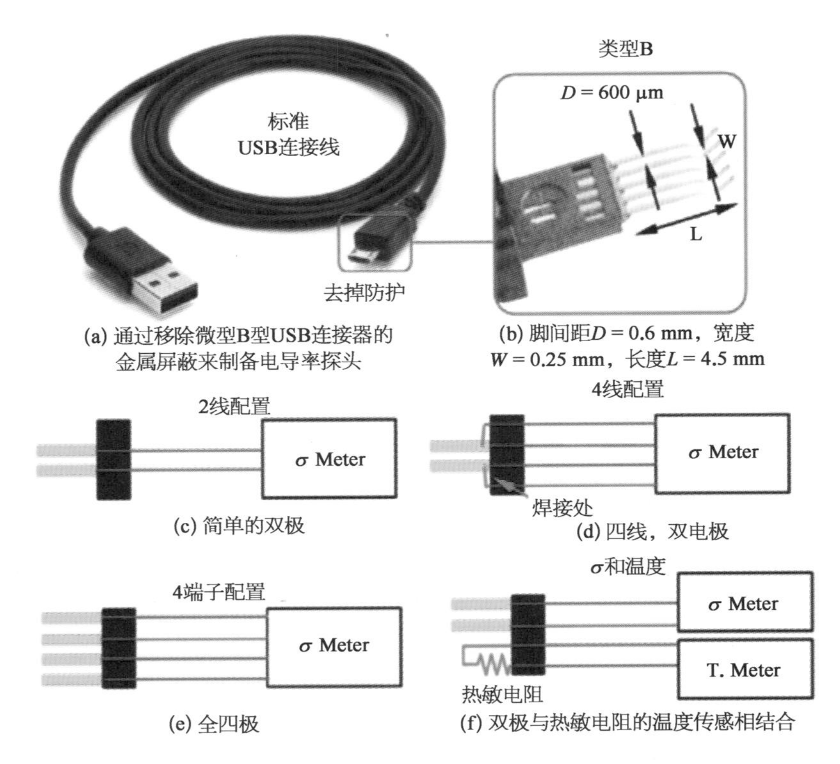

(a) 通过移除微型B型USB连接器的金属屏蔽来制备电导率探头

(b) 脚间距$D=0.6$ mm，宽度$W=0.25$ mm，长度$L=4.5$ mm

(c) 简单的双极

(d) 四线，双电极

(e) 全四极

(f) 双极与热敏电阻的温度传感相结合

图 7.21　USB 电缆及配置示意图

属/液体界面由双层电容 C_{DL}（特定电容：0.1 pF/μm^2，$\sigma=1.5$ S/m，并用离子浓度的平方根，即盐度缩放）建模。与 C_{DL} 串联，溶液电阻 R_{SOL} 代表测量对象。R_{SOL} 取决于电极和电极的几何形状。最后，与 $C_{DL}-R_{SOL}$ 系列并联，必须考虑由电极和导线之间通过不同介电材料直接耦合产生的杂散电容 C_s。

给定这些平行柱电极的共面几何结构，可以通过共形映射来初步估计 R_{SOL}，然而，由于三维域（电极厚度与其宽度 W 相当），建议进行有限元数值模拟，并且必须进行实验表征。在没有将测量的电阻 R_{SOL} 与几何参数相关联的简单解析表达式中，后者包含在常数 K 中，使得 $R_{SOL}=K/\sigma$。K 越低，相同 σ 条件下的测量电流越高。

2）测量

为了提取相关的电极参数 K 和 C_{DL}，在 0.02～6.7 S/m 的不同溶液中，用 Agilent E4980 ALCR 仪进行了 2 Hz～20 MHz 范围内的阻抗谱研究。如图 7.22c 所示，光谱（对于 $L=4.5$ mm 的双电极配置）由三个区域表征，对应于等效电路的三个集总元件的影响（图 7.22b）。在低频时，C_{DL} 的阻抗占优势，并且可以轻松地计算其值（即使存在电极粗糙度，也会产生恒相元件的伪电容行为，而对于这些电极来说，恒相元件的伪电容行为不是很明显）。当 C_{DL} 分流时，与 R_{SOL} 值相对应的电阻稳态主导阻抗。在高频时，通过 C_s 分流器的附加寄生路径的存在使 R_{SOL} 分流，从而产生稳态上限的滚降。为了正确测量 R_{SOL}，应在稳态区域中选择工作频率 f_{probe}。不幸的是，当 σ 的值跨越十多（在本例中为

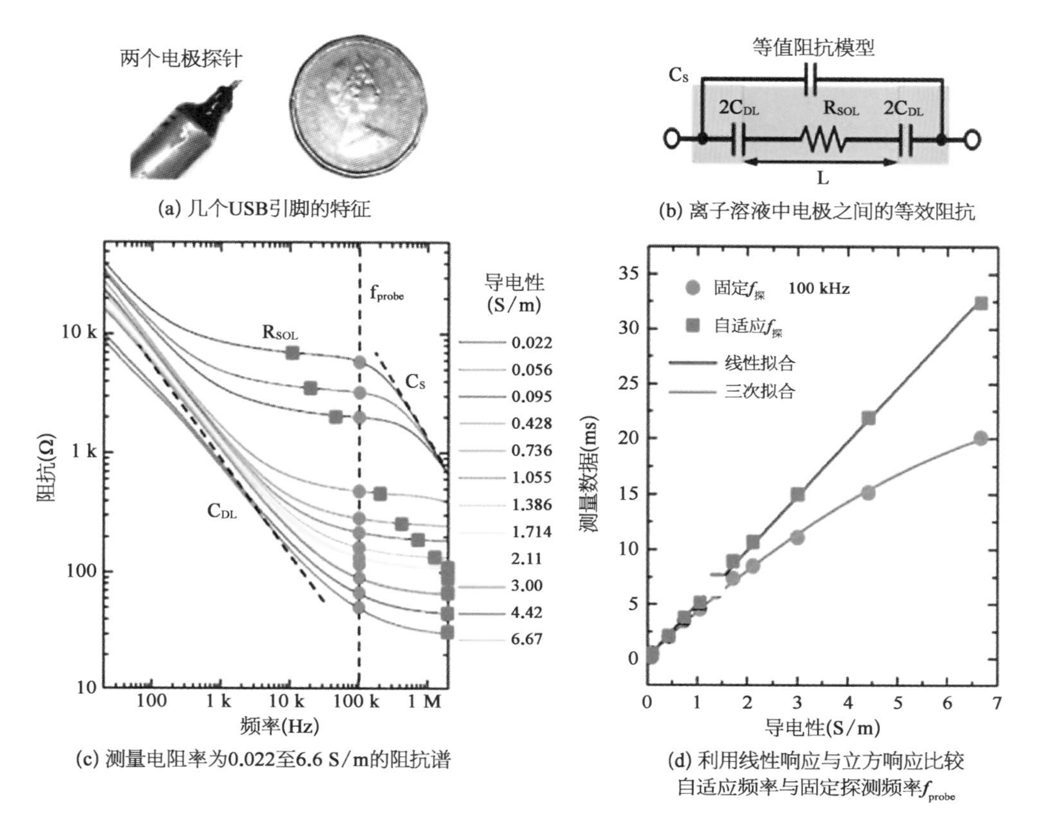

(a) 几个USB引脚的特征

(b) 离子溶液中电极之间的等效阻抗

(c) 测量电阻率为0.022至6.6 S/m的阻抗谱

(d) 利用线性响应与立方响应比较自适应频率与固定探测频率f_{probe}

图 7.22　电极参数的提取与拟合

三十多)时,稳态位置平移,如图 7.22c 所示,f_{probe} 应根据 σ 的值进行理想调整(如图中绿点所示)。为了简单起见,f_{probe} 是固定的红点,电容上的压降会导致一些失真,因此必须找到折中办法。在这种情况下,f_{probe} 最佳频率为 100 kHz。

K 的值从与测量电流相关的点(图 7.22d 中的绿色方框)的线性拟合中提取的,溶液电导率 σ, $K=129\ \text{m}^{-1}$。 该值可以计算对应于电导率范围的最大和最小的电阻:$R_{\min}=8.6\ \Omega$ 和 $R_{\max}=1.3\ \text{k}\Omega$。$R_{\min}$ 的值设置电路输入端的最大电流和与离子电阻相关的最大热噪声 ($44\ \text{pA}/\sqrt{\text{Hz}}$),从而实现非常高的传感分辨率。事实上,如果测量时间为 10 ms 且探头电压 V_{probe} 为 0.1 V,则积分噪声的标准偏差为 4.4 nS/mrms,即小于 $\sigma_{\min}$ 的 2×10^{7} 倍,表明亚 ppm 分辨率的可能性,实际上不受电极阻抗的限制。

C_{DL} (根据低频下的频谱计算)的中间值约 250 nF。该总电容是每个电极的界面电容的一半,等于两倍的 C_{DL} (两者相等且串联),并且与将电极表面乘以比电容所获得的估计一致。电极的最大固有时间常数为 $\tau=R_{\max}\cdot C_{\text{DL}}=325\ \mu\text{s}$, 因此提供了亚毫秒速度,足以满足此应用。最后,在这种情况下,从高频区域提取的 C_{s} 约等于 160 pF,与 1 m 的电缆长度一致。

图 7.22d 示出了三阶多项式拟合在固定为 100 kHz(红点)的 f_{probe} 处探测 σ 而提取的原始电导值。因此,需要进行三点校准。在这种应用环境中,这种校准是绝对可以接受

的，因为电导率和密度之间的关系也是非线性的，并且在用三种已知电导率的溶液进行实验之前需要例行进行三点校准。

3）与其他连接器比较

由上面的结果看来，由微型 USB 连接器的镀金引脚作为电极可用于高分辨率水电导率传感中，应用在海洋监测方面是可行的。但是，为了能够充分表现该探头在水面环境监测中的优越性，在这里与其他类型的连接器进行了比较。系统表征的定量结果报告见表 7.1。在该比较中，将具有裸电极的 USB 探头（见表 7.1a）与其他四种情况进行比较。第一个是微型 USB 电极（表 7.1b），其中没有移除引脚的塑料支架。接下来，考虑用于实现板之间的跳线和连接器的类型的引脚，间距为 100 mil（即 2.54 mm，SIL100，表 7.1c）和 50 mil（即 1.27 mm，SIL50，表 7.1d）。最后，本章还测试了 Apple 的 Lightning 迷你连接器（表 7.1e）。从结果可以看出，所有这些连接器都适用于电导率传感。为了保持空间分辨率，应该最小化电极尺寸和距离。相反，如果实现更小的 f_{probe} 和更大的电流信号，应该最大化电极尺寸和距离，以便增加 C_{DL} 并减少 K。

塑料支架（表 7.1b）相对于裸引脚提供了更好的机械稳定性和鲁棒性，同时降低了 C_{DL}（136 nF）的值并增加了流体动力学扰动和 K（195 m^{-1}）的值。SIL100（表 7.1c）和 SIL50（d）单列直插式连接器的引脚更坚固，因此不易发生振动。不幸的是，D 的值分别增加到 2 mm 和 1 mm。与溶液大面积的接触会增加 C_{DL} 并降低 K。如果不需要亚毫米级空间分辨率，则它们是最佳选择（需要在屏蔽电缆中连接导线），而微型 USB 电极能提供最佳空间分辨率。Apple Lightning 迷你连接器（e）的引脚与微型 USB 具有相同的 D。较小的长度和单侧曝光产生明显较低的 C_{DL}（45 nF）和较高的 K（396 m^{-1}）。此外，由于在连接器内部插入了一块小板，因此使用它需要更多的根本性修改，例如完全打开，移除 PCB 并以非常小的间距完全重新焊接。以上这些缺点都表明 Lightning 连接器不是最佳选择。

表 7.1　比较从不同的小型连接器引脚实验提取的参数

图　例	(a)	(b)	(c)	(d)	(e)
特　征	不支持 USB	支持 USB	SIL100	SIL50	Lightning
D(mm)	0.6	0.55	2	1	0.6
L(mm)	4.5	3	6	6	1.45
W(mm)	0.25	0.2	0.64	0.45	0.3
K(m^{-1})	129	195	89	76	396
C_{DL}(nF)	250	136	458	363	45

最好的选择是裸微型 USB 引脚，而所有这些电极都可以成功地用于 0.1～15 S/m 的电导率范围。

7.2.2 Conduino设计

为了充分利用上述的新型探头，使其非常适用于海洋环境监测，专为微型USB电极量身设计了一种信用卡大小，基于Arduino的四通道电导率仪——Conduino。如果超出上述目标电导率范围，主要要求是：电导率分辨率优于 $\Delta\sigma=15$ mS/m，最少四个通道，测量时间 $\Delta t=10$ ms，电缆长度为几米。因为长电缆会引入寄生阻抗，从而影响测量质量。事实上，屏蔽电缆的长度对串联电阻（根据导线直径从40～200 mΩ/m，对应标准USB电缆相应地从21～28 AWG）和对地杂散电容（约100 pF/m）有影响。前者影响测量的准确性，但与离子电阻串联，可以通过四线传感配置消除，后者会影响输入放大器的稳定性和噪声。采样时间定义了时间分辨率，以及探头移动时的空间分辨率。考虑到最大线速度为1 m/s，10 ms的 t 给出了长度尺度 $\Delta x=1$ cm，这与探头尺寸一致。电子器件的设计也遵循与电极选择相同的低成本和简单导向标准。

电导率测量电路（如图7.23所示）由四个基本块组成：激励探头阻抗的仿真部分，测量其响应的传感部分，处理四线测量的部分和一个处理单元。由于更好地抑制了寄生效应对地的影响，因此选择了电流监测方案。仿真电压 V_{probe}（最大振幅为0.1 V）以合适的 $f_{\text{probe}}>1/(2\pi\cdot C_{\text{DL}}\cdot R_{\text{SOL}})$ 使 C_{DL} 短路。然后将电流转换为电压，解调和采样。在不同的处理解决方案（例如锁定模拟解调）中，选择了模拟器（AD5933）的单芯片解决方案。它基于FFT分析，包括一个互阻抗放大器（TIA），一个可编程增益放大器（PGA）以及12位

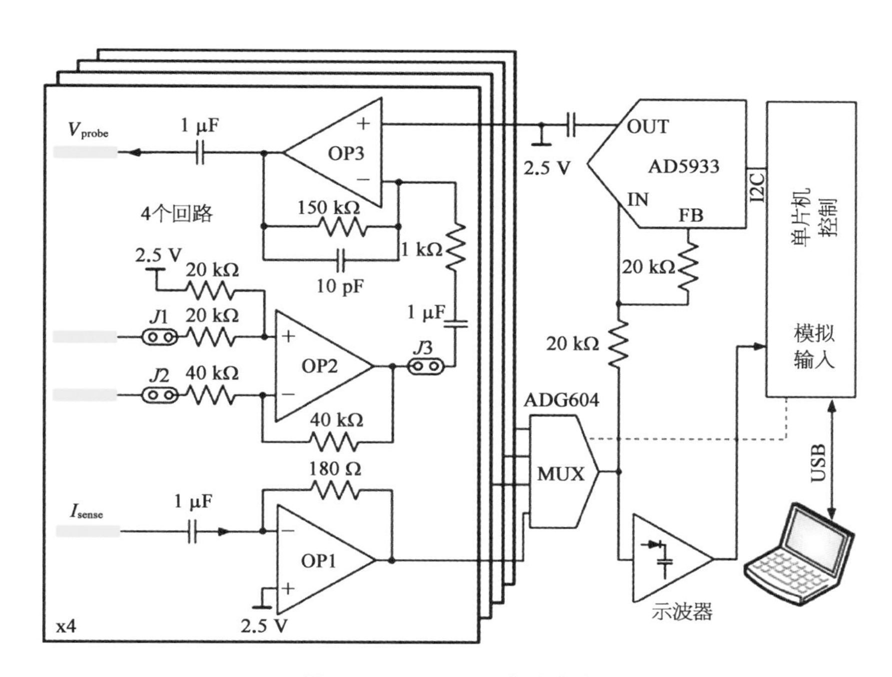

图7.23 Conduino电路方案

该仪器包括四个相同的通道，一个输入互阻抗放大器来适应输入电流范围，一个闭环电路来管理四线测量。通道输出复用到与ArduinoUNO微控制器连接的基于FFT的单芯片阻抗分析仪（AD5933）。附加的包络监测器避免模拟链的饱和。

1 MSa/s 模数转换器(ADC)。FFT 内核在 1 024 点上运行,直接数字合成器(DDS)产生的激励正弦波可达到 100 kHz,这使得它们与 f_{probe} 所需的值完美匹配。此外,采样时间为 1 ms,信噪比(SNR)约为 60 dB。外部模拟电路需要通过额外的前端 TIA 使集成电路测量范围适应所考虑的较低电阻,以及通过 AC 耦合缓冲器消除相对高的输出阻抗(200 Ω)。外部 TIA 的反馈电阻通过最大输入电流(例如,通过 σ_{min})设置为 180 Ω,适合 2.5 V 电压摆幅(由于单个+5 V 电源,大约在 2.5 V 的中间值)。仿真信号应用于所有电极。还实现了四个独立通道,并通过低寄生复用器(ADG604)连接到输入,以进行顺序采集。

该电路的主要创新点在于控制四极测量的部分。有两种方法可以实现四线测量:开环与闭环。在开环解决方案中,分别测量传感器阻抗中流动的电流和其端子上的压降,并计算它们的比率。由于差分电压放大器的高阻抗,所测量的压降不受沿着导线的欧姆降的影响。该解决方案与 AD5933 不兼容,因为它需要同时对电压和电流进行采样。因此,在这里采用闭环方法。在这种情况下,通过附加的反馈回路将测量的电压与理想的模拟振幅进行比较,该反馈回路驱动所有串联的阻抗。这里需要将差分放大器的精度(通常用带宽为 1 MHz 的仪表放大器表征)与该环路的稳定性相结合。在 f_{probe} 处,环路增益需要很大(>50)以便提高精度(相对误差近似等于环路增益的倒数),因此需要宽带反馈。由于这个原因,这种解决方案并不常见,并且关闭解调信号的环路方案已经被提出,具有乘法器的所有附加复杂性和误差。因此,使用差分放大器,在环路稳定性的输入阻抗(40 kΩ)和带宽(100 MHz)之间找到折中方案。该环路由具有局部反馈的块组成,由于界面电容 C_{DL},环路在 DC 中断开。目前,该环路可以通过跳线($J1$,$J2$ 和 $J3$,在图 7.24 的原型图片中可见)在通道中独立激活,可以通过数字控制开关轻松替换。

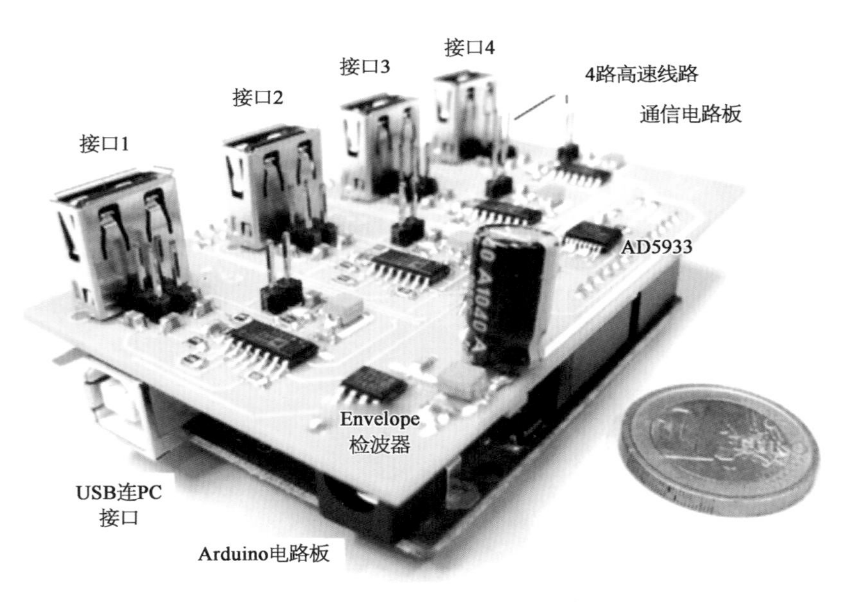

图 7.24 **Conduino 板原型图片**

插入开源 Arduino 微控制器板,具有紧凑的信用卡外形。

该电路符合 500 nF 的总最大输入电容，与图 7.22 中报告的所有电极以及几米屏蔽电缆兼容。

Arduino UNO 微控制器设置 AD5933 的参数（f_{probe}，V_{probe}），控制多路复用器（MUX）并通过 USB 端口将数据传输到 PC，USB 端口为仪器提供电源（+5 V）。此外，Arduino 的一个模拟输入用于通过包络检波器（具有时间常数）来监测响应正弦波的整流幅度，以避免采集链的饱和。通过 Arduino USB 连接中的串行链路，Matlab 控制数据采集。此连接将每通道的采样时间限制为 11 ms。

7.2.3　实验结果与讨论

1）仪器表征

为了校准其响应，该仪器最初已使用物理电阻进行验证。然后将其连接到微型 USB 探头并在烧杯中的液体进行测试。图 7.25a 显示，Conduino 样品的波动幅度与浸入同一溶液中的 MSCTIPME 探头测得的幅度相同。如图 7.25b 所示为 USB 电缆的两个盐度值的测量值 $\Delta\sigma$，以及 SIL50。对于高 σ（10 S/m），由于 $R_{\min}$ 较低，USB 探头的噪声比预

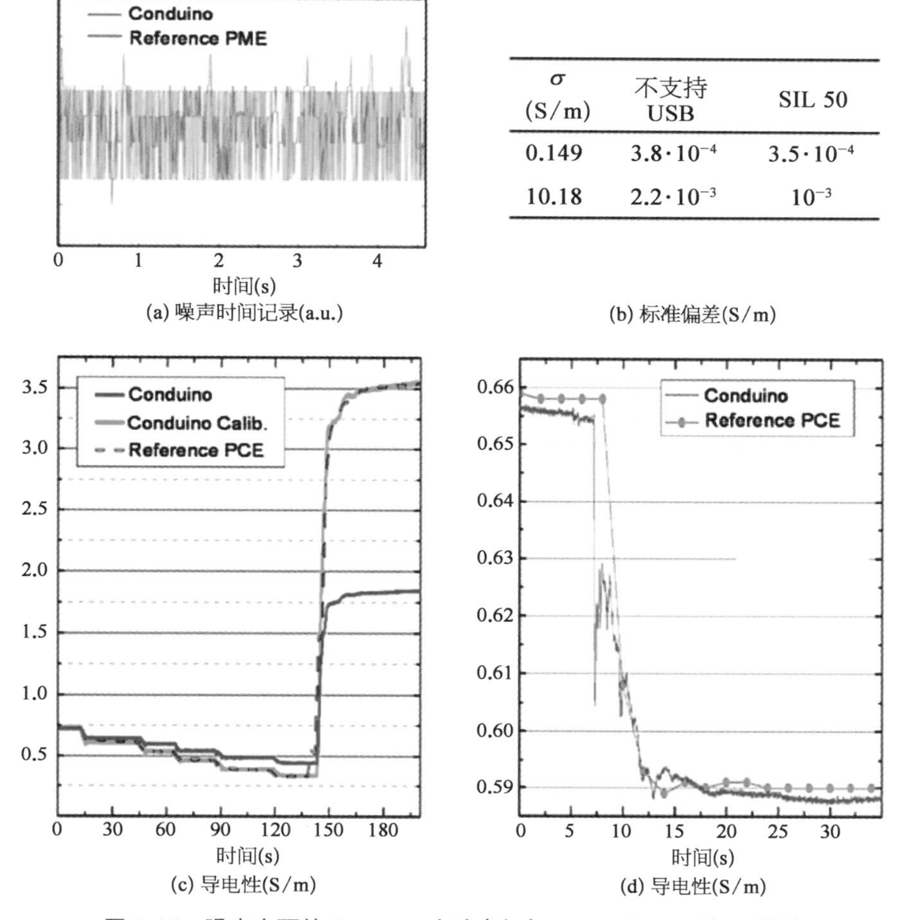

(a) 噪声时间记录(a.u.)

σ (S/m)	不支持 USB	SIL 50
0.149	$3.8\cdot10^{-4}$	$3.5\cdot10^{-4}$
10.18	$2.2\cdot10^{-3}$	10^{-3}

(b) 标准偏差(S/m)

(c) 导电性(S/m)

(d) 导电性(S/m)

图 7.25　噪声方面的 Conduino 实验表征与 MTSCI(PME,美国)性能

期的 SIL50 高两倍。在低 σ（0.1 S/m）时，两个探头的均方根噪声匹配，表明 SNR 受 AD5933 限制（约 60 dB）。对于 USB 探头，在较高 σ 的情况下，噪声为 2.2 mS/mrms，考虑到 6 sigma 色散，其分辨率优于 0.13%，远远优于满量程范围 1% 的分辨率要求。图 7.25b 相对于商用基准（PCE）校准前后的时间跟踪和时间瞬变的缩放，突出显示 Conduino 的快速响应时间（受 PC 限制为 11 ms）。

如图 7.25c 所示，与台式电导率仪（型号为 PCE－PHD1 的 PCE 仪器，意大利）的比较，在三点校准（精度误差约 ±1%）后显示出非常好的一致性。与 PCE 的慢速（2 s，红点）采样时间相比，图 7.25d 还展示了 Conduino 有更高的时间分辨率（单通道模式下为 11 ms，蓝点）；通过在能容纳两个探头的烧杯中添加几滴去离子水产生瞬态，导致电导率从 0.66 降至 0.59 S/m。仅 70 mS/m 的 σ 上的非常清晰的走线证实了系统非常好的噪声性能。请注意，在这种情况下，两个仪器都由电池供电（PCE 内部和 Conduino 笔记本电脑），即它们都处于与电源线噪声隔离的最佳状态。

2）密度分析

为了评估 Conduino 的性能，在分层流研究中最经典的实验中，通过 PCE 与商业探头 MSCTI 直接比较，即密度分析。探头使用标准三点测量和二次拟合校准。通过使用折射计（SPERScientific300011C）测定三种校准溶液的密度以获得比重，然后将其转换为密度。将每个电导率仪浸入每种溶液中并轻轻搅拌几秒钟，然后获得读数。实验室的温度保持在 20℃，以确保由热效应引起的密度变化可以忽略不计。在实验之前，将所有流体保持在温控实验室中数天，以确保热平衡和无氧，从而避免出现任何气泡。两个探头安装并对准在由直流电机驱动的横杆上。因此，探头同时以 3.5 mm/s 的恒定速度浸入罐中，其中通过双桶装置预先形成盐的垂直分层，密度范围从表面的 1.000 4 g/cm^3 到底部的 1.038 1 g/cm^3，距离 14 cm。图 7.26 中展示的两条曲线之间的良好匹配，证明了在不牺

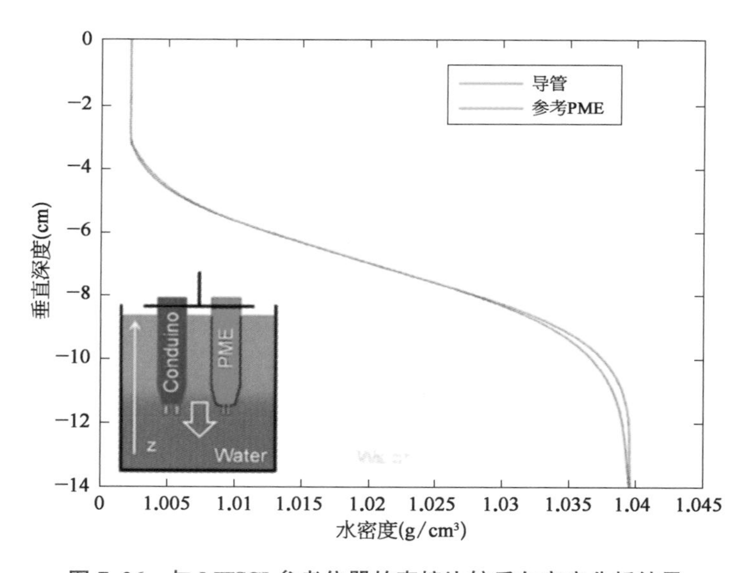

图 7.26　与 MTSCI 参考仪器的直接比较反向密度分析结果

性质量和性能的情况下，能够获得一种低成本且鲁棒性的先进替代品。

3）内部波浪跟踪

最后，为了证明多通道功能的实用性和实现定制的多功能性，还进行了长内波的测量和重建。在 1 m 长和 0.2 m 深的罐中填充类似于先前实验的分层。在实验之前，一个 USB 探头用于对背景密度进行垂直剖析测量（图 7.27a），而其他三个探头安装在机架上以测量运行期间的动态变化。通过桨叶手动地在罐的一端产生内波。然后波浪沿着水箱传播，到达传感器并根据深度产生不同的响应（图 7.27c）。虽然没有在空气-水界面附近放置传感器，但是从背景密度分布中可以有效地知道表面处的水密度。由于这些小幅度内波在表面附近不产生混合，因此不存在用不同密度的流体代替表面流体的运动机构。因此，当组合图 7.27c 所示的结果时，假设表面密度相对于背景状态不变。对于强烈湍流，这种假设当然不会成立，它需要一个近地表传感器。

图 7.27 显示，由于电导率的多通道实时跟踪，密度场的时间演化获得了很好的时空分辨率。

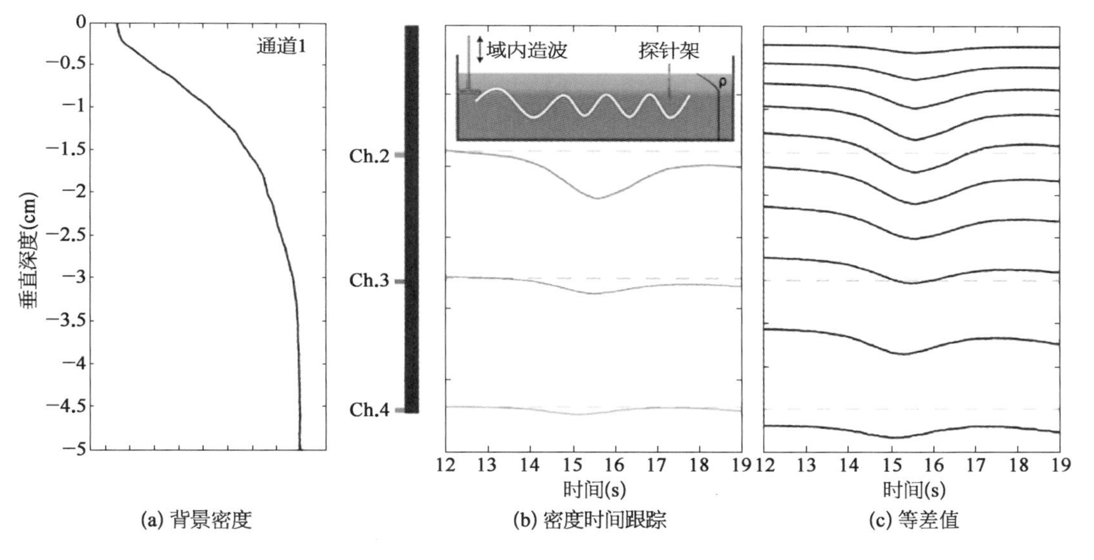

图 7.27　在 1 m 长的水箱中对内部长波进行多通道跟踪结果

第8章　水面无人艇水面通信网络技术

为了满足未来海洋通信和海上运输的需求，USV 通信系统的可靠性至关重要。实际上，USV 的通信系统可以大致分为水声通信和无线通信两部分。

其中，水声通信系统负责将水下采集到的数据传至水面，但是由于水声信道的复杂性、海洋环境的恶劣性和 USV 操纵的特殊性，水声通信的质量容易受到影响。因此，要构建可靠的 USV 水声通信系统，需要将建模和估计联系起来。而无线通信系统指的是 USV 与地面控制站、其他航行器、各种传感器和其他设备等进行协同控制之间的通信，负责将数据分发到地面控制中心，但是由于海面上特殊环境的影响（如风、海、浪等），影响了通信数据传输。因此，如何感知 USV 的实时导航状态信息，对其进行整合，并最终将其分发到地面控制中心，目前来说仍然是一个难点。

本章针对 USV 通信系统的问题，分别介绍了水声通信和无线通信技术。

在水声通信部分，基于水声通信距离、USV 运行条件和海洋环境对水声通信影响的主要因素，分别建立了通信能量损失模型、USV 运动模型和海洋环境影响模型，接着分析了三种模型之间的相互作用，建立了 USV 水声通信链路强度模型。实验表明，USV 可以有效地作为一个移动中继节点并且可以有效地描述其通信能力。该模型可以用于 USV 移动节点的组网，为网络的构建提供了依据。

在无线通信部分，提出了一种基于移动通信技术的空-地-海一体化通信控制系统。为了将数据分发到地面控制中心部分，为 USV 建立了一个通信协议，使其能够正常通信，并编写了一个浏览器/服务器（B/S）体系结构，使地面控制中心能够与上位机进行通信。该通信系统实现了多台 USV 之间的实时通信，并实现了基于多台 USV、覆盖卫星、无人机、水下传感器等设备的基本组网结构。

8.1 水声通信

8.1.1 水声通信链路强度模型

随着点对点水声通信技术的不断完善，海洋水声通信网络将成为现实。在本节中，将介绍了一种新型的 USV 集成水声调制解调器。但由于水声信道的复杂性、海洋环境的恶劣性和 USV 操纵的特殊性，将建模和估计联系起来的水声通信对于 USV 通信和应用是必不可少的。因此，本节建立了通信能量损失模型、USV 运动模型和海洋环境影响模型并分析了三者之间的相互作用，从而建立了 USV 水声通信链路强度模型。以下将对三个模型分别进行介绍和分析。

8.1.2 通信能量损失模型

在水声通信中,海水是一种非理想损失介质。在介质中传输时,信号强度会下降。在水声通信链路质量模型中,该信号的衰落会导致能量损失。链路的能量损失主要是由于波前扩散和海底、海面和海洋介质的同化造成的。通过忽略特定传播,声学信号损失的经验公式为

$$A(l,\ f)=(l/l_r)^k a(f)^{l-l_r}$$

第一部分 $(l/l_r)^k$ 是由扩散引起的传播损失。它与传播方式和传播距离有关,l 代表实际传播距离,l_r 代表参考距离,k 是通常在 1 和 2 之间的扩散损失指数,分别与圆柱波和球面波的扩散有关。第二部分是吸收引起的能量损失,其中 f 是信号频率,$a(f)$ 是同化因子。

从经验公式获得 f,

$$10\log a(f)=0.11\frac{f^2}{1+f^2}+44\frac{f^2}{4\,100+f^2}+2.75\times10^4\times f^2+0.003$$

同化如图 8.1 所示,可以看出,随着频率的增加,声波损失明显增大。因此,声波损失的原因不仅在于传播距离,还在于信号频率。图 8.2 用经验公式估算了 20 kHz 频率下的传播损失。

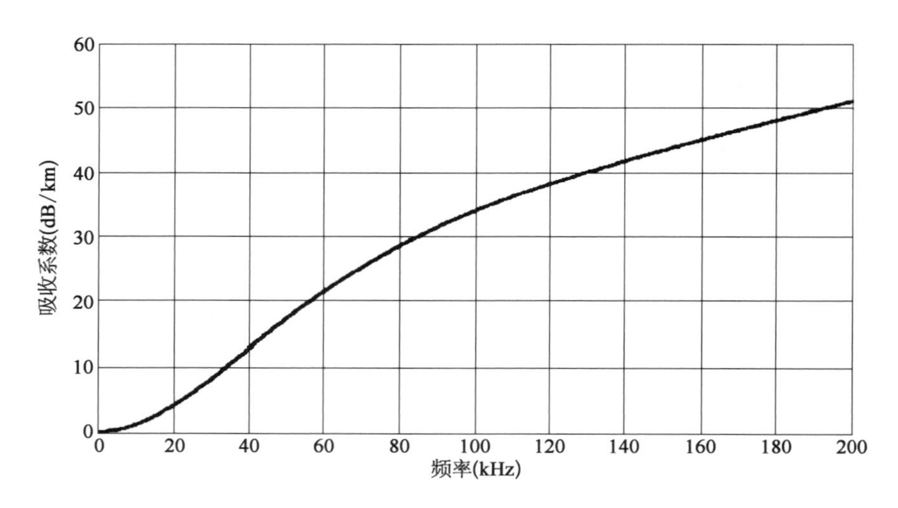

图 8.1　由于吸收引起的能量损失

8.1.3 水面无人艇运动模型

水声移动网络中存在着很强的不确定性。通信质量不仅受到信号传输能量损失的影响,而且还受到 USV 运动状态变化的影响。USV 的状态变化主要导致两个方面的影响:

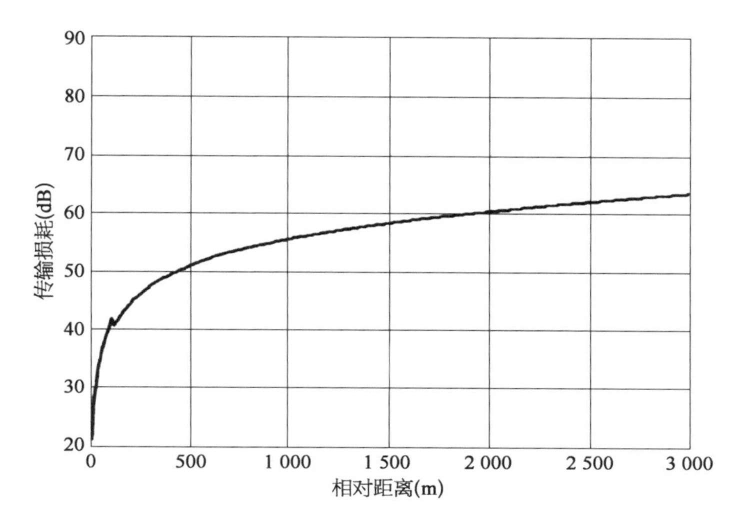

图 8.2 由于扩散引起的能量损失

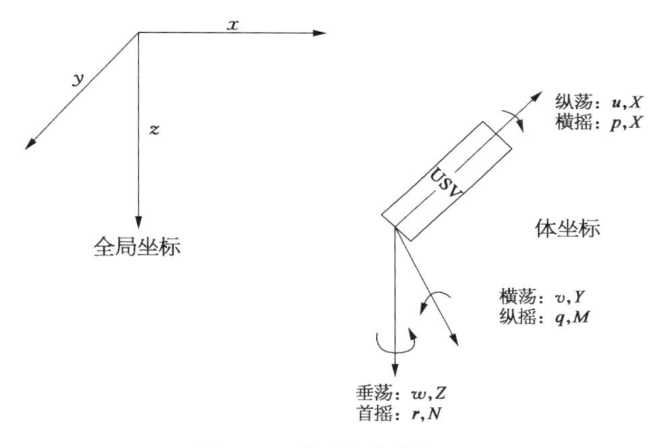

图 8.3 地球和体坐标系

一是节点的相对位置不断变化，导致水声信道结构的变化；二是在传输过程中产生多普勒原理的相对运动。为了分析 USV 的 6 自由度非线性方程组(图 8.3)，需要考虑风、浪、流、湿度等海洋环境的影响。

图 8.3 显示了两个坐标系：地球坐标系和体坐标系。地球坐标系的原点位于地球的一个固定位置，z 轴是重力方向，x，y，z 轴与右手定律一致。局部坐标原点位于 USV 的浮动中心，z 轴垂直向下，y 轴指向 USV 的右侧，x，y，z 轴仍然满足右手定律。为了建立 USV 的运动方程，定义以下向量：

$$\begin{cases} \boldsymbol{\eta}_1 = [x \quad y \quad z]^{\mathrm{T}} \\ \boldsymbol{\eta}_2 = [\phi \quad \theta \quad \psi]^{\mathrm{T}} \\ \boldsymbol{v}_1 = [u_r \quad v_r \quad w_r]^{\mathrm{T}} \\ \boldsymbol{v}_2 = [p \quad q \quad r]^{\mathrm{T}} \\ \boldsymbol{\tau}_1 = [X \quad Y \quad Z]^{\mathrm{T}} \\ \boldsymbol{\tau}_2 = [K \quad M \quad N]^{\mathrm{T}} \end{cases}$$

其中 $\boldsymbol{\eta}_1$ 是全局坐标系中局部坐标原点的位置向量，$\boldsymbol{v}_1$ 是局部坐标系中相对于全局坐标原点的 USV 的速度向量。并且 $\boldsymbol{\eta}_2$ 是基于全局坐标系的局部坐标系的欧拉角向量，除了它是角速度向量之外，$\boldsymbol{v}_2$ 类似于 $\boldsymbol{v}_1$。此外，ϕ，θ，ψ 分别是 USV 相对于全局坐标系的滚动角、俯仰角和偏航角。

8.1.4 海洋环境影响模型

声信号传播速度是海洋环境中的一个重要参数。声速的变化影响声波的传播路径。温度、盐度和深度是影响声速的主要参数。通过大量海上测量可以得出如下经验公式：

$$c = 1\,449.2 + 4.6T - 0.555T^2 + 0.000\,29T^3 + (1.34 - 0.01)(S - 35) + 0.016z$$

在 USV 航行实验中，USV 上有一个 CTD(conductance 电导，temperature 温度，depth 深度)探测器可以采集这些参数。利用经验公式可以得到声速 c，为多普勒效应估计和通信信道模型提供数据支持。多普勒效应是转换器和接收水听器之间的相对运动引起的频率偏移和扩散。多普勒效应引起的频移影响发射机的同步和解码，进而影响通信链路的强度。在水声通信中，多普勒频移和扩散与多普勒因子成正比：

$$a = v/c$$

其中，v 是转换器和接收水听器的相对速度，c 为声速。与无线电波相比，声速低。因此，由相对运动引起的多普勒失真非常严重。网络节点之间的相对移动几乎是不可避免的，尤其是当水下声学(under water audio，UWA)网络中存在多种移动平台时。在这种情况下，多普勒因子会对通信链路的强度产生一定的影响。在风、浪和 USV 运动的共同作用下，由因子引起的链路强度损失是不可忽略的。

8.1.5 实验与分析

为了验证本节中提出的水声通信链路质量模型，2015 年 7 月 15 日，在青岛集洪滩水库进行了湖泊试验(图 8.4)。水库周长 14.3 km，水深约 10 m。实验中使用了两个 Evologics 水下通信调制解调器(图 8.5)，一个是在靠近岸边平台的 2 m 处浸入水中；另一个位于 USV 下方，是一个移动节点，距离水面 3 m。一个采样频率为 256 kHz 的自足式水听器固定在 USV 下约 1 m 处，用于记录和监测通信信号。USV 还有其他设备，如 CTD、气象站、GPS、电子罗盘、单波束测深仪等。

图 8.4 USV 的湖泊实验

图 8.5 两个 Evologics 水下通信调制解调器

1）定点通信实验

通常，水声通信网络节点之间的水平距离为 1 km。考虑到这一点，湖泊实验设计为一条长 1 km 的直线路线。USV 每隔 50 m 自动到达直线路线上的指定位置（图 8.6）。然后，USV 处于静止状态发送和接收信号。由于实验条件恶劣及操作不当等原因，在 250 m、500 m、800 m 三个探测点上都有数据丢失。

如图 8.7 所示，在 1 km 内，信号强度从约 89 dB 衰减到约 42 dB。

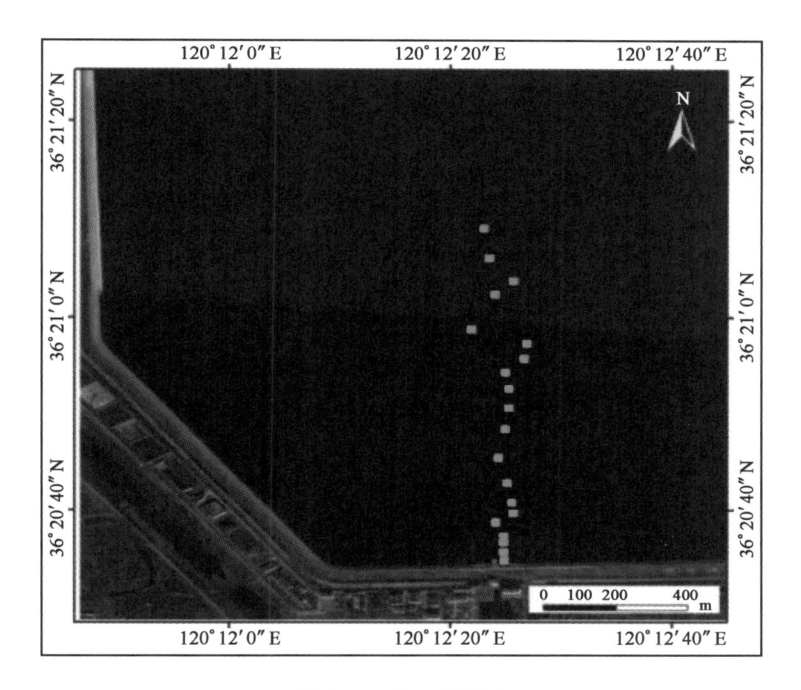

图 8.6　定点路线图

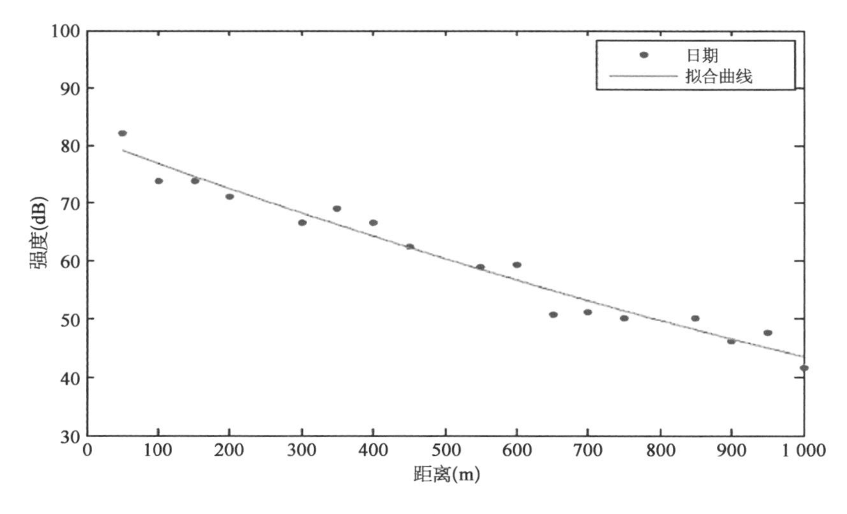

图 8.7　定点强度衰减

2）移动通信实验

海洋环境和 USV 的航行状态对通信链路强度有影响。为了测试影响，进行了移动实验。定义了目标轨迹为沿北方向的直线，起点为北纬 36°20′35″，西经 120°12′25″，终点为北纬 36°21′12″，西经 120°12′25″(图 8.8)。在移动通信实验中，USV 采用路径跟踪自动控制，实现了直线 1 km 的自动航行。

在 USV 模型中，影响参数主要是横摇、纵摇和速度。根据来自车载电子罗盘的数据，USV 的横摇变化率和纵摇变化率示于图 8.9 中。

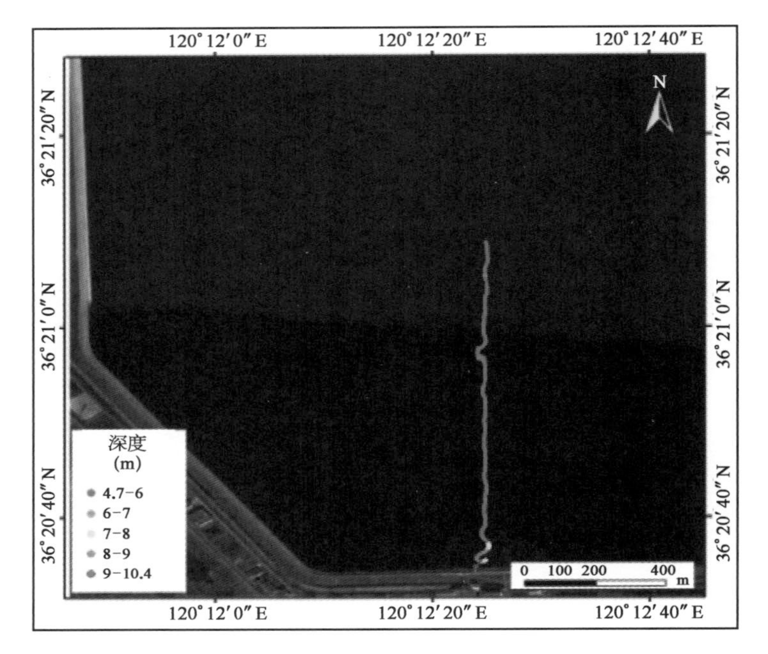

图 8.8 移动路线图

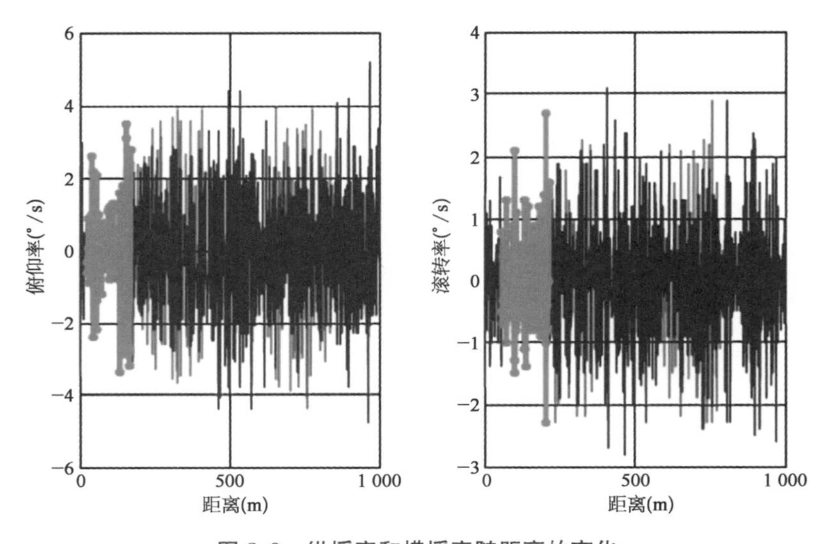

图 8.9 纵摇率和横摇率随距离的变化

在图 8.10 中，可以看到这三个参数变化缓慢。它们在一定范围内变化，符合规定。然而，它们在 100～200 m 剧烈波动。与上面的定点通信实验相比，在 1 km 以内，信号强度衰减约 5 dB，产生这种现象是因为 USV 的运行条件和海洋环境在实验时的实际状况发生变化。

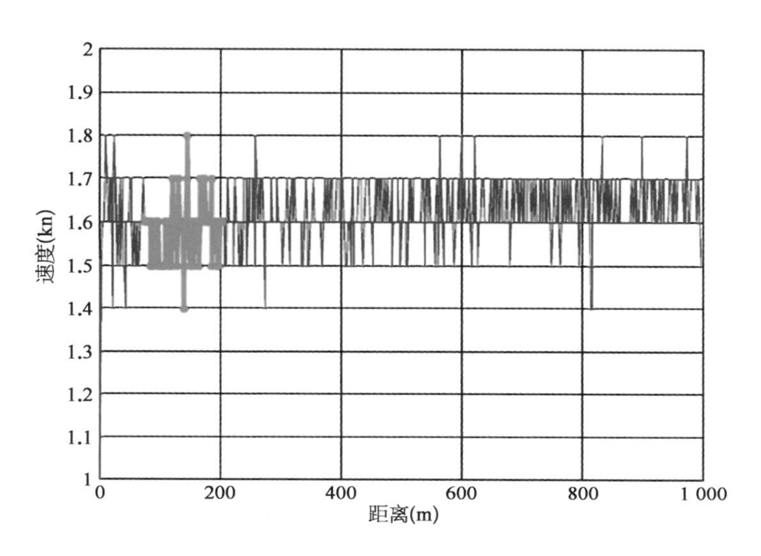

图 8.10 速度随距离的改变

8.2 无线通信

针对海上信息覆盖、搜索和定位等一系列实际问题，在本节中，介绍了一种基于移动计算技术的空-地-海一体化通信控制系统，该系统由地面控制终端远程模块、USV 终端模块和无人机三部分组成。最后，为了实现对 USV 的远程监控，采用 B/S 结构实现了信息传播和控制指令的解耦。

8.2.1 整体结构

如图 8.11 所示为基于移动计算技术的 USV 空-地-海一体化通信控制系统的整体结构。以集装箱搜救工作为背景，小型 USV 通信与控制集成系统的总体方案是水下传感器节点通过感知集装箱的位置信息，将信息传输给主 USV。主 USV 收到消息后，通过无线网桥向地面控制中心发送信息。接收到信息后，中心向主 USV 发出到达该位置的指令。在主 USV 接收到指令之后，它将信息传播到离集装箱最近的子 USV，以便它能够到达指定位置。作业过程中，无人驾驶飞机对相应的潜艇进行监控，实时记录航行状态，通过云服务器传送给地面控制中心，USV 还通过云服务器将潜艇的状态、航向等基本信息传送给地面控制中心。

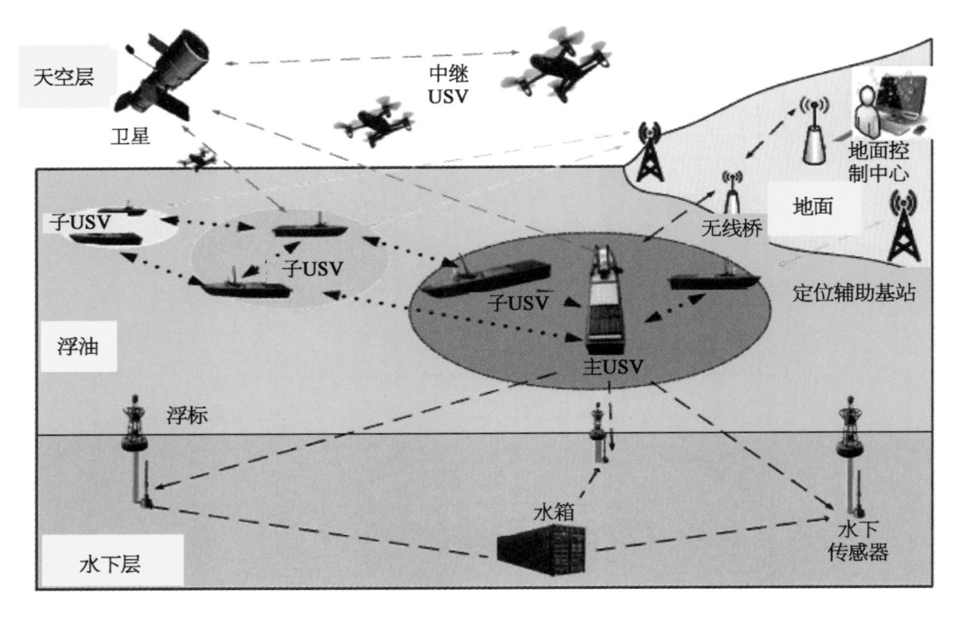

图 8.11　系统整体结构

在图 8.11，基于移动计算技术的一体化通信与控制系统由地面控制终端远程模块、USV 终端模块和无人机三部分组成。其中，地面控制终端远程模块主要实现地面控制中心终端与 USV 之间的控制和通信。USV 终端模块主要实现实际航行过程中的数据采集、飞机仪表状态控制、时序控制以及与 USV 平台上其他传感器(如 GPS、UWB、九轴等)的协同工作等功能。无人机主要负责监控 USV 的运行状态。为了满足传感器之间实时通信传输任务的要求，可以通过 B/S 结构实现远程控制。

8.2.2　船舶智能数据传感的总体结构

本系统的数据传感设计主要集中在 USV 终端的设计上。它可分为三部分，即信息采集部分、主控板部分和电源部分。信息采集包括姿态传感器(JY901)、GPS(ATK - S1216F8)、超宽带(ultra wide band, UWB)(SWM1000)、ZigBee(DRF1609)和超声波(JSN - SR04T)五个模块。主控板选择 ATmega16。电源部分分别为 5 V、3.7 V 和 12 V。其总体框架如图 8.12 所示。

在图 8.12 中，信息采集模块通过传感器进行数据采集，并将采集到的数据发送给 USV 主机。船舶控制面板控制电池电量、舱室排水、电机转速、转向角度等基础数据的采集。船舶控制面板和 USV 主机之间的信息通过 USB 串行线路传输。为了让主机进行信息采集，并与船舶控制面板进行通信，使船舶正常运行，还设计了它们之间的传输协议。

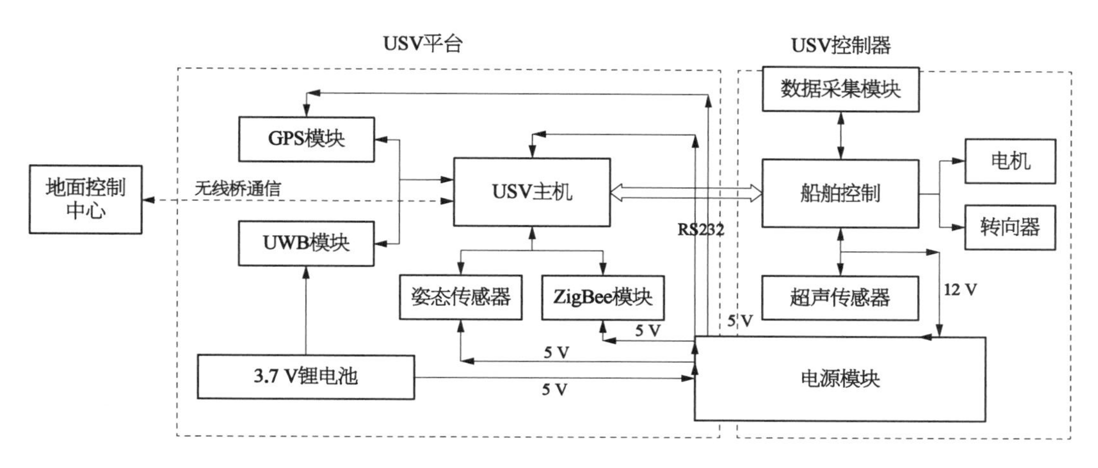

图 8.12　USV 终端控制系统的结构图

8.2.3　水面无人艇终端软件设计

系统的软件设计主要包括地面控制中心与船舶控制面板之间的信息通信部分、船舶控制面板与 USV 主机之间的通信部分、传感器与 USV 主机之间的通信部分以及串口之间的信息融合部分。在软件操作过程，算法见表 8.1，从地面接收信息的 USV 不断更新。因此，在该系统中，如果地面控制中心不向 USV 发送停止命令，USV 将始终沿着直线行驶。

表 8.1　USV 终端控制系统算法

USV 终端控制系统结构图

初始化网页文件并启动网页
串行端口初始化
while 1 do
　防止步进计数＝防止步进计数＋1
　传感器数据采集和数据分析
while 防止步进计数≤5 do
　计算此时的航向角，并将其设置为初始航向角
end while
计算航向偏差。将航向角引入系统模型得到舵角值。电机打开，船一直向前行驶
if 地面控制中心发出的运动指令＝1
then 潜艇直达
else if 地面控制中心发出的运动指令＝2
then 由分船送往指定地点
if 距目标点距离≤转弯半径 then
　舵角＝0 或舵角＝1 000
end if
if 计算航向偏差≥87 或计算航向偏差≤93 then

（续表）

USV 终端控制系统结构图

舵角＝500
end if
else if 地面控制中心发出的运动指令＝3 then
向潜艇发送障碍物
if 前方障碍物≤1 m then
USV 电机反转 3 s
左全舵为 2 s
end if
while 右满舵＝前一航向
USV 电机反转 3 s
左全舵为 2 s
end while
else
关闭电机
end if
end while

8.2.4 通信协议的建立

1）船舶和主机之间的通信

船舶与主机通信时，主要采用船舶控制器板通信协议。其上行链路数据格式为每帧 8 字节，见表 8.2 所定义。下行链路数据格式为每帧 7 字节，见表 8.3 所定义。在表 8.3 中，不同的地址表示不同的指令以及定义的地址和数据如表 8.4 所示。

表 8.2 上行链路数据格式

序列号	名　称	内　　容	长度(B)
1	帧头	0x5A	1
2	地址	（参考地址和数据列表）	1
3	读/写	0x01：写，0x00：读	1
4	数据	（对应地址和数据列表）	2
5	总和检查	将整个帧和的低位字节设为零	1
6	终止	<CR><LF>	2

表 8.3 下行链路数据格式

序列号	名　称	内　　容	长度(B)
1	帧头	0x5A	1
2	地址	（参考地址和数据列表）	1
3	数据	（对应地址和数据列表）	2

（续表）

序列号	名 称	内 容	长度(B)
4	总和检查	将整个帧和的低位字节设为零	1
5	终止	<CR><LF>	2

表 8.4 地址和数据列表

地址号	地 址 定 义	操 作	参数范围	启动默认值	参 数 单 元
0x10	电源电压	读	0～200	—	0.1 V
0x11	电流消耗	读	0～100	—	0.1 A
0x12	充电电流	读	0～100	—	0.1 A
0x13	水进入船舱	读写	0～1 023	—	相对电阻随水而减小
0x20	推进控制	读写	0～1 000	500	2×(参数值−500)‰
0x21	舵机控制	读写	0～1 000	500	2×(参数 500)‰
0x30	前向雷达	读	0～500	—	1.7 cm
0x40	舱室排水	读写	0～50	0	第二
0x50 0x53	逻辑输入端口， 通道 0～5 V	读	高=1,低=0	—	
0x60	主机电源(写 0 断电)	读写	开=1,关=0	1	
0x61 0x63	3 通道 200 mA,泄漏	读写	开=1,关=0	0	
0x80	警告电压	读写	0～200	0	0.1 V
0x81	停止电压	读写	0～200	0	0.1 V
0x82	警告电压(断电过多)	读写	0～200	0	0.1 V
0x83	电源状态	读	0～3	—	
0x84	保护电流	读写	0～100	100	0.1 A
0x85	电流状态	读	0～1	—	
0x8f	先验使能	读写	真=1,假=0	0	
0xF0	自测指令	写	12 345(10)	—	触发自检， 自检后返回 12 345(10)
0xF1	运行时间	读	0～32 767	—	系统运行的分钟数

2) 船舶之间的通信

在实际的航行过程中，考虑到实时通信和丢包问题，在这里采用了点对点的通信方式。该网络采用网状结构，由协调器、路由器、终端节点组成。它具有自动动态路由维护功能，可以自动找到新的路由路径。在船舶航行过程中，如果不能完成从子船到主船的直接信号传输，节点将自动找到一条新的路径将信息传输到主船。

3）船岸通信

USV终端实时获取船舶的姿态信息和位置信息，并通过B/S将其转发到地面控制中心。地面控制中心然后通过B/S向主USV发送信息。主USV通过ZigBee模块点拓扑通信向子USV发送相关信息，ZigBee模块点拓扑通信与领航USV合作，在接收到来自船舶的信息后进行自动航行。在此过程中，船舶的实时航向、航速、位置等信息通过B/S模式传输到地面控制中心进行远程监控。

8.2.5 实验与分析

为了验证该通信系统的可靠性，这里分别对船舶间的通信、地面控制中心和船舶间的通信进行了实验分析。

1）船舶间通信

考虑到实时性和丢包问题，本文将P2P通信应用于船舶之间的通信中。

根据ZigBee的自动路由功能，在布置时，将协调器放置在主USV上，将终端节点放置在子USV上，并在附近布置路由器从而使得从主USV到子USV的路径不会被破坏并进行自动路由，以便两个USV能够持续通信。实际控制效果如图8.13所示。

在图8.13中，主USV(左)向子USV(右)发送直线航行命令，并从子USV接收该命令与主USV合作。

图8.13　协作直线前进

2）地面控制中心和船舶间通信

在船舶和地面控制中心中，使用舰桥和B/S架构实现远程控制。实际控制如图8.14所示。在图8.14中，左侧池底有正在运行的船舶，右侧有远程操作界面。主USV信息由计算机给出，然后主USV执行相应的运动。

在图8.15中，该显示界面是可以在B/S架构的远程端看到。点击运动，右下角的绿色方框会弹出。点击直线航行，信息通过B/S传递给USV，主USV通过ZigBee传递给相应的指令，然后两船协同工作。

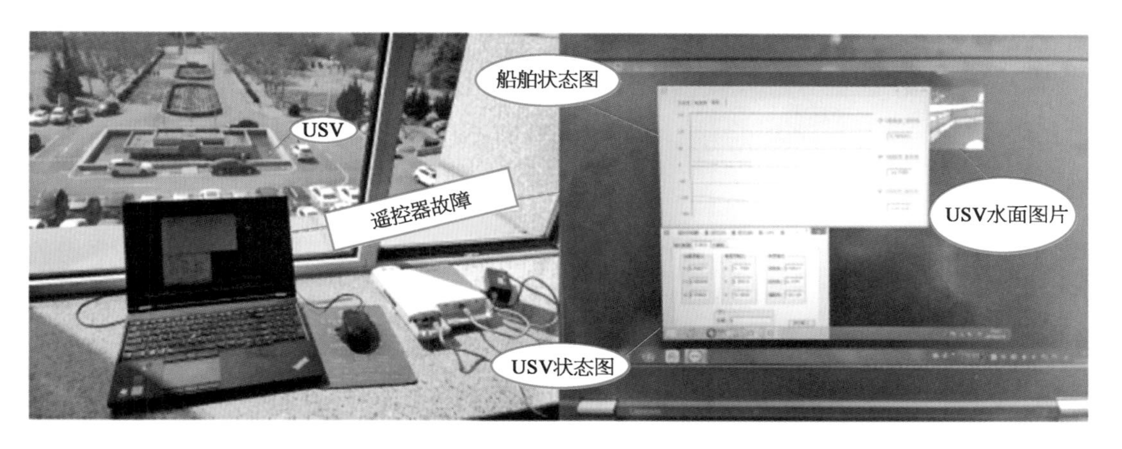

图 8.14　协作直线前进

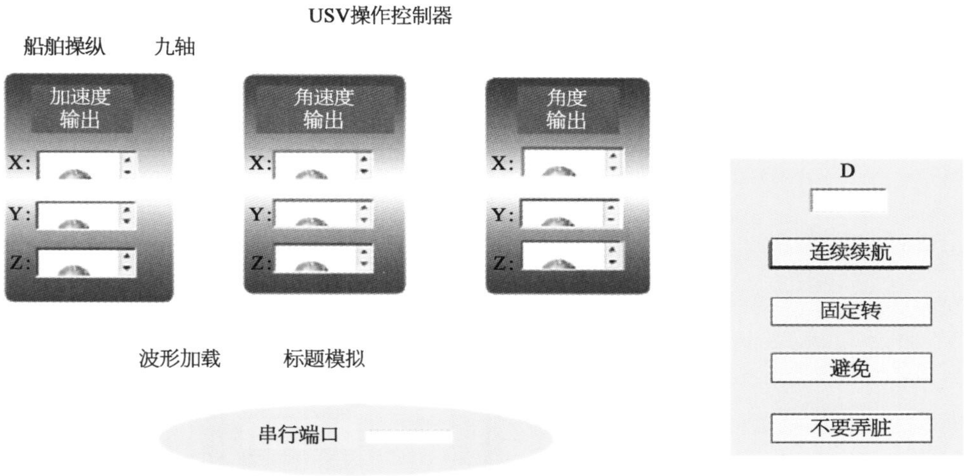

USV操作控制器

船舶操纵　九轴

加速度输出
X:
Y:
Z:

角速度输出
X:
Y:
Z:

角度输出
X:
Y:
Z:

D

连续续航

固定转

避免

不要弄脏

波形加载　标题模拟

串行端口

图 8.15　Web 控制界面

海洋智能无人系统技术

第 9 章　自主水下航行器系统概述

自主式水下航行器作为一种探索海洋的重要工具，通过灵活搭载不同载荷，能够在恶劣的海洋环境下自主完成各种不同的海洋探测任务，AUV 已成为网络化海洋环境监测系统的执行环节主力。本章详细介绍了 AUV 的发展历史和现阶段国内外的研究情况，并对 AUV 的系统架构和功能展开讨论，包括能源系统、控制系统、导航系统、通信任务载荷系统，最后介绍了 REMUS6000、HUGIN 系列 AUV 等几种主流的水下航行器的参数配置及应用场景。

9.1 背　　景

AUV 是一种综合了人工智能和其他先进计算技术的任务控制器，它彻底改变了海洋数据收集的过程，成功地发展了在恶劣环境中自主作业的互补技术。在过去的几十年里，AUV 经历了显著的发展。在 20 世纪 80 年代末和 90 年代初，第一个 AUV 原型的开发花费了巨大的努力并利用巧妙的工程解决方案弥补了其在计算能力、电池和导航传感器方面的技术限制。随后，随着计算能力、电池技术和电子系统小型化的显著改进，AUV 变得不再那么笨重，更适合用作数据处理新技术的试验台。随着更小、更轻、更便宜的设备的出现，可操作 AUV 的使用变得更加便利，有越来越多的模型可以用于测试新的算法和解决方案，同时也吸引了越来越多的研究人员投身于这项富有价值的科学工作，扩展了实地研究成果的地理跨度。这些研究人员不仅来自领先的科学机构，还来自新兴国家中规模较小的实验室，这促使了 AUV 的开发和部署呈指数级增长，无论是单独的 AUV 还是舰队，已在世界各地积累了数千小时的运行时间及相应的数据量。

AUV 最主要的进步体现在通过减少船舶时间和利用精确的地理位置使数据收集过程自动化，以满足新的应用场景且降低海洋数据收集的成本。水下环境感知是海洋环境监测的重要组成部分。随着传感器设备和智能化控制算法的不断更新，许多在过去需要水下载人潜艇或人工潜水监测的工作已经逐渐被以 AUV 为代表的智能船舶集成系统代替。由于 AUV 的工作范围可以远至几百海里，深至几千米，海流、海浪、潮汐、风暴、湍流等因素也会随工作海域的不同而发生变化。因此对于水下的环境监测，具有极高的难度和不确定性。一般来说，AUV 对于水下环境监测往往需要与许多环境感知传感器协同完成，有时甚至需要配合 USV 或多台 AUV 共同完成复杂的监测任务。

当前美国、日本、英国、加拿大及俄罗斯等国家均已成立了专门的科研机构，致力于多功能潜水技术和产品的研发。国际上较为先进的水下潜水器有美国海军研制的 AUV - AUSS 水下自走潜水器、欧盟 FerryBox 开发的自动水质测量系统、德国弗劳恩霍夫系统技术应用中心 Fraunhofer ISOB - ASTB 开发的多功能潜水器及监测与分析系统等。

目前国内研究水下机器人的单位较多，进入实验性试验阶段的有哈尔滨工程大学研制的智能水下机器人 AUV,中科院沈阳自动化所研制的无人无缆水下机器人 UUV,上海交通大学研制的遥控式水下机器人 ROV 和中船重工 715 所研制的拖曳式水下机器人 TUV。我国重大科技项目“CR-01”6 km 自走水下机器人在关键技术上取得了成功突破,但目前处于初试阶段,因其体型大,投入成本高,推广使用方面尚不完善。

就目前国内外的研究而言,AUV 已经可以水质监测、水下目标探测、水下地貌探测等诸多方面的环境监测任务。

(1) 水质监测:通过集成温盐深仪、浊度传感器及散射传感器等水质传感器模块,AUV 可完成对包括水温、pH 值、导电率、溶解氧和氨氮等水质指标的实时监测。

(2) 水下目标监测:安装水下高光谱遥感系统的 AUV 可根据探测物光谱特性的不同判断出目标的特征或者种类,从而能够实现高精度的水下物体的归类化测量,实现水下特定目标物的数量、分布统计以及寻找和探测。

(3) 水下地貌探测:通过多功能潜水器的摄像系统和测深系统,如视频图像传感器、主动声呐传感器等,可以对水下地貌或水下设施进行观测,可代替潜水员潜水工作,拓展观测范围,提高观测安全性。

9.2 发展历史

AUV 的研制最早始于 20 世纪 50 年代末,主要用于海洋科学研究。早在 1957 年,华盛顿大学应用物理实验室的 Stan Murphy,Bob Francois 和后来的 Terry Ewart 开发了第一台 AUV——“特殊水下研究目的飞行器(SPURV)”——用于研究扩散,声波传播和潜艇尾流。20 世纪 70 年代,AUV 研究得到进一步发展,可通过遥控方式用来执行搜探失事潜艇、反水雷等军事任务。Robert Whitehead 在 1866 年设计、建造和展示了奥地利的第一枚鱼雷。该鱼雷前进速度超过 3.0 m/s,运行距离可达 700 m,由压缩空气驱动并带有炸药。如果忽略它携带炸药的事实,可以将它认为是第一台 AUV,如图 9.1 所示。1871 年,第一次鱼雷试验任务实施,尽管该设备并没有实现预期的效果。

到了 20 世纪 80—90 年代,随着小型化组合导航、远程水下通信、小型低能耗计算机等技术的突破,AUV 开始具备半自主控制能力,但由于成本高,未正式列装。20 世纪 90 年代末,随着技术的进一步成熟,AUV 在民用领域得到了广泛应用,并借助成熟商用技术使其成本明显降低,逐步出现具备反水雷等功能的 AUV,并装备部队使用。

21 世纪以来,AUV 的自主控制水平和推进动力得到了进一步提高,其任务开始向反潜、水下侦察等领域扩展。其间,美国先后 2 次修改了 AUV 的发展主体规划,在 2007 年前后,将空中、水下和地面多维空间的无人系统进行整合,并每隔 2 年发布一次《无人系统发展路线图》并滚动修订,截至 2013 年,发布规划任务为《无人系统综合路线图(2013—

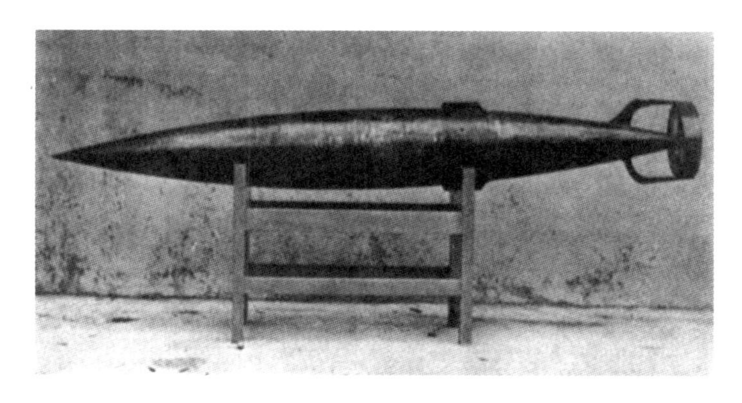

图 9.1　Newport 的 Auto - Mobile - Fish 鱼雷

2038)》。对军用 AUV 发展影响较大的是 2011 年美海军发布的《水下战纲要》,其中提出要加强对大型 AUV、特种作战航行器、水下分布式网络、全球快速打击系统等有效负载的利用。针对所开发的有实用价值的研制样机(如大排量 AUV),为能尽快列入部队服役,2016 年美国防部变革了 AUV 采购办法,采用边研制边采购入役的办法,以期缩短获得新研制的 AUV 的采购时间。

欧洲针对 AUV 的研究一直在展开,一些关键技术的研究甚至更优先于美国。2010 年,欧洲防务局(European Defense Agency, EDA)发布了《海上无人系统方法与协调路线图》,提出协调欧洲各国力量,共同促进 AUV 等系统的发展。

据不完全统计,目前国外主要有 10 多个国家 20 多家科研机构在从事 AUV 的研究开发,来源主要有以下几方面。公司类机构:美国的蓝鳍金枪鱼机器人公司、波音公司、洛·马公司、哥伦比亚公司、通用动力公司、水螅公司、伍德·霍伊公司、诺斯罗普·格鲁曼公司等。德国的 ATLAS 电子公司、法国的 DCNS、意大利的 Gaymarine、瑞典 SAAB 水下系统、英国的 BAE 水下系统、挪威的 Kongsberg Maritime 公司、澳大利亚国防科学技术研究院等;军方类研究机构:主要为美国的海上系统司令部、海军水下战中心、海军研究局、国防高级研究计划局、海军海洋局、海军研究实验室等;大学类研究机构:主要有美国的华盛顿大学、宾夕法尼亚州立大学应用物理研究所、加州大学、麻省理工学院、威斯康星大学及挪威海洋大学等。

(1) 美国海军水下作战中心(Naval Undersea Warfare Center, NUWC):研制有大直径 UUV 和直径 21 英尺的 UUV。

(2) 美国海军研究局(Office Ofnaval Research, ONR):ONR 的工程部、材料部、物理科学和技术部都在从事 UUV 的研究工作,主要涉及 UUV 的能源与推进、续航力、传感器信号处理、通信、使命管理控制、导航和运载器设计等。

(3) 美国海军空间和海战系统(Space and Naval War-fare Systems Command, SPAWAR)中心:主要从事 AUV 的指挥和控制系统、光纤和水声通信系统、非金属材料和运载器总体的研制。

(4) 美国国防高级研究计划局(Defense Advanced Research Projects Agency, DARPA)和查尔斯·斯塔克·德雷珀实验室(Charles Stark Draper Labatory, CSDL):已建成2个可用作试验平台的AUV,其长10.97 m,直径1.112 m,重6 804 kg,最大工作深度分别为304.48 m和457.2 m。该航行器采用8.82 kW的无刷电机,最大航速10 kn,续航力为24 h,均已完成海试。

(5) 美国海军研究生院(Naval Postgraduate School, NPS)智能水下运载器研究中心:主要从事用于AUV智能控制、规划与导航、目标探测与识别等技术的研究,产品有NPSAUVI、NPSAUVII、ARIES、Pheonix。

(6) 美国伍兹霍尔海洋研究所(Woods Hole Oceanographic Institution, WHOI):研制有远距离环境监测装置(remote environmental monitoring units, REMUS)及深海探测器(autonomous benthic explorer, ABE)AUV等产品。其中ABEAUV用于深海海底观察,机动性好,能完全在水中悬停,或以极低的速度进行定位、地形勘测和自动回坞。该AUV长2 200 mm,速度2 kn,根据电池类型,续航力为12.87~193.08 km,动力采用铅酸电池、碱性电池或锂电池。

(7) 通用动力公司和雷声公司:主要产品XP-21是一型直径533 mm的AUV,采用模块化设计,长度可在2.44~7.32 m任意选择,其标准型的质量为635 kg,航速0~5 kn,工作深度为9.14~3 653.63 m,主要用于水雷战。该AUV侧视声呐为双频、单波束、数字式声呐,频率范围100~500 kHz;高频用于探测大型水雷,低频用于探测沉底雷并对其进行分类。前视声呐为多波束数字式声呐,可填补侧视声呐的探测盲区,以探测和分类沉底雷和锚雷,同时也可用于避障。

(8) 佩里技术公司:该公司研制的机动系统试验(MUST)AUV长为9.144 m,重8 834.8 kg,工作深度为60.96 m,主要供试验和演示用。该AUV采用7.35 kW主推进电机,电源为铅酸悬挂式电解电池组,航速为0~8 kn。推进系统采用6个推进器,使航行器可作悬停、垂直或横向运动。

(9) 麻省理工学院的Sea Grants AUV实验室:是一家主导海上水下机器人的高级研发者,主要从事各种梯度海洋、环境、温度及水下能源的研究,培养了许多从事海洋高技术探索的研究生和科学家。

9.3 系统架构及功能

在过去的50多年中,全世界已经设计了数百种不同的AUV,但只有少数几家公司出售这些装置。目前,主要有10家公司在国际市场上销售AUV,包括Kongsberg Maritime、hybrid(现在由Kongsberg拥有)、Bluefin Robotics、Hafmynd和国际潜艇工程有限公司。如图 9.2 所示为 Bluefin－12 AUV。

图 9.2　Bluefin－12 AUV

AUV 的船身设计大小不一，从手持式的轻量 AUV 到直径超 10 m 长的大型 AUV。功能上，动力能源系统、自主控制系统、导航系统、通信及任务载荷是 AUV 最关键的个模块，能源系统是心脏，自主控制是大脑，导航和通信是感官，任务载荷是作业工具。

9.3.1　能源系统

AUV 的续航从过去的几小时到现在已经增加到十几小时，有些系统已经设置了多天甚至几年的任务。

由于深海 AUV 需要工作在深海水下的特殊环境，因此，对动力能源的要求非常高，需要能源密度高、安全性好、易于维护、成本低、甚至需要电池承受深海水压等条件，因此，通常选择电池作为动力能源的载体。AUV 中使用的电池可以是铅酸电池、银锌电池、锂原电池，不同的能源系统可用于不同的应用。

图 9.3　太阳能 AUV(PRINT)

目前深海 AUV 中使用的锂离子电池居多。锂离子电池中的二次电池的比能量和能量密度分别达到铅酸电池和镍镉电池的 4 倍和 2 倍以上，寿命是银锌电池的 130 倍，已成为目前国外应用的主流能源驱动，美国的 REMUS 系列及挪威“休金 I”型 AUV 均采用了二次锂离子电池，比能量最高达到 210 W・h/kg。另外，目前也有一些 AUV 开始使用太阳能提供动力能源。如图 9.3 所示，为投入作业的以太阳能作为能源供给的 AUV。

9.3.2　自主控制系统

自主任务控制技术既是深海 AUV 的关键技术，也是深海 AUV 的核心任务，该技术包括自主航行与任务管理，智能路径规划与避障，船舰检查与维护及其他智能操作管理工作。以上技术保证了 AUV 在执行任务时可以有效处理采集的水下数据、智能分析任务并自主决策与行动。先进的 AUV 可在预设的路线上执行自主判断，如避障、迂回及路径优化等，紧急时还能利用水声通信对 AUV 进行干预。

(1) 运动控制算法：控制算法一般原理简单、部署方便，具有自主学习的能力，但参数不易确定，在海上运行稳定性差，有一定的滞后性。如 PID 控制、神经网络、模糊逻辑控制算法等。

(2) 路径规划与避障：可根据单一的目标进行估计规划，如以时间最少或能耗最低为条件制定路径方案，但规划精度和可靠性仍有待改进。

(3) 智能操作管理：常见的包括符号推理结构、人工神经网络结构等。前者推理精准，但不具学习能力；后者任务处理相对模糊，但可自主学习，自适应能力强，具有一定容错性。

9.3.3 导航系统

AUV 的导航系统受大小、重量、电源使用的限制及水介质的特殊性、隐蔽性等因素影响，实现精确导航难度较大。现有产品多综合使用惯性导航、卫星导航、多普勒计程仪及声学导航等技术，早期的 AUV 系统主要依靠航位推算进行导航。

(1) 惯性导航：无信息交互，误差随时间积累；平台惯性导体体积较大精度高。针对 AUV 体积小，携带能量有限的特点，具有低功耗、低成本、体积小、坚固且可靠性高等优点的光纤陀螺捷联惯导系统是发展的热点。

(2) 卫星导航：卫星导航是 AUV 在水面或接近水面航行时的主要辅助导航方式（如美国的 GPS、中国的北斗系统），常用于校准惯性导航系统长时间累积的误差。具有实时性好、精度高的优点。目前几乎所有的 AUV 均装备 GPS 接收机，该系统发展重点与技术难点是 GPS 接收机的抗干扰问题。

(3) 多普勒计程仪：无需外部设备，但需获取航向和垂直基准信息，定位误差会随时间积累，该技术发展的重点与难点是与惯性导航系统的数据融合。

(4) 声学导航技术：精度高、误差不随时间积累，但需要提前布放定位阵列。主要有长基线导航、短基线导航和超短基线导航 3 种。

(5) 地球物理信息导航：将实时测量的重力梯度、地磁、海底地形地貌等信息与平时测量掌握值之间进行匹配，从而获得导航信息，具有精度高、误差不随时间积累，无需外界设备协助等优点。

(6) 视觉导航：视觉导航的研究目前处于起步阶段，该技术近年来被广泛用作地面航行器的导航设备。然而，它们在水下航行器导航中的应用相对较新。

美国在 AUV 导航技术方面处于世界领先地位，其 BP AUV 的导航系统包括 LN250 惯性导航系统、多普勒计程仪及 GPS 接收机，导航精度为航程的 0.1%。挪威最先进的“休金-1000”UUV 导航系统包括惯性导航系统、多普勒计程仪、超短基线水下定位系统、GPS 接收机等，并将地形匹配导航作为可选方案，其自主工作模式下实时导航精度接近美国水平。未来 AUV 导航系统将通过研发新的惯性传感器、积累更多的地球物理数据等手段，不断追求导航系统的高精度、小型化、低成本，并向不依赖 GPS 的方向发展，根据美国 AUV 发展规划，将重点发展海底地形匹配技术，未来的目标是将综合导航精度提高 2 个量级。

9.3.4 通信系统

AUV 在执行任务时，相互间、与母艇（舰）以及支援平台间需要传输大量的指令和数据，对通信能力提出了较高要求。目前用于 AUV 的通信技术主要有水声通信和无线电通信。其中无线电通信是 AUV 在水面采用的主要方式，水声通信是 AUV 在很长时间内都将采用的水下通信方式，目前该技术发展已较为成熟，国外很多机构都已研制出小型化的水声通信调制解调器，并在 AUV 上使用。如美国“金枪鱼”和 RUMUS 系列 AUV 均采用伍兹·霍尔海洋研究所研制的低功耗水声通信系统，传输速率为 80～5 400 bps。

AUV 水声通信技术发展方向是提高通信距离和通信速率，发展网络通信能力。由于水声通信存在传播速度低、可用频宽窄、信号衰减严重等缺点，各国均在研究相关技术以求得到改善。典型技术方向包括水声信道编码技术（增加信道容量，提高传输速率）、自适应均衡技术（提高抗干扰能力），以及时反通信技术（减少功耗、提高传输距离）。此外，现在水声通信技术已发展到网络化阶段，将自组织网络技术（Ad Hoc）应用到水声通信网络中，可以在海洋里实现全方位、立体化通信（可以实现无人航行器组网），但目前只有少数国家试验成功（美国已于 2016 年 9 月成功进行了无人航行器移动组网的试验）。

9.3.5　任务载荷系统

AUV 的任务负载系统主要是针对不同任务而配备的水声、电子或光学传感器，AUV 是安装传感器和传感系统的平台。它携带传感器具有自主导航并映射海洋的特征，典型的传感器包括罗盘、深度传感器、侧扫和其他声呐、磁力计、热敏电阻和电导率探头等。

其中声呐设备是 AUV 的关键负载，对精度、重量和体积有很高要求。国外合成孔径声呐成熟产品最大扫海效率为 2.88 km^2/h，成像分辨率 5 cm^2，3 kn 时探测距离 260 m。该产品材料制备工艺先进，能制备出大面积的压电陶瓷材料，切割质量稳定，切割后阵元一致性好，成品体积重量小。未来合成孔径声呐的发展方向是利用光纤水听器等技术，提高作用距离、降低自重。如图 9.4 所示为采用声呐扫描的 AUV 模型。

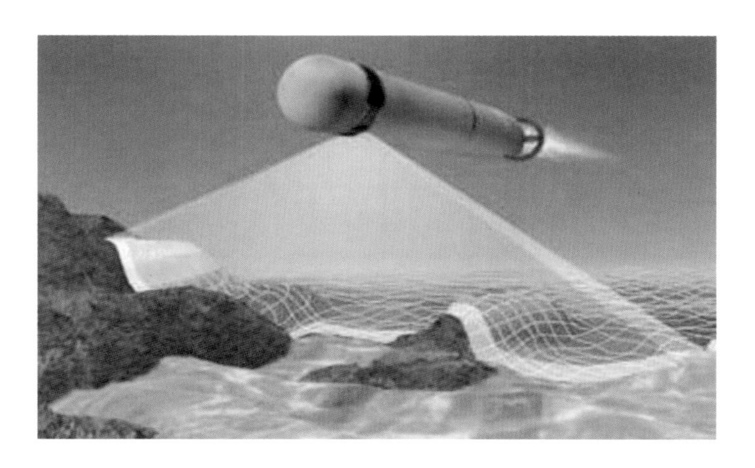

图 9.4　采用声呐扫描的 AUV 模型

2006 年 9 月在加利福尼亚州蒙特利湾举行的一次演示表明，直径为 21 英寸(530 mm)的 AUV 可以牵引一个 91 m(300 ft)长的水听器阵列，同时保持 3 kn 的巡航速度，同时，传感器从海洋环境中获取数据。今后来说，更智能，更低功耗，高可靠性，更小尺寸的传感器将是任务载荷系统的发展趋势。

9.4 主流自主水下航行器系统介绍

1) REMUS6000

REMUS6000 自主无人水下航行器是 Hyroid 公司的系列产品中工作深度最大的 AUV。其外形及相关组成如图 9.5 所示。

图 9.5 REMUS6000 外形图

REMUS6000 自主水下无人水下航行器可执行自主海底跟踪航行，可携带有效载荷，最大 6 000 m 水深作业，以测量海水的特性，包括电导率、温度、化学成分，并且通过测深、声呐侧扫、磁学、重力学以及照相术绘制成像海底。REMUS6000 的配备包括航行器、测深仪、侧扫和沉积层穿透声呐、导航装置和通信装置以及其他相关设备。REMUS6000 也可根据用户需求配置专用传感器，以适应特殊要求。主要参数如下：航行器直径 71 cm，航行器长度 3.96 m，航行器空气中重量 862 kg，最大工作深度 6 000 m，续航力 22 h(典型速度)，航速最大 4.5 kn。

2）Bluefin－21

金枪鱼机器人公司是美国一家知名的自主无人水下航行器的设计和制造商，该公司推出的无人水下航行器包括小型的 Bluefin－9、中型的 Bluefin－12、大型的 Bluefin－21。Bluefin－21 是一种高度模块化的自主无人水下航行器，可以携带多种传感器和有效载荷。其电源容量大，即使在最大水深也可长期工作，并可由各种应急船舶操作使用。自由更换模块——无人水下航行器的设计包括可在使命现场更换的有效载荷段和电池模块，各子系统均可接触，以便加快周转时间，并允许在现场维修，从而加速作业速度。其外形如图 9.6 所示。

图 9.6　Bluefin－21 布放入水

Bluefin－21 的主要用途是近海勘测、搜索和救捞、反水雷、未爆武器处理、海洋学考察以及考古和探测。该型 AUV 主要技术参数：航行器直径 533 mm，长度 4 930 mm，空气中质量 750 kg，最大工作深度 4 500 m；续航力：标准有效载荷 3 kn 时为 25 h；航速 4.5 kn；传感器包括侧扫声呐、浅层海底剖面仪以及多波束回声测深仪。

3）HUGIN 系列 AUV

挪威的 HUGIN 系列自主水下航行器在 21 世纪问世以来，从原型 AUV，逐步发展了 HUGIN1000/3000/4500 以及 HUGIN－MR 等型 AUV。HUGIN4500 型 AUV 外形如图 9.7 所示。

图 9.7　HUGIN4500 型 AUV

HUGIN4500 型 AUV 是 HUGIN 系列中最大的，航行器的结构形式与该系列中的其他航行器相同，只不过体积更大、质量更重，主要不同之处在于采用了功率更大的半燃料电池，容量比 HUGIN3000 型 AUV 多 30%。航行器的尺寸和电池容量允许航行器携带工作能力更强的传感器，例如高分辨率浅层海底剖面仪和侧扫声呐。目前，HUGIN4500 型 AUV

只作为美国 C&C 技术公司的“勘测者 3”使用，最大工作水深 4 500 m。

HUGIN4500 型 AUV 主要参数：航行器直径 1 000 mm；长度 6 400 mm；空气中重量 1 500 kg；最大工作深度 4 500 m；传感器侧扫声呐，工作频率为 230 kHz 或 410 kHz，作用距离 225 m，分辨率 7 m 以及工作频率为 1～6 kHz 的浅层海底剖面仪。航行器上还可安装摄像机系统、多波束测深系统、CTD、深度传感器、多普勒计程仪、超短基线水声定位系统、水声数据调制解调器。

4) 探索者 AUV

加拿大 ISE 公司的 AUV 长约 4.5 m，直径 0.69 m。根据搭载负载的不同，其空气中重量在 580～800 kg，潜深为 3 000 m。其巡航速度在 1～5 kn 之间，在 AUV 的负载段可携带各种不同的负载。1.1 m 长的可伸缩通信天线，此天线有助于任务的再规划并且可以增加母船和航行器之间的通信距离。壳体包括 1 个 7075 - T6 型的铝质圆柱段和 2 个 7075 - T6 型的铝质端部封盖，内部可使用的直径为 61 cm，长度为 159.5 cm。端部封盖利用铝质夹紧装置与圆柱体连接起来。自由进水段采用玻璃钢制造。航行器续航力：120 km(3 kn)。配置的传感器：多普勒计程仪、深度传感器、高度计、固定在桅杆上的 GPS 天线和超短基线应答器作为定位装置、导航装置、无线电通信和铱星通信系统。此外，应急设备包括应答器、定位器、闪光灯和射频无线电信标。探索者 AUV 外形如图 9.8 所示。

图 9.8　探索者 AUV 外形图

第 10 章　自主水下航行器航行建模与控制技术

AUV 速度和位置控制系统由于其在商业和军事中应用的增加以及过去几十年的研究挑战，在性能和安全方面受到了越来越多的关注。这些应用包括了水下资源勘探、海洋测绘、海底残骸打捞、电缆敷设、地理勘测、沿海和近海结构检查、港口安全检查、采矿和采矿对策。显然，智能水下作业系统的发展极大地推动了各种海洋活动，这对水下航行器的控制系统提出了更为严格的要求。控制需要足够智能，以便从环境中收集信息，并且在没有人为干预的情况下制定自己的控制策略。

然而，由于水下航行器所受的流体动力质量、升力和阻力的增加，使得水下航行器动力学具有很强的耦合性和高度的非线性。而与高密度、非均匀和非结构化海水环境相关的工程问题以及航行器的非线性响应使得高度自治难以实现。因此，6 自由度航行器建模与仿真在水下航行器控制系统的开发中具有重要的意义。AUV 在高危、未知的环境中使用，其自主性是 AUV 完成工作任务的关键。运动控制体系结构是水下航行器最重要的子系统之一，它能同时管理感知系统和制动器系统，从而使得机器人能够执行用户指定的任务。

本章展现了用于描述水下航行器系统的数学模型的一般形式，并根据水下航行器本身的物理特性对模型进行了简化，可应用于大量的水下航行器。基于这个模型，建立了一个“AUV - XX”仿真平台，对航行器的运动特征进行了测试。针对航行器不同的任务分配，研究了包括位置、速度以及深度控制在内的运动控制系统，介绍了一种基于电容模型的改进 S-面控制方法，该方法可以提供具有明确物理意义的灵活性增益选择。

10.1 数学建模和仿真

6 自由度航行器仿真在水下航行器控制系统的开发中具有重要的意义。在仿真中有以下几个过程需要建模，包括航行器流体动力学、刚体动力学、制动器动力学等。

10.1.1 自主水下航行器运动学和动力学

海洋航行器的数学模型由运动学和动力学两部分组成，其中运动学模型给出了体坐标系中速度和地面坐标系中位置和角度的导数之间的关系，如图 10.1。水下航行器的位置和角度向量 $\boldsymbol{\eta}=[x,\ y,\ z,\ \varphi,\ \theta,\ \psi]^{\mathrm{T}}$ 在地面坐标系(E)中定义，线性和角度向量 $\mathbf{V}v=[u,\ v,\ u,\ p,\ q,\ r]^{\mathrm{T}}$ 在体坐标系(B)中定义，分别表示纵荡、横荡、垂荡、横摇、纵摇、首摇。

根据牛顿-欧拉公式，6 自由度刚体在体坐标系中的运动方程可表示为

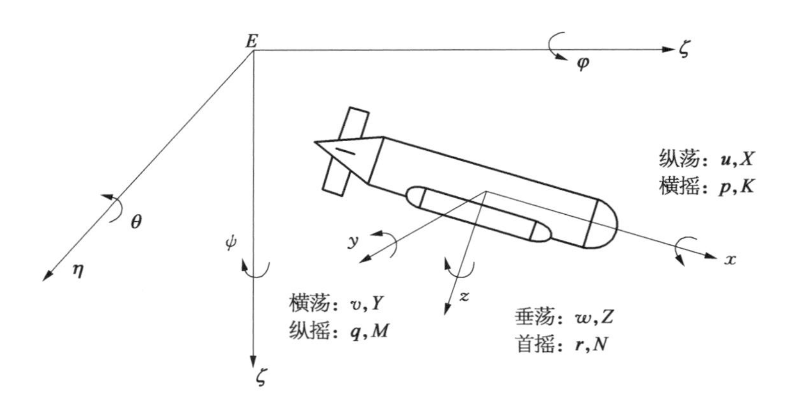

图 10.1　地面坐标系和体坐标系

$$\left.\begin{aligned}
&m[(\dot{u}_r - v_r r + w_r q) - x_G(q^2 + r^2) + y_G(pq - \dot{r}) + z_G(pr + \dot{q})] = X\\
&m[(\dot{v}_r - w_r p + u_r r) - y_G(r^2 + p^2) + z_G(qr - \dot{p}) + x_G(qp + \dot{r})] = Y\\
&m[(\ddot{w}_r - u_r q + v_r p) - z_G(p^2 + q^2) + x_G(rp - \dot{q}) + y_G(rq + \dot{p})] = Z\\
&I_x\dot{p} + (I_z - I_y)qr + m[y_G(\dot{w}_r + pv_r - qu_r) - z_G(\dot{v}_r + ru_r - pw_r)] = K\\
&I_y\dot{q} + (I_x - I_z)rp + m[z_G(\dot{u}_r + w_r q - v_r r) - x_G(\dot{w}_r + pv_r - u_r q)] = M\\
&I_z\dot{r} + (I_y - I_z)pq + m[x_G(\dot{v}_r + u_r r - pw_r) - y_G(\dot{u}_r + qw_r - v_r r)] = N
\end{aligned}\right\} \tag{10.1}$$

其中，m 是航行器的质量，I_x、I_y 和 I_z 是关于 x_b、y_b 和 z_b 轴的转动惯量，x_g、y_g 和 z_g 是重心的位置，u_r、v_r、w_r 是在体坐标系中与海流的纵荡、横荡和垂荡相关的相对平移速度，这里假设海流在偏航方向上恒定，其可以由向量 $\boldsymbol{U}_c=[u_c, v_c, w_c, 0, 0, \alpha_c]^{\mathrm{T}}$ 来描述。合力 X、Y、Z、K、M、N 包括正浮力 $B-W=\Delta P$（因为设计具有正浮力的水下航行器很方便，在紧急情况下航行器将自动浮出水面）、水动力（X_H、Y_H、Z_H、K_H、M_H、N_H）和推力。

10.1.2　推力流体动力学建模

推进器的建模通常是根据推进比 J_0，推力系数 K_{T} 和扭矩系数 K_{Q} 来完成。通过进行开放水域和阻力水箱试验，获得一条唯一曲线，其中，J_0 与 K_{T} 成反比，可以为每个螺旋桨获得 K_{Q} 以描绘其性能。在不同推进速度下，测量的推力和螺旋桨转数之间的关系通常是二次型的最小二乘拟合。

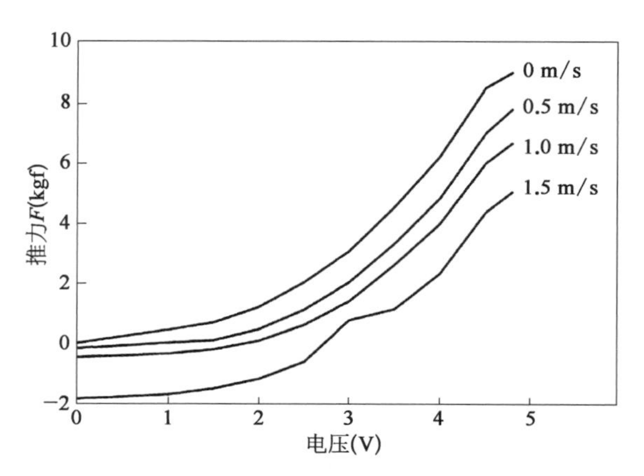

图 10.2　不同航行速度下螺旋桨驱动电压对推力的影响

在本节，介绍了推进器动力学建模的第二种实验方法。图 10.2 为哈尔滨工程大学 AUV 重点实验室某型发动机拖缆舱敞水试验时推进器的试验结果。结果没有以推力系数 K_T 与敞水推进系数 J_0 成反比的常规绘制方式呈现，而是将测量的推力绘制成不同航行器速度和螺旋桨电压之间的函数。

在电压一定时，航行器指定速度的推力最终可以通过两次 Atiken 插值近似。在第一次插值中，对于一定的电压，可以从图 10.1 中插入具有不同航行器速度的推力（例如，0 m/s、0.5 m/s、1.0 m/s、1.5 m/s），并且绘制成特定电压下不同速度的曲线。然后根据第一次插值的结果，对于第二次 Atiken 插值，可以找到航行器指定速度的推力。

传统的推力计算方法通常采用线性近似或最小二乘法来拟合 K_T-J_0 图，然后根据公式 $F_t = K_t n^2 D^4$ 来计算推力 F_t。与传统方法不同，该实验结果不需要通过公式就可以直接用于推力计算，也可应用于舵面或翼面的控制等。

10.1.3　一般动力学模型

为了提供一种适合于仿真和控制目的的形式，需要对公式（10.1）的一些项进行重新合并。首先，将所有具有速度分量的非惯性项与流体运动力和力矩组合成一个由下标 vis（黏性）表示的流体矢量。接着，由所有刚体惯性系数和具有航行器加速度分量 $\dot{u}$，$\dot{v}$，$\dot{w}$，$\dot{p}$，$\dot{q}$，$\dot{r}$ 的增加惯性项组成的质量矩阵定义成矩阵 $\boldsymbol{E}$，并且所有剩余项被组合成由下标表示的矢量，模型的最终形式如下：

$$\boldsymbol{E}\dot{\boldsymbol{X}} = \boldsymbol{F}_{\text{vis}} + \boldsymbol{F}_{\text{else}} + \boldsymbol{F}_t$$

其中，$\boldsymbol{X} = [u,\ v,\ w,\ p,\ q,\ r]^{\mathrm{T}}$ 是航行器相对于体坐标系的速度矢量。因此，水下航行器的 6 自由度运动方程一般表示如下：

$$\begin{cases} \dot{\boldsymbol{X}} = \boldsymbol{E}^{-1}(\boldsymbol{F}_{\text{vis}} + \boldsymbol{F}_{\text{else}} + \boldsymbol{F}_t) \\ \dot{\eta} = \boldsymbol{J}(\boldsymbol{\eta})\boldsymbol{X} \end{cases}$$

$$\boldsymbol{E} = \begin{bmatrix} m - X_{\dot{u}} & 0 & 0 & 0 & mz_G & -my_G \\ 0 & m - Y_{\dot{v}} & 0 & -mz_G - Y_{\dot{p}} & 0 & mx_G - Y_{\dot{r}} \\ 0 & 0 & m - Z_{\dot{w}} & my_G & -mx_G - Z_{\dot{q}} & 0 \\ 0 & -mz_G - K_{\dot{v}} & 0 & I_x - K_{\dot{p}} & 0 & -K_{\dot{r}} \\ mz_G & 0 & -mx_G - M_{\dot{w}} & 0 & I_y - M_{\dot{q}} & 0 \\ 0 & mx_G - N_{\dot{v}} & 0 & -N_{\dot{p}} & 0 & I_z - N_{\dot{r}} \end{bmatrix}$$

其中，$\boldsymbol{J}(\eta)$ 是从体坐标系到地面坐标系的变换矩阵，$\boldsymbol{\eta}$ 是航行器在地面坐标系中的位置和姿态矢量。

一般动力学模型根据其自身的物理特性，如车身的对称平面、可控自由度、制动器的配置等，可以应用于各种水下航行器，为水下航行器的控制设计提供了一种有效的试验工具。

10.2 运动控制策略

在本节中,对 AUV-XX 运动控制系统的设计进行了描述。控制系统可以分为两个独立的设计,包括了在水平面的位置和速度控制、在垂直面俯冲的升沉和俯仰联合控制。并且介绍了一种基于电容板模型的改进 S-面控制算法。

10.2.1 控制算法

S-面控制是一种构造控制器的非线性函数方法,在哈尔滨工程大学 AUV 运动控制的海上试验中已得到了有效验证。S-面的非线性函数表示为

$$u=2.0/[1.0+\exp(-k_1e-k_2\dot{e})]-1.0$$

其中,e, $\dot{e}$ 是控制输入,它们分别表示归一化误差和误差的变化率;u 是每个自由度的归一化输出;k_1, k_2 是分别对应于控制输入 e 和 $\dot{e}$ 的控制参数,只需要对其进行调整即可满足不同的控制要求。

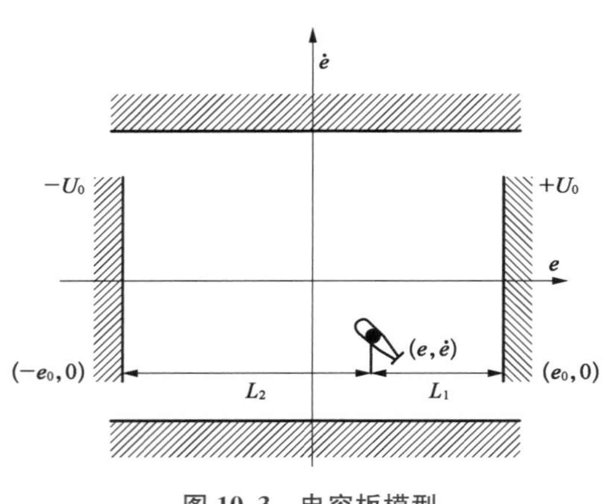

图 10.3 电容板模型

根据海上试验的经验,可以手动调节控制参数 k_1, k_2 以满足基本的控制要求,但是,无论 k_1, k_2 的组合如何,它们都只能起到全局调节的作用,而不改变控制结构。本节介绍一种基于电容模型的改进 S-面控制算法,每对极板分别对控制变量 e, $\dot{e}$ 进行限制,可以根据合理的物理意义提供灵活的增益选择。

由图 10.3 的电容板模型可以看出,电容中电场驱动的带电粒子的运动与受控航行器从电流点 $(e, \dot{e})$ 到期望点的运动一致,其中具有电压的电容板用作控制器,并且电场平衡点是航行器应该达到的期望位置。

由于在控制变量 e 和 $\dot{e}$ 上对两对电容器极板的约束,模型的输出可表示为

$$y=u^{+U_0}+u^{-U_0}=F(L_1, L_2)(+U_0)+F(L_2, L_1)(-U_0)$$

其中,L_1 和 L_2 分别从航行器当前位置到每个电容器板的水平距离,并且约束函数 $F(*, *)$ 被定义为 L_1、L_2 的双曲函数:

$$\left.\begin{aligned} F(L_1, L_2) &= \frac{L_1^{-k}}{L_1^{-k}+L_2^{-k}} \\ F(L_2, L_1) &= \frac{L_2^{-k}}{L_1^{-k}+L_2^{-k}} \end{aligned}\right\}$$

约束函数 $F(*, *)$ 反映了当移动到电容极板的航行器的位置离 $(e, \dot{e})$ 越近，电场越强。当 $U_0=1$ 时，电容板模型的输出为

$$u=\frac{L_1^{-k}-L_2^{-k}}{L_1^{-k}+L_2^{-k}}U_0=\frac{(e_0+e)^k-(e_0-e)^k}{(e_0+e)^k+(e_0-e)^k}$$

其中，e_0 为极板与电容场平衡点之间的距离。

一种基于电容板模型的改进S面控制器为

$$\left.\begin{aligned} u_{ei} &= \left[2.0\Big/\left(1.0+\left(\frac{e_0-e_i}{e_0+e_i}\right)^{ki1}\right)-1.0\right] \\ u_{\dot{e}i} &= \left[2.0\Big/\left(1.0+\left(\frac{e_0-\dot{e}_i}{e_0+\dot{e}_i}\right)^{ki2}\right)-1.0\right] \\ f_i &= K_{ei}\cdot u_{ei}+K_{\dot{e}i}\cdot u_{\dot{e}i} \end{aligned}\right\} \tag{10.2}$$

其中，f_i 是每个自由度的控制器的输出推力，$K_{ei}=K_{\dot{e}i}=K_i$ 是第 i 个自由度的最大推力，因此控制输出可以减小到：

$$\begin{cases} u_i=u_{ei}+u_{\dot{e}i}=\left[2.0\Big/\left(1.0+\left(\dfrac{e_0-e_i}{e_0+e_i}\right)^{ki1}\right)-1.0\right]+\left[2.0\Big/\left(1.0+\dfrac{e_0-\dot{e}_i}{e_0+\dot{e}_i}\right)^{ki2}\right)-1.0\right] \\ f_i=K_i\times u_i \end{cases}$$

电容模型的S面控制可以为 L_1、L_2 提供具有不同形式约束函数的灵活增益选择，以满足不同阶段控制过程的不同控制要求。

10.2.2　水平面的速度和位置控制

由于AUV-XX在航行器前后分别装有两个横向隧道式推进器，在水平面内装有两个主推进器(右舷和左舷)，分别产生了转弯所需的 x 方向力和机动所需的 y 方向力。因此，速度和位置控制器都是在水平面上设计的。

航速控制是在固定偏航角和水深的情况下跟踪期望的首摇速度，常用于水下航行器的长距离转移。在完成某些水下任务之前，航行器需要经历长时间的航行才能到达目的地。在本节中，速度控制是基于前面介绍的控制算法在首摇中的前向速度控制器，其目的是使航行器在固定偏航角和深度等良好稳定的状态下以期望的速度进行传输。

位置控制使航行器能够执行各种位置保持功能，例如保持稳定的位置以执行特定任务，遵循规定的轨迹来搜索丢失的物体或寻找物体。当航行器在水下执行诸如电缆敷设、大坝安全检查和扫雷等任务时，精确的位置控制是非常需要的。为确保AUV-XX完成

避障、目标识别、水雷对抗等工作任务，分别设计了横荡、纵荡、首摇和深度控制器，使AUV－XX能够在固定深度潜行、按预期方向航行、驶向给定地点和跟踪给定轨道等。

图10.4显示了位置和速度的控制过程。对于第i个自由度的位置控制，控制输入是位置误差和位置误差的变化率，即从运动传感器获得的速度；而对于速度控制，速度误差和加速度是控制输入，因为AUV－XX不需要配备IGS来获取航行器的加速度，所以加速度在每个控制步骤中通过速度的微分来计算。

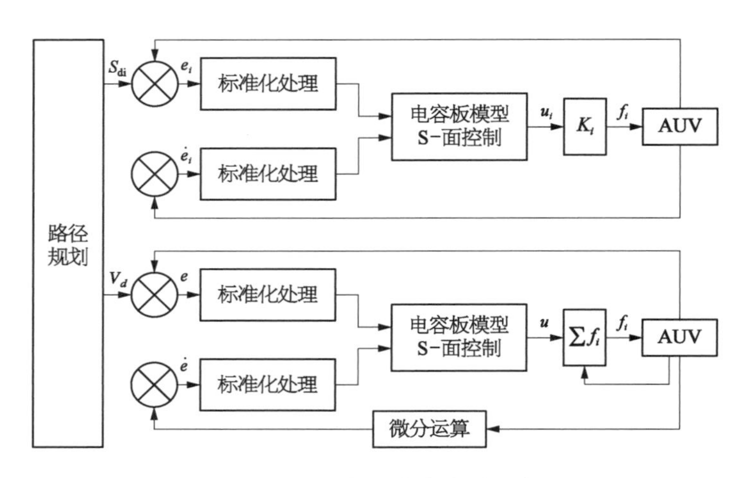

图 10.4　位置和速度控制回路

10.2.3　垂直面俯仰和升沉联合控制

由于当航行器高速行驶时，隧道式推进器所能提供的推力将大大降低，因此仅使用隧道式推进器难以控制深度。考虑到航行器的深度或高度一旦发生变化，俯仰角就会随之变化，反之亦然，因此在航行器高速行驶时，将俯仰和升沉控制相结合，以补偿隧道式推进器的推力减小。在这种情况下，所需俯仰角可以设计为航行器纵荡速度的函数：

$$\theta_T=\begin{cases}-\dfrac{k_\theta\cdot\Delta z}{\sqrt{u}}-\theta_0 & u\geqslant 0.8\ \text{m/s}\\ 0 & u<0.8\ \text{m/s}\end{cases}$$

式中　θ_T——目标俯仰角；

k_θ——待调整的正参数；

Δz——深度偏差；

u——航行器喘振速度；

θ_0——航行器静平衡时的俯仰角。

由于俯仰角的变化通常与深度的变化相关联，且两者相互影响，因此目标俯仰角是与带有比例参数k_θ深度变化有关的比例控制输出，根据海上试验的工程经验和航行器中推力器系统的性能选择 0.8 m/s 为速度阈值。

当航行器低速行驶（$u<0.8$ m/s）时，隧道式推进器通常能提供所需的推力，因此不会将目标俯仰指令发送到运动控制。根据控制准则(10.2)，可以得到升沉控制器的输出。由于航行器通常设计为正浮力，升沉控制的最终输出可通过以下方式获得

$$f_3=K_3\cdot u_3+\Delta P$$

其中 ΔP 为正浮力。

随着纵荡速度的增加，垂直隧道推力的减小和退化将会越来越严重，因此垂直隧道推力在深度控制中的作用将会大大削弱，因此，航行器尾部主垂直推进器的俯仰控制输出将会对此进行补偿，因此控制输出最终表示为

$$f_5=\begin{cases}K_5u_5 & u\leqslant 0.8\\ K_5(\varepsilon_1\cdot u_3+\varepsilon_2\cdot u_5) & u>0.8\end{cases}$$

其中

$$\begin{cases}\varepsilon_1=\alpha_1/\sqrt{\beta u}\\ \varepsilon_2=\alpha_2\cdot\exp(u\cdot u/10)\end{cases}$$

式中 α_1，α_2，β 可以根据经验手动调节。垂直面俯仰和深度联合控制的框图如图 10.5 所示。

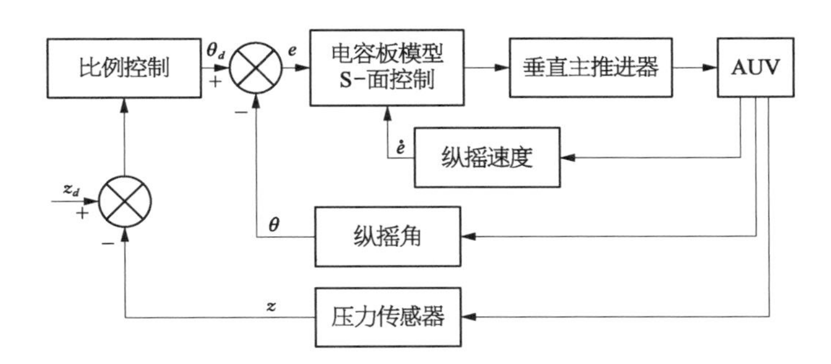

图 10.5　垂直面俯仰和深度联合控制

10.3　全耦合 6 自由度控制

随着 AUV 作业环境越来越苛刻，作业任务越来越复杂，AUV 内控制器的实施必须是精确的，并且对干扰和不确定性具有较高鲁棒性。因此，本章将重点考虑 AUV 的高精

度和高鲁棒控制。

在 AUV 的自治体系结构中，有三个主要的系统。这些系统是：导航系统，负责生成供航行器跟随的轨迹；航行系统，负责生成航行器当前状态的估计；控制系统，负责计算并施加适当的力来操纵航行器。本节将重点研究控制系统及其两个主要子系统，即控制准则和控制分配。

本节将分为三个部分，第一部分着重于控制准则的设计和分析，第二部分着重于控制分配，第三部分提供了这两个系统如何结合形成总体控制系统的例子。在控制准则设计和分析部分，将考虑 AUV 内各种系统如何相互作用的需求，尤其关注这些系统与控制系统之间的关系。概述了水下环境，其中描述了作用在航行器上的可能干扰的复杂性。接下来将分析运动方程，即确定刚体如何通过流体的运动学和动力学运动方程。总结了水下航行器设置中使用的相关坐标系。在本节的最后，回顾了水下航行器通常使用的控制准则。

10.3.1 控制准则设计与分析

在深入研究特定控制系统如何产生校正信号的规律之前，有必要了解 AUV 内各种系统的需求。这将更好理解控制系统如何适应 AUV 的总体自治体系结构。需要关注不同类型的扰动并使得这些扰动的影响最小化，以及分析与航行器动力学运动有关的方程。只有考察了这些因素，才能对控制准则进行设计和分析。

1）需求

如前所述，构成 AUV 自治体系结构的各种组件包括导航系统、航行系统和控制系统。这三个系统有各自单独的任务要完成，但也必须协同工作，以使航行器可靠地完成任务。图 10.6 是这些不同系统的交互框图。

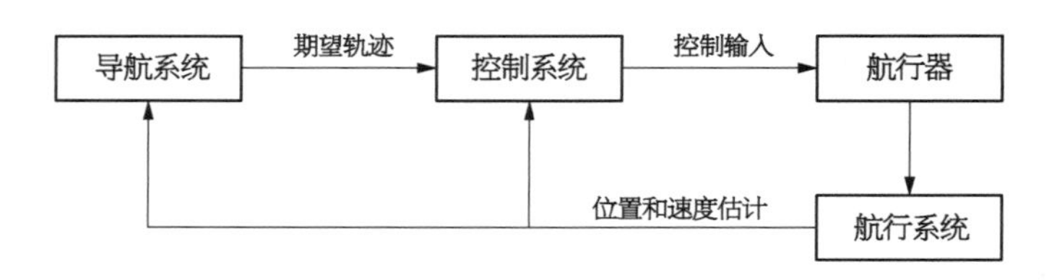

图 10.6　导航、航行和控制框图

导航系统负责生成航行器需要遵循的轨迹。这项任务是根据航行任务前确定的所需航路点来完成的，并可能包括外部环境扰动的情况，为航行器生成一条路径，以便到达每一个连续的航路点。关于航行器当前状态的信息，例如制动器配置和可能的故障，也可为航行器提供要遵循的实际轨迹。然后该轨迹生成航行器的期望状态，包含期望的位置、方向、速度和加速度信息。

航行处理系统确定航行器当前任务的状态。对于地面、陆地和空中运载工具，GPS 通常可用于向航行系统提供连续的精确定位信息。然而，由于这些信号在水中的传播极为有限,GPS在很大程度上无法用于水下航行器。航行系统的任务是基于多个从其他本体感受器和外部感受器的测量结果来计算航行器当前状态的最佳估计,并且只有在GPS可用时才使用GPS。这是通过使用某种形式的传感器融合技术来完成的,例如卡尔曼滤波或粒子滤波,以获得当前操作条件的最佳估计,并且在GPS可用时允许校正机制,例如当航行器浮出水面时。总体而言,航行系统的任务估计是无论可用的传感器信息是什么,都能为航行器提供当前状态的最佳估计。

2）控制

控制系统负责提供信号校正,以使航行器能够沿着期望路径行驶。这是通过从导航系统接收航行器的期望状态以及从航行系统接收航行器的当前状态来实现的。然后,控制系统通过在航行器上使用各种制动器来计算并施加校正力,以最小化期望状态和当前状态之间的差异。这使得航行器即使在存在未知扰动的情况下也能够跟踪期望的轨迹。即使上述每个系统负责它们各自的任务,它们也必须协同工作使水下航行器充分实现自治。

3）环境

水下环境可能极其复杂并且高度动态,使得AUV的控制成为一项极具挑战性的任务。必须对海流和波浪等的扰动进行处理,才能使AUV克服这种环境扰动。

海流是水的大规模运动,是由多种来源引起的。存在于海洋上层的海流的一个组成部分是由于海面上的大气风条件造成的。盐度水平的变化和海洋表面的热量交换的共同作用造成海水密度的不同,因此在海洋内存在着称为温盐流的额外水流。科氏力是地球绕其轴线旋转所产生的力,也会引起海流,而其他星球,如月球和太阳所产生的引力也会产生另一种影响的海流。将所有这些水流来源与孤立沿海地区存在的独特地理地形结合起来,导致世界海洋中存在着高度活跃和复杂的海流。

导致海洋中风生波浪形成的因素很多。风速,风吹过的区域,风影响海洋表面的持续时间和水深,这些只是导致风生波浪形成的一些因素。这些风生海洋波浪在海面上的振荡运动使得海面上的任何航行器都将经历同样的振荡扰动。此外,由于风生波浪运动,水下航行器在海面或近海面时将同时经受平移力和旋转力矩。

4）动力学

通过分析AUV的物理特性,可以推导出一组方程组,该方程组确定AUV通过诸如水类流体的运动。为了降低这些方程的复杂性,根据每个坐标系所具有的性质来使用特定的坐标系。为了将这些不同的坐标系用于不同的目的,必须进行从一个坐标系到另一个坐标系的转换。

在上文的控制系统中,使用的两个主要坐标系是N-坐标系和B-坐标系。两者都包含三个平移分量和三个旋转分量,但两个坐标系的起点不同。这种起点上的差异可以产生有用的特性,这些特性在设计控制系统时具有一定的优势。

① N-坐标系。

N-坐标系是一个坐标空间,通常定义为一个平面,其方向与地球表面相切。水下航行器控制设计中最常见的坐标系是东北向下(NED)坐标系。顾名思义,这个坐标系的三个平移分量的轴包括指向北方的 x 轴、指向东方的 y 轴和垂直于地球表面向下方向的 z 轴。一般来说，航路点是参照地球上的一个固定点定义的，因此在此坐标系内进行导航和航行是方便的。

② B-坐标系。

B-坐标系，也称为体坐标系，是一个原点固定在航行器本体的运动参考坐标系。由于在航行器本体内不同点处存在各种性质，因此方便将该坐标系的原点放置在这些点之一处，例如利用物体对称性、重心或浮力中心。通常，该坐标系的 x 轴沿着本体的纵轴从后指向前，y 轴从左舷到右舷，z 轴从上到下。基于该坐标系的取向，在该坐标系中表示航行器的速度是合理的。

NED 和体坐标系都具有对水下航行器控制设计有用的特性。由于两者的用途不同，需要将信息从一个坐标系转换到另一个坐标系。运动学方程式(10.3)实现了这一过程。

$$\dot{\boldsymbol{\eta}}=\boldsymbol{J}(\eta)v \tag{10.3}$$

这里，式(10.3)在 NED 坐标系中进行分解，6 自由度位置和方位向量由式(10.4)表示。

$$\boldsymbol{\eta}=[p^n \quad \boldsymbol{\Theta}]^{\mathrm{T}} \tag{10.4}$$

在式(10.4)中，三个位置分量由式(10.5)给出，

$$p^n=[x_n \quad y_n \quad z_n]^{\mathrm{T}} \tag{10.5}$$

并且在式(10.6)中给出了三个方位分量，也称为欧拉角。

$$\boldsymbol{\Theta}=[\phi \quad \theta \quad \psi]^{\mathrm{T}} \tag{10.6}$$

式(10.3)中的 6 自由度平移和旋转速度矢量在体坐标系中分解为式(10.7)。

$$\boldsymbol{v}=[v_o^b \quad \omega_{nb}^b]^{\mathrm{T}} \tag{10.7}$$

这里，三个平移速度分量由式(10.8)给出，

$$v_o^b=[u \quad v \quad w]^{\mathrm{T}} \tag{10.8}$$

三个转速分量由式(10.9)给出。

$$\omega_{nb}^b=[p \quad q \quad r]^{\mathrm{T}} \tag{10.9}$$

为了从一个坐标系旋转到另一个坐标系，在式(10.3)中使用变换矩阵。式(10.10)中给出这个变换矩阵。

$$\boldsymbol{J}(\eta)=\begin{bmatrix}\boldsymbol{R}_b^n(\boldsymbol{\Theta}) & 0_{3\times3}\\ 0_{3\times3} & \boldsymbol{T}_{\Theta}(\boldsymbol{\Theta})\end{bmatrix} \tag{10.10}$$

这里，通过使用欧拉角式(10.6)旋转体坐标系式(10.8)中的平移速度来实现从体坐标系到 NED 坐标系的平移速度的转换。在该操作中使用三个主旋转矩阵，如式(10.11)

所示。

$$\boldsymbol{R}_{x,\phi}=\begin{bmatrix}1 & 0 & 0\\0 & \cos\phi & -\sin\phi\\0 & \sin\phi & \cos\phi\end{bmatrix},\ \boldsymbol{R}_{y,\theta}=\begin{bmatrix}\cos\theta & 0 & \sin\theta\\0 & 1 & 0\\-\sin\theta & 0 & \cos\theta\end{bmatrix},\ \boldsymbol{R}_{Z,\psi}=\begin{bmatrix}\cos\psi & -\sin\psi & 0\\\sin\psi & \cos\psi & 0\\0 & 0 & 1\end{bmatrix} \tag{10.11}$$

由于旋转顺序的复合效应，旋转顺序不是任意的。在导航和控制中，通常使用 zyx 约定，通过式(10.12)实现旋转。

$$\boldsymbol{R}_b^n(\boldsymbol{\Theta})=\boldsymbol{R}_{z,\psi}\boldsymbol{R}_{y,\theta}\boldsymbol{R}_{x,\phi} \tag{10.12}$$

总之，产生平移旋转矩阵(10.13)。

$$\boldsymbol{R}_b^n(\boldsymbol{\Theta})=\begin{bmatrix}\cos\psi\cos\theta & -\sin\psi\cos\phi+\cos\psi\sin\theta\sin\phi & \sin\psi\sin\phi+\cos\psi\sin\theta\cos\phi\\\sin\psi\cos\theta & \cos\psi\cos\phi+\sin\psi\sin\theta\sin\phi & -\cos\psi\sin\phi+\sin\psi\sin\theta\cos\phi\\-\sin\theta & \cos\theta\sin\phi & \cos\theta\cos\phi\end{bmatrix} \tag{10.13}$$

通过再次应用式(10.11)中的主旋转矩阵来实现从体坐标系到 NED 坐标系的旋转速度的变换。为了便于理解，首先考虑从 NED 坐标系到体坐标系的旋转，其中 $\dot{\psi}$ 通过 $\boldsymbol{R}_{y,\theta}$ 旋转，并加到 $\dot{\theta}$ 上，然后它们的和通过 $\boldsymbol{R}_{x,\phi}$ 旋转，最后加到 $\dot{\phi}$ 上。该方法在式(10.14)中给出。

$$\boldsymbol{\omega}_{nb}^{b}=\begin{bmatrix}\dot{\phi}\\0\\0\end{bmatrix}+\boldsymbol{R}_{x,\phi}^{T}\left(\begin{bmatrix}0\\\dot{\theta}\\0\end{bmatrix}+\boldsymbol{R}_{y,\theta}^{T}\begin{bmatrix}0\\0\\\dot{\psi}\end{bmatrix}\right) \tag{10.14}$$

通过展开式(10.14)，旋转速度从 NED 坐标系变换到体坐标系的矩阵定义为式(10.15)，

$$\boldsymbol{T}_{\Theta}^{-1}(\boldsymbol{\Theta}):=\begin{bmatrix}1 & 0 & -\sin\theta\\0 & \cos\phi & \cos\theta\sin\phi\\0 & -\sin\phi & \cos\theta\cos\phi\end{bmatrix} \tag{10.15}$$

因此，在式(10.16)中给出了用于将旋转速度从体坐标系变换到 NED 坐标系的矩阵。

$$\boldsymbol{T}_{\Theta}(\boldsymbol{\Theta})=\begin{bmatrix}1 & \sin\phi\tan\theta & \cos\phi\tan\theta\\0 & \cos\phi & -\sin\phi\\0 & \sin\phi/\cos\theta & \cos\phi/\cos\theta\end{bmatrix} \tag{10.16}$$

总之，式(10.3)实现从体坐标系到 NED 坐标系的旋转，并且通过取式(10.10)的倒数，可以实现从 NED 坐标系到体坐标系的旋转，如式(10.17)所示。

$$v=J^{-1}(\eta)\dot{\eta} \tag{10.17}$$

水下航行器的 6 自由度非线性动力学方程可以表示为式(10.18)。

$$\boldsymbol{M}\dot{v} + C(v)v + D(v)v + g(\eta) = \tau + \omega \tag{10.18}$$

这里，$\boldsymbol{M}$ 表示包含刚体和附加质量的 6×6 系统惯性矩阵，如式(10.19)所示。

$$\boldsymbol{M} = \boldsymbol{M}_{RB} + \boldsymbol{M}_A \tag{10.19}$$

与式(10.19)相似，式(10.20)给出了包括附加质量在内的 6×6 科氏力和向心力矩阵。

$$\boldsymbol{C}(v) = \boldsymbol{C}_{RB}(v) + \boldsymbol{C}_A(v) \tag{10.20}$$

线性和非线性水动力阻尼包含在 6×6 矩阵 $\boldsymbol{D}(v)$ 中，由式(10.21)给出。

$$\boldsymbol{D}(v) = \boldsymbol{D} + \boldsymbol{D}_n(v) \tag{10.21}$$

这里，$\boldsymbol{D}$ 包含线性阻尼项，$\boldsymbol{D}_n(v)$ 包含非线性阻尼项。

引力和浮力及力矩的 6×1 矢量在式(10.18)中用 $\boldsymbol{g}(\eta)$ 表示，并用式(10.22)定义。

$$\boldsymbol{g}(\eta) = \begin{bmatrix} (W-B)\sin\theta \\ -(W-B)\cos\theta\sin\phi \\ -(W-B)\cos\theta\cos\phi \\ -(y_g W - y_b B)\cos\theta\cos\phi + (z_g W - z_b B)\cos\theta\sin\phi \\ (z_g W - z_b B)\sin\theta + (x_g W - x_b B)\cos\theta\cos\phi \\ -(x_g W - x_b B)\cos\theta\sin\phi - (y_g W - y_b B)\sin\theta \end{bmatrix} \tag{10.22}$$

这里，W 是航行器的重量，使用 $W = mg$ 确定，其中 m 是航行器的干质量，g 是由于重力引起的加速度。B 是水下航行器的浮力，该浮力是由于水下航行器排水量所致。这将取决于航行器的大小和形状。确定重心和浮力中心相对于体坐标系原点的位置的矢量分别由式(10.23)和式(10.24)给出。

$$\boldsymbol{r}_g^b = [x_g \quad y_g \quad z_g]^{\mathrm{T}} \tag{10.23}$$

$$\boldsymbol{r}_b^b = [x_b \quad y_b \quad z_b]^{\mathrm{T}} \tag{10.24}$$

控制输入力的 6×1 向量用 $\boldsymbol{\tau}$ 表示，由式(10.25)给出。

$$\boldsymbol{\tau} = [X \quad Y \quad Z \quad K \quad M \quad N]^{\mathrm{T}} \tag{10.25}$$

这里，影响纵荡、横荡和垂荡的平移力分别为 X、Y 和 Z，而影响横摇、纵摇和首摇的转矩分别为 K、M 和 N。

外部扰动的 6×1 矢量用 $\boldsymbol{\omega}$ 表示。

总之，式(10.18)提供了水下航行器的非线性动力学运动方程的简洁表示，该运动方程在体坐标系中表达。通过施加包含在式(10.10)中的旋转，式(10.18)可以在 NED 坐标系中用公式(10.26)表示。

$$\boldsymbol{M}_\eta(\eta)\ddot{\eta} + \boldsymbol{C}_\eta(v,\ \eta)\dot{\eta} + \boldsymbol{D}_\eta(v,\ \eta)\dot{\eta} + \boldsymbol{g}_\eta(\eta) = \boldsymbol{\tau}_\eta(\eta) + \boldsymbol{\omega} \tag{10.26}$$

在式(10.26)内,等式(10.27)包含从体坐标系到 NED 坐标系的各种矩阵的旋转。

$$
\begin{aligned}
&\boldsymbol{M}_{\eta}(\eta)=\boldsymbol{J}^{-T}(\eta)\boldsymbol{M}\boldsymbol{J}^{-1}(\eta)\\
&\boldsymbol{C}_{\eta}(v,\ \eta)=\boldsymbol{J}^{-T}(\eta)[\boldsymbol{C}(v)-\boldsymbol{M}\boldsymbol{I}^{-1}(\eta)\dot{\boldsymbol{J}}(\eta)]\boldsymbol{J}^{-1}(\eta)\\
&\boldsymbol{D}_{\eta}(v,\ \eta)=\boldsymbol{J}^{-T}(\eta)\boldsymbol{D}(v)\boldsymbol{J}^{-1}(\eta)\\
&\boldsymbol{g}_{\eta}(\eta)=\boldsymbol{J}^{-T}(\eta)\boldsymbol{g}(\eta)\\
&\boldsymbol{\tau}_{\eta}(\eta)=\boldsymbol{J}^{-T}(\eta)\boldsymbol{\tau}
\end{aligned}
\tag{10.27}
$$

$\boldsymbol{D}_n(v)$ 中含有非线性项,再加上所有矩阵中任何非零非对角元素的耦合效应,可以得到一个包含大量系数的高度复杂的模型。

5) 控制准则

各种控制策略和控制准则,已经在 AUV 系统得到了实现。

控制系统的基准是经典的 PID 控制,它已成功地用于控制许多不同的对象,包括自主式航行器。然而,PID 方案在强海浪和海流扰动的未知环境中处理具有不确定模型的非线性动力学问题不是很有效。因此,PID 方案通常仅用于在没有任何外部干扰的环境中工作的非常简单的 AUV。

滑模控制(sliding mode control, SMC)是变结构控制的一种形式,在处理具有建模不确定性和非线性扰动的非线性动力学问题上,已被证明是一种更为有效和鲁棒的控制方法。SMC 是一种在保持良好稳态响应的同时,能够利用非线性开关项获得快速瞬态响应的非线性控制策略。因此,SMC 一直在 AUV 领域得到广泛的应用。将 SMC 用于水下航行器控制的最早应用之一由 Yoerger 和 Slotine 实现,他们通过对 ROV 模型的仿真研究,证明了 SMC 控制器对参数不确定性的鲁棒性。Heley 和 Lienard 提出了一种基于状态反馈的多变量滑模控制器,该控制器具有解耦设计,可独立控制水下航行器的速度、转向和俯冲。据 Marco 和 Healey 所述,该控制器的设计已成功地在 NPSAriesAUV 上实现。

PID 控制的基本原理是产生误差信号,该误差信号将设备的期望状态与实际状态式 10.28 相关联,

$$e(t)=x_d(t)-x(t) \tag{10.28}$$

式中　$e(t)$ 是误差信号;

$x_d(t)$ 是设备的期望状态;

$x(t)$ 是设备的当前状态,并且操纵该误差信号以引入指示的校正动作 $\tau(t)$ 到设备。

之所以称为 PID 控制是因为组成校正控制信号的三个因子分别是与误差信号成比例的因子 K_P、与误差信号的成积分的因子 K_I 和与误差信号成微分的因子 K_D 为式(10.29)。

$$\tau(t)=K_P e(t)+K_I\int_0^t e(\lambda)\mathrm{d}\lambda+K_D\frac{\mathrm{d}}{\mathrm{d}t}e(t) \tag{10.29}$$

PID 控制最适合于线性对象，但也已被用于非线性对象，尽管它缺乏与其他控制系统相同的性能水平。

然而，由于 PID 控制在控制各种线性和非线性对象被广泛接受和使用，因此它被大量地用作控制系统测量的“黄金标准”。Jalving 给出了一个基于 PID 的水下航行器控制策略的例子。

如前所述，滑模控制是一种利用不连续切换项来抵消在控制器设计阶段未考虑的动力影响的方案。

为了研究如何将滑模控制应用于 AUV，首先将式(10.26)压缩为式(10.30)的形式，

$$M_{\eta}(\eta)\ddot{\eta}+f(\dot{\eta},\ \eta,\ t)=\tau_{\eta}(\eta) \tag{10.30}$$

其中，$f(\dot{\eta},\ \eta,\ t)$ 包含非线性动力，包括科氏力和向心力、线性和非线性阻尼力、重力和浮力及力矩，以及外部干扰。

如果滑动表面定义为式(10.31)，

$$s=\dot{\eta}+c\eta \tag{10.31}$$

当 c 为正时，可以看出，根据式(10.32)，通过将 s 设为零并求解 η 导致 η 收敛到零。

$$\eta(t)=\eta(t_0)e^{ct_0}e^{-ct} \tag{10.32}$$

无论初始条件如何。因此，控制问题简化为找到一个控制准则，使得式(10.33)成立。

$$\lim_{t\to\infty}s(t)=0 \tag{10.33}$$

这可以通过应用式(10.34)形式的控制准则来实现，

$$\tau=-T(\dot{\eta},\ \eta)\mathrm{sign}(s),\ T(\dot{\eta},\ \eta)>0 \tag{10.34}$$

其中 $T(\dot{\eta},\ \eta)$ 足够大。因此，可以看出，应用式(10.34)将导致 η 收敛到零。

如果 η 现在被航行器的当前状态和期望状态之间的差代替，则可以观察到，应用这种形式的控制准则将考虑到要跟踪的参考轨迹。

SMC 的两个变体包括了解耦 SMC 和耦合 SMC。

(1) 解耦 SMC。

在 AUV 的动力学方程式(10.18)中，通过简化可以减少包含在各种矩阵中的系数数量。可以进行简化是由于航行器本体中存在的对称性、重心和浮力的位置，以及基于特定系数对航行器整体动力学的影响程度的假设。因此，假设体对称可以降低各种自由度之间的耦合水平。解耦 SMC 假设各个自由度之间不存在耦合，并且采用简单的操纵，使得其不激励这些耦合动力学。这对式(10.18)的影响是去除各种矩阵内的所有非对角线元素，这大大地简化了航行器的数学模型结构，并因此使得控制器的实现实质上更加容易。

(2) 耦合 SMC。

虽然去除了非对角元素降低了解耦 SMC 的计算复杂度，但它也对 AUV 的控制性能造成了一定的限制，特别是那些在高动态环境中运行并且需要执行复杂机动的 AUV。考

虑到这两个因素，这些非对角耦合项将对航行器的整体动力学产生影响，因此在控制准则的设计阶段不能被忽略。

耦合 SMC 是一种新颖的控制准则，与解耦 SMC 相比，它保留了式(10.18)中更多的耦合系数。此外，即使以这种方式设计控制器是非常规的，也选择体坐标系作为该控制器的坐标系。这种选择避免了式(10.26)和式(10.27)中将航行器模型从体坐标系转变到 NED 坐标系，尽管它确实需要将导航和航行数据从 NED 坐标系变换到体坐标系。通过式(10.35)定义 NED 坐标系中的位置和方位误差，

$$\tilde{\eta} = \hat{\eta} - \eta_d \tag{10.35}$$

其中 $\hat{\eta}$ 表示由航行系统提供的当前位置和方位的估计，η_d 表示由导航系统提供的期望位置和方位，需要单个转换来将该误差从 NED 坐标系转换到载体坐标系。

通常，期望的和当前的速度和加速度数据已经在载体坐标系中表示，因此，为了在载体坐标系中实现控制器，这里不需要进一步的转换。

如式(10.27)中所示，通过对比航行器模型转换成 NED 坐标系的解耦控制方案和将导航和航行数据转换成载体坐标系的耦合控制方案所需的转换次数，可以看出耦合控制方案涉及的转换较少，因此计算要求较低。

10.3.2　控制分配

控制准则的作用是产生施加到航行器上的广义力，从而接近期望的状态。水下航行器的这种力 τ 由 6 个分量组成，每个自由度一个，如式(10.25)所示。控制分配系统负责在航行器上的所有可用制动器之间分配该期望力，从而实现该广义的 6 自由度力。这意味着控制分配模块必须事先了解航行器上所有制动器的类型、规格和位置。

1) 作用

控制分配模块的作用是向制动器产生适当的信号，以便将来自控制准则的广义力施加到航行器上。由于所考虑的航行器是被过度驱动的，这意味着多个制动器可以向特定的自由度施加力，因此控制分配负责以最有效的方式利用所有可用制动器来向航行器施加期望的力。对所有的自主式航行器来说，功耗尤其重要，因为这是决定整个任务期限的一个关键因素。因此，控制分配负责向航行器施加期望的力，同时最小化所消耗的功率。

2) 制动器

航行器的各种制动器施加到航行器上的力可以表示为式(10.36)，

$$\tau = \boldsymbol{TK}u \tag{10.36}$$

式中　T ——大小为 $6 \times n$ 的制动器配置矩阵；

K ——大小为 $n \times n$ 的对角力系数矩阵；

u ——大小为 $n \times 1$ 的控制输入。

制动器是向航行器施加所需力的物理部件，这些制动器的特定配置将确定 $\boldsymbol{T}$、$\boldsymbol{K}$ 和 u 的大小和结构，其中 $\boldsymbol{T}$ 的每一列定义为 t_i，结合 $\boldsymbol{K}$ 的主对角线上的对应元素，代表着不同

的制动器。水下航行器设计者可以使用大量的制动器,其中更典型的包括螺旋桨、控制翼和隧道式推进器,并且每个制动器都具有它们自己的特性,使得它们适合在 AUV 中实现。在以下所有制动器的描述中,l_x 定义了沿 x 轴从制动器原点的偏移,l_y 定义了沿 y 轴的偏移,l_z 定义了沿 z 轴的偏移。

螺旋桨是最常用的制动器,用于提供驱动水下航行器的主要平移力。它们通常位于航行器的尾部并沿航行器纵轴施加力。一个螺旋桨的结构 $\boldsymbol{t}_i$ 由式(10.37)表示。

$$\boldsymbol{t}_i = [1 \quad 0 \quad 0 \quad 0 \quad l_z \quad -l_y]^{\mathrm{T}} \tag{10.37}$$

从式(10.37)可以看出,如果螺旋桨定位成没有 y 轴或 z 轴偏移,则产生的力将完全沿着航行器的 x 轴,而不产生旋转力矩。

控制翼是利用牛顿第三运动准则向航行器施加旋转力矩的制动器。这些控制翼对水施加一种力,使水的运动发生偏转。因此,水对控制翼产生反作用力。由于该力施加在远离航行器重心的位置,因此在航行器上将产生旋转力矩。AUV 上的控制翼的典型配置是有四个独立控制的翼,组成两对在航行器尾部水平和竖直地安装。在式(10.38)中给出了水平控制翼的结构 $\boldsymbol{t}_i$。

$$\boldsymbol{t}_i = [0 \quad 0 \quad 1 \quad l_y \quad -l_x \quad 0]^{\mathrm{T}} \tag{10.38}$$

式(10.39)中给出了垂直控制翼的结构:

$$\boldsymbol{t}_i = [0 \quad 1 \quad 0 \quad -l_z \quad 0 \quad l_x]^{\mathrm{T}} \tag{10.39}$$

这些结构表明,水平翼产生垂荡、横摇和纵摇力矩,而垂直翼产生横荡、横摇和首摇力矩。这里必须考虑的是,由控制翼产生的力依赖于航行器相对于其周围的水的运动。如果航行器相对于周围的水是静止的,则控制翼不能发挥作用。相反,如果航行器相对于周围的水是运动的,这些制动器能够向航行器施加力和力矩,同时消耗极少的功率。

通过使用隧道式推进器,可以克服前面提到的控制翼的限制。这些推进器通常通过放置在横向于航行器纵轴的隧道中来实现。类似于控制翼,典型的布置是将两个水平隧道推进器定位在重心前后等距的位置,并且两个垂直隧道推进器也定位在重心前后等距的位置。

在式(10.40)中给出了水平推进器的结构 $\boldsymbol{t}_i$,

$$\boldsymbol{t}_i = [0 \quad 1 \quad 0 \quad -l_z \quad 0 \quad l_x]^{\mathrm{T}} \tag{10.40}$$

在式(10.41)中给出了垂直推进器的结构 $\boldsymbol{t}_i$,

$$\boldsymbol{t}_i = [0 \quad 0 \quad 1 \quad l_y \quad -l_x \quad 0]^{\mathrm{T}} \tag{10.41}$$

这里可以看到的是,水平推进器提供横荡、横摇和首摇力矩,而垂直推进器提供垂荡、横摇和纵摇力矩。通常,水平推进器被定位在 l_z 为零的地方,而垂直推进器被定位在 l_y 为零的地方。这种选择的结果是使这些制动器不产生横摇力矩。

隧道式推进器的优点是,即使航行器相对于周围水静止,也能产生力和力矩。这大大提高了航行器的操纵性,因为可以在低速行驶时控制航行器。然而,这些制动器的使用仍然存在限制。首先,与控制翼相比,这些制动器在被激活时消耗更多的功率。这是因为只有当推进器本身被激活时,推进器才会产生力。不同的是,当偏转角改变时,控制翼消耗功率,但是一旦达到所需的角度,控制翼保持定位,这样所需的功率非常小。其次,航行器行驶时推力器效率降低。在某些条件下,在隧道出口处产生低压区域,其作用是向航行器施加一个力,该力的方向与隧道推力器的水射流试图提供的方向相反,其结果使施加到航行器上的总力减小,因此当以非零前进速度移动时性能降低。

3）分配方法

如前所述的水下航行器的各种制动器,如果航行器是静止的,控制翼是不起作用的,而隧道推进器是非常有用的。相反,如果航行器在移动,与隧道式推进器相比,控制翼在功率消耗方面提供的力是非常有效的。因此,控制分配的作用是寻找所有制动器之间的折中方案,既可向航行器施加所需的广义力和力矩,又可将功耗降至最低。该平衡允许航行器保持由所有制动器提供的操纵性,同时维持尽可能长的任务持续时间。

用于控制分配的最直接的方法之一是求式(10.36)的逆,即式(10.42)。

$$u=(\boldsymbol{TK})^{-1}\tau \tag{10.42}$$

这种方法实现起来非常简单,因为它由一个矩阵乘法组成。因此,在AUV的计算处理约束下实现是简单而有效的。然而,由于其简单性,没有尝试将功耗降至最低。如果航行器同时包含控制翼和隧道推进器,则即使航行器相对于周围流体以最大速度移动,这两种类型的制动器也将被同等地使用。然而,当航行器相对于水移动时,由于使用控制翼比隧道推进器更有效,因此需要更智能的方法来实现控制分配以最小化功率消耗。

上述非最优方案的局限性可以通过制定二次规划优化问题来克服,以解决制动器输入。通过引入加权矩阵,制动器的使用可以倾向于使用控制翼而不是隧道推进器。因此,在最小化功率消耗的同时,可通过制动器实现控制准则的期望广义力。然而,这一方案也有其局限性。首先,尽管可以计算该问题的显式解,但是在制动器重新配置的情况下,例如制动器故障,该显式解将需要重新计算,这可能是计算密集型的。一些迭代方法,例如序列二次规划,可以在制动器故障时应用,但是该方法可能需要在每个控制样本间隔处求解编程问题的几次迭代。同样,这可能也是一项计算密集型任务。

这里介绍的用于实现控制分配的第三种方案是将控制分配问题分解为两个较小的子问题,其中第一个子问题解决对主螺旋桨和控制翼的控制分配,第二个子问题解决对隧道推进器的控制分配。使用这种方案,可以首先充分利用控制翼,以便尽可能完全实现广义力。只有在充分利用控制翼后,隧道推进器才提供仅靠控制翼无法产生的力和力矩。使用这种方法,低功耗控制翼将被尽可能多地使用,而高功耗隧道推进器将仅在要求提高额外操纵能力时才被调用。此外,在不需要精确操纵的情况下,例如从一个航路点横越到下一个航路点而不关心航行器遵循什么轨迹,2 -级方案可以被禁用,此时不使用隧道推进器,控制完全由主螺旋桨和控制翼执行。然而,如果需要跟踪轨迹,则仍然可以启用推进器分配模块,例如当控制翼向航行器提供的力不充分时。因此,推进器可协助提供维持航行器跟踪期望轨迹所需的额外力。

这个方案的实现看起来有点像一个 2-级的非最优方案，如图 10.7 所示。第一级需要主螺旋桨和控制翼的矩阵运算 $(\boldsymbol{TK})^{-1}\tau$，以便从这些制动器获得所需的力。然后计算这组控制值所产生的力的估计值，以便从所需的总力中减去该力的估计值。任何剩余力将成为控制分配第二级的输入，第二级将对隧道推进器执行矩阵运算 $(\boldsymbol{TK})^{-1}\tilde{\tau}$，以便这些制动器提供控制翼无法单独传递的任何额外力。因此，与二次规划方案相比，该方案的计算要求非常小，但仍然严重地倾向于使用控制翼。

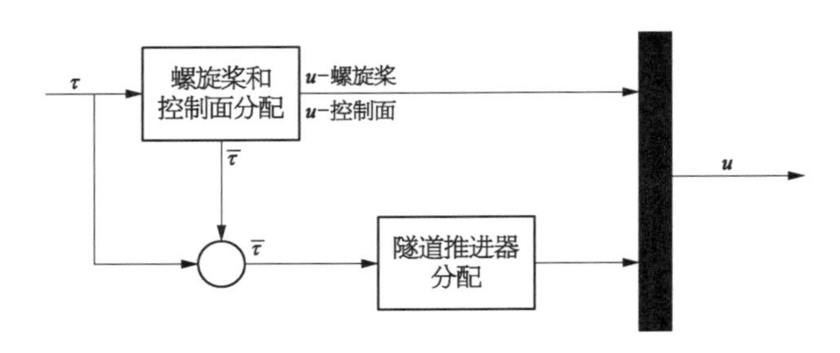

图 10.7　2-级控制分配方案框图

4）仿真结果与分析

为了验证航行器 AUV-XX 运动控制系统的可行性和有效性，在 AUV-XX 仿真平台上进行了仿真。本章所研究的 AUV-XX 航行器，其外形为直径 0.5 m，长 5 m 的圆柱体，后端有十字翼。在机翼的每个边缘都安装了一个推进器，用于转弯和俯冲。AUV-XX 还分别装备了用于首摇的两个侧向隧道推进器和在前后装备了两个垂直隧道推进器。基于上述建模方法，建立了 AUV-XX 仿真平台，对其运动特性、稳定性和可控性进行了基础测试。以 0.5 s 的时间步长通过积分求解数学模型方程，获得在每个时刻包括位置、姿态和速度的航行器状态。图 10.8 显示了与运动控制系统连接的仿真平台数据流。

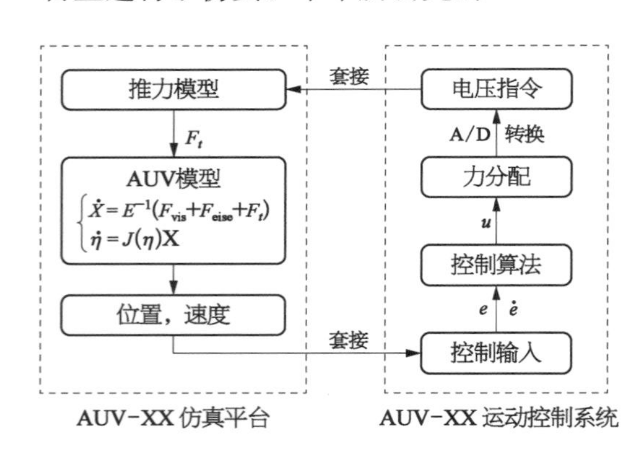

图 10.8　仿真平台中 AUV-XX 运动控制的数据流

图 10.9～图 10.11 分别示出了电容板模型的 S-面控制在纵荡、横荡和首摇时分别用于位置和速度控制的仿真结果，以及用于航行器俯冲的升沉和俯仰联合控制的仿真结果。横摇不受控制。并且所有航行器状态（包括速度）在每次仿真时初始化为零。实线表示航行器的实际响应，虚线表示航行器被命令实现的期望位置或速度。

从图 10.9 中可以看出，航行器被指令分别在纵荡、横荡和首摇中移动到某些特定位置。对于如图 10.9a 和图 10.9b 所示的纵荡情况，与目标位置偏离较大的位置产生较快

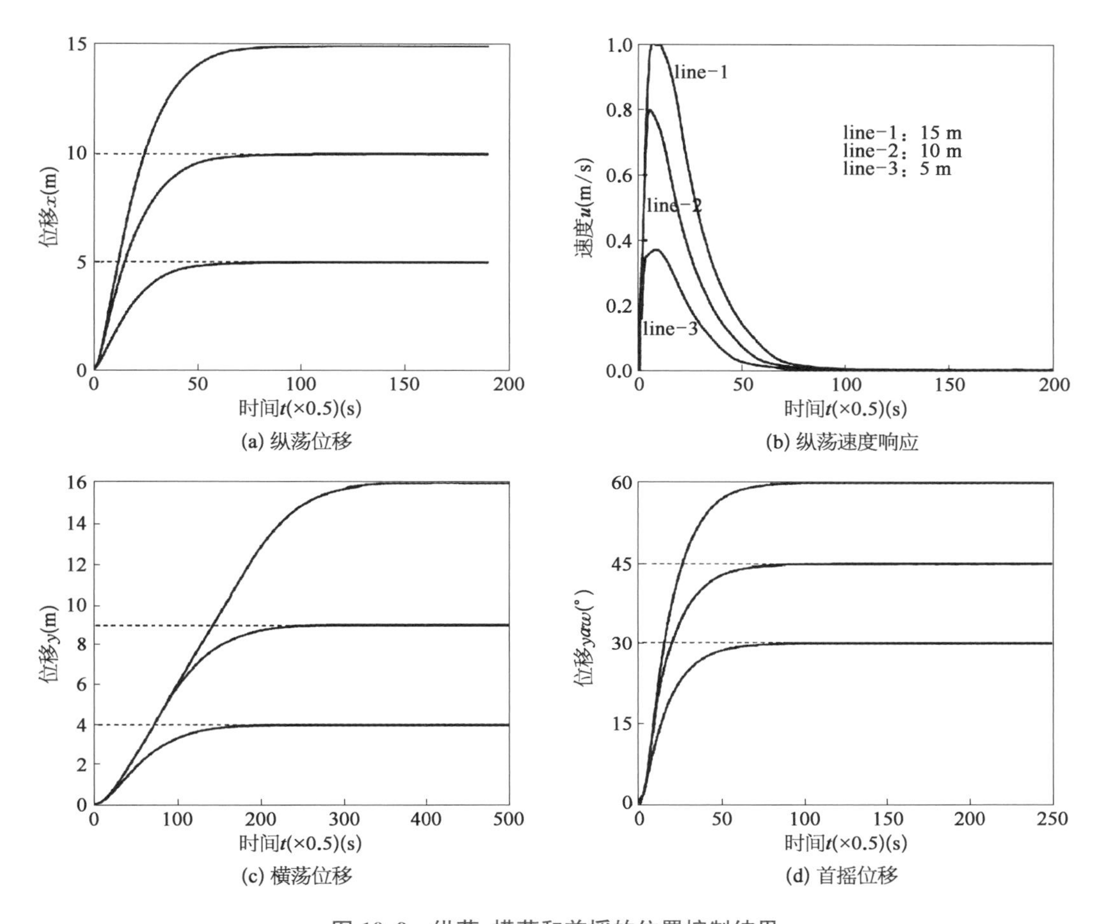

(a) 纵荡位移

(b) 纵荡速度响应

(c) 横荡位移

(d) 首摇位移

图 10.9 纵荡，横荡和首摇的位置控制结果

的喘振速度响应。与纵荡和首摇响应相比，在期望位置 16 m 时，横荡较慢，上升时间为 150 s，这可能是由于侧向阻力在纵向上大得多，横向隧道推进器能提供的推力比主后推进器小。

图 10.11 显示了具有恒定偏航和深度保持的纵荡速度控制结果。期望速度为 1 m/s，一旦航行器以该速度稳定地移动，则航行器执行跟踪指定深度（5 m）和偏航（45°）的指令。可以看出，纵荡速度没有过调，并且横荡系统响应很快，横荡经历了 ±2° 的可接受过调，并且深度得以稳定保持，因此航行器能够以期望的固定航向和深度并以期望的速度移动。速度控制仿真结果证明了所提出的速度控制策略的可行性。

图 10.11 显示了在垂直面潜水时垂荡和纵摇的联合控制。对于这种情况，航行器被指令跟踪的纵荡速度为 1.5 m/s，由于该速度不大，使得垂直隧道推进器受到的推力将在一定程度上减小，但仍然能够提供用于潜水的一部分垂直推力。因此，当航行器被指定为潜水时，纵摇将不会经历大的变化，这在大惯性航行器的情况下是合理的设计考虑因素。

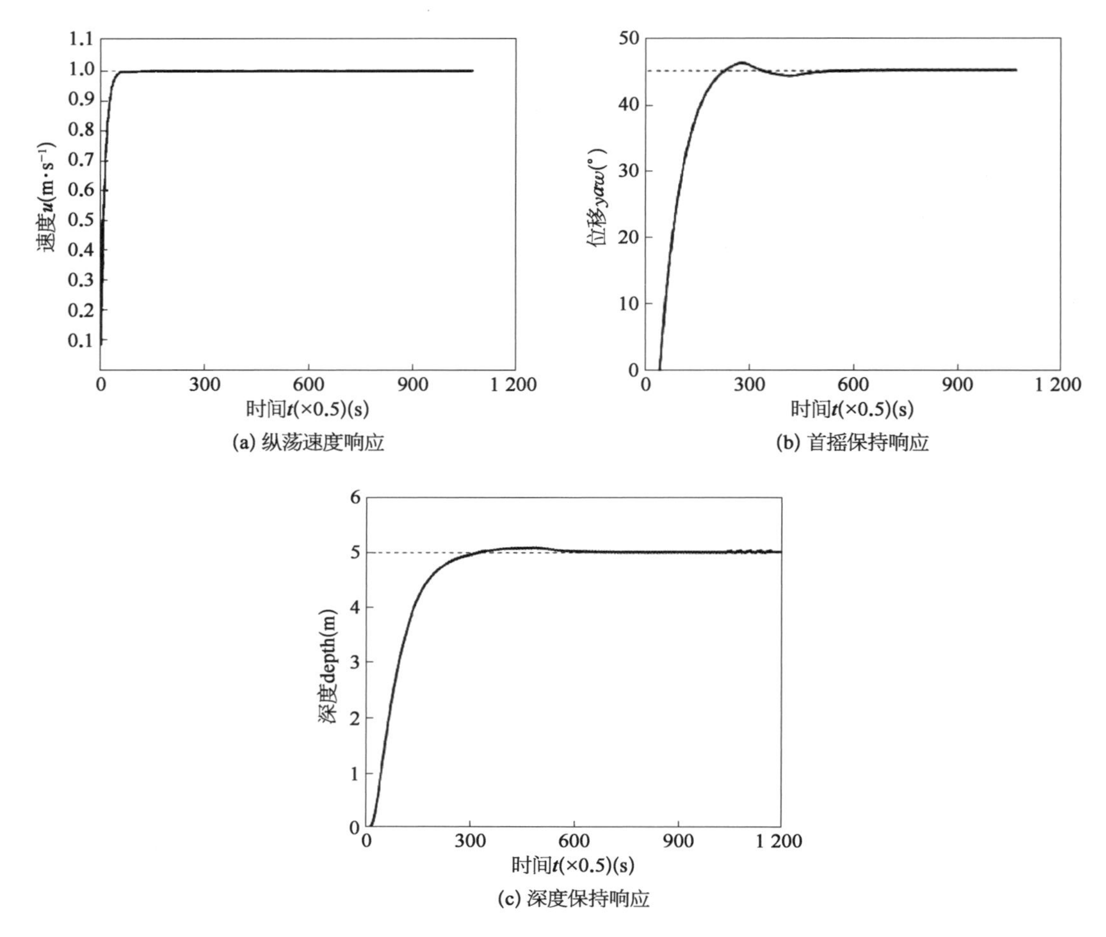

(a) 纵荡速度响应

(b) 首摇保持响应

(c) 深度保持响应

图 10.10　具有首摇和深度保持的纵荡速度控制结果

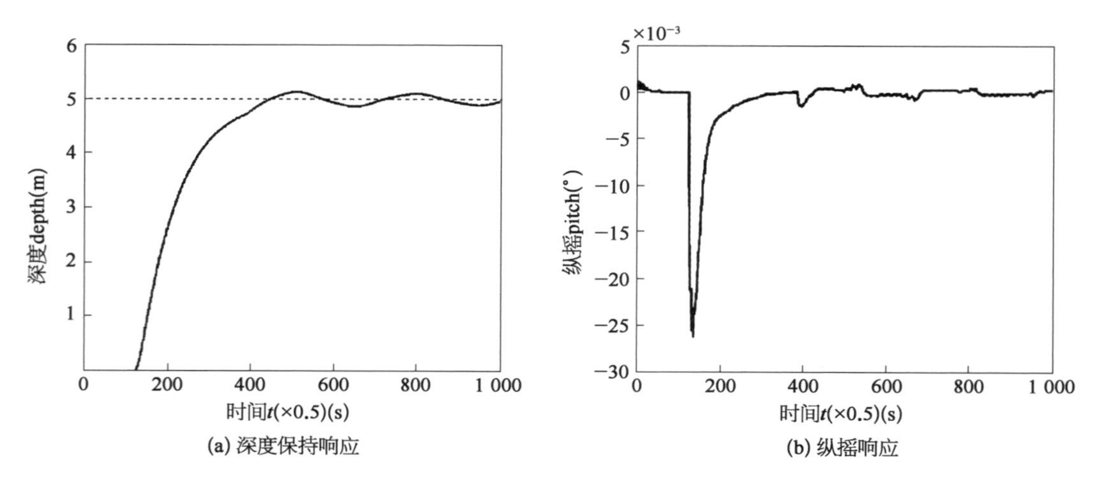

(a) 深度保持响应

(b) 纵摇响应

图 10.11　垂荡和俯纵摇合深度控制

海洋智能无人系统技术

第 11 章　实时最优制导和避障技术

发展 AUV 自主能力的一个最重要的技术挑战是评估和适当地响应行进路径中的近场物体。在进行避障(obstacle avoidance, OA)操作时,通常需要实施一定程度深思熟虑的规划,而不是简单地以反应方式改变航行器的轨迹。对于 AUV,在杂乱的环境(如海带森林或珊瑚礁)中进行侧扫声呐测量,在受限水道(如河流或港口)中进行操作时,实时生成近似最优的 OA 轨迹的能力尤为重要:形成基于特征的、与地形相关的导航等。例如,侧扫声呐测量的主要目标是 100%的区域覆盖,同时避免对测量航行器造成损坏。理想情况下,实时轨迹生成器应尽量减少与预先规划的测量几何体的偏差,同时允许航行器重新定位由于先前的 OA 操纵而错过的区域。同样,对于受限水道中的作业,有效的 OA 轨迹应包含有关环境的所有已知信息,包括地形、水深、水流等。

在一般情况下,这种 OA 能力应该被纳入机载规划器或轨迹发生器中,以比实时更快的速度计算最优(或接近最优)可行轨迹。对于 AUV 水下监测系统,规划器应该能够生成完整的三维(3D)轨迹,但是某些应用可能需要将规划器的输出限制为二维(2D),用于垂直平面或水平平面操作模式。

考虑一个典型的硬件设置,它由一个带有自动驾驶仪的 AUV(图 11.1)组成。自动驾驶仪不仅能稳定整个系统,而且还使航行器控制在更高的等级水平上,而不是简单地改变油门设置 $\delta_T(t)$,或偏转船尾平面 $\delta_s(t)$ 或方向舵角 $\delta_r(t)$ 。

在图 11.1 中,$\boldsymbol{x}^{WP}$, $\boldsymbol{y}^{WP}$, $\boldsymbol{z}^{WP}$ 是定义 x、y 和 z 坐标的向量,用于航点导航的局部切线(NED)平面。另外一个典型的自动驾驶仪还可以接受一些参考航行路径角 $\gamma(t)$(或高度/深度)命令和航向 $\Psi(t)$ [或首摇角 $\psi(t)$]。 运动传感器,加速度计和速率陀螺仪测量惯性加速度的分量 $\ddot{x}_I(t)$, $\ddot{y}_I(t)$ 和 $\ddot{z}_I(t)$,以及角速度-横摇率 $p(t)$、纵摇率 $q(t)$和首摇率 $r(t)$。

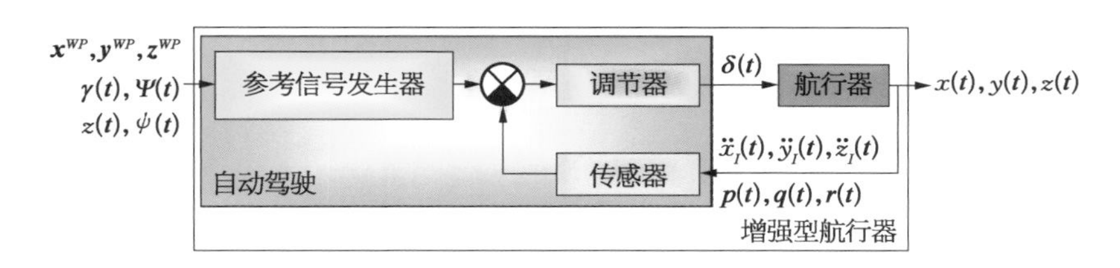

图 11.1 增加自动驾驶仪的 AUV

轨迹发生器将增强的 AUV 视为一个新设备(图 11.2),并根据任务目标(最终目的地、到达时间、性能测量等)向该设备提供必要的输入。而且参考信号 $\gamma(t)$ 和 $\Psi(t)$ 要动态计算(每隔几秒一次),以考虑干扰(电流等)和新监测到的障碍物。

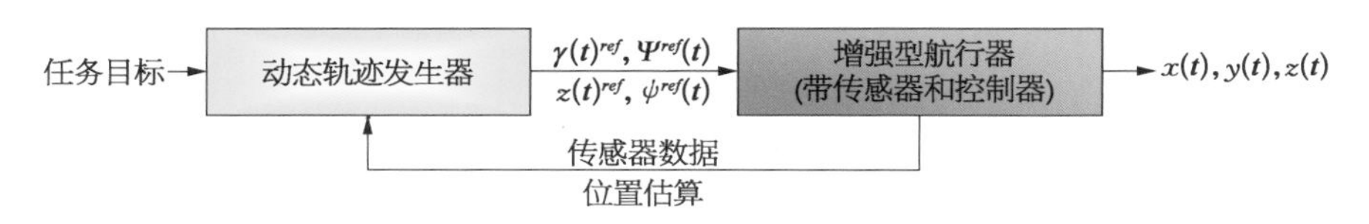

图 11.2 为增强的 AUV 提供参考轨迹

理想情况下，轨迹发生器软件还应生成与可行参考轨迹相对应的控制输入 $\boldsymbol{\delta}^{ref}(t)$（图 11.3）。这种增强的设置确保内部循环控制器只处理小错误。（当然，只有自动驾驶仪接受这些直接执行器输入时，此设置才可行。）

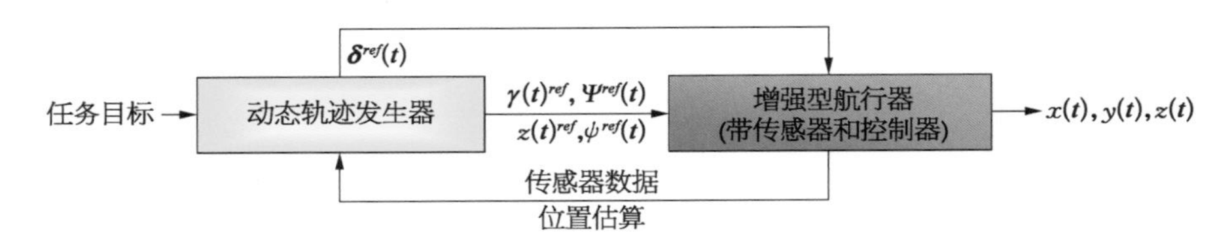

图 11.3　为增强 AUV 提供参考轨迹和参考控制

11.1　动力学方程

考虑最一般的情况，并介绍一个计算三维无碰撞轨迹的优化问题（通过消除两种状态，可以将其简化为二维问题）。这里将在状态向量描述的一组可接受的轨迹内进行搜索，如式（11.1）所示。

$$\begin{aligned}&\boldsymbol{z}(t)=[x(t),\ y(t),\ z(t),\ u(t),\ v(t),\ w(t)]^{\mathrm{T}}\in S,\\&S=\{\boldsymbol{z}(t)\in Z^{6}\subset E^{6}\},\ t\in[t_0,\ t_f]\end{aligned}\tag{11.1}$$

其中速度矢量的分量，在主体框架$\{b\}$中定义的纵荡 u、横荡 v 和垂荡 w 被添加到 AUV-NED 的坐标 x、y 和 z 中（表面为 $z=0$，并随深度增加）。虽然许多 AUV 通常被设定为在高于海底的恒定高度上运行，但更可取的方法是在 NED 局部切面中生成垂直轨迹，因为水面是比可能不平坦的海底更可靠的绝对参考基准。然而，一般来说，对于配备高度和深度传感器的航行器，将产生的深度轨迹 $z(t)$转换为高度轨迹 $h(t)$是一件微不足道的事情。

可容许轨迹应满足描述 AUV 运动学的常微分方程组：

$$\begin{bmatrix}\dot{x}(t)\\\dot{y}(t)\\\dot{z}(t)\end{bmatrix}={}_{b}^{u}\boldsymbol{R}\begin{bmatrix}u(t)\\v(t)\\w(t)\end{bmatrix}\tag{11.2}$$

在公式（11.2）中，${}_{b}^{u}\boldsymbol{R}$ 是从主体框架$\{b\}$到 NED 框架$\{u\}$的旋转矩阵，使用两个欧拉角俯仰角 $\theta(t)$ 和横摆角 $\psi(t)$ 定义，忽略横摇角，如式（11.3）所示。

$$
{}_{b}^{u}\boldsymbol{R}(t)=\begin{bmatrix}\cos\psi(t)\cos\theta(t) & -\sin\psi(t) & \cos\psi(t)\sin\theta(t)\\ \sin\psi(t)\cos\theta(t) & \cos\psi(t) & \sin\psi(t)\sin\theta(t)\\ -\sin\theta(t) & 0 & \cos\theta(t)\end{bmatrix} \tag{11.3}
$$

虽然不打算在这项研究中利用它，但是可容许轨迹也应该遵循描述平移和旋转运动的 AUV 动力学方程。这意味着下面的线性化系统适用于矢量$\dot{\boldsymbol{\varsigma}}(t)$，表示为式(11.4)，其中包括速度分量 u，v，w[作为状态矢量 $\boldsymbol{z}(t)$ 的一部分]和角速率 p，q，r。

$$
\dot{\boldsymbol{\varsigma}}(t)=\boldsymbol{A}\,\boldsymbol{\varsigma}(t)+\boldsymbol{B}\boldsymbol{\delta}(t) \tag{11.4}
$$

这里 $\boldsymbol{A}$ 和 $\boldsymbol{B}$ 为状态矩阵和控制矩阵，$\boldsymbol{\delta}=[\delta_T,\ \delta_s,\ \delta_r]^{\mathrm{T}}$ 是控制向量。

接下来可容许轨迹式(11.1)应满足初始和终止条件式(11.5)。

$$
\boldsymbol{z}(t_0)=\boldsymbol{z}_0,\ \boldsymbol{z}(t_f)=\boldsymbol{z}_f \tag{11.5}
$$

最后，状态变量、控制变量及其导数应遵循一定的约束条件。例如，在 AUV 下这些可能包括对 AUV 深度的明显限制，如式(11.6)。

$$
z_{\min}\leqslant z(t)\leqslant z_{\max} \tag{11.6}
$$

其中，$z_{\max}(x,\ y)$ 表示设定操作深度限制。对于设定为在海床以上某个名义高度上运行的航行器，$z_{\max}(x,\ y)$ 约束可转换为前文所述的最低高度 $h_{\min}(x,\ y)$ 约束。

一个三维的 OA 要求可表述为式(11.7)。

$$
[x(t);\ y(t);\ z(t)]\cap\mathscr{R}=0 \tag{11.7}
$$

其中，$\mathscr{R}$ 是所有已知障碍物位置的集合。约束通常不仅施加在控制器本身 $|\boldsymbol{\delta}|\leqslant\boldsymbol{\delta}_{\max}$ 上，而且也施加在它们的时间导数 $|\dot{\boldsymbol{\delta}}|\leqslant\dot{\boldsymbol{\delta}}_{\max}$ 上解释执行器动态。知道系统的动态见式(11.4)(或简单地遵守自动驾驶仪的规范)，后面提到的约束可以提升到参考信号的水平，例如式(11.8)。

$$
|\theta(t)|\leqslant\theta_{\max}\ 和\ |\dot{\psi}(t)|\leqslant\dot{\psi}_{\max} \tag{11.8}
$$

其目标是找到最佳轨迹和相应的控制输入，以最小化某些性能指标 J。典型的性能指标规范包括：① 最小化操纵时间 t_f-t_0；② 最小化行驶距离以避免障碍物；③ 最小化控制工作量或能量消耗。此外，性能指数可能包括一些由传感器有效载荷决定的“外来”约束。例如 AUV 可能需要航行轨迹，其将固定的 FLS 指向特定地形特征或将航行器俯仰运动至最低保持水平，保持沿测量轨道线的水平航行来获得准确的合成孔径声呐图像。

在继续实施控制算法之前，需要注意的是，通常认为 AUV 的纵荡速度是恒定的，即 $u(t)\equiv U_0$，以便在另外两个通道中提供足够的控制权限。这唯一地定义了油门设置 $\delta_T(t)$，只留下两个控制输入 $\delta_s(t)$ 和 $\delta_r(t)$，用于改变航行的轨迹。它还允许将式(11.4)中的矩阵 $\boldsymbol{A}$ 和 $\boldsymbol{B}$ 视为常量(与时间和状态无关)。如果不需要这一假设，反向运动学和动力学方程将与下一节中给出的示例略有不同。

11.2 实时最优制导

对于图 11.2 和图 11.3 所示的动态轨迹发生器，建议使用基于直接法的 IDVD。基本原理是这种方法具有实时实现所需的几个重要特性：① 预先满足包括高阶导数在内的边界条件；② 得到的控制命令平滑且物理上可实现；③ 该方法非常稳健并且对输入参数的微小变化不敏感；④ 优化过程中可以使用任何复合性能指标。此外，该方法只使用了少量的变量参数，从而保证了优化过程中的迭代过程与其他直接方法相比收敛得更快。基于 IDVD 的轨迹发生器由几个模块组成。接下来要讨论的第一个模块的目标是生成一个满足边界条件的候选轨迹。

1）生成候选轨迹

同样，考虑 AUV 在 3D 中运行的最一般情况（与 USV 相反）。假设候选 AUV 轨迹的每个坐标 x_i，$i=1, 2, 3$ 表示为某个抽象参数 τ 的 M 次多项式，表示为式(11.9)。

$$x_i(\tau)=\sum_{k=0}^{M} a_{ik}\tau^k \tag{11.9}$$

为了简化符号，假设 $x_1(\tau)\equiv x(\tau)$，$x_2(\tau)\equiv y(\tau)$，$x_3(\tau)\equiv z(\tau)$。一般来说，轨迹坐标的解析表达式可以由任意基函数组合而成，以产生丰富多样的候选轨迹。例如，使用单项式和三角函数的组合。M 由必须满足的边界条件数量决定。具体来说，它应该大于或等于预设边界条件的个数而不是一个。一般来说，所需的轨迹包括对初始位置和最终位置、速度和加速度的约束：x_{i0}，x_{if}，x'_{i0}，x'_{if}，x''_{i0}，x''_{if}。在这种情况下，式(11.9)的最小阶数是 5，因为其中所有系数都将由这些边界条件唯一定义，而长度 τ_f 将是唯一可变的参数。为了在候选轨迹中获得更大的灵活性，可以通过增加式(11.9)的阶数来获得更多的可变参数。例如，使用 7 阶多项式将为每个坐标表达式引入两个不同的参数。在这些扩展多项式中，不直接改变两个系数，而是分别改变初始加加速度和最终加加速度 x''_{i0}，x''_{if}。在这种情况下，式(11.9)中的系数 a_{ik} 可通过求解明显的线性代数方程组来确定，该方程组在两个端点（$\tau=0$ 和 $\tau=\tau_f$）将多项式(11.9)等同于 x_{i0}，x_{if}，x'_{i0}，x'_{if}，x''_{i0}，x''_{if}，x'''_{i0} 和 x'''_{if}。

通过构造，最终弧 τ_f 的任何值都将无条件满足边界条件式(11.5)。然而，改变 τ_f 将改变候选轨迹的形状。图 11.4 展示了一个简单的例子，即一个以 1.5 m/s 的速度在海床以上 2 m 处运行的 AUV 必须执行一个弹出操作以避免一些障碍物。即使只有一个变化的参数，改变 τ_f 的值也能使 AUV 避开不同高度的障碍物。类似的轨迹可能只在水平面或所有三维空间中产生。应该指出的是，即使在这个阶段，不可行的候选轨迹将被排除在外[在图 11.4 中，要求 AUV 跳出水面的轨迹是不可行的，因为它违反了约束条件式(11.6)]。

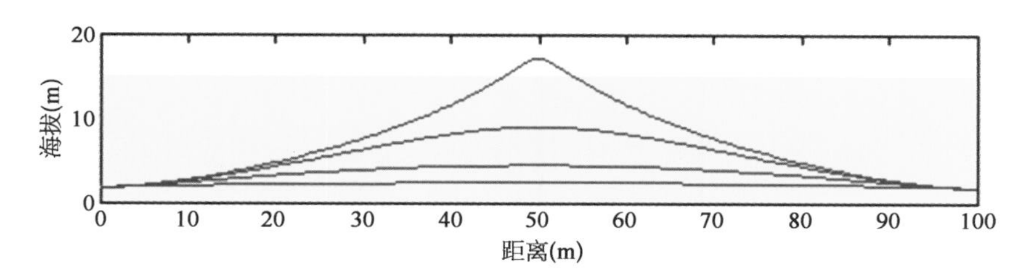

图 11.4　改变 τ_f 时改变候选轨迹的形状

在该例子中，有 6 个自由参数是初始加加速度和最终加加速度（x''_{i0} 和 x''_{if}，$i=1,2,3$）的组成部分，轨迹生成器可以进一步改变轨迹的整体形状。为此，图 11.5 表明了 AUV 避开初始点和最终点之间 10 m 障碍物的候选轨迹。这些轨迹是通过改变加速度的两个分量 x'''_{30} 和 x'''_{3f} 和最小化 τ_f 产生的。这种附加的灵活性可以产生满足操作约束式(11.6)和 OA 约束式(11.7)的轨迹。

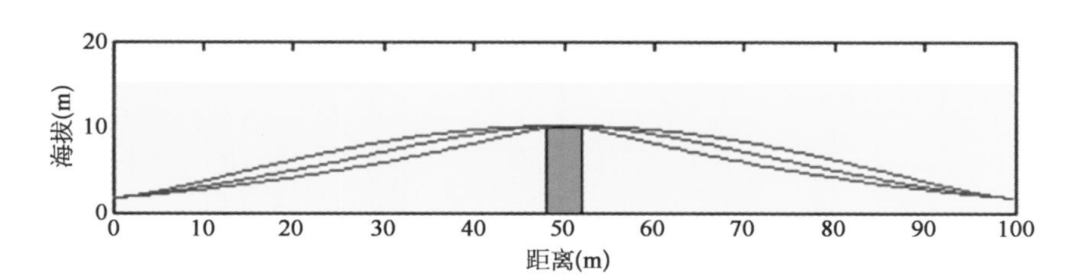

图 11.5　改变终点加加速度获得的候选轨迹

特定轨迹的选择将基于轨迹是否可行[满足约束式(11.8)]，如果可行，则确定是否确保性能指数为最小值，该值是使用沿该轨迹的航行器状态(和控制)值计算得出的。作为一个例子，图 11.6 给出了 1 个 10 m 高障碍物的两个不同位置的无碰撞解决方案，其中 5 个参数 x'''_{10}，x'''_{1f}，x'''_{30}，x'''_{3f} 和 τ_f 经过优化以确保可行的最小路径长度轨迹。

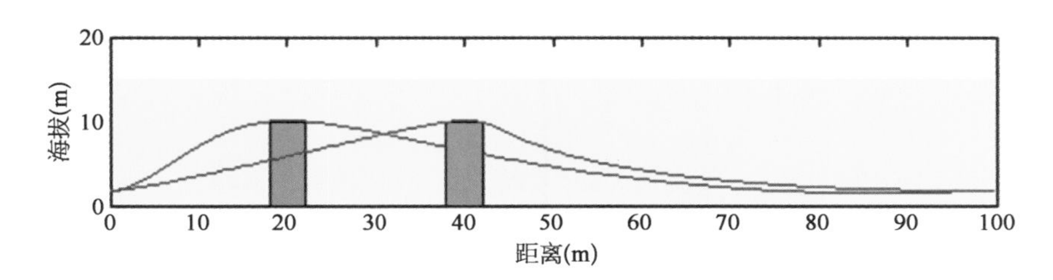

图 11.6　最小路径长度轨迹的示例

现在，讨论选择一些抽象参数 τ 作为参考函数式(11.9)的参数而不是使用常用的时间或路径长度的原因。暂时假设 $\tau\equiv t$。在这种情况下，一旦确定了轨道，也就明确地定

义了沿着该轨迹的速度曲线，因为

$$V(t)=\sqrt{u(t)^2+v(t)^2+w(t)^2}=\sqrt{\dot{x}(t)^2+\dot{y}(t)^2+\dot{z}(t)^2} \tag{11.10}$$

利用抽象参数 τ，通过引入速度系数 λ 使独立地改变速度曲线成为可能

$$\lambda(\tau)=\frac{\mathrm{d}\tau}{\mathrm{d}t} \tag{11.11}$$

现在代替式(11.10)有

$$V(t)=\lambda(\tau)\sqrt{x'(\tau)^2+y'(\tau)^2+z'(\tau)^2} \tag{11.12}$$

通过改变 $\lambda(\tau)$ 可以实现任何所需要的速度曲线。

在轨道终点，特别是在初始点，满足高阶导数的能力允许轨迹的连续再生以适应突然的变化，如新发现的障碍物。作为示例，图 11.7 展示了一种情况，执行 OA 操纵的 AUV 发现第二个障碍物并且必须从当前航行状态和控制值(到状态的二阶导数)开始生成一个新的轨迹。提出的方法可以实现这种类型的连续轨迹生成，并确保平稳、无冲击过渡。

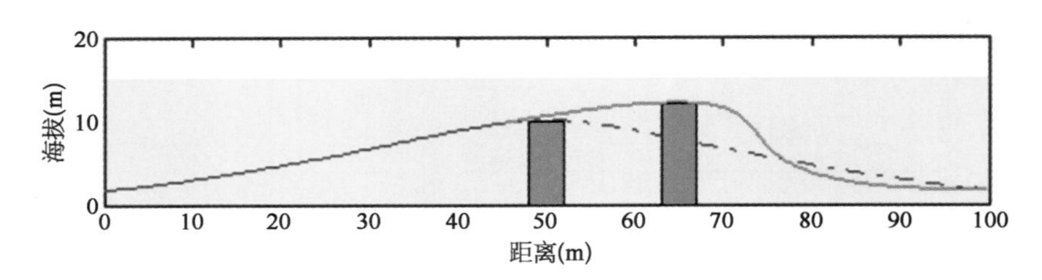

图 11.7 动态轨迹重新配置的示例

2) *逆动力学*

图 11.2 和图 11.3 中动态轨迹生成器内的第二个键块接受候选轨迹作为输入，并计算状态向量的分量和跟踪它所需的控制信号。这样，可以确保每个候选轨迹不会违反任何约束[包括式(11.8)中的约束]。

首先，对任意参数 ζ 使用下列关系

$$\zeta(\tau)=\frac{\mathrm{d}\zeta}{\mathrm{d}\tau}\frac{\mathrm{d}\tau}{\mathrm{d}t}=\zeta'(\tau)\lambda(\tau) \tag{11.13}$$

这里将运动方程式(11.2)转换为 τ 域

$$\boldsymbol{\lambda}(\tau)\begin{bmatrix}x'(t)\\y'(t)\\z'(t)\end{bmatrix}={}_b^u\boldsymbol{R}\begin{bmatrix}U_0\\v(\tau)\\w(\tau)\end{bmatrix} \tag{11.14}$$

接下来假设俯仰角足够小使 $\sin\theta(t)\approx 0$ 和 $\cos\theta(t)\approx 1$，所以旋转矩阵(11.3)变为

$$
{}^{u}_{b}\boldsymbol{R}(\tau)=\begin{bmatrix}\cos\psi(\tau) & -\sin\psi(\tau) & 0\\ \sin\psi(\tau) & \cos\psi(\tau) & 0\\ 0 & 0 & 1\end{bmatrix} \tag{11.15}
$$

虽然不需要此步骤，但它简化了以下的表达式。通过旋转矩阵(11.15)反转矩阵(11.14)得到

$$
\begin{bmatrix}U_0\\ v\\ w\end{bmatrix}=\lambda\begin{bmatrix}\cos\psi & \sin\psi & 0\\ -\sin\psi & \cos\psi & 0\\ 0 & 0 & 1\end{bmatrix}\begin{bmatrix}x'\\ y'\\ z'\end{bmatrix} \tag{11.16}
$$

此后，符号中将省略每个变量对 τ 的显式依赖。现在必须根据三个未知参数 v，w 和 ψ 来解式(11.16)的三个方程。以后每个变量的显式依赖 τ 将省略符号。现在，式(11.16)的三个方程必须根据三个未知参数 v、w 和 ψ 来求解。而最后一个很容易得到式(11.17)。

$$
w=\lambda z' \tag{11.17}
$$

前两个需要更严格的分析。

参考图 11.8，几何上，式(11.16)中第一个等式右边的两个矢量的标量积表示阴影矩形最长边的长度。同样，第二个等式表示这个矩形最短边的长度。从这里可以看出，对角线向量长度的平方可以用两种方式表示：$v^2\lambda^{-2}+U_0^2\lambda^{-2}=x'^2+y'^2$。这就产生了式(11.18)：

$$
v=\sqrt{\lambda^2(x'^2+y'^2)-U_0^2} \tag{11.18}
$$

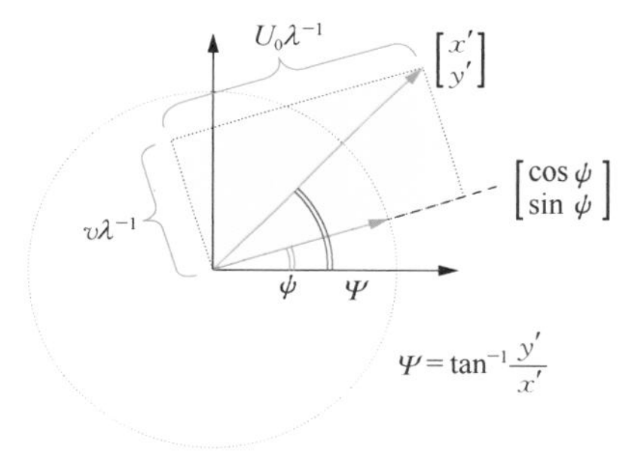

图 11.8　水平面参数运动学

从同一个图形可以看出

$$
\psi=\Psi-\tan^{-1}\frac{v\lambda^{-1}}{U_0\lambda^{-1}}=\Psi-\tan^{-1}\frac{v}{U_0},\ \Psi=\tan^{-1}\frac{y'}{x'} \tag{11.19}
$$

现在，使用这些逆动方程，可以检查每个候选轨迹是否服从加于它的约束[约束式(11.8)]。

3) 离散

继续沿参考轨道在一组固定的 N 个点(例如，$N=100$)上计算剩余状态，这些点沿虚拟弧[0; τ_f]均匀分布，间隔为

$$
\Delta\tau=\tau_f(N-1)^{-1} \tag{11.20}
$$

以便

$$
\tau_j=\tau_{j-1}+\Delta\tau,\ j=2,\ \cdots,\ N\ (\tau_1=0) \tag{11.21}
$$

为了确定多项式(11.9)的系数，必须猜测变量 τ_f，x'''_{i0}，x'''_{if}，x'''_{i0} 和 x'''_{if} 的值。这些猜

测将与已知或期望的边界条件 x_{i0}，x'_{i0}，x''_{i0}，x_{if}，x'_{if} 和 x''_{if} 一起使用。坐标 x_{i0} 和 x_{if} 的边界条件直接来自式(11.5)。根据式(11.14)给定的纵荡、横荡和垂荡速度边界条件将坐标的一阶时间导数定义为

$$\begin{bmatrix} x'_{0;f} \\ y'_{0;f} \\ z'_{0;f} \end{bmatrix} = \lambda_{0;f}^{-1}\,{}_b^uR_{0;f} \begin{bmatrix} U_0 \\ v_{0;f} \\ w_{0;f} \end{bmatrix} \tag{11.22}$$

它们还定义了用于计算 ${}_b^uR_{0;f}$ 的初始和最终纵摇角和首摇角，在式(11.22)中为

$$\theta_{0;f} = \gamma_0 + \tan^{-1}\frac{-w_{0;f}}{\sqrt{U_0^2 + v_{0;f}^2}} \quad \Psi_{0;f} = \Psi_0 - \tan^{-1}\frac{v_{0;f}}{U_0} \tag{11.23}$$

在方程式(11.22)中，可以使用初始和最终速度系数 λ 的任意值，例如，$\lambda_{0;f}=1$。该值仅缩放虚拟域；λ 的值越高，τ_f 的值越大。这直接从方程式(11.11)和式(11.12)得出：$\lambda_{0;f}\tau_f^{-1} = U_0 s_f^{-1}$，其中 s_f 是物理路径长度。

最后，二阶导数的初始值由 AUV 运动传感器提供(转换为 τ 域后)，而二阶导数的最终值通常设置为零，以便平稳到达最终点。具有候选轨迹条件式的分析表述定义了 x_{ij} 和 x'_{ij} 的值，其中 $i=1, 2, 3$，$j=1, 2, \cdots, N$。

现在为每个节点 $j=1, 2, \cdots, N$ 计算

$$\lambda_j = \Delta\tau\Delta t_{j-1}^{-1} \tag{11.24}$$

其中

$$\Delta t_{j-1} = \frac{\sqrt{(x_j - x_{j-1})^2 + (y_j - y_{j-1})^2 + (z_j - z_{j-1})^2}}{\sqrt{U_0^2 + v_{j-1}^2 + w_{j-1}^2}} \tag{11.25}$$

然后用式(11.17)～式(11.19)计算每个时间戳的 v、w 和 ψ。垂直平面参数，航行路径角 γ 和俯仰角 θ 可以使用式(11.26)关系计算。

$$\gamma_j = \tan^{-1}\frac{-z'_j}{\sqrt{x'^2_j + y'^2_j}},\ \theta_j \approx \gamma_j + \tan^{-1}\frac{-w_j}{\sqrt{U_0^2 + v_j^2}} \tag{11.26}$$

为了检查约束式(11.8)中的首摇率，必须首先在数值上区分式(11.19)的 Ψ 的表达式。

4) 优化

当所有参数(状态和控制)都在 N 个点上计算时，可以计算性能指标 J 和惩罚函数。例如，可以将约束式(11.6)和式(11.8)结合到联合惩罚中，表示为式(11.27)。

$$\Delta = [k^{z_{\min}},\ k^{z_{\max}},\ k^{\theta},\ k^{\psi}] \begin{bmatrix} \min\limits_j(0;\ z_j - z_{\min})^2 \\ \max\limits_j(0;\ z_j - z_{\max})^2 \\ \max\limits_j(0;\ |\theta_j| - \theta_{\max})^2 \\ \max\limits_j(0;\ |\dot{\psi}_j| - \dot{\psi}_{\max})^2 \end{bmatrix} \tag{11.27}$$

其中，$k^{z_{\min}}$，$k^{z_{\max}}$，k^{θ} 和 $k^{\dot{\psi}}$ 为比例(加权)系数。在 Matlab 开发环境中，利用内置的 *fmincon* 函数等数值方法可以解决这个问题。或者，通过将性能指标 J 与联合惩罚 Δ 相结合，可以利用 Matlab 的非梯度 *fminsearch* 函数。然而，对于实时应用，作者更喜欢使用基于无梯度 Hooke-Jeeves 模式搜索算法的更健壮的优化例程。

11.3　二维平面轨迹控制

本节介绍仅在水平或垂直平面上进行航行操纵的两种简化情况。

1) 水平面引导

对于在水平面进行 AUV 操纵的情况，轨迹仅由坐标 x_1 和 x_2 的两个参考多项式表示。因此，只有 5 个不同的参数，分别是 τ_f，x_{10}'''，x_{20}'''，x_{1f}''' 和 x_{2f}'''。其余的运动公式与上述 $z\equiv 0$、$z'\equiv 0$ 和 $\gamma\equiv 0$ 的公式相同。图 11.9 显示了一个平面场景的例子。首先，在监测到阻挡其原始路径的障碍物后，生成一条新的轨迹以向右转向行驶并在物体前方安全地通过(虚线)。其次，在执行第一次规避操纵时，AUV 监测到物体已向南移动至其路径中。因此，它产生了一个新的轨迹，向左转并安全地通过物体的船尾。完整的轨迹显示为实线。

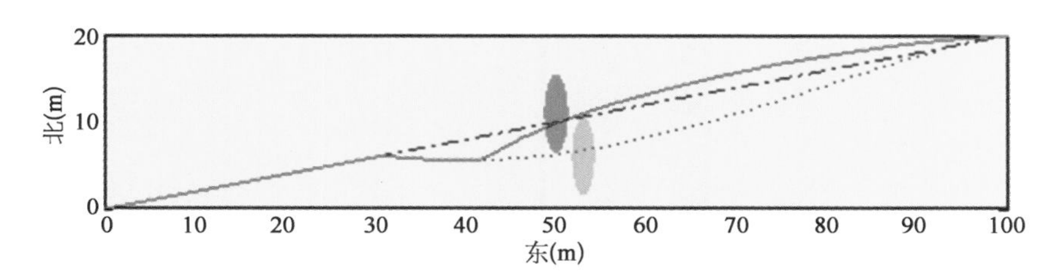

图 11.9　水平面上的移动障碍回避

2) 垂直面引导

对于在垂直平面中操纵 AUV 的情况，可以以类似水平情况的方式将 3D 算法简化为 2D 情况。具体来说，可以使用 5 个不同的参数 τ_f，x_{10}'''，x_{30}'''，x_{1f}''' 和 x_{3f}''' 为 x_1 和 x_3 建立参考轨迹，假设 $y\equiv 0$、$y'\equiv 0$ 和 $\Psi\equiv 0$。

或者，可以使用单个参考多项式来近似 x_3，然后整合式(11.4)的第三个等式来获得起伏速度 w。计算时间间隔 Δt_{j-1} 使用下式

$$\Delta t_{j-1}=(z_j-z_{j-1})w_{j-1}^{-1} \tag{11.28}$$

代替式(11.25)。

另一种处理垂直面操纵的方法是转化动力学方程式(11.4)。在计算了两个坐标 x_1 和 x_3 的参考函数后,根据 5 个变量参数 τ_f, x'''_{10}, x'''_{30}, x'''_{1f} 和 x'''_{3f} 计算船尾平面 δ_s 控制输入。

这种情况下,计算相应的时间间隔 Δt_{j-1} 与式(11.28)类似,如式(11.29)。

$$\Delta t_{j-1}=t_j-t_{j-1}=\frac{z_j-z_{j-1}}{w_{j-1}\cos\theta_{j-1}+u_0\sin\theta_{j-1}}\approx\frac{z_j-z_{j-1}}{w_{j-1}} \tag{11.29}$$

使用式(11.4)的第三个等式计算起伏速度,如式(11.30)。

$$\begin{aligned} x'_{j-1}&=\lambda_{j-1}^{-1}(w_{j-1}\sin\theta_{j-1}+U_0\cos\theta_{j-1}) & x_j&=x_{j-1}+\Delta\tau x'_{j-1} \\ w'_{j-1}&=\lambda_{j-1}^{-1}(A_{33}w_{j-1}+A_{35}q_{j-1}+B_{32}\delta_{s;\,j-1}) & w_j&=w_{j-1}+\Delta\tau w'_{j-1} \end{aligned} \tag{11.30}$$

下一步计算纵摇角,纵摇速率和纵摇加速度,表示为式(11.31)。

$$\theta_j=\cos^{-1}\left(\lambda_j\frac{u_0x'_j+w_jz'_j}{w_j^2+U_0^2}\right),\ q_j=\dot{\theta}_j\approx\frac{\theta_j-\theta_{j-1}}{\Delta t_{j-1}},\ \dot{q}_j=\ddot{\theta}_j\approx\frac{q_j-q_{j-1}}{\Delta t_{j-1}} \tag{11.31}$$

最后使用式(11.4)中的第五个等式计算跟随轨迹所需的下潜平面偏转,如式(11.32)。

$$\delta_{s;\,j}=(\dot{q}_j-A_{53}w_j-A_{55}q_j)B_{52}^{-1} \tag{11.32}$$

这种情况下联合惩罚函数 Δ 的最后两项与式(11.27)类似,生成了新的控制条件 $|\delta_s|\leqslant\delta_{s\max}$ 和 $|\dot{\delta}_s|\leqslant\dot{\delta}_{s\max}$。

11.4 测试工具和传感结构

1) REMUS AUV 和 Sea Fox USV

远程环境监测单元(remote enuronmental monitoring unit, REMUS)是由伍兹霍尔海洋研究所开发的 AUV,由 Hydroid,LLC 进行商业销售。NPSCAVR 拥有并运营两辆 REMUS 100 航行器,用于支持海军资助的各种研究项目。REMUS 100 是一个模块化,直径为 0.2 m 的 AUV,被设计用于在 100 m 深的沿海环境中作业。典型的配置长度小于 1.6 m,重量不到 45 kg,这使得整个系统可以很容易地在全球范围内运输并由两人小组部署(图 11.10a)。REMUS 主要用于水文测量,配备了侧扫声呐和其他用于收集海洋数据的传感器,如电导率、温度、深度或光学后向散射传感器等。REMUS 100 系统使用一对外部转发器进行导航,用于长基线声学定位或超短基线终端归位,同时也使用声学多普勒电流剖面仪/多普勒速度测井(ADCP/DVL)进行导航。ADCP/DVL 测量航行器固定坐标中的航行器高度、相对地面或水的航行速度和当前速度曲线。

为了支持正在进行的基于声呐的 OA、地形相对导航和在杂乱环境中的多航行器操作的 CAVR 研究,对每个 NPS REMUS 航行器进行了改进,使其包含 FLS、多波束测深声呐、声学通信调制解调器、导航级惯性测量系统,和用于悬停或精确操纵的前或后水平或垂直交叉体推进器。图 11.10b 提供了取下鼻盖的 NPS REMUS FLS 阵列的特写镜头。为了使 REMUS 系统作为研究平台的实用性最大,Hydroid 开发了 RECON 通信接口,以便传感器有效载荷和计算机有效载荷能够与 REMUS 自动驾驶仪交互。使用该接口,NPS 可有效载荷接收航行器传感器数据,并根据 NPS 声呐处理、轨迹生成和路径跟踪算法生成自动驾驶仪命令。

(a) AUV

(b) FLS阵列

图 11.10　NPSREMUS100

Sea Fox USV 由华盛顿州西雅图设计和制造,作为情报、监视、侦察、反恐部队保护和海上拦截作战的远程控制平台。Sea Fox 是一艘长 4.88 m 的铝制硬壳充气船,配有 1.75 m 长的横梁、0.25 m 的吃水深度、折叠式通信桅杆和全封闭的电子设备和发动机舱。Sea Fox 的喷水推进系统由 JP5 燃料,185 - HPV - 6 Mercury Racing 发动机提供动力,最高速度可达 74 km/h。标准传感系统包括三个日光和三个用于远程操作的低光导航摄像机,以及用于视频监控的双日光和红外陀螺稳定摄像机转台。所有视频都可以通过无线网络利用两个板载视频服务器进行访问。

通过将有效载荷计算机与主自动驾驶仪集成,修改了 NPS Sea Fox 以实现完全自主操作(图 11.11)。同时,保留原有的遥控链接以提供紧急停止功能。在有效载荷计算机上运行的 NPS 算法生成方向舵和油门指令,这些指令直接发送到 Sea Fox 自动驾驶仪。最近的导航升级包括使用 GPS 导航服务获得精确航向信息的卫星罗盘、用于精确姿态估计的战术级惯性测量装置和用于水速度测量的可选 ADCP/DVL。为了支持 CAVR 对自

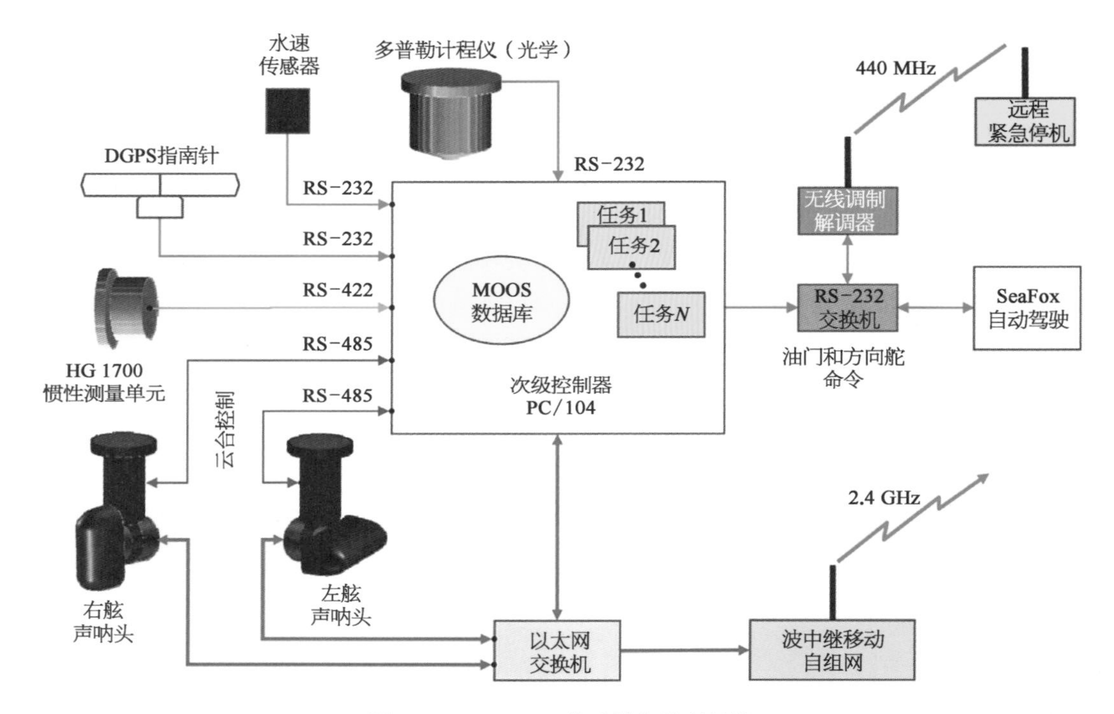

图 11.11　Sea Fox 传感器和控制结构

图 11.12　Sea Fox USV 在加利福尼亚州里奥维斯塔附近的萨克拉门托河上航行

主河流导航的持续研究，NPS Sea Fox 进一步升级为可以部署可伸缩、杆式安装的 FLS 系统，用于水下障碍物探测和规避。图 11.12 显示了在河流上运行的 Sea Fox USV 其声呐系统在水线以下部署。

2）声呐系统

NPS REMUS 和 Sea Fox 航行器依靠 FLS 探测和定位其环境中的障碍物。两个平台都使用由 Blue View Technologies 制造的商用闪耀阵列声呐系统。这些声呐系统由一对或多对阵列组成，这些阵列组成声呐的“头”。每个声呐头在极坐标中生成水柱的二维横截面图像，通常绘制为图像平面的视场角度与范围的关系。由于声呐阵列的波束具有一定宽度，因此得到的 FLS 图像具有 12°的平面外模糊度。REMUS FLS 系统由两个固定声呐头组成，提供 90°水平视场（field angle of view，FOV）和 45°垂直视场。同样，Sea Fox FLS 系统由安装在左舷和右舷平移/倾斜执行器上的双声呐头组成，在可调安装方向上为每侧提供 45° FOV 图像，通过扫过水柱以增加传感器覆盖范围。

3）避障框架

图 11.2 和图 11.3 结构中构建的 OA 框架如图 11.13 所示。它由环境地图、规划模

块、定位模块、传感器和执行器组成。环境地图可以包含先验知识，例如绘制水下障碍物的位置，还可以包含声呐发现的意外威胁。在定位模块的帮助下，最终在航行器中心坐标系中解决所有障碍物的位置。规划模块负责生成航行器应遵循的无碰撞轨迹。该参考轨迹可能与参考控制一起用于激励执行器。

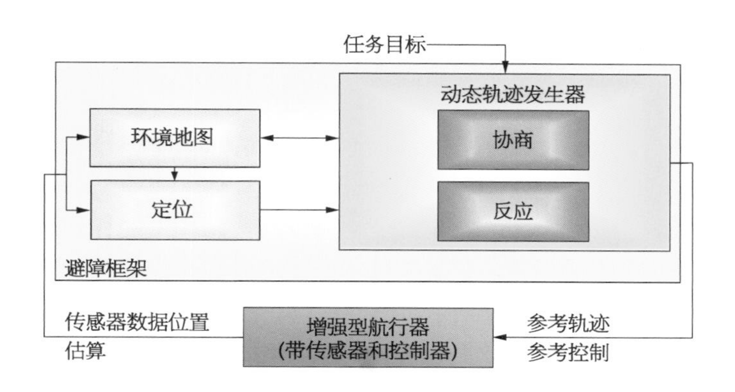

图 11.13 NPSOA 框架的组件

提出的OA框架支持谨慎性和反应性避障行为。谨慎性OA涉及生成和跟踪轨迹的能力，该轨迹避免了任意起始位置和期望目标位置之间的所有已知障碍，而反应性OA涉及避免在跟踪该轨迹时监测到任何先前未知障碍的能力。由于声呐系统不断地对环境进行重新采样，只要：① 它的执行速度足以包含来自声呐的所有新障碍物信息；② 它能产生从航行器当前状态向量开始的可行轨迹，就可以通过规划器实现这种反应行为。具体来说，由于REMUS和Sea Fox FLS在两个图像平面中的范围有限，视野有限，因此在执行当前操作期间必须连续生成新的轨迹（例如，在固定的时间间隔或在监测到新障碍物时）以确保对新障碍的反应性。

假设REMUS航行器在排雷行动前用侧扫声呐绘制雷区图，对于该任务，目标位置由典型割草调查模式组成的航点序列提供。如果沿着指定的轨道线监测到障碍物，则此任务的首选OA操作是最大限度地减少与该轨道线的累积偏差，因为希望测量区域的传感器覆盖率达到100%。因此慎重的OA意味着一些性能指标的优化。同样，虽然数字航海图或以前的工具调查可以用来预先确定一些障碍物，但这些数据通常是不完整或过时的。航行器应该能够将在任务中发现的任何未知障碍物的位置存储在存储器中，以便后续的轨迹可以避开这些障碍物，即使它们不再位于声呐的当前视场中。因此，谨慎OA还需要创建和维护障碍地图。

4）避障物监测和测绘

从声呐图像中探测障碍物是具有挑战性的，因为若干因素影响声呐对水柱中物体的反射强度。这些因素包括物体相对于声呐头的尺寸、材料和几何结构、来自其他声学传感器的干扰，以及声学背景的组成（例如底部类型、沉积物量等）等。一旦监测到障碍物，其他图像处理算法必须测量其大小并计算其在导航参考系内的位置。虽然通过嵌入在声呐图像中的范围和方位数据来定位障碍物很简单，但是计算障碍物的真实尺寸非常困难。首先，对于 REMUS FLS 只有当障碍物位于航行器正前方 12°×12°的狭小“窗口”内时，两个声呐头才能直接测量障碍物的高度和宽度。由于波束宽度较窄，大多数障碍物不能同时被水平声呐和垂直声呐成像。此外，FLS 图像不包含障碍物前沿后面区域的信息，由于该部分图像被遮挡，因此必须从同一物体的多个视图中推导出每个障碍物的真实水平和垂直范围。对于像 RENUS 带有固定传感器的航行器，可以通过故意诱导航行器运动来改变声呐角度或通过生成轨迹来实现，该轨迹将在稍后的时间内从不同位置成像。对于这些情况，需要平衡 OA 行为和探索行为以最大限度地扩大传感器覆盖范围并生成更完整的障碍地图。这样，提出的轨迹生成框架就可以产生更精确地测量探测到的障碍物大小和范围的探索轨迹。然而，由于环境因素、传感器几何结构或障碍物遮挡导致声呐图像的不确定性，在获得其他信息之前，谨慎地对障碍物边界进行保守假设。

在本节的其余部分中，将重点介绍了将障碍物大小、位置和不确定性合并到障碍物地图中的不同表示，以便在轨迹优化阶段进行有效的碰撞监测。这些表示可以根据工作环境进行定制。例如，对于在海带森林中进行的作业，海带茎秆通常在水平平面声呐图像中显示为点状特征(图 11.14)，但很少在垂直平面图像中显示。通过合理假设(对于这种环境)，这些障碍物从海底垂直延伸到水面，在这种障碍物场景下执行水平面 OA 可能更简单。然而，当构建主要由点特征组成的障碍物地图时，映射算法必须考虑到声呐图像固有的不确定性。一种简单但有效的方法是为存储在障碍物图中的每个点特征上添加球面(3D)或圆形(2D)不确定性边界。穿透这些边界的候选 OA 轨迹违反了约束式(11.7)。在此结构下，碰撞监测计算简化为一个简单的测试，以确定离散化轨迹中的线段是否与地图中每个障碍物的不确定圆(2D)或球体(3D)相交。一般来说，在检查线段与圆或球体的交叉时，需要考虑五种不同的测试案例。然而这里的应用只需要两个计算上有效的测试来确定：① 沿离散化轨道的哪一条线段包含到障碍物的最接近点(CPA)；② 该 CPA 是否位于障碍物的不确定性界限内。

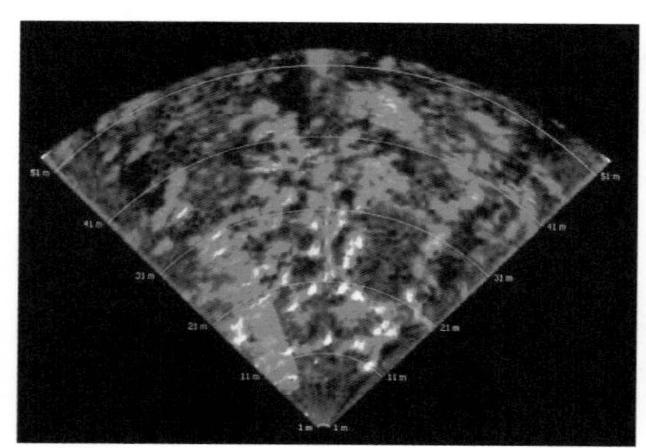

图 11.14　海带森林的水平 FLS 图像

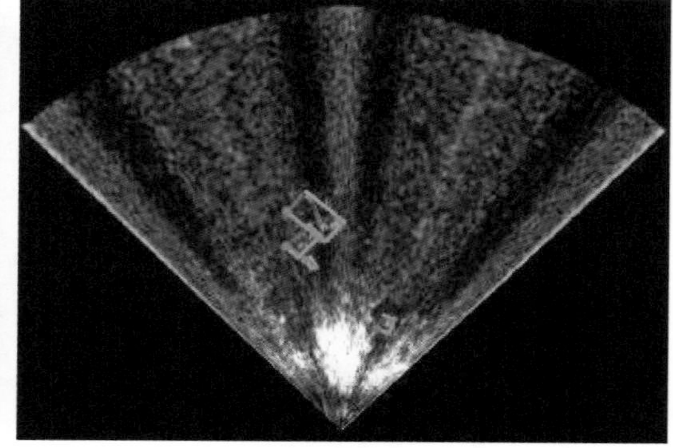

图 11.15　保守碰撞监测计算中使用的边界框示例

大多数物体不是以点为特征而是以复杂的形状出现在声呐图像中。与点特征不同的是，要完全确定候选航行轨迹是否会与这些形状发生碰撞，既困难又昂贵。相反，可以用一个最小面积矩形（或 3D 方框）来绑定任意形状物体，该矩形与物体的主轴对齐（图 11.15）。这种类型的物体称为定向边界框，广泛应用于视频游戏的碰撞监测算法中。基于从复杂几何体中分离轴定理的一种技术，对带有定向边界框的线段交叉点进行了非常快速的测试。稍微修改一下，这个测试也可以用来监测轨迹何时直接通过边界框上方。在该应用中，使用 Open CV 计算机视觉库在水平图像平面中监测到的每个对象周围生成一个边界框，然后计算每个盒子相对于航行器导航框架的中心点、长度范围和角度。由于遮挡，此矩形产生的宽度范围不能准确地表达障碍物的真实大小，因此假定此参数为常量。为了在物体周围创建一个三维（实际上是 2.5D）边界框，根据垂直声呐图像计算其垂直范围。此时，假设障碍物从海底延伸至其底部以上的测量高度，该方法可推广到悬浮在水柱中的障碍物或从水面延伸至测量深度的障碍物（即海港中的船舶）。

虽然定向边界框适用于在开阔水域环境中绘制离散障碍物，但它们需要额外的图像处理步骤，并且不容易适应受限水道中的作业。对于这些环境，概率占用网格更适合于对大型连续障碍物（如港口防波堤）或自然地形（如河岸）进行鲁棒映射。占用网格将环境划分为一个单元格网格，并为每个单元格分配被障碍物占用的概率。给定一个概率传感器模型，利用贝叶斯定理计算了基于电流传感器数据的给定单元被占用的概率。通过扩展，可以使用包含所有先前测量的迭代技术来不断更新每个单元的占用状态估计。图 11.16a 显示了 Sea Fox FLS 系统生成的河流占用网格图。在这幅图像中，每个像素对应一个 1 m^2 的网格单元，其颜色表示该单元被占用（红色）或空（绿色）的概率。为了比较，占用网格图的插入部分覆盖了图 11.16b 中定向边界框的障碍图。显然，随着越来越多的框的需要，使用离散边界框来表示一条长的、连续的海岸线很快变得难以处理。占用网格框架是一种更有效的障碍物图表示，适用于受限水道中的广域作业。

(a) 河流占用网格图

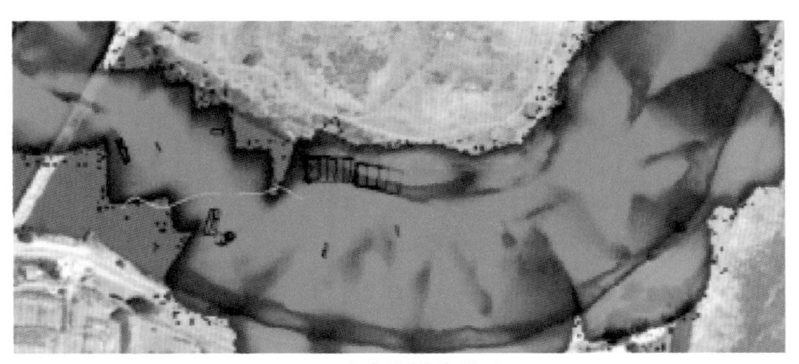

(b) 定向边界障碍图

图 11.16　Sea Fox FLS 系统生成的河流占用网格

NPS 已经为 BlueView FLS 开发了概率声呐模型，并成功地组合了单独的二维占用网格，以便重建由 REMUS UUV 水平和垂直声呐阵列成像的障碍物的三维几何结构。使用这个占用网格框架，每个候选轨迹的障碍物碰撞风险都是使用它所经过的网格单元的占用概率（直接查找操作）来计算的。OA 的轨迹优化需要最小化整个轨迹上的累积碰撞风险。

11.5 路径跟随算法

虽然 REMUS AUV 和 Sea Fox USV 都是带有专用自动驾驶仪的商用航行器，但它们都提供通信接口，允许实验传感器和计算机有效载荷通过高级命令改写自动驾驶仪设置。例如，REMUS RECON 接口与图 11.2 和图 11.3 所示的增强型自动驾驶仪非常相似（尽管直接对执行器输入仅适用于螺旋桨和交叉体推进器设置）。对于完全超越控制，有效载荷模块必须定期发送包含以下所有内容的有效命令：① 所需深度或高度；② 所需航行器或螺旋桨速度；③ 所需航向、转弯率或航路点位置。开发的轨迹生成器输出参考轨迹为空间曲线中每个坐标的参数化表达式加上在遍历该曲线时要使用的速度系数。使用这些表达式作为参考轨迹，早期开发的 3D 路径跟踪控制器可以计算将航行器驱动至（和沿）期望轨迹所需的转弯率和俯仰率。然而，RECON 接口不接受俯仰速率命令（出于航行器安全原因）。因此，为了使用上述路径跟踪控制器跟踪 REMUS AUV 的三维轨迹，控制器输出必须分为在下节所述的水平（转弯率）和垂直（深度或高度）命令（显然，Sea Fox USV 仅使用转弯率）。

1）水平面

考虑图 11.17 中描述的二维几何问题，它定义了惯性$\{I\}$帧，Serret - Frenet$\{F\}$误差帧和机身固定参考帧$\{b\}$。航行器的运动模型式(11.2)、式(11.3)简化为式(11.33)。

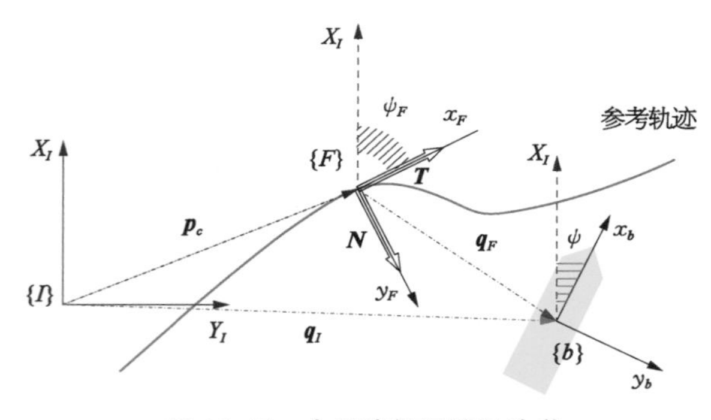

图 11.17 水平路径跟随运动学

$$\begin{bmatrix}\dot{x}(t)\\\dot{y}(t)\end{bmatrix}=\begin{bmatrix}U_0\cos\psi(t)\\U_0\sin\psi(t)\end{bmatrix} \tag{11.33}$$

用动力学描述为式(11.34)。

$$\dot{\psi}=r \tag{11.34}$$

通过构造，局部轨迹规划器生成空间轨迹各分量的解析表达式，$\boldsymbol{p}_c(\tau)$ 作为虚弧长的函数。还可以分别计算空间轨道的一阶导数 $\boldsymbol{p}'_c(\tau)$ 和二阶导数 $\boldsymbol{p}''_c(\tau)$ 的解析表达式。利用图 11.17 中的关系，误差可以用 Serret - Frenet 帧$\{F\}$表示为式(11.35)。

$$\boldsymbol{q}_F=\begin{bmatrix}x_F\\y_F\end{bmatrix}={}_I^F\boldsymbol{R}(\boldsymbol{q}_I-\boldsymbol{p}_c) \tag{11.35}$$

其中，${}_{I}^{F}\boldsymbol{R}=[\boldsymbol{T},\ \boldsymbol{N},\ \boldsymbol{B}]^{\mathrm{T}}$ 是一个旋转矩阵，由 Serret - Frenet 误差帧$\{F\}$的正切向量、法向向量和副法向向量构成。根据轨迹一阶导数的表达式计算出切线向量，表示为式(11.36)。

$$\boldsymbol{T}=\frac{\boldsymbol{p}_c'(\tau)}{\|\boldsymbol{p}_c'(\tau)\|} \tag{11.36}$$

对于二维问题，可以直接从切线向量分量 $N_x=-T_y$ 和 $N_y=T_x$ 中计算法向量分量。此外，轨迹的有符号曲率可以使用轨迹的一阶导数和二阶导数的表达式计算为式(11.37)。

$$\kappa(\tau)=\frac{p_{cy}''(\tau)p_{cx}'(\tau)-p_{cx}''(\tau)p_{cy}'(\tau)}{\|\boldsymbol{p}_c'(\tau)\|^3} \tag{11.37}$$

利用 $\boldsymbol{q}_F$ 的时间导数，得到了误差运动学的状态空间表示(即船体固定帧$\{b\}$相对于 Serret - Frenet 帧$\{F\}$的位置和航向，该框架遵循所需的轨迹)，如式(11.38)。

$$\begin{aligned}\dot{x}_F&=-\dot{l}(1-\kappa y_F)+U_0\cos\psi_e\\ \dot{y}_F&=-\dot{l}(\kappa x_F)+U_0\sin\psi_e\\ \dot{\psi}_e&=\dot{\psi}-\dot{\psi}_F=u_\psi-\dot{\psi}_F=u_\psi-\kappa\dot{l}\end{aligned} \tag{11.38}$$

其中 l 是所需空间曲线的路径长度，$\dot{l}$ 描述虚拟目标沿此曲线前进的速度。

使航行器的位置误差 ($\boldsymbol{q}_F$) 和航向误差 (ψ_e) 为零。这将航行器驶入指令轨迹位置 (p_c) 并将其速度矢量与轨迹的切线矢量 ($\boldsymbol{T}$) 对齐。现在必须选择控制信号 u_ψ 以渐渐地将航行器位置和速度矢量驱动到指令轨道上。选择候选 Lyapunov 函数，表示为式(11.39)。

$$V=\frac{1}{2}(x_F^2+y_F^2+(\psi_e-\delta_\psi)^2) \tag{11.39}$$

式中 δ_ψ 是控制航行器接近路径方式的成形函数，如式(11.40)。

$$\delta_\psi=\sin^{-1}\left(\frac{-y_F}{|y_F|+d}\right) \tag{11.40}$$

其中 $d>0$ 且为任意常数。

使用一些代数，选择下面的控制条件确保 $\dot{V}<0$

$$\begin{aligned}\dot{l}&=K_1x_F+U_0\cos\psi_e\\ u_\psi&=\kappa\dot{l}+\dot{\delta}_\psi+K_2(\psi_e-\delta_\psi)-\frac{\sin\psi_e-\sin\delta_\psi}{\psi_e-\delta_\psi}U_0y_F\end{aligned} \tag{11.41}$$

在式(11.41)中，K_1，K_2 和 d 可作为增益来调整路径跟踪控制器的闭环性能。

2) 垂直面

现在考虑使用高度命令在垂直平面上操纵 REMUS AUV。在测量作业中，REMUS 通常被设定为遵循由所需侧扫声呐范围决定的海底以上恒定高度的割草机模式。由于

ADCP/DVL 传感器持续测量海床以上的航行器高度，此操作模式确保在坡度高达 45°的起伏海床上安全操作。需要进行避障演习进而安全通过更陡的斜坡、阶梯状的地形特征（如沙洲或珊瑚头）或在海底的物体。像前面说的那样，由于 REMUS FLS 以固定的方向安装，因此在执行操作时它可能会监测到新的障碍物以避免当前的障碍物威胁。定期或基于监测地重新规划可以处理这些情况。图 11.1 从概念上说明了这种情况。

当通过一个因探测时声呐阻塞而无法确定其范围的山脊或沙洲时，可能不希望沿着计划的垂直轨迹实现。在规划迭代之间，一种简单但更安全的方法是一旦航行器到达监测到的物体边界正上方的位置，就恢复到恒定的高度控制。可以使用上面描述的 3D 边界框交叉测试的 2.5D 版本来检查此条件。图 11.18 说明了 REMUS FLS 在最大声呐范围内探测海脊前缘的模拟。图像处理算法计算对象的距离（80 m）及其宽度（W）和其在海底以上的高度，但无法确定山脊的长度，因为它被自己的前缘遮挡。因此，障碍物监测算法生成一个测量宽 W（m）× 长 1.0 m（假设）× 高 5.5 m 的三维边界框。

IDVD 方法规划器在 NED 坐标系下生成垂直轨迹，在浅水中，以高度控制模式操作航行器更安全。因此，将垂直坐标轨迹从深度平面转换为高度平面需要假设规划水平面上的恒定水深并利用式（11.42）关系式：

$$
\begin{aligned}
&D = h_{nom} + z(0) \qquad h_{plan}(\tau) = D - z_{plan}(\tau) \\
&\Delta h_{plan}(\tau) = h_{plan}(\tau) - h_{nom} \quad h_{cmd}(\tau) = h_{nom} + \Delta h_{plan}(\tau)
\end{aligned}
\tag{11.42}
$$

式中 D——在计划初始化时计算的水深；

h_{nom}——标称高度设定点；

$h_{cmd}(\tau)$——通过 RECON 接口发送给自动驾驶仪的高度命令。

由此产生的规划高度 $\Delta h_{plan}(\tau)$ 与标称任务段高度的偏差如图 11.18 所示。如图所示，一旦 ADCP/DVL 传感器测量到航行器在山脊上方的真实高度，直接向航行器自动驾驶仪发送该高度指令将在高度剖面上引起不希望的跳跃。相反，一旦航行器到达山脊，将

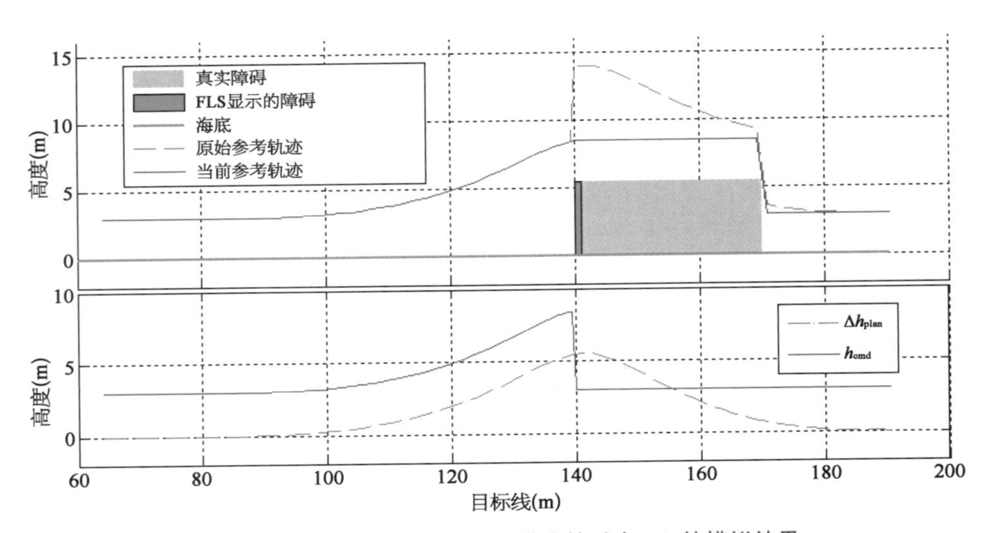

图 11.18 使用 AUV 高度控制模式的垂直 OA 的模拟结果

高度命令切换到标称任务段高度将产生所需的高度剖面。尽管图 11.18 描述了当航行器通过山脊,同时命令标称任务段高度时,高度突然下降,但实际上航行动态将确保 AUV 平稳过渡回其标称测量高度。

11.6　计算机模拟和海上试验

通过修改性能指标 J 将航行器或执行器动态(可行性约束)和任务目标(如 OA 或水下交会)结合起来,可以将所提出的路径规划方法调整到特定的航行器或操作域。本节介绍了四种不同应用的模拟和水下实验结果,这些应用使用了所提出的 UMV 制导轨迹优化框架:① AUV 与移动式水下回收系统(MURS)的水下对接;② 为了提高 AUV 的自定位精度,对地形相关特征图进行了优化开发;③ 杂乱环境中的二维或三维 OA;④ 河道作业中基于声呐的 OA 的特定 USV 实施。

1）水下回收

水下回收的目标是能够计算从 AUV 等待模式上的任何点到 MURS 等待模式上的任何点的交会轨迹,如图 11.19 所示(下文中的深度值显示为负数)。

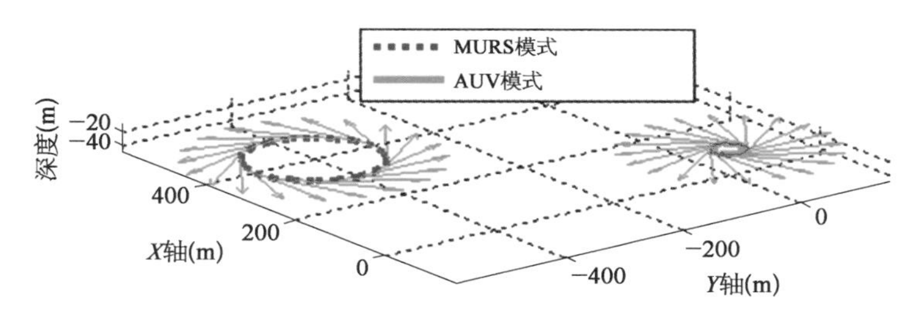

图 11.19　初始和最终条件的流形

虽然图 11.19 所示的随机模拟采用了圆形航道,但实际上,MURS 将建立一条航道,使其能沿着两条长航道来回行驶(图 11.20)。这些航段需要有足够的时间接触 AUV(假设 AUV 在通信范围内的某个地方处于等待模式),并允许其从等待模式过渡到会合点。提出的事件序列是使 MURS(图 11.20 中的位置 1)向 AUV(位置 2)发送信号,并命令它在一定时间内继续到达会合点。AUV 计算符合命令所需的轨迹。如果命令的会合是可行的,AUV 发送确认消息。否则(即请求违反了某些限制),AUV 发送一条拒绝消息(图 11.20 中的阶段 A),并请求 MURS 命令不同的会合点或时间。轨迹的最终点位于 MURS 对接站在给定时间的大致位置。知道 MURS 的几何结构可以让设计者构建一个与 MURS 螺旋桨和尾部控制面相对应的“隔离区”。AUV 交会轨迹必须避开该区域。一旦会合计划达成一致并得到确认，AUV 和 MURS 都将进入 3 号位置进行会合(B 阶段)。最后，在位置 4，完成回收操作(阶段 C)。

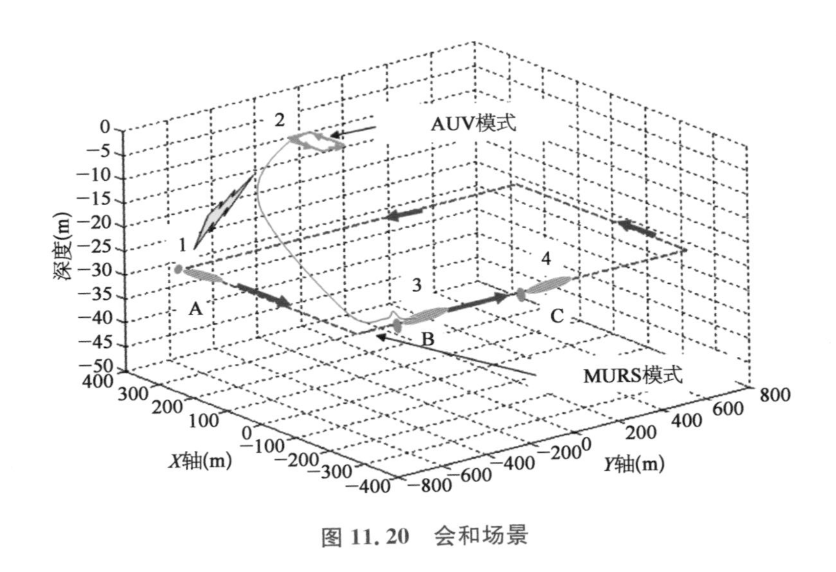

图 11.20　会和场景

模拟的会和场景分别假设三个阶段：通信(A)、执行(B)和回收(C)。从轨迹生成的角度来看，主要关注的是优化路径，使 AUV 在 MURS 提出的预设时间 T_r 内从当前位置(点 2)到达某个会合状态(点 3)，同时遵守所有可能的现实约束并避免 MURS 隔离区。

图 11.21 和图 11.22 给出了一个计算机模拟情况，其中 MURS 正以 1 m/s(1.94 kn)的速度向东移动，对接站的深度为 15 m。AUV 位于 800 m 以外。MURS 希望在 T_r min 后进行交会操作并将相应的信息发送给 AUV。这些信息包括生成的最终位置 x_f，y_f，z_f 的交会路线、速度和时间。图 11.21 显示了几个生成的轨迹，这些轨迹达到了该场景的预期目标，并避免了沿着预期路径到达 MURS 的障碍物。这些轨迹因到达时间 T_r 不同而不同。

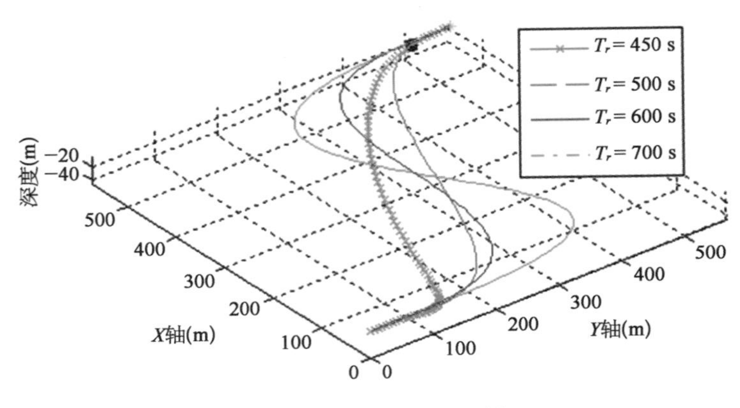

图 11.21　会和轨迹示例

在与 MURS 进行握手通信时，AUV 确定提出的 T_r 是否可行。在显示的四个轨迹中，$T_r=450$ s 时生成的轨迹是不可行的（违反了对控制的限制）。在这种情况下解决最短时间问题的方法得出了最快会合时间为 488 s。

图 11.21 所示的其他三个轨迹是可行的。这意味着通过构造满足了边界条件，并且包括 OA 在内的所有约束条件通过优化也都得到满足。例如图 11.22 显示了横摆率 $\dot{\psi}_c$ 和航行路径角 γ_c 航行器控制参数的时间历程，以及 AUV 在跟踪 $T_r=600$ s 轨迹时的速度。

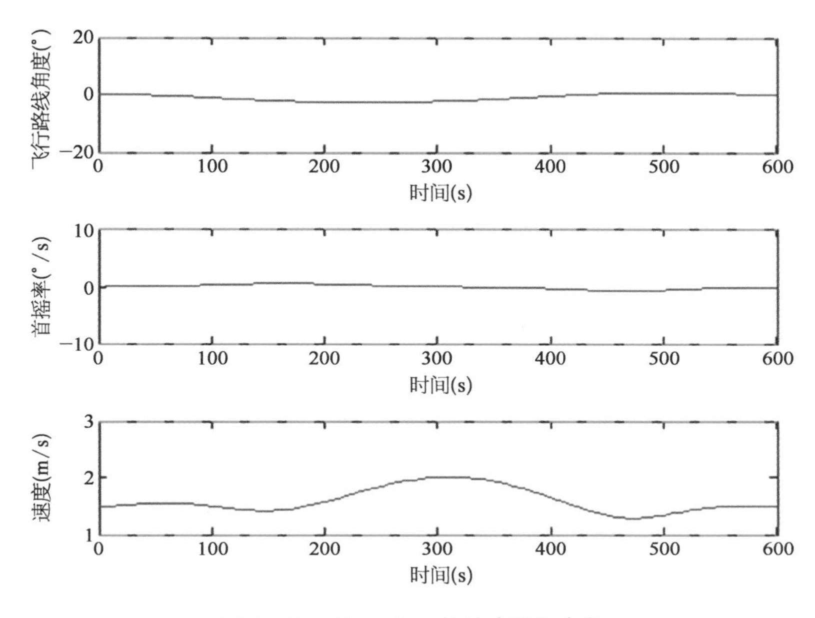

图 11.22　$T_r=600$ s 的约束航行参数

图 11.21 所示的流形的随机模拟表明，只要 T_r 大于某个值，在任何情况下都可以成功会合。此外，他们还表明，使用 IDVD 方法最小化性能指标可以确保在几秒内计算出平滑、可实现的轨迹，而不考虑初始猜测。将代码转换为可执行文件而不是使用解释型语言可以将执行时间减少到一秒的几分之一。

2）基于特征的导航

在过去的十年里，已经开发出几种不同的 AUV 来执行各种水下任务。勘测类航行器携带用于绘制海底地图的高精度的导航和声呐有效载荷，但这些有效载荷使此类航行器非常昂贵。缺少这些有效载荷的航行器可以以很小的成本执行许多有用的任务，但如果没有外部导航设备，它们的性能将因不精确的自定位而降低。因此考虑通过一组航行器进行协作操作，以合理的成本实现最大的效果。NPSCAVR 一直在研究一种称为基于特征导航的操作概念。这项技术使仅配备 GPS 接收器和低成本成像声呐的航行器具备使用勘测航行器生成的精确声呐地图的能力。该地图由地形或底部对象特征组成，这些特征可作为之后的导航参考。该声呐地图在发布前下载到低成本的后续航行器上。从地面获得的初始 GPS 定位开始，这些航行器通过将当前的声呐图像与勘测航行器地图上的声呐特征相关联进而在水下导航。通过最大限度地利用成像声呐探测导航参考次数可以提高基于特征的导航工具的定位精度。下面的模拟演示了如何为该应用定制 IDVD 轨迹生成框架。通过将一个长度为 60 m、水平视场为 30°、额定 ping 速率为 1 Hz 的 FLS 的简单几何模型结合起来，设计了一个支持候选轨迹的新性能指标，使声呐指向先验特征图中的导航参考。在这个例子中，寻找的轨迹可以获得地图中每个特征的至少三个声呐图像。图 11.23 显示了一个计算机模拟的结果，其中声呐对每个目标成像的次数进行了注释。由此产生的轨迹是可行的(满足转弯率限制)，并生成除了两个目标以外的三个或更多的声呐图像。

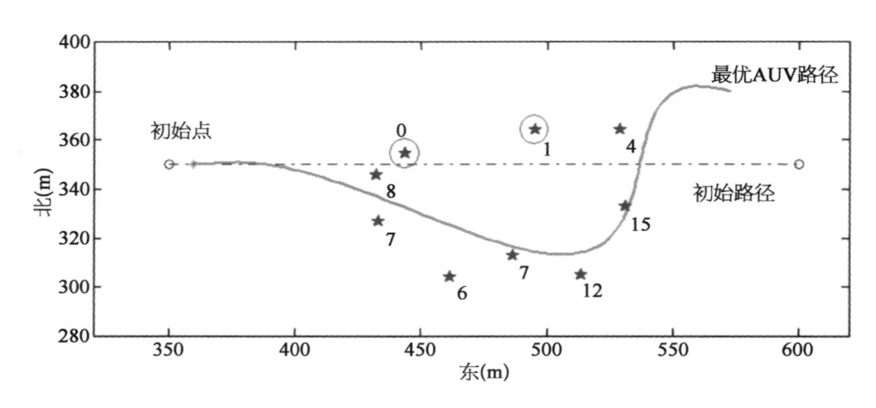

图 11.23　基于特征的导航应用模拟结果

3）杂乱环境中的避障

受益于上述轨迹生成算法的另一个应用是在高度混乱的环境中实时 OA。图 11.24 说明了用于避免二维水平面(如海带森林)和所有三维(如矿区)中的点状物体场的模拟轨迹。在这两种模拟中，性能指标的设计都是为了尽量减少与预定测量轨迹的偏差，同时通过 CPA 计算避免所有随机产生的障碍物。选择 OA 操纵的终端边界条件以确保 AUV 在到达下一个航路点之前重新连接所需的航迹线(操纵在沿航段 95%的位置时终止)。选择初始边界条件来模拟随机障碍物监测，在 AUV 完成约 10%的预定轨迹段后触发规避操作。为了便于说明，图 11.24 包括在优化过程期间评估的几个候选轨迹，算法最终收敛到用较粗红色线描述的轨迹(到每个障碍物的 CPA 距离显示为虚线)。

图 11.25 显示了 2008 年 12 月 9 日在蒙特雷湾进行的 3DOA 初步海上试验的结果。本次实验使用由定向边界框组成的模拟障碍物图在 REMUSAUV 上测试了周期性轨迹生成和重规划。如图 11.25 所示，REMUSAUV 最初在 4 m 高度上遵循预定的航迹段(虚线)。在某一点上，航行器的 FLS 模拟器“监测”障碍物(即当前 REMUS 的位置和方向将虚拟障碍物置于 FLS 的范围和光圈限制内)。这将激活 OA 模式，规划器生成从当前航行器位置到最终航迹点的初始轨迹(绿色)。当航行器生成一个新的轨迹并继续跟随这条轨迹循环时，REMUS 沿着这条轨迹一直走到下一个规划周期(4 s 后)。

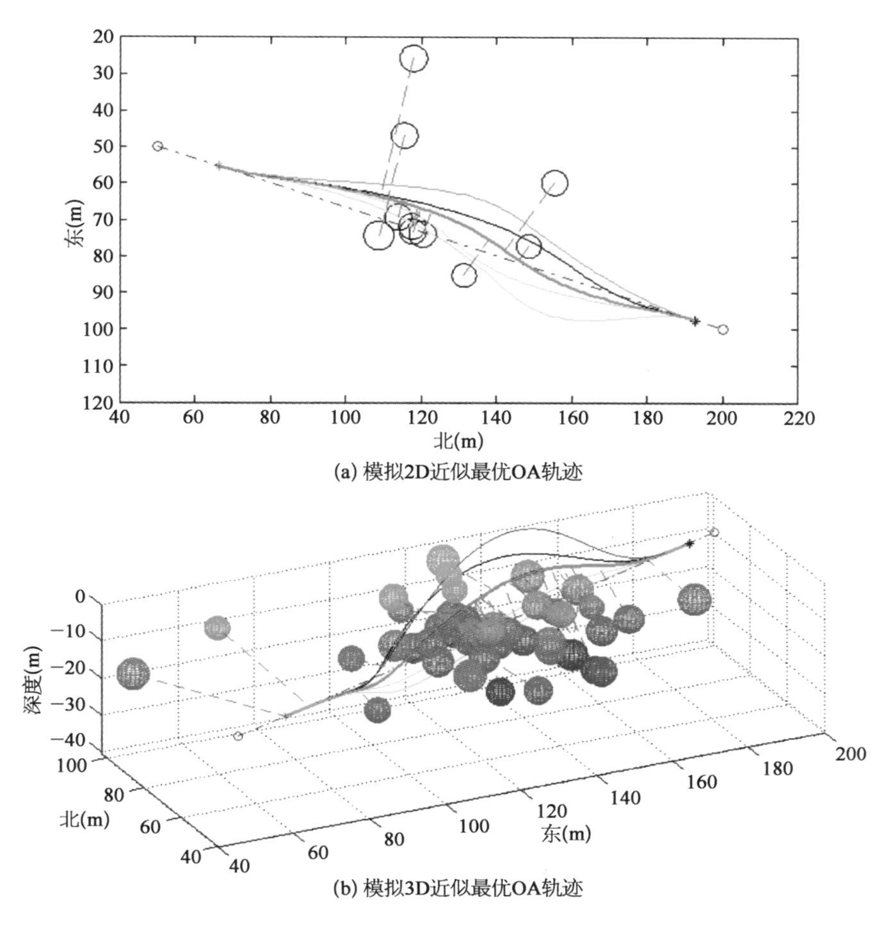

(a) 模拟2D近似最优OA轨迹

(b) 模拟3D近似最优OA轨迹

图 11.24　3D OA 初步海上试验结果

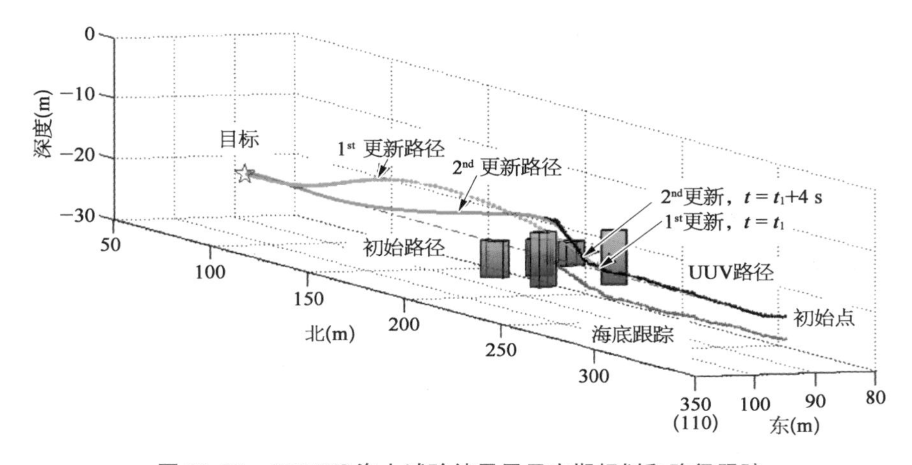

图 11.25　REMUS 海上试验结果显示定期规划和路径跟踪

4）限制水道的避障

NPSCAVR 与弗吉尼亚理工大学开展合作，使 USV 能够在未知的河流环境中安全、自主导航。该项目涉及用于障碍物探测、定位和绘图的表面（激光）和地下（声呐）传感，以及提供全球范围（广域）路径规划、局部范围轨迹生成和鲁棒航行器控制。开发的方法包括混合后退水平控制框架，该框架将全局最优路径规划器与局部近似最优轨迹生成器集成在一起。

弗吉尼亚理工大学的全局路径规划器使用快速行进方法根据所有可用的地图信息计算开始位置和目标位置之间的最佳路径。虽然生成的路径是全局最优的，但它们不包含航行动态，因此 USV 自动驾驶仪无法准确地跟踪生成路径。此外，由于水平集计算的成本很高，因此只有在必要时才重新计算全局计划，所以规划器并不总是包含最近监测到的障碍物。因此，需要一个在短时间内运行的互补本地路径规划器来整合当前传感器的信息并生成可行的 OA 轨迹。上面描述的基于 IDVD 的轨迹发生器非常适合这种情况。VT 设置了一套保证框架渐近稳定的匹配条件。当满足这些匹配条件时，局部轨迹序列将收敛到全局路径的目标位置。如果局部轨迹不再满足这些条件（通常是因为全局路径与最新监测到的障碍物不兼容），则重新计算全局路径。

仿真结果表明了结合航行动态和实时传感器数据的局部轨迹需求（图 11.26）。在本次模拟中，使用在萨克拉门托河作业区的航拍图像，将图像中的陆地区域设为占用的栅格而将水域设为未占用的栅格来计算初始水平集合图。从 USV 的初始位置对水平集执行梯度下降会产生以蓝色显示的最佳路径。为了用原全局计划来模拟局部轨迹生成，在整个模拟过程中，初始水平集地图没有更新。同时，为了模拟对实时传感器数据的访问，对局部规划器提供了一份完整的声呐地图，该地图是之前在对该地区进行的 Sea Fox 调查期间生成的。在图 11.26 中，该声呐图被覆盖在先验图上，红色和绿色通道分别表示一个单元被占用或未被占用的概率。黑色像素表示状态未知的单元格。短绿线部分描述了调用局部规划器时 USV 的方向，得到的轨迹以黄色显示。第一个模拟图（图 11.26a）显示

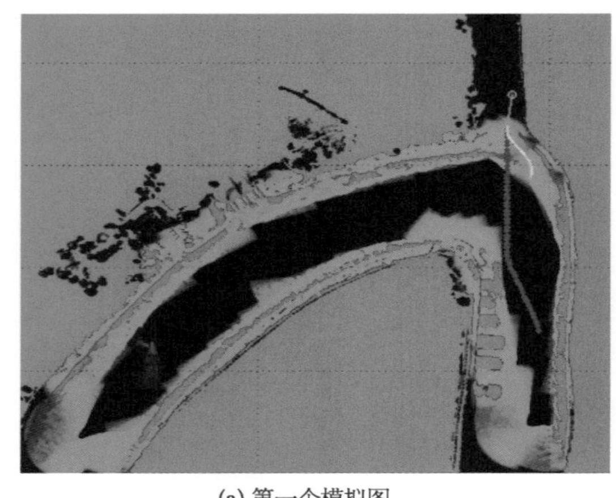

(a) 第一个模拟图

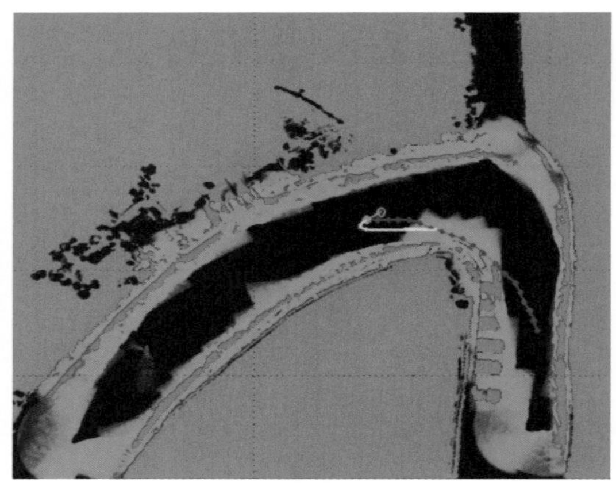

(b) 第二个模拟图

图 11.26　模拟的局部 OA 轨迹

了偏离原全局计划的局部轨迹,以避让声呐监测到的沙洲。在第二个模拟图(图 11.26b)中,USV 最初朝着与全局路径相反的方向行驶,但局部规划器生成一个动态可行的轨迹以便稍后转向并重新加入全局路径。

为了跟踪这些局部轨迹,可通过二维控制器在 Sea Fox USV 上将控制器的转弯率命令映射为 Sea Fox 自动驾驶仪理解的方向舵命令来实现。在蒙特利湾海上验证转弯率控制器设计后,2010 年 5 月 22 日,在密西西比州的珠江上测试了直接法轨迹发生器和闭环路径跟随控制器(图 11.27)。在这项测试中,局部规划器使用作业区域的声呐图来生成从初始方向(黄色箭头所示)到所需目标点(圆形所示)的轨迹(青色线)。Sea Fox USV 几乎精确地跟踪它(洋红色线)。如图 11.27 所示,当 USV 顺时针转动时,轨迹发生器以任意位置调用。由于 USV 在完成此操作后被命令返回其起始位置,洋红色线也包括该返回轨迹的一部分(否则,实际 USV 轨迹将与此图上的参考轨迹几乎不可区分)。

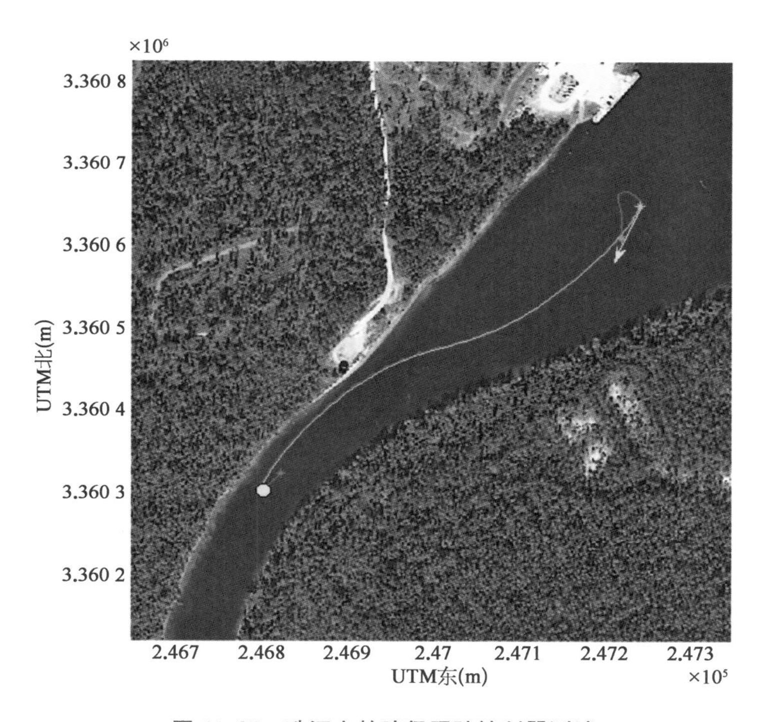

图 11.27　珠江上的路径跟踪控制器测试

第 12 章　基于分散控制函数的编队制导

AUV 是最复杂的无人值守海洋系统类型，AUV 的移动性挑战涵盖动力学和非完整运动学，它们越来越被认为是将人类科学和经济利益投射到深海中的关键技术。AUV 的自主权是其最关键的能力之一，它们可以自主探索与科学和经济利益相关的海洋现象，精心设计的自动控制使其能够在波浪、水流、风、海洋状态，以及自然界中的许多其他干扰和操作条件方面采取稳健且可预测的行为。因此，今天 AUV 已在越来越多的领域对保障人类在海洋中的利益方面发挥作用，包括物理海洋学、海洋生物学、保护主义生物学、海洋生态学管理、生物海洋学；地质学、岩石学、地震学、水文学；海洋和海军考古、淹没文化遗产保护和管理；海上交通管理、搜索和救援、危险材料和废物管理、紧急情况和灾难管理及首次响应；海上安全、海关执法、边境保护和防御。

为了提高 AUV 对这些和其他感兴趣的主题的有效性、安全性、可用性、经济性和适用性，本章介绍了一种分散的合作跨层形成控制模式，适用于在勘探任务中协作的整个 AUV 编队。假设 AUV 基于高度计回声测深仪测量，使用强大的高度控制器在共同的"航高上限"上导航，所提出的虚拟潜在框架允许在这样的"航高上限"上对各个轨迹进行 2D 组织。其目标是提供分布式的共识构建，从而实现对导航水域的概要态势感知和协调操纵。该模型是在硬件在环仿真(hardware in loop simulation, HILS)环境中正式开发和测试的，利用大型、适航、长续航远洋航行器的全状态水动力刚体动力学模型。该模型还模拟了测量代理变量或直接测量单个运动或动态状态的真实、技术可行的传感器的存在，以及真实、非平稳设备和测量噪声的存在。

12.1 虚势框架

为了解决在水域空间中航行的多个 AUV 的反应性阵型引导的问题，介绍一种基于虚势或人工势的方法。虚势缓解了竞争反应形成指导策略遇到的一些最明显的问题，例如：依靠对水域地图的完美认识；除了最初对每个个体的状况感知不完善之外，对分散的、局部的、在当地积累或完善环境知识的过程缺乏反应；基于硬编码标准的次优或最优的轨迹规划，不可能在运行时调整或重述该标准，因为成本函数隐含在数学工具的选择中(例如一组不同的用于轨迹等的曲线公式)。

基于这些考虑因素，介绍了一种方案，其中如先前所讨论的嵌入"航高上限"平面中的 2D 构造中的每个 AUV 维持局部不完美的环境图。每个可能的地图只包含三种类型特征中任何一种的有限数量的实例：

(1) 为整个编队指挥一个方向点，$w \in \mathbb{R}^2$。

(2) 需要以安全有效的方式环绕的障碍 (O_i)，$\forall i = 1 \cdots n_{obs} O_i \subset \mathbb{R}^2$。

(3) 所选阵型几何形状的特征单元的顶点，在章节 2.3.3 中有更详细的介绍。

考虑到这一点，让虚势成为真实的单值函数 $P:\mathbb{R}^2\to\mathbb{R}$，几乎将 AUV 在“航高上限”上的每个可达到的位置映射到真实。设 P - s 总差分几乎存在于定义函数本身的任何地方。P 可以说存在于 AUV 的全秩状态空间的子空间上，$\mathcal{C}=\mathbb{R}^6\times SE^3$。AUV 的状态空间由角度和线速度跨越的欧几里得 6 空间 $\mathbb{R}^6$ 组成，$\{[\boldsymbol{v}^{\mathrm{T}}\boldsymbol{\omega}^{\mathrm{T}}]^{\mathrm{T}}\}=\{[uvw\mid pqr]^{\mathrm{T}}\}\equiv\mathbb{R}^6$ 和一个完整的 3D，6DOF 配置空间 $\{[x^{\mathrm{T}}\theta^{\mathrm{T}}]^{\mathrm{T}}\}=\{[xyz\mid\varphi\theta\psi]^{\mathrm{T}}\}$ 具有秩 3，SE^3 的特殊欧几里得群的拓扑。因此，函数 P 映射到同一个 C 上的真实标量场。

此外，该框架将仅限于那些可以用有限多个术语的总和表示的 P，如式(12.1)：

$$\exists n\in\mathbb{N}\mid P_{\Sigma}=\sum\nolimits_{i=1}^{n}P_i \tag{12.1}$$

其中，P_i 是一种被认为是各种各样的功能形式之一。准确地说，我们将注意力限制在三种功能形式中，每种功能形式具有三种特征类型(路点、障碍物、形成单元的顶点)中的每一种的每一种特征。

当前制导问题的关键问题是编队中成对 AUV 之间的欧式二维距离(在“航高上限”内)，以及每个 AUV 和所有障碍物。因此，我们的注意力仅限于这样的 $\{P_i\}\subset L(\mathcal{C}\to\mathbb{R})$，其中 L 是映射 $\mathcal{C}$ 到 $\mathbb{R}$ 的所有函数的空间，其总差异几乎存在于 $\mathcal{C}$ 上定义每个函数的任何位置，这可以是表示为组合物 $P_i\equiv p_i\circ d_i$，$p_i:\mathbb{R}_0^+\to\mathbb{R}$，并且 $d_i:\mathcal{C}\to\mathbb{R}_0^+$ 表示跨越“航高上限”的欧几里得 2D 度量。因此，P_i 完全由 $p_i(d)$ 各向同性势线发生器的选择来定义。

利用上述内容，分散的总控制函数 $f:\mathbb{Z}\to\mathbb{R}^2$ 被定义为采样，在采样时间重复 $k\in Z_0$，2D 矢量场 $E:W_i\to\mathbb{R}^2$ 在子空间 $W_i\subseteq\mathbb{R}^2\subset C$，可通航的水域空间表示，如式(12.2)。

$$\forall x\in W_i\subseteq\mathbb{R}^2\subset C,\ \boldsymbol{E}(x)=-\nabla P_{\Sigma}(x) \tag{12.2}$$

其中，$\boldsymbol{W}_i=\mathbb{R}^2\backslash(U_i\boldsymbol{O}_i\cup U_j\boldsymbol{O}_j^{(ag)})$ 包含所有 $\mathbb{R}^2$，排除 $\mathbb{R}^2$ 的闭合连接子集，代表障碍物的内部$\{O_i\}$和代表所有第 j 个 AUV 周围安全区域的那些 $(j\neq i)$ 除了考虑的第 i 个。W_i 是 R^2 的开放连接子集，“航高上限”继承其欧几里得度量生成的拓扑并始终包含路点 w。在特定的 $x_i(k)\in W_i$ (第 i 个 AUV 的位置)处采样 E 得到 $f_i(k)$，即第 i 个 AUV 在时间 k 和位置 x_i 的总分散控制函数。

12.1.1 被动性

分散的总控制函数 f 用作单位质量的理想无量纲带电粒子的强制信号，由完整 2D 双积分器建模。如果任何 AUV 能够以这种方式作业，那么 AUV 将遵循式(12.3)给出的理想保守轨迹：

$$x_i(t)=\iint_{\tau=0}^{t}\boldsymbol{E}[x_i(\tau)]\mathrm{d}\tau^2+x_i^{(0)} \tag{12.3}$$

这种理想的保守轨迹虽然在 BIBO 意义上是稳定的，但通常不是渐近稳定的，也不是通过构造收敛的。当这不成立时最简单的情况是当 $E(x)$ 是一个无旋矢量场，其范数 $\|x-w\|$ 在 2D 欧几里得距离内是仿射的：

$$\|\boldsymbol{E}(x)\|=e\|x-w\|+E_0;\ e\in[0,\infty) \tag{12.4}$$

而且他们的方向总是朝向 w：

$$\forall x, \boldsymbol{E}(x) \cdot (x-w) \stackrel{\text{id}}{=} e \| x-w \|^2 + E_0 \| x-w \| \tag{12.5}$$

在那种情况下,公式(12.3)可以被视为线性二阶或三阶系统,其中两个极点在 $\pm i$ 中。这样的系统表现出边界稳定的振荡——这是其保守性的标志。

图 12.1 中给出了这种 BIBO 稳定的非收敛振荡的一个例子。

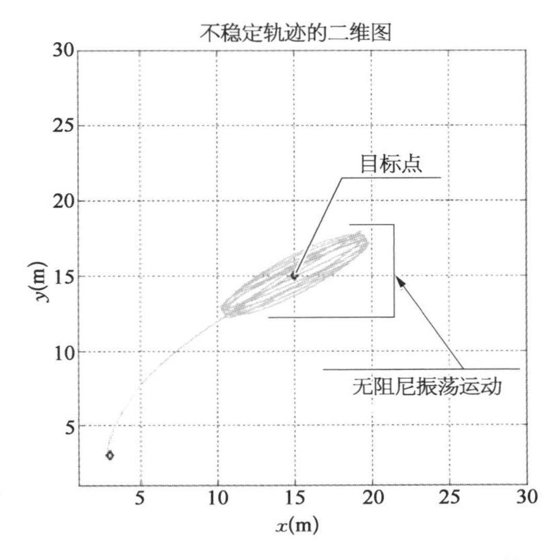

图 12.1　由于虚势系统的保守性导致的振荡轨迹的示例

注意,该分析与初始条件 x_0 无关,只要式(12.4)和式(12.5)在以 w 为中心的某些开放 ε 球中足够好地近似 $E(x)$。然而,AUV 通常不能作为理想的完整 2D 双积分器来驱动。在上面的讨论中引入任何有限的非零滞后,其肯定存在于真实 AUV 中的第一物理原理中,足以导致耗散并因此导致无效和收敛到 w。

12.1.2　局部最小值

除了被动问题之外,虚拟潜在方法还存在局部最小值。在没有进一步约束的情况下,到目前为止讨论的 $E(W_i)$ 的性质并不排除密集的,连通的,闭合的状态子空间 $C_{i0}^{(j)} \subseteq \mathbb{C}$,其中包含不可数的许多初始向量 $\{\boldsymbol{x}_0^{(l)} \mid l \in \mathbb{R}\}$ 的"相关"轨迹(用 AUV 索引表示 i,除了为了清晰而省略的路点之外的不同收敛点的枚举),它们不会收敛到路点 w 或围绕它的有限大轨道,而是收敛到另一个点 $x_\infty^{(j)}$(或围绕它的有限大轨道)。因此,对于这些不可忽略的许多"附近"轨迹中的每一个(可视化为从一个初始线性和角速度范围内的 W_i 中明显的,明确定义的邻域发出的轨迹的"束"),存在下限 t_l 之后其中 $\| x_i(t>t_l) - x_\infty^{(l)} \| \leqslant \| x_i(t>t_l) - w \|$ 几乎总是如此。集合$\{t_l\}$也是密集且连通的。

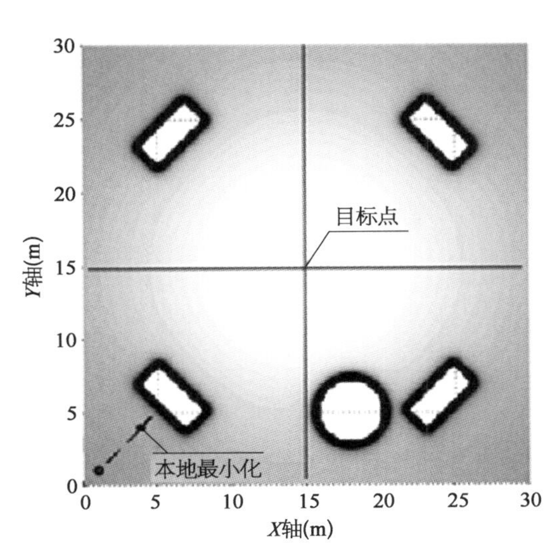

图 12.2　2D 水域虚势在制导中出现局部最小值的示例

此外,对于这种 $C_{i0}^{(j)} - s$ 的数量没有偏差,即存在 $C_{i0}^{\Sigma} \subseteq C$, $C_{i0}^{\Sigma} = U_j C_{i0}^{(j)}$。可能存在第 i 个 AUV 轨迹的多个不相交的密集、连通、闭合的初始条件组,它们都终止于相同或不同的局部最小值。枚举器 j 甚至可以来自 $\mathbb{R}$(即可能存在许多不同的局部最小值,可能排列在密集的连接集中,如 $\mathbb{R}^2$ 中的曲线或区域)。

图 12.2 中描述了发生局部最小值的示例。为了解决局部最小值,需要进行干预以

确保满足以下任一条件：

(1) 通过构造，集合 C_{i0}^{Σ} 为空。

(2) 引入 halting P - complete 算法，对于每个 $\boldsymbol{x}_0 \in C_{i0}^{\Sigma}$，在 t_0 触发 $\varepsilon(t_0)=\sup\|x(t>t_0)-x_{\infty}\mid x_0\|$ 表征以 ε -球为中心特定的 $\boldsymbol{x}_{\infty}$ 并包含所有 $x(t>t_0)$，以干预 $E(W_i)$，保证整个球在外面（可能存在）新的 $C_{i0}^{\Sigma\prime}$[with $\boldsymbol{x}_0' \leftarrow \boldsymbol{x}(t_0)$]。

12.1.3 势轮廓生成器和分散控制功能

至于势轮廓生成器 $p_i(d): \mathbb{R}_0^+ \to \mathbb{R}$，它们的定义遵循指导 AUV 的全局目标。考虑到这些，每个特征类型的势轮廓生成器 $p_{(o,w,c)}$（障碍物、路径点和阵型单元顶点）被指定。如图 12.3 所示。

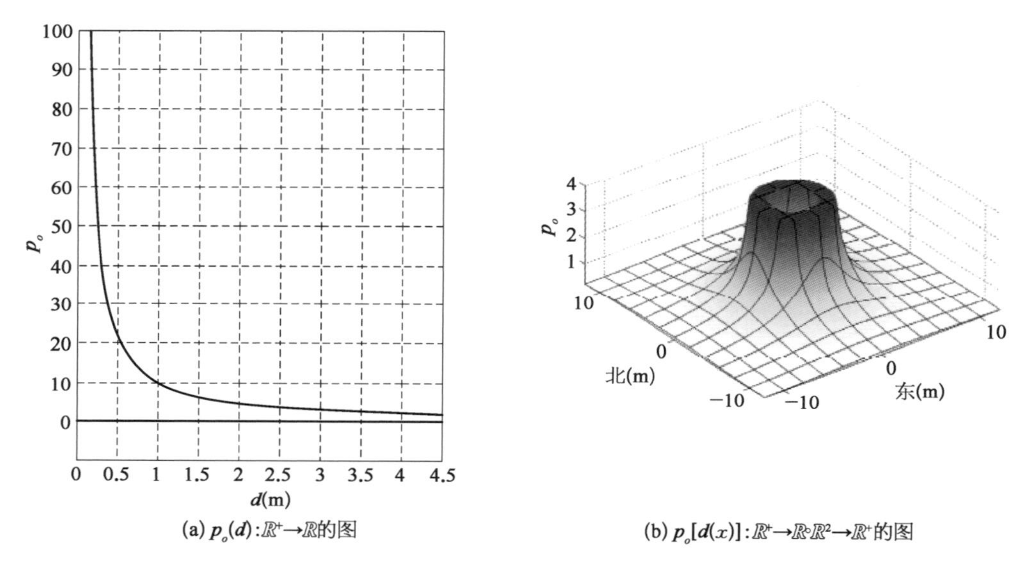

图 12.3 障碍物的势轮廓生成器 $p_o[d(x)]$

1）障碍

$$p_o(d)=\exp\left(\frac{A^+}{d}\right)-1;\ \lim_{d\to\infty}p_o(d)=0;\ \lim_{d\to 0^+}p_o(d)=\infty \tag{12.6}$$

$$\frac{\partial}{\partial d}p_o(d)=-\frac{A^+}{d^2}\exp\left(\frac{A^+}{d}\right);\ \lim_{d\to\infty}\frac{\partial}{\partial d}p_o(d)=0;\ \lim_{d\to 0^+}\frac{\partial}{\partial d}p_o(d)=\infty \tag{12.7}$$

其中，$p_o(d): \mathbb{R}^+\to\mathbb{R}$ 是障碍物的势轮廓生成器，严格单调递减的平滑单值 Lebesgue 可积函数将非负实数映射到实数；$A^+ \in \mathbb{R}^+\backslash\{0\}$ 是一个正的真实独立参数，指示远离障碍物的加速度的大小。

2）航路点

$$p_w(d)=\begin{cases} d\leqslant d_0: \dfrac{A_p^-}{2}d^2 \\ d>d_0: A_0^-(d-d_0)+p_0 \end{cases};\ d_0 \overset{\text{id}}{=} \frac{A_0^-}{A_p^-};\ p_0 \overset{\text{if}}{=} \frac{A_0^{-2}}{2A_p^-} \tag{12.8}$$

$$\therefore\ p_w(d,\ d>d_0)=A_0^- d-\frac{A_c^{-2}}{2A_p^-};\ \lim_{d\to\infty}p_w(d)=\infty;\ \lim_{d\to 0^+}p_w(d)=0 \tag{12.9}$$

$$\frac{\partial}{\partial d}p_w(d)=\max(A_p^- d,\ A_0^-);\ \lim_{d\to\infty}\frac{\partial}{\partial d}p_w(d)=A_0^-;\ \lim_{d\to 0^+}\frac{\partial}{\partial d}p_w(d)=0 \tag{12.10}$$

其中，$p_w(d)$：$\mathbb{R}^+\to\mathbb{R}$ 是路点的势轮廓生成器，严格单调递增的平滑单值 Lebesgue 可积函数，将非负实数映射到实数；$A_p^-\in\mathbb{R}^+\backslash\{0\}$ 是一个正的真实独立参数，指示朝向比例吸引区域中的路点的加速度；$A_0^-\in\mathbb{R}^+\backslash\{0\}$ 是一个正的真实独立参数，指示朝向该方式的恒定加速度在比例吸引区域之外的点；$d_p\in\mathbb{R}^+\backslash\{0\}$ 是一个正的真实独立参数，用于指示以构成比例加速区域的路点为中心的开放球的半径。如图 12.4 所示。

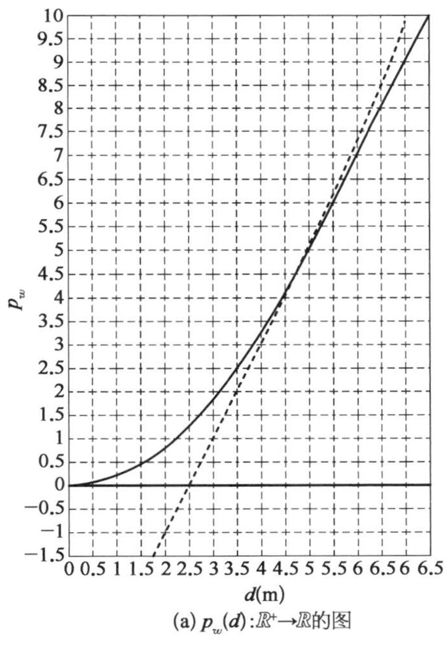

(a) $p_w(d)$:$\mathbb{R}^+\to\mathbb{R}$的图

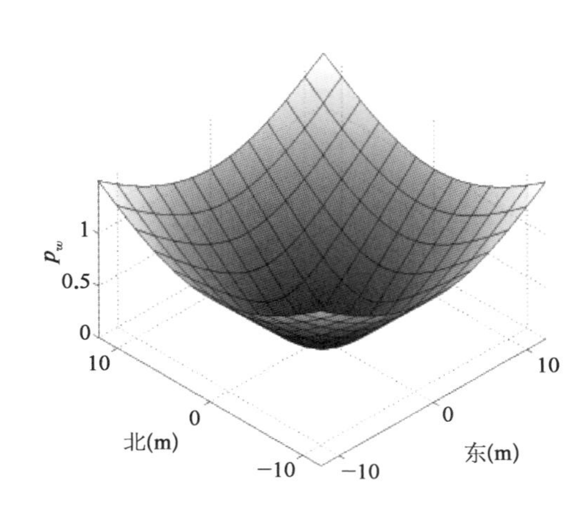

(b) $p_w[d(x)]$:$\mathbb{R}^+\to\mathbb{R}\cdot\mathbb{R}^2\to\mathbb{R}^+$

图 12.4　路点 $p_w[d(x)]$ 的势轮廓生成器

3）单元顶点

形成单元顶点的良好候选势轮廓生成器（其行为类似于具有局部支撑的函数）是正态

分布曲线，针对吸引力(即反转符号)进行调整。

$$p_c(d)=-A_c^- d_c \exp\left(1-\frac{d^2}{2d_c^2}\right);\ \lim_{d\to\infty} p_c(d)=0;\ \lim_{d\to 0^+} p_w(d)=-A_c^- \tag{12.11}$$

$$\frac{\partial}{\partial d}p_c(d)=\frac{A_c^-}{d_c}d\exp\left(1-\frac{d^2}{2d_c^2}\right);\ \frac{\partial}{\partial d}p_c(d)\mid_0=0;\ \lim_{d\to\infty}\frac{\partial}{\partial d}p_c(d)=0 \tag{12.12}$$

$$\frac{\partial^2}{\partial d^2}p_c(d)=\frac{A_c^-}{d_c}\left(1-\frac{d^2}{d_c^2}\right)\exp\left(1-\frac{d^2}{2d_c^2}\right) \tag{12.13}$$

$$\therefore\ d_{\max}=\arg\left\{\frac{\partial^2}{\partial d^2}p_c(d)\overset{!}{=}0\right\} \tag{12.14}$$

$$d_{\max}\overset{\text{id}}{=}\pm d_c \tag{12.15}$$

$$\frac{\partial}{\partial d}p_c(d)\mid_{d_{\max}\overset{\text{id}}{=}d_c}=A_c^- \tag{12.16}$$

其中，$p_c(d)$：$\mathbb{R}^+\to\mathbb{R}$ 是阵型特征单元格的顶点的势轮廓生成器，严格单调增加的平滑单值 Lebesgue 可积函数，将非负实数映射到实数；$A_c^-\in\mathbb{R}^+\backslash\{0\}$ 是一个正的真实独立参数，指示在朝向顶点的最大加速度距离处朝向单元顶点的加速度［相当于高斯的 $A_c^-\cdot N(\pm\sigma)$ 的估值正态分布曲线］；$d_c\in\mathbb{R}^+\backslash\{0\}$ 是一个正的真实独立参数，用于指示势轮廓生成器中出现拐点的球体半径，即朝向顶点的最大加速度发生的距离［取式(12.12)中 σ 的位置，类似于高斯正态分布曲线］。

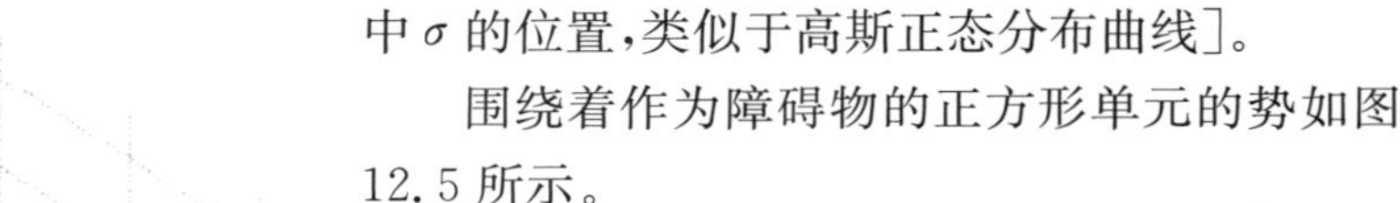

围绕着作为障碍物的正方形单元的势如图12.5所示。

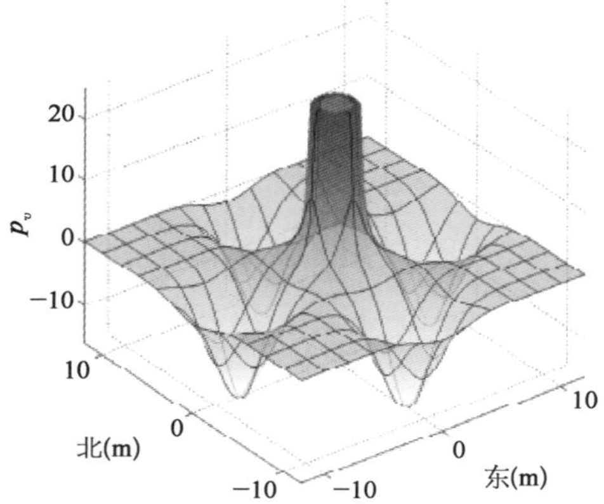

图 12.5　构造 agent 的势轮廓生成器

4）分散控制重新制导

式(12.6)、式(12.8)和式(12.11)的单调性确保了势的梯度方向 $\nabla P(x)/\parallel\nabla P(x)\parallel\in SO^2$ 总是 $\pm n_i=(x-x_i)/\parallel x-x_i\parallel$。因此，由于式(12.1)和式(12.2)是线性的，式(12.2)可以解析地求解由式(12.6)、式(12.8)和式(12.11)指定的形式的任何有限和项，直到独立参数的值(A^+，A_p^-，A_0^-，A_c^-，d_c)。程序如下：

$$-\nabla P_\Sigma(x)=-\nabla\sum_i P_i(x)=\sum_i\{-\nabla p_i[d_i(x)]\} \tag{12.17}$$

$$=-\sum_i\frac{\partial}{\partial d_i(x)}p_i[d_i(x)]\cdot n_i(x) \tag{12.18}$$

可以通过将式(12.7)、式(12.10)和式(12.12)中的项分别指定为 $a^{(o,w,c)}$ 来概括等式(12.18)。术语 $a_i^{(o,w,c)}\cdot n_i$，同样可以分别表示为 $a_i^{(o,w,c)}$，并表示由于第 i 个特征，基于

势的分散控制功能。

$$-\nabla P_{\Sigma}=\sum_{i}^{\text{obstacles}}\underbrace{a_i^{(o)}(x)\cdot n_i(x)}_{a_i^{(o)}(x)}+\underbrace{a_i^{(w)}(x)\cdot n_w(x)}_{a^{(w)}(x)}+\sum_{i}^{\text{vertices}}\underbrace{a_i^{(c)}(x)\cdot n_i(x)}_{a_i^{(c)}(x)} \tag{12.19}$$

$$=\sum_{i}^{\text{obstacles}}a_i^{(o)}(x)+a^{(w)}(x)+\sum_{i}^{\text{vertices}}a_i^{(c)}(x) \tag{12.20}$$

$$=\sum_{i}^{\text{obstacles}}\frac{A^+}{d_i(x)^2}\exp\left[\frac{A^+}{d_i(x)}\right]n_i(x)+\min[A_p^- d(x),\ A_c^-]\frac{w-x}{\|w-x\|}+\sum_{i}^{\text{vertices}}\frac{A_c^-}{d_c}d_i(x)\exp\left(1-\frac{d_i(x)^2}{2d_c^2}\right) \tag{12.21}$$

12.1.4　转子矫正

由于虚拟势的制导方法极易受到局部最小值的影响，需要一种强大而简单的方法来确保避免局部最小值。

就式(12.2)引入的矢量场而言，其解析解在式(12.20)和式(12.21)中给出，由于场的非旋转性而发生稳定的局部最小值，$\boldsymbol{E}(x)\overset{\text{id}}{=}0$。

为了避免非旋转性，从而避免局部最小值，重新设计了式(12.7)、式(12.10)和式(12.12)中提出的分散控制功能，增加了转子部件：

$$a_i^{(s)}\leftarrow a_i\quad a_i'\overset{\text{redef}}{\leftarrow}a_i^{(s)}+a_i^{(r)} \tag{12.22}$$

其中 a_i' 是重新定义的总分散控制功能，指第 i 个特征(以下将省略破折号)；$a_i^{(s)}$ 是前一节中介绍的定子分散控制功能，用上标表示，以与新引入的 $a_i^{(r)}$ 形成对比；$a_i^{(r)}$ 是转子分散控制函数，所有这些都是欧几里得 2 空间上的连续实际 2D 矢量场(将 R^2 映射到自身)，使得它们在每个定义的任何地方都存在雅可比行列式。

引入 $a_i^{(r)}$ 通过设计建立非零 rot($\boldsymbol{E}$)，如下：

$$\mathrm{rot}\boldsymbol{E}(x)=\sum{}_i a_i(x)\neq 0=\underbrace{\mathrm{rot}\sum{}_i a_i^{(s)}(x)}_{\overset{\text{id}}{=}0}+\mathrm{rot}\sum{}_i a_i^{(r)}(x)=\mathrm{rot}\sum{}_i a_i^{(r)}(x) \tag{12.23}$$

对于航路点，在此框架下，航路点对 AUV 的潜在影响不应因渐近方向而受到影响。如果使用转子部件增加了航路点的分散控制功能，则 a_w 的方向将偏离视线。形成单元顶点也是如此。因此，唯一的非零转子分散控制功能是障碍。因此，式(12.23)可以进一步简化为：

$$\mathrm{rot}\boldsymbol{E}(x)=\mathrm{rot}\sum_{i}^{\substack{\text{obstacles,}\\ \text{w. p. ,}\\ \text{vertices}}}a_i^{(r)}(x)=\mathrm{rot}\sum_{i}^{\text{obstacles}}a_i^{(r)}(x) \tag{12.24}$$

单个障碍物转子分散控制功能定义如下：

$\forall i=\mathrm{enum(obstacles)}$

$$a(x)=a_r(x)\hat{a}_r(x) \tag{12.25}$$

$$a_r(x)=\frac{A_i^{(r)}}{d_i(x)^2}\exp\left(\frac{A_i^{(r)}}{d_i(x)}\right) \tag{12.26}$$

$$\hat{a}_r(x)=\begin{bmatrix}1 & 0 & 0\\ 0 & 1 & 0\\ (0 & 0 & 1)\end{bmatrix}\cdot(\boldsymbol{r}_i(\boldsymbol{x})\times[\boldsymbol{n}_i(\boldsymbol{x})\mid(0)]^{\mathrm{T}}) \tag{12.27}$$

$$r_i(x)=\left[\frac{w-x_i}{\| w-x_i \|}\middle|(0)\right]\cdot[n_i(x)\mid(0)]^{\mathrm{T}} \tag{12.28}$$

$$r_i(x)=\begin{cases} r_i=1: & n_i(x)\times\left[\frac{v}{\| v \|}-\left(\frac{v}{\| v \|}\cdot n_i\right)n_i \mid (0)\right]^{\mathrm{T}}\\ 0\leqslant r_i<1: & \left[\frac{w-x_i}{\| w-x_i \|}\middle|(0)\right]^{\mathrm{T}}\times[n_i(x)\mid(0)]^{\mathrm{T}}\\ \text{otherwise}: & \vec{0}\end{cases} \tag{12.29}$$

式中 $A_i^{(r)}\in\mathbb{R}\setminus\{0\}$——一个正的真实独立参数，指示垂直于障碍物最快飞行方向的加速度标度；

$a_i^{(r)}\in\mathbb{R}^+$——转子分散控制函数的大小；

$\hat{a}_i^{(r)}\in \mathrm{SO}^2$——转子分散控制函数的方向；

$x_i\in\mathbb{R}^2$——第 i 个障碍物的中心；

$n_i(x)\in \mathrm{SO}^2$——从最快飞行方向的单位向量第 i 个障碍物；

$r_i(x)$——单位转子方向发生器，使得

$$\hat{\boldsymbol{a}}_i^{(r)}(\boldsymbol{x})\overset{\text{id}}{=}\boldsymbol{r}_i\times\boldsymbol{n}_i(\boldsymbol{x});$$

$v\in\mathbb{R}^2$——当前 AUV 真实的水面速度(包括可能的侧滑)投射到“航高上限”上。

转子分散控制功能和由转子和定子部件叠加组成的总分散控制功能如图 12.6 所示。

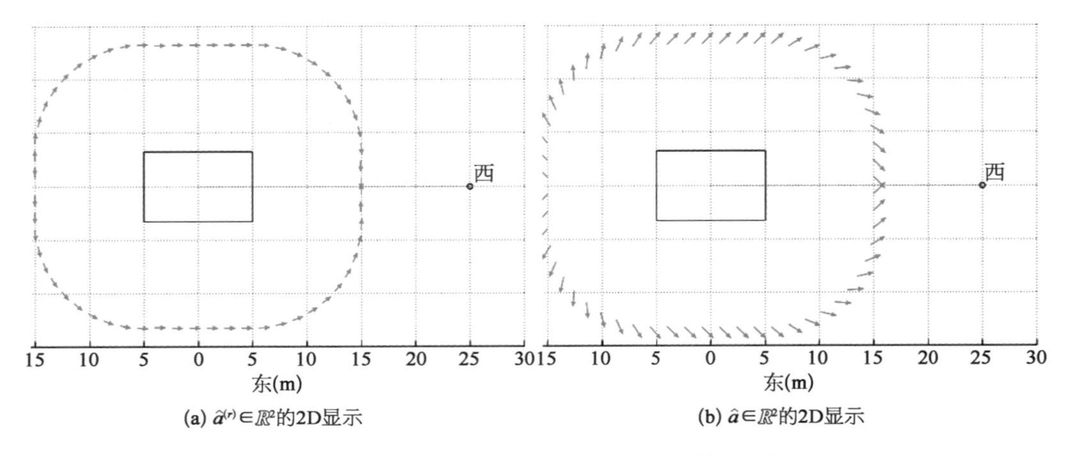

图 12.6 转子分散控制函数 $a_i^{(r)}$ 的方向和两项 $a_i=a_i^{(s)}+a_i^{(r)}$ 分散控制函数

12.2 势编队框架

所介绍的框架引入的形成是在$\mathbb{R}^2$的方形镶嵌的瓦片界面处出现的线图，如图12.7所示。由于AUV运动规划的非并置性质，候选镶嵌的一个重要特征是它们是方形镶嵌的，即周期性的和规则的。

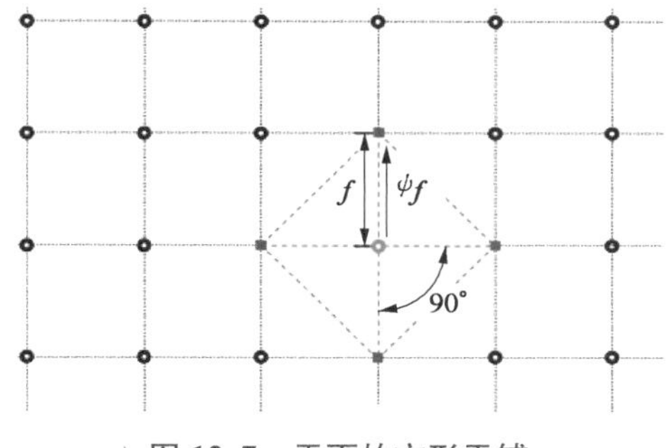

图12.7 平面的方形平铺

每个AUV状态由当前的第i个AUV估计，意味着第j个AUV($j=i$)，被认为是形成单元的中心。在合作组的非结构化运动中，只有少数连接到第j个AUV的单元顶点$\forall j \neq i$，如果有的话，是部分的被节点掩盖。第i个AUV被吸引到最接近的单元顶点，与节点的吸引力如何随式(12.11)中表示的距离变化一致。在图12.8b的结构化情况中，呈现理想的，未受干扰的，非搅动的和静止的阵型，所有形成的第j个AUV都掩盖了它们已经占据的顶点的吸引力(第i个AUV)。同时，它们增强了在阵型的周边某些未占据顶点的吸引力。因此，最强吸引第i个AUV的顶点成为导致最紧凑形成的顶点。注意，图12.8b中某些顶点比其他点更深的蓝色，这意味着潜在的可能性是最低的。

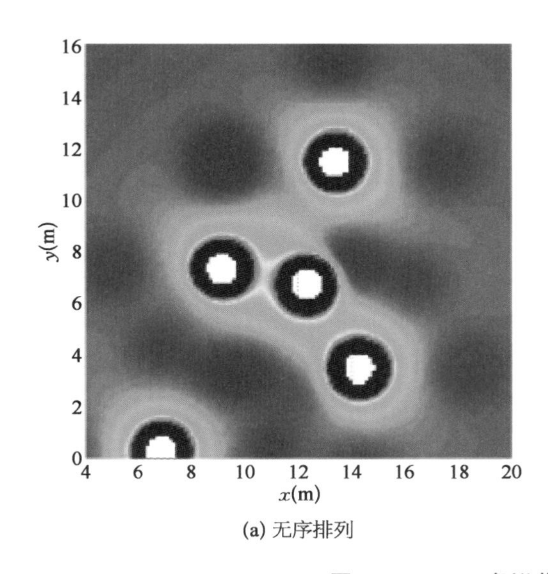

(a) 无序排列

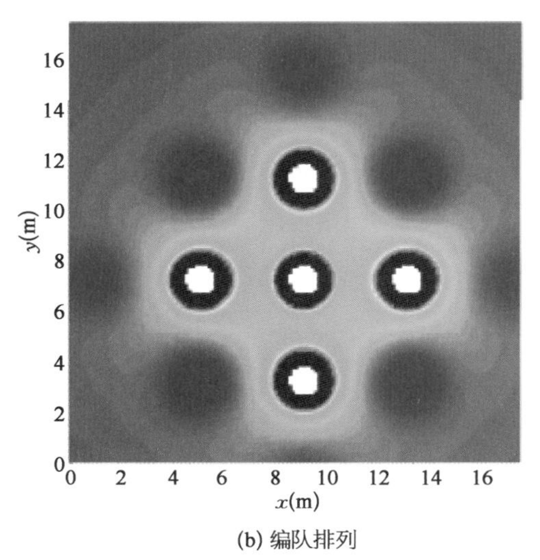

(b) 编队排列

图12.8 AUV虚拟节点有序及无须排列

正方形形成单元是出现在曲面细分中四个正方形的空间中的交叉图形，由第 j 个 AUV 和附着在其上的四个单元顶点组成，在某种意义上它们的位置是基于第 i 个完全确定的。AUV 对第 j 个 AUV 位置的局部估计，($\hat{x}_j^{(i)}$)，如图 12.7 所示。单元顶点由 $\hat{x}_j^{(i)}$ 和独立的正实比例参数 f 唯一确定。

12.3 大型 Aries-precursor AUV 平台

该航行器的动力学模型将用于演示所开发的虚势框架，它是 NPS Aries AUV 的早期设计，并且在实际制造和装备之前的审议过程中进行了调整。由此产生的小型 Aries 航行器已用于多个研究场所。正如 Marco & Healey 描述的那样，使用模型动力学的航行器具有 Aries 的一般外形设计，如图 12.9 所示，按比例放大。机身图是一个倒角的长方体机身，船头用鼻锥进行打磨。如图所示，模拟的 Aries-precursor 前体航行器与 Aries 本身相同，结合使用两个船尾安装的主水平推进器和一对船首和船尾安装的舵（总共四个水翼表面，背部和腹部对机械耦合），船首和船尾安装的升降梯。

图 12.9 Aries 演示模型动力学的总体方案和一般类型

Healey & Lienard 为 Aries 前体航行器设计了滑模控制器，将其视为具有状态 $\boldsymbol{x}=[\boldsymbol{v}^{\mathrm{T}} \quad \boldsymbol{\omega}^{\mathrm{T}} \quad \boldsymbol{x}^{\mathrm{T}} \quad \theta]=[uvw \mid pqr \mid xyz \mid \varphi\vartheta\psi]^{\mathrm{T}}$ 的全秩系统，依赖于执行器，如式(12.30)。

$$\boldsymbol{u}(t)=[\delta_r(t) \quad \delta_s(t) \quad n(t)]^{\mathrm{T}} \tag{12.30}$$

式中 $\delta_r(t)$——以弧度表示的船尾舵偏转指令；

$\delta_s(t)$——以弧度表示的船尾升降舵平面指令；

$n(t)$——主要螺旋桨以 rad/s 为单位的转速。

12.3.1 航行器的模型动态

由 Healey 和 Lienard 发表的动力学在随后的章节中用于 HILS，并且是基于流体动力学建模理论开发的，由 Boncal 开发。对于浸入黏性流体中的长方体形状物体，全态刚体动力学的 6 个自由度方程如下，其参数见表 12.1。

表 12.1 模型动力学的参数

$W = 53.4\ \text{kN}$	$B = 53.4\ \text{kN}$	$L = 5.3\ \text{m}$	$I_x = 13\,587\ \text{Nm} \cdot \text{s}^2$
$I_{xy} = -13.58\ \text{Nm} \cdot \text{s}^2$	$I_{yz} = -13.58\ \text{Nm} \cdot \text{s}^2$	$I_{xz} = -13.58\ \text{Nm} \cdot \text{s}^2$	$I_y = 13\,587\ \text{Nm} \cdot \text{s}^2$
$I_x = 2\,038\ \text{Nm} \cdot \text{s}^2$	$x_G = 0.0\ \text{m}$	$x_B = 0.0\ \text{m}$	$y_G = 0.0\ \text{m}$
$y_B = 0.0\ \text{m}$	$z_G = 0.061\ \text{m}$	$z_B = 0.0\ \text{m}$	$g = 9.81\ \text{m/s}^2$
$\rho = 1\,000.0\ \text{kg/m}^2$	$m = 5\,454.54\ \text{kg}$		
$X_{pp} = 7.0 \cdot 10^{-3}$	$X_{qq} = -1.5 \cdot 10^{-2}$	$X_{rr} = 4.0 \cdot 10^{-3}$	$X_{pr} = 7.5 \cdot 10^{-4}$
$X_{\dot{u}} = -7.6 \cdot 10^{-3}$	$X_{uq} = -2.0 \cdot 10^{-1}$	$X_{vp} = -3.0 \cdot 10^{-3}$	$X_{vr} = 2.0 \cdot 10^{-2}$
$X_{q\delta_s} = 2.5 \cdot 10^{-2}$	$X_{q\delta_b/2} = -1.3 \cdot 10^{-3}$	$X_{r\delta_r} = -1.0 \cdot 10^{-3}$	$X_{vv} = 5.3 \cdot 10^{-2}$
$X_{ww} = 1.7 \cdot 10^{-1}$	$X_{v\delta_r} = 1.7 \cdot 10^{-3}$	$X_{w\delta_s} = 4.6 \cdot 10^{-2}$	$X_{w\delta_b/2} = 0.5 \cdot 10^{-2}$
$X_{\delta_s\delta_s} = -1.0 \cdot 10^{-2}$	$X_{\delta_b\delta_b/2} = -4.0 \cdot 10^{-3}$	$X_{\delta_r\delta_r} = -1.0 \cdot 10^{-2}$	$X_{q\delta_s n} = 2.0 \cdot 10^{-3}$
$X_{w\delta_s n} = 3.5 \cdot 10^{-3}$	$X_{\delta_s\delta_s n} = -1.6 \cdot 10^{-3}$		
$Y_{\dot{p}} = 1.2 \cdot 10^{-4}$	$Y_{\dot{r}} = 1.2 \cdot 10^{-3}$	$Y_{pq} = 4.0 \cdot 10^{-3}$	$Y_{qr} = -6.5 \cdot 10^{-3}$
$Y_{\dot{v}} = -5.5 \cdot 10^{-2}$	$Y_p = 3.0 \cdot 10^{-3}$	$Y_r = 3.0 \cdot 10^{-2}$	$Y_{vq} = 2.4 \cdot 10^{-2}$
$Y_{wp} = 2.3 \cdot 10^{-1}$	$Y_{wr} = -1.9 \cdot 10^{-2}$	$Y_v = -1.0 \cdot 10^{-1}$	$Y_{vw} = 6.8 \cdot 10^{-2}$
$Y_{\delta_r} = 2.7 \cdot 10^{-2}$			
$Z_{\dot{q}} = -6.8 \cdot 10^{-3}$	$Z_{pp} = 1.3 \cdot 10^{-4}$	$Z_{pr} = 6.7 \cdot 10^{-3}$	$Z_{rr} = -7.4 \cdot 10^{-3}$
$Z_{\dot{w}} = -2.4 \cdot 10^{-1}$	$Z_q = -1.4 \cdot 10^{-1}$	$Z_{vp} = -4.8 \cdot 10^{-2}$	$Z_{vr} = 4.5 \cdot 10^{-2}$
$Z_w = -3.0 \cdot 10^{-1}$	$Z_{vv} = -6.8 \cdot 10^{-2}$	$Z_{\delta_s} = -7.3 \cdot 10^{-2}$	$Z_{\delta_b/2} = -1.3 \cdot 10^{-2}$
$Z_{qn} = -2.9 \cdot 10^{-3}$	$Z_{wn} = -5.1 \cdot 10^{-3}$	$Z_{\delta_s n} = -1.0 \cdot 10^{-2}$	
$K_{\dot{p}} = -1.0 \cdot 10^{-3}$	$K_{\dot{r}} = -3.4 \cdot 10^{-5}$	$K_{pq} = -6.9 \cdot 10^{-5}$	$K_{qr} = 1.7 \cdot 10^{-2}$
$K_{\dot{v}} = 1.3 \cdot 10^{-4}$	$K_p = -1.1 \cdot 10^{-2}$	$K_r = -8.4 \cdot 10^{-4}$	$K_{vq} = -5.1 \cdot 10^{-3}$
$K_{wp} = -1.3 \cdot 10^{-4}$	$K_{wr} = 1.4 \cdot 10^{-2}$	$K_v = 3.1 \cdot 10^{-3}$	$K_{vw} = -1.9 \cdot 10^{-1}$
$K_{\delta_b/2} = 0.0$	$K_{pn} = -5.7 \cdot 10^{-4}$	$K_{prop} = 0.0$	
$M_{\dot{q}} = -1.7 \cdot 10^{-2}$	$M_{pp} = 5.3 \cdot 10^{-5}$	$M_{pr} = 5.0 \cdot 10^{-3}$	$M_{rr} = 2.9 \cdot 10^{-3}$
$M_{\dot{w}} = -6.8 \cdot 10^{-2}$	$M_{uq} = -6.8 \cdot 10^{-2}$	$M_{vp} = 1.2 \cdot 10^{-3}$	$M_{vr} = 1.7 \cdot 10^{-2}$
$M_{uw} = 1.0 \cdot 10^{-1}$	$M_{vv} = -2.6 \cdot 10^{-2}$	$M_{\delta_s} = -4.1 \cdot 10^{-2}$	$M_{\delta_b/2} = 3.5 \cdot 10^{-3}$
$M_{qn} = -1.6 \cdot 10^{-3}$	$M_{wn} = -2.9 \cdot 10^{-3}$	$M_{\delta_s n} = -5.2 \cdot 10^{-3}$	
$N_{\dot{p}} = -3.4 \cdot 10^{-5}$	$N_{\dot{r}} = -3.4 \cdot 10^{-3}$	$N_{pq} = -2.1 \cdot 10^{-2}$	$N_{qr} = 2.7 \cdot 10^{-3}$
$N_{\dot{v}} = 1.2 \cdot 10^{-3}$	$N_p = -8.4 \cdot 10^{-4}$	$N_r = -1.6 \cdot 10^{-2}$	$N_{vq} = -1.0 \cdot 10^{-2}$
$N_{wp} = -1.7 \cdot 10^{-2}$	$N_{wr} = 7.4 \cdot 10^{-3}$	$N_v = -7.4 \cdot 10^{-3}$	$N_{vw} = -2.7 \cdot 10^{-2}$
$N_{\delta_r} = -1.3 \cdot 10^{-2}$	$N_{prop} = 0.0$		

1）纵荡

$$
\begin{aligned}
& m[\dot{u} - vr + wq - x_G(q^2 + r^2) + y_G(pq - \dot{r}) + z_G(pr + \dot{q})] \\
= & \frac{\rho}{2}L^4[X_{pp}p^2 + X_{qq}q^2 + X_{rr}r^2 + X_{pr}pr] + \frac{\rho}{2}L^2[X_{\dot{u}}\dot{u} + X_{uq}wq \\
& + X_{vp}vp + X_{vr}vr + uq(X_{q\delta_s}\delta_s + X_{q\delta_b/2}\delta_{bp} + X_{q\delta_b/2}\delta_{bs}) + X_{r\delta_r}ur\delta_r]
\end{aligned}
$$

$$+\frac{\rho}{2}L^2[X_{vv}v^2+X_{ww}w^2+X_{v\delta_r}uv\delta_r+uw(X_{w\delta_s}\delta_s+X_{w\delta_b/2}\delta_{bs}+X_{w\delta_b/2}\delta_{bp})$$
$$+u^2(X_{\delta_s\delta_s}\delta_s^2+X_{\theta_b\delta_b/2}\delta_b^2+X_{\delta_r\delta_r}\delta_r^2)]-(W-B)\sin\vartheta$$
$$+\frac{\rho}{2}L^3X_{\delta_s n}uq\delta_s\dot{o}(n)+\frac{\rho}{2}L^2[X_{w\delta_s n}uw\delta_s+X_{\delta_s\delta_s n}u^2\delta_s^2]\dot{o}(n)+\frac{\rho}{2}L^2u^2X_{\text{prop}} \tag{12.31}$$

2）横荡

$$m[\dot{v}+ur-wp+x_G(pq+\dot{r})-y_G(p^2+r^2)+z_G(qr-\dot{p})]$$
$$=\frac{\rho}{2}L^4[Y_{\dot{p}}\dot{p}+Y_{\dot{r}}\dot{r}+Y_{pq}pq+Y_{qr}qr]+\frac{\rho}{2}L^3[Y_{\dot{v}}\dot{v}+Y_pup+Y_rur+Y_{vq}vq$$
$$+Y_{wp}wp+Y_{wr}wr]+\frac{\rho}{2}L^2[Y_{uv}+Y_{vw}vw+Y_{\delta_r}u^2\delta_r]$$
$$-\frac{\rho}{2}\int_{x_{\text{nose}}}^{x_{\text{tail}}}[C_{dy}h(x)(v+xr)^2+C_{dz}b(x)(w-xq)^2]\frac{v+xr}{U_{cf}(x)}dx$$
$$+(W-B)\cos\vartheta\sin\varphi \tag{12.32}$$

3）垂荡

$$m[\dot{w}-uq+vp+x_G(pr-\dot{q})+y_G(qr+\dot{p})-z_G(p^2+q^2)]$$
$$=\frac{\rho}{2}L^4[Z_{\dot{q}}\dot{q}+Z_{pp}p^2+Z_{pr}pr+Z_{rr}r^2]+\frac{\rho}{2}L^3[Z_{\dot{w}}\dot{q}+Z_quq+Z_{vp}vp+Z_{vr}vr]$$
$$+\frac{\rho}{2}L^2[Z_wuw+Z_{vv}v^2+u^2(Z_{\delta_s}\delta_s+Z_{\delta_b/2}\delta_{bs}+Z_{\delta_b/2}\delta_{bp})]$$
$$+\frac{\rho}{2}\int_{x_{\text{tail}}}^{x_{\text{nose}}}[C_{dy}h(x)(v+xr)^2+C_{dx}b(x)(w-xq)^2]\frac{w-xq}{U_{cf}(x)}\mathrm{d}x$$
$$+(W-B)\cos\vartheta\cos\varphi+\frac{\rho}{2}L^3Z_{qn}uq(n)+\frac{\rho}{2}L^2[Z_{wn}uw+Z_{\delta_s n}u\delta_s](n) \tag{12.33}$$

4）横摇

$$I_y\dot{q}+(I_x-I_z)pr-I_{xy}(qr+\dot{p})+I_{yz}(pq-\dot{r})+I_{xz}(p^2-r^2)$$
$$+m[x_G(\dot{w}-uq+vp)-z_G(\dot{v}+ur-wp)]+\frac{\rho}{2}L^5[K_{\dot{p}}\dot{p}+K_r\dot{r}$$
$$+K_{pq}pq+K_{qr}qr]+\frac{\rho}{2}L^4[K_{\dot{v}}\dot{v}+K_pup+K_rur+K_{vq}vq$$
$$+K_{up}wp+K_{wr}wr]+\frac{\rho}{2}L^3[K_vuv+K_{vw}vw+u^2(K_{\delta_b/2}\delta_{bp}+K_{\delta_b/2}\delta_{bs})]$$
$$+(y_GW-y_BB)\cos\vartheta\cos\varphi-(z_GW-z_BB)\cos\vartheta\sin\varphi$$
$$+\frac{\rho}{2}L^4K_{pn}up\dot{o}(n)+\frac{\rho}{2}L^3u^2K_{\text{prop}} \tag{12.34}$$

5）纵摇

$$
\begin{aligned}
&I_x\dot{p}+(I_z-I_y)qr+I_{xy}(pr-\dot{q})-I_{yz}(q^2-r^2)-I_{xz}(pq+\dot{r})\\
&\quad+m[y_G(\dot{w}-uq+vp)-z_G(\dot{u}-vr+wq)]+\frac{\rho}{2}L^5[M_{\dot{q}}\dot{q}+M_{pp}p^2\\
&\quad+M_{pr}pr+M_{rr}r^2]+\frac{\rho}{2}L^4[M_{\dot{w}}\dot{w}+M_q uq+M_{vp}vp+M_{vv}vr]\\
&\quad+\frac{\rho}{2}L^3[M_{uw}uw+M_{vv}v^2+u^2(M_{\delta_s}\delta_s+M_{\delta_b/2}\delta_{bs}+M_{\delta_b/2}\delta_{bp})]\\
&\quad-\frac{\rho}{2}\int_{x_{\text{tail}}}^{x_{\text{nose}}}[C_{dy}h(x)(v+xr)^2+C_{dz}b(x)(w-xq)^2]\frac{w+xq}{U_{cf}(x)}x\mathrm{d}x\\
&\quad-(x_GW-x_BB)\cdot\cos\vartheta\cos\varphi-(z_GW-z_BB)\sin\vartheta+\frac{\rho}{2}L^4M_{qn}qn\grave{o}(n)\\
&\quad+\frac{\rho}{2}L^3[M_{wn}uw+M_{\delta_s n}u^2\delta_s]\grave{o}(n)
\end{aligned}
\tag{12.35}
$$

6）首摇

$$
\begin{aligned}
&I_z\dot{r}+(I_y-I_x)pq-I_{xy}(p^2-q^2)-I_{yz}(pr+\dot{q})+I_{xz}(qr-\dot{p})\\
&\quad+m[x_G(\dot{v}+ur-wp)-y_G(\dot{u}-vr+wq)]+\frac{\rho}{2}L^5[N_{\dot{p}}\dot{p}\\
&\quad+N_{\dot{r}}\dot{r}+N_{pq}pq+N_{qr}qr]+\frac{\rho}{2}L^4[N_{\dot{v}}\dot{c}+N_p up+N_r ur+N_{vq}vq\\
&\quad+N_{wp}wp+N_{wr}wr]+\frac{\rho}{2}L^3[N_v uv+N_{vw}vw+N_{\delta_r}u^2\delta_r]\\
&\quad-\frac{\rho}{2}\int_{x_{\text{tai}}}^{x_{\text{nsse}}}[C_{dy}\cdot h(x)(v+xr)^2+C_{dz}b(x)(w-xq)^2]\frac{w+xq}{U_{cf}(x)}x\mathrm{d}x\\
&\quad+(x_GW-x_BB)\cos\vartheta\sin\varphi+(y_GW-y_BB)\cdot\sin\vartheta+\frac{\rho}{2}L^3u^2N_{\text{prop}}
\end{aligned}
\tag{12.36}
$$

7）替代项

$$U_{cf}(x)=\sqrt{(v+xr)^2+(w-xq)^2}\tag{12.37}$$

$$X_{\text{prop}}=C_{d0}(\eta\mid\eta\mid-1);\ \eta=0.012\frac{n}{u};\ C_{d0}=0.003\,85\tag{12.38}$$

$$\grave{o}(n)=-1+\frac{\text{sign}(n)}{\text{sign}(u)}\cdot\frac{\sqrt{C_t+1}-1}{\sqrt{C_{t1}+1}-1}\tag{12.39}$$

$$C_t=0.008\frac{L^2\eta\mid\eta\mid}{2.0};\ C_{t1}=0.008\frac{L^2}{2.0}\tag{12.40}$$

12.3.2 控制

Aries-precursor 的低水平控制包括三个独立设计的解耦控制回路：(1) 主旋翼转速控制前进速度；(2) 船尾舵偏转控制前进；(3) 通过船尾升降板的偏转来控制俯仰和深度。所有控制器都是滑模控制器，为了简洁起见，将在随后的小节中给出最终的控制器形式。

1) 前进速度

前进速度滑模控制器根据螺旋桨转速信号的有符号平方项给出，参数(α，β)取决于航行器的标称运行参数，系数见表 12.1：

$$n(t)\mid n(t)\mid=(\alpha\beta)^{-1}\left[\alpha u(t)\mid u(t)\mid+\dot{u}_c(t)-\eta_u\tanh\frac{\widetilde{u}(t)}{\phi_u}\right] \tag{12.41}$$

其中，$\alpha=\dfrac{\rho L^2 C_d}{2m+\rho L^3 X_{ii}}$；$C_d=0.0034$；$\beta=\dfrac{n_0}{u_0}$；$n_0=52.359\,\dfrac{\text{rad}}{\text{s}}$；$u_0=1.832\,\dfrac{\text{m}}{\text{s}}$

(12.42)

从表 12.1 可以明显看出，螺旋桨转速指令包括一个以期望的量度 [$\dot{u}_c(t)$] 加速航行器的项，克服了线性阻力 ($u(t)\mid u(t)\mid$)，并减弱由于干扰和过程噪声引起的扰动 [$\dot{\sigma}_u(t)$]。

2) 航向

控制航行器航向的状态子集的滑动表面如式(12.43)所示。得到的滑动模式控制器包含在式(12.44)中。

$$\sigma_r=-0.074\widetilde{v}(t)+0.816\widetilde{r}(t)+0.573\widetilde{\varphi}(t)$$

$$\delta_r=0.033v(t)+0.1112r(t)+2.58\tanh\frac{0.074\widetilde{v}(r)+0.816\widetilde{r}(t)+0.573\widetilde{\varphi}(t)}{0.1}$$

(12.43)

应该注意的是，$\widetilde{v}(r)$ 似乎暗示了为航行器定义一些 $v_c(t)$ 的可能性。这是不切实际的。Aries-precursor 的推力分配和运动学，摇摆中的非完整性，将导致滑模控制器在其主要目标中的性能严重下降。Lienard 对此和类似的滑动模式控制器进行了进一步的详细讨论。

3) 俯仰和深度

Aries-precursor 的 HIL 模拟器上三个控制器中的第三个控制器的主要目标是控制深度，用于节距和深度的组合。对于具有完整约束和此处使用的模型的运动学的航行器，这仅可通过使用船尾升降机 δ_s 来使航行器俯仰和俯冲。因此，滑动表面设计在式(12.44)中，控制器设计在式(12.45)中。

$$\sigma_z(t)=\widetilde{q}(t)+0.520\widetilde{\vartheta}(t)-0.011\widetilde{z}(t) \tag{12.44}$$

$$\delta_s(t)=-5.143q(t)+1.070\vartheta(t)+4\tanh\frac{\sigma_z(t)}{0.4}$$

$$= -5.143q(t) + 1.070\vartheta(t) + 4\tanh\frac{\tilde{q}(t) + 0.520\tilde{\vartheta}(t) - 0.011\tilde{z}(t)}{0.4} \tag{12.45}$$

12.4　状态估计与信号控制

在本节中，将讨论障碍物分类的问题，给出所考虑的每种类型障碍物的(d_i, n_i)的表达式，这是通过式(12.6)、式(12.8)和式(12.11)中的一个获得 P_i - s 的组合的先决条件。此外，将探索 AUV 的全状态估计(在前一部分中描述的 NPS Aries-precursor 之后建模)，$\hat{\boldsymbol{x}} = [\hat{u} \quad \hat{v} \quad \hat{w} \quad \hat{p} \quad \hat{q} \quad \hat{r} \quad \hat{x} \quad \hat{y} \quad \hat{z} \quad \hat{\varphi} \quad \hat{\vartheta} \quad \hat{\psi}]^{\mathrm{T}}$。本节将讨论将该控制系统从 HILS 转换为实际应用时可以预期的现实设备和测量噪声 $(\tilde{\boldsymbol{n}}, \tilde{\boldsymbol{y}})$，并给出产生非平稳随机噪声的方案。最后，本节将讨论一种方案，用于将低电平控制信号调节/钳位到 AUV 与 Aries 航行器身平面图可实现的值和动态范围。调节低水平命令向量 $\boldsymbol{c} = [a_c \quad u_c \quad r \quad \psi_c]^{\mathrm{T}}$ 中的值，以防止不可行的命令，这些命令可能导致执行器饱和并且反馈暂时中断。

12.4.1　障碍分类

由 R^2 表示的 2D 水域空间中的分类问题是一个研究得很好的主题。

在随后的表达式中，$\{x^{\mathrm{int}}\}$将用于包括所描述的障碍物内部的闭合连接组。T_i 应是从全局参考坐标系到连接到障碍物的坐标系的均匀同构坐标变换，固定到相应障碍物的质心，如果适用的话可能旋转一些 ψ_i。

1）圆形

圆是在数学上形成的最简单的凸障碍。距离和法线向量分别由 $(x_i \in \mathbb{R}^2, r_i \in \mathbb{R}^+)$ 表示，其中心和半径定义的圆如式(12.46)和式(12.47)。

$$d_i : \mathbb{R}^2 \backslash \{x^{int} : \| x^{int} - x_i \| < r_i\} \to \mathbb{R}^+$$

$$d_i(x) = \| x - x_i \| - r_i \in \mathbb{R}^+ \tag{12.46}$$

$$n_i : \mathbb{R}^2 \backslash \{x^{int} : \| x^{int} - x_i \| < r_i\} \to \mathrm{SO}^2$$

$$n_i(x) = \frac{x - x_i}{\| x - x_i \|} \tag{12.47}$$

在理论和控制工程实践中，非常好地将 2D 点云分类为圆形特征的稳健且快速的技术。很容易找到适用于硬实时实现的可靠算法。通过利用圆形霍夫变换解决分类问题的理论和实践方面的表现良好。

2）矩形

欧几里得 2 空间中相对于矩形的点的距离和法向量 $[d_i(\boldsymbol{x}), n_i(\boldsymbol{x})]$ 的函数由 $\{x_i \in \mathbb{R}^2, a_i, b_i \in \mathbb{R}^+, \psi_i \in [-\pi, \pi)\}$，矩形的中心，半长和半宽度以及矩形长边的旋转角度全局坐标系分别表示如下：

$$d_i: \mathbb{R}^2 \Big\backslash \left\{ x^{int}: \left\| \begin{bmatrix} a_i & 0 \\ 0 & b_i \end{bmatrix}^{-1} \cdot T_i(x^{int}) \right\|_\infty < 1 \right\} \to \mathbb{R}^+$$

$$d_i(x) = \begin{cases} |\hat{\imath} \cdot T_i(x)| < a_i: & |\hat{y} \cdot T_i(x)| - b_i \\ |\cdot T_i(x)| < b_i: & |\hat{\imath} \cdot T_i(x)| - a_i \\ otherwise: & \left\| T_i(x)| - \left[\dfrac{a_i}{2} \ \dfrac{b_i}{2} \right]^{\mathrm{T}} \right\| \end{cases} \tag{12.48}$$

$$d_i(x) = \begin{cases} |\hat{\imath} \cdot T_i(x)| < a_i: & |\hat{\jmath} \cdot T_i(x)| - b_i \\ |\hat{\jmath} \cdot T_i(x)| < b_i: & |\hat{\imath} \cdot T_i(x)| - a_i \\ otherwise: & \left\| T_i(x)| - \left[\dfrac{a_i}{2} \ \dfrac{b_i}{2} \right]^{\mathrm{T}} \right\| \end{cases}$$

$$n_i: \mathbb{R}^2 \Big\backslash \left\{ x^{int}: \left\| \begin{bmatrix} a_i & 0 \\ 0 & b_i \end{bmatrix}^{-1} T_i(x^{int}) \right\|_\infty < 1 \right\} \to \mathrm{SO}^2$$

$$n_i(x) = \begin{cases} |\hat{\imath} \cdot T_i(x)| < \dfrac{a_i}{2}: & T_i^{-1}\{sign[\hat{\imath} \cdot T_i(x)]\hat{\imath}\} \\ |\hat{\imath} \cdot T_i(x)| < \dfrac{b_i}{2}: & T_i^{-1}\{sign[\hat{\imath} \cdot T_i(x)]\hat{\imath}\} \\ otherwise: & T_i^{-1}\{T_i(x) - [a_i sign[\hat{\imath} \cdot T_i(x)] b_i sign[\hat{\imath} \cdot T_i(x)]]^{\mathrm{T}}\} \end{cases}$$

$$n_i(x) = \begin{cases} |\hat{\imath} \cdot T_i(x)| < \dfrac{a_i}{2}: & T_i^{-1}\{sign[\hat{\jmath} \cdot T_i(x)]\hat{\jmath}\} \\ |\hat{\jmath} \cdot T_i(x)| < \dfrac{b_i}{2}: & T_i^{-1}\{sign[\hat{\imath} \cdot T_i(x)]\hat{\imath}\} \\ otherwise: & T_i^{-1}\{T_i(x) - [a_i sign[\hat{\imath} \cdot T_i(x)] b_i sign[\hat{\jmath} \cdot T_i(x)]]^{\mathrm{T}}\} \end{cases} \tag{12.49}$$

有大量已发表的工作专门用于从感测到的 2D 点云中提取矩形的特征。其中大部分依赖霍夫空间技术来提取图像中不同线条的特征，并确定图像中是否存在监测到的线条的交点。

3）椭圆

求解点到椭圆的距离的方法涉及找到四次方的根。因此，找到明确的分析解决方案具有挑战性，尽管有些选项包括法拉利方法或代数几何。

然而，基于计算机的控制系统可以采用良好的，数值稳定的算法来获得足够精确的解决方案。构成要求解的四次方的解析几何的基本部分在下面的式(12.50)～式(12.57)中给出。

原点中心和轴与坐标系轴对齐的椭圆方程为

$$\left(\frac{x}{a}\right)^2+\left(\frac{y}{b}\right)^2=1 \tag{12.50}$$

其解的轨迹是椭圆，$\{x_e=[x_e \quad y_e]^{\mathrm{T}}\}$。通过考虑 $x=[x \quad y]^{\mathrm{T}}\in\mathbb{R}^2$ 进行分析，其中 $x-x_e$ 与椭圆垂直。这种正常的等式是

$$x_n(\tau)=k\tau+x_e \tag{12.51}$$

其中 $\tau\in\mathbb{R}$ 是一个独立的参数，沿线的自由度和 k 是线的方向向量，如下所示：

$$k=\nabla\left\{\left(\frac{x_e}{a}\right)^2+\left(\frac{y_e}{b}\right)^2-1\right\}=\left[\frac{x_e}{a^2}\ \frac{y_e}{b^2}\right]^{\mathrm{T}} \tag{12.52}$$

因此，如果 $\tau=t=\arg x$，即 $x_n(t)\overset{\mathrm{id}}{=}x$。然后，可以进行以下操作：

$$[x-x_e \quad y-y_e]^{\mathrm{T}}=\left[\frac{tx_e}{a^2} \quad \frac{ty_e}{b^2}\right]^{\mathrm{T}} \tag{12.53}$$

$$[x_e \quad y_e]^{\mathrm{T}}=\left[\frac{a^2x}{t+a^2} \quad \frac{b^2y}{t+b^2}\right]^{\mathrm{T}} \tag{12.54}$$

将式(12.54)的右侧代入式(12.50)，所讨论的四次方获得如下：

$$\left(\frac{ax}{t+a^2}\right)^2+\left(\frac{by}{t+b^2}\right)^2=1 \tag{12.55}$$

$$(t+b^2)^2a^2x^2+(t+a^2)^2b^2y^2=(t+a^2)^2(t+b^2)^2 \tag{12.56}$$

$$(t+a^2)^2(t+b^2)^2-(t+b^2)^2a^2x^2-(t+a^2)^2b^2y^2=0 \tag{12.57}$$

式(12.57)中最大根 $\bar{t}$ 允许计算式(12.51)和式(12.54)中的 $[d_i(x),\ n_i(x)]$，如下所示：

$$d_i:\mathbb{R}^2\Big\backslash\left\{x^{int}:x^{\mathrm{T}}T_i\left\{\begin{bmatrix}a & 0\\ b & 0\end{bmatrix}T_i^{-1}(x)\right\}<1\right\}\to\mathbb{R}^+$$

$$\begin{aligned}d_i(x)&=\|x-x_e\|=\|k\bar{t}\|=\bar{t}\left\|\left[\frac{a^2x_e}{t+a^2}\ \frac{b^2y_e}{t+b^2}\right]^{\mathrm{T}}\right\|\\&=\bar{t}\sqrt{\frac{(\bar{t}+b^2)^2a^4x_e^2+(\bar{t}+a^2)^2b^4y_e^2}{(\bar{t}+a^2)^2(\bar{t}+b^2)^2}}\end{aligned} \tag{12.58}$$

$$=\bar{t}\sqrt{\frac{(\bar{t}+b^2)^2a^4[\hat{\imath}T_i(x)]^2+(\bar{t}+a^2)^2b^4([\hat{\jmath}\ T_i(x))]^2}{(\bar{t}+a^2)^2(\bar{t}+b^2)^2}} \tag{12.59}$$

$$n_i:\mathbb{R}^2\backslash\left\{x^{int}:x^{\mathrm{T}}T_i\left\{\begin{bmatrix}a & 0\\ b & 0\end{bmatrix}T_i^{-1}(x)\right\}<1\right\}\rightarrow \mathrm{SO}^2$$

$$T_in_i^{(i)}(x)=\frac{k}{\|k\|}=\frac{\left[\dfrac{x_e}{\bar{t}+a^2}\quad\dfrac{y_e}{\bar{t}+b^2}\right]^{\mathrm{T}}}{\left\|\left[\dfrac{x_e}{\bar{t}+a^2}\quad\dfrac{y_e}{\bar{t}+b^2}\right]^{\mathrm{T}}\right\|} \tag{12.60}$$

$$T_in_i(x)=\frac{\left[\dfrac{\hat{\imath}T_i(x)}{\bar{t}+a^2}\quad\dfrac{\hat{\jmath}\ T_i(x)}{\bar{t}+b^2}\right]^{\mathrm{T}}}{\left\|\left[\dfrac{\hat{\imath}T_i(x)}{\bar{t}+a^2}\quad\dfrac{\hat{\jmath}\ T_i(x)}{\bar{t}+b^2}\right]^{\mathrm{T}}\right\|} \tag{12.61}$$

$$n_i(x)=T_i^{-1}\left\{\frac{\left[\dfrac{\hat{\imath}T_i(x)}{\bar{t}+a^2}\quad\dfrac{\hat{\jmath}\ T_i(x)}{\bar{t}+b^2}\right]^{\mathrm{T}}}{\left\|\left[\dfrac{\hat{\imath}T_i(x)}{\bar{t}+a^2}\quad\dfrac{\hat{\jmath}\ T_i(x)}{\bar{t}+b^2}\right]^{\mathrm{T}}\right\|}\right\} \tag{12.62}$$

随着过去十年中服务机器人和航空摄影中廉价固态感知传感器的出现，关于 2D 点云的快速且稳健的椭圆拟合的出版物已经越来越多。

12.4.2 状态估计

AUV 的完全状态 $\boldsymbol{x}=[\boldsymbol{v}^{\mathrm{T}}\boldsymbol{\omega}^{\mathrm{T}}\boldsymbol{x}^{\mathrm{T}}\boldsymbol{\Theta}^{\mathrm{T}}]^{\mathrm{T}}=[uvw \mid pqr \mid xyz \mid \varphi\vartheta\psi]^{\mathrm{T}}$ 将使用 Vander Merwe 引入的 Scaled Unscented Transform Sigma - point 卡尔曼滤波器（SP - UKF）进行估算。

扩展卡尔曼滤波器配方在海洋控制工程中具有更突出的优势，能够通过仅考虑状态的一阶统计量（可以添加设备/过程）来估计非线性模型动态的状态 EKF 使用在当前状态估计下评估的非线性算子的雅可比行列式。相比之下，Unscented 卡尔曼滤波器使用原始的非线性模型动力学来传播样本（称为 sigma-points），这是通过估计当前状态的统计分布，受过程和测量噪声的影响。卡尔曼增益是基于此传播的状态假设的协方差与当前估计的统计分布的样本的协方差来评估的。卡尔曼增益将为那些在其间发现显著相关性的测量提供更高的增益状态和测量假设，并且测量假设本身的协方差相对较小。该算法列于表 12.2 中。

12.4.3 测量和处理噪声

假设 AUV 携带 4 束多普勒速度记录仪，它可用于记录真实的 3D 地速测量 $\boldsymbol{v}=$

$[u \quad v \quad w]^{\mathrm{T}}$。此外,AUV 带有一个 3 轴速率陀螺仪组件,能够测量固定角速度 $\boldsymbol{\omega}=[p \quad q \quad r]^{\mathrm{T}}$。假设低等级商用超短基线水声定位(ultra-short baseline hydroacoustic localization, USBL)系统提供$[x y]^{\mathrm{T}}$的估计,在 SP-UKF 入口点之前 USBL 估计和压力计的融合提供相对高质量的 z 深度读数,及 3 轴姿态航向参考系统(attitudeand heading reference system, AHRS)提供 Tait-Bryan 角度读数,$\theta=[\varphi \vartheta \psi]^{\mathrm{T}}$。

在 HILS 框架中,测量噪声应模拟 AUV 野外作业期间的实际经验。因此,需要一种能产生非静止的变化噪声的噪声发生器。这些噪声旨在包括传感器读数中的误差,噪声来源不能通过求助于一阶统计来简单地识别,因此不能容易地校准(去偏置)。另外,我们希望能够产生偶发的不可恢复的故障,即在此期间不能以任何有意义的方式依赖传感器读数的事件。

按比例缩放的 Unscented 变换 Sigma-point 卡尔曼滤波器算法如下:

1) 参数化

(1) 设 α 为按比例缩放的 Unscented 变换的缩放参数。

(2) 设 β 为中心估计的增强参数。

(3) 设 κ 为从基础分布中得出的 sigma-point 集的缩放参数。

(4) 状态数量 $L=12$。

(5) $\lambda=\alpha^{2}(L+\kappa)-L$

(6) $\boldsymbol{w}_{c}=\{w_{c}^{(0)} w_{c}^{(1)} \cdots w_{c}^{(2L)}\}$

$$w_{c}^{(0)}=\frac{\lambda}{L+\lambda}+(1-\alpha^{2}+\beta),$$

$$w_{c}^{(1\cdots 2L)}=w_{m}^{(1\cdots 2L)}=\frac{1}{2(L+\lambda)}$$

(7) $\boldsymbol{w}_{m}=\{w_{m}^{(0)} w_{m}^{(1)} \cdots w_{m}^{(2L)}\}$,

$$w_{m}^{(0)}=\frac{\lambda}{L+\lambda}$$

2) 初始化

(1) 设 $\hat{\boldsymbol{x}}(0 \mid 1)=\bar{\boldsymbol{x}}$ 为初始先验估计。

(2) 设 $\boldsymbol{P}_{x}(k)=E[(\boldsymbol{x}-\bar{\boldsymbol{x}})(\boldsymbol{x}-\bar{\boldsymbol{x}})^{\mathrm{T}}]$ 为估计的初始协方差矩阵。

(3) 设 $\boldsymbol{R}_{f}$ 为过程噪声协方差。

(4) 设 $\boldsymbol{R}_{n}$ 为测量噪声协方差。

3) 迭代 $k=1\cdots\infty$

(1) 状态的 Sigma-points 和假设

$$\begin{aligned} X^{-}(k) &=\{\boldsymbol{x}^{-}\} \\ &=\{x(k \mid k-1) \boldsymbol{x}(k \mid k-1)+\gamma \sqrt{\boldsymbol{P}_{x}(k)}\, \boldsymbol{x}(k \mid k-1)-\gamma \sqrt{\boldsymbol{P}_{x}(k)}\} \end{aligned}$$

(2) 时间更新

① $X^{-*}(k)=\{\boldsymbol{x}^{-*}\}=\{F(X^{-}(k))\}$

② $\hat{\boldsymbol{x}}^{-}(k \mid k-1)=\sum_{i=0}^{2L} w_m^{(i)} \boldsymbol{x}^{-*}(i)$

③ $\boldsymbol{P}_x^{-}=\sum_{i}^{2L} w_c^{(i)}[X^{-*}(i)-\hat{\boldsymbol{x}}^{-}(k \mid k-1)][X^{-*}(i)-\hat{\boldsymbol{x}}^{-}(k \mid k-1)]$

④ 在考虑过程噪声协方差的情况下重新绘制假设 $X(k \mid k-1)=\{\hat{\boldsymbol{x}}^{-}\ \hat{\boldsymbol{x}}^{-}+\gamma\sqrt{\boldsymbol{R}_v}\ \ \hat{\boldsymbol{x}}^{-}-\gamma\sqrt{\boldsymbol{R}_v}\}$

⑤ $Y(k \mid k-1)=\boldsymbol{H}(\boldsymbol{X})$

⑥ $\hat{\boldsymbol{y}}^{-}=\sum_{i=0}^{2L} w_m^{(i)} \boldsymbol{Y}^{(i)}$

(3) 测量更新

① $\boldsymbol{P}_y=\sum_{i=0}^{2L} w_c^{(i)}(Y^{(i)}-\hat{\boldsymbol{y}}^{-})(Y^{(i)}-\hat{y}^{-})^{\mathrm{T}}$

② $\boldsymbol{P}_{xy}=\sum_{i=0}^{2L} w_c^{(i)}(\boldsymbol{X}^{(i)}-\hat{\boldsymbol{x}}^{-})(Y^{(i)}-\hat{\boldsymbol{y}}^{-})^{\mathrm{T}}$

③ $\boldsymbol{K}(k)=\boldsymbol{P}_{xy}\boldsymbol{P}_y^{-1}$

④ $\hat{\boldsymbol{x}}(k \mid k)=\hat{\boldsymbol{x}}^{-}(k \mid k-1)+\boldsymbol{K}(k)(\boldsymbol{y}-\hat{\boldsymbol{y}}^{-})$

⑤ $\boldsymbol{P}_x(k)=\boldsymbol{P}_x^{-}-\boldsymbol{K}(k)\boldsymbol{P}_y\boldsymbol{K}(k)^{\mathrm{T}}$

出于这个原因,使用一组高斯马尔可夫模型(Gaussian Markov models, GMM),用于生成附加测量噪声。马尔可夫模型是随机状态机,其状态切换由随机数发生器控制。GMM 最终输出一个正态分布的随机数,其统计数据取决于当前状态。

每个状态 i 的平均值和标准偏差(μ_i, σ_i)被设计到 GMM 中。在本章中,使用了一组 $12n_{\mathrm{AUV}}$ GMM,每个模型用于每个 n_{AUV} AUV 的每个状态。所有 GMM 状态包含由(μ_i, σ_i, n_i)参数化的单独的单变量限速白噪声发生器,其中 n_i 是第 i 个信道中的附加测量噪声的速率限制。

依赖于 randn 命令调用的 MATLAB 正态分布随机数生成器,每个状态根据以下内容生成一个数字

$$\tilde{y}_i^{-}(k)=\mu_i+\sigma_i \cdot \mathrm{randn} \tag{12.63}$$

$$\tilde{y}_i(k)=\mathrm{sign}(\tilde{y}^{-}(k)-\tilde{y}(k-1)) \cdot \min \| \tilde{y}^{-}(k)-\tilde{y}(k-1) \mid, \frac{n_i}{T}\Big] \tag{12.64}$$

其中,t 是采样时间。

为了在测量噪声的现实性质和 HILS 复杂性之间进行优化,所用库中的每个马尔可夫模型都包含 6 种状态,{nominal, +reliable, −reliable, +unreliable, −unreliable, fault}。6 态 GMM 由 6 元组 $M=[(\mu_1, \sigma_1, n_1), \cdots, (\mu_6, \sigma_6, n_6)]$ 和 6×6 转换矩阵 $\boldsymbol{T}=[t_{ij}]$ 初始化,其中 t_{ij} 是从状态 i 切换到状态 j 的先验概率。HILS 模拟中使用的实际参数如式(12.65)~式(12.67)。

在将它们添加到理想状态测量之前,使用式(12.75)中的矩阵 $\boldsymbol{S}_y$ 将噪声信道混合(相关)为 $y \leftarrow S_y y$,以模拟相关传感器的测量的相互依赖性的物理特性。请注意,$\boldsymbol{S}_y$ 具有明显的块对角线结构,表明所提到的传感器(DVL,USBL,AHRS,陀螺罗盘和速率陀螺仪)各自输出多个状态测量值。单个仪器测量的状态之间的相关性比沿不同物理原理操作的

相互错位的传感器的测量之间的相关性更明显。

$$M_{y_v}=M_{y_u}=M_{y_v}=M_{y_w}=\begin{cases}\text{State nominal:} & (\mu_1,\sigma_1,n_1)=(0,0.06,0.038\,15)\\ \text{State }\pm\text{reliable:} & (\mu_1,\sigma_1,n_1)=(\pm0.09,0.11,0.05)\\ \text{State }\pm\text{unreliable:} & (\mu_1,\sigma_1,n_1)=(\pm0.298\,1,0.24,0.09)\\ \text{State faulty:} & (\mu_1,\sigma_1,n_1)=(\text{NaN},\text{NaN},\text{NaN})\end{cases}\tag{12.65}$$

$$\boldsymbol{T}_{\boldsymbol{y}_v}=\boldsymbol{T}_{\boldsymbol{y}_u}=\boldsymbol{T}_{\boldsymbol{y}_v}=\boldsymbol{T}_{\boldsymbol{y}_w}=\begin{bmatrix}0.754\,2 & 0.100\,0 & 0.100\,0 & 0.020\,8 & 0.020\,8 & 0.004\,2\\ 0.473\,9 & 0.336\,5 & 0.104\,3 & 0.037\,9 & 0.028\,4 & 0.019\,0\\ 0.473\,9 & 0.104\,3 & 0.336\,5 & 0.028\,4 & 0.037\,9 & 0.019\,0\\ 0.382\,5 & 0.174\,9 & 0.174\,9 & 0.098\,4 & 0.098\,4 & 0.071\,0\\ 0.382\,5 & 0.174\,9 & 0.174\,9 & 0.098\,4 & 0.098\,4 & 0.071\,0\\ 0.027\,0 & 0.162\,2 & 0.162\,2 & 0.270\,3 & 0.270\,3 & 0.108\,1\end{bmatrix}\tag{12.66}$$

$$M_{y_\omega}=M_{y_p}=M_{y_q}=M_{y_r}=\begin{cases}\text{State nominal:} & (\mu_1,\sigma_1,n_1)=\left(0,\dfrac{\pi}{85},\dfrac{\pi}{227.608}\right)\\ \text{State }\pm\text{reliable:} & (\mu_1,\sigma_1,n_1)=\left(\pm\dfrac{\pi}{2},\dfrac{\pi}{60},\dfrac{\pi}{144.201}\right)\\ \text{State }\pm\text{unreliable:} & (\mu_1,\sigma_1,n_1)=\left(\pm\dfrac{\pi}{21.5},\dfrac{\pi}{18.8},\dfrac{\pi}{64.454}\right)\\ \text{State faulty:} & (\mu_1,\sigma_1,n_1)=(\text{NaN},\text{NaN},\text{NaN})\end{cases}\tag{12.67}$$

$$\boldsymbol{T}_{\boldsymbol{y}_\omega}=\boldsymbol{T}_{\boldsymbol{y}_p}=\boldsymbol{T}_{\boldsymbol{y}_q}=\boldsymbol{T}_{\boldsymbol{y}_r}=\begin{bmatrix}0.592\,8 & 0.159\,6 & 0.159\,6 & 0.042\,3 & 0.042\,3 & 0.003\,3\\ 0.497\,8 & 0.248\,9 & 0.151\,1 & 0.035\,6 & 0.053\,3 & 0.013\,3\\ 0.497\,8 & 0.151\,1 & 0.248\,9 & 0.053\,3 & 0.035\,6 & 0.013\,3\\ 0.523\,4 & 0.196\,3 & 0.056\,1 & 0.093\,5 & 0.074\,8 & 0.056\,1\\ 0.523\,4 & 0.056\,1 & 0.196\,3 & 0.074\,8 & 0.093\,5 & 0.056\,1\\ 0.058\,8 & 0.294\,1 & 0.294\,1 & 0.117\,6 & 0.117\,6 & 0.117\,6\end{bmatrix}\tag{12.68}$$

$$M_{y_{xy}}=M_{y_x}=M_{y_y}=\begin{cases}\text{State nominal:} & (\mu_1,\sigma_1,n_1)=(0,1.0,0.012)\\ \text{State }\pm\text{reliable:} & (\mu_1,\sigma_1,n_1)=(\pm1.3,1.5,0.06)\\ \text{State }\pm\text{unreliable:} & (\mu_1,\sigma_1,n_1)=(\pm3.85,4.0,1.28)\\ \text{State faulty:} & (\mu_1,\sigma_1,n_1)=(\text{NaN},\text{NaN},\text{NaN})\end{cases}\tag{12.69}$$

$$\boldsymbol{T}_{\boldsymbol{y}_{xy}}=\boldsymbol{T}_{\boldsymbol{y}_x}=\boldsymbol{T}_{\boldsymbol{y}_y}=\begin{bmatrix}0.4809 & 0.1967 & 0.1967 & 0.0601 & 0.0601 & 0.0055\\0.4160 & 0.3200 & 0.1440 & 0.0800 & 0.0320 & 0.0080\\0.4160 & 0.1440 & 0.3200 & 0.0320 & 0.0800 & 0.0080\\0.3689 & 0.2136 & 0.1359 & 0.1942 & 0.0777 & 0.0097\\0.3689 & 0.1359 & 0.2136 & 0.0777 & 0.1942 & 0.0097\\0.0102 & 0.2959 & 0.2959 & 0.1837 & 0.1837 & 0.0306\end{bmatrix} \tag{12.70}$$

$$M_{y_z}=\begin{cases}\text{State nominal:} & (\mu_1,\sigma_1,n_1)=(0,0.08,0.012)\\\text{State }\pm\text{reliable:} & (\mu_1,\sigma_1,n_1)=(\pm 0.11,0.1208,0.06)\\\text{State }\pm\text{unreliable:} & (\mu_1,\sigma_1,n_1)=(\pm 0.55,0.71,1.28)\\\text{State faulty:} & (\mu_1,\sigma_1,n_1)=(\text{NaN},\text{NaN},\text{NaN})\end{cases} \tag{12.71}$$

$$\boldsymbol{T}_{\boldsymbol{y}_z}=\begin{bmatrix}0.5198 & 0.1762 & 0.1762 & 0.0617 & 0.0617 & 0.0044\\0.4020 & 0.4020 & 0.1106 & 0.0503 & 0.0302 & 0.0050\\0.4020 & 0.1106 & 0.4020 & 0.0302 & 0.0503 & 0.0050\\0.3704 & 0.2667 & 0.1481 & 0.1481 & 0.0593 & 0.0074\\0.3704 & 0.1481 & 0.2667 & 0.0593 & 0.1481 & 0.0074\\0.0667 & 0.2000 & 0.2000 & 0.2000 & 0.2000 & 0.1333\end{bmatrix} \tag{12.72}$$

$$M_{y_\Theta}=M_{y_\varphi}=M_{y_\theta}=M_{y_\psi}=\begin{cases}\text{State nominal:} & (\mu_1,\sigma_1,n_1)=\left(0,\dfrac{\pi}{220},\dfrac{\pi}{98.05}\right)\\\text{State }\pm\text{reliable:} & (\mu_1,\sigma_1,n_1)=\left(\pm\dfrac{\pi}{192},\dfrac{\pi}{176},\dfrac{\pi}{42.60}\right)\\\text{State }\pm\text{unreliable:} & (\mu_1,\sigma_1,n_1)=\left(\pm\dfrac{\pi}{60},\dfrac{\pi}{42},\dfrac{\pi}{10}\right)\\\text{State faulty:} & (\mu_1,\sigma_1,n_1)=(\text{NaN},\text{NaN},\text{NaN})\end{cases} \tag{12.73}$$

$$\boldsymbol{T}_{\boldsymbol{y}_\Theta}=\boldsymbol{T}_{\boldsymbol{y}_\varphi}=\boldsymbol{T}_{\boldsymbol{y}_\theta}=\boldsymbol{T}_{\boldsymbol{y}_\psi}=\begin{bmatrix}0.4686 & 0.2301 & 0.2301 & 0.0335 & 0.0335 & 0.0042\\0.4014 & 0.2721 & 0.1769 & 0.1020 & 0.0340 & 0.0136\\0.4014 & 0.1769 & 0.2721 & 0.0340 & 0.1020 & 0.0136\\0.3982 & 0.1403 & 0.0995 & 0.1719 & 0.0995 & 0.0905\\0.3982 & 0.0995 & 0.1403 & 0.0995 & 0.1719 & 0.0905\\0.0526 & 0.1579 & 0.1579 & 0.2105 & 0.2105 & 0.2105\end{bmatrix} \tag{12.74}$$

$$
\boldsymbol{S}_y=\begin{bmatrix}
1 & 1.0\cdot10^{-4} & 1.0\cdot10^{-4} & 3.0\cdot10^{-5} & 3.0\cdot10^{-5} & 3.0\cdot10^{-5} & 0 & 0 & 0 & 5.0\cdot10^{-7} & 5.0\cdot10^{-7} & 5.0\cdot10^{-7}\\
1.0\cdot10^{-4} & 1 & 1.0\cdot10^{-4} & 3.0\cdot10^{-5} & 3.0\cdot10^{-5} & 3.0\cdot10^{-5} & 0 & 0 & 0 & 5.0\cdot10^{-7} & 5.0\cdot10^{-7} & 5.0\cdot10^{-7}\\
1.0\cdot10^{-4} & 1.0\cdot10^{-4} & 1 & 3.0\cdot10^{-5} & 3.0\cdot10^{-5} & 3.0\cdot10^{-5} & 0 & 0 & 0 & 5.0\cdot10^{-7} & 5.0\cdot10^{-7} & 5.0\cdot10^{-7}\\
3.0\cdot10^{-5} & 3.0\cdot10^{-5} & 3.0\cdot10^{-5} & 1 & 6.0\cdot10^{-4} & 6.0\cdot10^{-4} & 0 & 0 & 0 & 0 & 0 & 0\\
3.0\cdot10^{-5} & 3.0\cdot10^{-5} & 3.0\cdot10^{-5} & 6.0\cdot10^{-4} & 1 & 6.0\cdot10^{-4} & 0 & 0 & 0 & 0 & 0 & 0\\
3.0\cdot10^{-5} & 3.0\cdot10^{-5} & 3.0\cdot10^{-5} & 6.0\cdot10^{-4} & 6.0\cdot10^{-4} & 1 & 0 & 0 & 0 & 0 & 0 & 0\\
0 & 0 & 0 & 0 & 0 & 0 & 1 & 3.0\cdot10^{-4} & 4.0\cdot10^{-6} & 2.0\cdot10^{-5} & 2.0\cdot10^{-5} & 2.0\cdot10^{-5}\\
0 & 0 & 0 & 0 & 0 & 0 & 3.0\cdot10^{-4} & 1 & 4.0\cdot10^{-6} & 2.0\cdot10^{-5} & 2.0\cdot10^{-5} & 2.0\cdot10^{-5}\\
0 & 0 & 0 & 0 & 0 & 0 & 4.0\cdot10^{-6} & 2.0\cdot10^{-5} & 1 & 0 & 3.0\cdot10^{-5} & 3.0\cdot10^{-5}\\
5.0\cdot10^{-7} & 5.0\cdot10^{-7} & 5.0\cdot10^{-7} & 0 & 0 & 0 & 2.0\cdot10^{-5} & 4.0\cdot10^{-6} & 1 & 0 & 0 & 0\\
5.0\cdot10^{-7} & 5.0\cdot10^{-7} & 5.0\cdot10^{-7} & 0 & 0 & 0 & 2.0\cdot10^{-5} & 2.0\cdot10^{-5} & 0 & 3.0\cdot10^{-5} & 1 & 3.0\cdot10^{-5}\\
5.0\cdot10^{-7} & 5.0\cdot10^{-7} & 5.0\cdot10^{-7} & 0 & 0 & 0 & 2.0\cdot10^{-5} & 2.0\cdot10^{-5} & 0 & 3.0\cdot10^{-5} & 3.0\cdot10^{-5} & 1
\end{bmatrix}
\tag{12.75}
$$

1）传感器故障模拟

最后提到的状态“故障”不会产生随机附加测量噪声，而是输出 NaN（Nota Number）值，这些值被 SP-UKF 忽略。在监测测量信道中的 NaN 值时，SP-UKF 将测量值 y_i 的列矢量的相应第 i 行设置为 $\hat{y}_i$ 的值。这导致 $\boldsymbol{P}_y$ 协方差矩阵的相应行和列为零，对省略的估计列向量 $\hat{\boldsymbol{x}}(k \mid k)$ 的相应行的更新，并且 $\boldsymbol{P}_x(k)$ 的对应行和列增长而不是下降。后者表示估计值的可信度降低，如果一系列错误读数持续过长，则会影响 SP-UKF 的稳定性。

2）异常值拒绝

为了使 SP-UKF 保持稳定并向相关控制器的反馈提供可靠的状态估计，系统拒绝异常值测量。异常值的拒绝与错误测量相同，测量列向量 $\boldsymbol{y}$ 的适当行用 NaN 覆盖，就好像在异常值测量信道中发生传感器故障一样。

$\boldsymbol{y}$ 的离群行被认为是对任意值按列进行检查，满足式(12.76)～式(12.78)。

$$\boldsymbol{R}_y(k)=\boldsymbol{y}(k)^{\mathrm{T}}\cdot\boldsymbol{y}(k)=[\boldsymbol{r}_y^{(i,j)}] \tag{12.76}$$

$$i_{out}=\{\arg_i(\exists j,\ \boldsymbol{r}_y^{(i,j)}>16\cdot\boldsymbol{P}_x(k))\} \tag{12.77}$$

$$\boldsymbol{y}[\{i_{\mathrm{out}}\}]\overset{\mathrm{redef}}{=}\mathrm{NaN} \tag{12.78}$$

其中，$\boldsymbol{P}_x(k)$ 是由 SP-UKF 呈现的全状态向量的估计的协方差矩阵。

3）处理噪声

假设加性过程噪声是无偏差的多变量速率限制白噪声。

所使用的协方差矩阵在式(12.79)中给出，并且速率限制在式(12.80)中的矢量中。

$$
\boldsymbol{R}_v^{(\text{true})}=\begin{bmatrix} 0.2 & 0.01 & 0.01 & 0 & 0.005 & 0.005 \\ 0.01 & 0.1 & 0.0275 & 0.01 & 0.003 & 0.035 \\ 0.01 & 0.0275 & 0.1 & 0.01 & 0.003 & 0 \\ 0 & 0.01 & 0.01 & 0.0011 & 0.0001 & 0.00015 \\ 0.005 & 0.003 & 0.03 & 0.0011 & 0.002 & 0 \\ 0.005 & 0.035 & 0 & 0.00015 & 0 & 0.0022 \end{bmatrix} \tag{12.79}
$$

$$
\boldsymbol{n}_v^{(\text{true})}=\begin{bmatrix} 0.2 & 0.2 & 0.2 & \frac{\pi}{36} & \frac{\pi}{36} & \frac{\pi}{36} \end{bmatrix}^{\mathrm{T}} \tag{12.80}
$$

12.4.4 控制信号调节

通过评估式(12.2)得到的 $f_i(k) \leftarrow \boldsymbol{E}[\hat{x}_{\mathrm{AUV}}(k)]$ 的解，或更准确地说式(12.29)，由 SP-UKF 提出的估计 $\hat{\boldsymbol{x}}_{\mathrm{AUV}}(k)$，将用于形成由式(12.41)、式(12.44)中的前进速度和航向控制器接受的命令，$\boldsymbol{c}=[\ \dot{u}_c u_c\ \dot{\psi}_c \psi_c]$。

AUV 的低级控制系统的任务是尝试重建将 $f(k)$ 应用于无约束点单位质量即完整 2D 二元积分器模型的运动，直到推力分配、运动学和实际航行器的动态约束。在以下等式中，以欧拉反向公式的形式假设在 R^2 空间上的积分的时间 T 的采样。则自然地：

$$
u(k)=\sqrt{u(k-1)^2+T^2 f^2+2Tuf_{\parallel}} \tag{12.81}
$$

$$
\begin{aligned}
\dot{u}(k) &= \frac{1}{T}[u(k)-u(k-1)] \\
&= \frac{1}{T}\sqrt{u(k-1)^2+T^2 f^2+2Tf_{\parallel}u(k-1)}-\frac{u(k-1)}{T}
\end{aligned} \tag{12.82}
$$

$$
\dot{\psi}(k)=\frac{1}{T}\arctan\left(\frac{Tf_{\perp}}{Tf_{\parallel}+u(k-1)}\right) \tag{12.83}
$$

$$
\ddot{\psi}(k)=\frac{1}{T}\left[\frac{1}{T}\arctan\left(\frac{Tf_{\perp}}{Tf_{\parallel}+u(k-1)}\right)-\dot{\psi}(k-1)\right] \tag{12.84}
$$

其中 $f \overset{\text{id}}{=} \| f \|$ 是总控制力的范数，允许分解为 $[f_{\parallel}\ f_{\perp}]^{\mathrm{T}}$，与 AUV 航向方向平行且垂直的分量。由 $\psi(k-1)$ 给出，尽管可能由 $x_2=v_2=v\neq 0$ 得到的侧滑。

此时，假设 AUV 具有指定的性能包络 $(\bar{u},\ \bar{\dot{u}},\ \bar{\dot{\psi}},\ \bar{\ddot{\psi}})$。

利用这些作为给定的独立参数，式(12.81)～式(12.84)的操纵导致约束，其规定 f 需要被钳位的可允许范围，以避免迫使 AUV 的低电平控制器超出其正常操作范围。

1) 约束不等式

根据式(12.81)得出的 f 的解的轨迹更易于在 AUV 固定坐标系中可视化[一个原点为 x_i，x 轴与 $u(k-1)\angle\psi(k-1)$ 对齐]。其中，允许的解决方案轨迹是沿 x 轴的偏移量 $u(k-1)/T$，由隐式表达式给出：

$$\left\|\left[f_{\parallel}+\frac{u(k-1)}{T}f_{\perp}\right]^{\mathrm{T}}\right\|\leqslant\frac{\bar{u}}{T} \tag{12.85}$$

类似于前述情况，式(12.82)的解决方案的轨迹是与式(12.85)描述的盘同心的偏移环带：

$$\frac{u(k-1)}{T}-\bar{\dot{u}}\leqslant\left\|\left[f_{\parallel}+\frac{u(k-1)}{T}f_{\perp}\right]^{\mathrm{T}}\right\|\leqslant\frac{u(k-1)}{T}+\bar{\dot{u}} \tag{12.86}$$

式(12.83)的解的轨迹与前一种情况类似，是式(12.86)所述的以圆盘为中心的偏置环空：

$$\left|\arctan\left(\frac{a_{\perp}}{a_{\parallel}+\dfrac{u(k-1)}{T}}\right)\right|\leqslant T\bar{\dot{\psi}} \tag{12.87}$$

式(12.84)的解的轨迹同样是与所有其他轨迹同心的无限圆盘(1 锥)的角扇区，其满足不等式：

$$T\dot{\psi}(k-1)-\frac{T^2}{2}\bar{\ddot{\psi}}\leqslant\arctan\left(\frac{f_{\perp}}{f_{\parallel}+\dfrac{u(k-1)}{T}}\right)\leqslant T\dot{\psi}(k-1)+\frac{T^2}{2}\bar{\ddot{\psi}} \tag{12.88}$$

如果 $f(k)$满足式(12.85)～式(12.88)中所述的所有标准，即它是否属于 R^2 形状为环形扇区的子集，则 $f(k)$的解是合法的。

2) 逼近总控制力

如果式(12.85)～式(12.88)不满足，则采用非线性程序将 f 收紧到允许范围内。因此，低级控制器的操作点保持在滑动面的准线性附近。该程序在算法 3 中是伪编码的，用该算法逼近后，用式(12.81)～式(12.84)生成命令 $c=[a_c\quad u_c\quad r_c\quad \psi_c]^{\mathrm{T}}$ 作为底层命令用于低阶控制器。

12.5 模拟结果

结合前面几章提出的虚势框架和 HILS，对一组 4 个模拟 Aries-precursor AUV 编队巡航进行仿真。

12.5.1 模拟 1

第一个模拟显示了在通向航路点的两个障碍物之间的无障碍航道上形成的巡航。图

12.10 显示了 AUV 的实际路径。图 12.11 显示了所有四辆航行器的速度。由于航行器运动学的非完整性，发生路径中的初始倾斜，因此它们无法从零启动速度开始操纵，这将

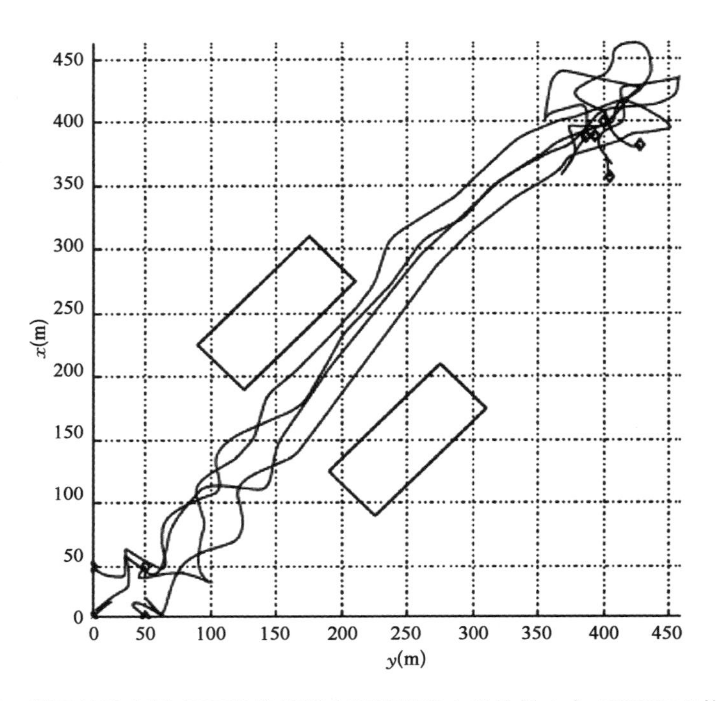

图 12.10　基于核动力源 ARIES 航行器在整洁环境中巡航的 4 个 AUVHILS 模型路径

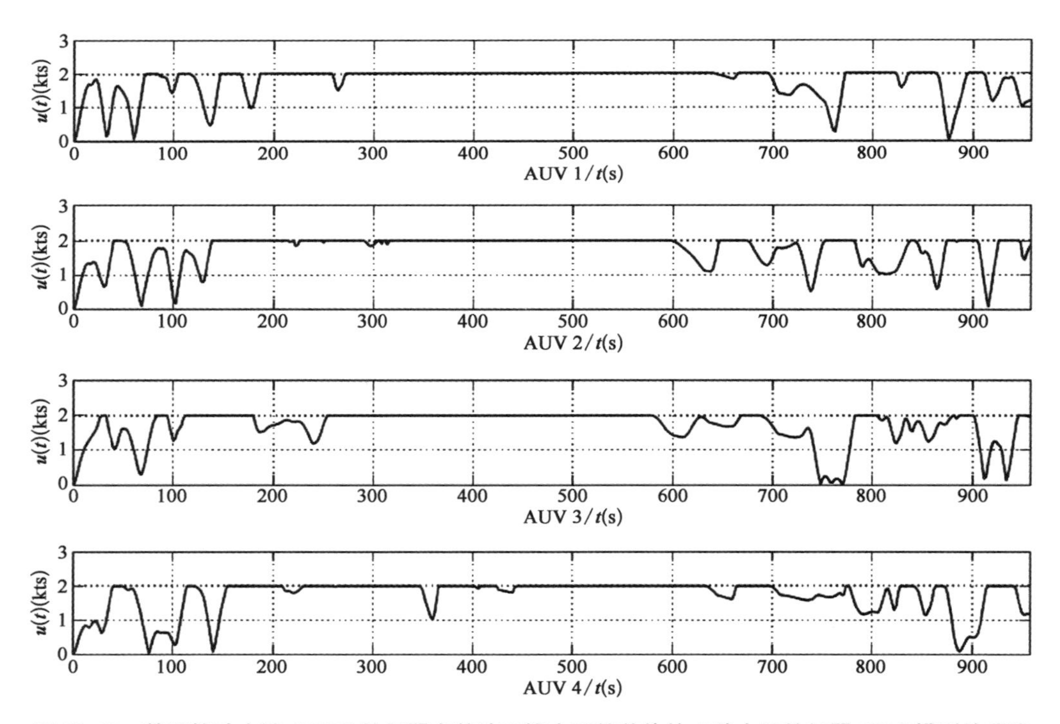

图 12.11　基于核动力源 ARIES 航行器在整洁环境中巡航前体的 4 种水下航行器 HILS 模型的速度

完全保持初始编队,并仍然开始导航至航路点。尤其是在接近零速度的情况下,控制面(δ_r, δ_s)是非常无效的。在 AUV 停在稳定阵型配置后,路径周围区域的最终倾斜发生。在接近航路点和低速时,状态估计中的漂移因 AUV 在高速时流线型所提供的被动稳定性不足而更加突出。

这与非完整运动学一起,导致航行器瞬间破坏编队。只有在积累足够的速度后,航行器才能在足够小的半径内转弯,重新建立队形。路径中的倾斜与航行器速度图中的倾斜相对应,因为它们的指令速度再次上升以重新建立队形。

12.5.2　模拟 2

第二个模拟显示了在由两个更大的矩形障碍物定义的严重混乱的走廊上形成的巡航。图 12.12 显示了实际行驶的路径。图 12.13 显示了四辆航行器的速度。

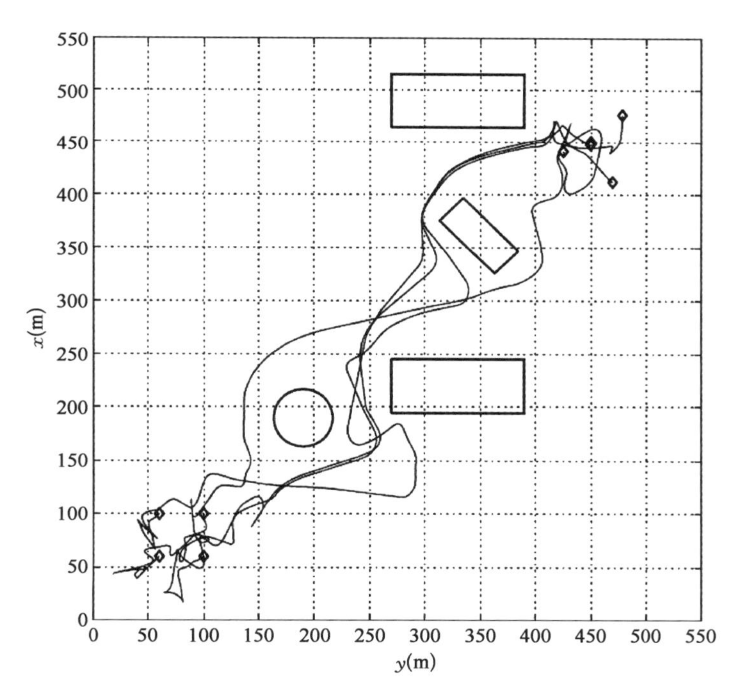

图 12.12　基于核动力源 ARIES 航行器在杂乱环境中巡航前驱的 4 个 HILS 模型 AUV 的路径

1) 巡航阶段 1

巡航是以编队开始的。然而,很快编队就遇到了第一个障碍。由于领先编队成员在绕行至障碍物任一侧之前会暂时减速,因此尾随成员“堆积”在这个人工势垒(尤其是最接近原点的 AUV)前面。这在第一个圆形障碍物之前的倾斜和暂时混乱中很明显。但是,通过跨层设计隐式封装的操作安全方法得到了保留。航行器打破队形,使其中一个航行器绕过左边的第一个障碍物,而另一个航行器绕过右边的障碍物。由于这会产生与其他

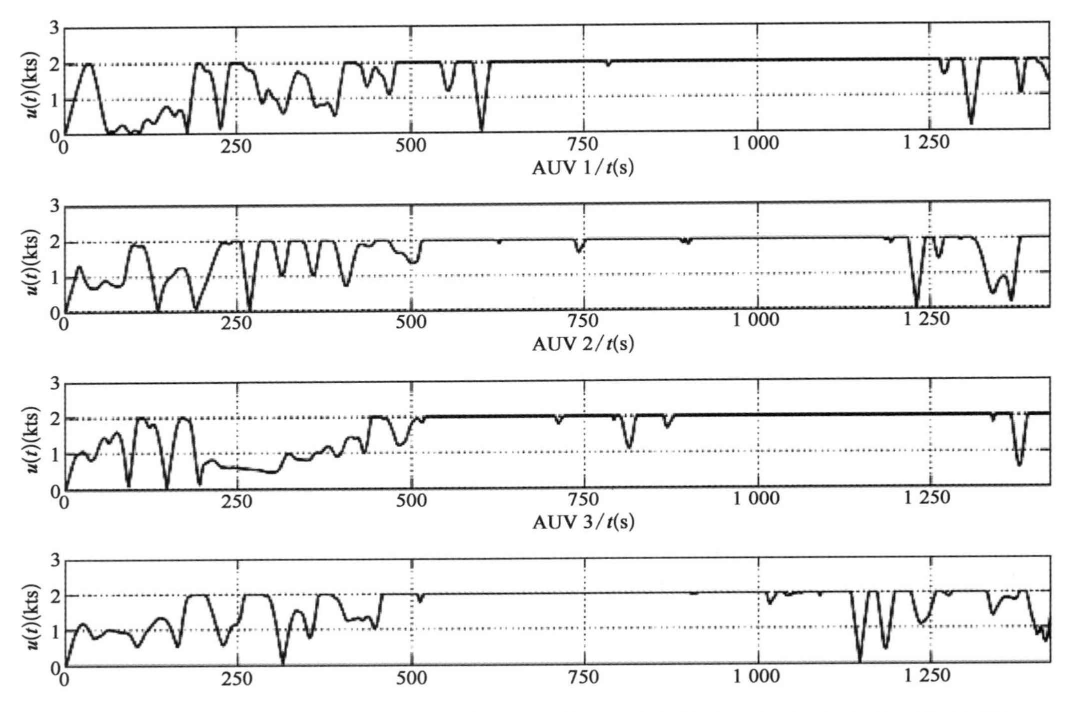

图 12.13 基于核动力源 ARIES 航行器在杂乱环境中巡航前体的 4 个 HILS 模型 AUV 的速度

组员明显不同的轨迹，因此航行器 1 直到很晚才能够重新加入编队。

2）巡航阶段 2

另外 3 个航行器（2、3 和 4）在能够恢复编队前遇到了两个大矩形障碍物中的第一个。请注意，2 号和 3 号航行器仍保持在前导-后导排列中，这一点在巡航的这一阶段可以通过它们紧密匹配的轨迹来证明。"舷外支架"航行器 4，试图保持与 2 号和 3 号的队形，在更接近迎面的轴承处遇到大矩形障碍物。因此，它执行了一个重大的航向变化操纵，在此期间，它不能在安全避开障碍物和保持 2 号和 3 号编队之间达成令人满意的妥协。当 2 号和 3 号航行器编队通过圆形障碍物和第一个大矩形障碍物之间的海峡时，引导航行器 3 开始向右舷移动，朝向航路点。此操作会导致编队单元顶点跟随在航行器 3 后面，代表航行器 2 的主要导航目标，开始累积超过 2 能够匹配的速度。这是因为，当航行器 3 向右舷摆动时，编队单元顶点"扫过"水面，其速度由航行器 3 的线速度和编队单元 f 的"臂"贡献的切向速度之和组成。

3）巡航阶段 3

然而，在航行器 2 到 3 之间形成的断裂发生在这样一个时刻，即航行器 1 在 2 跑得更远之前赶上 2，将其尾随的单元顶点表示为航行器 2 的局部导航目标。这就是为什么航行器 2 在右舷显示出一个硬断，试图形成自己作为 1 号航行器的追随者。然而，就在 2 号正在完成其编队时，航行器 1 在最后一个障碍物周围移动——呈对角线的小矩形。从 2 的观点来看，由于 1 的尾随单元顶点被障碍物的排斥力所遮蔽，因此它将重新定向到其附近的第二个导航目标——第 2 阶段航行器 4 的“迟到者”单元顶点。这种重新定位有助于 2“决定”将对角矩形绕向右舷，而不是左舷，如果不存在编队影响，这是最佳选择。第 3 阶段结束时，2 号航行器正试图追捕 4 号航行器，而 4 号航行器弯着对角矩形，离开 2 号航行器。

4）巡航阶段 4

第 4 阶段是在没有形成的情况下进入的。这一阶段的特点是在所有航行器独立到达的路标上汇合，然后重新建立阵型。然而，由于操作安全，理想的形成是不可能的，因为没有航行器“愿意”接近第二个大矩形障碍。由于所有航行器都降低了路点附近的速度，操纵能力降低加剧了这种情况。

第13章 自主水下航行器水下环境感知技术

浩瀚的海洋，不仅是生命的摇篮，更是自然资源与科学研究的天然宝库，蕴藏着极其丰富的生物资源、化学资源、矿产资源和动力资源。现如今，水下机器人技术已经在石油勘探、深海打捞、水库勘探、水利水文测量、航道勘探等诸多领域发挥了巨大的作用。

随着海洋考察的范围逐渐扩大，从海面扩展到海底、从近岸延伸到远洋、从浅海发展至深海，AUV 也在朝着自组织、自学习、自适应的智能化方向发展，具备感知海洋环境和地形建模的能力，并根据环境信息做出任务规划，以及根据决策灵活移动的能力。

13.1 传感器结构

AUV 对于水下环境监测往往需要与许多环境感知传感器协同配合来完成，这些传感器一般可以分为两类：载荷传感器和导航传感器。

13.1.1 载荷传感器

作为水下环境的重要监测单元，荷载传感器可以通过直接测量与远距离感知的方式获取测量数据。而 AUV 的目标则是在测量水下环境信息的同时明确这些测试点的具体定位。对于 AUV 来说，这一过程是动态的，而且时间上也存在一定的困难需要克服。随着水下机器人更加自动化的发展趋势，这些传感结构不再只是被动载荷，而是可以将测量结果回传至任务调度层，并且在操作任务中完成指导和优化。对于静态的监测过程，也需要尽可能地考虑到结果和反应过程对自主工作的影响。对于动态监测过程，潜水的相关参数也需要被考虑在内——包含全局环境状态和任务进程的评估和计划。

1）视频图像传感器

海床光学成像可以为海底形状、颜色、质地等海底环境信息的测量提供解决方案。由于可提供高质量的色泽、质地辨认图像，光学成像法始终是针对海底目标识别最可靠和最有效的测量手段。然而，由于海水能见度极大地限制着光学相机在水下的监测范围，通过图像信息如何获取高质量的目标数据仍是该方法最大的挑战。借助视频图像传感器开展水下环境监测在水下地质状态评估、考古及生物行为学习等方面具有重要的研究价值。

2）水下高光谱遥感系统

应用高光谱成像仪(underwater hyperspectral imaging，UHI)，颜色信息可通过不同波长的可见光进行量化，通过测量所有波长的光谱特性，海底和海水的吸光特性可以被识别和量化。利用所选光源的光谱分布特性，UHI 的测量结果可以作为某些水下物质是否存在的依据，如叶绿素、化学染料及海床矿物。

UHI 系统可以搭载在 AUV 和 ROV，以及其他的水下移动平台，对海底进行实时的光谱扫描，所获取的一体化光谱数据、视频和导航融合数据可以光谱分析应用软件进行处理。图 13.1 所示为 UHI 传感器与水下目标扫描光谱图。

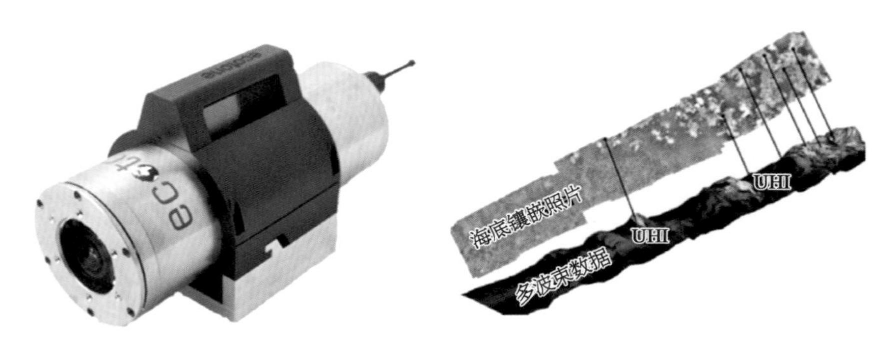

图 13.1　UHI 传感器与水下目标扫描光谱图

3）温盐深仪

温盐深仪(conductivity temperature depth, CTD)传感器的应用非常广泛，是一种可同时监测液体导电率、温度和压力等参数的海洋学仪器。CTD 直接测量的数据并不包含其中文名所含之盐度和深度，盐度由测得的导电率计算得到，而深度则由测得的流体静压力算出，另外，水下声音传导速率、海水密度等指标也可通过 CTD 测得的基础参数计算得到。海水盐度和密度是海洋学研究的关键参数，而水下声速在声呐应用如海底测绘及听觉导航等方面也尤为重要。

不同的目标决定了 CTD 壳体的材质，如各类金属、树脂等，其中钛制壳体的耐压深度可达 10 000 m。CTD 也可以集成其他类型的传感器，如溶解氧传感器和叶绿素荧光传感器等。

4）磁力计

磁力计传感器是一种铁磁物品远程感应装置。铁磁物品可隐藏在海床、土壤、水里或其他媒介中，磁力计能够穿透沉淀物质。在第二次世界大战中，磁力计得到了很大的发展，并作为定位潜艇或未爆炸物(军用)的一种有效方式。

在水下探测中，磁力计具有多种用途。在探测区域内，可以在船后拖拽单或多重传感器来定位水下目标。在更为密集的勘测中，使用磁力计是为了精确地定位目标，如船只残骸等，通过测量水下船只的磁力特性实现目标定位，该方法对于考古方面意义重大。

5）声学多普勒流速剖面仪

声学多普勒流速剖面仪(acoustic doppler current profiler, ADCP)是一种被用来测量水流速率的传感器。该仪器通过自身的声波换能器向水中发射脉冲声波，然后根据反射信号的反向散射强度和多普勒频移计算水中颗粒物沿声束方向移动的速度。利用水底脉冲测量水深及测船相对于地球的速度矢量，两者矢量的差值就是要测量的流速矢量。

用航行速度乘以时间可以计算水面宽度，然后根据水深、水面宽和流速，即可获得流量。如图 13.2 所示，是 ADCP 的工作原理图。

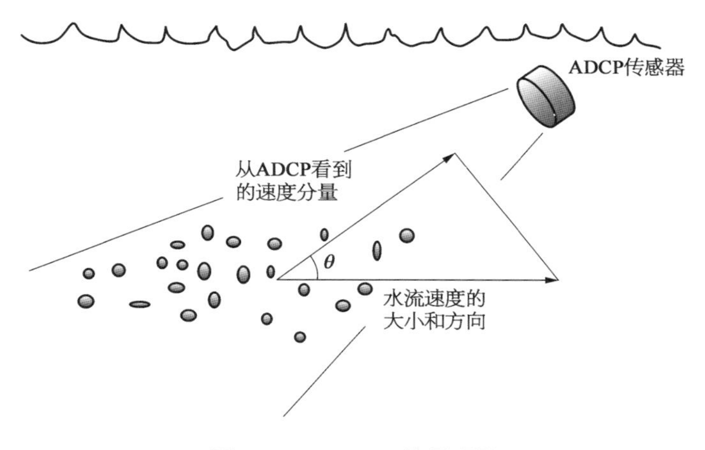

图 13.2　ADCP 工作原理图

6）主动声呐

主动声呐是一种用于测量记录海床或水柱中物体的反射声信号的仪器。该系统可以有效地记录和绘制地质特征，考古物体和其他人造结构。多波束回声探测器通过发射器发射声脉冲，具有已知方向的声束可以测量每次发射的数百米范围，通过在海床表面上建立 xyz 坐标，从而建立海床的 2.5D 或 3D 模型。侧扫声呐用于测量海床的表面反射率，在移动波束的同时发送数千个声脉冲并测量反射的点的强度和信号的飞行时间，从而绘制得到海床声学反射率的图。最初只测量时间和强度，并且需要平坦的海床假设来提供图像，但是，几个联合的侧扫声呐还可以测量从海床反射的信号的相位信息，以产生范围和方位。这些侧扫声呐被称为干涉测量，并且还可以提供海底的测深信息。地层剖面仪可以产生关于海底结构的信息，该系统的传输能够穿透海床的低频，高功率声学脉冲，通过测量反射信号的强度，记录海底条件。

7）合成孔径声呐

在过去十年中，合成孔径声呐已广泛应用于 AUV 平台上。这些系统对于每个海床点同时使用多个声脉冲，建立虚拟换能器阵列，与传统侧扫声呐相比，可以提供更好的距离和更高的海底分辨率。由 Kongsberg Maritime 销售的 HiSAS 系统还加入了干涉测量处理，消除了海底平坦假设对测量的影响。

8）光学反向散射和衰减测量法

光学反向散射和衰减测量可用荧光计，浊度传感器和散射传感器等仪器来表征海水特征，另外，氧气浓度和饱和度可以通过现场光极测量，从而实现监测海洋中的生物和化学条件的任务。这些数据可用于区分水体，也可用于研究水中的生物化学发展。

13.1.2　导航传感器

1）声学基线传感器

几十年来，声学基线传感器如长基线（long base line，LBL）和超短基线（ultra-short

base line, USBL)一直是水下作业的首选定位传感器。这些系统测量信号的飞行时间,并应用声速来计算范围。USBL 还可以通过测量输入信号的相位以确定方向,根据范围和相位角推导出相应的位置。声学基线传感器的优点是可以观察到并且有界限,缺点是需要在海床或船舶上安装。对于 ROV 操作,这可能是可以接受的。然而,对于 AUV 而言,一个主要问题是需要提供预先安装的基础设施并且对船只的依赖程度较低。

2）多普勒速度记录仪

多普勒速度记录(Doppler velocity log, DVL)使用与 ADCP 相似的原理测量速度。DVL 底部跟踪模式和水道模式两种模式选择。通过水下颗粒物反射的输入信号中的多普勒频移计算速度。通过让几个传感器指向不同的方向,可以观察到所有 xyz 轴三个方向的速度。

3）压力传感器

根据重力和海水密度的相关知识,可以得知深度与压力有关。通过压力传感器,两者都可以轻易并准确地观察到。获得准确的压力读数,我们可以准确地估计出需要的深度值,该指标对于潮汐,海水密度剖面和估算重力的纬度等内容具有十分重要的意义。

4）航向传感器

航向传感器可以提供船只航向的测量。围绕垂直轴方向的测量主要涉及三方面：地球的自转,地球的磁场,及两个或多个点的相对位置。前者是水下应用中最常见和最准确的。

5）惯性传感器

惯性传感器构成了大多数航位推算系统的基础。在时域中整合加速度和方向角的变化率,可为观察者提供位置、方位角、速度和加速度的状态估计。惯性系统中的误差分量将导致位置估计以增加的速率漂移。为了限制这种漂移,惯性导航系统使用辅助传感器,如 DVL、压力传感器、声学甚至 GPS 来增强测量。

13.2 水下整合平台

对于水下环境的监测,往往需要将上述的多个传感器集成到 AUV 船身上进行联合测量,有时甚至需要多个 AUV 联合工作或搭配其他船舶系统协同作业。对该任务而言,核心目标是实现系统操作和自主化运营,并且具有在非结构化和未知环境中管理意外事件的能力。这不仅仅是模仿人类操作员进行海上自主控制,更意味着将数学模型与来自传感器和仪器采集的实时数据相结合,并允许优化算法设计和嵌入计算机系统的响应。

本节将简要讨论用于绘图和监测的各种水下平台及整合平台的功能。

1）Landers

Landers 是由船舶和起重机部署到配有传感器和仪器的海床的固定平台。它们可以自我充分地存储能量和数据，或者它们可以连接到岸上的电力和通信电缆。考虑到存在足够的能量供应和数据存储容量，时间分辨率可能很高。但是，空间分辨率将受限于安装的传感器的覆盖范围。大多数传感器都是点采样器，而其他传感器（如有源声学）可以覆盖更广泛的区域。有源声学的范围取决于所使用的频率，从几米到几千米不等。

2）远程水下机器人

远程水下机器人（remotely operated underwater vehicle，ROV），是在水柱或海床上运行的移动传感器平台，通常从船上部署。主要有三类：① 眼球 ROV；② 观察级 ROV；③ 工作级 ROV。眼球船很小，在浅水和受保护的水域中效果最好，可以手动操作，它们通常只带有摄像头，设备容量非常有限；观察级 ROV 较大，可以处理较小的有效载荷仪器和工具，机械臂可以安装在它们上面，它们可以在开阔的海洋中运行；工作级 ROV 通常采用液压驱动，可以处理多种类型的工具，质量可达数吨。在大多数情况下，这些大型设备需要专用的发射和回收系统，并将集成到船舶中。ROV 运动控制系统 Caccia，Bruzzone，& Veruggio，Silvestre，Cunha，Paulino，& Pascoal，Fernandes，Sorensen，Pettersen，& Donha，Dukan & Sorensen，Sorensen，Dukan，Ludvigsen，Fernan-des 和 Candeloro 可为 ROV 提供机动能力，如站点保持/悬停（动态定位）以及目标和底部跟踪。另外，ROV 可以提供来自调查区域的高分辨率数据，包括详细的海底和采样数据，空间分辨率低至毫米。

3）AUV

AUV 在操作之前需要编程其需要执行的任务。编程的任务包含完成用户目标所需的动作。即对于海底测绘，任务文件将包含航行器应该访问哪些航点，使用的速度和高度以及何时打开和关闭仪表的信息。这些设备不受限制，不依赖于操作员在场。它们可以分为小型 AUV 和大型 AUV。小型 AUV 可以手动处理，也可以从小船和海岸线上进行操作；大型 AUV 可能重达数吨，需要一个带有专用发射和回收系统的研究船。到目前为止，使用站点保持/悬停功能的 AUV 访问会受到限制。目前，这也是具有操纵器功能的 AUV 进行轻度干预和采样的情况。AUV 可以在大面积上提供高空间分辨率数据的海底和水柱映射。与 ROV 容量相比，AUV 每次的测量区域覆盖率明显更高，因为前者由于连接带上暴露的电流负载/阻力而具有有限的空间范围。

4）Glider

滑翔机 Glider 是 AUV 的变种，可以使用可变浮力系统推进滑翔机。像 AUV 一样，它们在执行任务之前进行编程，并在没有操作员直接控制的情况下执行任务。与 AUV 和 ROV 相比，滑翔机的操作范围和空间覆盖范围很高，因为它们用于推进的能量更少。速度相当低，以最小的能量跟随洋流系统。操作可能会持续数周，而对于测量水柱参数，滑翔机是一种有效的工具。但是，导航和机动的准确性是有限的。Norgren，Ludvigsen，Ingebretsen 和 Hov-stein 在有限的网络中将 AUV 和 USV 结合起来证明了合作航行器的潜在优势。该任务的目的是绘制一个从第二次世界大战中寻找飞机残骸的区域。USV被编程为在携带声学调制解调器时保持在AUV附近并将信息传递给操作中心。所展示的概念可以使操作具有延长的间隙并减少昂贵的水面船舶的AUV依赖性。

13.2.1 空间和时间覆盖范围和分辨率

尼尔森等人提出了基于整体环境监测方法的综合环境制图和监测(integrated environmental mapping and monitoring,IEMM)概念,该方法根据目的和对象或感兴趣区域进行调整。提议的IEMM概念描述了这样一个系统的不同步骤:从调查任务到选择参数,传感器,传感器平台,数据收集,数据存储,分析和数据解释,实现可靠的决策。除了基本参数的测量之外,数据解释的质量还取决于数据的空间和时间分辨率,以及覆盖范围。因此,在任务规划过程中必须考虑空间和时间的动态。

相关技术平台的时间和空间分辨率,以及覆盖能力如图13.3所示,对应数量级表示。空间和时间的覆盖和需求将取决于任务目的,而不同的决策者,如科学家,政府人员和企业家可能有另外的需求。正如Nilssen等人所建议的那样:平台的能力和局限性,任务目的和目标或领域,以及参与综合运营的能力,包括互补平台具有相同的重要性。在这种情况下,水下平台可以是着陆器或系泊设备、ROV、AUV和滑翔机。为了取得成功,各个平台的改进以及与网络中不同平台的集成都非常重要。这种综合方法包括USV、船舶、UAV、飞机和卫星遥感等。最近,对UAV和自主的研究增加了将低成本无人机作为传感器平台和通信集线器应用于地面或空中传感器平台之间的兴趣。支持AUV作业的母船,与发射船有一定距离。

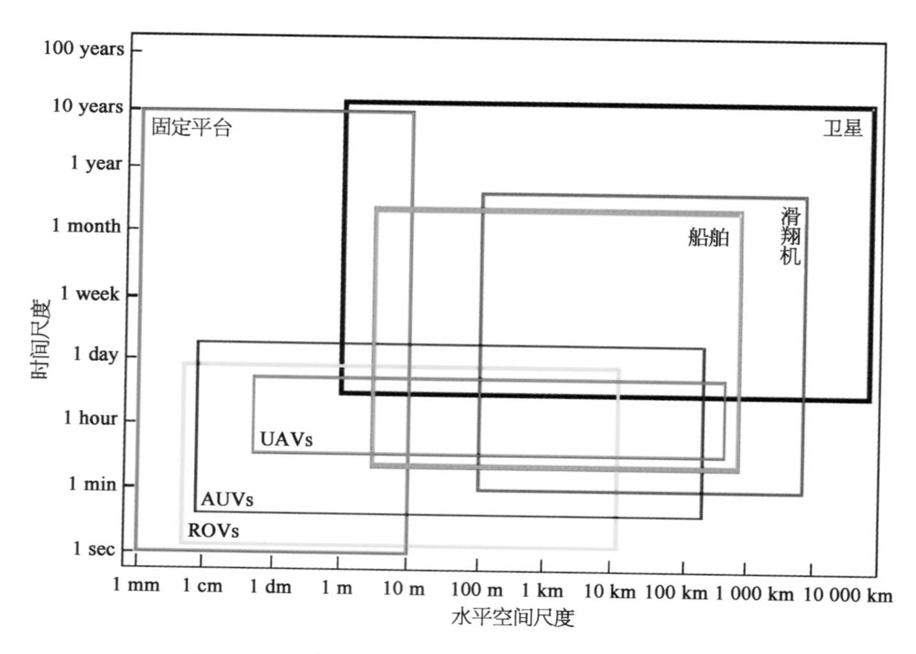

图13.3 不同平台的空间和时间分辨率和覆盖范围

对于沉船,分解的时间常数是多年,这取决于水深,温度和位置。沉船的分解可能需要几年甚至几千年。然而,对于地质变化,时间常数大多在数千至数百万年的数量级,使得过程的动态不可观察。对于行业发展,人们可能对航道或其他可能在几年内发生变化的结构感兴趣;生物和海洋过程通常具有更低的时间常数,并且可以更快速度地改变几十年。这样的过程可以是浮游生物的分布或两个不同水体之间的混合;对于潮汐等海洋学过程,可以使用声学多普勒电流分析仪观察到电流和时间变化,时间常数可以达到数小时至数年。

过程精度既定义了所需的传感器精度,又定义了所需的导航精度。表 13.1 反映了试图使用有效载荷传感器记录的过程的典型动态,参见图 13.3 中提出的过程时间常数的数字是为了强调过程动态规划运作的影响而进行的概括。在这种情况下,时间常数超过十年的过程可以被认为是不变的。当时间常数介于 10 年和 1 周之间时,可以使用重复的时间序列调查来记录。当时间常数低于 1 周时,可以尝试在单个操作中解决。较低的时间常数需要较高的时间分辨率,可能需要多个水下平台,或者可能需要着陆器。

表 13.1　通过仪器测量的过程的时间常数

过　程	光学成像	声　呐	磁力计	ADCP	光　学	CTD
考古学	10～100 年	10～100 年				
地质学	10～1 M 年	10～1 M 年	10～1 M 年			
工　业	秒～年	秒～年	年			
生物学	秒～年			秒～年	时～年	
海洋学				时～年	时～年	时

13.2.2　自治功能

1) 研究目标

水下环境监测系统所涉及的研究领域是复杂且多学科的。该方法将在理论,数值和模型,全尺寸实验研究方面具有坚实的基础。核心目标是实现自主运营系统,这样的自主运营系统通常被称为智能系统,因为它们能够管理非结构化和未知环境中的意外事件。这不仅仅是模仿人类操作员,还意味着将数学模型与来自传感器和仪器的实时数据相结合,并允许设计优化响应的算法并将其嵌入计算机系统中。实现自主技术所必需的技术和科学包括无线电和水声通信,嵌入式计算机系统,通信网络,传感器和仪器,人机交互,认知科学,电力电子和电力驱动。

2) 操作类型

自治水平有不同的定义,从手动或遥控操作,半自动到高度自动驾驶系统几个步骤。自主水平的特征在于人机交互,任务复杂性和环境复杂性的水平。

① 自动操作(远程控制):表示即使系统自动运行,人工操作员也会指挥和控制所有高级任务计划功能,通常是预编程的(人工操作)。

② 经同意管理(远程操作):系统自动为与特定功能相关的任务操作提出建议,并且系统在重要时间点提示人工操作员以获取信息或决策。在这个级别,由于距离的原因,系统可能具有有限的通信带宽,包括时间延迟。在委托时,系统可以独立于人为控制执行许多功能(人工授权)。

③ 半自动或异常管理:意味着当响应时间太短而无法进行人为干预时,系统会自动执行与任务相关的功能。人可以在定义的时间内覆盖或更改参数并取消或重新定义动作。操作员的注意力仅限于某些决策的例外情况(人为监督控制)。

④ 高度自治:系统在非结构化环境中自动执行与任务相关的功能,具有规划和重新规划任务的能力。人们可能会被告知进展情况。该系统是独立的,“智能的”(人为的循环)。

3) 控制架构

Sotzing and Lane 解决了协调多个 AUV 操作的问题并提出了一个智能任务执行框架,该框架使用多代理技术来控制和协调通信缺陷环境中的多个 AUV。受到这项工作和 Hagen 等人的工作的启发,本节介绍了一种“自下而上”的自治方法,其架构如图 13.4 所示。三个控制级别定义如下:

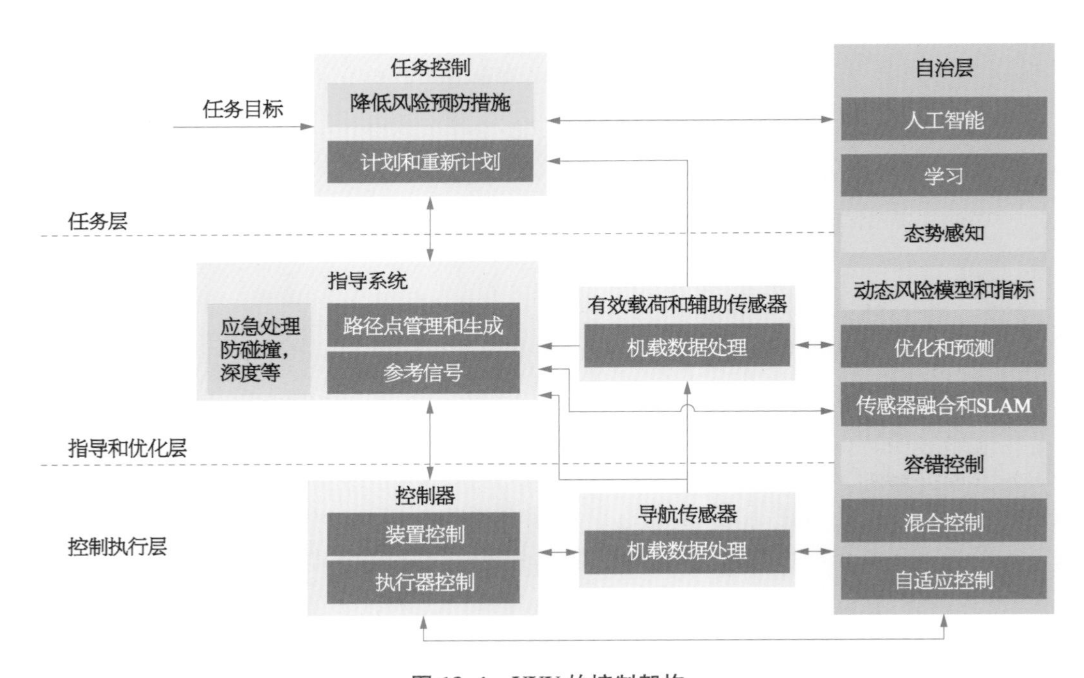

图 13.4 UUV 的控制架构

① 任务计划员级别:确定任务目标并计划任务,根据应急处理,有效载荷传感器数据分析的任何输入和自治层的任何其他输入,可以重新规划任务。

② 指导和优化级别处理路径点并将命令引用到控制器。

③ 控制执行级别：在此级别，部署命令控制并由驱动器控制执行。

如果有效载荷传感器获取的数据可以尽可能接近实时处理，则可以通过自适应采样和重新规划来改进自治。如果收集的数据不符合数据请求，则可以自动进行新的调整数据请求，并作为控制器的反馈，以调整采样区域，采样频率，范围，直到满足请求为止。可以通过采取以下的方法，以提高自治水平：

① 数学建模：通过整合来自不同领域的模型和知识的系统来实现。不同设计的模型将用于设计，模拟，实时监控，决策和控制。使用实时数据估计状态和参数，以便自适应地更新模型，并监测系统或其环境中的正常和异常变化。

② 融合技术：将用于感知环境和任何感兴趣对象的先进传感器融合，例如将光学成像传感器和声学与惯性和导航传感器集成，以准确监测和跟踪物体和环境参数。

③ 混合控制：机器人和移动传感器在复杂环境中同步运行时，通过协调控制和强大的网络通信，实现基于模型的非线性优化和混合控制。

④ 算法优化：使用数值优化实现集成指导和路径规划以及高级任务规划，包括由数据，决策，规则构成约束模型，以及离散搜索算法和智能计算算法等。

智能控制命令及任务执行结果，包括避障，故障监测和诊断，作为可重新控制和重新规划路径和任务的基础。在未来，我们将在软件科学的领域向前推进人工智能和学习系统领域的发展。为了提高在很少或没有先验知识的非结构化环境中运行的能力，还需要加强自上而下和自下而上的自治方法之间的相互作用。

为了增加水下航行器的自主性，可以采用反应性和协商性控制的混合策略，Palomeras 等人提出了一项使用成熟的方法进行任务管理和规划的提案。这些模型可以结合对任务的不同兴趣，例如调查区域可用性，区域覆盖范围，调查效率，任务可行性和航行器完整性。对于后者，实施某些反应行为以处理需要更直接的动作（例如机械或电气故障）的情况。

Candeloro，Mosciaro，Sorensen，Ippoliti 和 Ludvigsen 提出了一种传感器驱动的路径规划器，允许 AUV 使用光学相机的输出和处理算法来连续地重新规划路径，从而为路径提供新的路径点。基于 OOI 的区域覆盖的某些假设，基于数据流中存在感兴趣对的控制系统。实验表明，这种在线数据驱动的路径规划可以通过在搜索新的 OOI 之前完全监测到设备地图获取的 OOI 来提高调查的效率。

对于考古应用，Odegård，Nornes，Ludvigsen，Maarleveld 和 Sorensen 提出了一种基于三步调查的方法。该方法是对 Hugin，Sæbo 等人实施的基于 AUV 的地雷对策的系统的修改。首先需要监测可能的考古特征，潜在特征会在后续的步骤中详细记录，并对之前的假设进行验证。这个提议的动机是，以记录历史人工制品所必需的分辨率绘制完整的海洋地图太过费时和昂贵。允许 AVU 本身用光学相机等高分辨率仪器识别和重新访问感兴趣的位置使得整体的调查效率明显提高。

13.3 NTNU 联合水下环境监测

挪威科技大学自主海洋作业和系统中心(NTNUAMOS)是一项为期十年的研究计划,2013—2022 年,旨在解决与自主海上作业和系统相关的研究挑战。海上运输,石油和天然气勘探和开采,粮食和水产养殖,海洋科学,近海可再生能源和海洋采矿。通过流体动力学、结构力学、导航、控制和优化等知识领域的多学科理论,数值和实验研究,创造了基础知识。本节介绍 NTNUAMOS 与海床和海洋测绘和监测有关的研究以及在挪威沿海和北极水域进行的选定现场试验的结果和经验。将展示集成不同传感器和传感器平台,如 AUV,ROV 和船舶系统。

NTNUAMOS 的愿景是建立一个世界领先的自主海洋作业和系统研究中心,通过海洋技术,指导,导航和控制知识领域的多学科理论,数值和实验研究,创造基础知识。NTNUAMOS 致力于海洋空间科学和技术的主要应用领域如图 13.5 所示,包括海上石油和天然气、海事、海洋、水产养殖、近海可再生能源、海洋科学和海洋采矿。涉及技术、科学和应用知识的尖端跨学科研究将为自主水下作业提供必要的桥梁,以实现高水平的

图 13.5 海洋空间科学与技术,AMOS/NTNU 和 Stenberg 的插图

自治。

本节将讨论 NTNUAMOS 正在进行的关于水下作业的研究活动的各个方面，以便进行测绘和监测研究。

13.3.1　综合航行作业

为了支持水下作业和机器人技术的跨学科研究，挪威科技大学于 2009 年建立了应用水下机器人实验室（applied underuater robotics laboratory，AUR - Lab）。AUR - Lab 是一个多学科实验室，雇用生物学，考古学，地质学的科学家和工程科学。目前，AUR - Lab 拥有并运营三个 ROV 和一个 AUVREMUS100。此外，挪威科技大学是与挪威国防研究机构（FFI）、Kongsberg Maritime、卑尔根大学合作的 AUV Hugin HUS 联合企业的成员之一。大多数 ROV 操作都来自挪威科技大学研究船 Gunnerus，该船配备了动态定位系统和先进的传感器系统。在过去的两年里，挪威科技大学还建立了一个无人机的实验室，该实验室配备了几架固定翼飞机和六角飞机。总之，这三个实验室被 NTNUAMOS 研究人员大量使用，弥补了理论与实践之间的差距。

AUR - Lab 已完成多个综合航行任务，其中 AUV、ROV 和船只已成为综合作业的一部分。这些平台的互补属性已经被验证，并且通过学习不断积累的经验，逐步改进已有的操作方法。综合航行作业目前已经成为具有生物学，考古学和地理学研究内容的科学巡航，并为其他项目和运营中开发的技术和方法提供参考。

13.3.2　方法

对于第一次巡航，RVGunnerus 使用 RE - MUS100AUV 和 ROVMinerva 联合开展，如图 13.6。解决的科学问题是沿海环境中海藻林的发现。选择受保护的峡湾海湾并使用 RVGunnerus 上的 MBE 进行映射。然后使用 REMUSAUV 和安装在其上的 SSS 映射目标区域。最后，由 ROV 确定检查目标和具有目标特点的领域。

图 13.6　RE - MUS100AUV 和 ROVMinerva 协同工作

在图 13.7 中，ROVMinerva 在 DP 上运行，而 REMUSAUV 执行调查操作。由于 AUV 可以在发射后独立于母舰运行，因此 Gunnerus 可以进行 MBE 调查或便捷 ROV 操作，以提高 AUV 任务期间的整体运行效率。为了能够从并行操作中受益，所有数据必须尽可能接近实时处理。在整个巡航过程中，操作顺序将取决于先前任务中获得的数据，以及该区域的先验知识。当然可以通过引入并行操作来减少操作的复杂性。

在第二次世界大战期间，捕杀行动在挪威的 Falstad 集中营进行。在战争结束时，这些罪行被企图隐藏起来，挖掘出来的囚犯的尸体被放在一艘小船上并沉入附近的峡湾。AUR - Lab 在 RVGunnerus 上动员使用 AUVHuginHUS 进行综合观测。巡航是与多个

图 13.7　RE - MUS100AUV 和 ROVMinerva 捕获的 Tautra 珊瑚礁的照片

组织合作的，根据对特隆赫姆海港区 Tautra 山脊的观测，绘制一个冷水珊瑚栖息地，进行海洋考古调查。HuginAUV 比之前操作中使用的 REMUS 航行器大得多，它需要一个 8 m×3 m 的集装箱，甲板上有一个专用的发射和回收系统以及三个操作员的桌面区域。为确保最高的位置精度，船舶使用板载 HiPAPUSBL 系统跟踪 AUV，尽管该方案会影响并行执行操作，然而快速地处理，时间和相干巡航计划也可满足数据处理操作的需求。图 13.8 为执行任务的 HuginAUV 照片。

包括 AUVHuginHUS、ROVMinerva 和 RVGunnerus 在内的运营配置证明了设备的

图 13.8　AUVhuginHUS

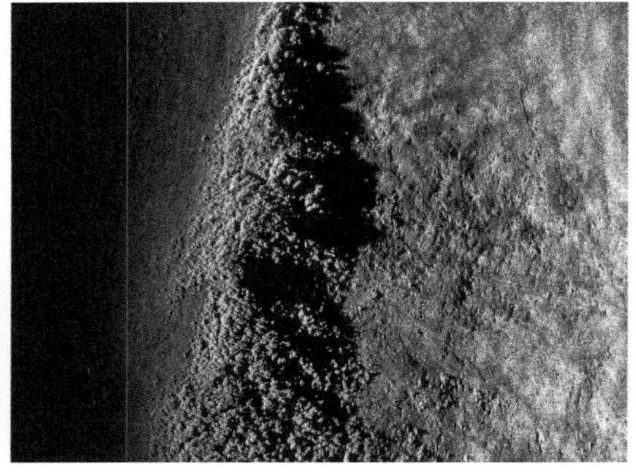

图 13.9　SAS 测定的 Tautra 礁上的冷水珊瑚图片（数据显示在 70～130 m）

工作效率很高,并于2013年开展了新的研究任务,科学目标是冷水珊瑚和倾倒区的地质。AUV用于使用HiSAS1030合成孔径声呐绘制大面积区域。声呐对此任务的执行也非常有效,而且HiSAS非常适合测绘珊瑚和垃圾场。为了记录这些发现,ROV配备了原型UHI并重复了对Tautra山脊的调查(图13.9)。

13.3.3 观测结果

以上研究均是在适度的自治水平上进行的。船舶和ROV都是直接通过遥控操作,具有简单的自治功能,如站点保持或路径跟踪;AUV使用任务脚本编程。科学地说,这些操作产生了高质量的数据:战争囚犯仍未被发现,但来自UHI和立体相机的采集的高质量数据集,Tautra珊瑚礁的范围(图13.9)得到首次映射,倾倒地点有数千枚炸弹和25个沉船,并发现了几个沉船在目标区域特隆赫姆港口。

对于AUV而言,自主性自然最为重要,并且通过优化可用范围或优化整个调查(包括优先考虑仪器),可提高测量和测绘操作的水平,从而使相关操作更加高效。非恒定时间动态过程的映射特别是使用数据解释创建自适应路径规划的自适应系统,结合其他无人平台可以构建一个非常强大的系统,用于绘制和监测海洋环境。

由于人类操作员可以在陆地上移动,因此合作中的AUV、USV和UAV可以比现在更低的成本在海中提供持久性作业。对于自治,常见的任务管理需要协调系统,同时还要建立许多机械和实用的解决方案。

在上述监测任务中,结合了多个平台,通过实施自适应的路径规划,调查珊瑚礁的任务效率已到达令人满意的结果。后续的工作中可以优化系统实时识别珊瑚礁,以确保在规划的路径上每个珊瑚群完全被相关的传感器覆盖。同样,在线变化监测算法可以监测到珊瑚礁的干扰,并通过使用光学相机对它们进行成像来对其进行特别观测。

在互补平台网络中应用自治是一项挑战。它需要自动的数据处理以及跨平台的事件和功能分类。这将包括来自有效载荷和导航仪器的数据,以及航行器状态和诊断,该议题在H2020项目SWARMS中得到解决。系统还需要平台之间不同的通信模式。任务管理系统需要根据通信网络上的信息不断更新整体任务计划,以及每个单独平台的计划。由于带宽限制,每个平台需要通过自动处理来识别和表征特征,然后才能将特征传递给任务管理。为了开发进入互补平台的自治网络,需要解决的首要挑战是自动数据处理和所有平台的通用本体及任务管理。

13.3.4 二次巡航——北极行动

2014年1月和2015年,AUR-Lab与特罗姆瑟大学、挪威科技大学及斯瓦尔巴德大学中心(University Centre in Svalbard, UNIS)联合开展了第二次巡航任务,在靠近北纬79°的斯瓦尔巴群岛的Ny-A°lesund开展活动。这些行动是极地之夜光线调查的大型计划的一部分。极地夜间计划的目的是通过极夜(包括生态过程,繁殖和生长)来了解生物多样性和食物网结构。对于本次行动,主要目标是确定浮游动物的垂直分布及其垂直迁移。即使在极夜,每24 h循环也会有环境光的变化,这种变化的影响是一个研究的关键,因此，此次研究将特别关注午间的太阳。

该过程的动态性对本次研究施加了空间和时间要求。这次巡航重点关注某一特定密度环境下生存的浮游生物。在这个层面上，过程噪声预测将会很高，因此对操作产生的空间要求不那么严格。作为该任务的一个子项目，AUV将开展以探索与通信和导航相关的冰层管理活动相关的传感器功能的工作。在冰层管理中，AUV用于监测冰情，以获得船舶和平台的安全操作。

执行期间，研究团队推出了REMUSAUV，配备双1 200 kHz ADCP，CTD，O_2光极和ECOpuck（环境表征光学）三重传感器，配置用于测量反射率和荧光，如图13.10所示。用于监测浮游动物的传感器将是ADCP并记录反向散射信息。在这里，AUV的使用期限为1～4 h。浮游动物预计位于没有海床的水柱中，因此，AUV必须在没有底部接触的水团中运行，由于缺乏稳定的速度参考而没有获得DVL的底部轨迹，因此会降低导航精度。通过LBL导航操作并基于磁罗盘进行航位推算，AUV成功地根据航路点和目标的连续任务脚本调查了浮游动物峡湾的分区。此外，净样品和装有声学浮游动物和鱼类辅助装置(acoustic zooplankton and fish profiler，AZFP)的容器提供了支持AUV测量的结果。

图13.10　测量垂直浮游动物分布任务的REMUSAUV

对于北极行动的任务，研究者在Kongsfjord研究区采集的水团非常均匀。盐度、温度和氧气的变化非常低，氧气水平和叶绿素水平也很低，接近或低于测量的噪声。在这些均匀的水域中，利用ADCP的反向散射强度发现了一条浮游动物带，该区域水平分布几乎是均匀的，但垂直方向有明显的分层。尽管信号接近噪声水平，但这些结果仍得到了AZFP和净采样结果的支持。

13.4　AUV Urashima海底地形观测

13.4.1　AUV Urashima简介

AUV Urashima(JAMSTEC)于1998年发明，可提供仪表级，高分辨率，测深和侧扫声呐数据。AUV Urashima配备120 kHz侧扫声呐，可获得背散射强度数据，1～6 kHz Charp底层探测器(SBP)，用于获取海底沉积物信息；还配有400 kHz多波束回声测深仪

(MBES),可同时获得米级水深测量数据和反向散射强度数据,另外还安装了深度计、高度计,监测电导率、温度、深度和溶解氧水平(CTDO)的传感器。

Urashima Dive-91 于 2009 年 YK09-08 巡航期间在 12°56′30″N 和 12°57′30″N(图 13.12)范围的弧扩散中心进行。该巡航沿着与传播轴平行的 7 km 长的测量线进行,间隔约为 100 m。获得的数据覆盖了大约 2 km 长,1 km 宽的区域,包括新火山区。在 YK09-08 巡航期间,AUV 的平均测量高度和速度分别约为 100 m 和 2 kn。AUV 声学图像的预期跨轨道分辨率对于 400 kHz MBES 为数米,对于 120 kHz SSS 为约 7.5 cm(海水中的声速约为 1 500 m/s)。声束沿轨道足迹为 2～5 m(MBES 的波束宽度为 0.5°,SSS 的波束宽度为 0.9°)。在这一领域,Shinkai6500 潜水器在 2003 年和 2005 年共进行了 6 次潜水,然后在 2010 年 YK10-11 巡航期间又进行了 3 次水下观测任务。

13.4.2 细尺度熔岩流分布的水下观测

与海底扩张轴相关的熔体产生和所产生的火山活动通常取决于扩散速率。由于板块运动过程的影响,沿着弧后脊,扩散速率和火山活动之间的相关性更加复杂。Taylor 和 Martinez 系统地分析了全球弧后盆地玄武岩,并提出沿着弧后脊的熔体产生随着与火山锋的距离而显著变化,主要是由于碰撞引起的地幔组成变化而不是海底扩张率本身。南马里亚纳海槽的扩张中心显示出类似于快速扩张的山脊的轴向高形态,尽管其中间扩散速度缓慢。尽管火山前缘在 12°30′N 以南并不清楚,但弧后扩散中心非常接近该区域的火山弧。

虽然以前的研究表明南马里亚纳海槽的岩浆预算很高,但是之前还没有研究过伏式(火山产物的分布)和熔岩形态及地质的关系。在 TAIGA 项目期间,研究团队使用 AUVUrashima 进行了精细的声学观测,并使用潜水的 Shinkai6500 在南马里亚纳海槽的热液区进行了目测观测。其中一个目标区域是弧后扩展的轴向区域,可以观察到最近的火山活动和活跃的水热通风口。在本节中,将展示 AUV 收集的微观水深测量和侧扫声呐的映射图像以及潜水期间拍摄的照片,基于此,研究团队描述了该地区的火山活动和构造特征。此项实验提供了第一个亚米级规模的观测,沿着南马里亚纳海槽进行了地面考察,使研究人员能够在电弧火山活动的巨大影响下,更好地获得对在弧后扩散中心火山活动的理解。

研究团队的研究区域是轴向的新火山区,介于 12°56′30″N 和 12°57′30″N 之间(图 13.11 中的方框区域)。该区域是沿着扩散轴的最膨胀部分。在该研究区域,有两个已知的热液活动地点:Snail 站点和 Yamanaka 站点如图 13.12。Snail 站点(12°57′12″N,143°37′12″E)是由美国科研人员使用遥控航行器 Jason 发现的。该场地的特点是具有几个高温和低温热液喷口,露出的裂缝中有清澈的流体。Yamanaka 站点(12°56′42″N,143°36′48″E)位于 Snail 站点西南约 1 km 处,由日本团队使用 Shinkai6500 发现。在 Yamanaka 站点观察到不活跃的烟囱和低温煨。

附有 AUV 的 400 kHz 多波束声呐收集的微测深图如图 13.12 所示。调查区的西北部以断裂发育为特征;相反,东南部较浅,以火山构造为主。此后,根据 Yoshikawa 等人

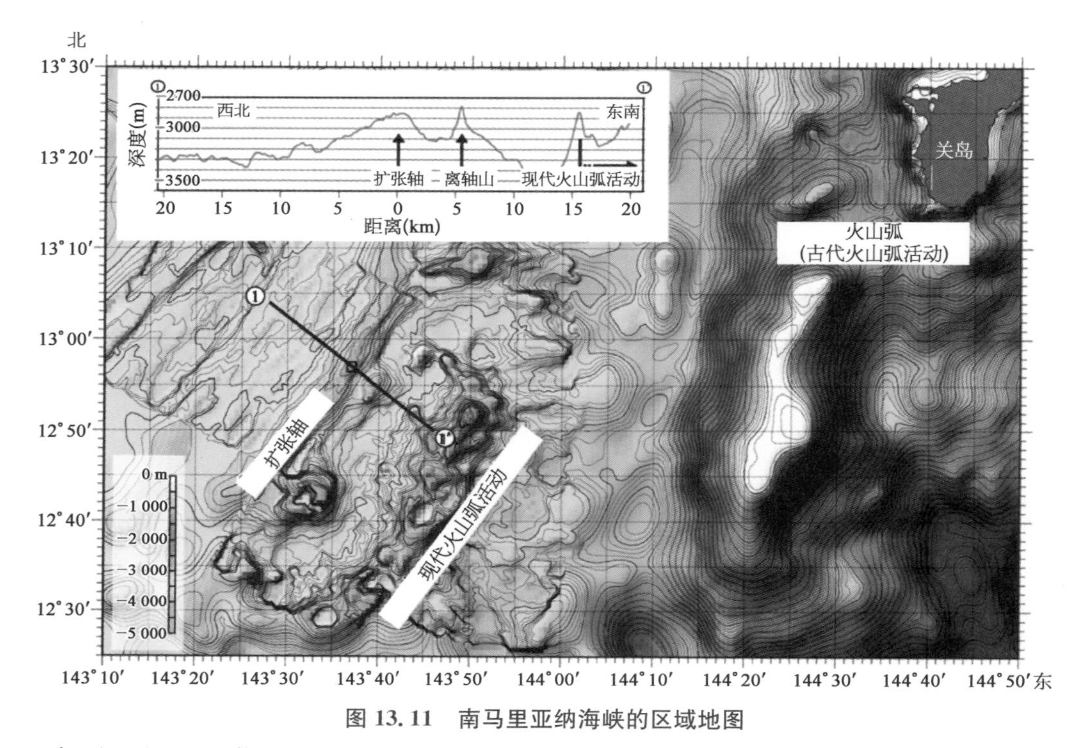

图 13.11　南马里亚纳海峡的区域地图

在 R/VYokosuka 上使用 Sea Beam2112 系统在巡航 YK09 - 08 上获得的水深数据叠加在 ETOPO1 数据集上。插图显示了沿黑线 110 的横截面。

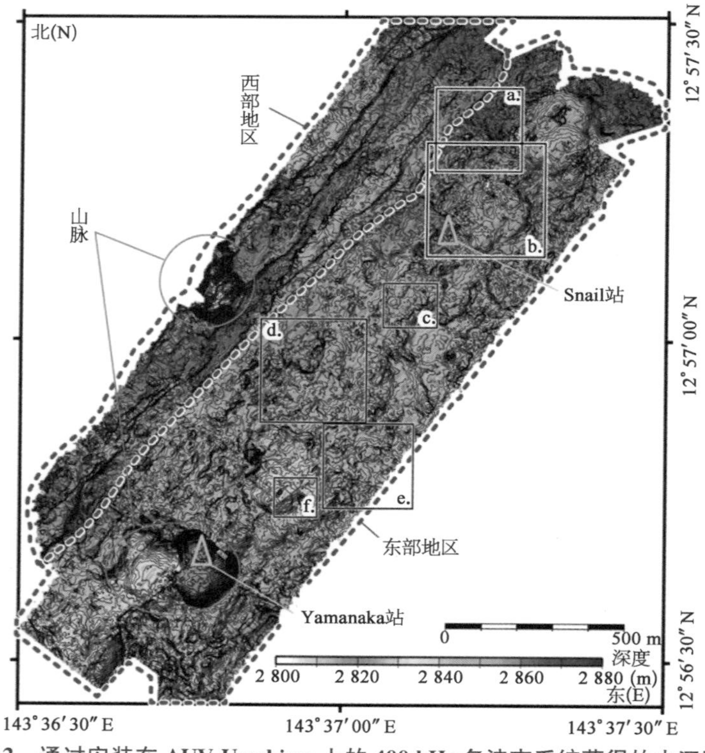

图 13.12　通过安装在 AUV Urashima 上的 400 kHz 多波束系统获得的水深测量图

轮廓间隔为 1 m,三角形表示两个热液点的位置。

的命名法，将这些部分称为西部和东部地区(2012)。120 kHz 侧扫声呐数据的映射图像及其地质解释分别如图 13.13a 和图 13.13b 所示。西部地区约占调查区域的 30%。侧扫声呐图像显示了广泛线性特征的存在。这些线性特征(有时与声学阴影相关)通常被解释为断层，裂缝，熔岩流动通道和堤坝。一个 30 m 高的矩形山丘位于该区域(图 13.12)，并由线性特征切割，线性特征的取向通常是 NNE－SSW 到 NE－SW，并且与脊轴的取向很好地对应。侧扫声呐强度和 SBP 数据均表明该区域的沉积物覆盖非常薄或不存在。

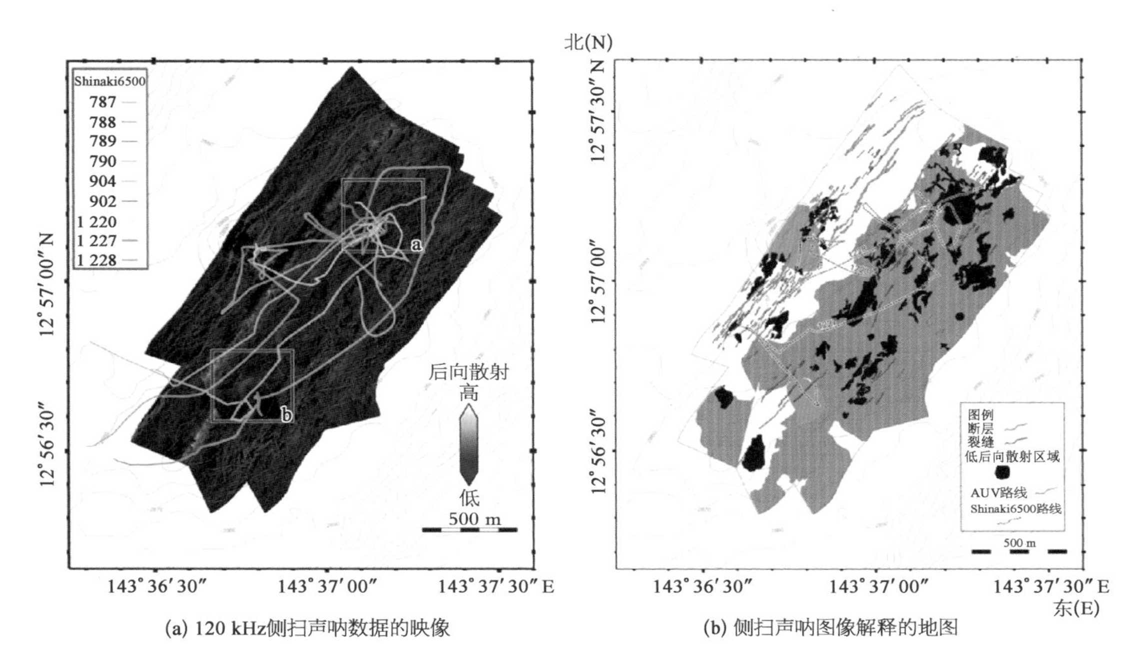

(a) 120 kHz侧扫声呐数据的映像　　(b) 侧扫声呐图像解释的地图

图 13.13　测深图

较暗的颜色表示较低的反向散射强度，轮廓显示测深。提供了地面参考的 9 个潜水轨道，图 a 和图 b 分别表示图 13.14a、b 的位置；图 b 显示侧扫声呐图像解释的地图，高反向散射的凹凸地形和低后向散射地形分别用紫色和黑色表示，橙色区域表示相对较大的山丘，灰色区域表示平滑的地形，框表示与图 a 中相同的区域。

东部地区约占调查区域的 70%。测深图(图 13.12)显示该区域由几个土墩，环形陨石坑和小隆起组成。这些火山构造大部分由断层形成，并在 NNE－SSW 方向排列，形成新火山区。这些特征的相对高度为 5～10 m。在侧扫声呐图像上，研究团队识别出几个与声学阴影无关的线性特征(图 13.13)。通常，这种线性特征被解释为具有小的垂直投掷的断层或裂缝。两个热液位于东部地区(图 13.12)。研究团队无法识别 snail 站点周围的任何类似烟囱的结构(图 13.14a)。在 Yamanaka 站点的声呐图像上观察到类似烟囱的小特征(图 13.14b 中的三角形)。Yamanaka 站点位于一个约 25 m 高的平顶丘(图 13.12)，与西南部的另一个平顶丘相邻。在两个土墩之间也发现了其他几个类似烟囱的结构(图 13.14b 中的圆圈)。这些土墩的表面对应于声呐图像上的高背向散射和凹凸不平的地形。侧扫声呐强度和 SBP 数据都表明该区域的沉积物覆盖非常薄或不存在。

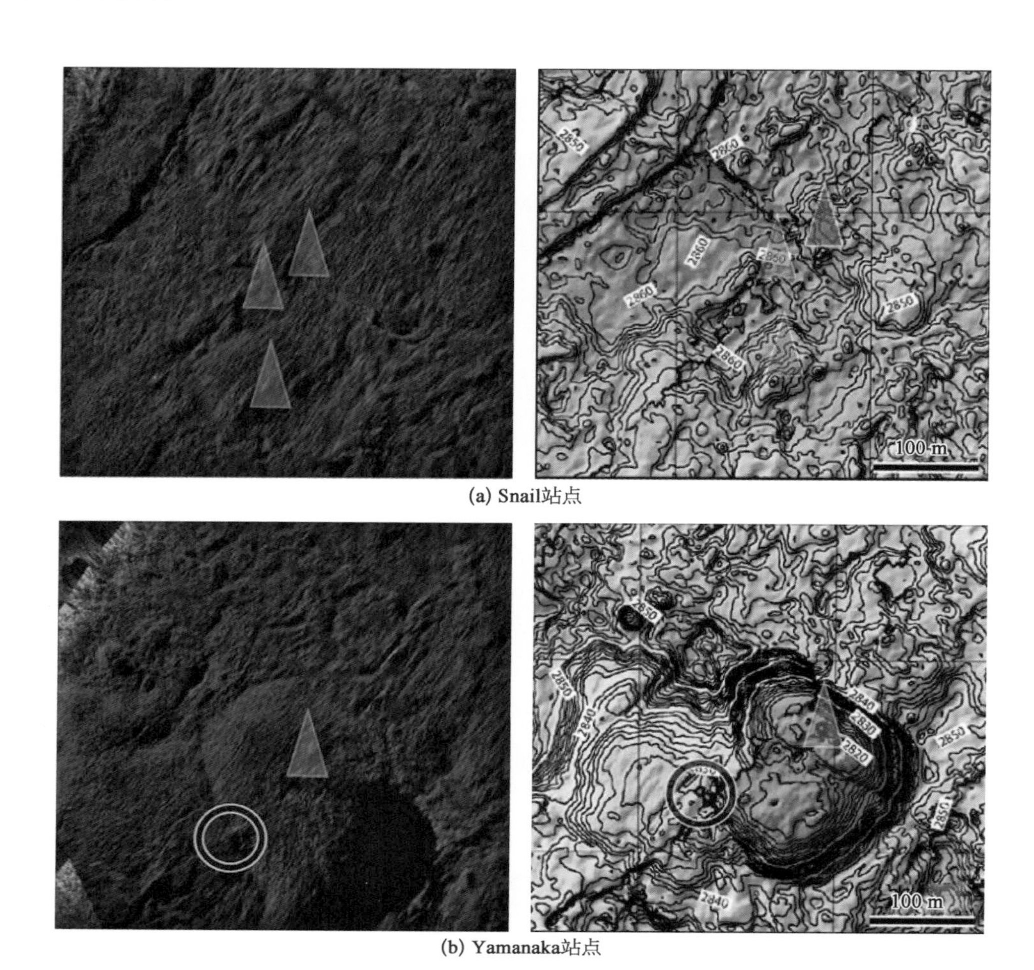

(a) Snail站点

(b) Yamanaka站点

图 13.14　两个热液点的 120 kHz 侧扫声呐图像(左)和 400 kHz 多波束测深(右)

地图的位置如图 13.13a 中的方框所示;橙色三角形表示通过目视观察识别的活跃的热液区域;底部圆圈(山中站点)表示研究团队在声呐图像上识别出几个类似烟囱的结构的位置。

13.4.2.1　高后向散射和平滑的地形

研究团队将高后向散射地形分为两组:凹凸不平的地形和平滑的地形。图 13.15 显示了这些地形在声呐图像上的典型相,这些地形的分布如图 13.13b 所示。块状地形的特点是密集的小尺度凸起(块状)(图 13.15d,图 13.15g)。每个凸起的典型尺寸为 20～30 m,起伏小于几米。对于每个凸起或分布图案,不识别主导方向。块状地形占据了东部地区的大部分地区。

平滑的地形是表现出光滑表面和更精细点的区域(图 13.15e,图 13.15h)。地形显示出相对较高的后向散射强度,并且在声呐图像上没有突出的图案,光滑的地形覆盖了西部的大部分地区(图 13.13b)。

13.4.2.2　低后向散射地形

研究团队在侧扫图像上识别出至少 49 个具有低后向散射特征的光滑表面位置(图 13.13b)。这些地点称之为低后向散射地形,可以与块状地形区分开来(图 13.15f,图

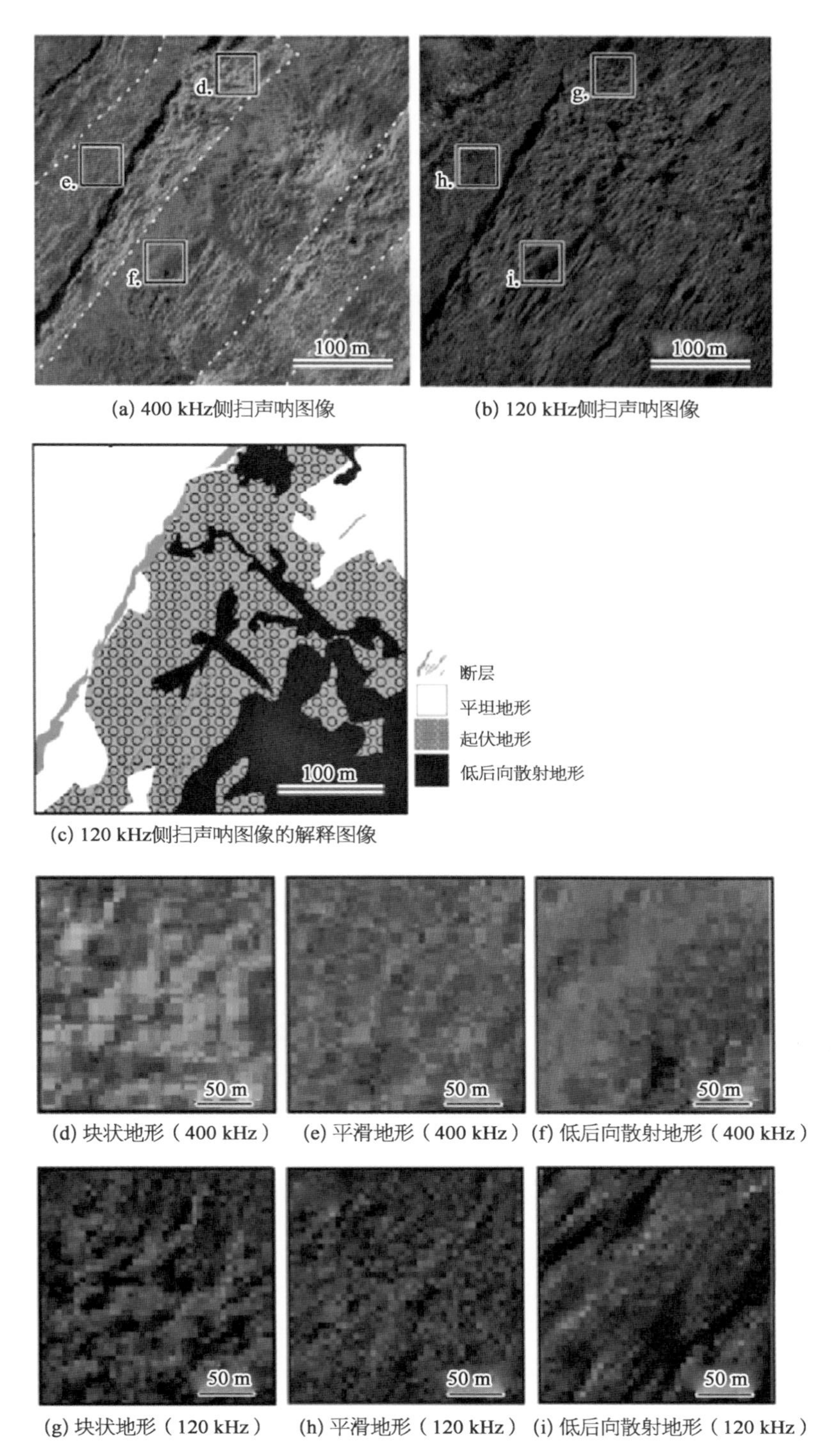

(a) 400 kHz侧扫声呐图像　(b) 120 kHz侧扫声呐图像

(c) 120 kHz侧扫声呐图像的解释图像

(d) 块状地形（400 kHz）　(e) 平滑地形（400 kHz）　(f) 低后向散射地形（400 kHz）

(g) 块状地形（120 kHz）　(h) 平滑地形（120 kHz）　(i) 低后向散射地形（120 kHz）

图 13.15　侧扫声呐图像上的块状，平滑和低后向散射地形

400 kHz 侧扫声呐图像上的白色虚线表示条带的边缘。

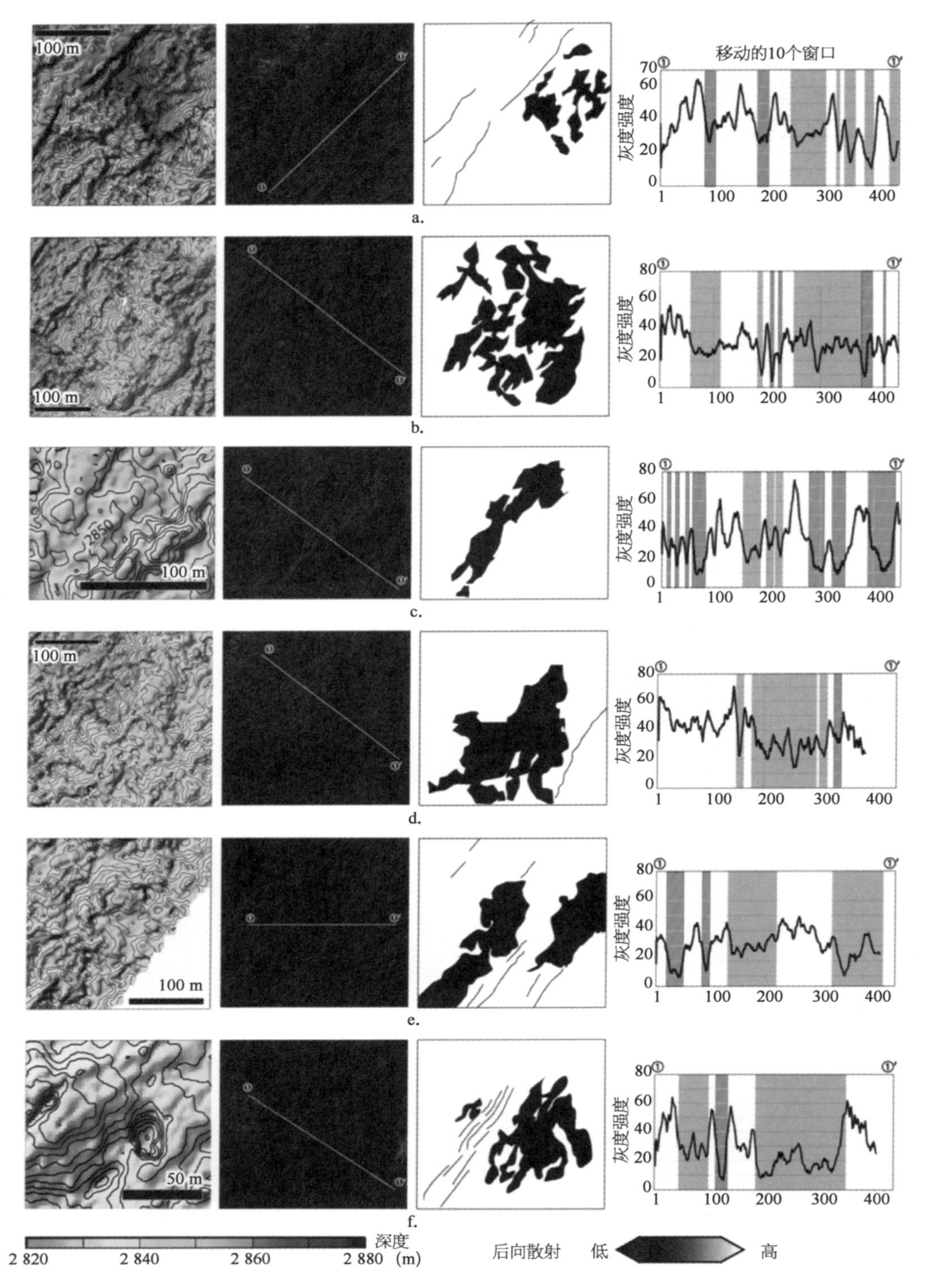

图 13.16　低后向散射地形的测深特征的详细视图

从左到右，面板显示多波束水深测量图，侧扫声呐图像，侧扫声呐图像的解释图像，以及侧扫声呐图像上显示的线的强度。地图的位置如图 13.12 所示；图中的红色和灰色区域分别表示声影和低后向散射地形的位置。水平轴和垂直轴是像素数和灰度强度，较暗的阴影表示较低的数字。

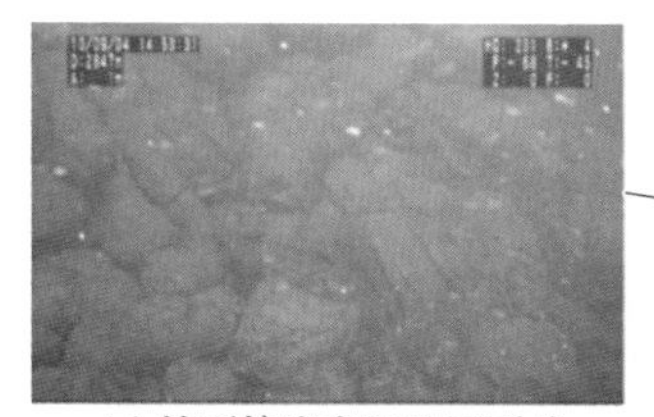

(a) 枕形熔岩在凹凸不平的地形中的照片

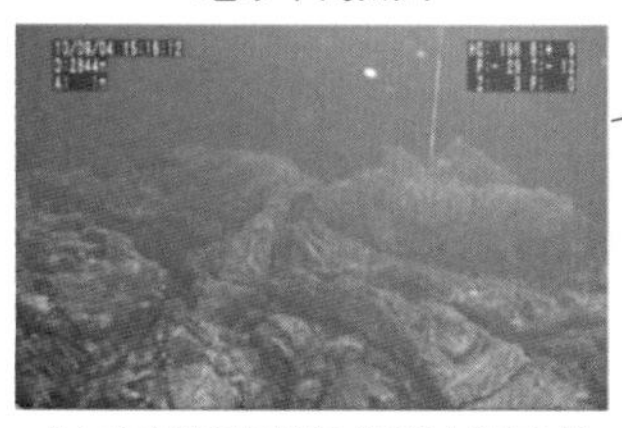

(b) 在低后向散射地形中混杂的片状熔岩

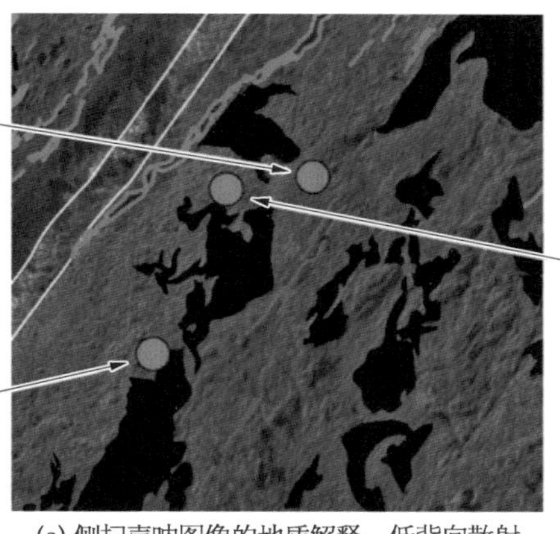

(c) 侧扫声呐图像的地质解释，低背向散射地形以黑色显示，红线，绿线和白线分别表示AUV轨道和边缘的断层，裂缝和最低点

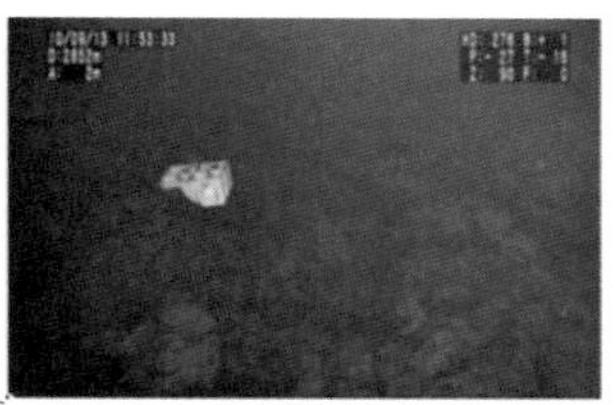

(d) 枕头和板状熔岩边界的照片

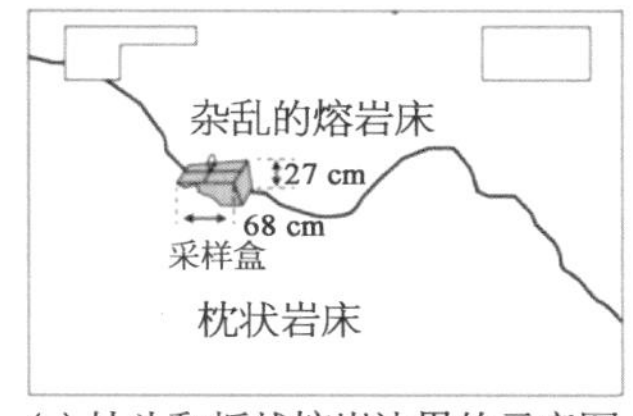

(e) 枕头和板状熔岩边界的示意图

图 13.17　潜水器拍摄的各种各样的熔岩形态和相应的侧扫声呐图像

13.15i)。低后向散射地形看起来像一个非常精细和均匀的图案，几乎没有声学阴影。低后向散射地形和凹凸不平的地形之间的界限在某些地方是不同的，但在其他地方则是模棱两可的。这种变化可能归因于它们之间的年代或形态有关的差异。观测区域内低后向散射地形与凹凸地形的相对比例约为10%。在东部和西部地区都观察到了低背向散射的地形(图13.13b)。图13.16显示了低后向散射地形的近视图，这些地形具有跨越这些地形的声呐强度分布。在具有各种形态的区域中观察到低后向散射地形：在顶部和几个山丘的斜坡、小脊，以及环形陨石坑的斜坡和底部。

13.4.2.3　载人潜水器Shinkai6500目视观察

沿着研究团队观察到的Shinkai6500潜水的九个横断面，海底大部分被球状枕状熔岩覆盖，散落着混乱，皱纹或部分断裂(或破裂)类型的熔岩。尽管沿着快速蔓延的东太平洋崛起经常观察到这些特征，但没有观察到轴向顶峰槽，柱子或坍塌特征。

声呐图像上的凹凸地形对应于扁平分布的球状枕状熔岩(图13.17a)。研究团队在由低后向散射地形组成的区域发现了混乱或皱褶的熔岩，可以在光滑的地形中识别碎片枕形熔岩。仔细研究了低后向散射地形与视觉记录中的凹凸地形之间的界限，仍然无法识别这些地形之间的年代差异(图13.17d,图13.17e)。由于两个地形上几乎没有沉积覆盖，因此，后向散射强度的差异可能与熔岩表面形态的差异相对应。

西部山区的一个小山上的线性特征(图13.13b)是断层，它取代了周围的枕形熔岩。在西部地区的海底处，使用SBP观测未发现的薄沉积盖层。虽然在山脚下观察到浑浊热液，但在西部地区没有发现任何热液特征。

东部地区的沉积物很少。在snail站点，一个热液羽流似乎从大型岩石露头的裂缝中出现，但没有找到任何类似烟囱的结构。sniail站点位于一个被三个小土丘环绕的山谷中。山谷中平顶山丘由顶部的球形枕头和斜坡上的细长枕头覆盖。这些地质特征与研究团队对声学观测的解释是一致的。

13.4.3 热液站点水下图像观测

南马里亚纳海峡是TAIGA项目的密集研究区之一。在该区域已知三个活跃的轴外热液位点以及在后弧扩散轴上的另外两个位点。Archaean站点位于轴向高处(图13.18),Pika站点和Urashima站点位于轴外山丘的顶部和底部(图13.21)。

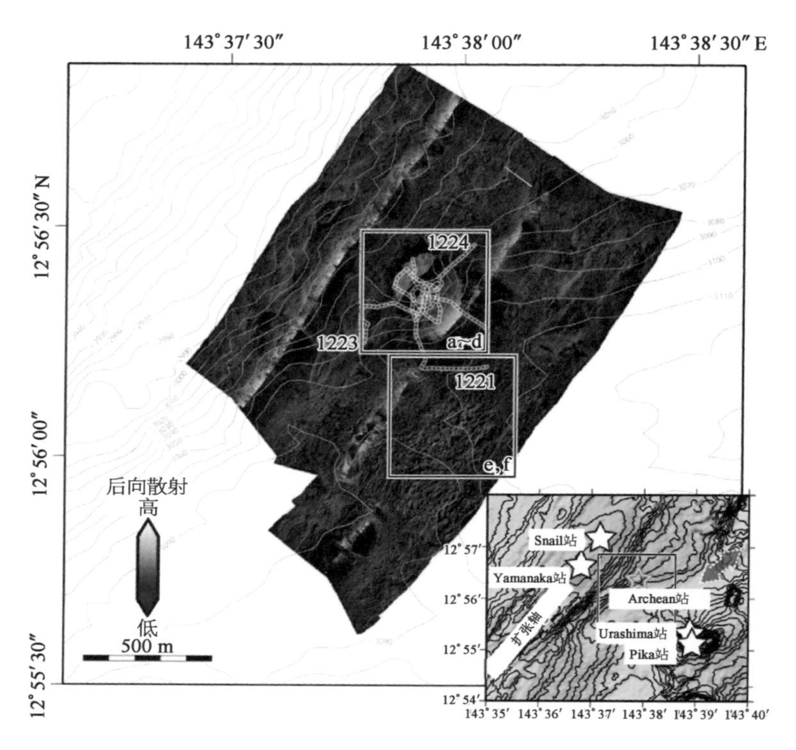

图13.18 使用安装在AUV-Urashima上的Edgetech2200系统(120 kHz)获得的Archaean热液场和周围海底的侧扫声呐图像

较暗的颜色表示较低的反向散射强度。虚线表示YK10-11巡航期间潜水器-Shinkai6500的轨迹。蓝线和注释显示通过安装在AUV上的Seabeam2112系统(11 kHz)获得的背景测深。正方形是图13.19的位置。图(右下)是该区域的热液位置的位置图。五角星表示轴上和轴外热液位。双头箭头表示水深测量的山谷局部趋势。

这些位置距离扩散轴5 km,沿着几乎垂直于扩散轴的单线。为了研究这些热液站点的地质背景,并了解这些地点在热源或构造背景方面是否相互关联,研究团队使用AUV-Urashima在进行了高分辨率声学观测,并使用潜水器Shinkai6500进行了目测对比。本节将提供在三个离轴热液站点(Archaean、Pika和Urashima站点)的调查结果。

AUV-Urashima获得的声学数据集是从船上的数据记录器中提取的。使用软件Clean Sweep3(Oceanic Imaging Consultants, Inc)处理和拼接转换的SSS数据;使用软件

HIPS 和 SHIPS(Caris)处理测深数据,并使用 Generic Mapping Tools 软件程序(Wessel 和 Smith, 1991)绘图。

测深数据中的缺陷和伪影发生在 Archaean 站点顶部和 Pika 站点所在的离轴山丘附近。在调查区域的某一部分,SSS 图像的质量很低,这由于在这些潜水期间 AUV 的不稳定姿态控制引起的,主要是受到 DVL 性能不佳的影响。

参考许多先前关于洋中山脊的研究,研究团队将声呐图像上的模式解释为地质特征。通常,熔岩露头具有高后向散射特征,而被沉积物覆盖的海底具有较低的后向散射特征。被沉积物覆盖的海底显示出较高的后向散射强度。声学阴影用于估计海底结构的高度,可以从基于背散射强度和声学阴影和分布的模式识别的相获得地质信息。

13.4.3.1 Archaean 站点观测结果

Archaean 站点位于轴向高处脚下约 60 m 高的圆锥形土丘上(图 13.18)。锥形丘的连接处常是光滑的,具有波状表面纹理,并且后向散射强度很高(图 13.19a~图 13.9d)。Shinkai6500 潜水器的目视观察显示,山丘表面被硫化物沉积物广泛覆盖(图 13.20b)。SSS 和 MBES 数据监测到沿着锥形山脊的声学阴影的小山脊(图 13.19a~图 13.19d)。通过目视观察证实了小山脊的位置。

在山丘南部的海底表面的特征是在 NE - SW 方向上存在粗糙和细长的织物(图 13.19e,图 13.19f),这与背景海底斜坡的走向一致(图 13.18 中的测深图)。目测观察显示存在覆盖有沉积物的较老的管状熔岩(图 13.21iv)。这种特征织物可能在周围的海底发育,并且分布与当前的扩散轴和 Archaean 站点没有任何联系,这表明了在南部区域可能发生轴外火山活动的可能性。

13.4.3.2 Urashima 和 Pika 站点观测结果

Pika 站点于 2003 年发现,其特点是高温黑色和清澈的烟带。该场地位于离轴山丘西部的一部分,距离扩展轴约 5 km。在研究团队的 AUV 调查中监测到声学和地磁异常之后,2010 年在同一个小山的北麓新发现了 Urashima 站点。

研究团队在 Pika 和 Urashima 站点上方通过 SSS 监测到水柱中的异常后向散射信号(图 13.22c,图 13.22d),其中观察到活跃的热液烟囱(图 13.23i,图 13.22ii)。

一系列具有凸起形状的山丘(图 13.22e,图 13.22f,图 13 - 23iii)从离轴小丘的南侧延伸到西南侧。山丘的直径和相对高度分别约为 100 m 和几十米。SSS 图像显示山丘具有高后向散射强度的粗糙表面。潜水照片显示,山丘的表面被管状熔岩覆盖(图 13.23v),沉积物很薄。山顶是平坦的,部分被沉积物覆盖,观察到具有网状表面结构的岩石露头(图 13.23iii,图 13.23iv 中的圆圈)。SBP 数据显示该区域沉积层的模糊图像,这意味着沉积层的厚度小于 1~6 kHz 声学信号的分辨率。

SSS 图像显示在离轴小丘的西顶部区域上相对高反向散射的地形,尽管 Pika 站点在有限区域被识别,由于 SSS 图像的高度扭曲,研究团队无法详细估计高后向散射地形,小结构和线性特征的分布。

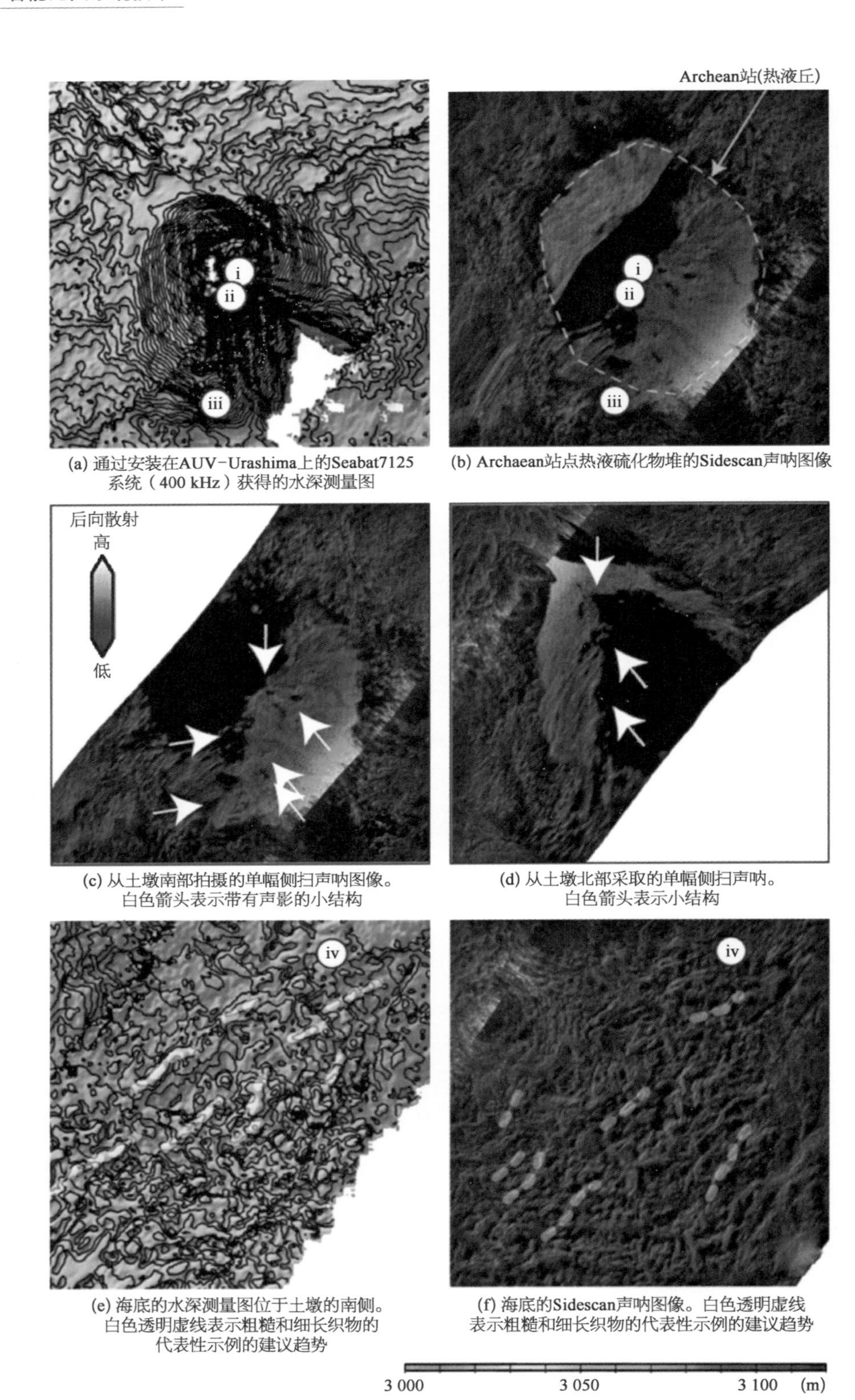

(a) 通过安装在AUV-Urashima上的Seabat7125系统（400 kHz）获得的水深测量图

(b) Archaean站点热液硫化物堆的Sidescan声呐图像

(c) 从土墩南部拍摄的单幅侧扫声呐图像。白色箭头表示带有声影的小结构

(d) 从土墩北部采取的单幅侧扫声呐。白色箭头表示小结构

(e) 海底的水深测量图位于土墩的南侧。白色透明虚线表示粗糙和细长织物的代表性示例的建议趋势

(f) 海底的Sidescan声呐图像。白色透明虚线表示粗糙和细长织物的代表性示例的建议趋势

图 13.19　侧扫声呐图像和水深测量的详细视图

i～iv 是图 13.20 所示照片的轨迹。

(a) 山丘顶部的活跃热液烟囱

(b) 热液烟囱底部的碎石

(c) 山丘脚下的活跃热液烟囱

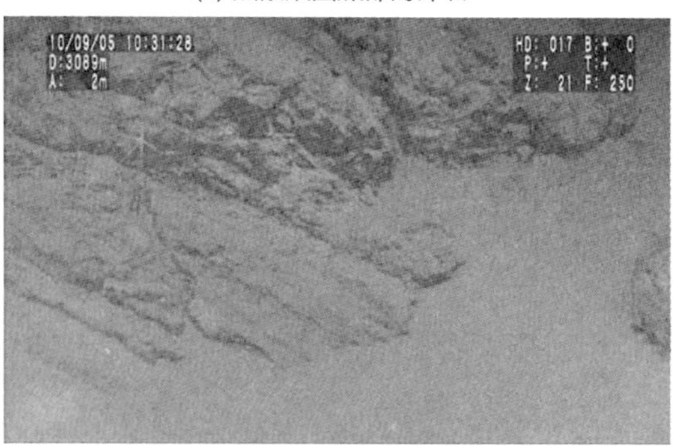

(d) 山丘西南部被沉积物覆盖的熔岩

图 13.20　在 i～iv 拍摄的照片如图 13.19 所示

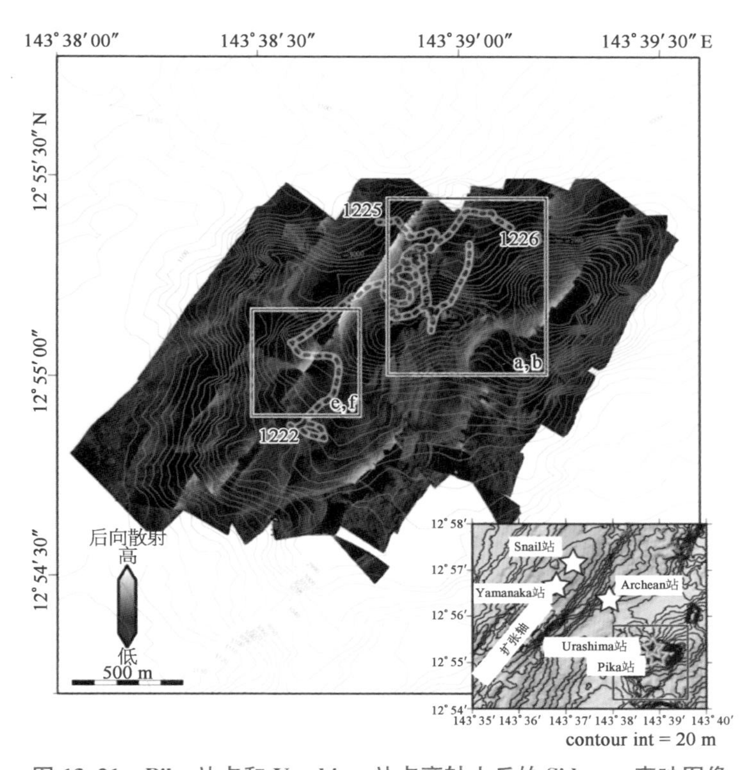

图 13.21　Pika 站点和 Urashima 站点离轴山丘的 Sidescan 声呐图像

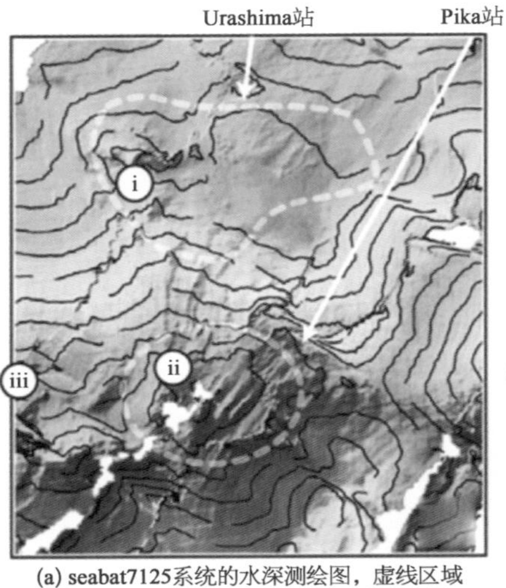

(a) seabat7125系统的水深测绘图，虚线区域表示Pika站点和Urashima站点的大致位置

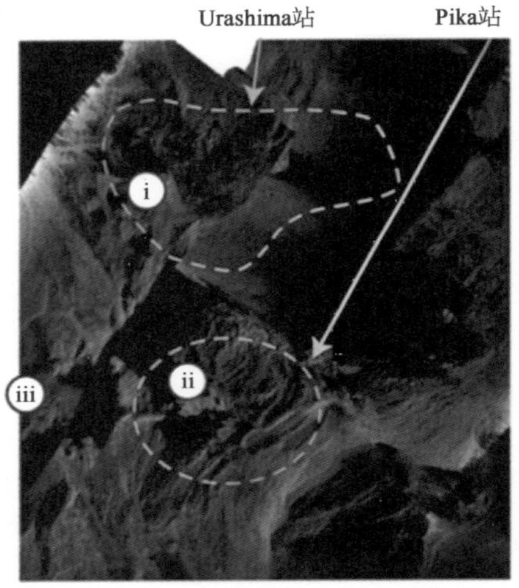

(b) a所示位置的Sidescan声呐图像

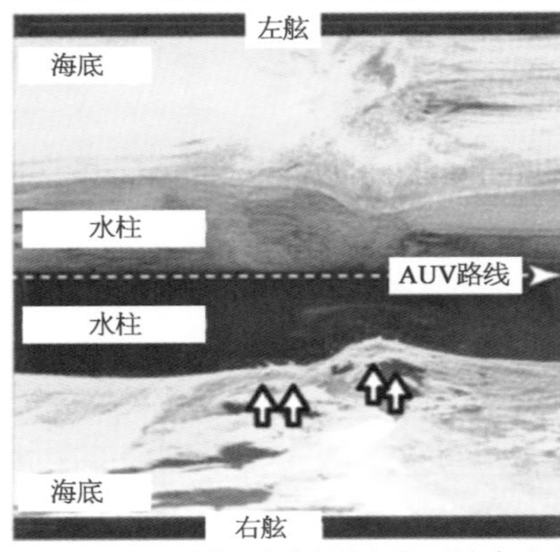

(c) 在Urashima站点上方获得的未处理的侧扫声呐数据，水柱中的后向散射信号表明存在与热液活动相关的物质

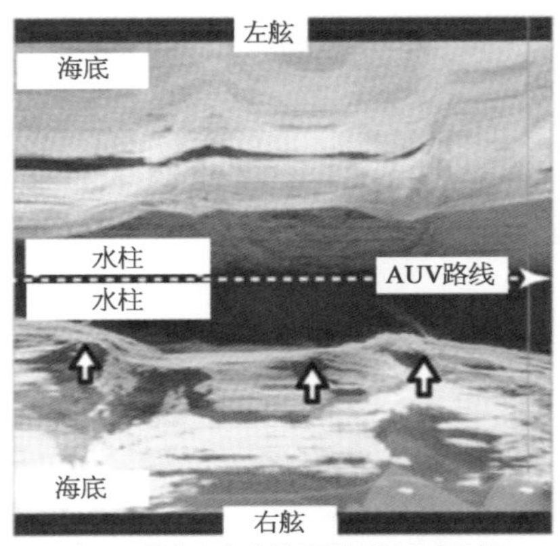

(d) Pika站点上方未处理的侧扫声呐数据，并显示水柱中的后向散射信号

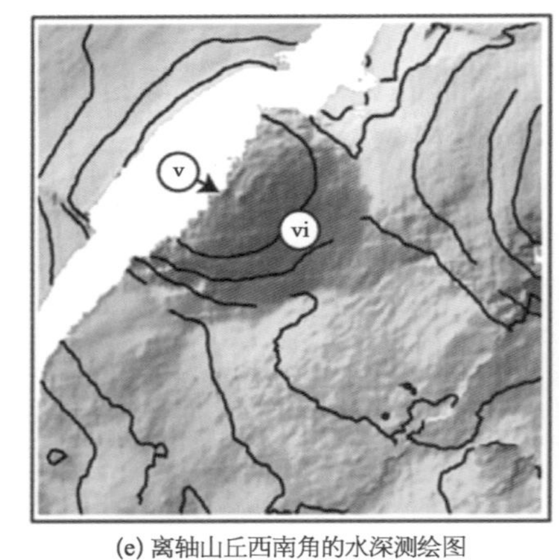

(e) 离轴山丘西南角的水深测绘图

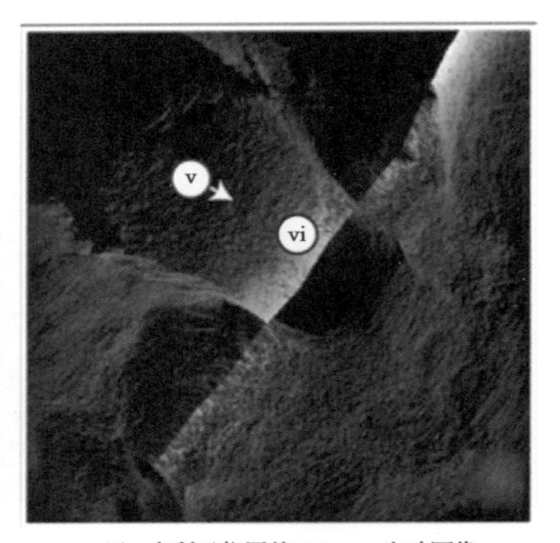

(f) e中所示位置的Sidescan声呐图像

2 970 2 980 2 990 3 000 3 010 3 020 3 030 3 040 3 050 3 060 3 070 3 080 3 090 3 100 3 110 3 120 m 深度

图 13.22 Sidescan 声呐图像

seabat7125 系统与 Sidecan 声呐图像位于同一位置的测深图像，以及沿时间绘制的未处理侧扫声呐图像。i，ii，iv，v 是图 13.23 所示照片的轨迹。

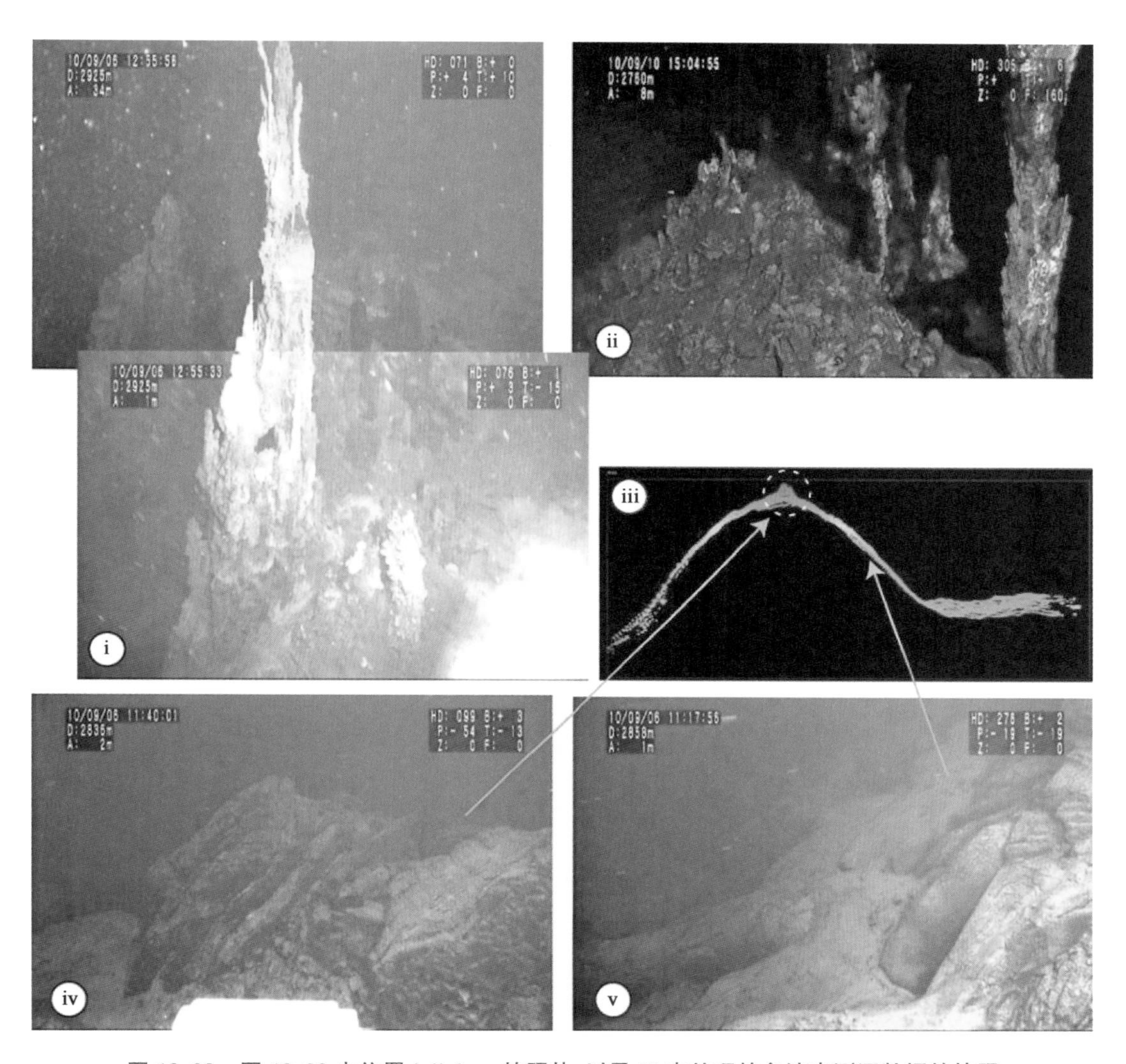

图 13.23　图 13.22 中位置 i,ii,iv,v 的照片,以及 iii 未处理的多波束测深数据的快照

(i) Urashima 站点的活跃热液烟囱;(ii) Pika 站点的活热液烟囱;(iii) 由 seabat7125 系统组成的未加工的测深数据,显示具有凸形的山丘的横截面;(iv) 岩石露头,其表面上的"网状结构"位于山顶,呈凸形;(v) 管状熔岩覆盖山坡的凸起形状的照片。

第 14 章　自主水下航行器水下短程水声通信技术

本章讨论短距离声学通信信道模型的开发及其用于媒体访问控制(medium access control, MAC)和路由协议的设计和评估的属性,以支持 AUV 作业。水下操作的发展需要各种异构水下和基于地面的通信节点之间的数据通信。AUV 就是这样一个节点,但是在未来,预计 AUV 将以作为自组织传感器网络的编队方式部署。在这种情况下,编队网络本身将用均匀节点开发,每个节点都是相同的,如图 14.1 所示,然后编队网络与其他固定的水下通信节点连接。本章的重点是 AUV 之间可靠的数据通信,这对于利用编队网络的集体行为至关重要。

(a) AUVSwarm的SeaVision©航行器

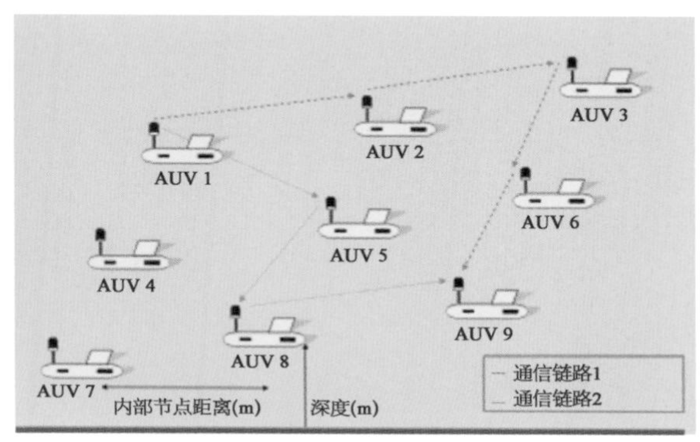

(b) 2DAUVSwarm拓扑结构

图 14.1 Swarm 架构

如图 14.1b 所示,简单的二维 2D 拓扑将用于研究 AUV 编队的操作。编队体内的航行器将在分散的,自组织的 ad-hoc 网络中一起移动,所有航行器都在相同的深度上盘旋。图 14.1b 示出了在海底上方以 2D 水平图案布置的航行器,使得编队在单个深度处具有最大覆盖区域,同时形成多跳通信网络。覆盖范围取决于应用。例如,使用碳氢化合物传感在水下勘探石油和天然气沉积物最初需要扫描大的海洋范围的宽广结构,然后在传感开始以区域为目标时缩小航行器之间的范围。因此,航行器之间可能需要在 10 m 量级的区域工作,节点间通信距离延伸到 500 m。这些操作距离远远短于潜水艇和水下传感器对通常在大于 1 km 运行的海面节点的传统操作。因此,这些操作的通信需求的建模和设备开发集中于更长距离的数据传输和信道建模。为了充分利用短程通信系统的全部优势,有必要研究短程通信信道的特性。

大多数 AUV 开发工作都集中在航行器本身及其作为一个单元的运行上,而没有过多关注需要无线通信网络基础设施的编队架构的发展。为了开发群体架构,有必要在水下环境中研究有效的通信和网络技术。与单一航行器使用相比,编队操作具有许多优点。扫描或"感知"更广泛的区域并协同工作的能力有可能极大地提高任务操作的效率和有效性。群体结构内的协作将通过建立作为团队运作的能力来改善效率,这将导致单个航行器失效的紧急情况。协同工作的编队也可以帮助缓解水下通信环境中高传播延迟和可用带宽不足的问题。通过利用大结构中存在的固有空间分集,编队拓扑将有助于改善通信性能。例如，通过使用多跳网络技术，可以在编队架构内更可靠地传输信息。在这种情况下，这复杂的海洋环境是可以预料的，相对于多航行器独立工作的结构来说，它所产生的不利影响要小得多。

水下数据传输的一个重大挑战是多径衰落。多径衰落的影响取决于信道几何和传播信道中各种物体的存在。多径是由于反射(主要在浅水中)，折射和声学通道而产生的，这会产生许多额外的传播路径，并且根据它们的相对强度和延迟值会影响接收器的误差率。由于这些多径信号引起的符号间干扰(ISI)，产生比特误差。对于非常短距离的单发射机-接收机系统，可能存在一些最小化的多径信号。然而，对于编队操作，需要考虑到的多径信号可能有不同的组合，特别是由编队中其他航行器产生的信号。

仔细考虑物理层参数及其适当的设计将有助于最大化短距离通信系统的优势，该系统需要利用水下声学网络环境中可用的有限资源。

14.1 水下声学通信网络

水下数据通信链路和网络环境为地面大气中的 RF 数据通信信道提供了本质上不同的信道。图 14.2 示出了使用单个发射器-接收器对数据传输的典型水下环境。

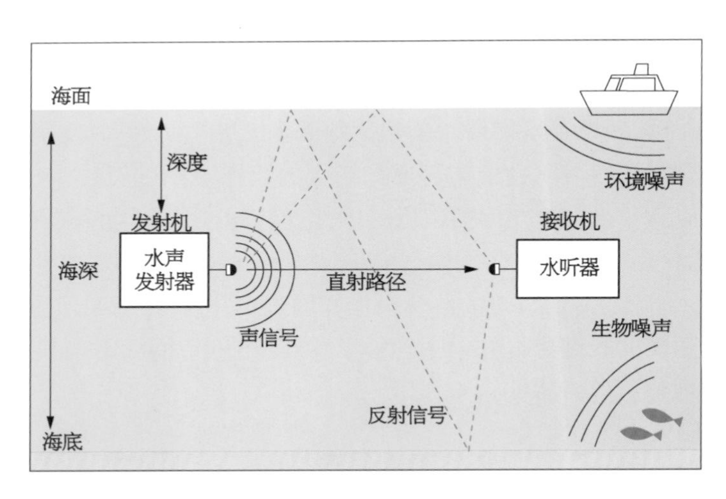

图 14.2 水下声学环境

图 14.3 显示了涉及投影仪(发射器)和水听器(接收器)的数据传输方案的简单示意图。投影仪采用采集的传感器和导航数据，并在数据源将其格式化为数据包，然后用载波频率对其进行调制。调制信号被放大到足以在接收器处接收信号的电平。当中存在最佳

放大水平,因为在无差错传输和电池能量守恒之间存在折中。从投影仪辐射的声功率与提供给它的电功率的比率是投影仪的效率 η_{tx},并由电声转换模块表示。在接收端,水听器的灵敏度将冲击水听器的声压转换成电能,以 dB/V 为单位计算。信号监测包括输入的放大和整形以确定可辨别的信号。这里需要达到监测阈值,并将其评估为平均信号功率与平均噪声功率的比率。然后,在发送的数据可用于航行器内用于数据存储或输入到航行器控制和导航要求之前,提供载波频率用于解调。

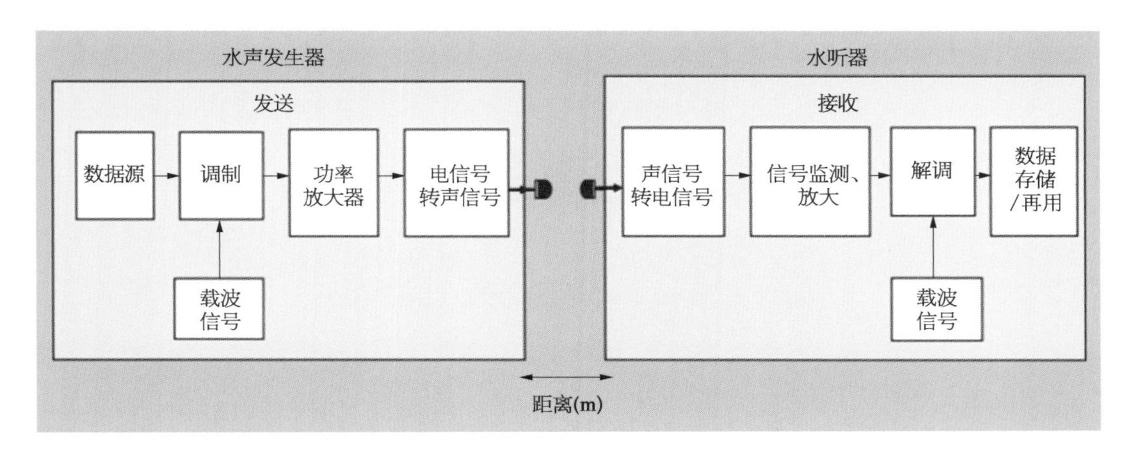

图 14.3 投影仪和水听器的框图

水下数据通信链路通常支持低数据速率,主要是由于通信信道的限制。主要限制因素是高传播延迟,较低的有效 SNR 和较低的带宽。通过使用短距离链路和使用多跳通信技术来覆盖更长的传输范围,可以减少这些约束的影响。对于 AUV 编队网络,使用上述技术对于设计有效的水下网络至关重要。为了开发多节点编队网络,有必要使用 MAC 协议来管理所有点对点链路。在诸如编队网络的多址通信系统中,许多收发器以有序的方式共享传输信道,以便以无干扰模式传输数据。当网络按比例放大以支持 N 个 AUV 时,则必须控制多个点对点或指向多点链路。

为了控制数据传输,有必要设计一种有效的 MAC 协议,它可以控制来自不同 AUV 的信息传输。如果使用多跳通信技术,则编队网络中的 MAC 协议的设计可能更复杂。多跳通信技术将允许可扩展的网络设计,并且它可以支持长距离传输而无需高功率发射器和接收器电路。例如,如果图 14.1b 中的 AUV3 想要将分组发送到 AUV7,则使用多跳通信技术,则它可能潜在地使用多个通信路径来发送分组。从 AUV3 到 AUV7 的一些可能路径是:AUV3—AUV2—AUV1—AUV4—AUV7 或 AUV3—AUV6—AUV9—AUV8—AUV7。网络中的路径选择由路由协议控制。最佳路由协议通常基于许多因素选择传输路径。然而,用于在无线网络中选择最佳路径的主要因素是 SNR,其指示链路的质量。类似地,MAC 协议将使用传输信道状态信息来开发最佳分组接入技术。为了有效地设计这些协议,有必要了解短程水下信道特性的特性。

14.2 水下数据传输信道特性

14.2.1 声信号电平

投影机光源水平 $SL_{\mathrm{tprojector}}$ 通常根据距其声学中心 1 m 的参考距离的声压级来定义。该参考范围的源强度是 $I = P_{\mathrm{tx}}/Area\,(W/m^2)$ 并且以 dB′为 1 μPa′测量，但严格意味着“由于 1 μPa 的压力导致的强度”。对于全向投影仪，表面区域是球形（$4\pi r^2 = 12.6\ \mathrm{m}^2$）。因此，

$$SL_{\mathrm{projector}} = 10\log[(P_{\mathrm{tx}}/12.6)/I_{\mathrm{ref}}](\mathrm{dB}),$$

式中　P_{tx}——投影仪消耗的总声功率，参考波具有强度：$I_{\mathrm{ref}} = (Pa_{\mathrm{ref}})^2/\rho \times c\,(\mathrm{Wm}^{-2})$ 参考压力水平；

Pa_{ref}——1 μPa；

ρ——介质的密度；

c——声速(海水平均值：$\rho = 1\,025\ \mathrm{kg/m^3}$，$c = 1\,500\ \mathrm{m/s}$)。

全向投影仪在 1 m 处的发射机声学信号电平（$SL_{\mathrm{tprojector}}$）的等式：

$$SL_{\mathrm{projector}}(P) = 170.8 + 10\log P_{\mathrm{tx}}(\mathrm{dB})$$

如果投影仪是定向的，那么投影仪方向性指数是 $DI_{tx} = 10\log\left(\frac{I_{\mathrm{dir}}}{I_{\mathrm{omni}}}\right)$，其中 I_{omni} 是球面扩散的强度，I_{dir} 是沿光束图形轴的强度。方向性可以将源级提高 20 dB。此时，发射机声学信号电平（$SL_{\mathrm{tprojector}}$）的更一般的等式：

$$SL_{\mathrm{projector}}(P,\ \eta,\ DI) = 170.8 + 10\log P_{\mathrm{tx}} + 10\log \eta_{\mathrm{tx}} + DI_{\mathrm{tx}}(\mathrm{dB})$$

其中投影机的效率 η_{tx} 考虑了与电声转换相关的损耗，如图 14.3 所示，从而减少了投影机辐射的实际 SL。这种效率取决于带宽，对于调谐投影仪可以在 0.2～0.7 之间变化。

14.2.2 信号衰减

海洋中的声音传播受到海水的物理和化学特性以及信道本身的几何形状的影响。水下声信号由于扩散和吸收而经历衰减。此外，根据信道几何形状，水听器可能会经历多径衰落。路径损耗是从投影仪到水听器的信号强度损失的量度。理解和建立精确的路径损耗模型对于信噪比(SNR)的计算至关重要。

14.2.2.1　传播损耗

扩散损耗是由于声音信号所包含的扩展区域，因为它几何上从源向外扩散：

$$PL_{\text{spreading}}(r)=k\times 10\log(r)(\text{dB})$$

式中　r——以米为单位的范围；

　　k——扩散因子。

当发生信号传输的介质是无界时，扩展是球形的并且扩展因子 $k=2$，而在有界扩展中，被认为是圆柱形 $k=1$。URick 提出，球形扩散是海洋中的一种罕见的现象，但在短的范围内被认为是存在的。由于 AUV 编队操作将在短距离发生，因此可能需要考虑球面扩展，这意味着更高的衰减值。扩散损耗与覆盖范围成对数关系，并且其对信号的影响在非常短的范围内较显著，直到大约 50 m，如图 14.5a 所示。在这些较短的范围内，与吸收项（与范围具有线性关系）相比，扩散损耗成比例地增大。

14.2.2.2　吸收损耗

吸收损耗表示由于声信号产生的波向外传播时发生的黏性摩擦和离子弛豫引起的热量形式的能量损耗，并且该损耗随着如下范围线性变化：

$$PL_{\text{absorption}}(r,\ f)=10\log(\alpha(f))\times r(\text{dB})$$

式中　r——以千米为单位的范围；

　　α——吸收系数。

更具体地说，海水中的声音吸收是由三种主要影响引起的：黏度（剪切和体积），硼酸和硫酸镁（$MgSO_4$）分子的离子松弛和弛豫时间。在 100 kHz 以上的高频率下黏度的影响是显著的，而镁的离子松弛效应影响 10～100 kHz 的中频范围和低至几千赫兹的低频率的硼酸。通常，吸收系数 α 随着频率的增加而增加，随着深度的增加而减小，与淡水相比，由于离子弛豫因子的影响，海水中的离子浓度明显高于淡水。

在过去的半个世纪中，对吸收损耗的广泛测量已经产生了几个经验公式，其考虑了频率、盐度、温度、pH、深度和声速。一个流行的版本是 Thorp 的表达式，等式（14.1），它基于 Thorp 在 60 年代的初步研究，并且已经转换为公制单位。它适用于 100 Hz 至 1 MHz 的频率，基于盐度为 35% ppt，pH 为 8，温度为 4℃，深度为 0 m（大气压力）的海水，这是假设但未由 Thorp 说明：

$$\alpha(f)=\frac{0.11f^2}{1+f^2}+\frac{44f^2}{4\,100+f^2}+2.75\times 10^{-4}f^2+0.003\,3(\text{dB/km})\tag{14.1}$$

Fisher 和 Simmons 已经提出了 α 的其他变体。特别是 70 年代后期的 Fisher 和 Simmons 发现了与硼酸在吸收上的松弛相关的效应，并提供了更详细的吸收系数 α 形式，以 dB/km 为单位，随频率、压力（深度）和温度而变化（也有效）对于 100 Hz 至 1 MHz，盐度为 35% ppt，pH 为 8，由公式（14.2）描述：

$$\alpha(f,\ d,\ t)=\frac{A_1f_1f^2}{f_1^2+f^2}+\frac{A_2P_2f_2f^2}{f_2^2+f^2}+A_3P_3f^2(\text{dB/km})\tag{14.2}$$

式中　　d——以 m 为单位的深度；

t——以℃为单位的温度；

"A"系数——温度的影响；

"P"系数——海洋深度(压力)；

f_1，f_2——硼酸和($MgSO_4$)分子的弛豫频率。这些术语由 Fisher 和 Simmons 提出。

图 14.4 显示了 Thorp、Fisher 和 Simmons 系数的 dB/km 与信号频率的吸收系数，并显示 α 在一般固定温度和深度下随着频率的增加而增加。直到 80 kHz 左右，温度变化对 α 的影响比深度更明显，但在这些频率之上，深度开始占主导地位。无论如何，Thorps 的近似值与 Fisher 和 Simmons 非常接近，并且在显示的频率上显然更加保守。Sehgal 表明，在 300 kHz 以上的较高频率下，Thorps 模型预测损耗较低，因为它没有考虑 Fisher 和 Simmons 发现的弛豫频率。如果深度和频率固定且温度在 0～27℃之间变化，则对于 30～60 kHz 范围内的频率，α 的降低约为 4 dB/km，这与 Urick 提出的结论相关。如果考虑 AUV 编队最有可能在哪里运行，那么在"混合表面层"中，由于纬度(平均温度为 17℃，温度变化很大)，温度可能是一个重要因素。应该注意的是，如果在较低温度下操作 α 较高，因此使用 0℃将是一种保守的替代方案。

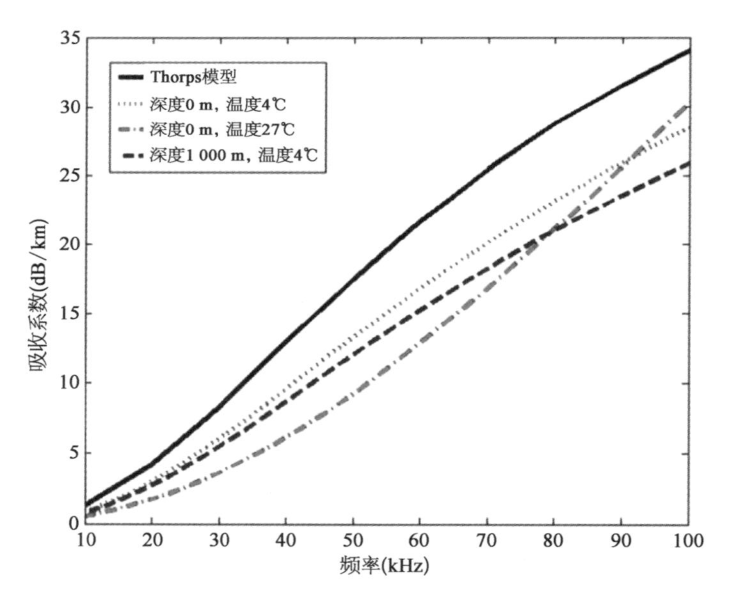

图 14.4　吸收系数与频率的关系

如上所述，在这些较低频率下，深度(压力)对 α 的影响小于温度。Domingo 研究了深度(压力)对吸收的影响，并证实了对于低于 100 kHz 的较低频率，α 的变化较小。更具体地说，Urick 将变化定义为：$\alpha_d=\alpha\times10^{-3}(1-5.9\times10^{-6})\times d$(dB/m)(其中 d 为以 m 为单位的深度)，但也建议近似为 2%每 300 m 深度减少。因此，深度(压力)变化预计不会在短距离 AUV 编队操作中发挥重要作用，尤其是使用本章所述的 2D 水平拓扑的编队。

14.2.3　路径损耗

总路径损耗是扩散损耗和吸收损耗的综合作用。Urik 认为，这种扩散加吸收公式与长期观测结果有合理的一致性。

$$PathLoss(r, f, d, t) = k \times 10\log(r) + \alpha(f, d, t) \times r \times 10^{-3}$$

对于非常短的距离通信(低于 50 m)，见图 14.5a，吸收项的贡献小于传播项。从图 14.5b 中可以看出，Thorp 模型显示了 500 m 范围内的保守或最差情况值。但是，特定频率的 Fisher 和 Simmons 模型提供了对深度和温度变化的一些洞察。然而，根据这些模

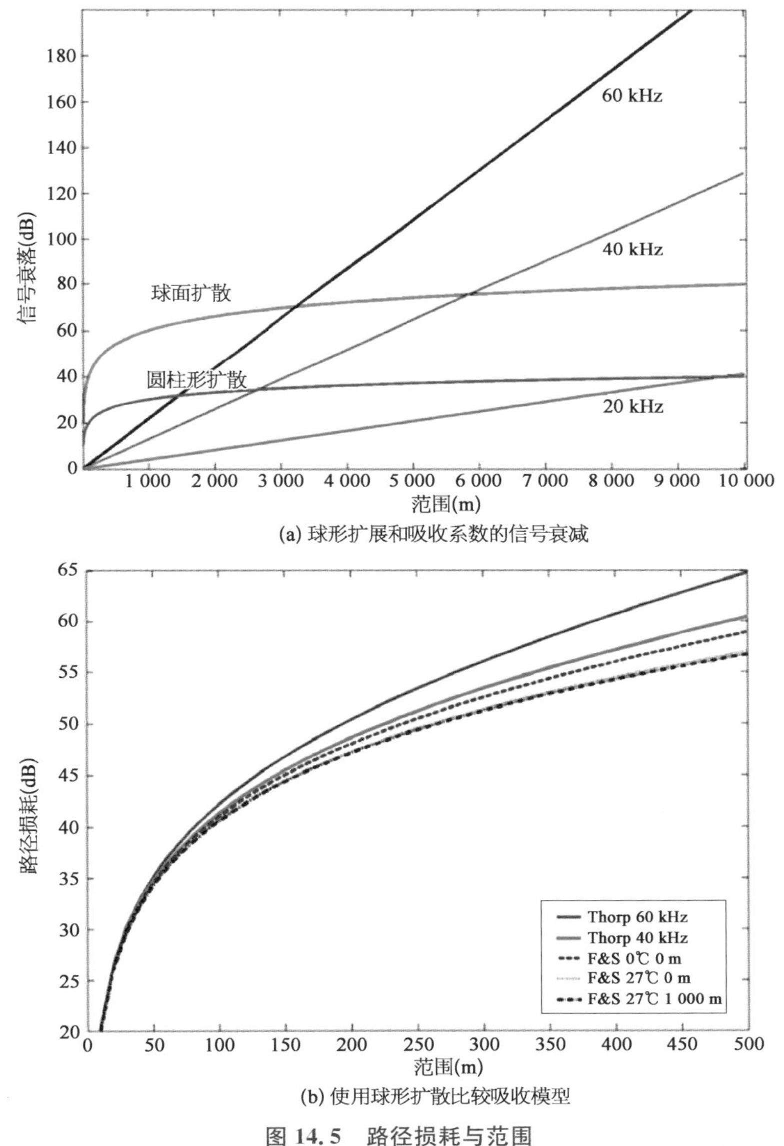

图 14.5　路径损耗与范围

使用 Thorp 模型显示频率变化，Fisher 和 Simmons 模型显示温度“℃”和深度“M”变化。

型，在这些较短的范围内，扩展因子 k 对路径损耗有最显著的影响，如图 14.5a 所示。

随着范围的增加，吸收项开始占主导地位，α 的任何变化也变得更加显著。对于数据通信，由于信号频率的变化，衰减的变化尤其重要，因为使用更高频率可能会提供更高的数据速率。

总之，使用 Thorp、Fisher 和 Simmons 这两个模型，可以从 AUV 编队操作感兴趣的短范围内的路径损耗中得出两个重要特征：

（1）扩散损耗占吸收损耗的主导地位，因此"k"项对图 14.5a 所示较短范围内信号的衰减有显著影响。对于 AUV 编队操作，当航行器之间的距离远小于深度时，可以假设球面扩展。

（2）在低于 500 m 的范围内，与图 14.5b 中所示的可能的温度和压力（深度）变化相比，吸收损耗的频率分量最为显著，并且随着范围的增加，差异也会增加，这意味着通信信道的带宽有限，可用带宽是范围的递减函数。

14.2.4 水下多径特性

一般来说，多径信号代表声能量损耗。然而对于通信系统来说，符号间干扰（ISI）也会对接收器造成不利影响，因为它可以显著提高接收信号的错误率。多径信号是通过本节描述的各种机制在水下产生的，因此，在接收端，由于多径信号的不同传播路径长度，原始信号的许多分量将在不同的时间到达。如果信号分量到达的延迟扩展与之前或将来的信号到达重叠，则可能导致 ISI 发生，这将导致符号损坏或丢失，从而导致位错误。由于声音在声信道中传播的速度非常慢，这种延迟传播可能非常明显。

产生多径信号的主要机制有两种：一种是混响，即声音信号的反射和散射；另一种是射线弯曲，即海洋中独特的声速结构造成的温度梯度通道可以捕捉声音信号。因此，多径信号的形成取决于传输发生的信道的几何结构、发送器和接收器的位置，最重要的是它发生的深度。

在浅水区，多径主要是由于混响，而在深水区，多径主要是射线弯曲，但如果发送器和接收器位于水面或底部附近，则在深水区会发生混响。

有几种物理效应在水下产生混响：

（1）海底或海面边界反射引起的多径传播，如图 14.2 所示。

（2）由悬浮在水中的物体、海洋动物或植物或传输信号路径中的气泡反射引起的多径传播。

（3）由海面（波）或海底粗糙度或表面吸收引起的表面散射，特别是在海底，取决于材料。

（4）由信号路径中的折射物引起的体积散射。

根据发射器和接收器的位置，射线弯曲在深水中引起各种传播路径损耗机制。传播的声信号根据斯内尔定律弯曲，到达较低的信号速度区。图 14.6 显示了典型的海洋声速剖面，尽管随着位置和季节的变化而变化。该剖面取决于深度，声速受表层温度和更深处压力的影响更大。

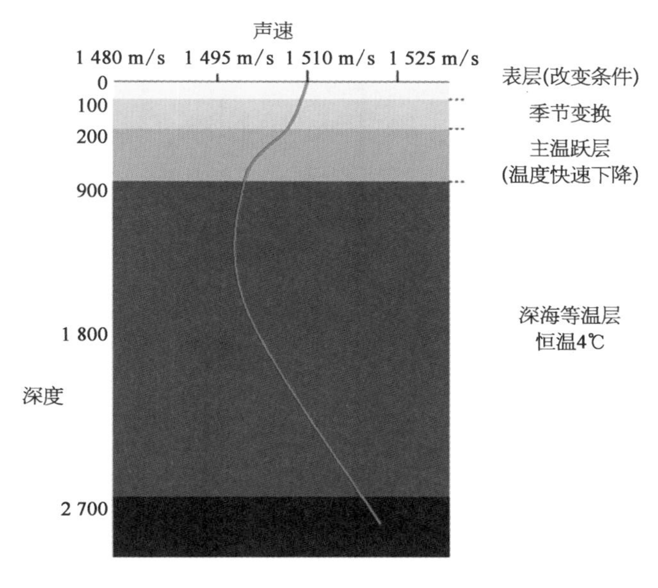

图 14.6　海洋中典型的声速剖面

各种路径损耗机制包括：

(1) 表面波导层，如图 14.7a 所示，当表面层具有正温度梯度时，声信号可以向表面弯曲，然后反射回表面上的层中。

(2) 深声信道，有时被称为声波定位与测距(sound fixing and ranging, SOFAR)通道，当声线不断向最小速度的深度弯曲时，声传播发生在最小声速水平之上和之下，如图 14.7a 所示。

(3) 会聚区，在深水区，当发送器非常靠近水面时，由于温度降低，声波向下弯曲，直到压力增加迫使光线返回水面，如图 14.7b 所示。

(4) 可靠的声路，当发送器位于深水中，接收器位于浅水中时会出现这种情况。如图 14.7a 和图 14.7b 所示，通常不受底部或表面反射的影响，被称为可靠区。

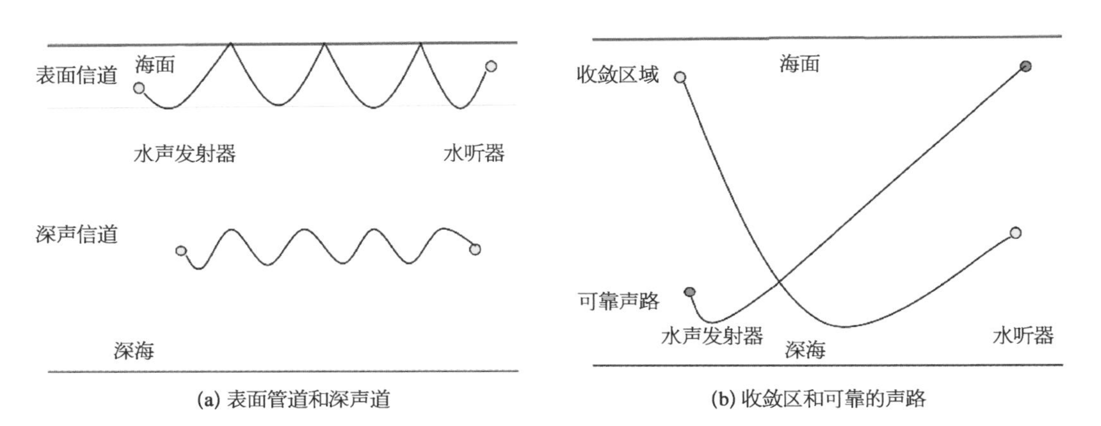

(a) 表面管道和深声道　　(b) 收敛区和可靠的声路

图 14.7　射线弯曲路径损耗机制

(5) 阴影区被视为特殊情况,因为这些“区”是从任何信号传播中无效的。这意味着在阴影区,压敏检波器可能根本无法接收任何信号。

因此,所使用的信道的几何结构主要决定了有效传播路径的数量及其相对强度和延迟。除了没有信号或信号的多径分量可以到达压敏检波器的阴影区域外,压敏检波器还可以接收直接信号以及反射、散射或弯曲的各种多径信号的组合。正是这些信号的多个组成部分由于不同的路径长度而延迟了时间,从而可能在符号监测中产生 ISI 和错误。

对于将在 AUV 编队操作中使用的极短距离信道,多径也将受到距离-深度比的影响,这预计将在压敏检波器上产生较少的多径信号。此外,通过定向发射信号的光束和接收器的方向特性,可以获得一些改进,然而,这将需要额外的移动 AUV 的复杂性,因为在发送之前或接收信号之前需要航行器定位。

到目前为止,大多数的讨论都集中在时不变的声信道多路径问题上,在这一问题上,已经为各种反射和光线弯曲路径选择开发了确定性传播路径模型。它们本身就很重要,多路径传播的顺序为 10～100 ms。如图 14.2 所示,投影仪和压敏检波器之间相隔 100 m,深度为 100 m,直接路径和第一表面反射之间的延迟传播约为 28ms。然而,水下信道中的多路径也由地表或体积散射或深水内波引起的时变分量,这些波是造成随机信号波动的原因。与无线信道不同,这些随机过程在水下信道中的统计特征正处于其早期发展阶段。实验结果表明,根据通信链路的时间、位置和深度,多路径的结果可以遵循本文讨论的确定性模型之一,以 s 为单位的最坏情况下的相干时间。当发射机和接收机之间存在相对运动时,水下通信信道中的另一个时间可变性来源就会出现,这将在下面的小节中进行简要讨论。

14.2.5 多普勒效应

AUV 的相对运动将导致接收信号中两种可能的多普勒畸变形式,即当航行器相互靠近或远离时,由明显的频率偏移引起的多普勒频移,以及多普勒扩展或其时域双相干时间,这是多普勒频谱中频率分散性随时间变化的性质的度量。接收信号的多普勒频移 (Δf)为 $f_c \dfrac{\Delta v}{c}$,其中 f_c 为原始信号频率,Δv 为移动航行器之间的相对速度。例如,如果航行器以 1 m/s 的相对较慢速度移动,且 $f_c = 40$ kHz,则 $\Delta f \approx 27$ Hz。如上所述的多普勒扩展或相干时间测量可以长达 1 s。因此,多普勒频移和传播会给接收机跟踪信道中的时变变化带来困难,这些变化需要设计成信道估计算法并说明与通信协议中的延迟同步方法。由于用于探索的编队操作需要刚性拓扑结构,即航行器之间的相对速度差最小,因此多普勒效应的影响在这种情况下会有所减弱,因此不会进一步考虑。

14.2.6 噪声

造成水下噪声的主要原因有 3 个:① 海洋的环境或背景噪声;② 航行器的自身噪声;③ 间歇性噪声,包括生物噪声,如捕虾、冰裂和雨水。准确的噪声模型对评估水听器的信噪比至关重要,因此可以建立误码率来评估协议性能。

14.2.6.1　环境噪声

海洋中的环境噪声已得到很好的定义。它可以表示为高斯和具连续功率谱密度(PSD)。它由四个部分组成,每个部分在频谱的不同部分具有不同的主导作用。

对于 AUV 编队通信系统(10～100 kHz)而言,环境噪声 PSD 随着频率的增加而减小,参见图 14.8。在超过 100 kHz 的频率下,环境热噪声分量开始占主导地位,总体噪声 PSD 开始增加,但这一点远离 AUV 通信关注的频率。

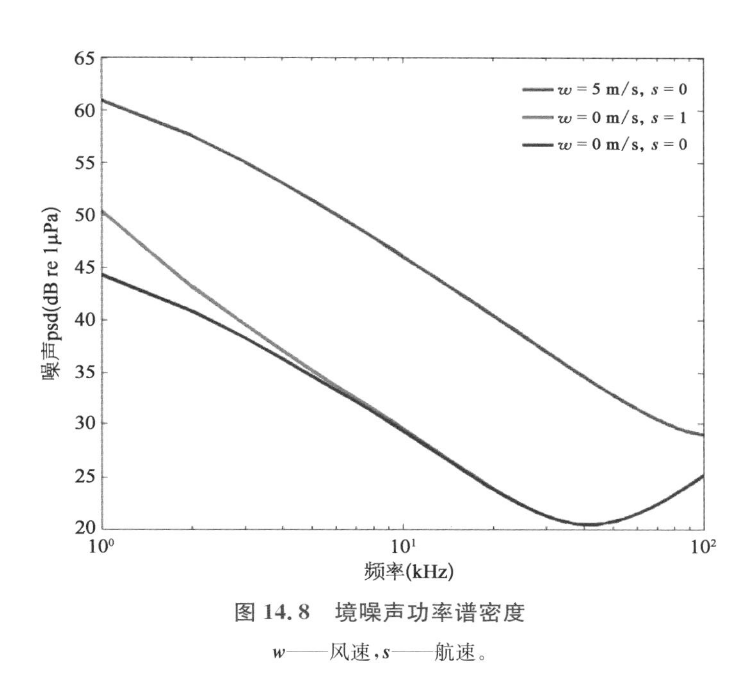

图 14.8　境噪声功率谱密度

w——风速,*s*——航速。

(1) 湍流噪声仅影响极低频区域 $f < 10$ Hz。

$$10\log N_{turb}(f) = 17 - 30\log(f)$$

(2) 运输噪声主要存在 100 Hz 区域,并定义了 S 的运输活动系数,其值分别在 0～1(从低到高活动):

$$10\log N_{ship}(f) = 40 + 20(s - 0.5) + 26\log(f) - 60\log(f + 0.03)$$

(3) 在 100 Hz～100 kHz 中频区域,由风、雨引起的波浪等表面运动是主要影响因素,风速为 w,单位为 m/s。

$$10\log N_{wind}(f) = 50 + 7.5w^{1/2} + 20\log(f) - 40\log(f + 0.4)$$

(4) 100 kHz 以上热噪声成为主导因素:

$$10\log N_{th}(f) = -15 + 20\log(f)$$

其中风速以 w 表示,单位为 m/s(1 m/s 约为 2 kn),f 以 kHz 表示。

随着离海面距离的增加，环境噪声功率也会随着深度的增加而减小，因此航运和风噪声变得更为遥远。在浅水区，环境噪声比深水区高 9 dB。编队操作以及其他水下联网操作将意味着包括 AUV 在内的通信节点将在与其他节点相对较近的位置工作，这些节点将在其操作中增加额外的环境噪声水平，这里不考虑作业深度。

14.2.6.2 自噪声

自噪声是指航行器本身作为接收信号的平台而产生的噪声。这种噪声可以通过机械结构或水通过水听器到达安装在 AUV 上的水听器。湍流引起传感器自身噪声的程度取决于传感器的位置（安装）及其方向性特征。自噪声也可以看作是一个等效的各向同性噪声频谱，正如尤里克在第二次世界大战期间在潜艇上所做的工作。一般来说，与环境噪声一样，自噪声水平随着频率的增加而降低，但是当船舶以较低的速度行驶或静止时，自噪声也受到速度和噪声谱降低的显著影响。

Kinsler 指出，在低频（<1 kHz）和低速时，机械噪声占主导地位，而在非常低速时，自噪声通常比环境噪声更不重要。然而，在更高频率（10 kHz）时，螺旋桨和流噪声开始占主导地位，随着速度的增加，水听器周围的水动力噪声会强烈增加，并变得比机器噪声更为明显。这是由于螺旋桨的气蚀作用，这是由于螺旋桨叶尖下面或上面的气泡夹带造成的。在较高的速度下，自噪声可能比环境噪声更为重要，并可能成为限制因素。

不同尺寸和类型的航行器的自噪声随航行器设计的不同而不同，而且目前公布的数值很少。每辆航行器本身在速度和运行条件下会产生很大的自噪声变化。自噪声可以通过选择电机类型、配置、安装和电机驱动器来控制。大多数 AUV 的趋势是使用小型无刷直流电机，这些电机已用于开发 SeaVision 航行器。对这些航行器进行的初步测试表明，由于速度的增加，噪声会增加，正如所预测的那样，但没有办法区分机械和水动力影响。随着推进器工作的增加，速度增加，出现了更高频率的部件（高达 20 kHz）。当 SeaVision 航行器在静止位置悬停时，噪声 PSD 的频率集中在 2 kHz 左右，这是带外噪声。

Holmes 在 WHOI 研究了 REMUS 的自噪声，REMUS 的鱼雷形状的 AUV 被用作拖曳阵基。在 AUV 最大转速下，当通过校准的传输系数转换为源电平时，在航行器正后方 1 m 处，中心频率为 1 000 Hz 时，1/3 倍频程噪声级为 130 dB re1 μPa。这表示以 3 kn（1.5 m/s）速度行驶的航行器的辐射噪声源水平。航行器在自由工作条件下的辐射噪声通常比系链条件下的辐射噪声小，因此 REMUS 上的第二次测量航行器的辐射噪声，检查在航行器后面拖曳时在压敏检波器阵列上记录的噪声的功率谱密度。结果表明，在航行器后方 14.6 m 距离处，后向的转速相关辐射噪声的频率范围高达 2 500 Hz，这也是带外噪声。

由于通信系统的工作频率可能高于大多数自噪声，并且航行器运行相对缓慢，因此自噪声对压敏检波器接收的预期贡献较小。

14.2.6.3 间歇性噪声源

间歇性噪声的来源在其发生的地点或时间接近正在运行的 AUV 编队时可能变得非常重要。研究的两个主要领域是海洋生物声学领域，以及雨滴产生的雨水和气泡的影响。

造成水下生物噪声的主要原因包括：

（1）贝类-甲壳类动物发出 500 Hz～20 kHz 之间的宽频噪声。

（2）鱼-蟾鱼 10～50 Hz。

（3）海洋哺乳动物-鲸目动物-海豚 20～120 Hz。

雨水对风产生不同的噪声频谱，需要单独处理，因为它不是一个恒定的噪声源。Urik 给出了在大雨中频谱的 5～10 kHz 部分中增加了近 30 dB 的例子，稳定降雨使噪声增加 10 dB，或海况等效值从 2 增加到 6。Eckart 提出了地表降雨量的平均值，从 100 Hz～10 kHz，为－17～9 dB。

这些主要原因间歇源占主导地位的低频范围高达 20 kHz。因此，通信数据信号工作频率被认为受到较低的干扰。

14.3　短程信道建模

利用水声信道的全部容量是非常重要的，因为水声信道显示出所讨论的具有挑战性和有限的资源。对于短程数据传输操作，在当前的长距离水声传输中可以获得许多好处。现在将在数据通信协议设计和开发方面进一步探讨这些问题。特别是，在不同范围和不同信道条件下，将使用压敏检波器可能的最佳信噪比的基础上评估最佳信号频率和带宽。本节还将分析各种可能的调制方案的信道容量和误码率，为 MAC 和路由协议设计的挑战提供依据。

14.3.1　信噪比的频率相关分量

假设没有多径或多普勒损耗，在接收器处观察到的窄带信噪比（SNR）如下：

$$SNR(r, f, d, t, w, s, P_{tx}) = \frac{SL_{projector}(P_{tx}, \eta, DI)}{PathLoss(r, f, d, t)\sum Noise(f, w, s) \times B} \tag{14.3}$$

其中 b 是接收机带宽和信号电平，路径损耗和噪声项已经根据 Stojanovic 的公式（14.3），取信噪比的频率相关部分，即路径损耗 $PathLoss(r, f, d, t)\sum Noise(f, w, s)$ 的积。由于信噪比与路径损耗 $PathLoss(r, f, d, t)\sum Noise(f, w, s)$ 因子成反比，因此对于 $\frac{1}{PathLoss(r, f, d, t)Noise(f, w, s)}$ 项，图 14.9a 为较长范围，而图 14.9b 为较短范围。这些图中的第一个显示了使用 thorps 吸收模型（球形扩展）长达 10 km 的各种范围，并由几位作者介绍。图 14.9b 突出显示了 500 m 和 100 m 的较短范围，并说明了第 14.2.2.2 节中开发的 Thorp、Fisher 和 Simmons 吸收损耗模型之间的变化。

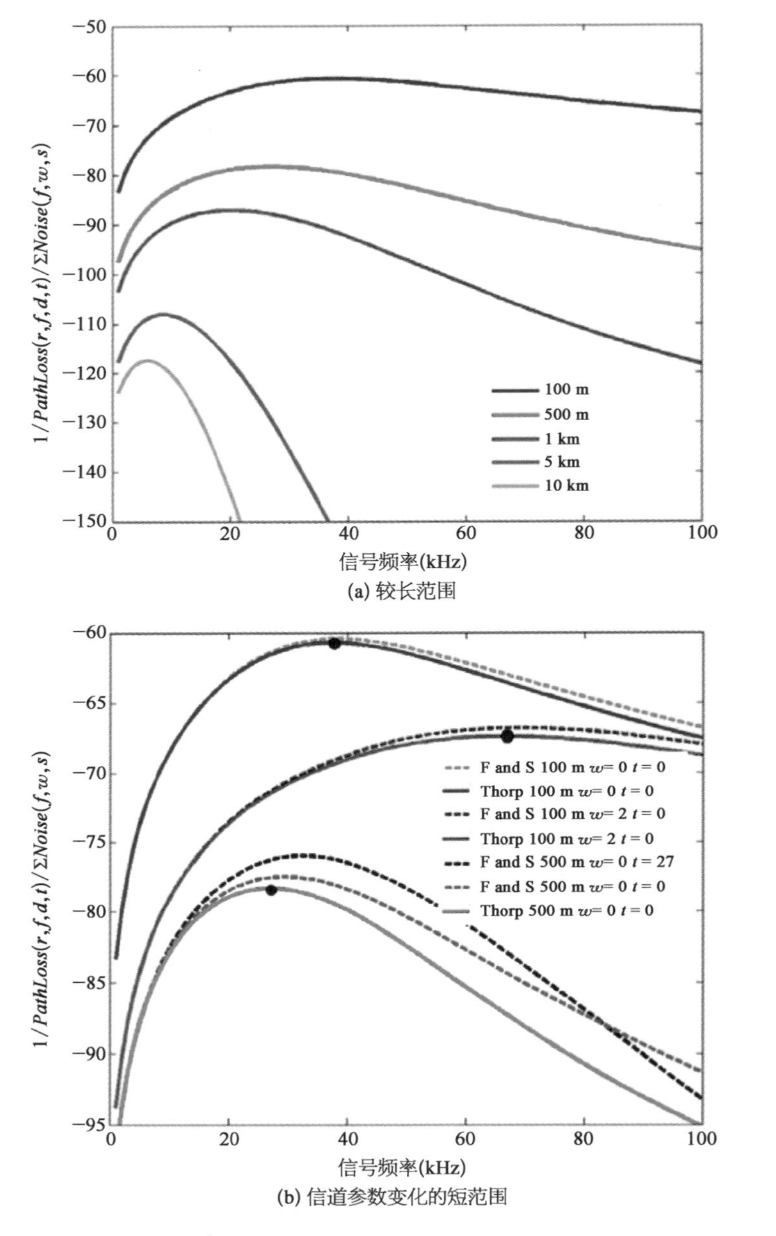

图 14.9 窄带信噪比的频变分量

这些数字表明,假设投影机参数(包括发射机功率和投影机效率)在频带上的行为一致,那么存在一个信号频率,在该频率下,信噪比的频率相关分量是最优的。根据索普吸收模型,三条曲线顶点的黑点表明了这一最佳点。两种吸收模型的响应和最佳频率相似。在 100 m 处,最佳频率存在微小变化,其中吸收系数的贡献明显较低。在 100 m 范围内,当风的速度从 0 变为 2 m/s 时,环境噪声分量对最佳信号频率的影响最为显著,最佳信号频率从 38 kHz 变为 68 kHz。

从通信的角度来看，如果两辆车在 100 m 和 38 kHz 的速度下运行，并且风状态从 0 m/s 变为 2 m/s，则信噪比的频率相关分量会减少 9 dB。由于投影机参数的不同，这并不是信噪比的绝对降低，尤其是发射机功率水平没有被考虑。然而，它确实表明了风和波作用对水下数据通信的重大影响，此外，这种降低的信噪比值不包括与波作用产生的增加散射相关的任何增加的损耗。在环境噪声项中发现的运输影响不包括在这里，因为它对高于 10 kHz 的信号频率的影响很小。在第 14.2.2.2 节图 14.4 中，温度变化对与相关范围相关的信号频率影响最大。图 14.9b 说明了在信噪比的频率相关分量方面的差异。图 14.10a 进一步探讨了信号频率在范围内的变化。

如果航行器从 100 m 移动到 500 m(风速为 0m/s)，保持最高信噪比的最佳信号频率从 38 kHz 下降到 28 kHz，则可以看到范围变化的影响，如图 14.9b。信号频率的降低意味着绝对带宽的潜在降低，以及需要管理的数据速率的降低。这将在下一小节中进一步研究。图 14.10a 和图 14.10b 显示了在 Thorp、Fisher 和 Simmons 吸收损耗模型中，各种参数、温度和深度以及环境噪声模型中的风的最佳信号频率变化范围高达 500 m。最佳频率随吸收损耗的控制特性而增大。从图 14.10a 可以看出，随着范围的增大，两个模型之间以及 Fisher 和 Simmons 模型内的参数之间的偏差也越来越大。当温度升高时，500 m 和 6 kHz 时，模型之间的差异约为 2.5 kHz。当包括风时，如图 14.10b，在非常短的范围内，最佳信号频率会发生剧烈变化，在所示的范围内，这种差异会大大减小。这是因为相对于恒定的环境噪声项(因为它不依赖于范围)，吸收损耗项的重要性越来越大，这减少了噪声项的影响，因此也减少了风的参数。在图 14.10a 和 14.10b 中，Fisher 和 Simmons 模型提供了更高的最佳频率，因为更准确地包含了硼酸和硫酸镁的弛豫频率。

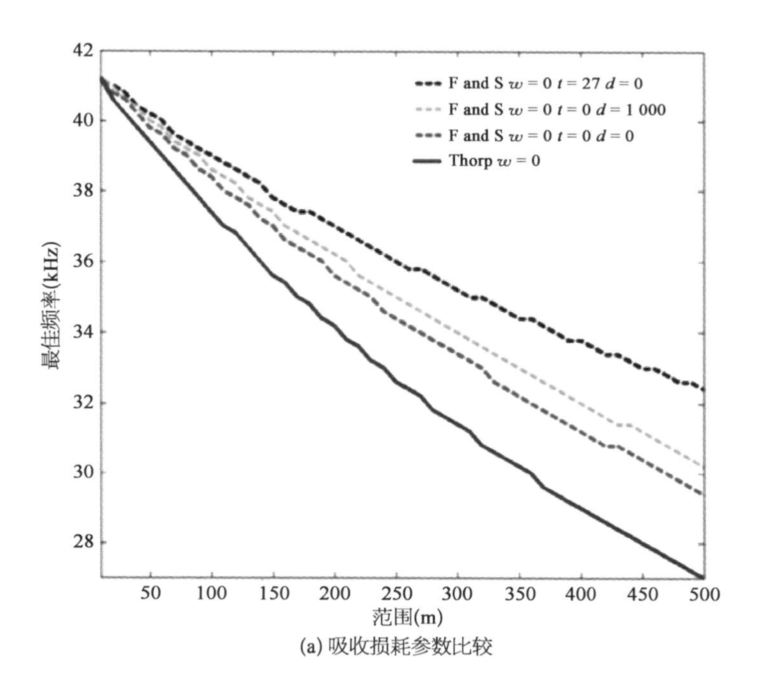

(a) 吸收损耗参数比较

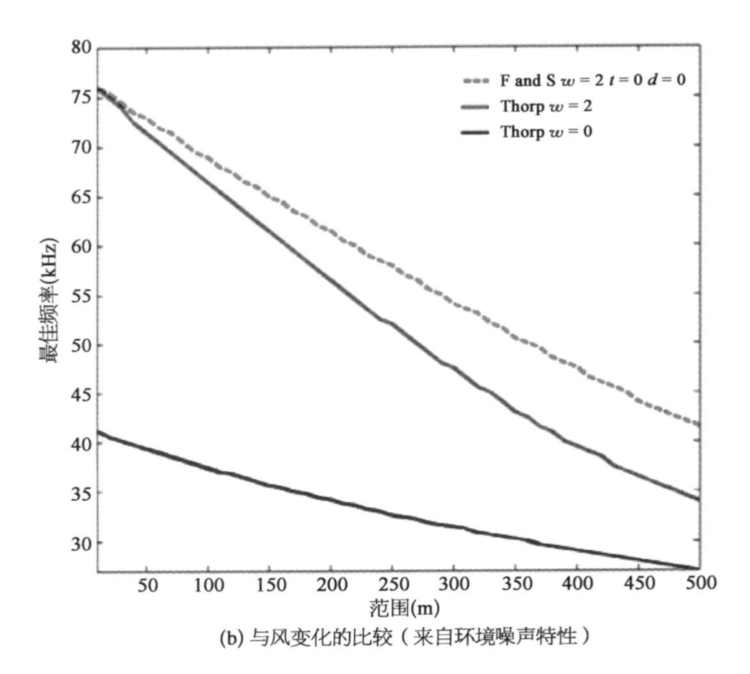

(b) 与风变化的比较（来自环境噪声特性）

图 14.10　由窄带信噪比的频率相关分量确定最佳频率

14.3.2　信道带宽

在不同的范围内，存在一个提供最大信噪比的最佳信号频率，假设发射机功率和投影机效率恒定，因此在不同的范围内，存在与这些条件相关的信道带宽。为了确定这一带宽，使用了围绕最佳频率的 3 dB 启发式方法。采用与 Stojanovic 相似的方法，根据频率范围计算带宽，使用围绕已选为中心频率的最佳信号频率 $f_o(r)$ 的 ± 3 dB。因此，$f_{\min}(r)$ 是当 $PathLoss(r, d, t, f_o(r))N(f_o(r)) - PathLoss(r, d, t, f)N(f) \geqslant 3$ dB 为真时的频率，相似地，$f_{\max}(r)$ 是当 $PathLoss(r, d, t, f)N(f) - PathLoss(r, d, t, f_o(r))N(f_o(r)) \geqslant 3$ dB 为真时的频率。因此，系统带宽 $B(r, d, t)$ 由以下因素决定：

$$B(r, d, t) = f_{\max}(r) - f_{\min}(r)$$

因此，对于给定的范围，存在一个最佳频率，从中可以确定与范围相关的 3 dB 带宽，如图 14.11 所示。第 14.3.1 节中讨论的变化与最佳信号频率的变化有关，包括温度、深度和风等范围和信道条件的变化。这些变化以类似于此处在信道带宽中看到的变化的方式反映出来，反过来又反映出潜在的数据传输速率。图 14.11 表明，最佳信号频率和 3 dB 通道带宽都随着范围的增加而减小。改变风况对信道带宽的影响是显著的，但是，风和波的作用也将包括时变复杂性和损耗。温度升高表明，在感兴趣的范围内，通道带宽增加，这是由于随着温度升高，吸收损耗降低，这意味着在表层工作时会有一些好处。需要强调的是，水声信道的频带受到严重限制，带宽有效的调制对于最大限度地提高数据吞吐量至关重要。在较短的距离或多跳中继下进行数据传输时，可以得到较好效果。

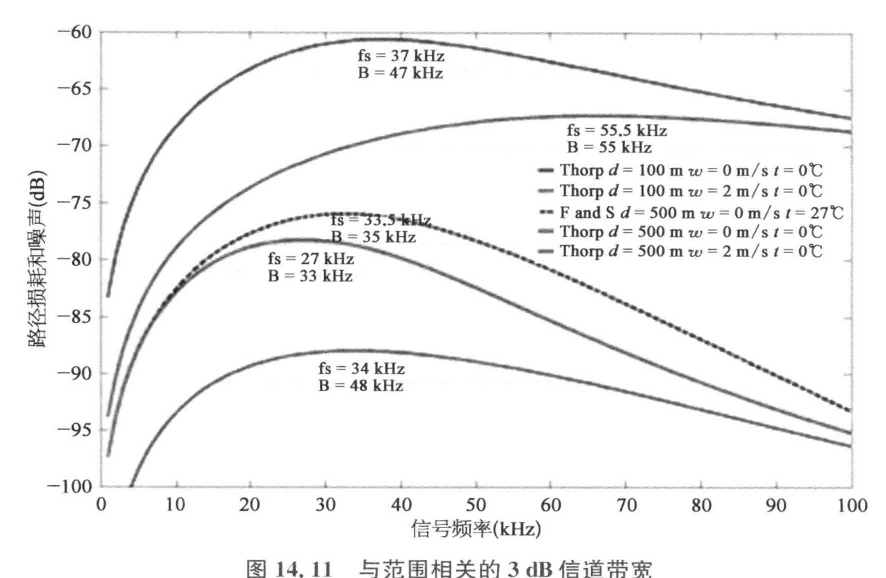

图 14.11 与范围相关的 3 dB 信道带宽

信道宽带显示为虚线，其中 y 轴是窄带信噪比的频率相关分量。

14.3.3 信道容量

在评估水下数据通信信道更现实的性能之前，将使用香农-哈特利表达式(14.4)确定各种目标范围内可实现的最大无差错比特率 C。在这些信道容量计算中，假设所有传输功率 P_{tx} 都传输到压敏检波器，但与先前介绍的确定性路径损耗模型相关的损耗除外。

使用信噪比 SNR(r)的香农-哈特利表达式是

$$C = B\log_2[1 + SNR(r)] \tag{14.4}$$

其中，C 是以 bps 为单位的信道容量，B 是以 Hz 为单位的信道带宽。

因此，使用第 14.3.1 节和第 14.3.2 节中所述的 100 m 和 500 m 处的最佳信号频率和带宽，图 14.12 显示了针对范围可实现的最大无差错信道容量。100 m 的信号频率和信道带宽值 $f_o = 37$ kHz 和 $B = 47$ kHz，500 m 的信号频率和信道带宽值 $f_o = 27$ kHz 和 $B = 33$ kHz。这些数值明显高于目前水下作业中可用的数值，但它们提供了对理论极限的洞察。采用了两种不同的发射机功率级，150 dB re 1 μPa 约为 10 mW，140 dB re 1 μPa 约为 1 mW。从图 14.12 中与相同功率级相关的值来看，较高的信道容量是与该范围内确定的最佳频率和带宽相关的。然而，发射机功率的变化为 10 倍，不会在整个范围内产生信道容量的线性变化。这些变化非常重要，因为将能量消耗降至最低对于 AUV 的运行至关重要。一般来说，当前的调制解调器规格表明，500 m 以下的调制解调器操作的数据速率容量可能低于 10 kbps，远远低于这些理论限制。这说明了在水下发现的异常严重的数据通信环境，商业调制解调器通常还没有设计成能够适应特定的信道条件和不同的范围。这里的讨论是为了了解与各种短期信道参数相关的变化，这些变化可能支持适应性和改进的数据传输能力。

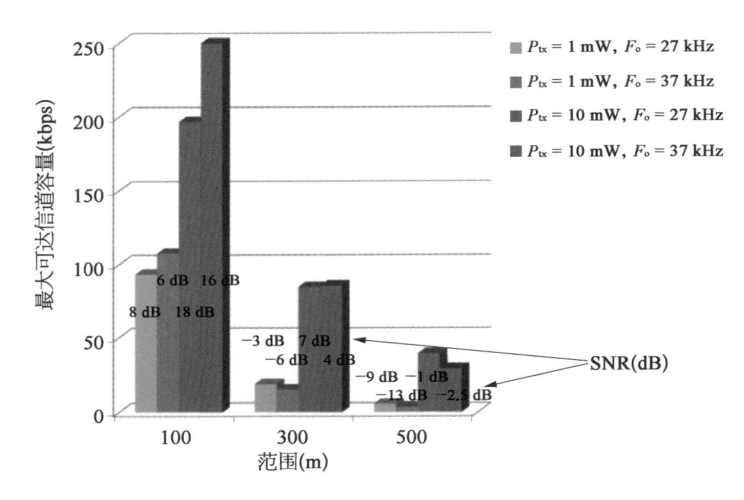

图 14.12　信道容量(kbps)反向范围的理论限制

14.3.4　短程水声通信中的误码率

在水声通信中,实现前面计算的接近最大信道容量仍然是一个重大挑战。水声信道具有明显的多径性,时间变化快,衰落严重,导致水听器处的复杂动力学,导致 ISI 和位错误。因此,误码率(BER)提供了一种数据传输链路性能的度量。在水下系统中,FSK(频移键控)和 PSK(相移键控)的使用已经占用了研究人员几十年的符号调制方法。一种方法是使用更简单的低速率非相干调制跳频 FSK 信令和强纠错编码,为快速变化的多径提供一定的弹性。或者,采用更高速率相干的 QPSK 信令方法,该方法结合了一个多普勒容纳多信道自适应均衡器,在这段时间内获得了广泛的吸引力。BER 公式因 FSJ 和 QPSK 调制技术而闻名,该技术要求每比特的能量为噪声 PSD, $\frac{E_b}{N_o}$,可通过以下方式找到

$$\frac{E_b}{N_o}=SNR(r)\times\frac{B_c}{R_b}$$

其中 R_b 是以 bps 为单位的数据速率,bc 是信道带宽。式(14.5)和式(14.6)分别是 BPSK/QPSK 和 FSK 的未编码误码率:

$$\text{QPSK}:\text{BER}=\frac{1}{2}erfc\left[\frac{E_b}{N_o}\right]^{1/2} \tag{14.5}$$

$$\text{FSK}:\text{BER}=\frac{1}{2}erfc\left[\frac{1}{2}\frac{E_b}{N_o}\right]^{1/2} \tag{14.6}$$

使用的数据速率 R_b 为 10 kbps 和 20 kbps,以反映当前的最大可实现水平。图

14.13a 和图 14.13b 分别显示了 $\frac{E_b}{N_o}$ 和 range 的误码率。每 10 000 bit 的误码率为 10^{-4} 或 1 bit，对于 10 mW 的发射机功率和 20 kbps 的数据速率，QPSK 所需的 $\frac{E_b}{N_o}$ 为 8 dB。如果使用具有一半数据速率(10 kbps)和相同发射机功率的 FSK，这将增加到 12 dB。从图 14.13b 可以看出，这些设置只能提供 150 m 的范围。如果数据速率减半至 10 kbps，则使用 QPSK 可将范围增加至 250 m；如果发送器功率增加至 100 mW，则使用 QPSK 可将范围扩大至 500 m，同时降低数据速率。如图所示，通过比较从约 75 m 到 500 m 的范围，以及该误码率所需的发射机功率从 1～100 mW 的变化，发射机功率起着关键作用。

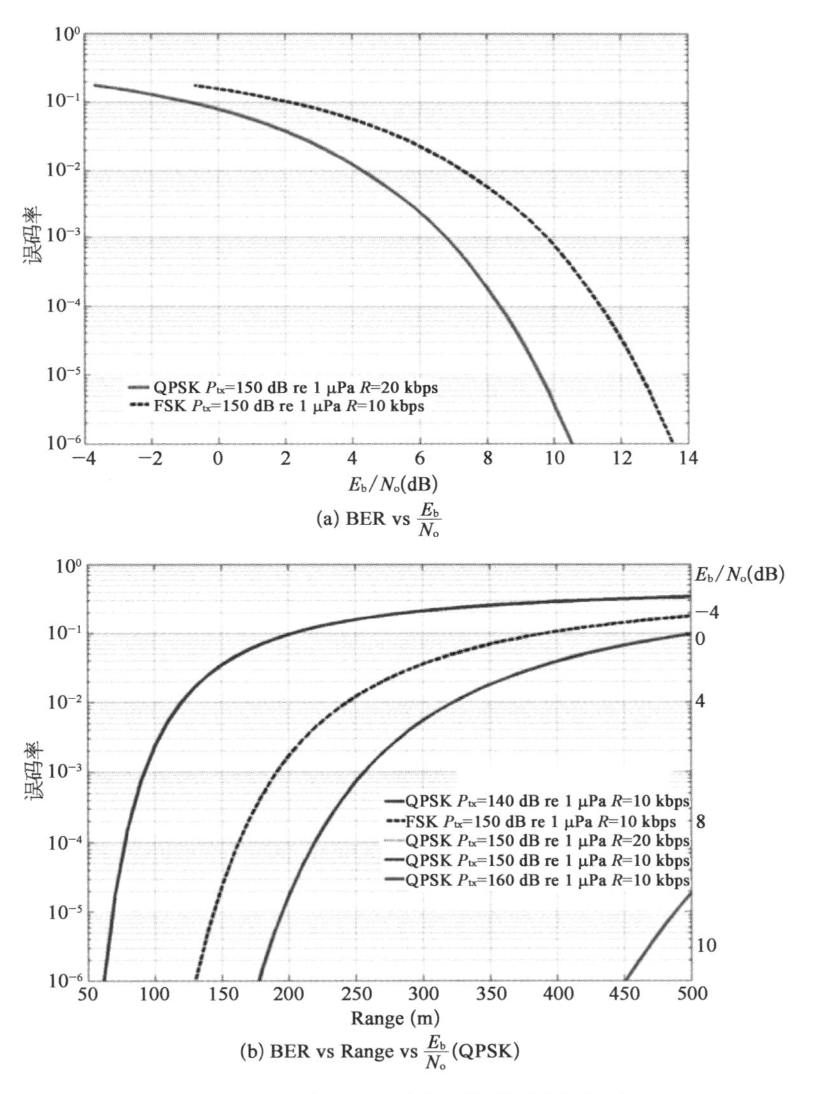

图 14.13　水下短程声数据传输的误码概率

14.4 编队网络协议设计技术

如图 14.1b 所示，短程水下网络本质上是一个多节点传感器网络。为了开发一个功能性的传感器网络，有必要设计一系列的协议，包括 MAC、数据链路控制（data link control，DLC）和路由协议。传感器网络的典型协议栈如图 14.14 所示。最底层是物理层，负责实现所有的电声信号调节技术，如放大、信号监测、调制解调、信号转换等。第二层是适应 MAC 和 DLC 协议的数据链路层。MAC 是传感器网络协议栈的重要组成部分，因为它允许在共享信道中无干扰地传输信息。DLC 协议包括自动重复请求（automatic repeat request，ARQ）和在非零误码率传输环境中进行无差错数据传输所需的流量控制功能。数据链路连接器功能的设计与传输信道条件密切相关。网络层的主要操作控制是路由协议；负责通过多跳网络将数据包从源发送到目的地。路由协议通过高信噪比链路保持所有到直接数据包的链路的状态信息，以最小化端到端数据包延迟。传输层负责端到端的错误控制过程，该过程复制 DLC 函数，但在端到端的基础上，而不是由 DLL 实现的逐跳的基础上。传输层可以使用标准协议，如 TCP 或 UDP。应用层承载不同的操作应用程序，这些应用程序使用较低的层发送或接收数据。为了开发高效的网络体系结构，必须开发特定于网络和/或应用程序的 DLL 和网络层。以下小节将介绍水下集群编队网络所需的 MAC 和路由协议设计特点。

应用层
传输层
网络层
数据链路层
物理层

图 14.14 传感器网络的典型协议栈

14.4.1 MAC 协议

介质访问协议用于协调使用共享通信信道从多个发送器传输信息。MAC 协议旨在通过利用传输信道的关键特性来最大限度地提高信道利用率。MAC 协议可以设计为以固定或动态方式分配传输资源。固定信道分配技术，如频分复用或时分复用，在许多通信系统中普遍使用，在这些系统中，有足够的信道容量可用于传输信息。对于低数据速率和可变信道条件，通常使用动态信道分配技术来最大化传输信道利用率，其中物理传输信道条件可能是高度可变的。基于动态信道分配技术，可以开发两类 MAC 协议，即随机访问协议和定时访问协议。最常用的随机存取协议是载波感应多重存取（carrier sense multiple access，CSMA），广泛应用于许多网络，包括传感器网络设计。最常用的定时访问协议是轮询协议。CSMA 和轮询协议都具有灵活的结构，可以用于不同的应用环境。正如本章所讨论的，由于链路质量的变化取决于位置和应用，水下通信信道是一种相对困难的传输介质。此外，使用声音信号作为载体将产生显著的延迟，这是开发 MAC 协议时的一个主要挑战。载波监听多址冲突监测协议(CSMA/CA)是一种分布式控制协议,不需要任何中央协调器。该协议的原理是,想启动传输的发送器通过检查载波信号的存在来检查传输信道。如果没有载波信号,表明信道空闲,发送器可以启动传输。对于高传播延迟网络,这种解决方案由于延迟而不能提供非常高的吞吐量。

考虑图 14.15,其中两个节点使用 CSMA/CA 协议,间距为 100 m。在这种情况下,如果 $T=0$,节点 A 感应到信道,那么它会发现信道是空闲的,可以继续传输。如果节点 A 立即开始传输数据包,那么它可以假定数据包将成功传输。但是,如果节点 B 在传输延迟时间 t_p 之前开始感知信道,那么它也会发现信道是空闲的,可以开始传输。在这种情况下,两个数据包都会发生碰撞,传输信道容量将浪费一段时间 $L+t_p$,其中 L 是数据包传输时间。另一方面,如果从 A 的包传输开始,B 节点在时间 t_p 之后检查通道,那么它会发现通道正忙,不会传输任何包。现在这个简单的例子展示了随机访问协议的性能如何依赖于传播延迟。如果传播延迟很小,那么在 A 的数据包到达 B 之前,传输数据包的概率就小得多。随着传播延迟的增加,碰撞概率也会增加。

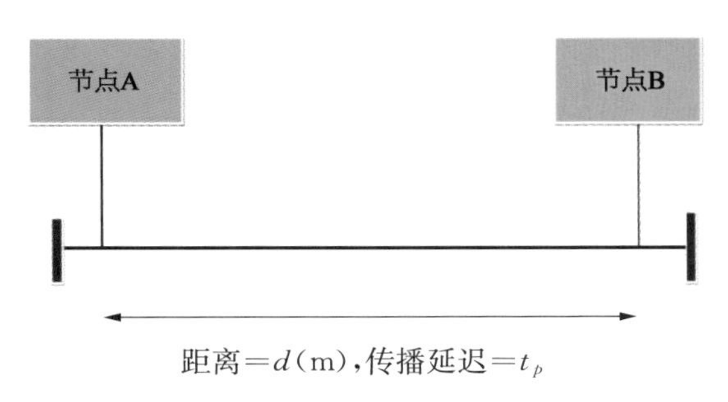

图 14.15　基于 CSMA/CA 协议的包传输实例

CSMA/CA 协议通常用于射频网络,其中 100 m 链路延迟将产生 0.333 μs 的传播延迟,而相同距离的水声链路将产生 0.29 s 的传播延迟,其比射频延迟长约 875 000 倍。读者可以很容易地理解为什么声学链路的吞吐量比香农-哈特利定理预测的要低得多。如果假设传输一个 100 bit 的数据包,那么该数据包在 10 kbps 射频链路上传输大约需要 0.08 s。同样的数据包在 10 kbps 的声音链路上需要 0.371 3 s,提供 2.154 kbps 的净吞吐量。该计算基于传输信道理想的假设,即 BER=0。如果信道误码率为非零,那么吞吐量将进一步降低。

前几节已经表明,传输链路的误码率取决于链路参数、应用环境的几何结构、调制技术和各种噪声源的存在。非零误码率条件在链路上引入有限的包错误率(PER),由公式(14.7)描述,其中 K 表示包长度。PER 将取决于误码率和传输包的长度。对于使用 100 bit 数据包大小的 10^{-3} 误码率,链路将生成每值 0.55,这意味着几乎每秒钟的数据包都会损坏,需要某种类型的错误保护方案来降低有效的数据包错误率。

在通信系统中,通常有两种分组纠错技术,一种是前向纠错(FEC)方案,该方案使用若干冗余位加上信息位来提供一定程度的信道错误保护。第二种技术涉及使用称为 ARQ 的 DLC 功能的包重传技术。当接收器无法使用 FEC 位校正数据包时,ARQ 协议将引入重传。由于相同的信息被多次传输,重新传输过程可以有效地进一步降低链路的吞吐量。从这个简短的讨论中,可以看到,传感器网络中使用的标准 CSMA/CA 协议在水下网络环境中几乎无法工作,除非标准协议得到进一步增强。这是一个重要的研究课题，目前许多研究人员和作者都在跟进。

$$\mathrm{PER}=1-(1-\mathrm{BER})^K \tag{14.7}$$

14.4.2 分组路由

分组路由是水下网络环境中的另一个挑战。包路由协议对于多跳网络非常重要，因为接收器和发送器分布在一个地理区域，在该区域节点也可以随着时间改变其位置。每个节点维护一个路由表，通过多跳链接转发数据包。

路由表是通过选择从发送器到接收器的最佳成本路径来创建的。路径成本可以表示为延迟、包丢失、误码率和实际传输成本等。对于水下网络，链路延迟可用作成本度量，以最小延迟传输数据包。路由协议一般分为两类：距离矢量和链路状态路由协议。距离矢量算法通常根据相邻网络的最短路径选择从发送器到接收器的路径。当链路的状态改变时，比如当链路的延迟或信噪比增加，那么链路旁边的节点将监测到该变化并通知其邻节点，并建议新的链路。此过程将继续，直到网络中的所有节点都更新了其路由表。链路状态路由协议以不同的方式工作。在这种情况下，所有链路状态信息都定期传输到网络中的所有节点。当链路状态发生变化时，所有节点都会收到通知并修改其路由表。在编队网络中，链路质量是可变的，这需要对路由表进行定期的重新配置。路由算法的性能通常取决于包括收敛延迟在内的许多因素。对于一个编队网络来说，由于高链路延迟，收敛延迟将是一个关键因素。

对于水下蜂群应用程序，网络中的每个更新将比射频网络花费更长的时间，从而导致额外的包传输延迟。因此，有必要以不同于传统传感器网络的方式开发网络结构。例如，可能需要开发较小规模的集群网络，其中集群头形成第二层网络。在这个拓扑中，本地信息将在集群内流动，集群间信息将通过集群头网络流动。基于集群的通信体系结构也被用于 ZigBee 和无线个人通信网络。若要开发适当的路由算法需要进一步的研究，以尽量减少集群网络中的分组传输延迟。

本节中的讨论表明，MAC 和路由协议设计需要传输信道状态信息，以优化其性能。由于水下信道的高传输延迟，任何链路质量的变化，如信噪比，都会对网络性能产生很大的影响。因此，有必要开发一类新的协议，使其能够适应不同的信道条件，并在集群编队网络中提供合理的高吞吐量。

海洋智能无人系统技术

第 15 章　微小卫星系统概述

15.1 背　　景

在 20 世纪 80 年代后期，一种新的卫星范例，现代微小卫星，出现并开辟了一种新的空间应用。微小卫星是一种有利的，甚至是颠覆性的技术，它们所执行的任务在所有情况下都很重要。无论何种应用，小型空间任务的效用是最终度量微小卫星的标准，因此微小卫星也逐渐获得广泛的接受与应用。

按质量分类的卫星通常如下：

(1) 大卫星：质量 1 000 kg。

(2) 中型卫星：质量 500～1 000 kg。

(3) 小型卫星：质量 100～500 kg。

(4) 微卫星：质量 10～100 kg。

(5) 纳米卫星：质量 1～10 kg。

(6) 皮卫星：质量 0.1～1 kg。

(7) 飞秒卫星：质量 100 g。

微卫星和纳米卫星是探索和测试新想法和各种新设备的重要工具，不需要花费巨额资金就可以完成太空任务。微型或纳米卫星上每千克有效载荷的实际发射成本可能与普通卫星一样高甚至更高，但周转时间和快速响应非常重要。纳米卫星对许多教育机构具有吸引力，可以参与太空，因为现在普遍使用的技术使这种类型的卫星变得可行，而且最重要的是，其价格是可承受的。过去的 20 年里，世界各国关于皮卫星的项目数量也在显著提升。波士顿大学已获得 NASA 拨款，用于研究皮卫星。PalmSAT 计划是英国萨里大学萨里航天中心的一项皮卫星计划。

近年来，人们对在科学，商业和军事市场上使用微型卫星产生了新的兴趣，因为技术允许以较小的数量容纳复杂的有效载荷。小卫星技术的提升，共享集群发射的出现，低成本“响应式”运载火箭的引进，写入合同内的发射方式的改变，以及作为辅助有效载荷发射标准化立方体卫星的意愿。作为这些发展的结果，无数颗立方体卫星已经发射，并且有很多颗已经成功到达太空，除此之外，许多纳卫星和皮卫星也相继发射。

相比于利用大的政府卫星的传统方法，皮卫星和纳卫星还提供了很多优点。它最大的优点是降低了开发成本和发射成本。此外，许多带有不同仪器的不同卫星可以满足更多大气探测的需要。由许多小卫星组成的星群也能同时获得全球范围内的测量结果。与地面仪器不同的是，单颗卫星就能提供全球覆盖。卫星相对于地面仪器的另一种主要优点是，它能为遥感提供空间视角并且能提供其他方式不能做到的原位空间测量。一次性卫星可以更大程度地允许进入更危险的轨道，并且能以更短的时间完成更多的实验任务。

最后，如果对仪器的选择有直接的控制，大气研究界将会极大地获益。虽然大气研究人员已经能够向美国国家航空航天局提出卫星发展项目，但是因为此项目的规模问题，他们没有足够的资源去为他们自己的卫星项目提供资金。然而，大气科学界却资助和开发了许多基于地面的仪器，其中包括大型相阵控天线。

除了大气层的实验任务之外，这些卫星还提供了飞行试验技术和飞行更大更昂贵任务之前的小型测试任务的机会。如果没有这些飞行的积累与传承，这个技术很难被考虑用到大型系统中。

15.2 发展历史

第一颗微型卫星是在1957—1969年期间发射的。在1980—1999年期间，从全球各国，包括印度、德国、日本、韩国、沙特阿拉伯、中国、阿尔及利亚和马来西亚，共发射了238颗小型卫星和249颗微型卫星。1999年出版了关于小型卫星工程的特刊。国际宇航科学院(IAA)在德国柏林的DLRBerlin - Adlershof举办了六次关于小型卫星的研讨会。RainerSandau博士为IAA委员会第四研究组编写的“关于具有成本效益的地球观测任务国际研究”。如上所述，系统运行和利用是第一个试图详细说明实现成本效益问题的类型地球观测(EO)任务。它由一群在空间发展计划方面具有多年经验的专家编写，其重点是小型卫星任务。发达国家和发展中国家正在为EO计划开展这项任务。第21届AIAA/USU小卫星会议侧重于任务和基础任务使能技术，这些技术使其成为具有独特能力的平台，无论是单独还是星座。2007年11月13日至16日在马来西亚吉隆坡举行了一次关于遥感应用地球观测小型卫星国际讲习班。Kramer和Cracknell就Kramer博士在该研讨会上的演讲，对遥感中的小型卫星作了进一步的概述。

自2009年起，微小卫星发射数量逐年递增，2009年全球仅有26颗微小卫星发射，而到了2013年这一数字飙升至92颗，且其中80%以上是立方体卫星，总计12次小卫星发射任务。2014年，发射数量依然大幅增长，微小卫星的发射数量增长到158颗，占据了2014年所有发射设备总量的61.8%，总计14次小卫星发射任务，78%以上是立方体卫星，同比前一年增长了72%。2015年，微小卫星的发射数量为149颗，占据了全年所有发射设备总量的63.14%。到2016年，微小卫星占比量有所下降，降为57.89%，其中纳卫星78颗，微型卫星23颗，小型卫星20颗。2017年，全球共有424颗卫星投入应用，微小卫星数量为313颗，占到了其中的70.6%。近20年微小卫星的发射情况如图15.1所示。

从所属国家看，美国在发射微小卫星的项目上长期处于领先，以纳卫星为例，美国的发射总量居于首位，占所有纳卫星发射总量的58.6%。位于次席的欧洲，占到全部纳卫星发射总量的24.6%，为美国的一半左右。紧接着是中国和日本，并列第三，均占据纳卫

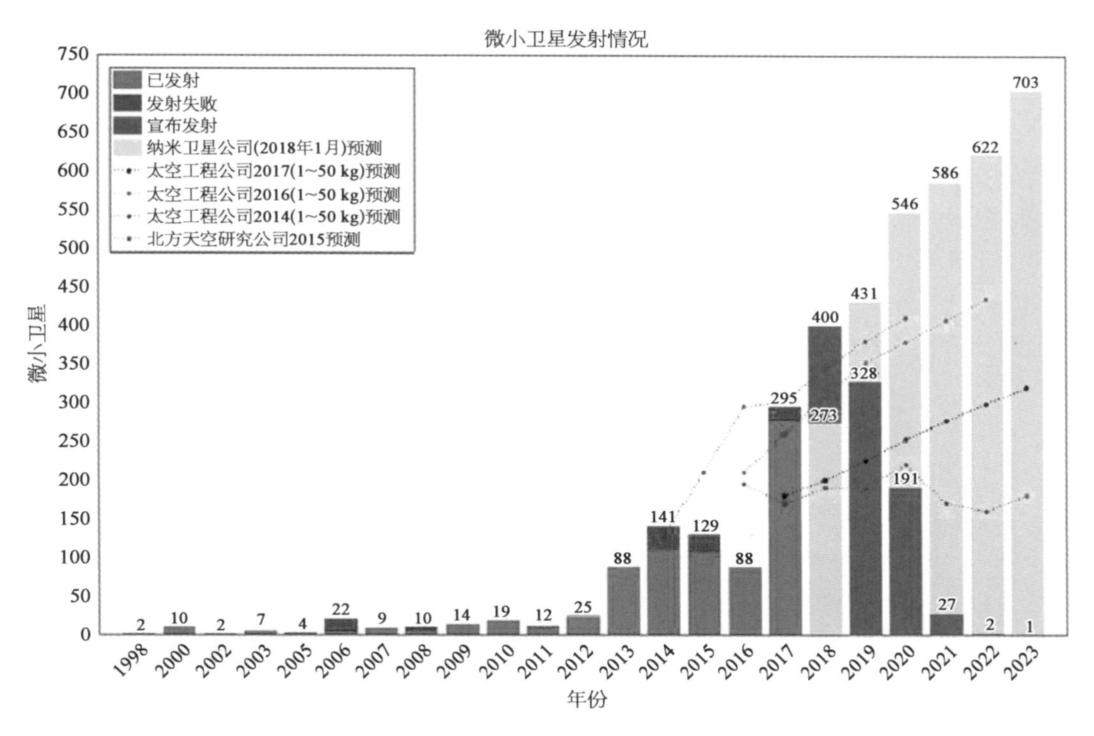

图 15.1　全球近 20 年微小卫星发射情况

星发射总量的 2.6%左右，与美国还是有一定的差距。SpaceWorks 商业咨询公司通过统计已发射的和计划中发射的微小卫星，预测在 2015—2020 年间将会有 1 860～2 610 颗微小卫星的增加。各地区发射占比情况如图 15.2 所示。

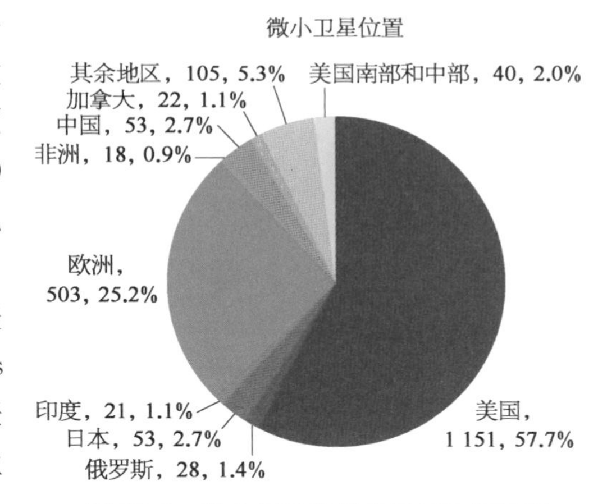

图 15.2　微小卫星发射各地区比例情况

近年来，“更快，更好，更便宜”已成为美国国家航空航天局(National Aeronautics and Space Administration，NASA)未来任务的座右铭。美国宇航局地球科学企业(ESE)的目标是发展对地球系统、自然和人为变化响应的科学认识，以便改善对当代和后代的气候，自然灾害的预测。ESE 有一个点到点的战略，以确保从其研究计划中获得的信息，理解和能力最大限度地发挥科学和决策社区的作用。自 20 世纪 60 年代美国宇航局地球观测计划实施以来，小型卫星一直是满足研究战略的关键因素。在过去的十年中，除了管理创新之外，NASA 的 ESE 重新强调了小型卫星，这一强调反映了紧凑型传感器，小型卫星总线和运载火箭技术的进步。2000 年 11 月在 NASAEO－1 任务中，SAC－C 作为双重有效载荷发射到 705 km 的太阳同步轨道，阿根廷卫星电视台的主要任务(SAC－

C)是利用五频段地球观测相机(Ousley，2003)。正在研究的多卫星星座包括小型卫星作为关键的建筑元素。研究表明，低成本、有能力的微型飞行器以及紧凑型传感器和增强的自主性是实现长期 NASA 地球科学愿景(ESV)所需的传感器网和相关分布式航天器基础设施的技术推动者。

SkySat 系列卫星是由来自硅谷名为 TerraBella 公司研制的对地成像小卫星星座，2016 年 3 月该公司被“谷歌”公司收购。Skysat 卫星星座目前已发射 3 颗卫星(SkySat-1、SkySat-2、SkySat-C1)。SkySat-1 和 SkySat-2 两颗微小卫星是用于对地观测应用的试验星，两星均为高精度的微纳卫星，捕获图像的分辨率可达到米级，由于该卫星造价并不昂贵，可以将其用于多星星座中，通过对星座获得图像的有效利用，能够得到非常有用的信息并在各个领域发挥出巨大的行业价值。SkySat 卫星及概念图如图 15.3 所示。

图 15.3 SkySat 卫星

图 15.4 Flock1 微纳卫星

2014 年 1 月 9 日，鸽群-1 星座立方体卫星从大西洋区域的太空发射台搭载美国的 Antares-120 火箭发射升空，所有卫星均是 3U 立方星，该星座由美国星球实验室研制。Flock-1 计划发射 100 颗卫星构成星座以提供商用的全球观测服务。首期发射的星座(编号为 Dove-5～32)由 28 颗 3U 星组成，卫星的轨道高度 400 km，可以对森林砍伐、过度捕捞以及农产品生产等进行监测，分辨率为 3～5 m，建立该星座的目的是为地球上的人类提供“任何人，任何地方，任何时候”的信息。随着发射合约的签订，后续又有 43 颗卫星发射，并且还有超过 200 颗的微纳卫星计划发射，当所有卫星都发射完成时，Flock-1 将会成为世界上最大的遥感卫星星座。Flock-1 微纳卫星如图 15.4 所示。

CanX 项目是加拿大第一个且是目前唯一一个纳米卫星项目，该项目是 2001 年由多伦多大学 Robert E. Zee 博士在斯坦福大学和加州理工州立大学启动的 CubeSat 项目基础上建立的。这个项目的主要目的是要让研究生参与到太空飞行研究的过程中来，为科学研究提供低成本的空间试验环境和对纳米级设备测试的测试环境。该项目包括 CanX-1、CanX-2、CanX-3(BRITE)和 CanX-4&5。CanX-1 与 CanX-2 分别在 2003 年 6 月 30 日和 2008 年 4 月 28 日发射，其中 CanX-1 是加拿大的第一颗微小卫星和第一个 U 立方星。CanX-2 如图 15.5 所示。

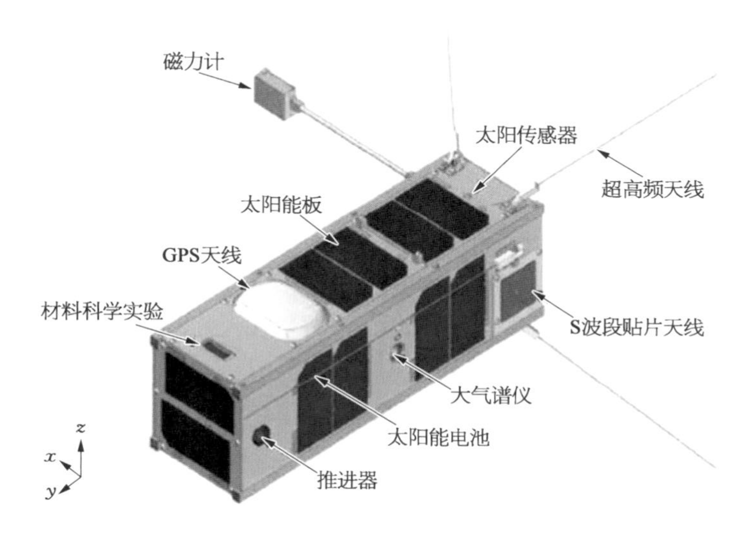

图 15.5　CanX - 2 结构图

15.3　系统架构及功能

15.3.1　微小卫星分系统介绍

由于其有限的空间、质量、功耗和预算，皮卫星和纳卫星与较大的卫星在很多方面是有区别的。主要的不同是，皮卫星和纳卫星利用商业组件代替空间级组件。这些商业组件更容易获得、更便宜、更新型、更小、性能更好、有更好的文件记录，并且易于使用。由于没有把皮卫星和纳卫星设计在辐射环境下工作，所以皮卫星和纳卫星在辐射水平较低的地方执行短期的(<一年)近地轨道任务。再者，因为大卫星的成本更高，并且希望存活更长时间，它们的组件必须设计成寿命末期规格，还要知道永久失效概率。皮卫星和纳卫星有较短的寿命，因此它们可以更多地设计成寿命初期规格，并且大多数组件的永久失效概率可以被忽略。例如，大卫星上的太阳能电池会随时间降解，所以大卫星的发电能力在其运行周期结束时将大大减弱。组件在长期辐射下会永久失效，所以需要估计失效的可能性，并且为了实现明确可靠的目标，备份系统也需要执行起来。

(1) 电源。

卫星电源系统利用两个基本的体系结构，分别是直接能量转移(direct energy transfer, DET)和功率点跟踪(power point tracking, PPT)。设计 DET 时，没有在太阳能电池和系统中放置任何系列组件，而设计 PPT 时总是在太阳能电池板向负载传输最大功率这一点时进行控制。DET的设计包括完全调节母线，母线电压的变化是额定电压的2%～5%，还包括阳光调节母线，只有当卫星处于光照中时这个母线才进行调节。设计时，全部调节母线比阳光调节母线复杂。PPT设计通常是放置一个开关调节器与太阳能电池板和负载串联。当电池板不是灵活地跟着太阳转动时，PPT的设计是有优势的，目前所有的皮卫星和纳卫星都是这样。当太阳辐射和阵列温度变化范围很大从而改变阵列电压变化时，PPT设计也是有优势的。皮卫星和纳卫星通常使用的是一个很窄的DET架构，其中太阳能电池组、电池和负载一直都是并联的。然而，对于一些小卫星来说，太阳能电池组和电池电压的匹配是具有挑战性的。

对于电源，航天器有四种选择：静态、动态、燃料电池和光伏电池。静态电源是由放射源造成的温度梯度来产生能量的。动态电源用一个热源和一个热交换机来驱动发动机。热源可以集中太阳能，放射性同位素或者受控核反应。燃料电池将氧化反应的化学能转化成电能。这些是独立的发电机，并且是用于航天飞机上的。任务越长，所需的反应罐越大。光伏源是皮卫星和纳卫星最好的选择，因为光伏源所需的质量小并且实现简单。然而，因能放置电池的表面区域是有限的，所以可得到的电力也是有限的。电池板可以部署成一定的规模，但是在某种程度上，电池板的质量和体积会显得很大。其结果是，相对于较大的卫星来说，皮卫星和纳卫星面临着严格的功率限制。这些功率限制会制约仪器的操作时间和通信能力。电池板可以做成低成本的硅太阳能电池板，或者是高效率的砷化镓太阳能电池板。另一个主要的区别是，大的航天器经常使用跟踪和定点装置，来确保太阳能电池板正确地朝向太阳方向，然而皮卫星和纳卫星的电池板是固定在卫星的两侧或是固定在展开的面板上。

对于电池，大的航天器一般使用镍镉电池（NiCd）或者是镍氢电池（NiH_2），这些电池有更多飞行和测试的经验。然而，皮卫星和纳卫星经常使用的是锂离子电池（Li－Ion），这种电池在便携设备上常见，比如手机。锂离子电池具有65%的体积和50%的质量优势。它需要安全的电路系统和一个特殊的充电曲线。这些电池会经过一些合格测试，如热真空测试，来最大程度增加它们成功的可能性。

另一个区别是航天器的母线，大的航天器通常使用28 V直流母线来为整个卫星配电。所需的电压由这个母线转换，其中包括直流调节电压和交流调节电压。然而，皮卫星和纳卫星使用更新颖更低功耗的组件，其中包括3 V的组件。其结果是，母线通常运行在较低的电压，并且只使用直流调节器即可。较大的卫星也经常使用多个分布式分配系统，在这个系统中所需的电压分别在每个负载进行转换。因为组件很少，皮卫星和纳卫星通常使用更集中的分配系统，通过调节电压，这个系统的母线可以直接支持所有负载。

（2）姿态确定和控制。

皮卫星和纳卫星有时没有任何姿态控制的能力。特别是立方体卫星，刚刚开始提供姿态控制能力。然而，对于许多遥感任务，仪器必须指出目标的方向。一旦指出方向，卫星在轨道上会受到扭矩扰动并且有时会执行回旋机动。在卫星进入轨道期间，需要保持横向移动，卫星是通过姿态控制系统来保持这种姿态的。因为较大的发动机在横向运动时可能造成较大的干扰，所以这可能就增加了对姿态控制系统执行器的要求。皮卫星和纳卫星是依靠运载火箭来执行进入轨道操作的。

卫星可以用被动或主动技术来控制姿态。被动控制技术包括地磁、重力梯度、自旋稳定。地磁可以用于近赤道轨道，赤道附近的磁场方向不改变。重力梯度是一个使用最大惯量轴的简单技术。细长的物体趋向于将长轴指向地球中心。旋转的航天器上有陀螺刚度从而可以在两个轴线上被动地抵抗扭矩。永久磁铁和重力梯度可以提供有限的五个度的精度，而自旋稳定可以提供一个度或是更高的精度。

主动控制技术包括推进器，磁力矩器和反作用轮。由于其额外的复杂性和所需的燃料，推进器目前并没有应用在皮卫星和纳卫星上。燃料的储存增加了卫星的复杂性，并且增加了运载火箭和主要有效载荷的危险性。皮卫星和纳卫星已经实现了带有磁力矩器的姿态控制系统，并已经开始将这个技术用在立方体卫星上。反作用轮对于立方体卫星来说太大，并且需要较多的电力，但是它可以应用在纳卫星上。反作用轮储存内部动量，并且需要来自推进器和磁力矩器的外部控制扭矩消除它的动量。

卫星必须根据其外部参考指定方向，如太阳、地球红外地平仪、局部地磁场的方向以及恒星。陀螺仪可以在外部更新期间提供短期的参考。皮卫星和纳卫星可以简单地实现一个三轴磁传感器，所以选择这种传感器。如果单独使用磁传感器，则还需要一个 Kalman 滤波器。对于磁传感器，太阳传感器可以作为它一个很好的补充。利用恒星作为外部参考时还需要照相机。

（3）热控。

在数十秒或数分钟内，空间环境可以造成设备在最热 100℃ 和最冷 －130℃ 之间发生变化。与在地面上不同，太空中并不存在环境空气对流，太阳光是环境热量的主要来源。反射率是一个行星或月球反射的太阳光，并且它提供了另一种热源。所有没被作为反射率反射的入射太阳光被地球吸收了，并且最终作为地球红外（IR）或者黑体辐射被释放了。大的卫星经常使用被动和主动的热辐射系统来实现预期的温度。被动系统包括使用材料、涂层、厚层或者二次表面镜。主动系统使用加热器或是热电冷却器，皮卫星和纳卫星通常利用被动技术。

（4）通信。

较大的卫星通信体系结构是可以变化的，这取决于它的轨道。在地球同步的轨道上，卫星需要方向天线，并且地面站天线不需要主动地追踪卫星的位置，因为它是保持静止的。在近地轨道的卫星每天越过地面站的时间总共约为 30 min。其结果是，地面的天线必须主动地跟踪卫星。对于近地轨道的卫星来说，通信的距离也是相对较短的（650～36 000 km）。皮卫星和纳卫星是归入到近地轨道的，因为它们不能适应地球同步轨道的辐射水平。皮卫星和纳卫星也经常使用宽天线模式，从而使卫星天线不需要指向移动地面站。最后，皮卫星和纳卫星通常使用商用业余无线电设备和业余波段，而较大的卫星通常使用定制的空间设备。业余无线电设备可以在 1 200 Baud 和 9 600 Baud 的数据率下工作。

15.3.2　微小卫星对地观测的应用

1）热点和火灾探测

高温事件强烈影响环境过程。因此，他们的观察是全球监测网络的重要组成部分。

遗憾的是，目前的遥感系统无法提供有关全球植被烧毁及其后果的必要信息。对于全球观测，需要专用的小卫星系统。相应仪器的主要组件是红外通道，拟议的 HSRS 热点识别传感器(HSRS)必须证明这种仪器的可能性及其对小型卫星的可行性。HSRS 设计的主要缺点是处理子像素区域中的热点识别以及通过合适的信号处理硬件在较大热区域情况下的饱和度。

对于具有可操作的星载系统森林火灾探测，在各种光谱通道中同时成像是非常重要的。利用现有的空间系统，相关的大数据量需要大量的传输和解释工作。在火灾管理中有效使用数据的时间覆盖存在一定难度。由于传感器饱和，不可能根据温度进行防火分类。现有的星载仪器不是为测量火灾参数而设计的。为了克服这些缺点，提出了一种适用于小型卫星的小型多传感器系统。从任务目标和火灾探测仪器的要求出发，开发了传感器系统的主要结构和轨道定义，给出了模型有效载荷的参数和火灾探测信号处理的结构。基于确定系统参数的专用航天器设计显示了通过小型卫星任务从太空进行火灾调查的可行性。

野火对地球表面和大气都有一系列重大的环境影响。二十多年来，主动火灾的星载遥感已经开展，双光谱红外探测(bispectral infrared detection, BIRD)实验小卫星是第一个专门负责这项任务的卫星。随着 2001 年 10 月 BIRD 卫星的成功发射，开辟了从太空观察森林火灾，火山爆发等热点事件的新可能性。BIRD 是第一颗配备空间仪器的卫星，专门用于识别高温事件。目前遥感系统的缺点是该系统不是为观察热点事件设计的，而是旨在回答与紧凑型双光谱红外推扫式传感器的操作相关的科学技术问题，并涉及空间火灾的探测和调查。BIRD 的有效载荷是一种多传感器系统，旨在满足微小卫星限制下的科学要求。Skrbek 等人描述了火灾探测的基本思想和亚像素域火灾温度，火灾大小和能量释放的估计，并描述了 BIRD 上红外传感器系统的技术解决方案。

从 FIRESA 阶段开始研究，定义了火灾识别系统的主要要求和想法。通过德国 BIRD 示范任务，这些想法的可行性已在太空中实现。Zhukov 等人总结了在 BIRD 任务期间获得的经验，该任务主要集中在主动火灾探测和主动火灾特征描述上，用于量化有效火灾温度，有效火灾面积和火焰辐射功率(flame radiation power, FRP)。对每个参数进行详细的误差分析，并且显示 FRP 检索的准确性明显优于火灾温度或火灾面积。对于受火灾影响的主要森林，灌木和稀树草原环境(澳大利亚，贝宁，婆罗洲，巴西，加拿大，美国，葡萄牙和西伯利亚)，BIRD 数据使 75%的火灾中 FRP 估计值在 30%以内，并且首次来自空间 BIRD 能够估算更明显的火灾前线的火线长度，有效火线深度和辐射火线强度。通过使用火灾温度参数，可以表明主要燃烧方式，其对排放污染物产品的相对浓度有影响。这一经验证明了 BIRD 采用新型红外传感器技术的优势，并为基于类似技术的未来火灾监测传感器提供了建议。

2) 环境监测与地表调查

在 1992 年国际空间年期间，科学家和广大师生利用地球观测卫星提供的全球视角，更好地了解全球环境变化及其将如何影响人类的未来，在人类健康和疾病的模式中可以看到全球环境最显著的变化。为了监测环境变化对人类健康的影响，越来越多的公共卫生部门正在倡导使用卫星图像来监测影响媒介传播疾病的时-空模式的环境参数。预计专用的遥感监测能力将开发“疾病预警系统”，以识别高疾病传播风险区域并指导制定控制措施。比如：与许多其他媒介传播疾病相关的疟疾，其关键的环境参数包括植被类型、条件的时-空模式、土地利用、积水和人类生活区。对现有卫星系统的数据进行分析表明，利用遥感数据监测疟疾地区这些参数的能力存在潜在的机遇和缺点。目前监测系统存在的缺点，激发人们对开发卫星系统的兴趣，该系统旨在专注于与媒介传播疾病监测相关的公共卫生需求。Wood 等人提出了一套遥感卫星的初步设计要求，专门用于监测影响媒介传播疾病模式的环境参数。此外，还提出并审查了卫星平台的初步学生工程设计。该遥感系统旨在向公共卫生用户提供关于疟疾或其他媒介传播疾病的实时数据采集和处理。国际空间年提供了一个极好的论坛，可以在公共卫生调查员，遥感科学家和航空航天工程师之间进行讨论，以确定系统的技术设计要求，包括卫星平台，传感器特性，通信和地面基础设施。

在过去 10 年中，人们已经认识到地表通量的估算是一个重要的科学问题，可以提高我们对热量和水预算的认识，从而提高气象学、水文学、农业和环境模型的知识。遥感是填补小规模仪器、建模(10 m)与区域、全球尺度之间存在间隙的适当手段，其中必须用 1～10 km 量级的典型网格元素确定它们。

红外微型卫星地面环境卫星单位是一个科学的小型卫星任务，提供热图像，用于确定和分析田间尺度的土壤、植被和大气过程，从而为扩大地方到区域尺度这些过程提供必要的数据。主要规格将允许该仪器优化感测辐射的校正并检索精确度为 50 W/m^2 的通量。IRSUTE 具有高空间分辨率(50 m^2)，跨轨道和沿轨道观察能力，五个通道：可见/近红外，3.7 μm 以及 8.2～11 μm 波段的三个 TIR，具有良好的辐射灵敏度(噪声-等效温差，$NE\Delta T=0.1$ K)。该仪器将在位于太阳同步轨道上的小卫星(通常是 PROTEUS 平台)上实现，允许高重复性(1～3 天)且基于推扫式技术，该技术使用位于大带宽收集光学系统的低温冷却焦平面中的红外 CCD 线性阵列监测器。

沉积在水中的悬浮物降低了其储存能力，悬浮物质减少了水中的光穿透，从而减少了鱼的产量。影响地表水质量的主要因素是悬浮沉积物、叶绿素、养分和农药。与环境使用的信息相比，标准的传统测绘和监测技术过于昂贵。解决方案可以采用优化方法，使用基于遥感技术的监控改善信息内容并限制成本。遥感技术提供了潜在的重要信息来源，正在开发用于大规模监测水质技术。MatJafri 等使用 Tiungsat－1 的卫星场景进行马来西亚槟城岛周围的水质测绘。初步研究结果表明可以使用 Tiungsat－1 卫星图像监测沿海水质。Rufino 和 Moccia 在 BISSAT 任务中提出了上述应用，特别是干涉测量应用，显示了任务操作的要求并讨论预期的结果和性能。

ALCATELESPACE 和 AEROSPATIALE 的目标是在使用成像雷达定义小型卫星系统方面进行合作，然后以适中的成本向民用客户提出全天候专用系统。该系统采用“更快，更好，更便宜”的方法设计，基于现成技术，符合空间要求的产品线以及电信和雷达空间计划之间的巨大协同作用。该卫星由安装在 PROTEUS 多任务平台上的特定合成孔径雷达(synthetic aperture radar, SAR)成像有效载荷组成，由 AEROSPATIALE 为法国航天局(CNES)开发的产品线发布。由 ALCATELESPACE 设计的 SAR 有效载荷十分灵活,可以在 350 km 的范围内拍摄宽度约 20～100 km、长度数十千米的区域图像,分辨率从最小区域的几米到最大区域的几十米不等。地面系统基于标准系统,尽可能重复使用现有产品。

Yang 和 Yang 进行了使用小型卫星星座进行干涉合成孔径雷达(interferometric synthetic aperature radar, InSAR)全球三维成像的可行性研究,给出了三个相同的小卫星构成星座的方案,其中两个卫星沿着具有略微不同上升节点的平行轨道飞行并观察相同的区域,同时进行无相关干涉测量。第三个卫星沿着另一个轨道飞行,在两颗卫星后面有一定的角度分离,并在短暂的重访时间内观察同一区域。这三颗卫星可以一起执行差分干涉测量,这在观察较短基线的地表变化时十分有用。仿真结果表明该系统具有准确的全局三维测量的潜力。

3) 灾害监测

小型卫星在建立陆地移动通信系统、环境观测和科学应用方面发挥着越来越重要的作用。自从 2001 年 10 月 SHAR/India 发射以来,BIRD 有效载荷已全面运作,其中包括森林火灾、火山和燃煤矿。并且可以确定其大小、温度和能量释放等参数。由于有效载荷系统的状态令人满意,其有可能借助现代探测器技术应用到新的任务中。

在 1992 年的 IAF 大会上,提出一个多小型卫星地球观测系统,其中包括可见光和红外光谱传感器。该系统可缩短重访期,以便每天可以观察世界上任何地方两次。Qiang 等人将想法扩展到微波遥感卫星系统,该系统的主要目的是预测即将发生的地震。通过观察低层大气的温度升高及其由地球内部释放的各种辐射和气体引起的运动趋势,可以及时预测即将发生的强烈地震。随着气象卫星上的热红外光谱传感器监测到温度升高,观测有时会受到云或雨的阻碍。在建议系统中,使用毫米波辐射计,并且通常可以克服上述障碍物。此外,还包括一些其他微波频率的辐射计,以便小型卫星系统可用于观测大气、土壤和作物。适用于扫描辐射计天线的卫星平台结构和姿态控制系统紧密耦合实现。系统中卫星的轨道设计良好,因此根据光学小卫星系统,每天可以观察到世界上任何两个地方。

遥感卫星可以为灾害管理机构提供有价值的回馈。既可以准确预测,也可以快速估计灾害的位置和程度。目前,一些遥感卫星正在绕地球轨道运行,收集大量数据。星载遥感的特征参数是光谱覆盖、光谱分辨率、重访时间和空间分辨率。对当前运行的航天基础设施的分析清楚地表明,极好地涵盖了环境监测的全方面,但不太适合减灾。这主要是由于时间重复低和空间分辨率相对较差的原因。对于灾害监测,显然需要在 0.5～1 h 和 7 天之间以及在 10～1 000 m 之间具有高重复率的观测值。小型卫星星座可以以经济有效的方式缩小现有系统留下的空白。小型卫星的特点是体积小,质量限制在 250～400 kg,功耗低于 350 W。通过使用市售的子系统组件可以实现设计构造。指示性的是短暂的开发时间和众多的发射可能性,使小型卫星对星座具有极大的吸引力。本文研究了具有 4～32 颗卫星的不同星座,主要关注使用太阳同步轨道的星座。可以推断,通常包括 32 颗卫星的系统可以实现大约半小时的时间分辨率。

在简要介绍全综合海上交通监控系统概念后，Perrotta 和 Xefteris 研究了与海上石油污染有关的三个主要问题：

(1) 尽早发现意外漏油。

(2) 石油泄漏的进展，以支持遏制和(或)清理干预。

(3) 在故意释放案件中指认罪犯。

还讨论了先进遥感卫星星座所做的贡献，为地中海盆地和北海的具体测试案例配备了一套合适的仪器。最后详细讨论了关键系统功能，这些功能可以有效监控漏油和识别造成环境损害的船舶。Avanesov 等人考虑了在可见光和近红外光谱带中为用户提供必要遥感数据的问题。该问题的解决方案应该增加空间成像的空间和光谱分辨率，提供对地球表面相同位置的高周期性测量，并实时向用户提供星载数据。该方案是使用一组小卫星并实施本地空间服务(local space service, LOCSS)计划。这一概念的主要方面如下：

(1) 遥感仪器参数的优化。

(2) 小型航天器上的图像数据压缩。

(3) 压缩数据通过低速率无线信道下行。

(4) 用户在小型廉价接收站直接接收图像数据。

(5) 图像数据使用个人计算机和特殊处理器进行解压缩和处理。

中国是受多种自然灾害影响的国家之一，频率高，分布广，损失大，环境保护是国家的一项重要任务。根据中国国际自然灾害委员会的数据，中国是世界上受灾最严重的国家之一，每年约有 2 亿人遭受各种自然灾害。2003 年，自然灾害造成中国的经济损失达 1 884 亿元，相当于国内生产总值的 1.6%。2005 年中国自然灾害造成 2 475 人死亡，直接损失达 2 042 亿元人民币。目前，中国在全国拥有 2 000 多个环境监测地面站，产生了约 3 000 万个环境监测相关数据。为了将遥感技术应用在灾害和环境监测领域，国家环境保护总局和国家减灾委员会提出了建立卫星星座系统监测和预报灾害的建议。环境与灾害监测、预报小卫星星座是中国环境与灾害监测系统的空间部分，以下称为“环境星座”。卫星星座系统被列为 2001 年出版的“中国空间发展白皮书”中重要的民用卫星发展。2003 年 2 月，中国国务院批准了卫星星座项目。环境保护和灾害监测小卫星星座(环境星座)将涉及八个小型卫星网络(2006 年发射了两颗光学卫星和一颗 SAR 卫星)。船上有效载荷仪器包括 CCD 摄像机，红外摄像机，高光谱摄像机和 S 波段 SAR。平均重访时间为 48 h。Bai 等人引入了“2+1”星座的开发，包括应用要求，轨道选择，有效载荷和平台设计。给出了系统性能、包括重访间隔、覆盖周期、仪器频带、空间和辐射分辨率、条带、图像定位精度、信号和图像处理要求等。

灾害监测星座(disaster monitoring constellation, DMC)是最初于 1996 年提出并由 SSTL 领导的国际计划，旨在建立一个由五个低地轨道微卫星组成的网络。目标是在中等分辨率(30～40 m)，三四个光谱带内提供每天的全球成像能力，以实现快速响应灾害监测和缓解。DMC 由 SSTL 建造的五颗遥感卫星组成，由 DMC International Imaging 为阿尔及利亚、尼日利亚、土耳其、英国和中国政府共同运营。DMC 根据《国际空间与重大灾害宪章》为救灾提供紧急地球成像。各国政府将其他 DMC 地球图像国应用到民间。

各个 DMC 卫星分别是：

(1) AlSAT－1(阿尔及利亚)，在 2002 年 11 月启动。

(2) BilSAT(土耳其)于 2003 年 9 月启动，由于电池故障在 2006 年 8 月完成任务。

(3) NigeriaSAT－1(尼日利亚)，在 2003 年 9 月启动。

(4) UK－DMC(英国)在 2003 年 9 月启动。

(5) Beijing－1(中国)在 2005 年 10 月启动。

DMC 监测了印度洋海啸(2004 年 12 月)，卡特里娜飓风(2005 年 8 月)以及许多其他洪水、火灾等自然灾害的影响和后果。

到目前为止，微小卫星在海洋监测及船舶交通管理方面已经有了非常多成功的应用案例。随着卫星科学研究的进一步发展，微小卫星在未来的海洋监测方面的技术和应用也必将越来越成熟。

第16章　卫星姿态控制技术

16.1 姿态确定

卫星方向或姿态的确定，具有丰富的知识积累，并且代表了发达的领域。有大量的方法可用于估计卫星的姿态，其中包括卫星跟踪器、太阳传感器、磁强计和各种其他方法。本节描述了一个专门为ION设计的系统，该系统强调了现有传感器的利用率、最小化硬件控制驱动以及降低功耗。因为在这种系统高度受限的情况下，众多的选择完善了这个子系统，有时还需要进行次优决策。

ION的姿态确定使用飞行器上的磁力计组合来完成，四个太阳能电池板分布在飞行器的每个侧面，并在ION的较小侧面，有一个太阳能传感器，该传感器位于测光传感器的对面。因为物理空间和电源功率具有前面提到的各方面限制，所以大多数的姿态确定是在地面上完成的。所有必需传感器的采样次数和持续时间等命令都是由地面站上传的，并且在上一次通信时进行预设。一旦传感器完成预先指定的采样，在下传期间，数据就会被下载和处理。

根据下载的数据分析，确定分两步。首先，必须确定ION的轨道位置来计算该位置的标称磁场和指向太阳的矢量。然后，对四个太阳能电池板、太阳传感器和磁力计进行测量，然后根据测量的数据来确定该位置的姿态。

16.1.1 航天器轨道位置的确定

从板载传感器下载的所有数据是用板载时钟进行时间标记的，其使用标准的UTC时间，并通过在每个通道上的同步来校正时钟漂移。为了估计ION的姿态，必须首先确定每一个时刻的轨道位置。首先必须知道ION的轨道位置，这个位置在指定的时期内可以在网址为http://celestrak.com的数据表格中的两行元素（TLE）中获知，然后计算在预期时刻的卫星姿态。为了简明起见，TLE的具体格式和轨道参数的说明在此省略，但是Celestrak网站对两个概念做了较好的解释。参考文献中还提供轨道要素和轨道位置的半径/速度之间便捷的转换关系。

由Celestrak网站提供的TLEs数据通常每天更新一次，更新内容为最近发射的低地球轨道航天器，这种更新机制方便地将最大计算时间限制在24 h内。因此，通过假设两体系统的一阶近似（这个假设将在本章的后面进行验证），轨道位置的计算算法可以被大大地简化。因此，第三物体效应也会对轨道的位置进行扰动，比如月亮、太阳、地球扁率和大气阻力的影响都可忽略。为了验证和测试，ION姿态确定与控制系统（attitude determination and control system，ADCS）团队已经制定了详细的卫星工具包（satellite tool kit，SKT）模型，它可用于高精度的轨道计算。然而，为了保持任何位置处都能对卫星进行控制的功能，因而这些设计并不适用于常规卫星的操作，这些位置包括没有这种复杂软件(如 SKT)的地面站。强烈地推荐这种方法给有权使用这种软件的学校。

16.1.2 轨道计算算法

轨道计算通常是已知卫星在给定时刻的位置和速度或等价的轨道参数，然后来预测在期望时刻的这些参数值。通过开普勒第二定律将真近点角 f 和偏近点角 E 联系起来，这个过程将被大大简化。开普勒第二定律如下所示：

$$\tan\left(\frac{E}{2}\right)=\tan\left(\frac{f}{2}\right)\sqrt{\frac{1-e}{1+e}} \tag{16.1}$$

而且，可以进一步找出所经过的时间与偏近点角的关系，如下所示：

$$\Delta t=\sqrt{\frac{a^3}{\mu}}(E-e\sin E) \tag{16.2}$$

式中 Δt ——从上次经过近地点后所经历的时间；

e——偏心率；

a——半长轴；

μ ——万有引力常数。

其中，在地球轨道时 μ 等于 $3.986\times10^5\ \mathrm{km^3/s^2}$。

图 16.1 显示了典型的轨道计算逻辑框图。一旦轨道信息给定，例如位置和速度矢量，则第一步包含了这些向量转换为轨道参数的信息。此步骤仅显示了完整性但并不是必要的，因为 TLE 提供了一套独立的信息。接下来利用式(16.1)，将初始时刻的真近点角转换为偏近点角 E_0。然后使用式(16.2)可以计算出时间 Δt_0，Δt_0 表示的是从上次经过近地点后所经历的时间。时间 t_0 用于计算经过近地点的时间 t_p，如下图 16.1 所示。这个结果与期望时刻 t_d 一起用来计算 Δt_d，Δt_d 表示从上一次经过近地点至期望时刻所经历的时间。通过求解方程式(16.2)就可以逆向推导前述过程，并且可计算出期望时刻的偏近点角 E_d。然后我们就可以用式(16.1)将 E_d 转换成期望时刻的真近点角。

为了尽量减少与姿态计算相关的计算负担，于是假设一个简单的两体引力模型。因此，地球扁率、太阳、月球及其他第三体摄动的影响都被忽略了。尽管如此，这种假设证明了预期计算的时间是非常准确的。图 16.2 展示了通过两体模型获得的地球中心惯性位

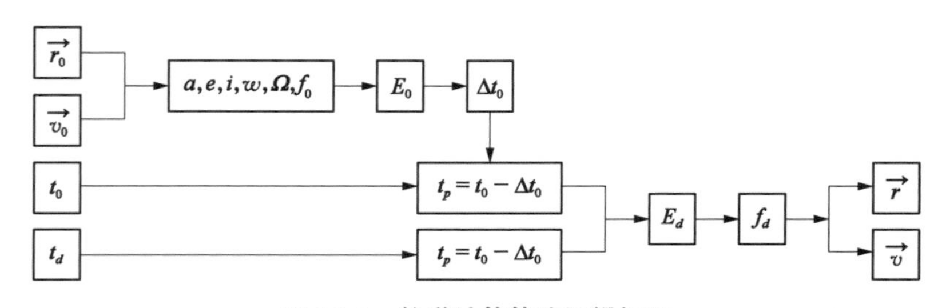

图 16.1 轨道计算算法逻辑框图

置矢量和使用 STK 中高精度的(HPOP)得到的位置矢量的区别。这个特定的仿真连续运行 24 h 所产生的误差，在幅值上大约为 7 km。虽然这个误差看起来比较大，但位置误差的大小对磁场的轻微影响在后面会说明。而且，开发上述轨道计算器是为了简化对姿态确定与控制子系统的开发及测试。即便该两体假设不准确，仍然有很多 SKT 仿真，可以高精度地计算 ION 位置。另外，摄动效应应补充到现有的轨道计算算法上。

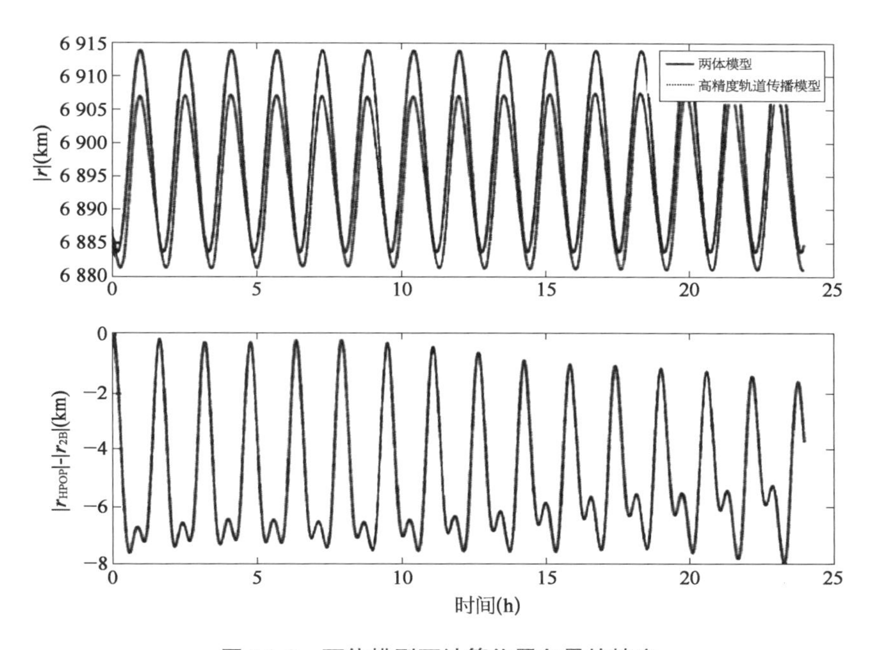

图 16.2　两体模型下计算位置向量的精度

16.1.3　地磁场模型

下一步是计算卫星位置的磁场向量，这一步主要是用于 ION 的姿态估计。图 16.3 显示了地球磁场等高线的分布，该分布投影在墨客托地图上。从图中可以看出磁场的分布是不均匀的，但是从图中无法看出磁场是随时间变化的，因此在计算时相当困难。

1) 国际参考地磁场

国际地磁学与高空物理学协会(International Association of Geomagnetism and Aeronomy, IAGA)对地球主磁场展开了描述，称其第十代磁场为国际参考地磁场(international geomagnetic reference field, IGRF)。地球主磁场和其年度变化率是 IGRF 的数学模型。主磁场系数是时间的函数，并假设 IGRF 在五年内的变化是线性的。因此可以精确地计算出未来几年的 IGRF 磁场，其次还可以推断过去五年时间内的磁场系数。

一个特定的场模型是指其名字包含年代信息或者子代信息。此外，还存在一些确定的系数集，但并不打算对它们进行进一步的修改。最新出版的是 IGRF2005(OGRF)集，

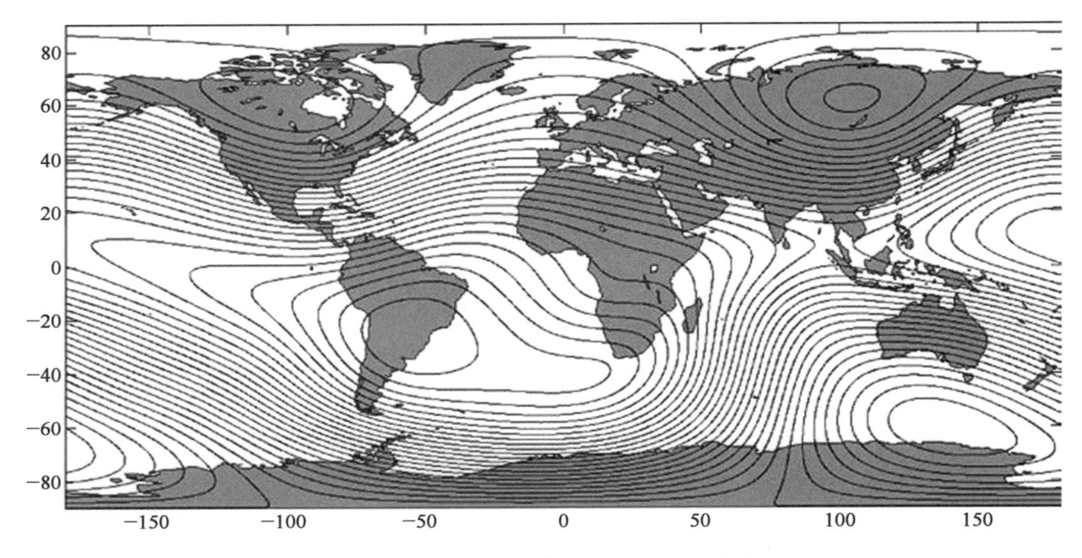

图 16.3 地磁传输线来自 IGRF 2005(表面)

其包括从 1945—2000 年确定的系数集和 2005 年初步设计的系数集,还包括从 2005—2010 年推断的系数集。网址为 http://www.ngdc.noaa.gov/IAGA/vmod/igrf.html 的网站上有更多关于 IGRF 模型的信息。

2) *磁场计算*

将坐标系设置在地球中心,可以很方便地计算磁场。因此,可以通过把磁场写成球谐函数求和的形式来实现这个计算过程,具体公式如式(16.3)所示:

$$\boldsymbol{b}_{\text{calc}}^{E}=\sum_{n=1}^{\infty}\sum_{m=0}^{n}\boldsymbol{b}_{n,m} \tag{16.3}$$

在上述的方程中,向量 $\boldsymbol{b}_{\text{calc}}^{E}$ 是以 ECF 为参考框架计算得出磁场,$\boldsymbol{b}_{n,m}$ 是维数为 n 和阶数为 m 的球面谐波。$\boldsymbol{b}_{n,m}$ 的组成部分如式(16.4)所示:

$$\begin{aligned}\boldsymbol{b}_{n,m}&=\frac{K_{n,m}a^{n+2}}{r^{n+m+1}}\left\{\frac{g_{n,m}C_m+h_{n,m}S_m}{r}\left[(\mu A_{n,m+1}(\mu)\right.\right.\\&\left.\left.\quad+(n+m+1)A_{n,m}(\mu))r-A_{n,m+1}(\mu)z_E\right]\right\}\\\boldsymbol{b}_{n,m}&=\frac{K_{n,m}a^{n+2}}{r^{n+m+1}}\{-mA_{n,m}(\mu)[(g_{n,m}C_{m-1}+h_{n,m}S_{m-1})x_E\\&\quad+(h_{n,m}C_{m-1}-g_{n,m}S_{m-1})y_E]\}\end{aligned} \tag{16.4}$$

参数 $g_{n,m}$ 和 $h_{n,m}$ 是维数为 n,阶数为 m 的高斯系数,由 IGRF 发布。参数 a 是地球的平均半径,等于 6 371.2 km。参数 r 仅仅表示 $\boldsymbol{r}$ 的幅度,所要计算的位置在 ECF 参考框架里。单位向量 $\hat{\boldsymbol{r}}$ 与 $\boldsymbol{r}$ 向量方向一致。参数 μ 是 $\hat{\boldsymbol{r}}$ 的第三个组成部分,如式(16.5)所示:

$$\mu=\hat{\boldsymbol{r}}\cdot\boldsymbol{z}_E \tag{16.5}$$

式(16.4)中的剩余项可以通过递归方式求出来,具体公式如下所示:

$$K_{n,0}=K_{1,1}=1,\ \forall n\in\{1,\cdots,\infty\}$$

$$K_{n,m}=\left(\frac{n-m}{n+m}\right)^{1/2}K_{n-1,m},\ \forall m\in\{1,\cdots,\infty\},\ n>m$$

$$K_{n,m}=[(n+m)(n-m+1)]^{-1/2}K_{n,m-1},\ \forall m\in\{2,\cdots,\infty\},\ n\geqslant m$$

$$A_{0,0}(\mu)=1$$

$$A_{n,n}(\mu)=(1)(3)(5)\cdots(2n-1),\ \forall n\in\{1,\cdots,\infty\} \tag{16.6}$$

$$A_{n,m}(\mu)=\frac{1}{n-m}[(2n-1)\mu A_{n-1,m}(\mu)-(n+m-1)A_{n-2,m}(\mu)],$$

$$A_{n,n}(\mu)=(1)(3)(5),\ \cdots,\ (2n-1)\,\forall n\in\{1,\cdots,\infty\} \tag{16.7}$$

$$A_{n,m}(\mu)=\frac{1}{n-m}[(2n-1)\mu A_{n-1,m}(\mu)-(n+m-1)A_{n-2,m}(\mu)],$$

$$\forall m\in\{0,\cdots,\infty\},\ n>m$$

$$S_0=0\ C_0=1\ C_m=C_1C_{m-1}-S_1S_{m-1}$$

$$S_1=r\times y_EC_1=r\times X_ES_m=S_1C_{m-1}+C_1S_{m-1} \tag{16.8}$$

$K_{n,m}$ 被称为施密特系数,而 $A_{n,m}$ 是由勒让德多项式推导出来的。虽然 S_m 和 C_n 是施密特相关系数,但把它们分离出来只是作为简化递归方程的一种手段。施密特系数与期望的位置无关。因此,有许多点分布在磁场中,如果要计算这些点的磁场,那么只需要计算一次施密特系数,而且该计算结果在后面的计算中可以重复使用。然而,其余的系数是位置相关的,而且还必须重新计算期望位置相关的系数。

3) 模型的精度

为了确保 IGRF 反映高质量数据的精确性,在 2001 年,IAGA 决定将 2000 年以后的 IGRF 主磁场系数的最大维数 $\boldsymbol{n}_{\max}$ 扩展到 13,引用精度为 0.1 nT。2000 年以前的主磁场系数扩展到 8 维或 10 维度,引用精度为 1 nT。对于未来五年,用于长期预测的新变量系数的维数为 8,精度为 0.1 nT/年。

为了验证上述算法的精确性,用多个 $\boldsymbol{n}_{\max}$ 的值计算磁场,并与通过 STK 软件仿真的得到的结果比较,该仿真采用十三阶求和的方法来实现。仿真结果如图 16.4 所示,从仿真图可以看出均方误差随阶数 n 的变化关系。当仿真阶数为 10 时,精度基本上无法进一步提高。

精度的提高是以增加计算时间为代价的,如图 16.5 所示。由于大多数 ADCS 的计算是在地面上完成的,可以提高精度。因此 ION 的所有计算使用阶数等于 13 的第十代 OGRF 模型。

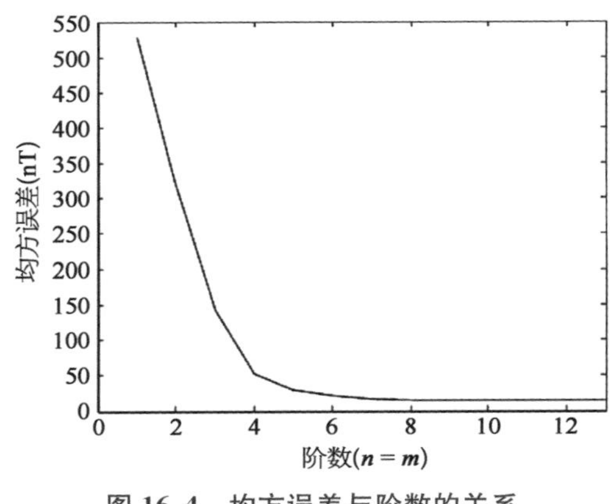

图 16.4　均方误差与阶数的关系

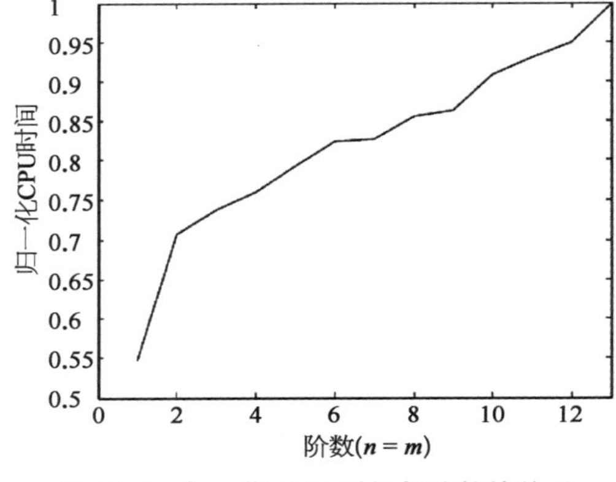

图 16.5　归一化 CPU 时间与阶数的关系

16.1.4　板载传感器

姿态的确定需要六个板载传感器完成。其中使用了一个组合，这个组合包括三轴磁力计、四个太阳能电池板（主要用于发电）和一个背向地球放置在 ION 的较小侧面的太阳能电池。

1）*磁力仪*

ION 上的磁力仪是由霍尼韦尔生产的，其型号是 HMC2003。它是一个三轴磁传感器，使用磁阻传感器来测量在三个正交方向上的磁场。这种特别的传感器可以监测的磁场数值是−2 到+2 高斯，并且精度达到 40 μG。

如果安装磁力仪的话，它的轴线应该与卫星体框架对齐，并提供一个磁场读数 $\boldsymbol{b}_{\text{Sensor}}^{B}$。特别注意的是在安装磁力仪时要尽可能地准确，以避免读数不准。如果安装的磁力仪轴线与卫星体的轴线不能重合，则应该在软件中完成一个标准的正交旋转。在控制器的逻辑算法里（硬件或者软件），一定要实现一个预防措施，就是在操作扭矩线圈或者其他磁场发生装置时，不能对磁力仪进行采样。

在发射之前必须对磁力仪进行校准。校准分为两步，这两步可确保无干扰测量。第一步是实现置位/复位的校正，这个校正主要是消除温度的偏移以及残余磁效应的影响。校准这部分可以在没有完成卫星的组装时进行。要完成这项工作，必须得进行两次读数。其中一个读数是磁传感器置位后的值，另一个读数是传感器复位后的值。然后这两个读数相减，就可以消除任何的温度和残余磁效影响。

校准的第二部分是消除卫星组件中任何硬性、软性的金属效应，这个消除过程必须在组装的宇宙飞船上完成。这些金属组件对磁场的读数有影响，不仅使磁场的读数不准确，还会抵消掉它们这些本来就微小的数值。为了解决这些干扰，卫星必须绕 z 轴和 x 轴旋转一圈。围绕 z 轴旋转提供了 x 轴和 y 轴的比例和偏移因子，而围绕 x 轴旋转则确定了 z 轴的校正因子。

根据已经得到数据的最大值和最小值计算比例和偏移因子，计算公式如式（16.9）、式

(16.10)所示：

$$X_{\mathrm{SF}}=\max\left\{\frac{Y_{\max}-Y_{\min}}{X_{\max}-Y_{\min}}\right\},\ Y_{\mathrm{SF}}=\max\left\{\frac{X_{\max}-X_{\min}}{Y_{\max}-Y_{\min}}\right\},$$

$$Z_{\mathrm{SF}}=\max\left\{\frac{Y_{\max}-Y_{\min}}{Z_{\max}-Z_{\min}}\right\} \tag{16.9}$$

$$X_{\mathrm{OFFSET}}=\left[\frac{X_{\max}-X_{\min}}{2}-X_{\max}\right]X_{\mathrm{SF}}$$

$$Y_{\mathrm{OFFSET}}=\left[\frac{Y_{\max}-Y_{\min}}{2}-Y_{\max}\right]Y_{\mathrm{SF}} \tag{16.10}$$

$$Z_{\mathrm{OFFSET}}=\left[\frac{Z_{\max}-Z_{\min}}{2}-Z_{\max}\right]Z_{\mathrm{SF}}$$

图 16.6 直观地展示了校准结果。卫星围绕一个特定的轴旋转例如 x 轴，使得沿该轴的读数为常数。因此，在二维图形上可以绘制出剩下的两个坐标轴，如图 16.6 所示。在卫星附近，各种组件的分布是不均匀的，因此当卫星旋转时，读数不准确。这种影响可以很明显地由非圆的虚线点相对原点的偏移显示出来。校准后，加粗实线表示相同的数据。该模式显然更圆，原点是真正的中心。

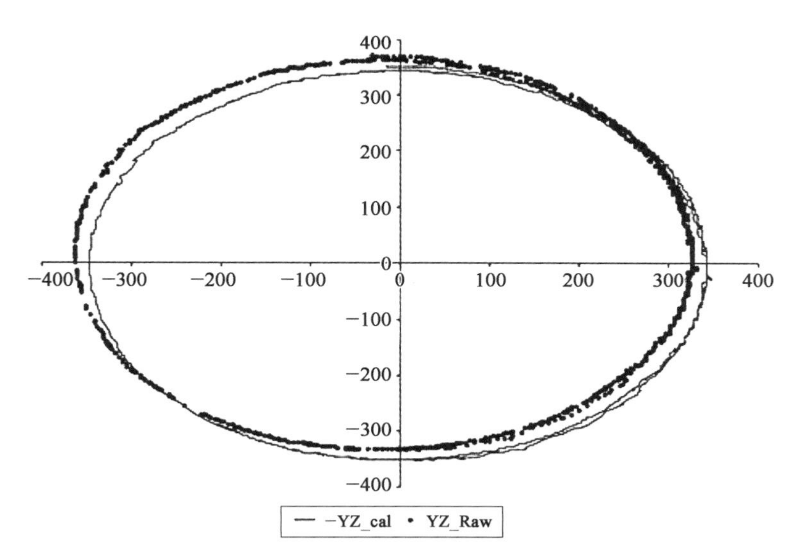

图 16.6　磁力仪校准—沿 x 轴旋转图

2）太阳能板

使用在 ION 上的太阳能电池是先进的三结(AJT)高效率太阳能电池，该电池是由 EMCORE 制造。每个电池的大小为 4 m×7 m，四个面板上都放置五个这样的电池。这些太阳能电池以 27.5%的效率运作，并为每个面板提供的发电峰值功率高达 5 W。此外，功率点跟踪(PPT)电路能够确保太阳能面板经常工作在峰值附近。

虽然太阳能电池的主要功能是发电，但是 ADCS 团队经常把它们用作姿态确定。太阳能电池产生的电流大小与暴露在阳光下的面板所接受的太阳光强度有关。反过来说，太阳光的强度依赖于太阳射线与太阳能板之间的入射角度。因此，我们仅需测量暴露在太阳下的两个面板所产生的电流，就可以获得两个入射角。这两个角度有助于计算 ION 的姿态，同时将在后面的章节中详细说明。通过一个简单的软件检查，就可以去除那些朝向地球并且受反照率影响的面板。

3）顶部的太阳能电池

ION 顶部的太阳能电池是一个简单的硅电池，硅电池在太阳充足的情况下可以产生 0.33 A 的电流和 0.55 V 直流电压。当天气晴朗时，其暴露在阳光下，它的性能随着太阳的入射角而变化。为了保证测量的精确性，在网址为 http://www.jgiesen.de/azimuth/index.html 上有一个在线 Java 小程序，在特定的测试日中午，这个小程序用于计算太阳的仰角和特定位置。当测量太阳的入射角、电压以及通过 1 kΩ 电阻的电流时，使用一种简单的办法可以改变太阳能板的位置。添加电阻可以降低测量对温度影响的敏感度，并且它使角度效应在电压范围内分布更加均匀，在正常角度内能够提供更高的分辨率。

由于大气影响，太阳光照射到地球表面后，强度降低，因此，得到的 I－V 曲线必须进行调整。根据在气团零阳光强度的历史数据可知，在空间上的影响大约是在地面上的影响的 1.35 倍。对数据进行必要的调整之后，根据数据绘制图 16.7。添加电阻且调整后的拟合曲线可以适应较高电压，且精度很高，较小的电压变化会引起于较大的角度变化。式(16.11)给出了所得的结果，并根据卫星顶部的电压值来计算太阳的入射角。

$$\text{入射角}=\frac{32.987+4\,105.715U+8\,180.705U^2-231\,527.176U^3}{1+121.702U-709.659U^2-798.071U^3}-32.574 \tag{16.11}$$

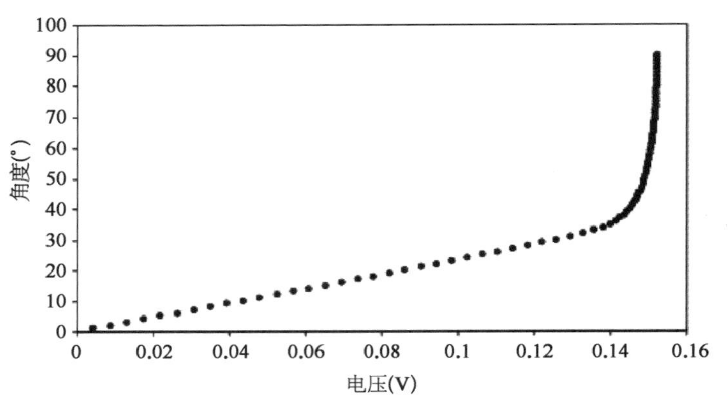

图 16.7　对数据调整后的电压与角度的关系

16.1.5　姿态估计

姿态的确定是一个独特的问题，其中只测量出一个向量是不能计算出姿态的，并且整个系统处于不确定状态。同时，测量两个向量会提供过多的信息，迫使问题超定。其结果就是大多数的姿态确定算法就是姿态估计算法，ION也不例外。

ION姿态估计算法使用三个传感器信息的组合，在沿着轨道的离散点上，根据其轨道位置计算出其姿态。设计的实现过程是使用两组向量确定姿态。第一组向量包括在卫星体系里的磁场和太阳方向，这些信息是从卫星体框架下的磁力计、太阳传感器和电池板获得的。第二组是在ECI体系中的磁场向量和太阳方向向量，这两个向量是基于卫星的轨道位置计算出来的。该方法的细节将在下面部分介绍。

1）板载传感器的太阳方向向量

图16.8展示了当ION处于轨道上有阳光的地方时，太阳能电池板和顶部的太阳能传感器是如何照射的。根据太阳能板顶部电池的电压读数，角度 α_3 可以很快地计算出来，将其代入式(16.11)。

所产生的电流和入射角之间的关系可以写成：

$$I = I_{\max} \sin \alpha \tag{16.12}$$

其中在图16.9中确定 α，$I_{\max}$ 为当太阳直射太阳板时所产生的感应电流。

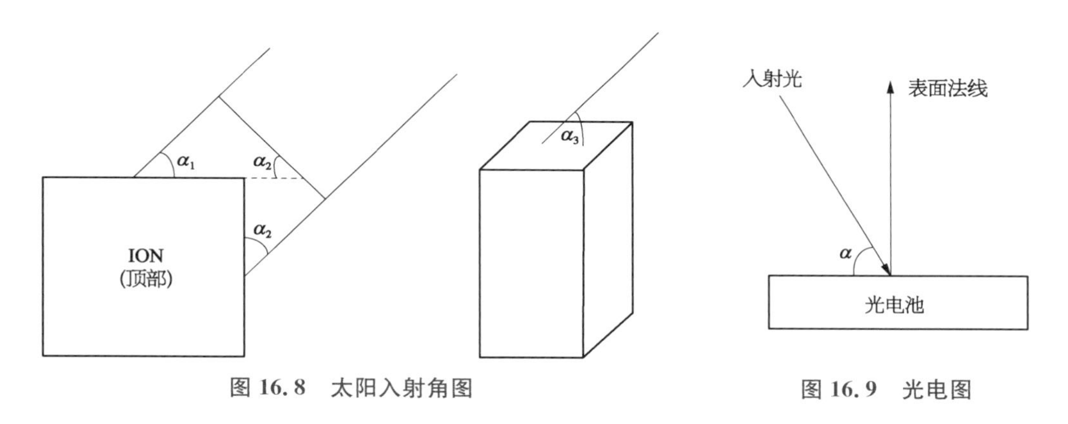

图16.8　太阳入射角图　　　图16.9　光电图

用式(16.12)可以得到卫星两边的电池所产生的电流之间的关系，建立一个比例系数，结果如下：

$$\alpha_1 = \arctan \frac{I_1}{I_2} \tag{16.13}$$

另一个维数 α_2 可以从以下的关系式中得到：

$$\sin \alpha_2 = \sin \alpha_1 \tag{16.14}$$

最后，如式(16.15)所示，使用前面的方程，图16.8中的几何关系可用三个入射角来表示。在这种形式下，假定入射光束相交于 x，y 的正轴、z 的负轴上，那么方程描述了在卫星的固定框架中的太阳矢量。

$$\boldsymbol{r}_{\text{Sun, Sensor}}^{B}=\begin{bmatrix}\sin\alpha_1\cos\alpha_3\\ \sin\alpha_2\cos\alpha_3\\ -\sin\alpha_3\end{bmatrix} \tag{16.15}$$

2）来自 JulianDate 的太阳方向向量

通过板载传感器获得太阳的位置后，下一个步骤是计算基于 JulianDate 的太阳矢量。JulianDate 是表示任何天文现象的全球时间所普遍采用的手段将其定义为自 4 713 B. C 格林尼治中午(12:00)以来的天数。

但是，因为 JulianDate 不是给卫星任务安排时间表和显示姿态经历最直观的方式，在整个 ADCS 软件中都是使用这种通用的格式：［年；月；日；小时；分钟；秒］。由于这两种时间格式的使用，式(16.16)给出了两者之间的转换关系：

$$JD=367\times year-INT\left\{\frac{7\times\left[year+INT\left(\frac{month+9}{12}\right)\right]}{4}\right\}+INT\left(\frac{275\times month}{9}\right)+day+1\,721\,013.5+\frac{hr}{24}+\frac{\min}{1\,440}+\frac{s}{86\,400} \tag{16.16}$$

在制定 ECI 框架中的太阳矢量时必须记住，黄道平面与赤道平面的倾斜角度为 ε，被称为黄赤交角，这可以在图 16.10 看到。图中还显示的是太阳矢量的经度，这是从春分点的方向沿着黄道面测得的。

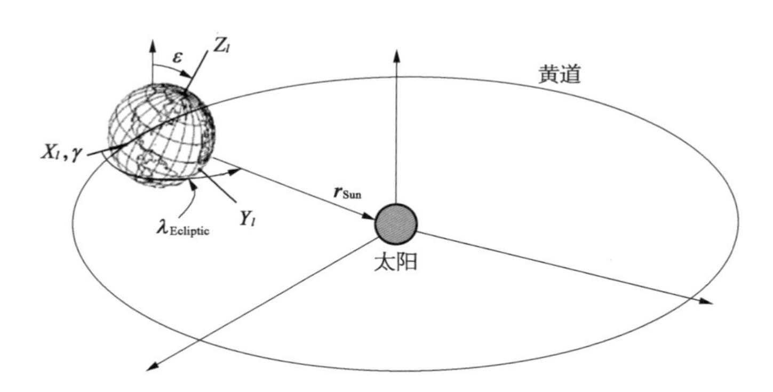

图 16.10　相对于 ECI 框架的黄道平面

作为一个中间步骤，定义一个中间变量是非常有用的，这个变量称为太阳的平均经度，如下所示：

$$\lambda_{M_{\text{Sun}}}=280.460\,618\,4^\circ+36\,000.770\,053\,61\times T_{UT1} \tag{16.17}$$

其中 T_{UT1} 是用通用时间来表示的期望时刻，可以根据 JulianDate，使用下面的方程来计算：

$$T_{UT1}=\frac{JD_{UT1}-2\,451\,545.0}{36\,525} \tag{16.18}$$

下标 1 指的是通用时间的形式，通用时间纠正了极地运动并和天文站台位置无关。想更进一步地了解 UT 的差异，请参阅文献。

接下来，有必要用下式(16.19)来计算太阳的平均近点角 M_{Sun}：

$$M_{\text{Sun}}=357.527\,723\,3^{\circ}+35\,999.050\times T_{TDB} \tag{16.19}$$

其中 T_{TDB} 是重心动态时间，可近似估计为 T_{UT1}。根据前面的等式，可以写出太阳的黄道精度 $\lambda_{\text{Ecliptic}}$ 如式(16.20)所示：

$$\lambda_{\text{Ecliptic}}=\lambda_{M_{\text{Sun}}}+1.914\,666\,471^{\circ}\sin M_{\text{Sun}}+0.918\,994\,643\sin 2M_{\text{Sun}} \tag{16.20}$$

与等式(16.19)的假设相同，即 $T_{TDB}\approx T_{UT1}$，赤道倾角可以得到精确的估计，如式(16.21)所示：

$$\varepsilon=23.439\,91^{\circ}-0.013\,004\,2T_{TDB} \tag{16.21}$$

最终可以用下面的形式在 ECI 框架写出太阳的矢量：

$$\boldsymbol{r}^{I}_{\text{Sun, JD}}=\begin{bmatrix}\cos\lambda_{\text{Ecliptic}}\\ \cos\varepsilon\,\sin\lambda_{\text{Ecliptic}}\\ \sin\varepsilon\,\sin\lambda_{\text{Ecliptic}}\end{bmatrix} \tag{16.22}$$

3）确定性姿态

姿态确定的本质就是寻找卫星固定体的参考框架和一些惯性系(如 ECI 框架)之间的旋转矩阵的问题。可以看出，只需要三个量就可以完全确定一个方向的余弦矩阵。同时，由于单位向量的约束性，每个单位矢量仅能提供两个信息。因此，有必要使用两个向量，这将提供四个已知数，使问题超定。

在理想情况下有四个向量 $\boldsymbol{b}^{B}_{\text{Sensor}}$，$\boldsymbol{b}^{I}_{\text{calc}}$，$\boldsymbol{r}^{B}_{\text{Sun, Sensor}}$，$\boldsymbol{r}^{I}_{\text{Sun, JD}}$，可以写出如(16.23)和(16.24)的式子，同时两个矩阵也是相等的。但是因为该系统是超定的，通常是不可能找到这样的 $\boldsymbol{A}^{B/I}$ 矩阵。

$$\boldsymbol{b}^{B}_{\text{Sensor}}=A^{B/I}\boldsymbol{b}^{I}_{\text{calc}} \tag{16.23}$$

$$\boldsymbol{r}^{B}_{\text{Sun, Sensor}}=A^{B/I}\boldsymbol{r}^{I}_{\text{Sun, JD}} \tag{16.24}$$

为了解决这个问题，使用一个三元算法丢弃一个信息。但是请注意，该方法不是简单的丢弃测量信息中的一个，还需注意 $\boldsymbol{b}^{I}_{\text{calc}}$ 是在 ECI 框架中计算出的磁场矢量，是由向量 $\boldsymbol{b}^{E}_{\text{calc}}$ 转变成惯性系获得的。

三合算法使用矢量信息压缩的方法，构造了两组正交单位矢量。两个三合算法同样是参考框架和惯性坐标系的组成部分，其中参考框架在卫星主体中用 t 表示。假设主体/

惯性向量组中的一个向量组是正确的，参考框架就可以被创建。在下面的推导中，假设太阳矢量是正确的，由以下定义的向量开始这个推导过程。

$$\boldsymbol{t}_1^B=\boldsymbol{r}_{\text{Sun, Sensor}}^B \tag{16.25}$$

$$\boldsymbol{t}_1^I=\boldsymbol{r}_{\text{Sun, JD}}^I \tag{16.26}$$

下一步包括构造一个二阶基向量作为一个单位向量，该单位向量垂直于另外两个观测向量。

$$\boldsymbol{t}_2^B=\frac{\boldsymbol{r}_{\text{Sun, Sensor}}^B\times\boldsymbol{b}_{\text{Sensor}}^B}{|\boldsymbol{r}_{\text{Sun, Sensor}}^B\times\boldsymbol{b}_{\text{Sensor}}^B|} \tag{16.27}$$

$$\boldsymbol{t}_2^I=\frac{\boldsymbol{r}_{\text{Sun, JD}}^I\times\boldsymbol{b}_{\text{calc}}^I}{|\boldsymbol{r}_{\text{Sun, JD}}^B\times\boldsymbol{b}_{\text{calc}}^I|} \tag{16.28}$$

计算出来的第三个基向量用于计算正交三元组，公式如下：

$$\boldsymbol{t}_3^B=\boldsymbol{t}_1^B\times\boldsymbol{t}_2^B \tag{16.29}$$

$$\boldsymbol{t}_3^I=\boldsymbol{t}_1^I\times\boldsymbol{t}_2^I \tag{16.30}$$

通过将 $\boldsymbol{t}$ 向量变成 3×3 矩阵的列向量就可以构建出两个旋转矩阵如下：

$$[\boldsymbol{t}_1^B\quad\boldsymbol{t}_2^B\quad\boldsymbol{t}_3^B][\boldsymbol{t}_1^I\quad\boldsymbol{t}_2^I\quad\boldsymbol{t}_3^I] \tag{16.31}$$

进一步观察，前述的矩阵分别是 $\boldsymbol{A}^{B/t}$ 和 $\boldsymbol{A}^{I/t}$，因此参考框架 I 和 B 之间的旋转矩阵可以通过如下方式计算：

$$\boldsymbol{A}^{B/I}=\boldsymbol{A}^{B/t}\boldsymbol{A}^{t/I}=[\boldsymbol{t}_1^B\quad\boldsymbol{t}_2^B\quad\boldsymbol{t}_3^B][\boldsymbol{t}_1^I\quad\boldsymbol{t}_2^I\quad\boldsymbol{t}_3^I]^T \tag{16.32}$$

式(16.32)定义了在 ECI 框架下，我们所期望的卫星姿态。

4）转速估计

前面部分描述了如何及时地计算卫星的瞬时姿态方法。但是，在实际的操作当中很有必要知道卫星在任何时刻的姿态，这样就不用传感器重新采样了。幸运的是，如果我们知道卫星的转速就可以完成上述要求。反过来说，就是通过拉格朗日插值公式，简单地计算出三个独立姿态测量值中的最小值即可。也可以将三个姿态值代入到拉格朗日插值公式中，计算出最小的一个即可。在这里只是给出了最终的结果。

回顾三元组算法，根据式(16.32)算出一个旋转矩阵 $\boldsymbol{A}^{B/I}$。用下面的式子可以很方便地将这个姿态矩阵转换成欧拉角 φ，θ 和 ψ。

$$\varphi=\arctan\left(\frac{a_{32}}{a_{33}}\right)\theta=-\arcsin(a_{13})\psi=\arctan\left(\frac{a_{21}}{a_{11}}\right) \tag{16.33}$$

然后在这三个独立的采样点上，每个点的这三个欧拉角都要重复计算，这三个采样点

与测量的时间 t_1，t_2 和 t_3 相对应。因此角速度可以通过以下式子计算出来：

$$\varphi(t_3)=\frac{t_3-t_2}{(t_1-t_2)(t_1-t_3)}\varphi(t_1)+\frac{t_3-t_1}{(t_2-t_1)(t_2-t_3)}\varphi(t_2)+\frac{2t_3-t_1-t_2}{(t_3-t_1)(t_3-t_2)}\varphi(t_3) \tag{16.34}$$

$$\theta(t_3)=\frac{t_3-t_2}{(t_1-t_2)(t_1-t_3)}\theta(t_1)+\frac{t_3-t_1}{(t_2-t_1)(t_2-t_3)}\theta(t_2)+\frac{2t_3-t_1-t_2}{(t_3-t_1)(t_3-t_2)}\theta(t_3) \tag{16.35}$$

$$\psi(t_3)=\frac{t_3-t_2}{(t_1-t_2)(t_1-t_3)}\psi(t_1)+\frac{t_3-t_1}{(t_2-t_1)(t_2-t_3)}\psi(t_2)+\frac{2t_3-t_1-t_2}{(t_3-t_1)(t_3-t_2)}\psi(t_3) \tag{16.36}$$

在最后的时刻 t_3 处，注意到以上方程是专门用于计算角速度的。这个问题在下一章会详细说明，控制算法在离散点的姿态和角速度处读入，并且计算那个时刻的最佳驱动扭矩。虽然很可能获得三个时刻中任何一个时刻对应的卫星姿态和转速，但是根据过时信息（比如时间 t_1 和 t_2）计算的最优扭矩是很不合适的。

16.1.6　两体引力模型对姿态计算的影响

在扭转期间，当把姿态计算应用到两体引力模型中，研究误差就可以获得一个有用的结果。计算两组位置向量就可以建立一个两步的仿真，第一组用于两体模型，第二组用于高精度轨道计算(HPOP)模型。在第一步里，两体位置向量用来寻找磁场位置。当给定飞行器的初始前坠姿态、速率，在飞行器处于稳定时，最优扭矩曲线就能被确定。在第二步里，通过已经得到的扭矩和 HPOP 位置向量来重新计算卫星真实位置的磁场。由于两体模型存在位置误差，磁场随着空间的变化而变化，所以应用的扭矩不再是最优的。仿真的目的是研究误差对 ADCS 算法的精度和稳定时间的影响。

在这一章里，位置向量的幅度误差初期估计约为 7 km。这个结果在图 16.11 再次出现，从图中还可以看到通过用双位置计算模型获得由磁场引起的误差，相对较大的位置误差对磁场几乎没有影响。举个例子，第一个最大位置误差大约在仿真开始后的半小时出现。同时在两个位置上计算的磁场基本是相同，都接近最高点。当位置误差接近零的时候，在横轴为 1.5 的点上可以从反方向来看这个仿真图，但是所计算的磁场误差有所增加。

为了理解这些非直观的结果，把相应的飞行器经度也描绘出来了，并且可以在同一个图上看到。图中表明经度的是三个点，这三个点与磁场误差图中的三个较大峰值相对应。仿真开始后，这些峰值大约出现在横轴为 3.15、4.00、4.75 的时间点上，并且分别与精度大约为 125°、−62°、103°相匹配。在看图 16.3 中的磁场等势线时，这些经度的重要性就

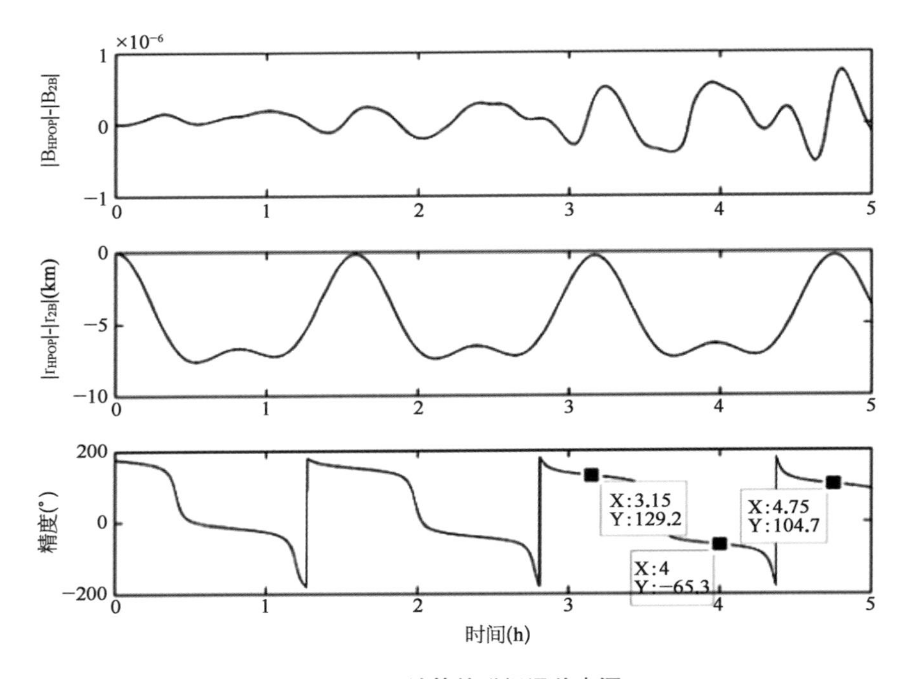

图 16.11　计算的磁场误差来源

变得特别明显。在经度大约为 125°的地方有两个大的异常磁场。一个位于亚澳区域，另一个位于西伯利亚北部区域。ION 的飞行轨迹经过这两个异常磁场时，它的倾斜角为 98°。磁场中第一个约为 0.5×10^{-7} 的幅度误差与亚澳异常磁场和赤道磁场之间的陡峭梯度有关。一旦卫星进入磁场强度接近常数的赤道区域，与位置误差有关的磁场误差就会减小到 0。然而，在这之后，卫星进入西伯利亚北部异常区域时，即使很小的位置误差也会导致较大的磁场幅度误差。相似的结果可以在经度为 300 和 100 的地方看到，分别是图 16.3 中的南大西洋和北美洲异常区域。

将非最优化的扭矩应用到了航天器上会造成上述计算的磁场与实际磁场存在误差。最初这个影响很小，但是随着航天器姿态逐渐偏离预定的状态，应用扭矩变得越来越不理想。通过绘制应用扭矩的预期和实际响应图(已经在图 16.12 中绘制)，可以建立一个近似时间，在这个时间内扭矩是精确的。结果随着轨道位置和扭转时间而变化，无论卫星是处于异常磁场中还是处于强化的应用扭矩下，下面的结果可以表示一个执行 ION 任务的过程中遇到的很典型的误差。在图 16.12 中可以看到，姿态开始出现偏离大约在仿真开始后的 1.5 h，2 h 达到了一个不可接受的偏离程度。这个结果使我们对双体计算模型的能力有信心，其可以被成功地使用，因为预期的能量预算允许的最大值为一个小时的连续扭转。在所有的方案中，最初给定卫星最大的前坠速率为 5°/s，并且在飞过异常磁场的过程中必须使用磁力扭矩。另外，在图 16.13 中可以看出精准扭矩持续时间的局限性，在最低点方向比较了预期与实际的偏移。结果证实，在扭转两个小时后，卫星的 z 轴开始偏离预期的姿态。

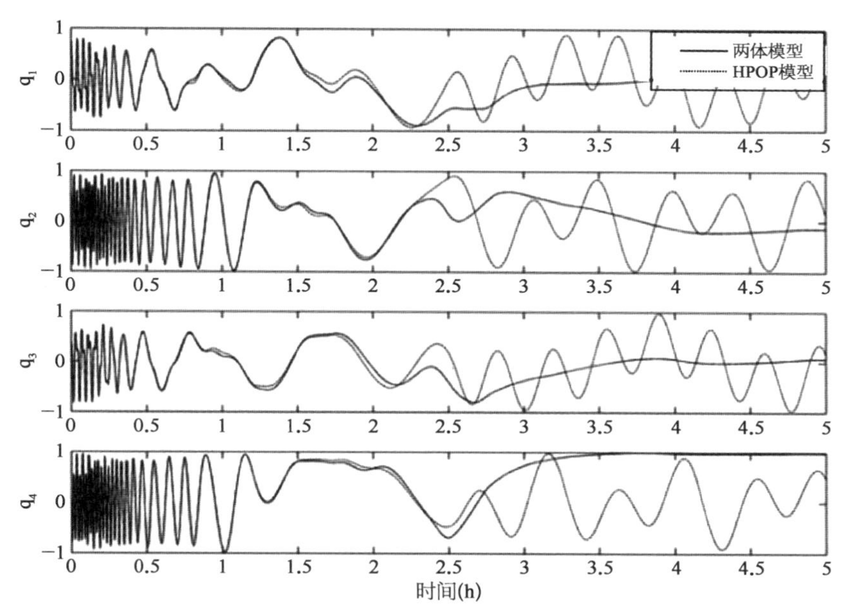

图 16.12　两体模型和 HPOP 模型四元数的演变

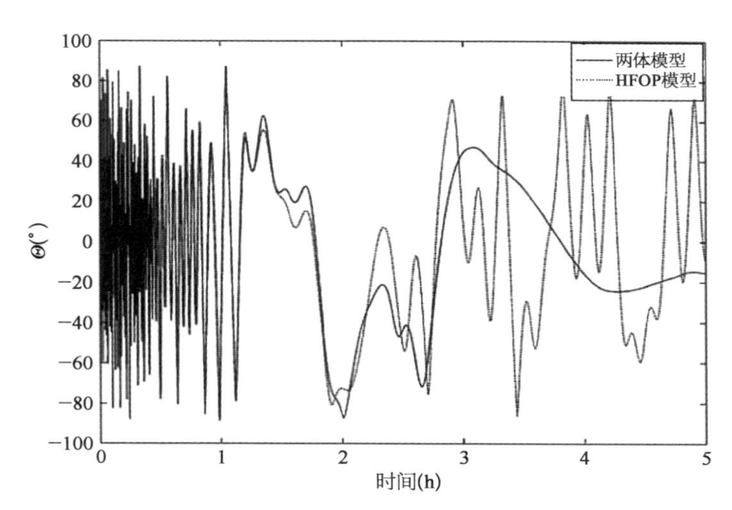

图 16.13　两体模型和 HPOP 模型最低点偏移角的演变

16.2　姿 态 控 制

这部分描述了稳定 ION 的方法。控制算法的目标是使 ION 的旋转速率近似为 0，并使卫星成为正常、面向天底的姿态。通过二次线性理论与反馈系统相结合来实现预期的目标。三个都可以产生随时间变化磁场的磁性扭矩，并且该扭矩可以应用在三个卫星体固定的轴线上。虽然在发射之前初始前坠速率未知，但这个方案中最坏情况大约是 5°/s。

这个设计对其他有磁性扭矩驱动的航天器带来了可重复利用的额外效益。控制算法和用于姿态确定的软件是不关联的，只需要初始四元组和体旋转率的输入，这两个元素可以通过任何方法获得。这个设计模块考虑到卫星的特性（比如质量、扭动惯量）和扭动线圈参数（比如大小、磁场强度、磁偶极距）的易变性，所以这个设计模块可以直接用于其他航天器。完整模拟器的存在能够使用户很稳定地测试，而且可以在特定的系统实现控制算法。

16.2.1　制动器

ION 使用三个磁力矩线圈系统来控制姿态和旋转速率，其中每一个磁力矩线圈都与卫星体轴放在一起。扭矩线圈产生强度可变、方向可变的磁场，并与地球磁场相互作用，在航天器上产生扭矩。通过获取地球磁场在轨道每个位置的大小和方向以及卫星在这些位置的姿态，可以解出产生扭矩所需的磁场，并用磁场来纠正卫星的方向。下面两个部分主要为 ION 描述一些必要的电磁场理论和磁扭矩设计。

1）扭矩线圈理论

电流流过一个矩形线圈就可以产生一个磁场。在线圈的中心，磁场的大小可以用式(16.37)表示：

$$\boldsymbol{b} = \frac{2\mu_0 NI\sqrt{(a^2+b^2)}}{IIA}\boldsymbol{a}_n \tag{16.37}$$

式中　μ_0——在自由空间的磁导率，值为 $4\pi \times 10^{-7}$ H/m；

A——横截面积；

I——流过单线的电流；

N——线圈的匝数；

a 和 b——矩形的两条边；

a_n——线圈的缠绕方向，可以根据右手定则得到。此外，同样的矩形环可产生一个磁偶极矩，其定义如式(16.38)所示：

$$\boldsymbol{m} = NIA\boldsymbol{a}_n \tag{16.38}$$

能够控制 ION 姿态的一个关键因素是当线圈处在地磁场中时，它可以产生一个扭矩。扭矩是通过两个磁场的相互作用产生的，通过式(16.39)确定：

$$\boldsymbol{t} = \boldsymbol{m} \times \boldsymbol{b} \tag{16.39}$$

从直观上来看，磁矩方向趋向外部磁场的方向。当两个向量平行时，用上面的等式计算这两个向量的叉积等于 0，这表明没有扭矩施加到线圈上。因此线圈达到了一种稳定平衡状态，只要线圈保持它的偶极矩状态就不会有任何误差。

2）ION 扭矩线圈的设计

ION 初始扭矩的设计包含一些铜线缠绕的圆环。虽然这个设计成本低并且容易制造，但是已经证实很难将其安全地安装在卫星上。总之，缠绕的过程是用手来完成的，所以三个线圈的制造结果也不一样。线圈有形状弯曲（变得不圆）的趋势，所以必须固定圆周上的一些点。

为了避免先前的困难，提出并测试了一个新的设计思想。根据典型电路板的设计，采用逐渐减少的方式将 7 mil 的轨迹线刻在标准的印刷电路板上。将连续的直径为 7 mil 轨迹线放置到单层上，并将多个单层结合成一个单一的矩线圈，这个设想很可能实现。ION 的设计如图 16.22 所示，每一层使用 30 环，四层组合起来一共 120 环。由于板子的采用规格设计，因此线圈非常容易安装和操作。此外。由于轨迹线很细，每个线圈总的电阻仅仅为 99.3 Ω。计算线圈中心磁场的等式在前面已经给出，由于环的大小经常变化，所以必须纠正前面的等式。给出了最外环的尺寸、厚度和不同的轨迹如 a_{outer}，b_{outer} 和 w，在这种情况下 a_{outer}，b_{outer} 和 w 是相等的，很容易写出磁扭矩中心的磁场，如式（16.40）所示：

$$b = 4\sum_{N=0}^{29} \frac{2\mu_0 I\sqrt{(a_{\text{outer}} - 4\times N\times w)^2 + (b_{\text{outer}} - 4\times N\times w)^2}}{\pi(a_{\text{outer}} - 4\times N\times w)\times(b_{\text{outer}} - 4\times N\times w)} \tag{16.40}$$

类似的方法可以获得磁偶极距的表达式，如式（16.41）所示：

$$\boldsymbol{m} = 4\times I\times\sum_{N=0}^{29}[(a_{\text{outer}} - 4\times N\times w)(b_{\text{outer}} - 4\times N\times w)]\boldsymbol{a}_n \tag{16.41}$$

前面的等式是用来计算新线圈的磁场和偶极矩的。它们的值以及一些重要的参数已经总结到表 16.1 中。

表 16.1　扭矩线圈参数

线　圈	X	Y	Z
等效的截面面积，m^2	0.048 5	0.048 5	0.048 5
长边的最大/最小长度，mm	58.42/38.10	58.42/38.10	58.42/38.10
短边的最大/最小长度，mm	43.18/22.86	43.18/22.86	43.18/22.86
圈数（4 层）	4×30	4×30	4×30
线圈电阻，Ω	99.3	99.3	99.3
最大电流，A	0.114	0.114	0.114
最大磁偶极矩，Am^2	0.022 2	0.022 2	0.022 2
最大磁场，Gs	4.161	4.161	4.161
轨迹之间的距离，mm	0.177 8	0.177 8	0.177 8
轨迹厚度，mm	0.177 8	0.177 8	0.177 8

这个性能良好且安装操作简单的设计将在 ION 上应用，因而建议使用电磁驱动扭矩来完成未来的任务。

16.2.2 线性二次调节

通过电磁扭矩驱动进行姿态控制是一个具有挑战性且困难的问题，难点在于控制扭矩的同时正交于地球磁场和磁偶极矩[扭矩控制在式(16.39)给出]。结果是，在磁场方向上不可能产生任何的控制扭矩，但实际上却产生了一个无法控制的子空间。幸运的是，这个子空间是时变的，因为当卫星改变轨道时，相应的磁场特性也会随着时间变化。因此，卫星对于高倾斜轨道是可控制的，比如 ION 的太阳同步轨道。

ION 姿态控制系统是利用一个准周期二次线性调节渐近线，该方法与文献提到的控制方法类似。该部分首先提出与二次线性调节有关的理论，然后继续描述 ION 的必要设计，这个设计用来降低卫星旋转速度并使其达到稳定状态。

1）线性二次调节理论

线性二次控制问题是一个优化控制问题。现代大多数的控制文献都涉及这个问题，例如文献。在这个问题当中，假定有一个系统，这个系统的状态动力学参数是不变的，但是输入动力学参数会随着时间变化。

$$\dot{\boldsymbol{x}}=\boldsymbol{A}\boldsymbol{x}+\boldsymbol{B}(t)\boldsymbol{u}\text{ 给出 }\boldsymbol{x}(t_0) \tag{16.42}$$

对于这个问题，下面的代价函数被分成两部分，如式(16.43)所示：

$$J=\frac{1}{2}\int_{t_0}^{t_f}(x^{\mathrm{T}}Qx+u^{\mathrm{T}}Ru)\mathrm{d}\tau+\frac{1}{2}x(t_f)^{\mathrm{T}}P_{\mathrm{T}}x(t_f)\text{ 给出 }x(t_0)=x_0 \tag{16.43}$$

矩阵 $\boldsymbol{Q}$ 可以被认为是状态向量上的一个惩罚因子，主要用来阻止这个状态过大的偏离预期状态。$\boldsymbol{R}$ 作为一个矩阵对过控效应进行惩罚，$\boldsymbol{P}_T$ 在最后的状态作为一个惩罚。所有这些矩阵都是不变的，从设计者的角度来看，除非这些矩阵有一些先验设计，否则他们不可能被视为一种改变动态系统特性的方式。因此，这些矩阵为最优控制问题提供了一种方法，这个方法用于处理状态偏离，所有的 $\boldsymbol{Q}$、$\boldsymbol{R}$ 和 $\boldsymbol{P}_T$ 都被视为正定矩阵。

线性二次调节的目标就是找到最优化的控制，在给定各种矩阵和初始状态条件的情况下使样本函数最小化。众所周知，这个问题的最优解是下列形式的一个全状态反馈控制。

$$\boldsymbol{u}^*=\boldsymbol{F}\boldsymbol{x}=-\boldsymbol{R}^{-1}\boldsymbol{B}(t)^{\mathrm{T}}\boldsymbol{P}(t)\boldsymbol{x} \tag{16.44}$$

矩阵 $\boldsymbol{P}(t)$ 是由下列的微分方程得到：

$$\dot{\boldsymbol{P}}(t)=\boldsymbol{Q}+\boldsymbol{P}(t)\boldsymbol{A}+\boldsymbol{A}^{\mathrm{T}}\boldsymbol{P}(t)-\boldsymbol{P}(t)\boldsymbol{B}(t)\boldsymbol{R}^{-1}\boldsymbol{B}(t)^{\mathrm{T}}\boldsymbol{P}(t)\text{，给出 }\boldsymbol{P}(t_f)=\boldsymbol{P}_T \tag{16.45}$$

原则上，这个等式可以在封闭的形式下进行评估或分析，为了得到随时间变化的矩阵 $\boldsymbol{P}(t)$，$\boldsymbol{P}(t)$ 可反过来指定 $\boldsymbol{u}^*$。

二次线性调节的一个特殊情况是矩阵 $\boldsymbol{B}(t)$ 是周期的。在这种情况下，对于 T 的一些值和所有的 t，有

$$\boldsymbol{B}(t)=\boldsymbol{B}(t+T) \tag{16.46}$$

在这种情况下，如果正确地选择 $\boldsymbol{P}_T$，会发现反馈增益矩阵也是周期的，周期为 T。反馈矩阵的周期性可以用来证明：当点矩阵 $\boldsymbol{Q}$ 在普通条件下，最小值 $\boldsymbol{R}$ 趋于无穷大时，$\boldsymbol{P}(t)$ 接近一个稳定状态的矩阵 $\boldsymbol{R}$。因此，对于较大值的 $\boldsymbol{R}$，期望用 $\boldsymbol{P}_{\mathrm{SS}}$ 矩阵对 $\boldsymbol{P}(t)$ 做一个合理的近似，t 为实数。在这种情形下，最优控制定律变成以下形式：

$$\boldsymbol{u}^*=\boldsymbol{F}\boldsymbol{x}=-\boldsymbol{R}^{-1}\boldsymbol{B}(t)^{\mathrm{T}}\boldsymbol{P}_{\mathrm{SS}}\boldsymbol{x} \tag{16.47}$$

为了得到 $\boldsymbol{P}_{ss}$，注意到一个周期内的平均可被写作如下形式：

$$\boldsymbol{B}(t)\boldsymbol{R}^{-1}\boldsymbol{b}(t)^{\mathrm{T}}\approx C=\frac{1}{T}\int_0^{\mathrm{T}}\boldsymbol{B}(\tau)\boldsymbol{R}^{-1}\boldsymbol{B}(\tau)^{\mathrm{T}}\mathrm{d}\tau \tag{16.48}$$

这些近似大大地简化了二次线性调节的实现过程，将这个近似值代入到式(16.45)的微分方程中，能解出下列代数 Riccati 方程中的 $\boldsymbol{P}_{ss}$。

$$0=\boldsymbol{Q}+\boldsymbol{P}_{\mathrm{SS}}\boldsymbol{A}+\boldsymbol{A}^{\mathrm{T}}\boldsymbol{P}_{\mathrm{SS}}-\boldsymbol{P}_{\mathrm{SS}}\boldsymbol{C}\boldsymbol{P}_{\mathrm{SS}} \tag{16.49}$$

2) ION 的二次渐近周期调节设计

为了将二次线性调节应用到 ION 的姿态控制系统中，状态向量包括相对于轨道参考框架的体固定坐标系下的姿态和角速度。仅仅用三个元素就可以来表征这个姿态，第四个元素是多余的。因此，六元素状态如下所示：

$$\boldsymbol{x}_{lqr}=\begin{bmatrix}\boldsymbol{q}^{\boldsymbol{B}/\boldsymbol{R}}\\ w^{\boldsymbol{B}/\boldsymbol{R}}\end{bmatrix} \tag{16.50}$$

这个状态的前三个元素是姿态向量的三个元素。最后的三个元素是角速率元素。输入是由磁力矩产生的磁矩，如下所示：

$$\boldsymbol{u}=\boldsymbol{m} \tag{16.51}$$

动力学系统明显是一个非线性系统。而且，动力学状态是随着时间变化的。因此，为了应用二次线性调节理论，首先有必要对一个系统进行线性化。这个系统采用式(16.42)的形式定义：

$$A=\left\{\begin{matrix} 0 & \frac{1}{2}\boldsymbol{I} \\ w_0\vec{\boldsymbol{I}}\begin{bmatrix} 8w_0(I_z-I_y) & -6w_0I_{xy} & 2I_{xz} & 0 & -2I_{yz} & I_x-I_y+I_z \\ -8w_0I_{xy} & 6w_0(I_z-I_x) & -2w_0I_{yz} & 2I_{yz} & 0 & -2I_{xy} \\ 8w_0I_{xz} & 6w_0I_{yz} & 2w_0(I_x-I_y) & -I_x+I_y-I_z & 2I_{xy} & 0 \end{bmatrix} & \end{matrix}\right\} \tag{16.52}$$

参数 w_0 是参考坐标系相对于惯性坐标系轨道速率的大小。在整个推导过程中，假设其为常数。对于非圆形轨道，角速度会有一些轻微的偏差。不管怎样，平均轨道速度可以用于计算。此外，对于区分参数 $\boldsymbol{I}$ 和 $\widetilde{\boldsymbol{I}}$ 是非常重要的，其中 $\boldsymbol{I}$ 代表单位矩阵，$\widetilde{\boldsymbol{I}}$ 代表惯性矩阵的矩。最后，先前的系统动力学参数在计算线性系统时也会考虑到重力梯度的影响。

根据输入可以得到以下式子：

$$\boldsymbol{B}(t)=\begin{bmatrix} 0 \\ -\widetilde{\boldsymbol{I}}^{-1}\boldsymbol{X} \mid \boldsymbol{b}(t) \mid \end{bmatrix} \tag{16.53}$$

向量 $\boldsymbol{b}$ 是在体固定坐标系统的磁场向量。矩阵 $\boldsymbol{X}$ 是与叉积有关的正规反对称矩阵。它定义如下：

$$\boldsymbol{X}\left(\begin{bmatrix} b_x \\ b_y \\ b_z \end{bmatrix}\right)=\begin{bmatrix} 0 & -b_z & b_y \\ b_z & 0 & -b_x \\ -b_y & b_x & 0 \end{bmatrix} \tag{16.54}$$

注意到，如果航天器仍然保持标称姿态，由于忽略地球自转的影响，将导致磁场发生变化，然后线性矩阵 $\boldsymbol{B}(t)$ 将变成周期的矩阵。因此，如果一个稳定矩阵能求解代数 Riccati 方程，则可将其视作最优解的近似值，那么这个假设是合理的。

积分控制有许多众所周知的好处，尤其是其可以使趋势稳定并减少噪声。为了将积分控制引进这个设计中，将先前系统作如下假定。引进一个包括三元、四元积分和先前状态的向量。

$$\vec{x}_{lqr}=\begin{bmatrix} \int \boldsymbol{q}^{B/R} \\ \boldsymbol{q}^{B/R} \\ w^{B/R} \end{bmatrix} \tag{16.55}$$

改进的系统为

$$\widetilde{\boldsymbol{x}}_{lqr}=\widetilde{\boldsymbol{A}}\widetilde{\boldsymbol{x}}_{lqr}+\widetilde{\boldsymbol{B}}(t)\boldsymbol{u} \tag{16.56}$$

改进的矩阵为

$$\widetilde{\boldsymbol{A}}=\begin{bmatrix} 0 & \boldsymbol{I} & 0 \\ 0 & & \boldsymbol{A} \end{bmatrix} \tag{16.57}$$

$$\widetilde{\boldsymbol{B}}(t)=\begin{bmatrix} 0 \\ \boldsymbol{B}(t) \end{bmatrix} \tag{16.58}$$

计算 $\boldsymbol{C}$ 矩阵。在先前的讨论中，$\boldsymbol{C}$ 是根据矩阵 $\boldsymbol{B}\boldsymbol{R}^{-1}\boldsymbol{B}^{\mathrm{T}}$ 在一个轨道周期的平均影响下计算出来的。尽管如此，只有 $\boldsymbol{B}$ 矩阵是周期矩阵时才可使用其计算。因为实矩阵不是严格意义上的周期矩阵，所以必须对这个计算技巧进行略微的改进，通过计算近似一天中有效的数据和 15 个轨道周期内的平均值来实现。计算这种较长的积分也就是计算地球旋转的平均输出影响。因此，$\boldsymbol{C}$ 矩阵的计算如下：

$$C=\frac{1}{15T}\int_{0}^{15\mathrm{T}}\widetilde{\boldsymbol{B}}(\tau)\boldsymbol{R}^{-1}\widetilde{\boldsymbol{B}}(\tau)^{\mathrm{T}}\mathrm{d}\tau \tag{16.59}$$

在这个算式中，磁场向量是在参考框架中计算出来的，因为在计算的过程中假定卫星在标称的方向上。仅仅只需要计算一次矩阵 $\boldsymbol{C}$。然后用这个矩阵计算式(16.49)求解代数 Riccati 方程中的 $\boldsymbol{P}_{ss}$。

一共有两个控制算法。第一个算法是通过离线计算得到矩阵 $\boldsymbol{P}_{ss}$。这个算法必须在实现控制算法之前运行一次，这个算法可在图 16.14 中看到。通过计算 15 个轨道时间内标称磁场开始，然后用式(16.53)来得到矩阵 $\boldsymbol{B}$。下一步，用已经计算的矩阵 $\boldsymbol{B}$，选择点矩阵 $\boldsymbol{R}$ 的值，用式(16.59)计算矩阵 $\boldsymbol{C}$。同样，利用轨道角速度 w_0，再用式(16.52)得到矩阵 $\boldsymbol{A}$。然后将这些值代入式(16.49)中，最后便可计算出 $\boldsymbol{P}_{ss}$。

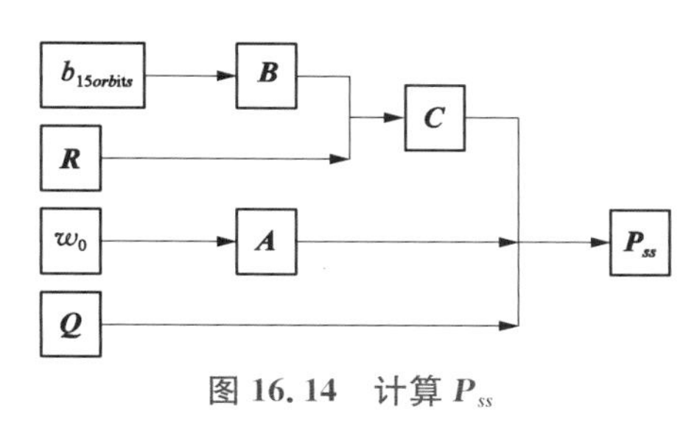

图 16.14　计算 P_{ss}

在说明主控制算法之前，有必要将从太阳传感器获得的状态向量和磁力计测量值转化成二次线性调节中可以使用的形式。相对于惯性系，姿态确定算法可以计算卫星的姿态和旋转速率。使用下面的等式来转换角速度：

$$\boldsymbol{w}^{B/R}=\boldsymbol{w}^{B/IR}-\boldsymbol{w}^{R/I} \tag{16.60}$$

角速度 $w^{B/R}$ 可从下式获得：

$$w^{R/I}=-\frac{\|\boldsymbol{v}\times\boldsymbol{r}\|}{r^{2}}\boldsymbol{y}_{R} \tag{16.61}$$

为了在不同的参考框架中转换四元数，必须使用下面的等式：

$$q^{B/R}=(q^{R/I*})\otimes q^{B/I} \tag{16.62}$$

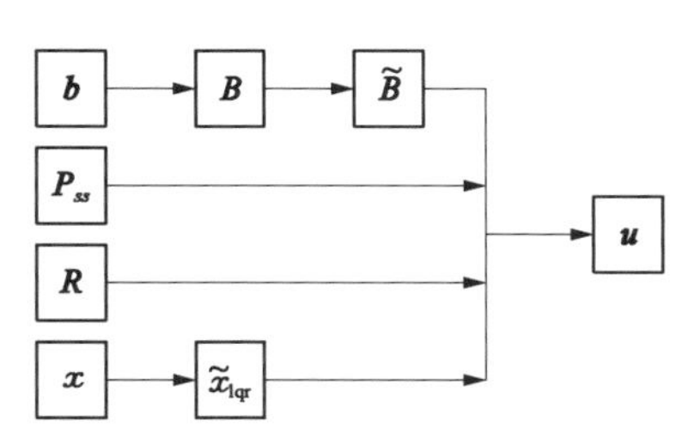

图 16.15　线性二次调节最优扭矩计算框图

式(16.62)中的符号 $\otimes$ 很重要，它代表四元数的乘法。通过转换姿态矩阵 $\boldsymbol{A}^{R/I}$ 得到四元数 $\boldsymbol{q}^{R/I}$。这些转换完成后，然后再描述线性二次调节控制算法，如图 16.15 所示。

使用式(16.53)，用期望位置的磁场计算出矩阵 $\boldsymbol{B}$。然后再用式(16.58)计算新的矩阵 $\hat{\boldsymbol{B}}$。同时估计状态 $\boldsymbol{x}$ 用来得到增广状态，该增广状态是由式(16.56)定义，并由式(16.57)、式(16.58)辅助完成。这些结果以及已经计算的 $\boldsymbol{P}_{ss}$ 矩阵和点矩阵 $\boldsymbol{R}$ 都被用来计算式(16.47)中的 $\boldsymbol{u}$。

3) 来自原始算法的 Q、R 惩罚矩阵

选取矩阵 $\boldsymbol{Q}$、$\boldsymbol{R}$ 中的元素有多种方法。在大多数情况下，用户搜寻一个特定系统的响应范围，这个系统响应由可用功率、最大稳定时间、初始条件等定义，而不是一般的稳定条件。因而，加权矩阵的选择应基于具体系统，该系统有着特定的航天器属性、轨道参数和用户定义响应限制。

第一个 ION 线性二次调节参数的估计值，通过凭直觉调整两个初试猜测值而得到，这个初试猜测值是由 Paiaki 在关于两个不同的航天器配置的文献中提出来的。尽管这种试验-纠错的方法提供了可接受的系统响应，但是团队成员决定利用先前的经验以及原始的算法来改善这些结果。

下面对原始算法进行一个简短的讨论并用其计算 $\boldsymbol{Q}$ 和 $\boldsymbol{R}$ 矩阵。

原始算法适合性确定。在下一章中将详细讨论原始算法在模拟器上的运行情况。模拟器已被设计成用两种不同的模型来对卫星进行操作。初始模型也称为速率阻尼模型，当卫星与部署者分离时，速率阻尼模型主要用于降低卫星初始的高旋转速率。第二个模型称为跟踪模型，惩罚偏离理想的状态。最终，必须为分离的加权矩阵 $\boldsymbol{Q}$、$\boldsymbol{R}$ 找到相应的模型。

当航天器沿三个坐标轴的角速率大于 0.1°/s 时，速率阻尼模型就是有效的。当速率阻尼模型结束，跟踪模型开始，新的加权矩阵被控制者使用。虽然速率阻尼模型对航天器的实际姿态没有任何要求，只有模型改变速率的时候才会产生作用，跟踪模型尝试使卫星保持一个最优的固定姿态以确保仪表进行工作。当三个欧拉角都在设定的 20 个连续时间步长之内时，可以认为卫星达到了稳定状态。

虽然两个模型的加权矩阵是不同的，但是他们的目的是相同的，对于速率阻尼模型来说是使航天器尽可能快地达到最小的旋转速率，对于跟踪模型而言，是使航天器尽可能快地达到面向天底的状态。将求较小时间问题转化为求最大适应性问题，用最大的仿真时间减去速率阻尼时间和跟踪时间，仿真时间设置为 15 h。结果表明选择的 $\boldsymbol{Q}$、$\boldsymbol{R}$ 矩阵这种方案的适应性为 0，不能在 15 h 内收敛，能产生最小时间的方案具有最大的适应性。

原始算法的设计。原始算法模型使用表 16.2 中的参数，该模型是建立在原始算法二次线性调节设计的基础上。

表 16.2　原始算法特性

参　数	变　量	具体数值
交叉概率	$\boldsymbol{P}_c$	0.9
突变概率	$\boldsymbol{P}_m$	0.01
选择压力	$\boldsymbol{S}$	2
字符串长度	$\boldsymbol{L}$	32
样本大小	$\boldsymbol{n}$	100
代数	$\boldsymbol{G}_{\max}$	100

矩阵 $\boldsymbol{Q}$、$\boldsymbol{R}$ 是对角矩阵，矩阵中的元素等于对角线上的元素，该算法利用这个性质减小问题的规模。特别地，矩阵 $\boldsymbol{Q}$ 的前三个对角元素是航天器四元数积分的权重，中间三个值是实际四元数向量元素的权重，最后余下的值是四元数向量元素的时间变化率权重。

相似的是，$\boldsymbol{R}$ 矩阵中的三个值是沿着航天器轴三个角速度的权重。

给 s 一个选择压力，则其会采样成对选择-替换联赛淘汰机制。操作员在群体中选择两个个体，比较适应值，将最好的个体放入子代。这个选择假定群体中的每一个个体都至少有一次选择机会，一般每一个个体平均有两次机会，被选中的个体作为子代群体的代表。因此能够保证群体中有最好的个体，该个体不会被联赛选择算法淘汰，而且在新的群体中胜算也很大。

交叉应用是一个发生概率为 $\boldsymbol{P}_c$ 单点的交叉。操作员通过随机选择将两个个体遗传到下一代群体中然后在交叉点产生变异。这个交叉会使得对个体的破坏最小，最多只会使一个加权矩阵值发生变化，从而避免对不同个体所表示的矩阵元素的干扰。

为了完成这种变异，首先构造一个对应群体大小的矩阵。矩阵中的每一个元素都是在0～1之间随机产生的。如果一个值小于 $\boldsymbol{P}_m$，则相应位置的所有值都会发生突变。这必须用一个随机的整数且不等于被替换的值来替换。希望 $\boldsymbol{P}_m$ 的值在每个位置保持最小的差异性，通过使用较小的值 $\boldsymbol{P}_m \leqslant 1/\boldsymbol{n}$ 或者 $\boldsymbol{P}_m \leqslant 1/I$ 也就是 $\boldsymbol{P}_m = 0.01$ 来实现。实验后发现突变概率小于 $\boldsymbol{P}_m$，收敛速率的增加表明搜索解空间的局限性。

提出的 $\boldsymbol{P}_m$、$\boldsymbol{P}_c$ 的值和 $\boldsymbol{n}$ 需要进行多次迭代来达到一个收敛解，但是却增加了计算的次数。起初，收敛速率似乎就是一个所需最大化的变量，但是仔细研究表明收敛速率没必要是真实的。一个较快的速率会导致计算解空间的减小。一个较大的群体范围和相对丰富的 $\boldsymbol{P}_m$ 和 $\boldsymbol{P}_c$ 值，在可能最佳解中，原始算法就会有一个较大的搜索空间。虽然这个方法增加了时间消耗，这个缺点也是可被接受的，因为主要目的是找到航天器稳定问题的一个较优解，而不是在一些成功的搜索算法中快速地找到一个解。

原始算法的结果和分析。使用GA算法获得适应值远比使用历史经验值更有意义。使用加权矩阵的速率阻尼算法大约花费6 h，且该加权矩阵是由历史经验值猜测得到的，然而，最好的情况是仅花费1.16 h，通过原始算法实现同样的结果。这个结果不仅仅是四倍时间的改进。

为了更好理解动力学的结果，仿真软件输出电源使用、旋转速率和方向角的统计结果。选定的输出结果与之前运行结果的比较如图16.16和图16.17所示。仔细观察这些结果可知由原始算法得出的结论可能有一定的局限性，虽然原始算法确实能够达到卫星理想的状态，但是因为ION太大而不好控制，所以对于ION线性二次调节控制器最好的一种情况是，可能要求扭矩线圈在全功率的状态下工作一段时间。换句话说，原始算法采取一些明显的方法来降低角速度，这种方法是通过使用最大可用扭矩而不考虑功率的限制。

为解决这个问题，当对扭矩操作时，模拟器一直计算功率的消耗，当达到某个门限时，模拟器就会停止工作。操作扭矩的可用功率直接来自电池的功率，并且考虑了安全操作的边限。如果达到安全边限，扭矩停止工作，电池将会重新充电，并且也会对传感器重新采样。根据传感器新的读数，姿态被重新计算，新的占空比就会被上传到卫星来执行。另一种方法在原始算法中修改适应性功能，而不是在模拟器中修改，同时该方法也考虑到了可用功率的限制。如果违背了限制，这个适应度就变为0。

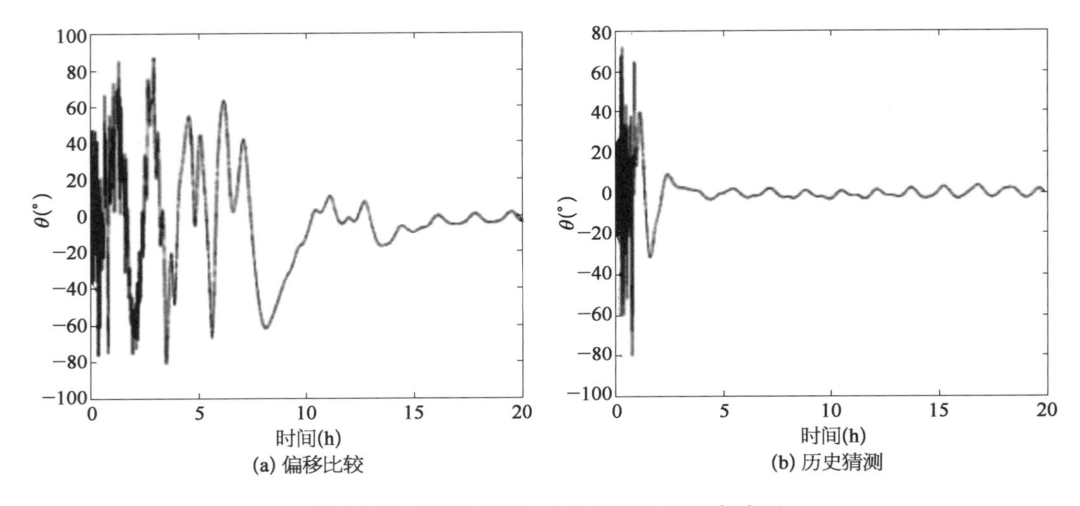

图 16.16　最低点指向方向偏移比较历史猜测

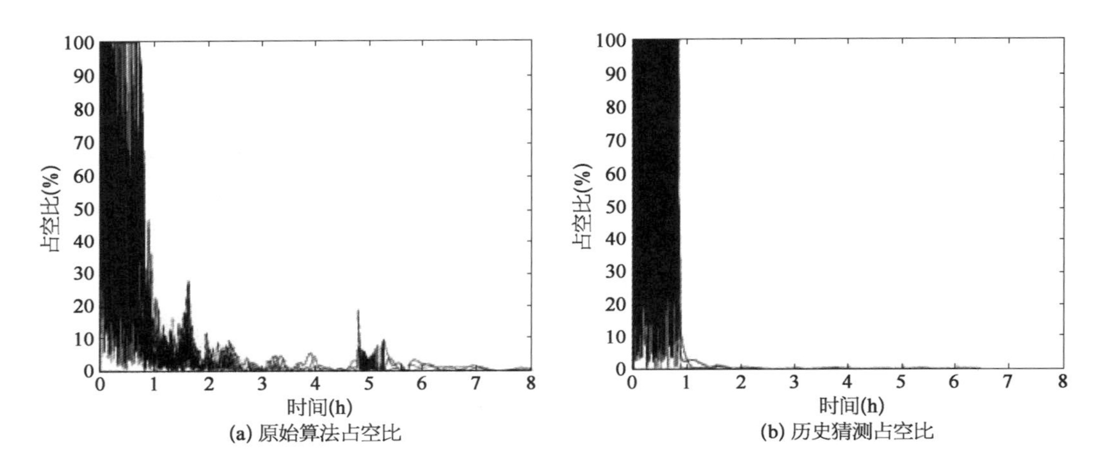

图 16.17　原始算法中的占空比与历史猜测的占空比的比较

海洋智能无人系统技术

第 17 章　卫星电源设计技术

该部分涵盖了微型卫星在设计过程中的各个步骤，这些步骤是关于卫星飞行任务中特定的电源系统架构的选择。这些步骤包含：① 对于一个特定任务最优方案选择；② 主电源系统总线的最优总线电压选择；③ 电路配置和控制方案的选择；④ 储能需求量的选择；⑤ 确定该任务所需的能量平衡和消耗量。

17.1 架构权衡研究

有两个可能的电源系统架构可用在微型卫星的设计上，它们分别是：① 一个由主电池提供微型卫星执行任务所需要的所有电量的能量储存(ES)；② 太阳能发电与储能(SGES)。设计者选择的特定体系结构将通过执行权衡研究来确定。这个权衡研究应该考虑任务持续时间、实施成本、复杂度、重量、容量、进度、可靠性、飞船实际大小、空间限制组件和任务所需能量消耗需求。

第一批微型卫星任务中使用的是ES解决方案。但是，在较短任务时间内，ES解决方案促使了SGES方案的开发。然而，这种解决方案增加了复杂性、成本、进度、重量、体积、飞船实际大小和可靠性。

为了演示权衡研究过程，我们应该定义一个微型卫星任务，并且执行一个简单的权衡研究，以确定其中两个主电源系统架构将是最佳的。需满足如下要求：

(1) 任务持续时间：一个月为目标，则最小两周。

(2) 成本预算：2 000.00 美元。

(3) 进度：从提出概念到上交1年。

(4) 微型卫星容量：4 in × 4 in × 5 in。

(5) 重量：小于1 kg。

对于一个特定的任务，有好几种通过执行权衡研究来确定电源系统最优化的方法，将被用于本实施例的方法是1、3、9加权因子方法。加权因子分配如下：1这个加权因子被分配到对整个任务几乎没有影响的权衡类别；3这个加权因子被分配到对任务有一些影响的权衡类别；而9这个加权因子被分配到解决的任务要求一个或多个的权衡类别。表17.1～表17.3囊括了一个完整的权衡研究，该研究产生了最佳的电源系统结构作为能量储存方案。

表 17.1 权重因子分配

	权重因子	评　价
任务持续时间	9	最短任务持续时间是一个最高要求
复杂度	9	一年的设计和施工不允许复杂系统设计

（续表）

	权重因子	评　　价
费用	9	2 000.00 美元的费用是最高要求
重量	9	重量是最重要的要求
容量	9	容量是一个顶层需求
空间限制组件	3	初级亚硫酰氯锂电池是在航天飞机发射的微卫星上使用的
宇宙飞船实际结构大小	3	用于电力系统的外部不动产不适用于其他关键任务部件
可靠性	3	短的任务持续时间
任务所需能量消耗需求	9	电源系统必须满足最低任务功率要求

表 17.2　评估因子得分

评估因子	ES 评估	评　　价	SGES 评估	评　价
任务持续时间	7	ES 方案可满足最小任务持续时间但不能满足目标	10	GES 方案及满足最小任务持续时间要求有满足目标
复杂度	9	ES 解决方案需要一个最小能量处理电子设备	3	和 ES 方案比起来，SGES 需要一个更为复杂的能量处理设备
费用	10	主要的电池和相关的能量处理设备所需费用估计小于目标预算 $ 2 000.00	3	SEGS 方案在目标预算 $ 2 000.00 内无法展开应用
重量	10	ES 解决方案的电源系统重量估计小于 150 g	10	SGES 解决方案的电源系统重量估计小于 200 g
容量	10	电源系统容量估计小于 3.5 立方英寸，相对于 80 立方英寸可用容量	10	电源系统容量估计小于 5 ft^3，相对于 80 ft^3 可用容量
空间限制组件	10	飞机使用的主要的锂亚硫酰氯电池已经应用到微型卫星	10	锂离子电池的多节太阳能电池已经应用到航天飞机
宇宙飞船实际结构	10	没有外部的实际结构要求	5	外部的宇宙飞船实际结构要求安装太阳能电池
可靠性	10	主要部分的电池需要高度可靠	10	太阳能电池和可充电电池的组合提供了两个独立的能量源
任务所需能量消耗需求	5	用较少的余量满足最小的需求	10	用余量满足所有需求

表 17.3　微型卫星电源系统架构权衡研究结果

能量架构	任务持续时间	复杂度	费用	重量	容量	空间限制组件	飞船实际状态	可靠性	任务所需能量预估	总和
权重因子	9	9	9	9	9	3	3	3	9	—
ES 评估	7	9	10	10	10	10	10	10	5	—

（续表）

能量架构	任务持续时间	复杂度	费用	重量	容量	空间限制组件	飞船实际状态	可靠性	任务所需能量预估	总和
ES得分	63	81	90	90	90	30	30	30	45	549
SGE评估	10	3	3	10	10	10	5	10	10	—
SGE得分	90	27	27	90	90	30	15	30	90	489

17.2　能量储存解决方案

为微型卫星提供电能的能量储存解决方案是一种最简单并且投入应用成本较低的一种方案。该方法的缺点就是需要任务持续时间相对较短。让我们查看一下设计只用能量储存装置为微型卫星提供电能的电源系统性能。

设计一个能量储存电源系统的第一步就是电池的选择。电源系统所要提示的具体信息是由电子设备来显示的，该电子设备充当了电池和负载之间的交互界面。选择一个特定的电池给微型卫星供电需要考虑如下几点：

(1) 放电电压特性。

(2) 在规定放电率的额定容量。

(3) 最大额定输出电流。

(4) 短路电流。

(5) 短路保护。

(6) 存储损失(每年名义上损失百分比)。

(7) 体积能量密度。

(8) 航天历史。

(9) 工作温度范围。

(10) 电池的工作压力。

(11) 电池压力管道爆裂的压力大小(测试)。

(12) 电池压力管道材料。

(13) 电池泄露。

一旦特定的电池选定，它必须执行条件测试合格后才能应用于航天。条件测试必须多样化，这样电池才能正常工作并且经受其生命周期内遇到的不利情况，测试周期结束时电池的性能。条件测试的执行应该依据TR-2004(8583)-1标准，它代替了Mil-Std-1540标准。

除了刚才指定的热性能和机械环境试验，电池条件测试至少应包括以下测试：

(1) 电池容量测试。

(2) 放点电压性能测试。

(3) 最大放电电流测试。

(4) 短路测试。

(5) 密封泄漏测试。

(6) 生存温度测试。

能量储存解决方案中的供电系统的平衡应该在电池的负极腿部分包含一根保险丝，以此来保护电池，并防止宇宙飞船布线短路和二极管阻塞，确保电流流动是从电池到负载。各个负载将被连接到一个配电母线，如图 17.1 所示。

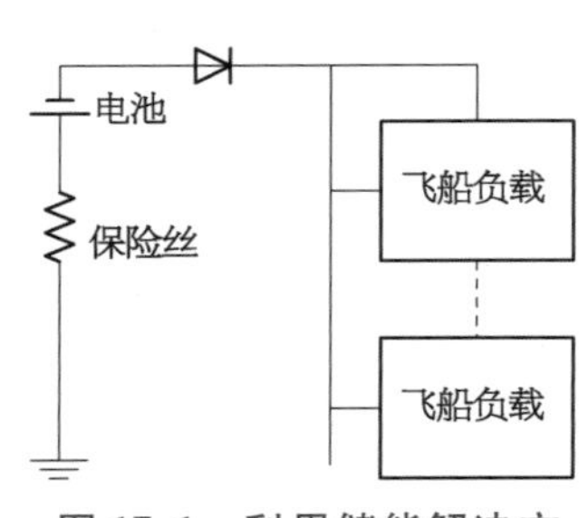

图 17.1 利用储能解决方案的微型卫星电源系统示意图

为储能解决方案提供的总线电压为电池电压。电池电压应该选择输入电压在航天器上只有一个最大负载时的工作电压范围。对大多数微型卫星而言，这个负载就是用于与地面通信的无线电。

剩下的各个负载要求工作在电池提供的母线电压上。要做到这一点，各个宇宙飞船负载应当包括电源处理电子设备，其能将电池电压转换成由特定负载所必需的电压。例如，如果电池电压选择 30 V 直流电压和一个需要严格调节到 5 V 工作的特定电子设备，则负载元件就需要提供一个 30 V 转 5 V 的 DC - DC 转换器。

17.3 太阳能发电与储能

如果一个微型卫星任务要求需要一个任务周期超过一个或者两个星期以上，那么，就需要太阳能发电与储能(SGES)解决方案。有 3 种 SGES 的解决方案，即无管制总线、管制总线和环形总线。

17.3.1 无管制总线

就个人观点而言，无管制总线解决方案是将电路复杂度实现最简单的一种方案。不受管制的总线方案是简单地并联了一串太阳能电池到图 17.1 中所示的电路。所得电源系统电路由图 17.2 所示。

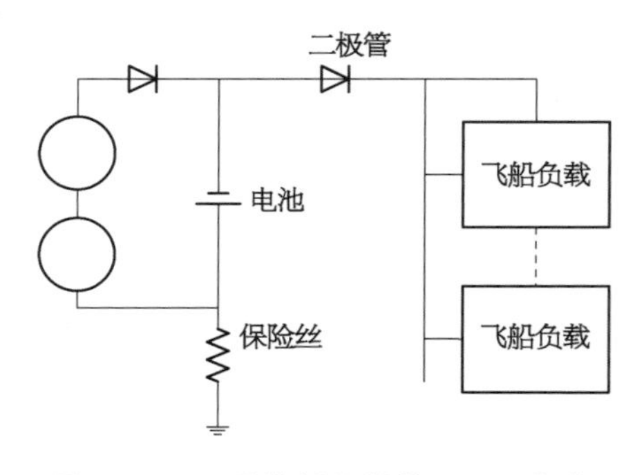

图 17.2 无受管制总线的 SGES 方案示意图

太阳能电池串联的开路电压匹配电池开路电压

时应尽量保持数值接近。因此，总线电压受到电池充电的状态的管制。随着电池的放电，电池电压下降。这使得太阳能电池上的电压从开路点向最大功率点移动。理想的情况下，在放电过程中的电池最小电压将匹配太阳能电池的峰值功率工作点。然而，用实际生活中的电池和太阳能电池很难获得这些近乎理想的结果。

对于各种负载，用 ES 解决方案，总线电压选择和功率处理需求是相同的。

给定不受监管总线解决方案的局限性后，如果这种电源系统能够满足所有的任务要求，那么由于该方案相对较低的成本和简单性，这是最适合持续时间长的任务的。

17.3.2　受管制总线

通过提升系统的复杂度，受管制总线配置将改善整体电源系统的性能。不受管制总线配置不允许太阳能电池最大化的输出，因为电池充电状态将限定太阳能电池的工作点。此外，当太阳能电池处于充满电和开路电压时，电池电压间的不匹配将导致电池过充电或充电不足。这种状况会随着时间的推移，导致电池的劣化，从而降低任务的寿命。

受管制总线配置以增加电源处理电子设备为代价解决了不受管制总线的缺点。图 17.3 提供众多配置中的一种应用到受管制总线。

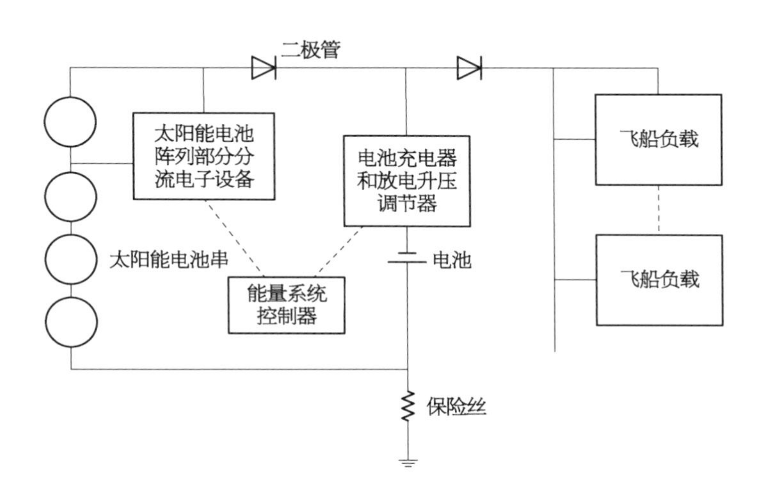

图 17.3　使用受管制总线组态的微型卫星电源系统示意图

在图 17.3 中所示的受管制总线具有三个组成部分，且这三个部分都被加到电源处理电子设备中，它们是：太阳能阵列局部分流电子、电池充电器和放电升压调节器以及电源系统控制器。

电源系统控制器提供控制信号给太阳能阵列分流电子、电池充电器和放电升压调节器，以此来维持总线电压。

太阳能阵列串被分成两部分。阵列串靠近下面的部分是用来提供一个开路电压，该电压比所需的总线电压稍小。阵列串靠近上面的部分提供了足够数量且串联在一起的电池来传递总线电压，该电压是太阳能电池报废前工作在最大功率点需要的电压。因为最大功率点电压由于辐射损伤在轨道上会随时间减小，在 99%的任务中，太阳能阵列在生命初期将无法工作到其峰值功率点。

太阳能阵列的部分分流电子设备控制太阳能阵列的输出电流，通过从太阳能电池阵列的上半部分分流一些电流的方式，是为了由所述太阳能电池阵列下段产生的电流与所需电流相匹配，这些所需的电流主要用来对电池充电和供给负载。

电池电压通常被设置比在受管制总线配置所需的总线电压稍小。允许电池从主电源总线上隔离，该电源总线允许开发电池充电体系，该充电体系可以对特定的化学电池进行优化。这将使得在轨道上的电池寿命最大化。此隔离也要求电池放电调节器插入到电池和电源系统总线之间，以此来增加电池电压到所需的总线电压上。

17.3.3　环型总线

这个环型总线的开发是为了解决安装在微型卫星不同面上的太阳能阵列问题。但是人们不能以串联方式连接被安装在微型卫星不同面上的太阳能电池。可以用并联方式连接，但前提是当卫星处于被遮挡状态时，单个支路有阻断二极管来防止太阳能电池反向偏置。然而，单个支路的工作点会随着不同量的太阳能输入而多样化，原因是相对于太阳的角度不同。环形总线的发明就是用来解决这个问题。

这种架构最初是为电源领域(power sphere)开发的。环型总线的主要电源系统元件配置如图 17.4 所示。在此配置中，各个独立的电源模块监测“环型总线”上的电压。在这个例子中，所选择的总线电压是 10 V 直流电。

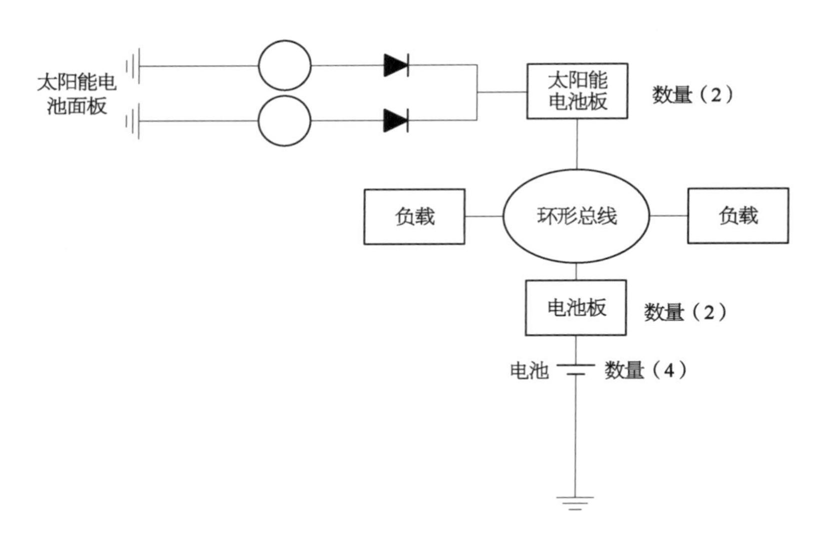

图 17.4　环形总线架构的示意图

图 17.4 所示的太阳能阵列调节器具有一个微处理器和一个 DC - DC 转换器。本例中的太阳能电池阵列中，微型卫星六个面中的四个面上都有太阳能电池。在微型卫星相对位置的面上，太阳能阵列中有两个阵列通过阻塞二极管连接到一个太阳能阵列稳压单

元。在轨道上太阳光线部分的操作中,控制循环的第一级是脉宽调制(PWM)DC-DC升压转换器,其为受管制总线提供9.5~10.5 V之间的电压。如果单独考虑,此PWMDC-DC转换器会使得受控太阳能电池阵列上所需要的电流增加至超出峰值功率点。如果这种情况发生,该转换器的功率输出会减少至零。为了防止这种情况的发生,微处理器监视总线电压和输出电流同时应用了峰值功率跟踪算法。因此,如果增加PWMDC-DC转换器的电流需求,这将导致输出功率的降低,则微处理器给PWMDC-DC转换器发送指令来降低电流需求。微处理器还监视太阳能阵列电压,如果太阳能阵列电压低于3.0 V,微处理器将关闭PWMDC-DC转换器,反过来如果电压超过3.2 V,微处理器将打开PWMDC-DC转换器。当总线电压降到低于10.0 V,电池子系统提供电能给"环形总线"。当总线是由电池供电时,电池微处理器将关闭所有的电池充电器并进入低功耗睡眠状态。电池子系统的基本构建块是电池控制元件,控制两个单独的电池单元及其相关的充电器和升压调节器。在轨道的太阳光线操作部分,电池构建块微处理器将关断电池升压调节器中的一个,并打开相关联的电池充电器。随着总线电压的增加,微处理器允许电池单元的电池充电电流缓慢增加至最大值。电压较低的电池会被充电,以此来维持各电池单元之间的平衡;在电池出现故障的情况下,会发生3.0 V下截止。如果总线电压减小是由负载增加或者太阳能照明减小引起的,电池充电器立即减小充电电流,使得在供给所有其他负载之后,剩余可用量最大化。如果总线电压低于10.1 V,则该充电器关断,而升压稳压器重新开启。

17.4 能量平衡计算

为了一个特定的微型卫星任务制定一个能量平衡模型之前,必须定义微型卫星的飞行特性和规格的主要组成部分,该组成部分将用来弥补电源系统。总线的配置也必须用各个主要部件的运行效率来进行定义。因此,为了让读者理解,在一个能量平衡模型中必须包含哪些东西,我们将对一个假设的航天器、任务和电源系统进行剖析。

该微型卫星动力系统将有环形总线配置的SGES架构。该微型卫星将有四个1.5A-H锂离子可充电电池(锂离子18650)和四个体搭载太阳能电池阵列(安放在10×5 in的微型卫星体的每一边)。当充满电后,在制造商规定的工作温度下,电池包给每个3.6 V电池单元提供18 W·h。每个微型卫星太阳能电池阵列由四个高级三结太阳能电池组成,其中有两个串联串,两个并联。太阳能阵列在充满阳光AM0C的条件下,提供5.1 Vvoc、0.86 AIsc和3.7 WPmax。

这个例子中的特定轨道参数如下:低地球轨道和围绕轨道的微型卫星方向,任何时候太阳能电池最低点都指向该方向。能量平衡模型由两个独立的部分组成。第一部分是

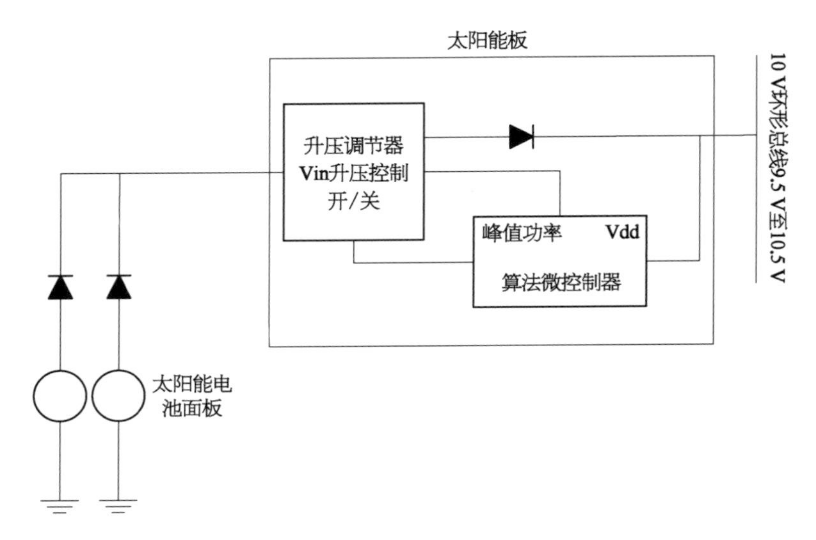

图 17.5 PSSC 试验台太阳能阵列调节板的示意图

宇航公司的卫星轨道分析程序(SOAP),计算在 15 s 时间间隔内微型卫星与太阳的夹角。模型的第二部分是使用太阳角度数据的电子表格,这些数据是从 SOAP 和任务功率要求数据作为输入的情况下得到的。能量平衡模型假定宇宙飞船以 0.25 r/min 围绕垂直于太阳的轴旋转,并计算可用能量来给任务负载的电池充电,计算的电量还需考虑到每一个被用于电源系统中的 DC - DC 转换器的损失。

海洋智能无人系统技术

第18章　卫星天基监测技术

海洋卫星结合航天技术与海洋监测技术，利用其全天时、全天候、大面积、多尺度、长期稳定观测等优势，成为现代海洋观测的主导手段和高技术装备。卫星主要观测海面风场、海浪、海流、海面温度、盐度、海水深度及海洋水色等海洋环境要素，其中海面风场与海浪是海洋动力环境的重要参数，是海浪预报、灾害性海况预警、全球气候变化预测的重点观测要素。

2011 年 8 月 16 日，我国第一颗海洋动力环境卫星 HY－2A 发射，现仍在轨运行。该卫星集主、被动微波遥感器于一体，具有高精度测轨、定轨能力与全天候、全天时、全球探测能力。“中法海洋卫星”于 2018 年 10 月 29 日发射，该卫星是由中国和法国联合研制的一颗用于海洋动力环境监测的卫星，用于探测海浪谱、海面风场。基于在轨多源卫星遥感数据，从遥感观测空间覆盖、时间覆盖和多源卫星遥感数据融合等方面也可进行海浪遥感观测。

同时挪威航天中心（Norwegian Space Center，NSC）研发一系列卫星，用于收集来自船舶的自动识别系统（automatic identification system，AIS）信号，从而定位、识别和跟踪这些信号，作为改进开放水域海上监视的工具。

18.1　HY－2A 卫星

2011 年 8 月 16 日成功发射 HY－2A 卫星，该卫星携带四种科学仪器：雷达高度计，微波散射仪，扫描微波辐射计和三频微波辐射计。进入太空，在全球范围内对海洋环境动态参数进行观测。HY－2A 卫星高度计提供海面高度（sea surface height，SSH）、有效波高（significant wave height，SWH）、海面风速（sea surface wind，SSW）和极地冰层高度，HY－2A 卫星散射计提供海面风速场。同时，其机载扫描微波辐射计还可以获得其他海洋和大气参数，如海面温度（sea surface temperature，SST）和风速、水汽和液态水含量。

18.1.1　仪器描述

18.1.1.1　雷达高度计

HY－2A 卫星的雷达高度计是一种有源微波遥感器，主要目的是高精度地测量海面高度，为从太空进行长期海洋监测奠定了基础，在一定程度上将最终提高对海洋的认识，了解海洋在全球气候变化中的作用。HY－2A 卫星雷达高度计的另一个目标是沿其最低轨道测量的 SWH 和风速。

HY－2A 卫星的雷达高度计同时在 Ku 和 C 波段工作，是 HY－2A 任务的主要传感器。把在这两个频率下进行的测量结合起来以获得卫星海拔高度（范围）、风速和 SWH。仪器和轨道参数见表 18.1。

表 18.1　HY－2A 雷达高度计主要参数

参　数	数　值	参　数	数　值
频率	13.58 GHz，5.25 GHz	频率带宽	320 MHz
限幅足迹	<2 km	脉冲重复频率	2 kHz

18.1.1.2　微波散射仪

微波散射仪是专门用来测定海洋表面的风矢量场（包括风速和风向）。其幅面约 1 750 km，一天内可覆盖全球 90%以上的开阔海域。HY－2A 型散射仪采用两束铅笔束测量反向散射能量，通过锥形扫描，可以观察到四种不同视图下的地面风矢量单元。这种几何结构可以解决风扇固定光束散射仪中存在的最低点数据间隙，例如先进散射仪（Advanced SCATterometer，ASCAT）和 NASA 散射仪。HY－2A 散射仪的发射必将有助于全球和区域海风数据的连续性。

为了满足高精度，宽幅度的风矢量反演要求，提出了以下散射仪规格，如表 18.2 所列。

表 18.2　HY－2A 散射仪主要参数

参　数	数　值	参　数	数　值
频率	Ku 波段（13.256 GHz）	扫描模式	圆锥扫描
传输能量	120 W	天线旋转速度	最低 95°/s；最高 105°/s
脉冲宽度	1.5 ms	σ_0 量测精度	0.5 dB
收割的宽度	内波束 1 350 km； 外波束 1 750 km	σ_0 量测范围	−40～+20 dB
		风单元分辨率	25 km
极化	HH 为内波束；VV 为外波束	风速精度	<2 m/s 或<10%
观看角度	内波束 34.8°；外波束 40.8°	风向精度	<20°均方根
入射角度	内波束 41°；外波束 48°	任务寿命	3 年

18.1.1.3　扫描微波辐射计

在 HY－2A 上运行的扫描微波辐射计是一种多通道辐射计（Radiometer，RM）。为了获得各种天气条件下的海洋环流参数，如海面温度、海面风速、总水汽（Water Vapor，WV）和云液态水（Cloud Liquid Water，CLW）等，HY－2ARM 被设计为一种九通道仪器，能够水平和水平接收垂直极化辐射，仅适用于垂直极化的 23.8 GHz 信道除外。抛物面天线将 6.6 GHz 和 10.8 GHz 的微波辐射反射到双频馈电喇叭中，并将其他信道发射反射到三频馈电喇叭中。天线波束保持恒定的最低点角度 40°，导致地球表面的入射角为 47.7°。天线是向前观察的并且相对于卫星最低点轨道平等地旋转±70°。140°扫描在地球表面提供了 1 600 km 的扫描带，周期为 3.79 s。扫描辐射计使用两点校准方法，仪器在发射前在热真空容器中进行了很好的校准。

HY-2A卫星的RM仪器规格见表18.3。

表18.3 HY-2ARM的主要参数

参数	数值				
频率(GHz)	6.6	10.7	18.7	23.8	37.0
极化	VH	VH	VH	VH	VH
扫描宽度(km)	1 600				
足迹大小(km)	100	70	40	35	25
灵敏度(K)	<0.5	<0.5	<0.5	<0.5	<0.8
动态范围(K)	3~350				
校准精度(K)	1(180~320)				

18.1.1.4 三频微波辐射计

安装在HY-2A上的有效载荷中的第四个仪器是三频微波辐射计,仅用于为高度计的大气衰减校正提供路径延迟。它的数据处理类似于扫描辐射计,本节不再详细介绍。

表18.4显示了HY-2A卫星及其轨道的特性。

表18.4 HY-2A卫星及其轨道的主要特点

参数	数值	参数	数值
轨道类型	太阳同步	下行频率	X-波段
赤道穿越当地时间	上午6:00	测控链路	S-波段
高度	970 km	设计寿命	3年
倾向	99.3°	运载火箭	LM-4B
周期	104.45 min	制造商	CAST
姿态控制	三轴稳定	发射点	太原

18.1.2 算法和数据处理方法

18.1.2.1 高度计数据处理方法

1) 海面高度

HY-2A雷达高度计的SSH由高度计范围和参考椭球上方的卫星高度计算得出。

$$SSH = altitude - correctedrange \tag{18.1}$$

校正范围由下式给出:

$$\begin{aligned} correctedrange = range &+ wettropospherecorrection \\ &+ drytropospherecorrection \\ &+ ionospherecorrection \end{aligned}$$

$$+ \text{seastatebias}$$

通过多普勒轨道成像与卫星和全球定位系统数据集成的无线电位置来估计高度。两种数据在精确定轨(precise orbit determination, POD)中具有高精度,径向轨道误差小于5 cm。

2) 有效波高

Moore 和 Williams(1957),Barrick(1972)以及 Barrick 和 Lipa(1985)证明了返回脉冲(波形)的平均功率可以表示为以下三项的卷积:

$$W(t) = P_{FS} \times q_s(t) \times p_\tau(t) \tag{18.2}$$

式中 $W(t)$ ——返回脉冲的平均功率;

$P_{FS}(t)$ ——平均平面脉冲响应;

$q_s(t)$ ——概率密度函数(probability density function, PDF);

$p_\tau(t)$ ——点目标响应(point target response, PTR)。

波形前沿的斜率与 SWH 有关,可以使用加权最小二乘拟合从归一化波形获得 SWH。

3) 海面风速

改进的 Chelton - Wentz 模型,其风速模型函数用于处理 σ_0 的 HY - 2A 测量。由于 Chelton - Wentz 模型函数使用根据 Geo 估算 sat 和 Seasat 的值 σ_0 风速,因此有必要通过类似于 Witter 和 Chelton(1991)使用的方法来校准 HY - 2A 测量的风速。

18.1.2.2 散射仪数据处理方法

1) 处理流程图

地面数据处理系统中散射仪的主要步骤包括星历数据提取、帧时间标记、卫星姿态和状态向量计算、数据变换、帧信息提取、卫星位置和姿态插值、几何计算、σ_0 和 kp 计算、σ_0 分组、表面类型标记、大气衰减校正、风矢量反演、降雨标记、模糊度去除、上升和下降通道分离以及网格化。

2) 算法描述

散射仪的关键处理算法是 σ_0 计算,风矢量反演和模糊度去除。下面简要描述各种算法。

(1) σ_0 的计算。可以使用在回波和噪声滤波器通道中接收的能量测量来计算 σ_0,其包含在散射仪遥测数据包中。根据雷达方程,接收到的回波功率可写为

$$P_s = \sigma_0 \frac{\lambda^2}{(4\pi)^3} \frac{P_t}{L_a^2 L_w^2} \int \frac{G_t(\theta, \phi) G_r(\theta, \phi)}{R^4} \mathrm{d}A \tag{18.3}$$

如果 $I = \int \frac{G_t(\theta, \phi) G_r(\theta, \phi)}{R^4} \mathrm{d}A$ 被代入等式(1),那么有

$$\sigma_0 = \frac{(4\pi)^3 \cdot L_a^2 \cdot L_w^2}{\lambda^2 \cdot I} \cdot \frac{P_s}{P_t} \tag{18.4}$$

式中　P_t 和 P_s ——分别是雷达的发射和接收功率；
λ ——雷达波长；
R——脉冲波束的倾斜范围；
$G_t(\theta, \phi)$ 和 $G_r(\theta, \phi)$ ——表示发射和接收天线的增益分别为 L_a 和 L_w，大气损耗和单向波导损耗。

(2) 风矢量反演。最大似然估计(maximum likelihood estimation, MLE)方法用于 HY－2A 散射仪的风矢量反演，因为其相对于其他算法具有高性能。MLE 目标函数可以用下面的公式表示：

$$J_{\mathrm{MLE}}(w, \Phi) = -\sum_{i=1}^{N}\left[\frac{(z_i - M(w, \Phi - \phi_i, \theta_i, p_i))^2}{V_{\mathrm{R}i}} + InV_{\mathrm{R}i}\right] \tag{18.5}$$

式中　z——反向散射系数测量值；
M——模型值；
$V_{\mathrm{R}i}$ ——测量方差；
w, Φ, ϕ, θ, p——分别表示风速，风向，方位角，入射角和极化。

很明显，风向量反演用于找到式(18.5)的局部最大值。

(3) 模糊度消除。在大多数情况下，从式(18.5)的反演中产生 2 到 4 个模糊度。因此，需要一种算法在所有模糊度中选择最可能的风矢量解。此过程通常称为模糊度消除。本节采用圆形中值滤波器对 HY－2A 散射仪模糊度消除。

圆形中位数的概念首先扩展到矢量数据，并用 Shaffer 消除风模糊度。根据其定义，圆形中位风矢量解可以通过以下等式计算(Shaffer 和 Dunbar, 1991)：

$$A^* = \frac{1}{(L_{ij}^k)^p \min\limits_k \sum\limits_{m=i-h}^{i+h} \sum\limits_{n=j-h}^{j+h} W_{\mathrm{mn}} \| A_{ij}^k - A_{\mathrm{mn}} \|} \tag{18.6}$$

式中　(i, j)——滤波器窗口的中心，其大小为 $N \times N$, $h = (N-1)/2$；
A_{ij}^k——表示滤波器窗口中心的第 k 个模糊度；
A_{mn} ——位置(m, n)的模糊度；
W_{mn} ——位置(m, n)相对于滤波器窗口中心的权重，并且是滤波器窗口中心的第 k 个模糊度的似然值。

在风场收敛或达到最大迭代次数之前，重复执行模糊消除过程。

18.1.2.3　RM 数据处理方法

1) 反演算法

HY－2A 扫描 RM 海洋产品算法基于物理辐射传输模型(radiation transfer model, RTM)。RTM 由 WV、氧气、液体云水的大气吸收模型和海面发射率模型组成，该模型将发射率参数化为 SST，海面盐度和 SSW 速度和方向的函数。

通过 RTM 得到的大气顶部的上升亮度温度由下式给出：

$$T_{B\uparrow} = T_{BU} + \tau[E \times T_S + (1-E)(\Omega T_{BD} + \tau T_{BC})] \tag{18.7}$$

式中 T_{BU}——上升流大气排放；

T_{BD}——下行大气排放，受大气 WV 和液态水含量的影响；

t——从表面到大气顶部的总透射率。在 100 GHz 以下的微波频谱中，大气吸收主要是由于氧气、氮气、WV 以及云和雨形式的液态水；

E——地球表面发射率，它取决于主要受风速，风向和 SST 影响的表面粗糙度；

T_S——SST；

T_{BC}——来自寒冷空间的辐射。

海洋产品反演算法是基于亮度温度表示的基于物理的回归。我们发现一个最小二乘回归将原位参数与参数 T_B 相关联。这种算法的数学形式是

$$P = \sum_{i=1}^{9} c_i F_i + c_{10} \tag{18.8}$$

式中 P——海洋产品的 SST、SSW 速度、WV、云液态水(CLW)；

c_i——反演系数；

$F_i(i=1\sim 9)$——线性化功能。

下标 i——表示 RM 通道(1=6.6 V，2=6.6 Hz，3=10.7 V，4=10.7 Hz，5=18.7 V，6=18.7 Hz，7=23.8 V，8=37.0 V 和 9=37.0 Hz)。

$$F_i = TB_i - 150 \quad 23.8V\ (i \neq 7) \tag{18.9a}$$

$$F_i = -\log(290 - TB_i) \quad 23.8V\ (i = 7) \tag{18.9b}$$

2）处理流程细节

反演海洋产品的第一步是计算雨的标志。大气的 RTM 由地球表面的底部和冷空间的顶部限定。在 6～37 GHz 的光谱范围内，吸收发射近似值适用于晴天和多云天气，以及小于等于 2 mm/h 的小雨(Wentz 和 Gentemann2000)。我们使用无雨系数来反演无雨海洋产品，结合 RTM 的 RM 观测亮度和温度亮度，得到了下涌大气排放 T_{BD19}、T_{BD37} 和总透射率 τ_{19}、τ_{37} 的最小二乘拟合以标志降雨。

反演的第二步是利用雨的标志计算海洋产品，求出降雨条件下的 T_B 并反演海洋地球物理量。

18.1.3 初步结果

18.1.3.1 HY-2A 高度计的结果

1）海面高度

图 18.1 展示了来自 HY-2A 和 Jason-2 的 SSH。从 HY2 倒置的 SSH 与 Jason-2 的 SSH 很好地吻合。在西太平洋和北大西洋，SSH 比其他海洋区域大，而在印度洋，SSH 较小。

2）有效波高

图 18.2 给出了 HY-2A 的 SWH 和 Jason-2 卫星雷达高度计的 SWH 的比较。显

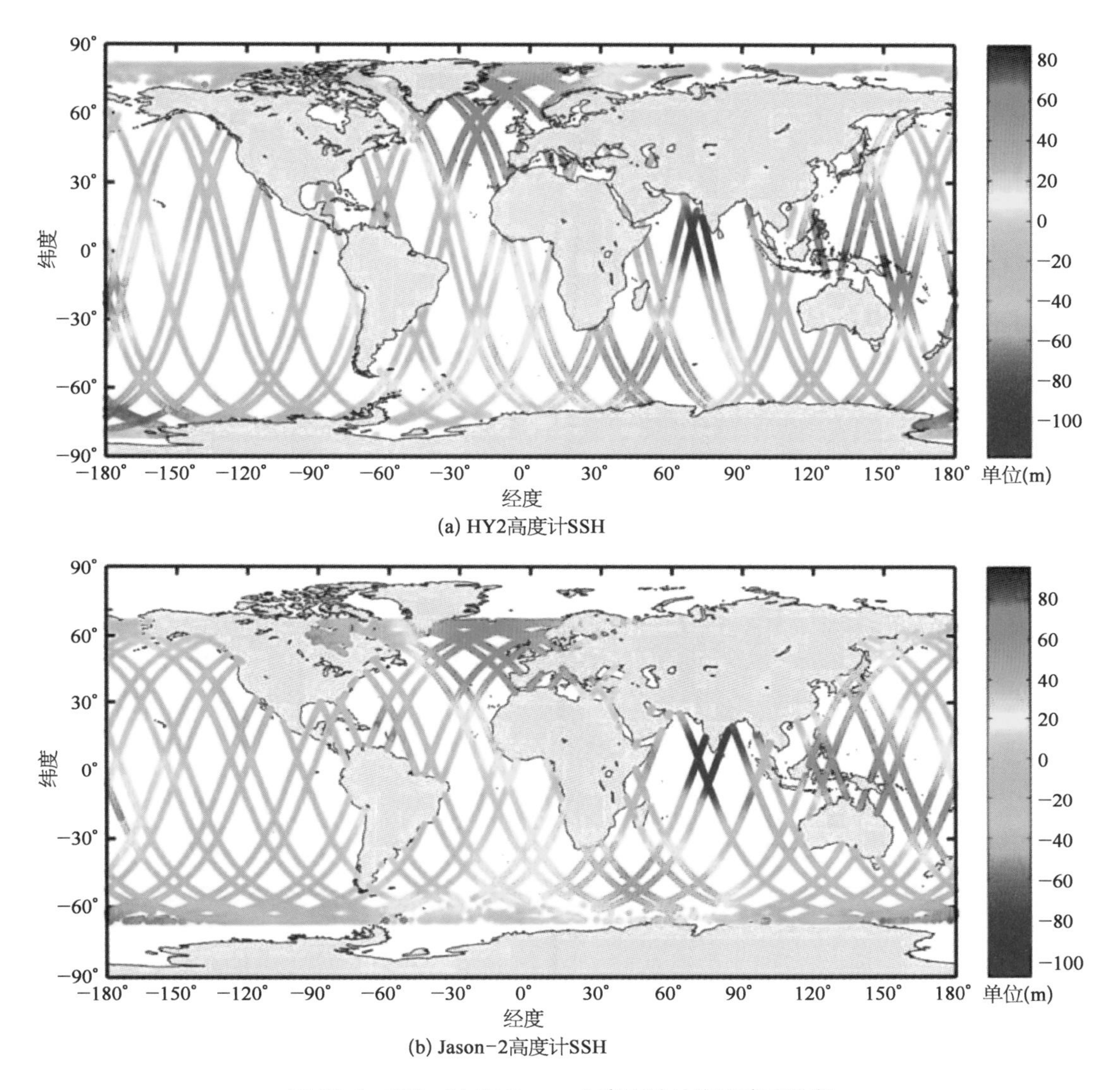

图 18.1　HY－2A 和 Jason－2 高度计的海面高度比较

然，在南大洋，SWH 高于其他海域，尤其是西风带。这种特性在 HY－2A 和 Jason－2 之间是一致的。

3）海面风速

图 18.3 给出了 HY－2A 和 Jason－2 卫星雷达高度计的 WS 比较。结果表明，HY－2AWS 与 Jason－2WS 非常吻合。这一特征由 HY－2A 和 Jason－2 共享，特别是在西风带。

18.1.3.2　HY－2A 散射仪的结果

2011 年 9 月 28 日完成最后一次轨道转换。从那时起，HY－2A 散射仪已经从海洋和陆地表面收集了大约一个月的质量反向散射测量值。在这里，我们给出了从这些数据得出的一些初步结果。

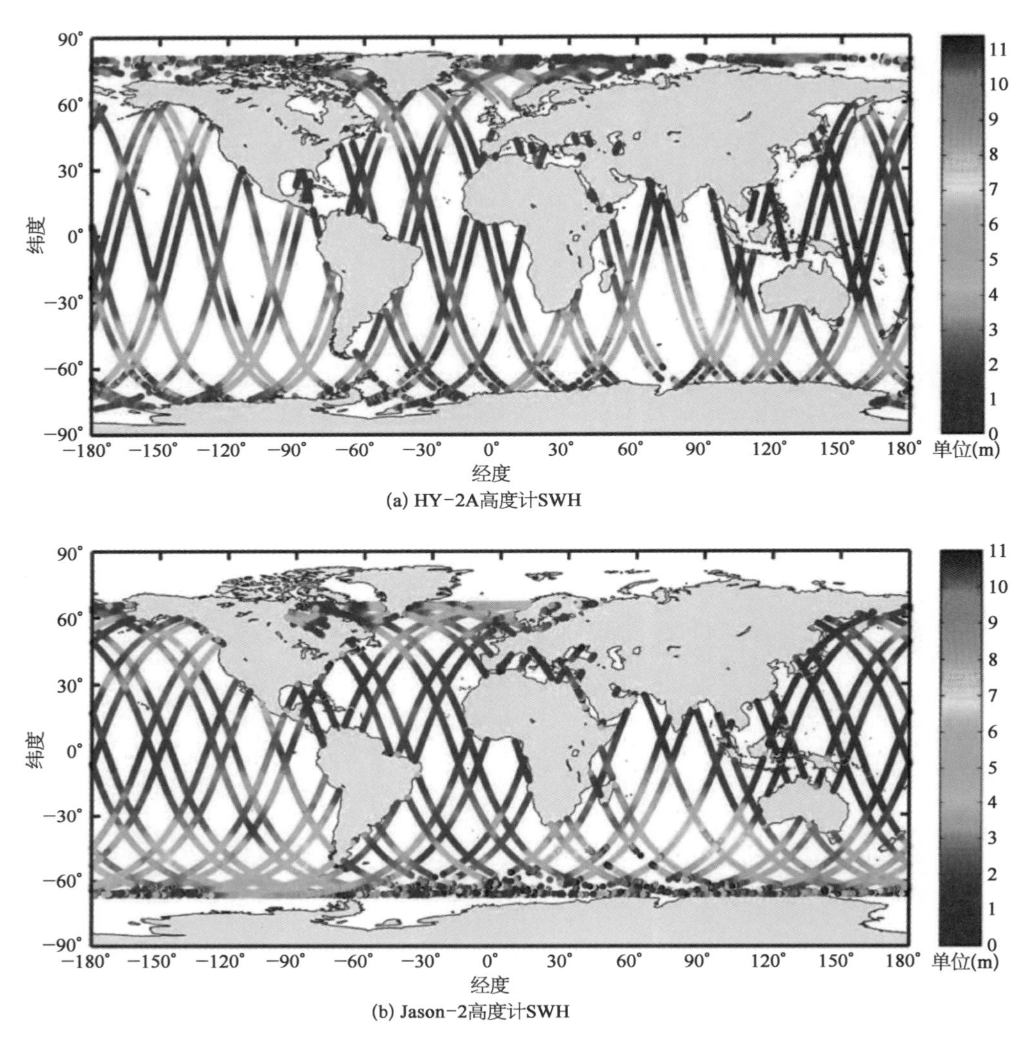

图 18.2　HY - 2A 和 Jason - 2 高度仪的 SWH 比较

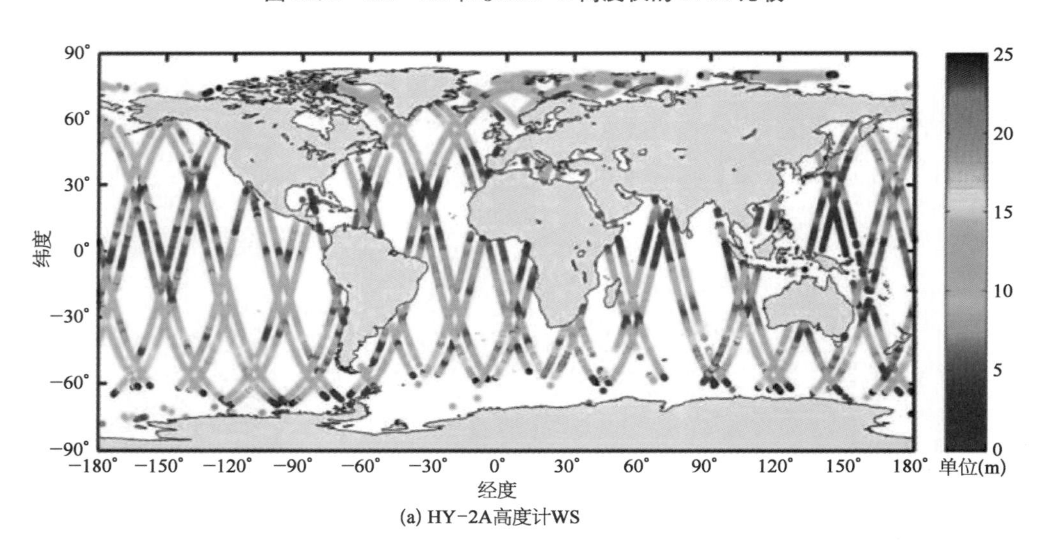

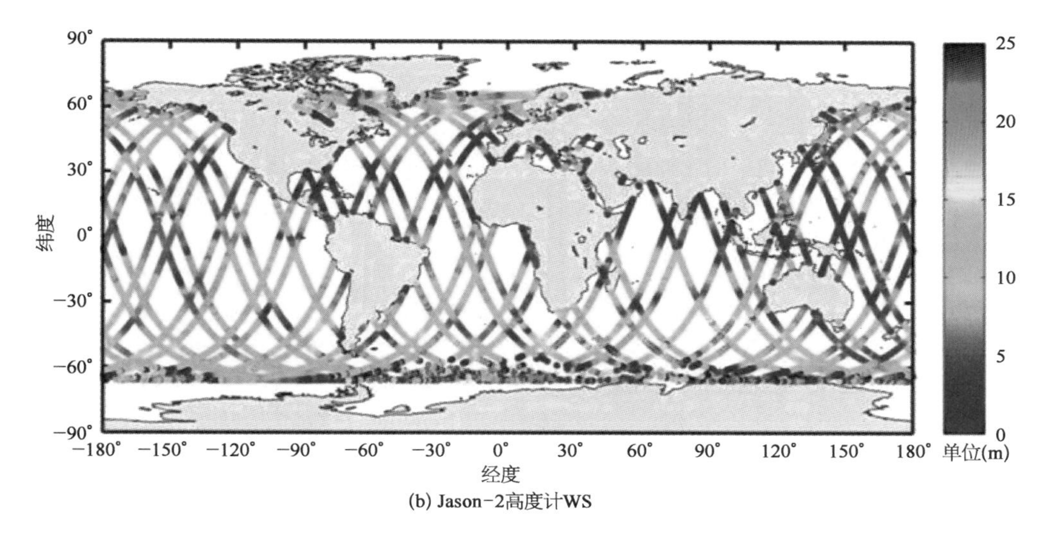

(b) Jason−2高度计WS

图 18.3　来自 HY－2A 和 Jason－2 高度计的 WS 的比较

1) σ_0 的稳定性分析

雨林通常被认为是地球表面最稳定的目标之一。为了验证 HY－2A 散射仪反向散射测量的稳定性,我们选择了一个亚马逊雨林区域作为研究目标。该区域的经度范围为－66°E～－60°E,而纬度范围为－8°N～－5.5°N。σ_0 数据的时间范围为 3 天,从 2011 年 10 月 17 日～10 月 19 日。图 18.4 给出了该雨林区域的 σ_0 散点图。

从图 18.4 中可以看出,该区域中的 σ_0 测量值在固定平均值附近波动,并且变化非常小,这表明仪器的稳定性。表 18.5 列出了每个光束和通过的 σ_0 测量的平均值和标准偏差。

表 18.5　雨林 σ_0 的平均值和标准偏差

	内波束 上升段	内波束 下降段	外波束 上升段	外波束 下降段
均值(dB)	－5.885 95	－5.689 27	－5.781 14	－5.609 11
标准差(dB)	0.422 048	0.392 694	0.401 467	0.309 345

2) 回收与 NCEP 风场的比较

将反演的风场与空间和时间匹配的 NCEP 风场进行比较,可以验证散射计测量 S0 的正确性和有效性。图 18.5a 和图 18.5b 分别显示了 2011 年 9 月 29 日的反演风场和相应的 NCEP 风场。图 18.5 显示这两个风场整体上具有很高的相似性和一致性。特别是在中央低压区域,两个风场都显示出相同的顺时针方向的气旋结构。

3) 捕获气旋和锋面

散射仪的一个应用是准确地捕获诊断性的天气结构,例如海洋上的气旋和锋面,这是非常有用的输入，以提高预测模型的能力。图 18.6 给出了一个由 HY-2A 散射仪捕获的气旋和锋面结构的示例。图 18.6 表明 HY-2A 散射仪能够捕获中尺度天气结构。

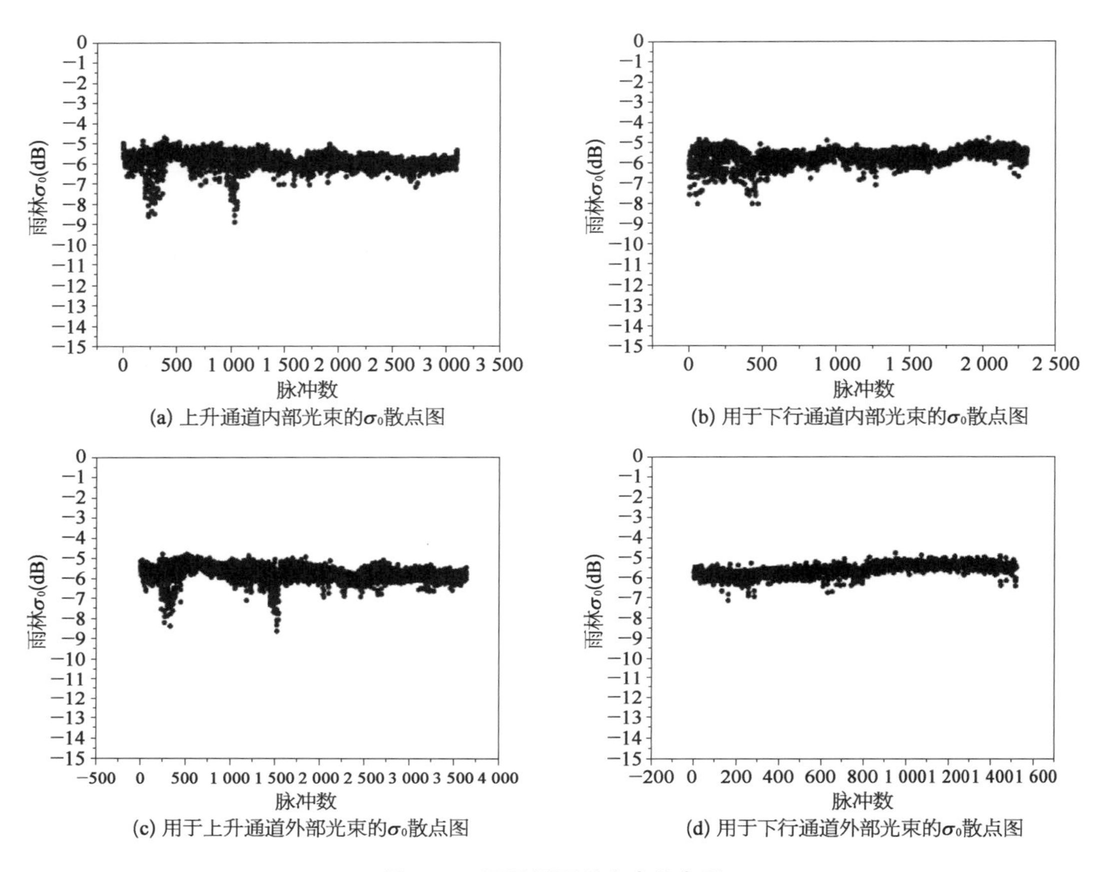

图 18.4 亚马逊雨林光束散点图

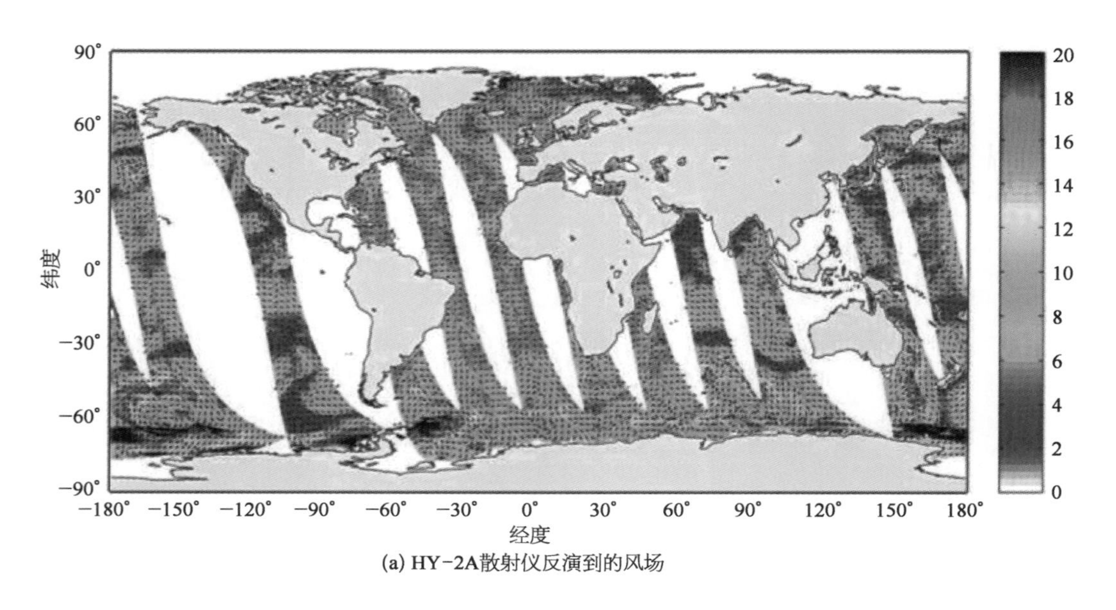

(a) HY-2A散射仪反演到的风场

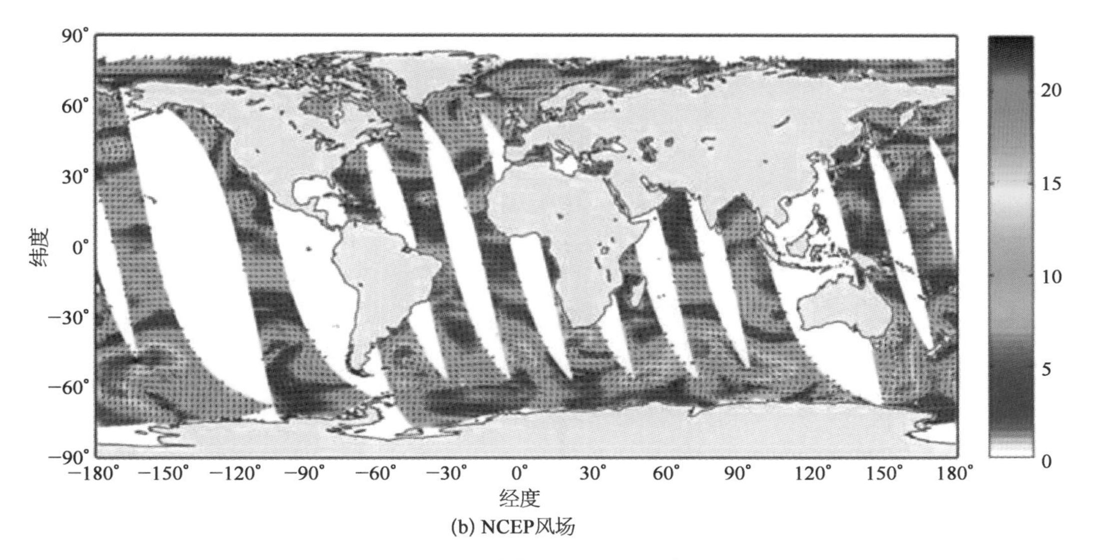

(b) NCEP风场

图 18.5　回收与 NCEP 风场对比图

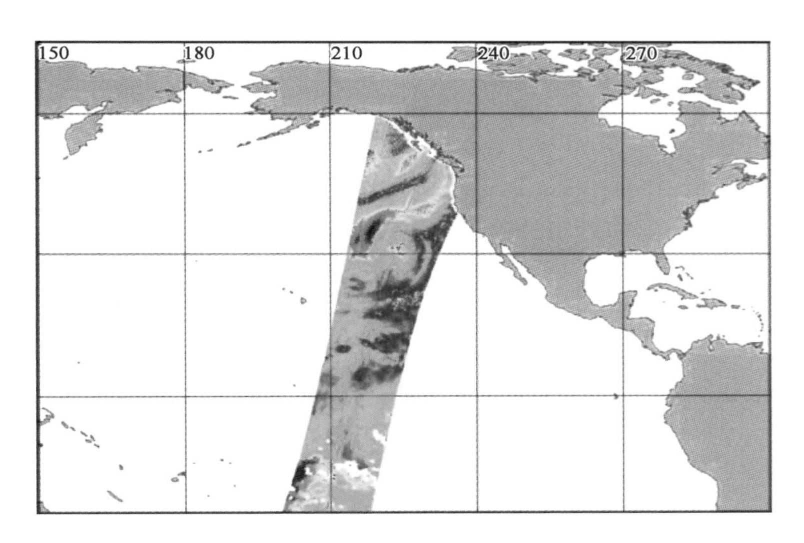

图 18.6　由 HY－2A 散射仪捕获的天气气旋分离器和锋面结构

18.1.3.3　扫描 RM 的结果

我们将 HY－2ARM 数据与 NCEP 重新分析数据进行了比较。这些 NCEPFNL（最终）运行全球分析数据每 6 h 产生 1.0°×1.0°个网格。这些数据来自全球数据同化系统（global data assimilation system，GDAS），该系统不断从全球电信系统（global telecommunications system，GTS）和其他数据来源收集观测数据以便进行多次分析。

本文匹配了 2011 年 10 月 10 日至 10 月 20 日全球范围上的 HY－2ARM 和 NCEP 再分析数据获得的海洋地球物理量。时间匹配量表为 0.5 h，地理匹配量表为 0.3°。我们匹配了 80 000 个点，并计算了两个数据集的 RMS。

由于自 HY-2A 发射以来时间不长，未对 TBs 进行精确校准且没有进行算法优化，我们认为反演到的海洋地球物理量的精确度是比较满意的，在不久的将来，精确校准 TBs 后，SSW 和 WV 将更加精确。这些结果还可以证明仪器和数据处理软件运行良好，见表 18.6。

表 18.6　HY-2ARM 和 NCEP 再分析产物的比较

海洋地球物理数量	海表面温度(℃)	海面风速(m/s)	总水汽(kg/m^2)	云液态水(kg/m^2)
均方根	2.087 2	2.199 0	2.194 8	0.049 8

HY-2ARM 的反演海洋地球物理量结果如图 18.7 所示。

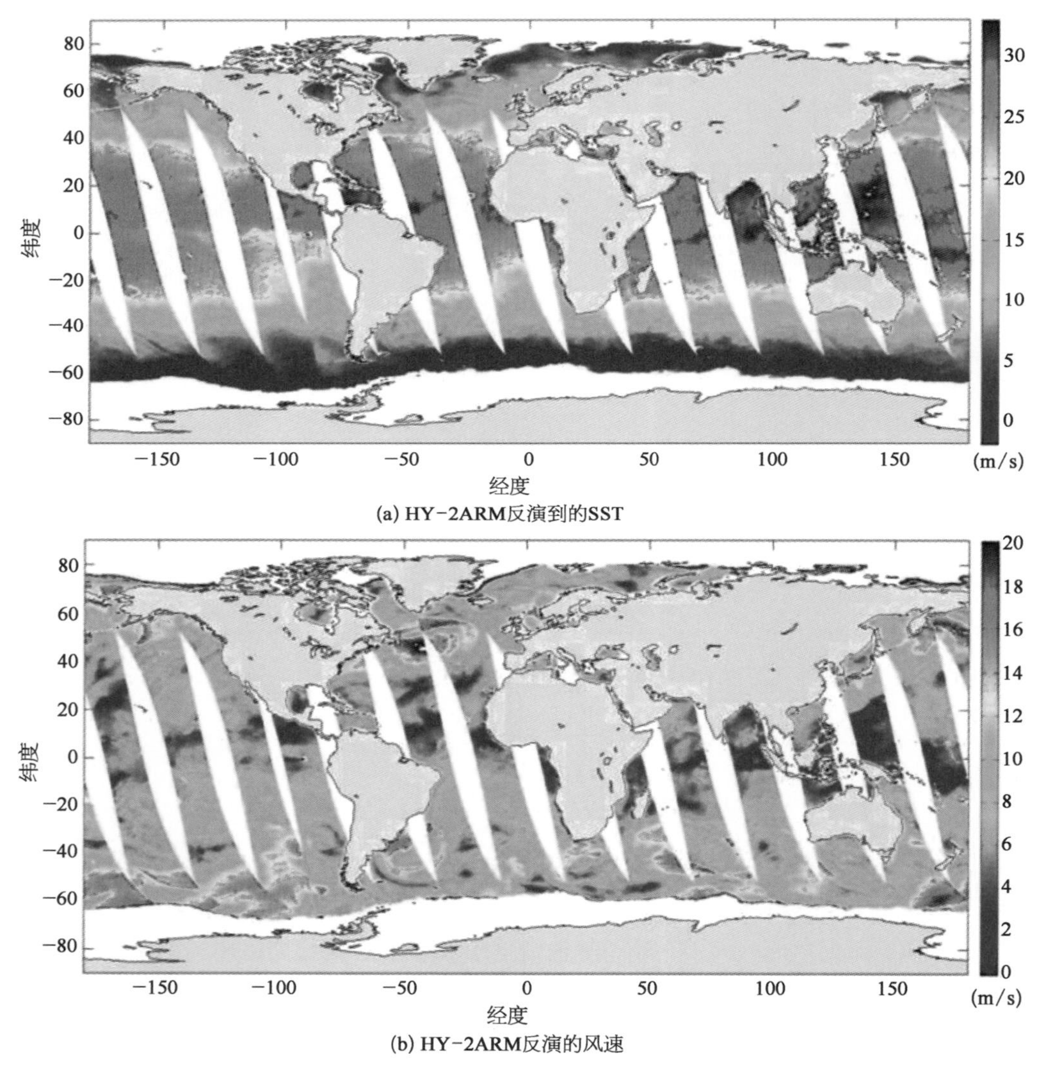

图 18.7　HY-2ARM 的反演海洋地球物理量示意图

18.2　CFOAST 卫星

CFOSAT(中国法国海洋卫星)是中法空间机构的联合任务,致力于观测海面风浪,改善海洋气象的风浪预测,海洋动力学建模和预测,了解气候变化率知识,表面过程的基础知识。CFOSAT 将携带两个有效载荷,即 Ku 波段雷达:波散射仪(SWIM)和风散射仪(SCAT)。这两种仪器都基于现有星载传感器的新概念。SWIM 和 SCAT 将用于获取 SWH,长波陡度(long wave steepness, LWS),海浪波谱(ocean wave spectrum, OWS)和海洋表面矢量风(ocean surface vector wind, OSVW)的海洋动力学参数。

18.2.1　仪器描述

18.2.1.1　SWIM 仪器

SWIM 是一种 Ku 波段真实孔径雷达,遵循文献中提出的概念。其依次以 6 个入射角照射表面:0°,2°,4°,6°,8°和 10°(图 18.8)。为了获取所有方位角方向的数据,天线以 5.6°/s 的速度旋转。6 个光束可以测量几个地球物理参数。

所有光束:每个表面从 0°～10°的后向散射系数分布。

最低光束(0°):SWH 和海面上的表面风,类似于最低点高度计。

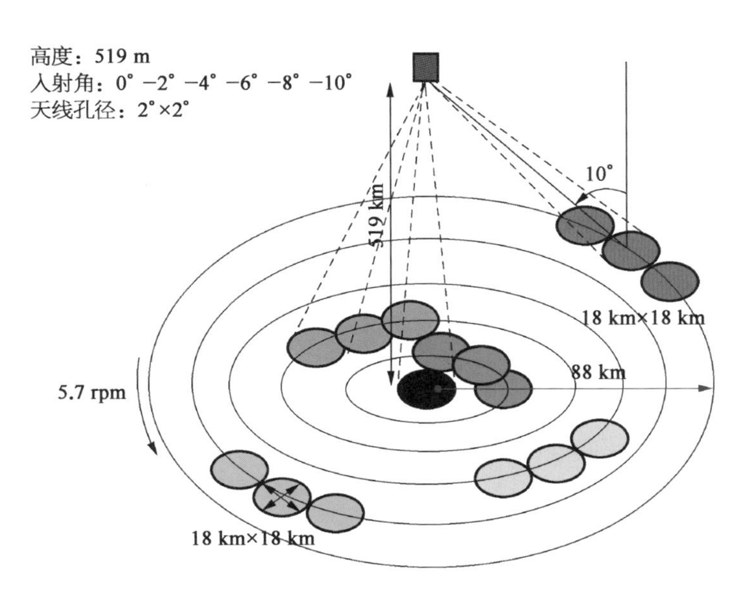

图 18.8　SWIM 几何体

6°,8°和10°光束(称为“光谱”光束)：2D表面海浪光谱。

表18.7总结了该仪器的主要特征。表18.8提供了SWIM的6个入射光束的参数。注意,最近对某些集合时间段和PRF(pulse repetition frequency)进行了更改,以便保证与平台的电气约束的兼容性。

表18.7 SWIM主要参数

参数	数值	参数	数值
频率	13.575 GHz	天线旋转速度	5.6 r/s
有用带宽	320 MHz	天线直径	90 cm
有用脉冲持续时间	50 μs	天线3 dB孔径(0°和2°)	>1.5°
峰值功率	120 W	天线3 dB孔径(4°～10°)	>1.7°
入射角(地面)	0°-2.43°-4°-6°-8°-10°	极化	线性(旋转VV)
脉冲重复频率	5～5.4 kHz		

该循环是在给定发射率下花费的连续时间,宏循环是基本重复的周期集合,其组合所有的发生率。标称宏循环为{0°, 2°, 4°, 6°, 8°, 10°},但在飞行过程中可以远程修改。请注意,PRF沿轨道是自适应的(根据当地高度),而每个周期的平均脉冲数保持不变(见表18.8)。

表18.8 每个入射光束的入射光束参数(0°～10°)

参数	数值					
	0°	2°	4°	6°	8°	10°
NIMP	264	97	97	156	186	204
RA	18	18	18	18	18	18
PRF_{min}(Hz)	5 093	5 079	5 079	5 065	5 037	5 023
PRF_{max}(Hz)	5 427	5 427	5 411	5 395	5 379	5 348
$T_{cycle\ min}$(ms)	52.0	21.3	21.3	32.3	37.9	41.5
$T_{cycle\ max}$(ms)	55.4	22.6	22.6	34.4	40.4	44.2
$T_{cycle\ max}$(ms)	51.8	19.0	19.1	30.8	36.8	40.6

仪器功能的主要模式如图18.9所示。

(1) SWIM准备就绪并等待转换到其中一种测量模式时的STAND-BY。

(2) SWIM通过监测最低点回波计算采集时间窗口时的采集(切换到跟踪之前的临时模式)。

(3) SWIM测量连续循环和大循环的回波反向散射功率时的跟踪,这是科学模式。

(4) SWIM执行内部校准(包括天线校准的旋转部分)或热噪声采集时的CAL1

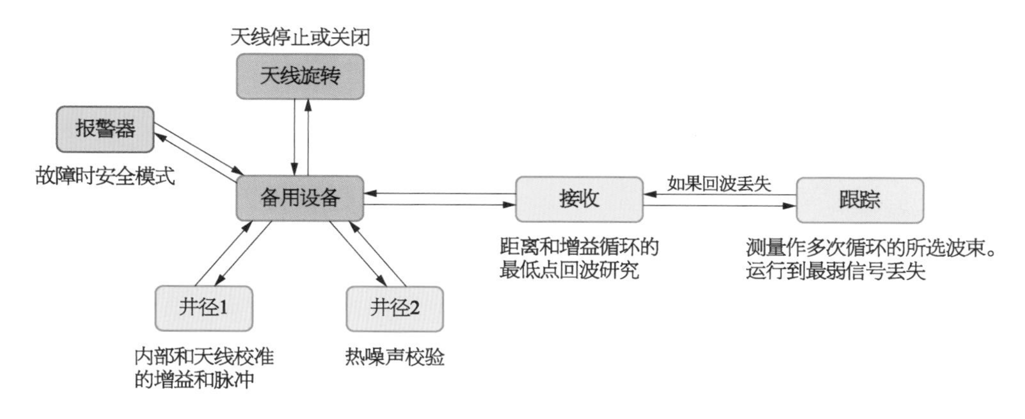

图 18.9　SWIM 的主要模式

和 CAL2。

表 18.8 每个入射光束的入射光束参数(0°～10°)。NIMP 是机载集成样本的数量(在每个周期上),RA 是模糊度等级,PRF 是沿轨道的最小和最大脉冲重复频率(根据当地高度),Tcycle 是相应的最小和最大周期持续时间,最后一行是循环持续时间未对等级模糊性的解释。

也可以使用不同的宏循环(如前所述)和固定天线(无旋转)来操作 SWIM。

执行机载处理以降低数据速率:计算啁啾缩放,功率监测,条带选择以及时间和距离求和。啁啾缩放包括距离压缩和求和之前的距离偏移补偿。这种偏移补偿和集成样本的数量(或持续时间)是在热噪声和散斑减少之间的折中以及保持 35 m 的最低地面水平分辨率的需要之间产生的。

最后,每个周期的下载信号包括平均后向散射功率与距离,并提供距离分辨率和条带中的点数,见表 18.9。

表 18.9　距离分辨率,用于板载距离积分的距离门数 Nrange,以及下载信号中的距离箱数

参　数	数	值				
雷达几何	0°	2°	4°	6°	8°	10°
距离分辨率(m)	0.47	1.88	1.88	0.94	1.41	1.41
N_{range}	1	4	4	2	3	3
下载范围库的数量	512	1 026	1 458	2 772	2 784	3 216

18.2.1.2　SCAT 仪器

SCAT 硬件系统由 14 个单元组成。天线和伺服机构的一部分安装在卫星外部,其他单元安装在卫星内部。卫星上安装了两个 1.2 m×0.4 m 的波导槽形阵列天线面板,用来获取 H 和 V 极化的扇束辐射图。天线通过轴和 RF 旋转接头与内部单元连接并旋转。伺服机构的一部分固定在卫星上。行波管放大器(TWTA)提供 120 W 脉冲调制输出

功率。

散射仪的主要系统参数在表 18.10 中列出。

表 18.10　SCAT 的系统参数

参　数	数　值	参　数	数　值
频率	13.256 GHz±0.5 kHz	动态范围	≥45 dB(−30～+15 dB)
带宽	0.5 MHz	旋转速度	3.06～3.74 r/min
极化	HH，VV	脉冲宽度	1.35 ms
收割的宽度	>1 000 km	占空度	15%～35%
表面分辨率	超过 50 km	脉冲重复频率	150 Hz
辐射精度	<1.0 dB(4～6 m/s　风速) <0.5 dB(6～24 m/s　风速)	能量功耗	<200 W
		总质量	<70 kg
接收机灵敏度	超过−130 dB·m		

内部校准用于补偿传输功率和 T/R 通道增益的波动。此外，通过内部校准，绝对接收功率的测量可以转换为测量和校准之间的接收电压比的测量。图 18.10 表示内部校准回路的组成。

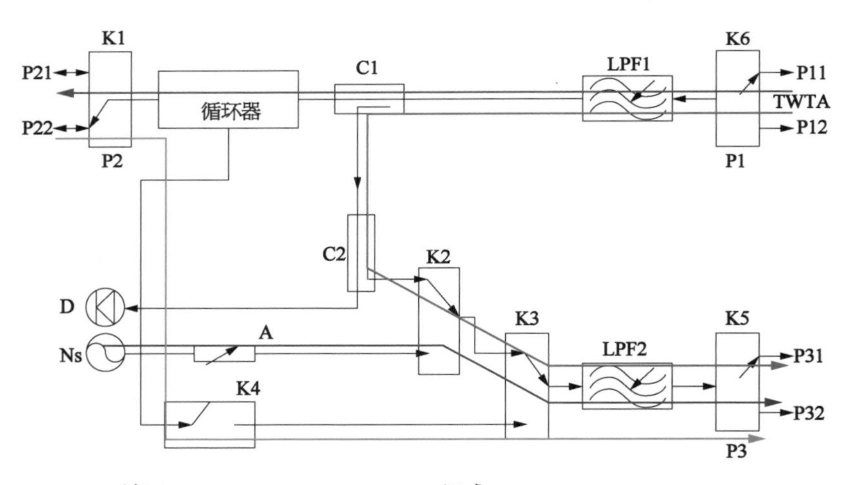

端口：
P1：BJ - 140 到 TWTA
P2：BJ - 140 到天线
P3：BJ - 140 到 PF 接收器

组成：
C1、C2：定向耦合器
K1、K2、K3、K4：铁氧体开关
K5、K6：机械开关
LPF½：EMC 滤波器
D：电力监控探测器
Ns：内部噪声源

图 18.10　SCAT 内部校准循环

机载信号处理系统由数字接收器，FFT 变换器和测距门配置部分组成。

机载信号处理进度框图如图 18.11 所示。

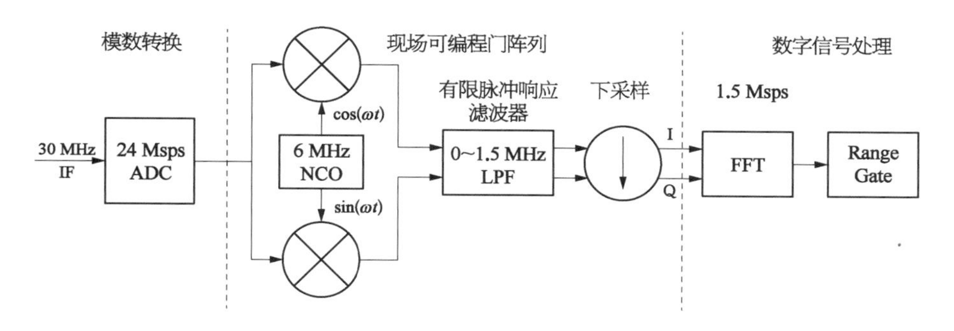

图 18.11　机载信号处理框图

18.2.2　SWIM 海洋波浪测量原则

SWIM 用于测量 2D 波谱，即波高或波斜率的密度谱，作为 2D 波数矢量 $\boldsymbol{k}$［此处以极坐标 $(\boldsymbol{k},\ \phi)$ 表示］的函数。我们首先回顾一下波高谱 $F(\boldsymbol{k},\ \phi)$ 被定义为表面位移的瞬时空间自相关的傅里叶变换。在极坐标系中，波斜率谱 $E(\boldsymbol{k},\ \phi)$ 与波高谱 $F(\boldsymbol{k},\ \phi)$ 的关系如下：

$$E(\boldsymbol{k},\ \phi)=k^2F(\boldsymbol{k},\ \phi) \tag{18.10}$$

波的总能量通常由有效波高 H_s 表示：

$$H_s=4\sqrt{\int_k\int_\phi F(k,\ \phi)k\,\mathrm{d}k\,\mathrm{d}\phi} \tag{18.11}$$

在 20 世纪 90 年代，杰克逊提出了一种替代 SAR 系统的概念，用于测量机载和星载配置的定向海洋波谱。该波谱是在各种机载系统上实施和验证的，例如由 Jackson 等人开发的 Ku 波段雷达海浪波谱仪(Radar Ocean Waves Spectrometer, ROWS)，C 波段系统 RESSAC，C 波段极化系统 STORM，以及最近的 Ku 波段 KuROS 雷达。尽管 2000 年建立了星载仪器的初步设计，但 SWIM 将是第一个基于这一原理的星载仪器。

仪器原理使用的事实是，在低入射角(大约 8°～10°)，标准化雷达截面对与长波倾斜相关的局部斜率敏感，但对风的小尺度粗糙几乎不敏感，以及由于短波和长波相互作用引起的流体动力学调制。

对于天线的每个方位角方向 φ，平均海面上的位置可以由其水平局部坐标 x 和 y 限定，其中 x 是沿天线指向方向的水平距离，y 是沿方位角方向。基本反向散射截面 σ 由 $\sigma=\sigma_0 A$ 给出，其中 A 是雷达距离门内包含的区域。大海浪的存在产生 σ 的倾斜调制，由下式给出：

$$\delta\sigma(x,\ y)=\sigma(x,\ y)-\bar{\sigma}(x,\ y) \tag{18.12}$$

式中，$\bar{\sigma}(x,\ y)$ 是如果不存在大尺度波，则会出现的平均地面雷达横截面。该横截面仅取决于在该入射范围内具有有限冲击的小尺度粗糙度。

标准化雷达横截面沿波传播方向的分数变化如下：

$$\frac{\delta\sigma}{\sigma} \approx \left(\cot\theta - \frac{\partial \ln \sigma_o}{\partial\theta}\right)\frac{\partial\zeta}{\partial x} \tag{18.13}$$

利用实孔径雷达，将雷达所看到的横截面的分数调制 $m(r, \phi)$ 横向平均通过波束，然后从调制 $P_m(k, \phi)$ 的密度谱中获得海浪极对称高度谱 $F(k, \phi)$：

$$P_m(k, \phi) = \langle\alpha\rangle k^2 F(k, \phi) \tag{18.14}$$

其中 $\langle\alpha\rangle$ 是在以下系数的光束中心估计的值：

$$\alpha = \frac{\sqrt{2\pi}}{L_y}\left(\cot\theta - \frac{\partial \ln \sigma_o}{\partial\theta}\right)^2 \tag{18.15}$$

其中，L_y 是波束的 3 dB 方位角宽度。

为了获得式(18.14)，假设 L_y 尺寸远大于待监测的波长，这显然可以满足卫星配置(L_y 大约为 18 km)。函数 $\langle\alpha\rangle k^2$ 称为倾斜调制传递函数。

假设由于散斑和热噪声引起的信号波动可以忽略不计，密度谱 $P_m(k, \phi)$ 从测量中获得

$$P_{\mathrm{m}}(k, \phi) = \frac{1}{2\pi}\int\langle m(x, \phi)m(x+\xi, \phi)\rangle \mathrm{e}^{-ik\xi}\mathrm{d}\xi \tag{18.16}$$

其中 $m(x, \phi)$ 是针对每个雷达方位方向 ϕ，信号调制 $m(r, \phi)$ 投影在表面上，并且尖括号表示整体平均值。

实际上，信号受散斑和热噪声的影响，这些噪声在傅立叶域中是相加的。为了从信号波动中正确地检索波谱，必须将这些噪声的影响降到最低。对于热噪声，通过指定适当的信噪比来实现的。对于散斑，首先通过对发射脉冲使用大带宽来实现。然而，通过平均技术减少散斑仍然是有限的，因为从等式(18.16)中检索波谱需要高范围和时间分辨率。因此，必须在光谱域中减去散斑，其中信号波动谱可以表示为：

$$P_{\delta\sigma_0}(k, \phi) = \delta(k) + R(k)P_{\mathrm{m}}(k, \phi) + \frac{1}{N_{\mathrm{ind}}}P_{\mathrm{sp}}(k) + \frac{1}{N_{\mathrm{ind}}}P_{\mathrm{th}}(k) \tag{18.17}$$

式中 $P_{\delta\sigma0}$——信号波动的密度谱；

P_{sp} 和 P_{th}——分别是由散斑谱和热噪声引起的信号波动的密度谱；

$\delta(k)$——狄拉克函数；

$R(k)$——脉冲响应的密度谱；

N_{ind}——信号估计中使用的独立样本的数量(时间和距离的积分)。

假设发射脉冲具有高斯形状，Jackson 等表明散斑的光谱可表示为

$$P_{\mathrm{sp}} = \frac{1}{\sqrt{2\pi}N_{\mathrm{ind}}K_{\mathrm{p}}}\mathrm{e}^{-\frac{k^2}{2K_{\mathrm{p}}^2}} \tag{18.18a}$$

其中，K_p 与投射在表面上的雷达 dr 的固有分辨率有关：

$$K_p=\frac{2\sqrt{\ln 2}\sin\theta}{dr} \tag{18.18b}$$

从信号调制估计无偏波能量的挑战之一是散斑噪声的影响，散斑噪声的能量与雷达信号中包含的独立样本的数量成反比。这些独立样本数量取决于雷达特性（多普勒带宽）和散射的相干时间。尽管 N_{ind} 中的不确定性不会影响能量在波数和方向上的传播，但它可能会影响密度谱能量的估算。当从 SAR 观测或从实际孔径 SWIM 型观测估算波谱时，会出现这个问题。然而，在 SWIM 情况下，出现了另外一个问题，因为多普勒带宽随着天线的方位角位置而变化，并且当天线指向飞行轨道时倾向于零。此外，海上散射的相干时间尚不清楚，可能取决于地球物理条件（风、波浪）。因此，特别注意 SWIM 数据处理中的散斑噪声估计和校正。

18.2.3　预期结果

18.2.3.1　几何和分辨率

该仪器的全球区域位于最低点轨道左右 90 km 处。在标准操作模式中，6 个光束将被连续照亮，但在宏循环期间采样的方位角将不是连续的。这是由于在旋转板上实施给喇叭的机械限制。然而，所选择的天线波束的旋转速度（5.6 r/s）保证了对于每个入射角，在整个旋转过程中执行每 15°方位仓至少进行两次观测（因此两个循环）。完整的天线旋转对应于沿轨道 70 km 的距离。图 18.12 显示了 5 次旋转后的地面整体取样。

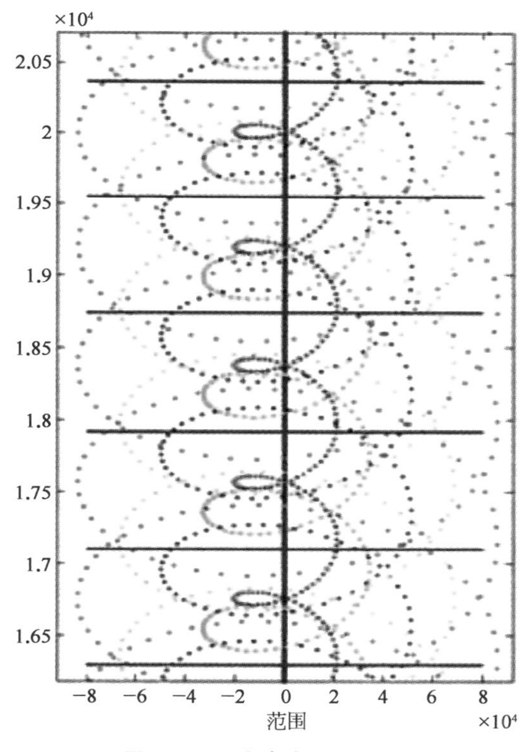

图 18.12　光束中心位置图

根据 6 个光束（0°黑色，2°红色，4°绿色，6°蓝色，8°青色和 10°粉红色）的沿轨道距离（单位：m）和横轴距离（横轴：m）的函数显示每个循环的光束中心位置。水平条界定对应于 2 级近实时产品的不同框。

使用 SWIM 估计波浪特性取决于入射光束 6°、8°和 10°的仰角方向的表面有效分辨率。这种有效分辨率不仅来自机载平均后的距离分辨率的地面投影，还来自机载采集时间内分辨率单元偏移的补偿。啁啾缩放只能校正沿着距离轴的偏移（不是由于波前曲率引起的那些），并且在啁啾缩放算法中进行了一些近似（特别是在循环期间的地球旋转效应未被校正）。因此，对于入射光束 6°、8°、10°的情况，在仰角方向上的估计分辨率为 20～35 m。其取决于沿轨道的位置，以及入射光束和足迹内的位置。

18.2.3.2 指向准确性

考虑到仪器和平台贡献(指向所有贡献者的二次求和)的定点预算导致：

(1) 指向高程精度：<0.25°(所有光束)。

(2) 指向高程知识：<0.15°(所有光束)。

(3) 指向方位角知识：<1°(固定或旋转天线)。

这些预算考虑了平台上的机械安装精度，姿态控制精度以及对 SWIM 和平台的机械效应(发射，湿度，热弹性等)。

18.2.3.3 辐射测量

内部校准用于实现高精度的后向散射估算。考虑到仪器的所有内部贡献者，校准预算的分析和实验室估算表明：

(1) 绝对校准将优于±0.9 dB(<0.2 dB 随机贡献)。

(2) 光束之间的相对校准将优于±0.2 dB。

由于 SWIM 天线的复杂性，很难达到非常精确的绝对校准。飞行中需要在表面上或在与其他仪器的交叉轨道上进行一些额外的外部校准。

对于辐射测量精度，本文估计在每个周期的分布数据下，将优于 0.26 dB。实际上，假设 6 个光束[0°, 2°, 4°, 6°, 8°, 10°]的归一化雷达横截面分别为[8 dB, 7.4 dB, 6.8 dB, 6.2 dB, 5.6 dB, 5 dB]，高度为 545 km，则波束中心的信噪比分别为[27.7 dB, 15.2 dB, 13.1 dB, 10.4 dB, 8.1 dB, 5.4 dB]。通过考虑 N_{imp} 样品上的板上时间积分和 N_{ranges} 上的距离积分，这些值对应的最小辐射精度 Kp 为 0.26 dB。对于 2 级 σ_0，通过在 0.5°入射步长和 15°方位角步长尺度上求平均值，Kp 将进一步降低(精确度更好)。

18.2.3.4 来自最低点的重要波高和风速

SWH 将由其他高度计任务中的波形得出。使用类似于最近高度计任务的模拟器估计相关的精度，其基于布朗回波模型，以及“回溯算法”反演部分的最大似然估计。模拟结果表明，SWH 的准确度将优于 25～30 cm 或其平均值的 5%。这完全符合要求，并且质量与最近的高度表性能相同。

与最近的高度计任务相比，最低点波束信号的信噪比高(优于 10 dB)并且高出几 dB。因此，在对归一化雷达横截面上可能存在的偏差进行在轨修正后，标准逆风模型应提供与最近的高度计任务相同的风速。

18.3 多星联测

卫星雷达高度计是海浪遥感观测的重要手段，自 1992 年 T/P 高度计运行以来，先后出现了 ERS-1/2、Envisat、Jason-1/2/3、Cryosat-2、SARAL\Altika、Seninel-3 高度计

和我国的 HY－2A 高度计等实现了海浪业务化遥感观测。利用 2016 年的 HY－2A、SARAL 和 CryoSat－2 高度计数据，结合部分 Sentinel－3 数据，从海浪遥感观测的空间覆盖、时间覆盖和海浪遥感融合产品等三方面开展北极海域海浪遥感观测能力分析。

18.3.1　海浪遥感观测空间覆盖

分析 HY－2A、SARAL、CryoSat－2 和 Sentinel－3 共四种高度计海浪可观测区域的最高纬度位置（图 18.13），与海冰最少的 2016 年 9 月 2 日的海冰密集度分布（图 18.14）比较可以看出，北极海域全年非海冰海域基本上均可被四种高度计观测到，因此北极海域海浪可以被遥感空间全覆盖观测。

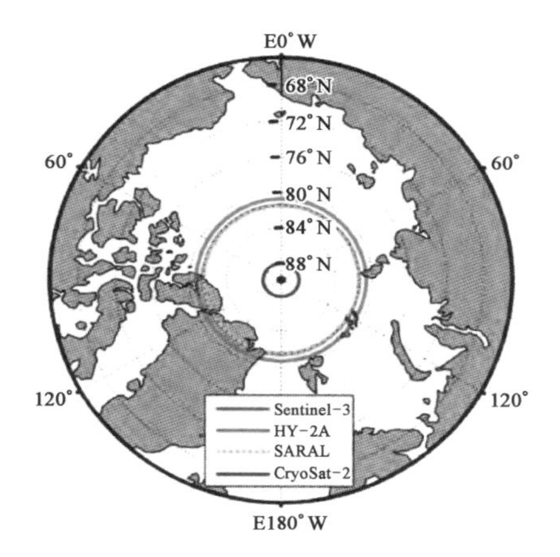

图 18.13　HY－2A、SARAL、CryoSat－2 和 Sentinel－3 高度计最高观测纬度示意图

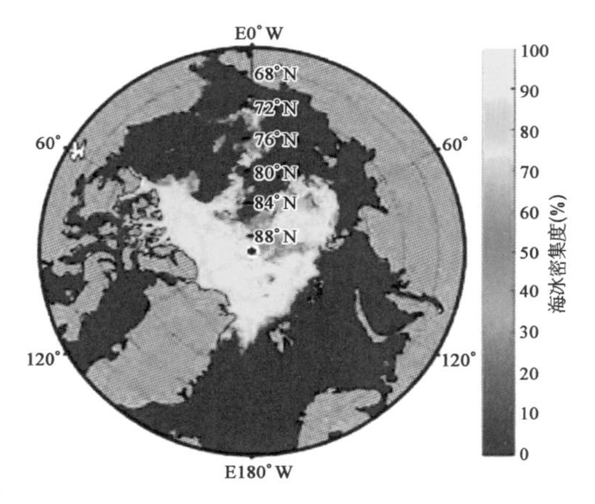

图 18.14　2016 年 9 月 2 日北极海冰密集度分布

与海面风场分析类似，选取 2016 年 1 月 1 日、4 月 1 日、7 月 1 日和 10 月 1 日共 4 d 作为不同季节的代表，分析每天卫星高度计海浪观测数据分布情况（图 18.15），与图

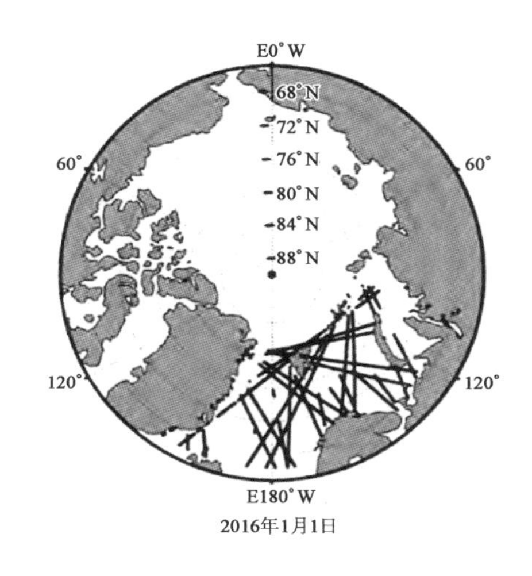

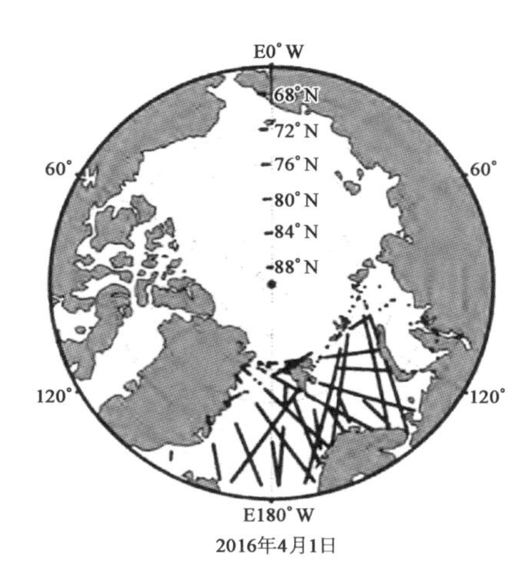

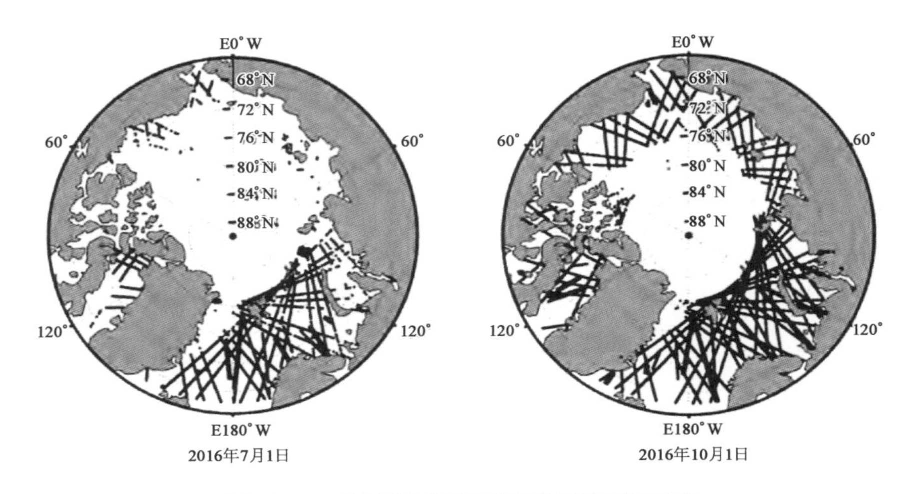

图 18.15　北极海域不同时间高度计观测轨道

18.16 中的北极海域海冰密集度分布比较，可以看出四种高度计可以实现北极海域非海冰覆盖区域海浪遥感观测。

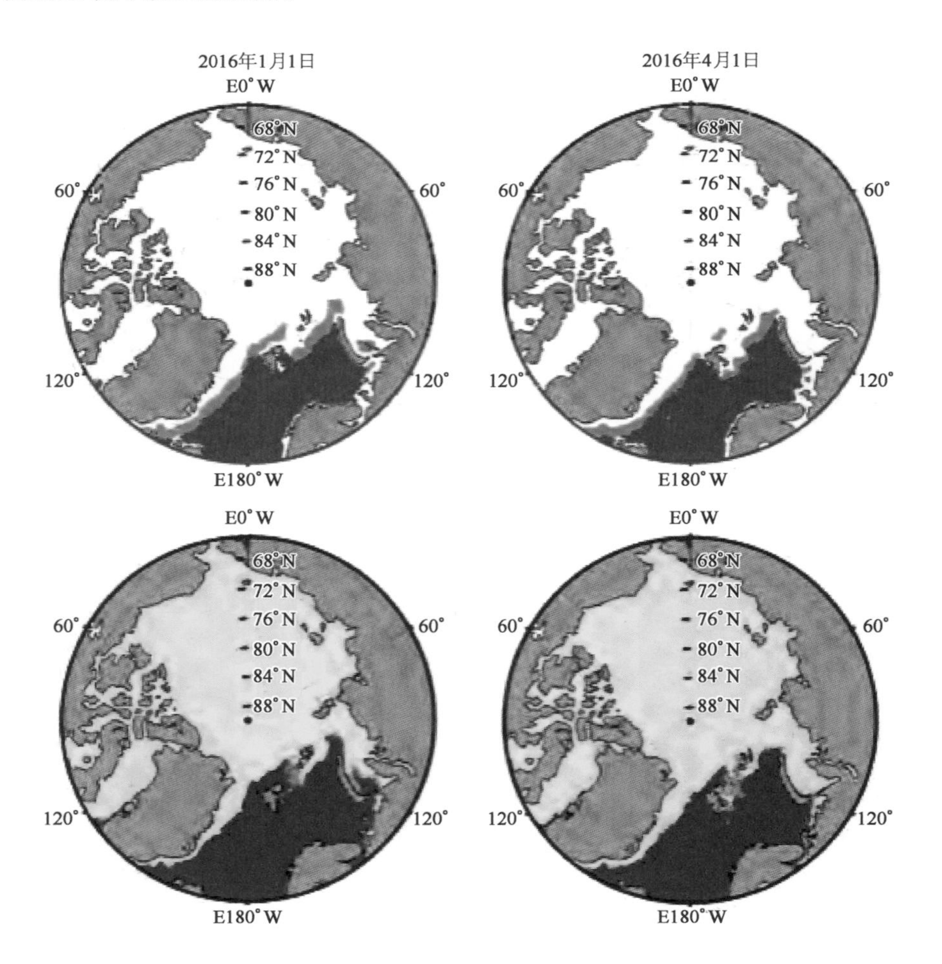

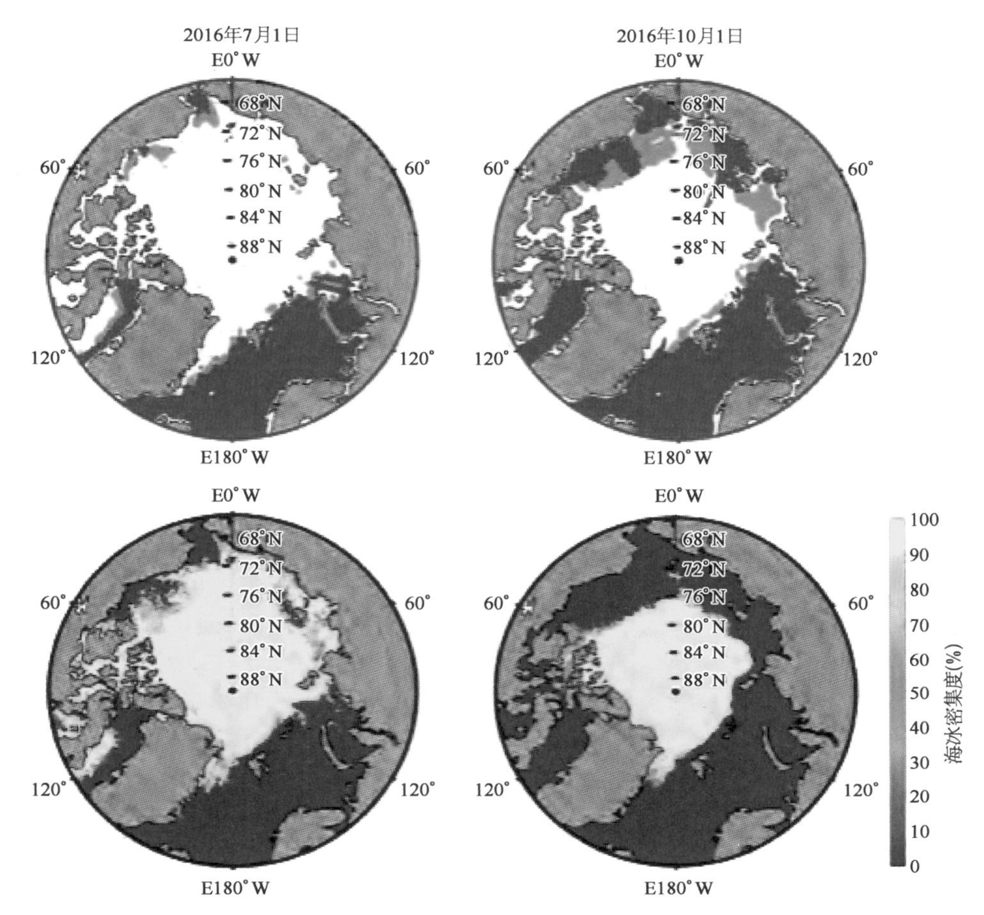

图 18.16　北极海域不同时间海面风场多源散射计观测空间覆盖
(上图为散射计空间覆盖；下图为海冰密集度)

18.3.2　海浪遥感时间覆盖

以 2016 年 9 月 1—3 日的四种高度计北极海域海浪观测数据分布情况为例进行分析，分别比较 2016 年 9 月 2 日、2016 年 9 月 1—2 日和 2016 年 9 月 1—3 日的海浪观测数据分布情况(图 18.17)，可以看出当使用 3 d 观测数据的统计平均来表示每日海浪波高分布时，海浪遥感观测空间分辨率可以得到提高，分析可得 3 d 统计平均海浪产品的空间分辨率可达到 0.25°。因此，使用 3 d 统计平均表示海浪有效波高每日分布时，北极海域海浪可实现时空分辨率为 1 d/0.25°的遥感观测。

18.3.3　海浪遥感融合产品

基于 2016 年全年的 HY-2A、SARAL、Cryosat-2 高度计数据，结合部分 Sentinel-3 数据，采用反距离加权，生成北极海域(65°N 以北)的时空分辨率为 1 d 和 0.25°的海浪有效波高融合数据，图 18.18 为基于 2016 年 1 月 1 日、4 月 1 日、7 月 1 日和 10 月 1 日融

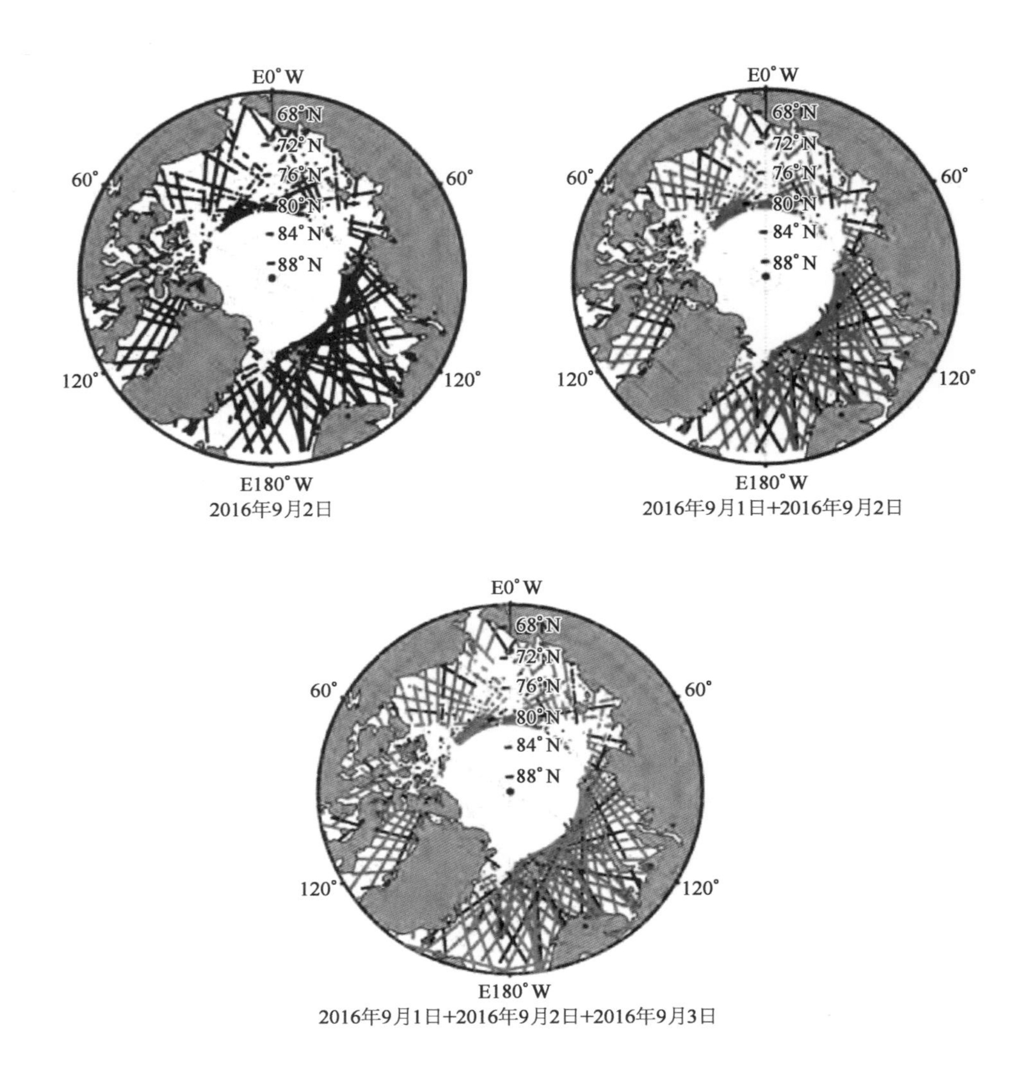

图 18.17　北极海域不同时间段海浪高度计观测数据分布

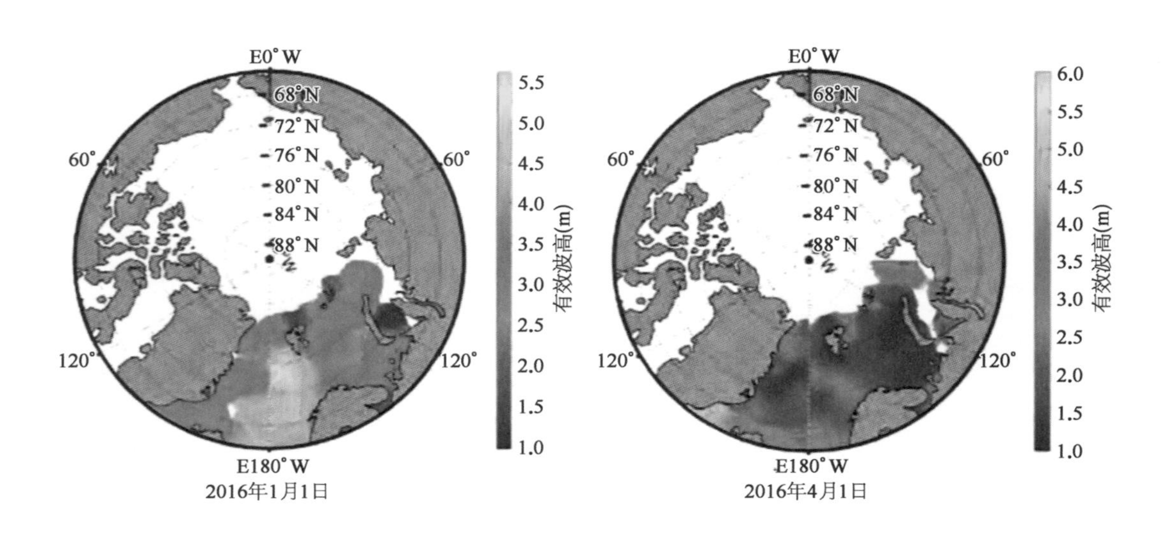

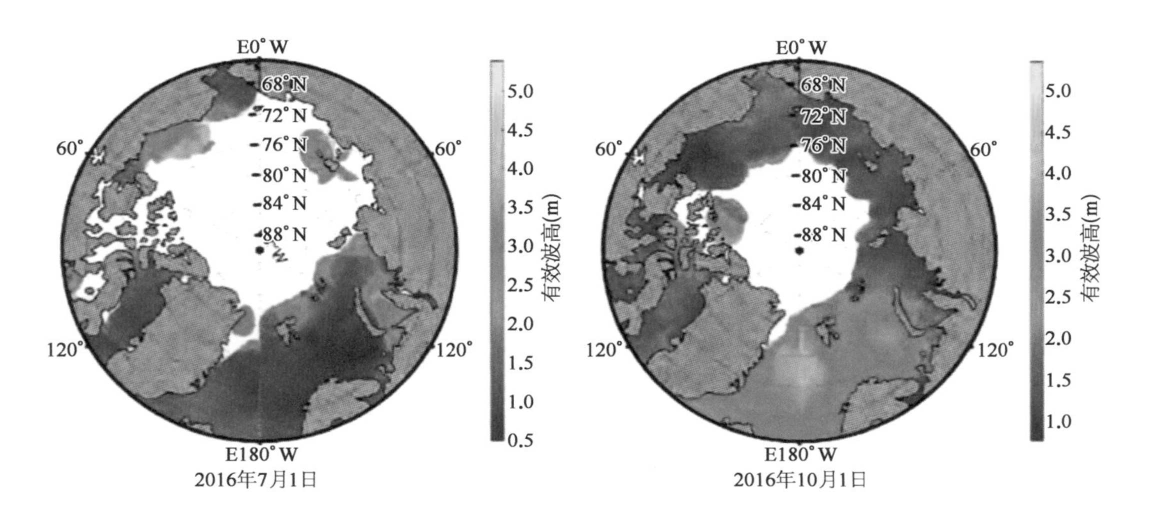

图 18.18　不同时间北极海域海浪多源高度计融合海浪有效波高分布

合数据的北极海域海浪有效波高分布，对照图 18.16 中的海冰密集度分布，可以看出对于北极海域非海冰覆盖区域可融合得到统一的海浪 SWH 网格数据。类似基于风场融合数据的分析，开展针对 2016 年北极海域海浪空间平均的每日有效波高数据进行统计分析(图 18.19)，从图 18.19 可以看出 2016 年北极海域海浪波高在 1～3 月较大，然后逐渐减小，7 月基本达到最小，然后开始逐渐增大，有效观测点数在 8 月最多，与海面风场遥感观测结果类似。

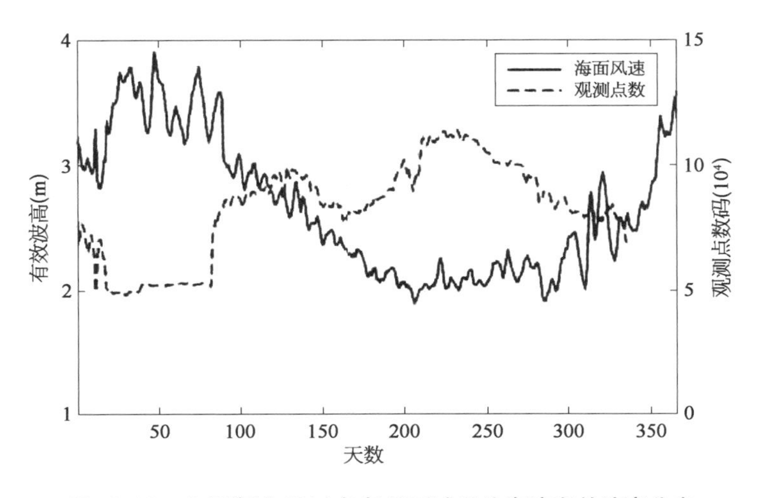

图 18.19　北极海域 2016 年每日区域平均海浪有效波高分布

18.4 AIS 海洋监测卫星

挪威有一个由挪威海岸管理局(Norwegian Coastal Authority, NCA)资助的 AIS 海洋监测微卫星计划,该计划为政府用户提供数据,这些数据对于确保挪威水域的保护和安全至关重要。目前,四颗卫星(AISSat - 1 和 AISSat - 2 及 NorSat - 1 和 NorSat - 2)向政府机构提供有关船舶位置、身份和导航数据的基本信息,从而实现了远离沿海 AIS 站的近实时海上监视。

18.4.1 AISSat - 1 和 AISSat - 2

NSC 和挪威国防研究机构利用国际科学和地球观测卫星合作任务和科学探空火箭的经验,于 2006 年主动开发了一个小型的卫星。该卫星将收集来自船舶的自动识别系统(AIS)信号,从而定位、识别和跟踪这些信号,作为改进开放水域海上监视的工具。极地轨道将确保最北部地区的频繁(每 90 min)覆盖。

AIS 接收器命名为 ASR100,由挪威公司 KongsbergSeatex 开发,该平台从加拿大多伦多大学航空航天研究所-空间飞行实验室(UTIAS - SFL)采购。这颗卫星于 2010 年发射,其数据很快成为挪威海事当局的基本资料。公用事业是如此之高,以致挪威海岸管理局设法获得了一个项目的长期资金,确保以 AIS 接收为基础的卫星作为一项永久和可操作的服务运行和更新。

自 2010 年发射 AISSat - 1 以来,挪威海事卫星舰队已经取得了重大进展。2014 年,推出了 AISSat - 2,通过升级的 AIS 接收器,不仅提高了整体回访频率,而且提高了数据的质量和可靠性。这两颗卫星都基于通用纳米卫星总线(GNB)。尺寸为 20 cm×20 cm×20 cm,质量为 6.5 kg。这两个卫星仍在运行,远远超过了三年的设计寿命。

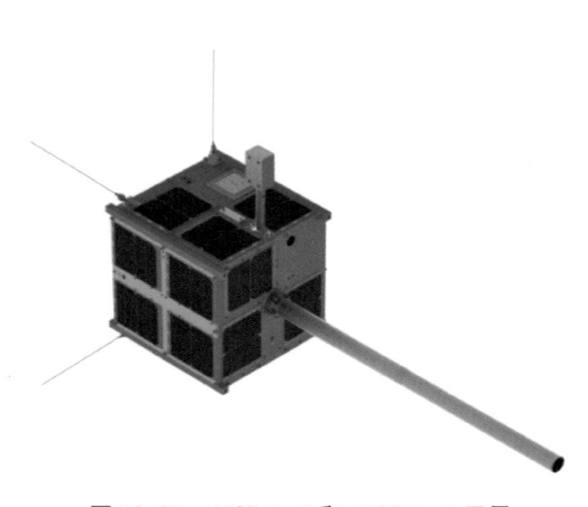

图 18.20 AISSat - 1 和 AISSat - 2 卫星

AISSat - 1 和 AISSat - 2(图 18.20)不仅为挪威政府用户提供了宝贵的数据,并极大地改善了偏远地区的海事状况,还为挪威的一个新部门提供了工业增长,并向挪威当局和政治家证明了小型卫星是挪威利用新技术造福各种用户群体的有效手段。然而,很明显,AISSat 平台上的可用资源(质量、体积、功率和数据预算)不足以大量开发 AIS 有效载荷和潜在的辅助有效载荷。因此，增加容量和能力的卫星总线合同与选定的供应商 SFL 竞争。

18.4.2　NorSat - 1 和 NorSat - 2

NorSat - 1(图 18.21)于 2017 年发射，成为挪威第一个多载荷微型卫星，除了一个更先进的 AIS 接收器之外还有两个科学有效载荷，由达沃斯物理研究所和世界辐射中心(PMOD/WRC)开发的全太阳辐射(TSI)仪器 CLARA 和由奥斯陆大学(Universitetet i Oslo, UiO)提供的用于研究环境空间等离子体特性的多针 Langmuir 探针。

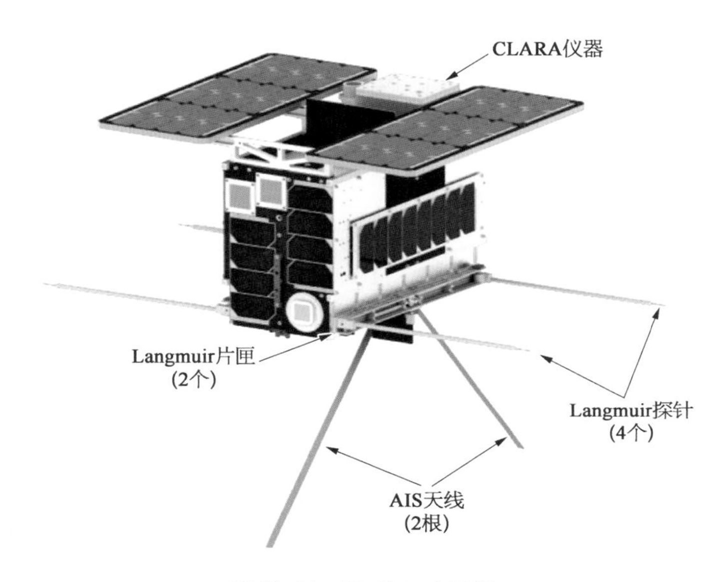

图 18.21　NorSat - 1 卫星

NorSat - 1 航天器是一个高性能的微型卫星，能够连续和同时操作其三个有效载荷，每个有效载荷都有自己特定的，通常可能相互冲突的要求和约束。三个有效载荷的连续在轨运行由 45 W 的太阳能发电实现，而低成本传感器和执行器实现了次级姿态控制，优于满足科学目标所需的指向要求。下行链路在 24 h 内累计接触时间的平均值达到至少 1 Mbps 的数据速率，并且能够每天向挪威 Vardø 的高纬度电台提供超过 490 MB 的数据。图 18.22 所示为 NorSat - 1 内部布局。

第二颗多载荷卫星 NorSat - 2 与 NorSat - 1 一起发射。除了 AIS 外，还带有 VHF 数据交换系统(VDES)收发器，该收发器与一个可部署的 8 dBiYagi 天线一起构成了 VDE - SAT 有效载荷。提出 VDES 是为了解决 AIS 的 VHF 数据链路(VDL)过载并加强电子导航的数据交换迹象。2015 年，ITU 无线电通信部门(ITU - R)发布了该标准的第一版：ITU - RM. 2092 - 0。该任务证明了通过卫星向船舶传输 VHF 数据交换协议的可行性，这最终可能产生一种新的高优先级信息传输方式，如天气数据、导航路线和海冰预测。图 18.23 所示为 NorSat - 2 卫星；图 18.24 所示为 NorSat - 2 上 ASRX50 接收器和 VDES 收发器的图片。

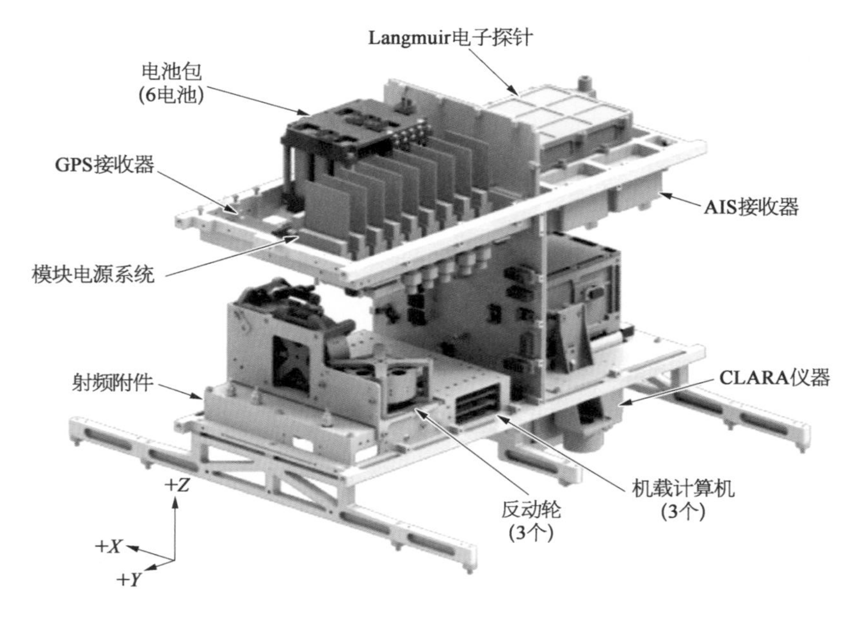

图 18.22　NorSat - 1 内部布局

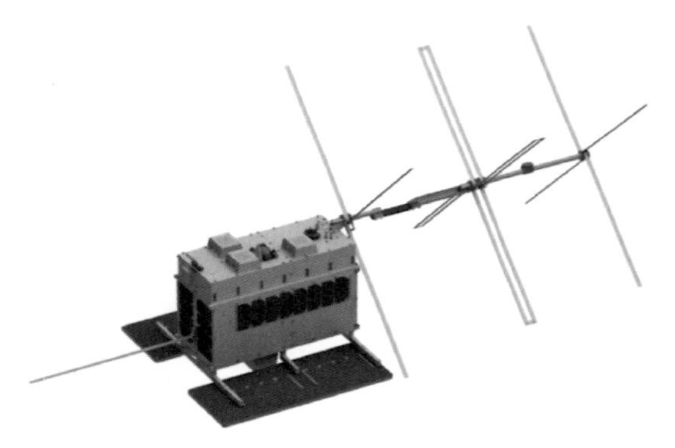

图 18.23　NorSat - 2 卫星

图 18.24　NorSat - 2 上 ASRX50 接收器和 VDES 收发器的图片

图 18.25　NorSat - 2 上部署的 Yagi 天线

VDES 天线是一种高增益、定向、折叠偶极 Yagi - Uda，具有三个交叉配置单元，如图 18.25 所示。在 VHF 海上频段运行，其相位正交馈源方案允许它产生圆极化。在 62 cm×62 cm×73 cm 的整体尺寸上，其展开几何尺寸超过了 NorSat - 2 卫星体的总尺寸。

18.4.3　基于 AIS 监测

基于空间的 AIS 探测为监测广阔海域

的海上交通提供了一种有效手段，鉴于挪威管辖范围内的海域，这对挪威尤为重要。陆基AIS系统通常能够在离海岸40 n mile的范围内跟踪船只，仍有大面积的水域无法跟踪。

AISSat-1和AISSat-2携带ASR100接收器，而NorSat-1和NorSat-2是第一批使用新ASRX50接收器的卫星。Kongsberg-Seatex开发的AIS接收机作为软件定义无线电(SDR)，支持并演示了在轨算法的更新，以提高性能。

ASR100和ASRX50接收器之间有几个不同之处：通道数、天线输入数和用于过滤的数字信号处理(包括消息的纠错)。

AISSats有一个线性极化单极天线，两个NorSat都有两个天线。NorSat-1使用两个正交配置的线性极化单极天线来实现天线分集；NorSat-2有一个线性极化单极天线和一个高增益Yagi天线，后者是VDESAT有效载荷的一部分。

第 19 章　卫星通信网络技术

本章介绍了卫星通信网络研究领域中的关键技术。在对卫星通信网络的基本概念和基本理论进行介绍的基础上，围绕卫星通信网络发展建设中的难点和瓶颈问题，从轨道和传播媒介、多普勒频移、基带调制、FM 调制等方面展开论述；并结合深空探测和天地一体化的发展趋势，讨论了传输线、天线、噪声、链路预算等方面的问题。

19.1 轨道和传输媒介

19.1.1 斜距与自由空间损耗

立方星通常被发射至一个圆形(低离心率)低地球轨道。地面站和卫星之间的距离对无线通信系统的设计是非常重要的，因为这决定了信号的自由空间损耗。该损耗由信号源发射信号时的无线信号功率密度展开引起。它服从平方反比定律，且是整个系统的主要损耗机制。因为轨道可以近似为纯圆，只需用余弦定理来计算卫星和地面站之间的距离，通常也称之为斜距。给定斜距，自由空间的损耗就可以计算。自由空间损耗取决于频率。几何图形、相关公式和结果如图 19.1 所示的 ION 指定轨道。ION 预计可以达到一个 518.4 km 的远地点高度，这一高度被用于计算斜距，因为远地点是卫星的最大高度。接下来的计算不会考虑地面站的海拔高度。

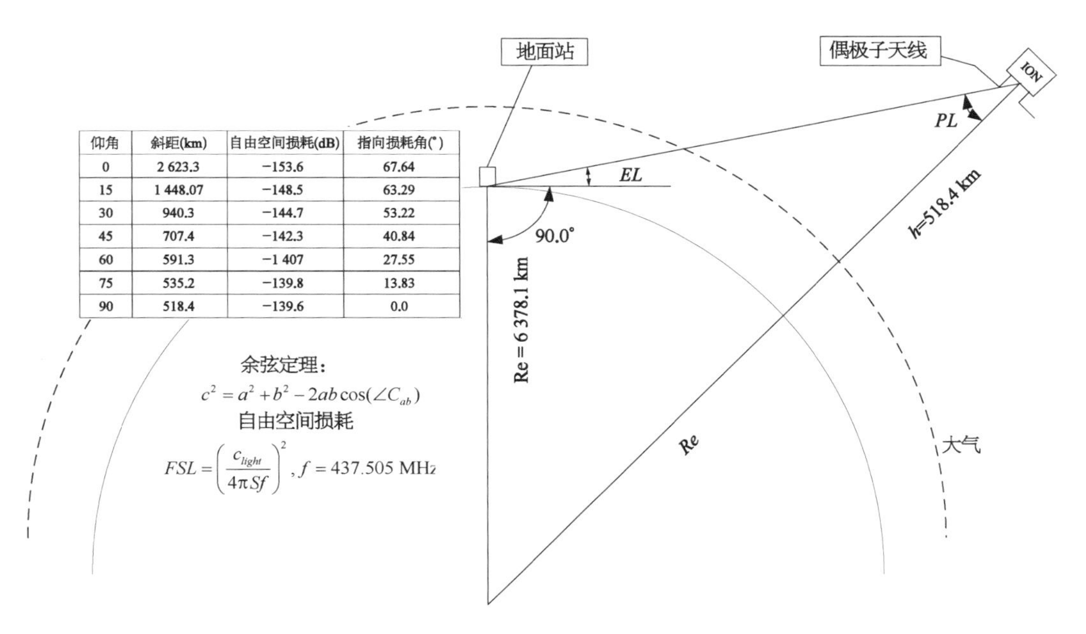

仰角	斜距(km)	自由空间损耗(dB)	指向损耗角(°)
0	2 623.3	−153.6	67.64
15	1 448.07	−148.5	63.29
30	940.3	−144.7	53.22
45	707.4	−142.3	40.84
60	591.3	−1 407	27.55
75	535.2	−139.8	13.83
90	518.4	−139.6	0.0

图 19.1　简单圆轨道和自由空间损耗

对 ION,我们选择一个 10°的最小可用仰角作为预定目标,以保证我们可以用大部分的视距传播时间与卫星进行通信。在该仰角下,斜距为 1 793.9 km,自由空间的损耗为 −150.1 dB,指向损耗角为 65.61°。另外,在地面站的天线辐射方向图的作用下,消除了在仰角为 10°以上地面源的无线电噪声。

19.1.2 通信时间和数据吞吐量

通信系统另一个很重要的考量是可用数据带宽。在本文,数据带宽指的是在一个给定的时长内,可通过系统传输的数据量(包括上行链路和下行链路)。通信系统必须满足有效载荷的数据带宽需求,否则有效载荷产生的数据量将超过下行链路的容量。轨道高度,最小可用仰角以及比特传输率都会影响数据带宽。表 19.1 给出了几个最小可用仰角和数据传输率下的平均每日可用通信时间和数据带宽。它是针对 ION 的指定轨道和 UIUC 地面站,采用 STK 卫星仿真软件生成的。地面站位于海拔高度 715 m 的地方,且有清晰的视野。它给出了在链路效率为 100%(没有丢包,也没有协议开销)的假设下,平均每天的数据带宽。表格显示了一个半双工系统一天内上行链路和下行链路传输的数据总量。

表 19.1 吞吐率与仰角的关系

最小仰角(°)	平均每日 经过时间(s)	数据带宽 1 200 bps(kB)	数据带宽 9 600 bps(kB)
0	3 119	468	3 743
10	1 182	177	1 418
20	531	80	637
30	262	39	314
40	136	20	163
50	71	11	85
60	35	5	42

仿真结果表明,在大于 20°最小仰角,并采用 1 200 bps 传输率的情况下,ION 的数据带宽下降至有效载荷和遥测数据所要求的低于 75 kbpd 的要求。采用 10°的最小仰角将在每日带宽中产生 58%的余量,这一余量可以用于数据丢包和通信协议开销。数据带宽随着角度在 0°和 10°范围之间以大约 62%的比例急速下降,每超过该范围 10°将以大约 50%的比例急速下降。这似乎令人惊讶,但这是因为,从地面站看到的 LEO 卫星大部分都以低仰角通过。此外,有些卫星可能以不超过卫星最小仰角的角度通过从而完全消失。因此,在最小可用仰角和数据传输率之间存在一个平衡,以获得每天所需的数据带宽。仰角随时间变化的图 19.1 显示了 ION 在过顶的过程中有 89%的时间处在 60°以下的仰角,有 69%的时间处在 30°以下的仰角。卫星过顶也意味着可能有最长的通信窗口,对 ION 轨道而言,过顶总共持续了 716 s。

19.1.3　大气损耗

除了自由空间损耗，大气的气体介质也会使无线电信号产生衰减。图 19.1 清晰地显示了信号经过的大气量随着最小仰角的降低而增加。

信号的衰减量随频率、温度、云层和其他大气成分而变化。但是，对于 2 GHz 以下的频率而言，衰减量可以近似认为只和仰角有关。在图 19.2 的点之间做了插值。在 10°的最小仰角下，信号衰减 1.1 dB。

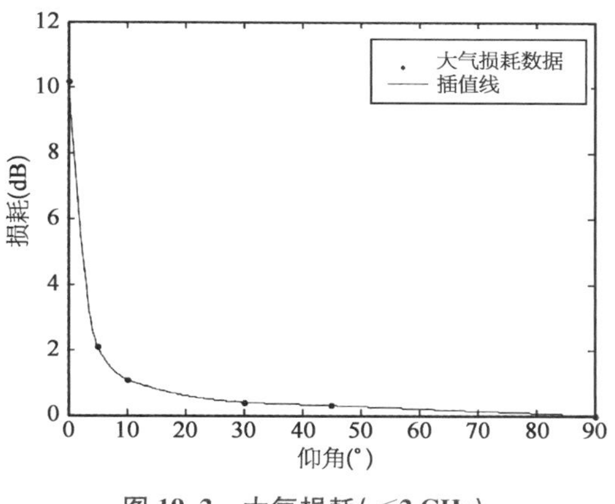

图 19.2　大气损耗(<2 GHz)

电离层也会衰减信号，并对信号的极化产生法拉第旋转。电离层会对频率低于 100 MHz 的信号产生高达 10 dB 或更大的衰减，频率低于 20 MHz 的信号将会被电离层完全反射或吸收。这给可用的立方星无线频率设定了下界。电离层对一定频率范围的衰减量如表 19.2 所示。法拉第旋转是一种在信号经过电离层时对电场极化方向产生一定旋转的现象。它不会使信号变成圆极化。要量化和预测旋转的量是非常困难的，且取决于频率、太阳活动以及其他大气条件。

表 19.2　电离层损耗

频率(MHz)	衰减(dB)
146	0.7
438	0.4
2 410	0.1

19.2　多普勒频移

19.2.1　多普勒频移现象的物理解释

当一个波在两个相对运动的物体之间传播时，将会产生多普勒频移现象。在无线通信中，多普勒频移导致接收信号的频率随发射机的靠近或远离而上移或下移。

在地面无线通信中，这通常并不重要，因为相对速度很小，因此可以对多普勒频移忽略不计。而对于诸如 ION 这样的 LEO 卫星，以大约 7.6 km/s 的线速度运行，这种情况下多普勒频移必须考虑。计算相对多普勒频移的公式如式(19.1)。

$$f_{Rx}=f_{Tx}\sqrt{1-\frac{v}{c}\Big/1+\frac{v}{c}} \tag{19.1}$$

式中 f_{Tx}——发射信号频率；

f_{Rx}——接收信号频率；

c——光速；

v——相对速度。

若发射机靠近接收机，则相对速度 v 为负，且接收频率上移。当发射机远离接收机时正好相反。

多普勒频移现象同样也会导致信号带宽展宽。考虑一个中心频率为 100 MHz 的信号在高相对速度作用下正经历 1%的频率上移。假设信号带宽为 200 kHz。信号的上下频带边缘被分别移位至 101.101 MHz 和 100.899 MHz。计算这些频带边缘之差可知，经过多普勒频移后的信号带宽现在变成了 202 kHz。这可能会导致在接收系统中发生滤波问题与解调失真。然而，对于一个 1%的多普勒频移，相对速度必须大约在 3 000 km/s 左右。所幸的是，立方星系统的相对速度和带宽都足够小，以至于带宽展开在实际中可忽略不计。对 ION 而言，计算得到的最大展宽值仅为 0.47 Hz。

19.2.2 多普勒频移与卫星通信

在任何无线通信系统中，接收机都有一个具有最窄滤波带宽的通道选择滤波器(解调器不一定需要)。其定义了接收信号的最大带宽和允许的最大调谐误差。通道选择滤波器和接收信号的频域描述如图 19.3 所示。为了最大限度地提高接收机的信噪比，通道选择滤波器通常选择与发射信号带宽密切匹配的带宽。因此，滤波器间隙通常是发射信号带宽的一小部分。调谐误差不能超过滤波器间隙，否则有些信号将会被滤除。这将会使解调信号失真且信噪比降低。

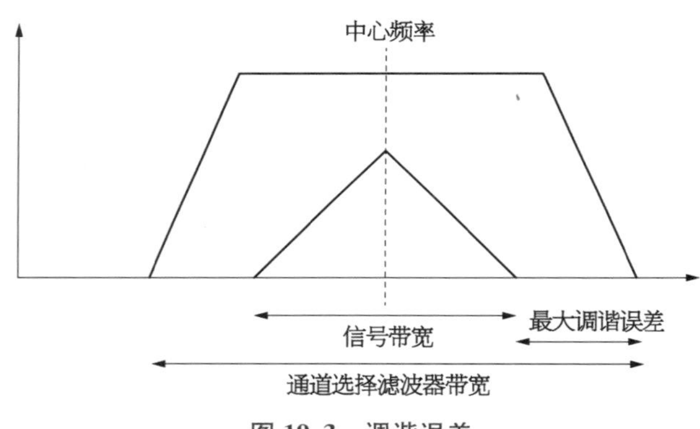

图 19.3 调谐误差

以 Hz 为单位的多普勒频移绝对值与发射频率和相对速度成比例关系。ION 能达到的与地面站最大的相对速度为 7.08 km/s(ION 过顶时仰角为 0°)，且发射信号的频率为 437.505 MHz，此时最大多普勒频移将为 10.32 kHz。ION 和地面站之间的信号带宽为 12 kHz，卫星无线电最窄的通道选择滤波器带宽为 20 kHz。因此，接收信号将会被卫星的通道选择滤波器滤除。

19.2.3 克服多普勒频移

显然，为了保持接收信号在滤波器带宽内，无论是发射机还是接收机都必须重新调整。通常的做法是让卫星在一个固定的频率上，然后重新调整地面站的发射和接收频率。这一设计消除了卫星上不必要的硬件和软件复杂性。否则，为了能正确地调整卫星收发机，卫星必须正确"感知到"其轨道和地面站的位置。这要求卫星有一个板载 GPS 接收机，或者在卫星发射前将精确的星历数据加载至卫星。在轨道插值以前，星历数据是不可能精确知道的。在给定卫星发射机和接收机中心频率的前提下，只通过调整地面站也能使多个地面站同时与卫星进行通信。这对允许地面站二次监听信标而言是必要的。

调整地面站接收机的结果是，其必须将发射信号（上行）和接收信号（下行）调整至不同的频率。这可以从考虑式(20.1)看出，固定 f_{Rx} 和 f_{Tx} 中的一个，因为它们有可能是在卫星上的。使用 STK 仿真软件，在 ION 正好过顶（直接在头顶）时，ION 和地面站之间的相对速度可以计算出来。ION 的这种通过，产生了最极端的相对速度，因此也是最极端的多普勒频移。在图 19.4a 和图 19.4b 中，画出了多普勒频移作为中心频率一部分的图，它是关于时间和仰角的函数。这些图定义了地面站的多普勒调谐系统参数。对于 ION，地面站必须适应±10.3 kHz 的多普勒频移。此外，在图 19.4c 中，多普勒频移的最大变化率发生在过顶，此时多普勒频移的变化率为 147 Hz/s。给定 ION 最大的允许调谐误差为 4 kHz，收发机必须至少每 27 s 调整一次。图 19.4d 显示了传输时间随仰角变化的函数关系。

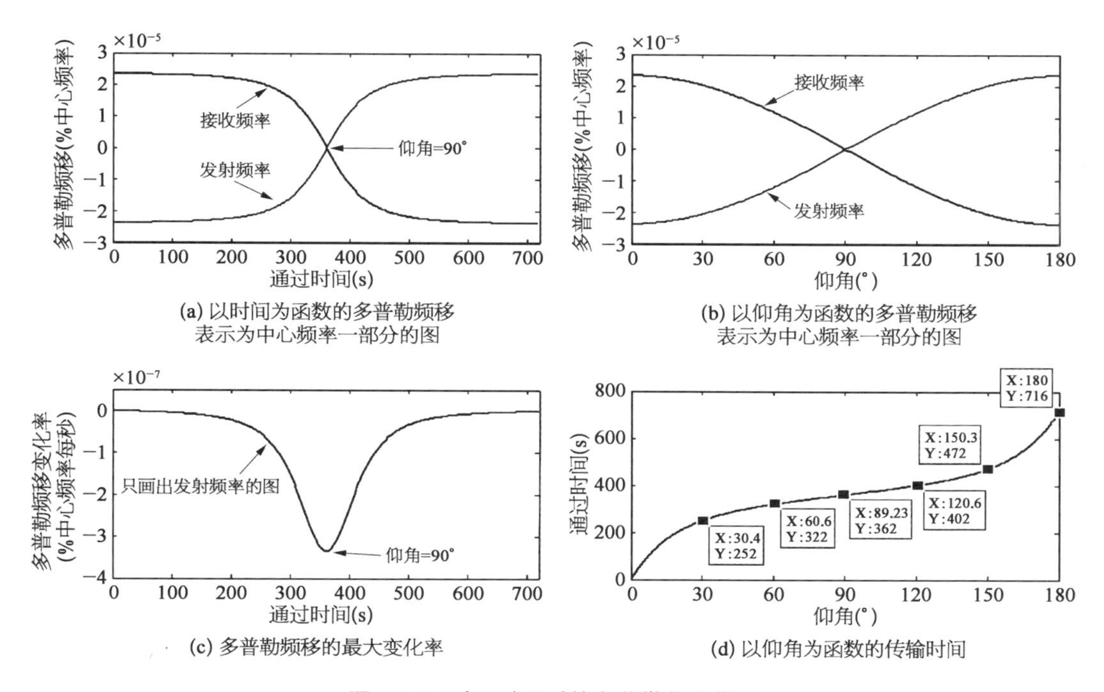

(a) 以时间为函数的多普勒频移表示为中心频率一部分的图

(b) 以仰角为函数的多普勒频移表示为中心频率一部分的图

(c) 多普勒频移的最大变化率

(d) 以仰角为函数的传输时间

图 19.4　对于过顶时的多普勒频移描述

ION 地面站使用 Nova 卫星跟踪程序和传统的无线接口软件来适应多普勒频移。Nova 本质上是一个有很多额外功能的轨道预测器。它以两线元(two line elements，TLEs)的形式输入星历数据。TLEs 首先可以从发射供应商，然后从 NORDA 雷达卫星跟踪设备获得。然后，Nova 可以预测卫星未来的轨道，并且可以在任何时间计算它与地面站之间的相对速度(距离的变化率)。无线接口软件与 Nova 交互以轮询距离变化率，计算任何给定中心频率的上下行链路的多普勒频移，并且更新无线电以保证不超过 1 kHz 的调谐误差，从而很好地限定在 4 kHz 的范围内。地面站的收发机，是一个 Icom910h，提供了 RS232 串口与 PC 进行双向通信。无线电软件采用 PERL 实现，PERL 是一个高级脚本语言。

像 ION 那样使用一个半双工系统的主要缺点是，无论收发机的接收和发送模式在什么时候改变，地面站的振荡器必须在多普勒调整收发频率之间进行调整。每当该调整完成后，振荡器将会采取少量的时间(关键时间)以稳定在正确的频率上。这浪费了宝贵的通信时间，同时也增加了数据包冲突的可能性。幸运的是，大多数的通信时间都花在了下行链路以检索传感器数据，而模式切换缓慢变成了主要问题。

地面站收发机的内部实现也比较难适应多普勒频移。存在一个由包含发射或接收频率之一的寄存器控制的数字合成 PLL 振荡器。但是，只有主动寄存器可以通过串口写入。如果在收发机正在主动发送或接收数据时尝试更新两个寄存器将会引起数据包丢失。同样，当一个寄存器正在更新时收发机可能改变状态进而导致错误的寄存器被覆盖。当发生这种情况时，该软件必须立即恢复，否则，通信不会成功，因为发射频率和接收频率已经被调换了，这使得软件变得异常复杂。调谐软件的一个基本流程图如图 19.5 所示。

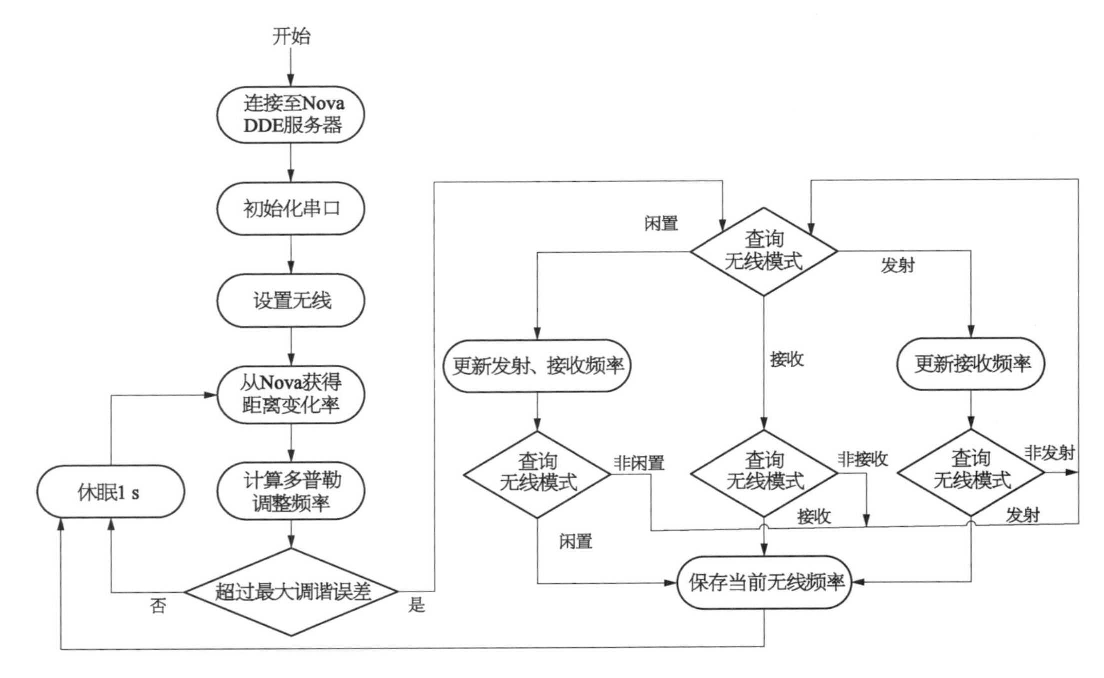

图 19.5 多普勒调整软件

19.2.4　计算多普勒频移的替代方法

低地球轨道卫星以0°仰角过顶时达到与地面站最大的相对速度。鉴于这一事实，并结合圆形低地球轨道的简单几何模型（图19.1），相对速度可以使用式（19.2）进行估计。

最大的相对速度和最大的多普勒频移发生在0°仰角。通信系统最大的多普勒频移会影响其设计，因此需要计算。该公式通过将卫星轨道近似为圆，且将卫星的向心加速度等同为由地球引力产生的加速度导出。与Nova模拟的结果进行对比，其误差小于1%。要计算卫星在以任意角度通过时的相对速度，数学推导变得非常复杂，像STK这样的模拟器是优选的。

$$V_{\text{linear}} = \sqrt{\frac{3.987\,3 \times 10^{14}}{R_{\text{e}} + h}}$$
$$V_{\text{relative}} = \cos(90^\circ - \angle PL)V_{\text{linear}} \tag{19.2}$$

19.3　基带调制

19.3.1　通用基带调制技术

在HAM无线电和立方星技术领域，有两个世界上使用最为频繁的调制标准，它们就是Bell标准和9 600 bps的G3RUH标准，Bell标准是一个1 200 bps的音频频移键控（audio frequency shift keying，AFSK）方案，G3RUH标准是一个奈奎斯特脉冲调制方案（经常被误称为FSK）。鉴于这些方案如此流行的这一简单事实，它们对立方星的研究很有吸引力。这两种方案都有大量的文档，且广泛使用的商用设备也支持它们。此外，许多立方星地面站和业余无线电爱好者也使用这一类型的调制解调器，这可以让他们从兼容的立方星收到信标。

二进制数据的调制是通过将m比特映射为2^m个不同的模拟域波形符号来完成的。一个二进制数据的串行流产生一个连续时间的模拟波形形状，称之为消息信号。该消息信号通过累加时移符号形成的，如式（19.3）所示。

$$m(t) = \sum S_n(t - nT) \tag{19.3}$$

式中　S_n——2^m个符号之一；

T——信令间隔；

n ——模拟波形的符号索引。

一般情况下，符号 S_n 并没有在时间上限定在只占用一个间隔 T，其可以重叠到其他的符号上。信令间隔指定了符号发送的速率。以 bps 为单位的总数据传输率由 m/T 给出。

Bell202 标准采用 2 个符号，其信令间隔为 833 m・s，数据传输率为 1 200 bps，是由贝尔电话公司开发的在电话线上传输的早期数据调制方案。二进制数据位直接映射到 1 200 Hz 和 2 200 Hz 的音频上。从地面站 KantronicsKPC3＋调制解调器对随机的二进制数据产生的一段波形如图 19.6 所示，对应的频谱如图 19.7 所示。

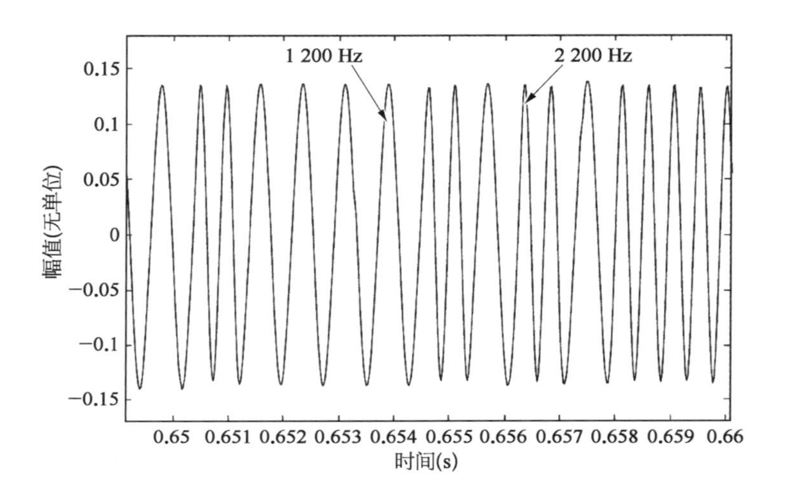

图 19.6　Bell202 波形

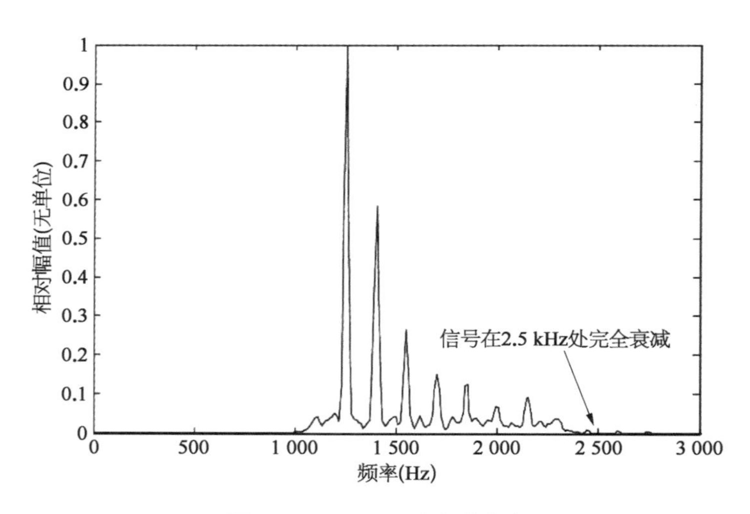

图 19.7　Bell202 功率谱密度

时域上的符号并不重叠，且相邻的符号在过零点连接，以尽量减少截断失真。在频域上并没有看到两个预期的脉冲。这是因为正弦音频与二进制脉冲相乘导致在频域卷积。

信号在 2.5 kHz 处被完全衰减，这有效地定义了消息信号的带宽。

$$m(t)=\sum a_n p_n(t-nT) \tag{19.4}$$

G3RUH 标准是一个基于奈奎斯特脉冲的基带调制方案。它在 HAM 后命名，是 JamesRMiller 别名，他推广了该标准的使用。一个奈奎斯特脉冲是一个在非零整数倍符号周期处值为零的模拟波形。在 G3RUH 方案中，使用了一个“升余弦脉冲”，且数据通过缩放因子 a_n 变换后再进行编码。a_n 必须有 2^m 个不同的值来表示 m 比特。这非常适合于用 DSP 实现，因为接收的波形只需要在 nT 的时间间隔处采样来决定 a_n 的值。式(19.4)所示的消息信号是式(19.5)所示的一般消息信号的一种特殊情况。

$$p(t)=\frac{\sin(\pi t/T)}{\pi t/T}\frac{\cos(\beta\pi t/T)}{1-(2\beta t/T)^2} \tag{19.5}$$

对于 G3RUH 方案，a_n 有两个对称的值 c 和 $-c$，其中 c 是一个标量，且其精确值还并不重要(见 FM 调制一节)。时域升余弦脉冲的公式如式(19.5)所示，频域的表示见式(19.6)。这一类型的脉冲最大好处是其具有“砖墙”形的频谱。

$$P(f)=\begin{cases}T, & |fT|\leqslant\frac{1}{2}(1-\beta)\\ \frac{T}{2}\left(1+\cos\left(\frac{\pi}{\beta}\left(|fT|-\frac{1}{2}(1-\beta)\right)\right)\right), & \frac{1}{2}(1-\beta)<|fT|\leqslant\frac{1}{2}(1+\beta)\\ 0, & |fT|>\frac{1}{2}(1+\beta)\end{cases} \tag{19.6}$$

不同于其他许多奈奎斯特脉冲波形，升余弦脉冲的频谱限定在有限的带宽内，并受单一参数 β 控制。带宽同样取决于信令间隔 T，但是对于 9 600 bps 的传输率，T 要求为 104 μs。图 19.8 画出了两个时移脉冲的模拟波形，图 19.9 画出了对应的频域。两张图的参数都为 $\beta=0.458$，$T=104$ μs，这与 ION2 中将会使用的 PacCommUP9600 的参数相对应。

在图 19.10 和图 19.11 给出了用 PacCommUP9600TNC 对任意二进制数据产生的信号的实际波形和功率谱密度(power spectral density，PSD)。在模拟波形中，我们可以看到许多脉冲乘以对称的缩放因子 c 和 $-c$ 后的和。信号的功率谱密度再次因为在频域卷积一个二进制脉串而失真。在 9 600 Hz 处有一个小冲激。但这并不是消息信号的一部分，因为只是升余弦的一个人为截断，因此它们可以储存在一个查找表中。

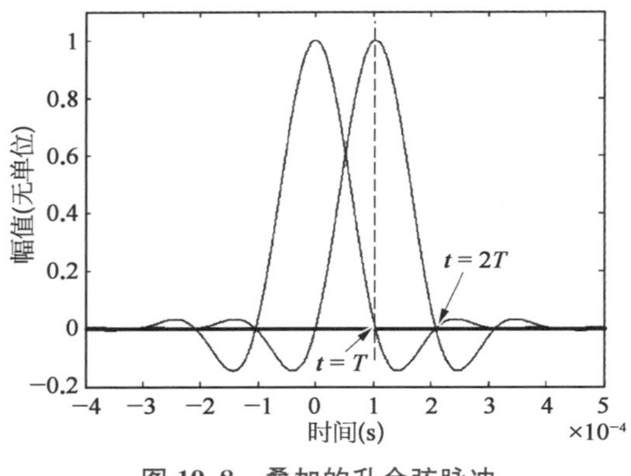

图 19.8 叠加的升余弦脉冲

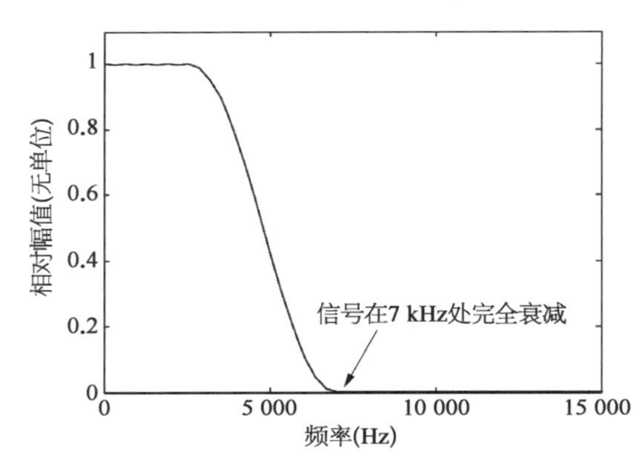

图 19.9 升余弦脉冲的傅里叶变换

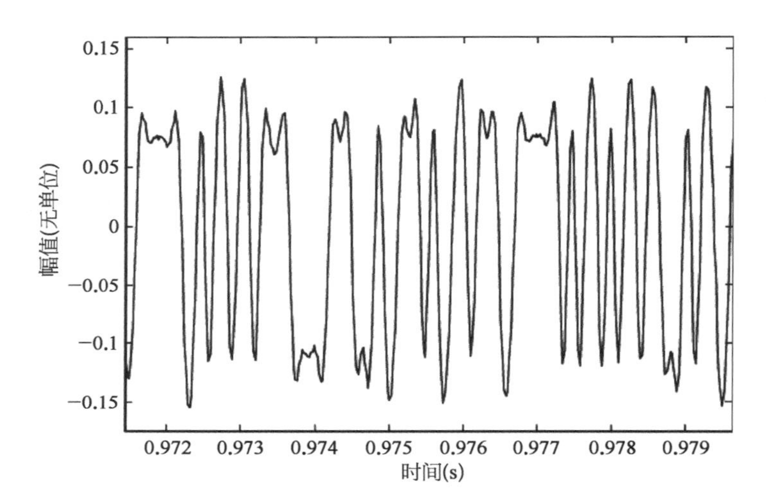

图 19.10 PacCommUP9600 波形

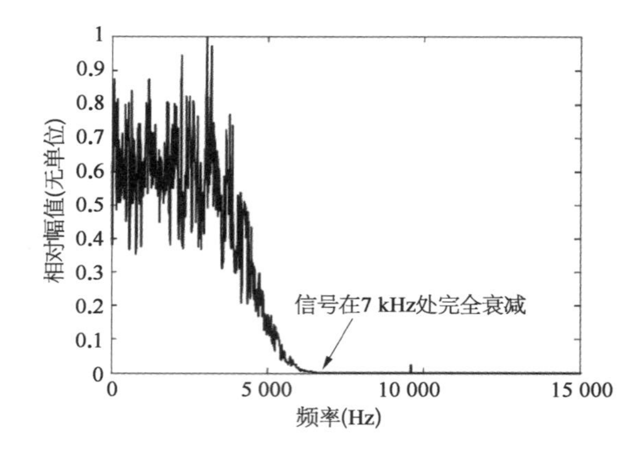

图 19.11 PacCommUP9600 功率谱密度

19.3.2 解调测试

在链路预算概念上,调制器和解调器(或调制解调器)架起了数字域和模拟域之间的桥梁。它们是通信链路的关键所在,且其性能必须被量化以记录一次精确的链路预算。衡量调制解调器的关键是在给定 SNR 下,解调器模拟输入端的误码率(bit error rate,BER)。不幸的是,使用廉价的 COTS 组件的通信系统的缺点是,其 BER 随 SNR 的性能数据往往没有记录或公开。对不同的调制方案,在噪声存在的情况下都有计算 BER 的理论模型。然而,这忽略了那些必然忽略的实现损耗。对于链路预算这一目的,更实用的是直接测试噪声存在的情况下解调器的性能。

AX. 25 协议采用了非纠错校验,因此任何损坏的数据包都会被丢弃。在本测试中,只记录了丢包率,据此,可采用统计分析方法计算 BER。丢包率仍然是更适合描述链路性能的措施。解调器的测试装置是相对简单的。测试装置所需的仅仅是一台带声卡和串口的 PC。数字数据输入到调制解调器,模拟输出的结果通过电脑记录。然后,为了达到给定的 SNR,记录的数据在添加一些噪声后回放给调制解调器。使用 MATLAB 记录数据、添加噪声、回放信号。使用 MATLAB 的 awgn 函数添加高斯白噪声。高斯白噪声是通信信道中典型的建模模型。为了增加 SNR 值,噪声输出被回放 100 次,同时记录丢包率比例。实验装置如图 19. 12 所示。

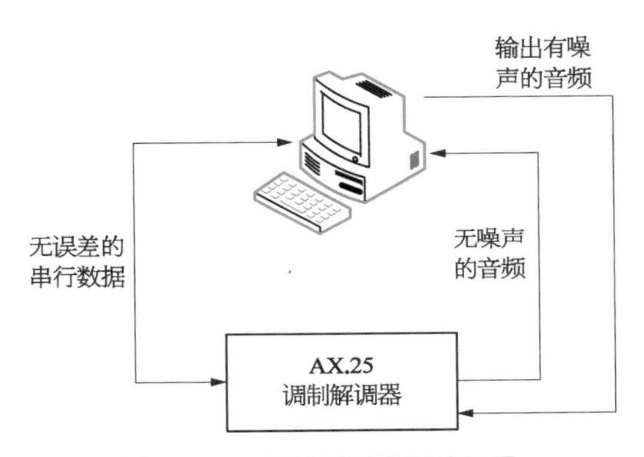

图 19. 12 调制解调器测试设置

PacCommUP9600 和 KantronicsKPC3 的结果分别如图 19. 13 和图 19. 14 所示。对于 PacComm 调制解调器,当 SNR 低于 6 dB 后,其性能下降迅速,且与数据包的长度无关。对于 Kantronics 调制解调器,当 SNR 低于 3 dB 后,其性能下降迅速,且与数据包的长度无关。

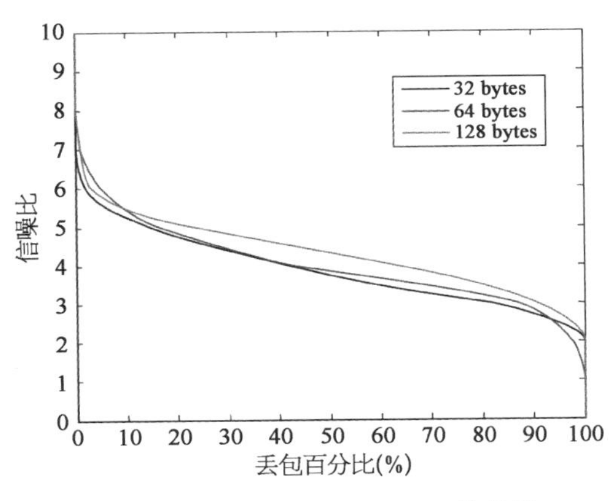

图 19. 13 PacComm 9 600 bps 的性能

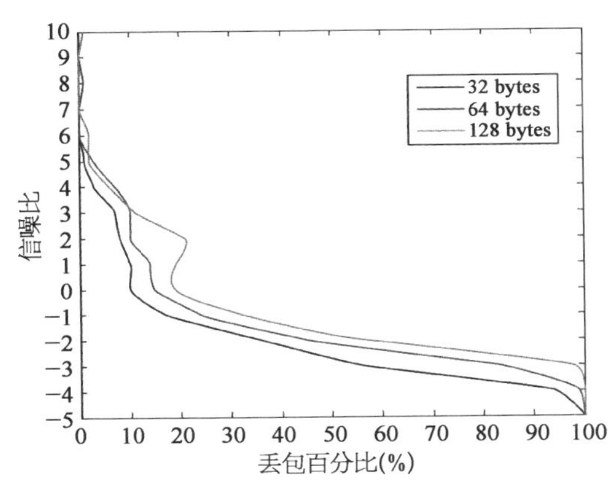

图 19. 14 Kantronics 1 200 bps 的性能

因此，对于一个功能链路，我们把这些信噪比水平设置为射频接收机输出端的最小信噪比。下一步就是给定链路参数，确定接收机输出端的信噪比。

前面测试的噪声带宽为 22.05 kHz，该带宽由声卡给出，其最大采样率为 44.1 kHz，且存在一个模拟滤波阶段，以防止混叠失真。模拟滤波阶段无法进行调整，因此声卡的带宽被定义为测试的带宽。调制解调器通常有一个模拟滤波器以滤除消息信号带宽外的噪声。

采用同样的噪声带宽，我们测试了接收机的基带信噪比输出。即使接收机或调制解调器在一些低于 22.05 kHz 的截止频率处滤除噪声，测试仍然保持噪声为白噪声的有效假设(在恒定频率)。实际输入到解调器的 SNR 可能会有所不同，但实际上测试的总性能为接收机的信噪比输入与丢包率的关系。因此，接收机的信噪比输出和解调器的信噪比输入是一个中间步骤，而只有通过一个特定带宽的信噪比才是重要的。测试的唯一要求就是解调器输入和接收机输出采用相同的噪声带宽来测试，且接收机的噪声输出近似为白噪声。

19.4 FM 调制

19.4.1 FM 调制理论

链路模型的下一级是射频发射机和接收机。为了传输，基带信号被调制到一个载波上，然后被接收并解调回基带信号。正如基带调制解调器一样，有许多可用的调制方案来实现这一目标。本节将从讨论频率调制(frequency modulation, FM)的基本理论开始。在接下来的小节中，频率调制的好处将变得显而易见。

FM 信号的基本形式如式(19.7)所示：

$$s(t)=A\cos\left(\omega_c t+k_f\int_{-\infty}^{t} m(t')\mathrm{d}t'\right) \tag{19.7}$$

其中，$m(t)$ 为由基带调制器产生的消息信号。三个变量完全表征一个 FM 调制器：幅度 A 独立地控制发射信号的功率；载波频率 ω_c (rad/s)是恒定的发射机中心频率；频率偏移常数 k_f 控制发射信号的带宽。

当消息信号 $m(t)$ 为正弦信号时，有几个重要的结论，这些结论通过式(19.8)～式(19.12)几步推导得到。

正弦消息信号：

$$m(t)=A_{\mathrm{m}}\sin(\omega_{\mathrm{m}}t) \tag{19.8}$$

带有正弦消息信号的FM信号：

$$s(t)=A\cos\left[\omega_{c}t+\frac{k_{f}A_{m}}{\omega_{m}}\cos(\omega_{m}t)\right] \tag{19.9}$$

对式(19.10)傅里叶变换：

$$S(\omega)=\pi A\sum_{n=-\infty}^{\infty}J_{n}\left(\frac{k_{f}A_{m}}{\omega_{m}}\right)\delta[\omega\pm(\omega_{c}+n\omega_{m})] \tag{19.10}$$

瞬时频率和最大频率偏差：

$$\omega_{\text{inst}}=\omega_{c}-k_{f}A_{m}\sin(\omega_{m}t)l,\ \Delta\omega_{\text{inst max}}=A_{m}k_{f} \tag{19.11}$$

FM信号带宽的Carson法则：

$$BW_{FM}\cong 2\left(\frac{\Delta\omega_{\text{inst max}}+\omega_{m}}{2\pi}\right)=2\left[\frac{A_{m}k_{f}}{2\pi}+BW_{m(t)}\right] \tag{19.12}$$

最重要的是式(19.10)和式(19.12)。在傅里叶变换公式中，$J_n(x)$是第一类一阶贝塞尔函数。Carson法则定义了一个有效的FM信号带宽，包含了98%的信号功率。Carson法则通过将ω_m设置为带限非正弦消息信号最高的频率分量，从而扩展到适用于非正弦信号。对非正弦信号，其频率偏差同样被A_mk_f控制，其中A_m为消息信号的最高幅值。

19.4.2　立方星FM调制的优势

频率调制的几个重要特征使得其很适合用于立方星的通信系统。首先，FM信号的功率由信号的幅值A控制，消息信号和其他参数对功率没有影响。即便没有消息信号，FM信号也以恒定的功率发送。这使得发射功率可以独立地调整至一个最佳值而不用考虑到其他因素。这并不适用于消息信号直接影响发送信号功率的幅度调制信号。

其次，如果用于信号发射的带宽比需要的带宽更大，FM解调器能获得信噪比性能的提升。发射信号的带宽由Carson法则给出。发射信号的带宽由A_mk_f和消息信号带宽$BW_{m(t)}$控制，消息信号的带宽由基带调制方案预先决定。因此，信号带宽和信噪比的提升可以通过调整k_f或A_m中的一个来控制。对于FM系统而言，一个经验法则是，当其他变量保持不变时，最大频率偏差A_mk_f每增加一倍，解调器的信噪比输出以6 dB的因子增加。

再次，FM接收机对多普勒频移引起小的调谐偏差不敏感。图19.15给出了一个理想FM接收机的框图。输出$m'(t)$将只是原来$m(t)$的一个缩放版。这可以从考虑微分器、包络检波器和直流模块对带有一定调谐误差的FM信号的影响中看出。

为体现这一点，图中给出了经过框图每一级后的信号形式。唯一的限制是，多普勒随时间变化的速度要远慢于消息信号，才能使$\Delta\omega_d$项被直流模块移除。ION多普勒频移的最大变化率仅为147 Hz/s，满足这一假设。

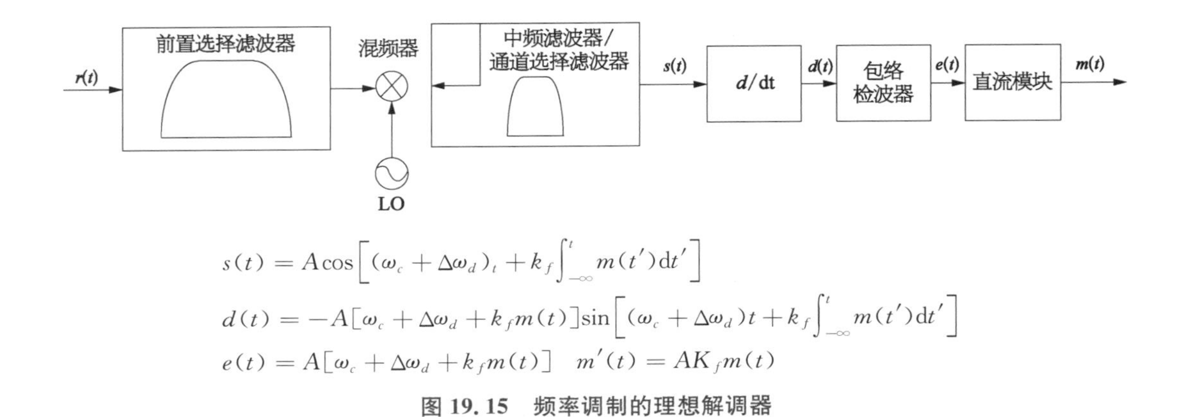

$$s(t)=A\cos\left[(\omega_c+\Delta\omega_d)_t+k_f\int_{-\infty}^{t}m(t')\mathrm{d}t'\right]$$
$$d(t)=-A[\omega_c+\Delta\omega_d+k_f m(t)]\sin\left[(\omega_c+\Delta\omega_d)t+k_f\int_{-\infty}^{t}m(t')\mathrm{d}t'\right]$$
$$e(t)=A[\omega_c+\Delta\omega_d+k_f m(t)]\quad m'(t)=AK_f m(t)$$

图 19.15 频率调制的理想解调器

19.4.3 调制器对齐

再次采用商用现货设备的缺点是制造商文档没有提供系统的基本参数。在 FM 无线发射器案例中，k_f 必须已知以计算信号带宽。为了计算或调整这一数值，采用了一个称为“对齐”的流程。考虑式(19.10)是一个调制有正弦消息信号的 FM 信号的频域表示。其射频频谱由脉冲组成，这些脉冲以 ω_c 的中心频率分布在输入频率 ω_m 的整数倍间隔处，且经过第一类 n 阶贝塞尔函数的缩放。图 19.16 给出了一个例子，采用一个信号分析仪对一个 7 kHz 的正弦消息信号进行分析。贝塞尔函数参数看成是一个 $A_m k_f/\omega_m$ 的参数，可以通过调整这一参数使贝塞尔函数变为 0。使几阶贝塞尔函数为零的对应参数如表 19.3 所示。

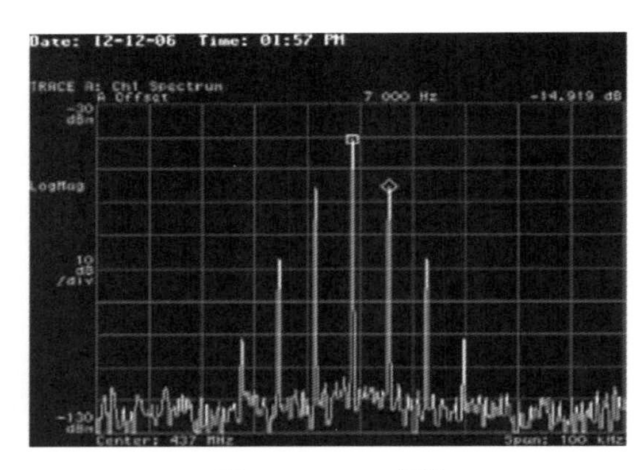

图 19.16 FM 频谱

为了计算 k_f，发射机的基带输入采用一个函数发生器驱动，射频输出被送入到一个信号分析仪。

表 19.3 贝塞尔

阶数 n	0	1	2	3	4	5
Zero1	2.404 8	3.831 7	5.135 6	6.380 2	7.588 3	8.771 5
2	5.520 1	7.015 6	8.417 2	9.761	11.064 7	12.338 6
3	8.653 7	10.173 5	11.619 8	13.015 2	14.372 5	15.700 2
4	11.791 5	13.323 7	14.796	16.223 5	17.616	18.890 1
5	14.930 9	16.470 6	17.959 8	19.409 4	20.826 9	22.217 8

然后，调整幅值 A_m 和频率 ω_m 直到第 n 个脉冲在频域变为 0。对于合适的脉冲和过零点，k_f 可以通过使 $A_m k_f/\omega_m$ 等于表 19.3 中的值来求解。几个数据点应该在整个频率和幅度上进行收集，因为在实践中，k_f 实际上对输入频率是弱相关的。

对于地面站无线电和卫星无线电，k_f 分别被定为 78.19 Hz/mV 和 76.16 Hz/mV。此范围内的值通常是通过商用可购的收发机实现。对于这些无线电，k_f 是不可调的，但是从调制解调器输出的幅值是可调的。使用式(19.11)调整幅值以使每个无线电最大的偏差为 3.5 kHz。使用式(19.12)的 Carson 法则，这对应于带宽为 12 kHz 的发射信号。对于 ION2，偏差将会调整为 2.5 kHz 的最大偏差，且发射信号的带宽为 19 kHz。这些信号带宽对业余波段相应的数据传输率而言是典型的。

19.4.4 解调器测试

射频解调器的输入信噪比和输出信噪比之间存在一定的关系。输出信噪比决定了基带解调器的性能。信噪比输入-输出的关系存在理论模型，但同样，实际的实现会带来显著的影响。制造商文档常常给出一个最低的无线电测量灵敏度，但这只是多维性能之外的一点而已。本文使用了一个直接测量的方法来确定这一关系。

使用一个具有频率调制功能的射频信号发生器来驱动接收机，在测试中，输入信噪比与输出信噪比之间的关系通过使用一台电脑来抓取并分析接收机基带输出进行测量。实验装置如图 19.17 所示。该测试中，有三个维度可以变化：映射到输入信噪比的信号发生器功率级；最大偏差(由 k_f 和 A_m 产生)及正弦消息信号的频率。最大偏差定为了 3.5 kHz，因此，这一参数将在整个测试过程中保持为常数。

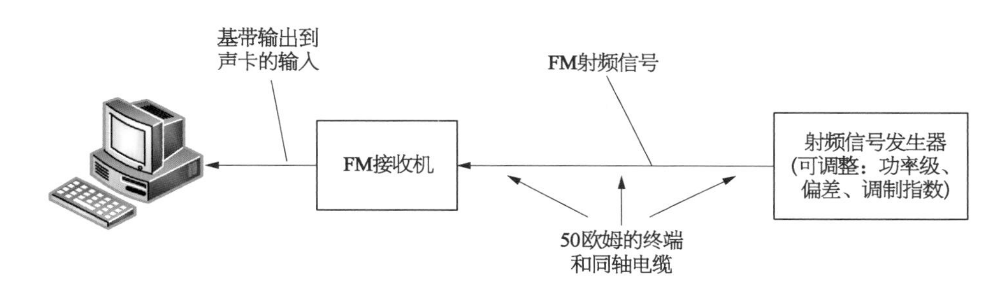

图 19.17　调频接收测试设置

电脑运行一个 MATLAB 脚本来记录 5 s 的接收机输出，并使用用户的输入来指定正弦消息信号频率。该脚本随后计算许多重叠窗口段的快速傅里叶变换(fast Fourier transform，FFT)并计算接收机输出信号的平均 PSD。

基于用户输入的频率，该脚本分别累加信号和噪声功率的 FFT 井，并计算 SNR。描述该过程的基本流程如图 19.18 所示。使用了一个 4 096 点，旁瓣衰减设置为 120 dB 的切比雪夫窗。

射频信号发生器用于模拟噪声信号，但是发生器自身并没有加性噪声的功能。相反，

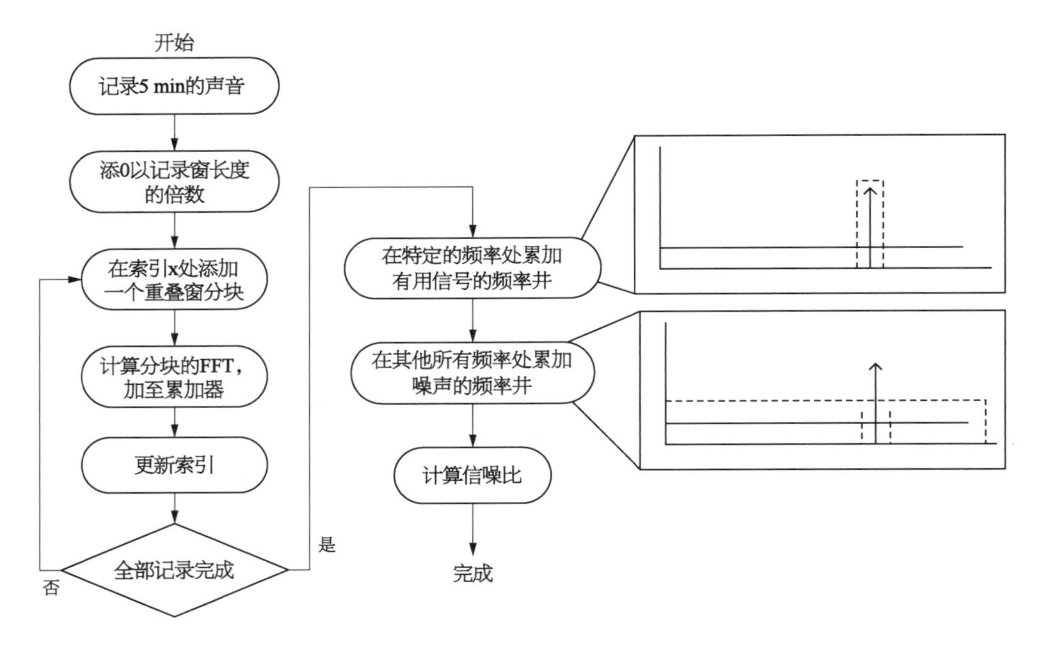

图 19.18 接收机信噪比测试脚本

其功率输出下调至接近最小值，且该射频发生器源的终端阻抗被用作热噪声源。连接的同轴电缆很短，且假设是无损的。

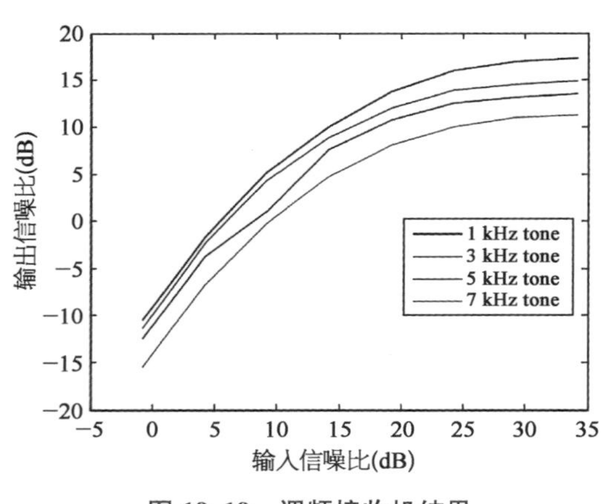

图 19.19 调频接收机结果

由于两个原因，使用信号发生器作为热噪声源是一个非常保守的近似。首先，信号发生器是一个真正的“热”噪声源，其噪声由活跃组件产生，因此，噪声输出会高于热噪声最小值。其次，输出信号功率必须降低至接近热噪声最小值，因此，接收机产生的热噪声也将使性能降低。输入噪声功率通过式(19.14)计算，噪声带宽设置为接收机通道带宽，温度为 290 K。地面站 Icom910H 收发机(30 kHz 带宽)的测试结果如图 19.19 所示。信噪比随着频率的增加呈下降趋势。这是因为一个频率调制的消息信号在较高的频率上对噪声更敏感。然而，消息信号最高频上的输出信噪比将被作为整个频带上接收机输出的信噪比，这是另一种保守近似。结果表明，接收机的输入信噪比必须至少为 9 dB，以获得至少 3 dB 的输出信噪比，这对于 1 200 bps AFSK 调制的解调性能而言是可接受的。ION 卫星侧的收发机采用同样的方式进行了测试，且有非常相似的性能。结果列在了链路预算的电子表格中(表 19.4)。

表 19.4　传输线损耗测试及结果

序　　号	SWR	损耗(dB)
1	1.592	−6.41
2	1.173	−0.35
3	1.97	−0.49
	NA	−7.25

19.5　传　输　线

19.5.1　传输线理论

通信链路的传输线(transmission line，TL)部分携带了收发器和天线之间的射频信号。在通用通信系统内，传输线也包含无源内联器件，在 Rx 侧有时还有一个前置放大器。在传输线的输入和输出之间，信号由于电阻损耗和阻抗不匹配反射后经历损耗。如果存在一个前置放大器，则信号功率将会经历增益，但也可能在前置放大器的输入和输出端产生阻抗不匹配损耗。

前置放大器只在接收阶段才有效；因此，在传输阶段就像另外一个无源内联器件。在图 19.20 中，给出了计算一个源、负载和传输线段阻抗不匹配损耗和阻抗传输线损耗的公式。源、负载和传输线在操作频率上都有一个复阻抗 Z。传输线在操作频率上有一个损耗正切，这决定了每个单位长度的电阻损耗。正如图 20.20，通过用虚线把段连接在一起，图 19.20 的公式可以扩展到一个更复杂的，包含许多段和众多内联设备的系统中。如果内联设备在接收模式下是一个前置放大器，那么损耗因子(<1)实际上是增益(>1)。

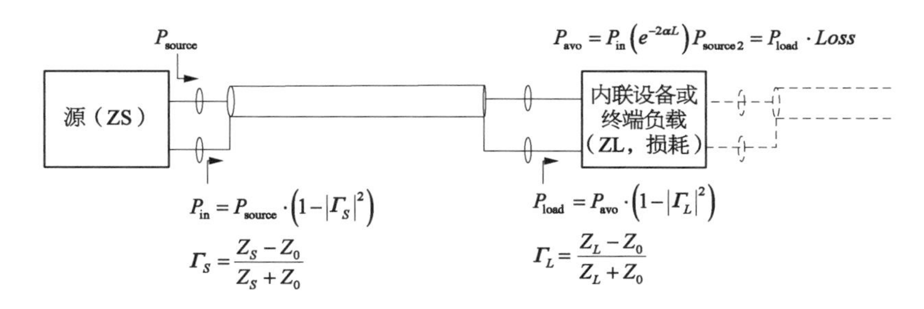

图 19.20　传输线理论框图

19.5.2 传输线测试

在预期发射前，ION 地面站用新的同轴电缆（传输线）进行了短暂升级，因为旧的电缆被雨水损坏。使用的新电缆是 Belden9914RG8/U50 欧姆的同轴电缆。由于发射日期的接近，电缆和内联设备在没有任何测试的情况下完成了安装。一旦电缆和内联设备被安装，测试就开始执行，以确保传输线给天线输送预期的功率。

但是，因为电缆是永久安装的，电缆和内联设备的损耗和电阻不匹配不可能直接测量。因此，使用驻波比（standing wave ratio，SWR）测量方法来计算总的损耗和天线输入端的反射。

SWR 是传输线上最大和最小电压或电流幅度之比。对于一个被有任意阻抗的负载封端的传输线，它可以用于计算损耗正切 α 和反射系数 Γ，也可以用于确定收发机输出端的发射损耗。SWR 是在地面站内部测量的，在收发机和同轴传输线之间的节点上进行。测量按以下三种情况进行：① 传输在与天线的节点处短路；② 传输线连接到天线；③ 输入到收发机。前面的两种测量用于解决两个未知数，传输线阻抗损耗（α 与 d 之积）和天线反射损耗（Γ_{ant}）。使用式（19.13）得到的结果如表 19.4 所示。距离 d 被看作是到负载的距离，对于前两种情况，d 为 L，对于第三种情况，d 为 0。对于短路负载而言，反射系数从传输线理论可知是已知的且为−1。对于同轴电缆和天线，总损耗与制造商文档的完全吻合。后面用了一个功率计来直接测量整个电缆的功率损耗。其表明 SWR 测量的精度在 1%以内，总损耗 7.25 dB 意味着 81%的功率在传输线端到端的连接中丢失了。这似乎是不可接受的，但是对于长电缆，即便是高质量的同轴电缆这也是不可避免的。

$$\begin{gathered}\text{SWR}(d)=\frac{1+|\Gamma_L|\mathrm{e}^{-2\alpha d}}{1-|\Gamma_L|\mathrm{e}^{-2\alpha d}},\ \Gamma_{\text{Short}}=-1\\ \text{Loss(dB)}=10\log(1-|\Gamma_L|^2)=10\log(\mathrm{e}^{-2\alpha d})\end{gathered}\tag{19.13}$$

使用 SWR 方法来计算传输损耗做出的唯一假设是无源内联器件与电缆阻抗匹配完好。在短路和加载的情况下，如果满足这一假设，则每一个内联设备的反射是很小的，且对 SWR 读数的影响是微不足道的。然后，内联设备的反射和阻抗损耗被添加到电缆损耗中，且使其持续更长的时间，并加入总损耗。如果设备不完全匹配，则在一个特定的内联设备上，反射将会占主导，且 SWR 测量值仅在该设备的输入端才有效。

19.5.3 前置放大器

在信号的接收段，前置放大器会放大所接收的信号，以克服在传输线上产生的噪声。对于总信号增益，前置放大器可以放置在线的任何地方，因为增益和损耗因子是可以互换的。但是，噪声的考虑决定了前置放大器被放置在尽可能靠近天线馈点处，以最大化无线输入端的信噪比。ION 地面站的前置放大器是一个 IcomAG－3 570 cm 波段的前置放大器。使用 AgilentN8973A 噪声系数分析仪对其进行了测试，在 70 cm 波段上的测试结果如图 19.21 所示。AG－35 在 437.505 MHz 上的增益为 15.3 dB，噪声系数为 2.9 dB。

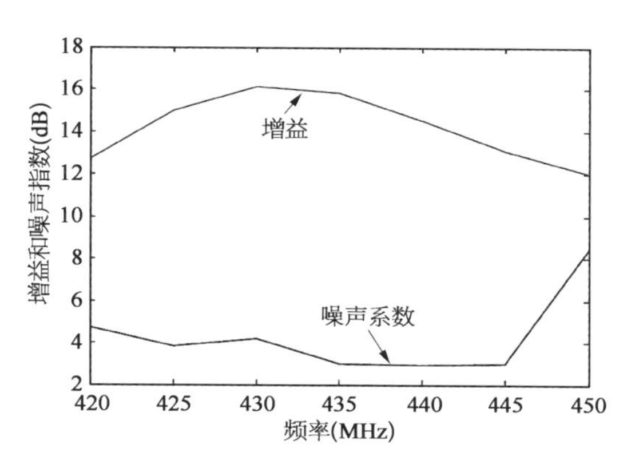

图 19.21　增益和噪声

19.6　天　　线

19.6.1　定向增益

天线最常见的测量就是增益。这意味着是信号增益在各方向上的最大值。一个常见的误解是,天线在某种程度上增加了信号功率,就好像是一个有源器件,天线是一个无源器件。如果一个理想的天线被封闭在一个球体,通过球体辐射的功率将等于输送到天线馈点处的功率。定向天线增益是由于能量集中发向一个特定的区域并远离其他地方时产生的。总增益在所有方向的平均值为 0 dB。定向增益的计算公式如式(19.14)所示。P_{ant} 是输送到天线的功率,$P_R(\theta_{\max},\ \phi_{\max})$ 是对任何单点辐射的最大功率。天线理论的一个重要概念是互易,其指出一个天线的接收和发射模式是完全相同的。这使得完全可以用一个辐射图表征天线的发射和接收。

$$G_{\max}=\frac{4\pi\langle P_R(\theta_{\max},\ \phi_{\max})\rangle}{P_{\text{Ant}}} \tag{19.14}$$

另一点混淆来自增益的参考电平。通常,一个天线的增益用 dB 表示,它是相对于一个偶极子天线定向增益的参考值。偶极子天线的定向增益为 2.15 dBi,其中 dBi 相对于一个各向同性辐射体。各向同性辐射体是一个在所有方向上的等功率辐射的虚构天线。因此,以 dBi 为单位的总增益等于以 dBd 为单位的增益加上 2.15 dB。

在记录一个链路预算的过程中,最大增益通常被列在表格,然后从最大增益中减去指向误差损耗。辐射图通常也是以归一化最大增益的方式表示,因此,角度远离最大增益被视为损耗。地面站和卫星天线都将有一个指向损耗,因为它们并不总是以最佳的方向指向对方。确定精确的指向损耗是很难的,并且通常其中一个必须依靠使用最差的场景。

从运载火箭弹射或姿态控制系统(attitude control system, ACS)失败后,立方星将随机翻滚。在随机旋转的情况下,任何辐射图都将随着时间的推移而达到各向同性辐射模式的平均值。这对记录一个立方星的链路预算而言,是一个很有用的近似。通过用卫星的定向增益减去指向损耗达到总的 0 dBi,链路应该被设计成即使在没有姿态控制的情况下也能正常工作。

19.6.2 极化

天线的下一个重要参数是极化。极化指的是组成一个传播的 EM 波的电场分量的指向和相对相位。有三种形式的极化:圆极化、椭圆极化和线极化。仔细观察会发现,线极化和圆极化只是椭圆极化的一个特例而已。考虑图 19.22,给出了两个 90°相差的正交电场。如果 E_1 和 E_2 相等,则该电磁波为圆极化(CP)。如果 E_1 和 E_2 不相等,则该电磁波为椭圆极化(EP)。如果波是传入页面,则该电磁波为右手极化(right-hand polarization, RHP),如果波是传出页面,则电磁波为左手极化(left-hand polarization, LHP)。如果 E_1 或 E_2 为 0,则该电磁波为线极化(linearly polarized, LP)。

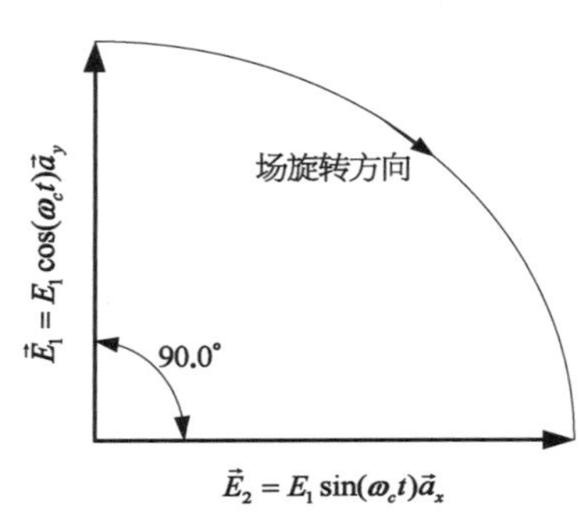

图 19.22 电场极化

通信和广播卫星通常使用极化来隔离同频信道,以使单位带宽内的数据吞吐量有效加倍。这可以通过使用垂直和水平指向的线极化波或使用左手圆极化和右手圆极化波来完成。对一个单频全双工链路而言,这似乎是立方星隔离上下行链路通道的一个有吸引力的选择。

但是,这存在几个主要的问题。当从对侧看发射天线时,一个圆极化天线将会产生一个不同方向的场旋转。这导致在天线被翻转 180°时,传播的波将改变其左右手特性(LHP 和 RHP)。例如,从纸的背面观察图 19.22,并注意场的旋转方向现在是逆时针方向。因此,如果卫星发生翻滚,地面站必须能在卫星飞行的状态下切换发射和接收天线的极化模式。对于线性极化方案,为了充分隔离通道,接收和发射天线的正交线性元素必须近乎完全对齐。在仅仅 20°的错位下,隔离就降低至 8.8 dB。这要求卫星有优异的姿态控制系统,或地面站采用线性极化天线,以重新定向,从而匹配来自卫星的信号。线性极化方案更复杂的是法拉第旋转现象。

为了避免这些不必要的复杂性,线性-圆极化方案是最简单也是最有效的。卫星使用线极化天线,地面站使用圆极化天线。选择一个 LHP 或 RHP 的地面天线是不重要的。这允许卫星可以有任何的指向,而不会有极化效应中断链路。此外,卫星和地面站只需要使用一个天线即可。这一系统用于 ION 的天线系统。地面站的圆极化天线将对在任何指向上的线性信号保持相同的敏感性。卫星的线极化天线可以处在任何指向上,同样,其将对圆极化波保持相同的敏感性。这是互易的另一种表现形式。唯一的缺点是,在线性

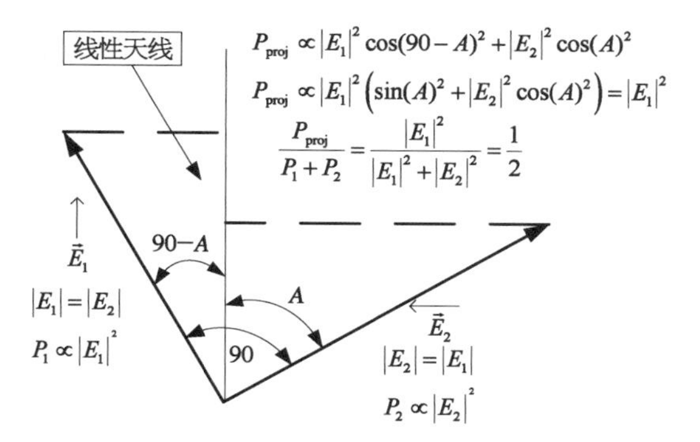

图 19.23　圆极化到线极化的极化损耗

和圆极化天线之间存在一个 3 dB 的极化损耗(见图 19.23 的推导)。这在上行链路和下行链路中都会发生。对于简化天线带来的好处而言,该损耗是值得。对卫星的特定指向而言,辐射图可能会很弱,但这会在链路预算的断点损耗计算中得到解决。

在圆极化天线中,椭圆率是一个在文档中经常提到的参数。它指的是椭圆和理想圆之间的偏差。指定了沿着椭圆长轴的功率增益和沿着椭圆短轴的功率损耗,通常是分贝或比例的形式。当接收天线是一个线极化天线时,在线极化天线与椭圆长轴平行的情况下,椭圆率被看作是最坏情况下的损耗。

19.6.3　ION 卫星天线

鉴于前一节的考虑,ION 选择了一个线极化的天线。在众多类型的线极化天线中进行选择的主要的考虑因素是辐射图。由于姿态控制系统存在不确定性,要在卫星不稳定的情况下进行通信,高全向图是一个可取的方案。一种最简单的近似全向设计是采用一个半波中心馈电线性偶极子。在 437 MHz 下,天线部件小于 20 cm,是立方星长度的 2 倍,简化了部署机制。半波偶极子天线理想的归一化辐射图如图 19.24 所示,图中也给出了描述该天线的公式。注意,该图只是一个二维剖面,三维图是围绕偶极子径向对称的。沿着偶极子天线分布的电压和电流如图 19.25 所示。馈点处的电流值最大,且在同方向移动,对于一个天线组件,这要求其在馈点处的电流需移相 180°。

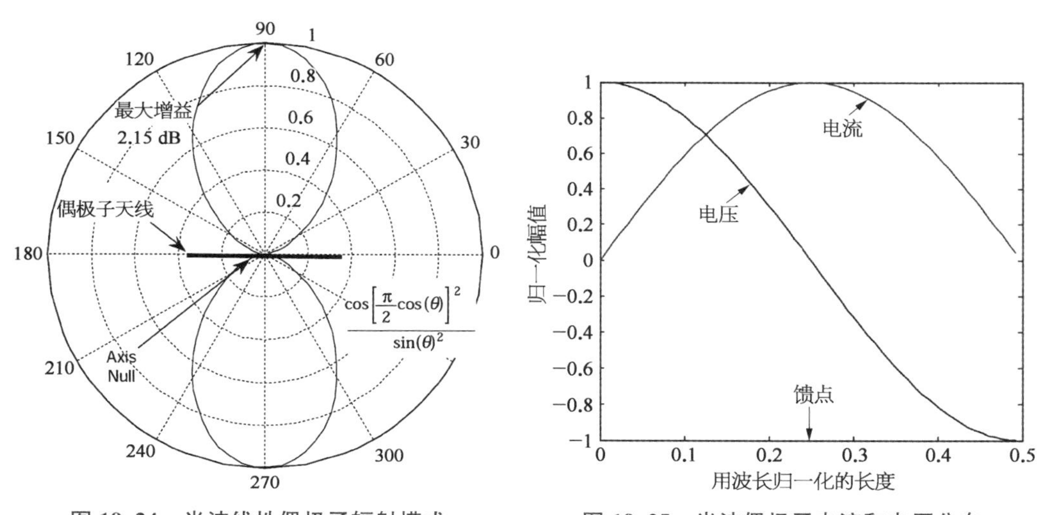

图 19.24　半波线性偶极子辐射模式　　图 19.25　半波偶极子电流和电压分布

理论上,偶极子天线的最大的增益为 2.15 dBi,且在垂直于偶极子轴的平面上是恒定的,该平面穿过偶极子天线的中点。ION 的偶极子天线将会与天底面平行。为了计算指向损耗，存在两种情况。如果卫星处在翻滚状态，假设随着时间的推移辐射图变成了各向同性。因此，对于一个 0 dB 的总定向增益，指向损耗为－2.15 dB。如果卫星在天底方向（朝向地心）是稳定的，最差的情况是，天线指向图 19.1 中的三角形平面。离最大增益方向处的指向损耗角同样列在了图 19.1 的表中。为了确定指向损耗，在离最大增益处的角度相对应的角度下的辐射图下（即，90°的 PL；注意，图 19.24 中 θ 的单位为弧度），求解公式。在 10°仰角下，计算出的最大指向损耗为－9.41 dB，且如果卫星在天底方向是稳定的，指向损耗随仰角减小。

卫星天线系统包含功率分配反相器 IC（TeleTechDX22－27），是一个使用微带线的两层电路板机架 IC 以及钢材天线组件。该电路板的电介质是由 Rogers 公司的 RT/Duriod6002PTEE 包铜接地面复合材料（$\varepsilon_r=2.94$）构成。铜包层由制造商推荐，用于太空热环境。给定 0.762 mm 的介质厚度以及 437.505 MHz 的操作频率，使用 CAD 软件计算微带线宽度。计算出的宽度结果为 1.9 mm。天线电路板的尺寸由其在卫星上的位置决定。反相器 IC 放置在连接点和天线组件的中间，到 IC 的馈点放置在与收发机距离最小的地方。天线组件被切成 1/4 波长（频率为 437.505 MHz）的切片。它们仅使用焊料和环氧树脂来加固连接。

最后一步是把天线馈点连接到网络分析仪，并向下微调天线组件直到 SWR 表明匹配良好。使用精确的 1/4 波长组件得到 73 Ω[5] 的辐射阻抗；这将会有 0.15 dB 的反射损耗。该反射损耗是可接受的，但是可以通过略微缩短天线组件加以改善。ION 天线最终的 VSR 为 1.04，这意味着有很好的匹配及可忽略不计的反射损耗。SWR 与频率的关系，以及天线方向图的测试结果如图 19.26 所示。天线方向图是在最大增益面测试的，以测试卫星体可能对辐射图带来的影响。卫星体稍微扭曲成了原来统一的模式。

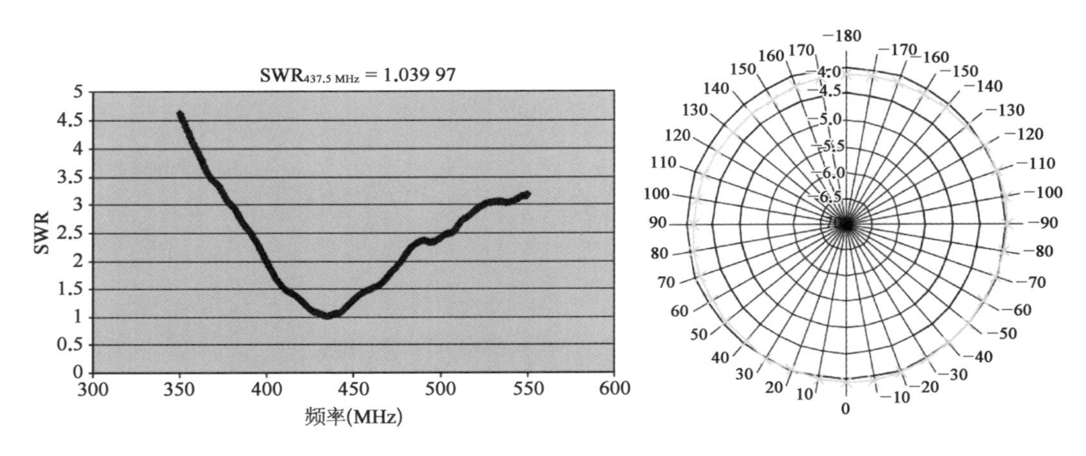

图 19.26　ION 天线测试结果

19.6.4　ION 地面站天线

地面站天线是一个来自 M2 天线系统（436CP42U/G）的圆极化高定向增益 Yagi 天

线。它具有 18.95 dBi 的总增益和一个窄的 21°的－3 dB 波束宽度。制造商文档给出的辐射图如图 19.27 所示。这又是一个一维剖面，且围绕 0～180°的轴径向对称。该图是典型的高定向增益 Yagi 天线，并且很适合于立方星地面站。一个高增益的地面站天线允许立方星使用一个低增益天线以很低的功率发送信号。典型的立方星发射机功率在 2±0.5 W 之间(大致与一个圣诞树灯泡输出的功率相同)。这是至关重要的，因为立方星的发电量是非常有限的。前文已经讨论过了选择一个圆极化天线的理由。

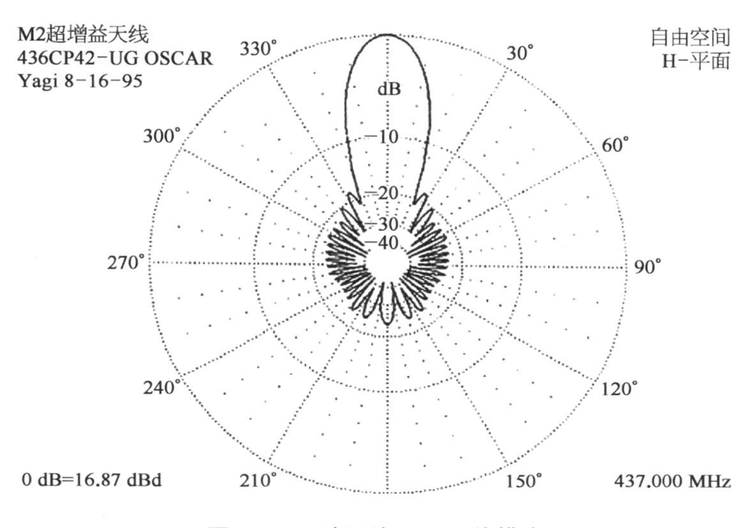

图 19.27　地面站 Yagi 天线模式

地面站部分的指向损耗是三个误差之和：① 天线旋转器的对准误差估计为 2°；② 旋转器的机械精度在 M2 旋转器的文档中给出的是 1°；③ 跟踪软件误差，使用精确星历数据可以使这部分小误差忽略不计。累加并舍入地面站的指向误差得到一个 5°的最大指向误差估计。基于该辐射图，指向误差导致的指向损耗为－1 dB。

19.6.5　天线旋转和校正

因为波束宽度极窄，在卫星过顶时，地面站天线必须定位在指向卫星的地方。这需要使用机械旋转器。旋转器应准确可靠。ION 地面站旋转器也是由 M2 提供，且到目前为止，该旋转器被证实是非常可靠和精确的。在商用可购的旋转器设备中，通常有两种方法来确定转子位置：一个带有脉冲计数器的开关或一个与模数转换器耦合的模拟电位计。在与其他设备进行的实验中，得出电位计方案是很有问题的。电阻会随着环境条件而变化，且必须经常校准。脉冲计数方案更加准确和可靠。此外，带有涡轮传动机制的旋转器往往更加机械牢固。

为了校正天线转子的位置，最简单的是利用夜空中的天体。大多数的卫星跟踪软件也能够高精度地跟踪月亮、行星和恒星。选择一个在你的地理位置很容易看到的天体，通过沿着吊杆瞄准，把天线吊杆指向天体。然后，利用由跟踪软件计算得到的天体方位角和仰角位置来获得天线旋转器的参考位置。对于ION的地面站，我们用Nova跟踪软件和月亮来校准我们的天线，因为有太多的光污染以至于无法看到很多其他的天体。在此过程中，基于月亮的视角，我们估计误差不会超过2°，大约为0.5°。

另一种校正的方法是利用北极星，它不需要任何跟踪软件。当然，这只能在北半球起到作用。北极星是比较明亮的，并且可以简单地分辨出其是小北斗星星座尾部的最后一颗星。地球的旋转轴几乎直接（目前是偏离0.7°）指向北极星，所以它直接以0°的方位角通过北极。在你所在地理位置的地平线上，北极星的仰角正好是你坐标的纬度（±0.7°）。因此，通过北极星，仰角和方位角可以校准得非常精确。

19.7 噪　　声

19.7.1 噪声理论

在任何通信链路中，噪声都是一个限制因素，并且为了便于记录链路预算，必须将其量化。接收机输入端的信噪比决定了基带解调器输入端的信噪比，这反过来又会决定误比特率或丢包率。现在，必须计算出接收机输入端的信噪比。

在通信系统中，噪声通常看作是一个有效的输入温度。这样处理的目的是将所有的噪声源都看成是一个噪声电阻，并将所有噪声源视为系统的输入。当噪声被视为输入时，系统就可以看作是一个在输入端加了噪声电阻的无噪声的系统。当所有的组件都看作是两端口网络时，仅仅需要4个公式来量化系统噪声。每个两端口网络都有一个与之对应的有效输入温度和增益（或损耗）。如果它是一个无源衰减两端口网络，如一条传输线，则其有效输入温度可由式（19.15）～式（19.18）描述，其中 T_0 是衰减器的物理温度，L 是损耗。

热噪声可以从电阻获得：

$$N_{\text{avo}} = kT_eB \tag{19.15}$$

无源衰减器的有效温度：

$$T_e = T_0(L-1) \tag{19.16}$$

噪声系数-有效温度转换：

$$NF = 10\log_{10}(1 + T_e/T_o) \tag{19.17}$$

Friis级联公式：

$$T_e = T_1 + \frac{T_2}{G_1} + \frac{T_3}{G_1 G_2} + \cdots + \frac{T_n}{G_1 G_2 \cdots G_{n-1}} \tag{19.18}$$

如果是一个有源器件，如前置放大器，则其噪声系数必须已知并通过式(19.17)转换为有效的输入温度，其中 T_0 仍然是物理温度。当两端口网络以串联的形式级联时，总的有效输入温度通过式(19.18)或 Friis 公式给出。有效的输入噪声可以通过式(19.15)转换为噪声功率。该公式说明，噪声功率可以通过一个噪声电阻以温度 T_e 通过一定的带宽 B 获得，该带宽通常是接收机通道选择滤波器的带宽。

除了它的有效温度是由噪声接收量决定外，天线同样被视为是一个噪声电阻。当一个天线被连接至系统的输入端时，它被建模成一个噪声电阻与模拟系统噪声(参考输入)的假噪声电阻串联。串联电阻的有效温度是对所有有效输入温度的累加。天线也接收有用信号，且其信噪比可以在天线的输出端确定。接收机输入端的信噪比将会是一样的，因为在整个传输线上，信号和噪声都将经历相同的增益和衰减。

19.7.2　天线噪声

接收天线可以接收三种噪声源：① 来自太空的天电噪声，频率范围在 50 MHz～4 GHz 的是星际起源的噪声；② 由任何温度为非 0 的物体产生的热黑体辐射噪声；③ 由多种来源产生的人为干扰。

地面站天线主要只接收天电噪声。选择 10°的最小仰角，21°的天线波束宽度，因此只有 0.5°的天线方向图将以 10°的仰角接收地面噪声源。因此，对地面站天线而言，地面噪声源可以忽略不计。地面站天线接收的天电噪声是在银河系中产生的星际噪声。图 19.28 显示了在一个宽的频率范围内的有效天线温度。在 50 MHz～4 GHz 的范围内，它给出了一个每日最低和每日最高的值，因为地球每天两次旋转通过银道面时会在此处产生星际噪声。在保留使用最坏情况下的链路预算时，每日最大值将被作为天线温度使用，在 430 MHz 时对应的温度为 200 K。

卫星天线将同时接收地面噪声源和星际噪声。地面噪声源包含来自地球表面的热黑体辐射和人为噪声源。来自地球的热黑体辐射的描述如式(19.14)所示，其中 T_0 为地表

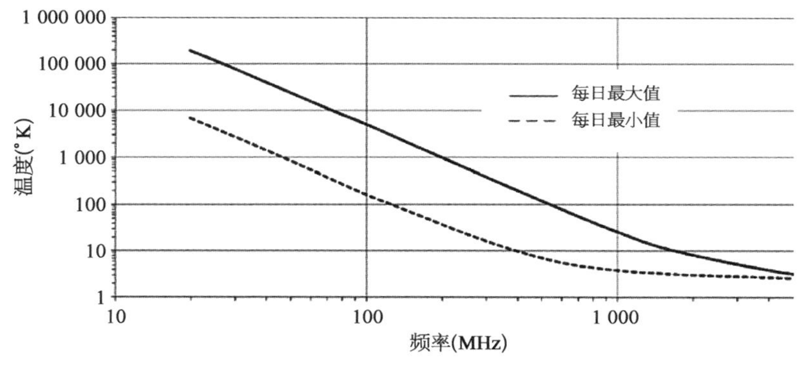

图 19.28　天线温度

的平均温度。人为噪声源和干扰将会使地球表面的体感温度升至 $T_0 + T_h$，这里使用了一个 300 K 的估计值(在 287 K 的平均表面温度上加 13 K)。为了确定卫星天线的有效噪声温度，必须对天线"看到"的所有噪声源进行加权平均。每个源的权值由天线辐射图决定。对线性偶极子天线而言，是很简单的，因为它有一个径向对称模式，且在低地球轨道上，它将"看到"等量的天空和地球。因此，卫星天线温度为 1/2(300 K + 200 K) = 250 K。

19.7.3 噪声计算

地面站系统被建模成图 19.29 所示的两端口网络串联模型，图中也给出了第 19.9.1 节中描述的计算结果。

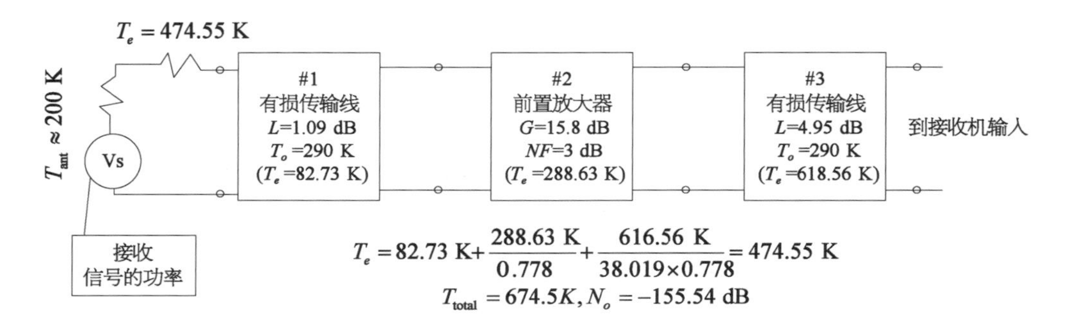

图 19.29　地面站两端口噪声计算

地面站组件的物理温度估计为标准温度：290 K。主要的结果是总的有效温度，因为它描述了噪声功率可以在天线的输出端获得。

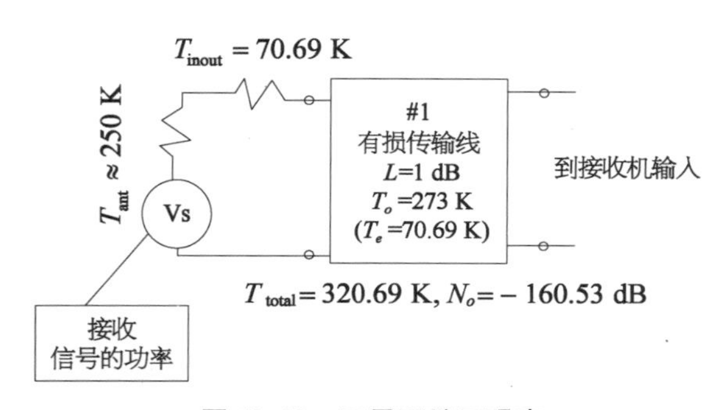

图 19.30　卫星两端口噪声

卫星系统被建模成一个单一的两端口网络，如图 19.30 所示。图中同样给出了噪声的计算结果。该单一的两端口网络是在收发机和天线之间的有损传输线。该传输线的长度极短，且损耗不超过 1 dB。该传输线的温度估计最高可以达到 273 K，因为它既不是一个发热装置，也不会直接暴露在太阳下。

在计算中，无处不体现天线的定向增益或实际阻抗的重要性。我们也假设天电噪声是空域不变的，这显然是不正确的，但是，当天电噪声的每日最大值被当作天线温度使用时，这是一个合理的近似。从电阻获得的噪声功率与其阻抗是独立的。但是，这隐含地要求系统与实际上发送至负载的所有可用的噪声功率完全匹配。式(19.14)～式(19.17)的噪声公式假设系统是完全匹配的。在系统是"完全"匹配的条件下，计算仍然是有效的。

19.8 链 路 预 算

至此，一个正式的链路预算可以用本文所提到的参数进行记录。ION 链路预算分析如表 19.5 所示。为了对比天线损耗和功率因素之间的差异，表中列出了最差情况和平均情况下的结果。有兴趣的是，最差情况是仅使用 1 W 的发射功率计算的，而不是 ION 实际使用的 2 W。在最差的情况下，地面站无线的输出功率也使用最小的 5 W 值，而在平均情况下，是 50 W。在平均情况下，指向损耗与定向增益之和设为 0，与卫星处在翻滚状态相对应。又在平均情况下，椭圆率设为 0，因为随着时间的变化，卫星的随机指向将会平均掉椭圆的增益或损耗。

表 19.5　ION 链路预算分析

参　　数	地面→卫星		卫星→地面	
	最坏情况	平均情况	最坏情况	平均情况
1. T_x 无线输出功率	7①	17①	0①	3.01②
2. T_x 传输线				
无线传输线不匹配	−0.49	−0.49	−0.5	−0.5
同轴电缆＋内联设备损耗	−6.41	−6.41	−0.5	−0.5
天线不匹配损耗	−0.35	−0.35	−0.01	−0.01
3. 传播损耗				
T_x 天线增益	18.95③	18.95③	2.15④	2.15④
T_x 指向损耗	−1	−1	−9.41	−2.15
自由空间损耗	−150.1	−150.1	−150.1	−150.1
大气损耗	−1.5	−1.5	−1.5	−1.5
R_x 天线增益	2.15④	2.15④	18.95③	18.95③
R_x 指向损耗	−9.41	−2.15	−1	−1
R_x 极化损耗	−3	−3	−3	−3
R_x 椭圆率损耗	−1.5	0③	−1.5	0③
4. R_x 传输线				
天线不匹配损耗	−0.01	−0.01	−0.35	−0.35
前置放大器增益	0①	0①	15.3②	15.3②
同轴电缆＋内联设备损耗	−0.5	−0.5	−6.41	−6.41
无线传输线不匹配	−0.5	−0.5	−0.49	−0.49

（续表）

参　数	地面→卫星		卫星→地面	
	最坏情况	平均情况	最坏情况	平均情况
5. R_x 参数				
无线功率	−174.77	166.01	−174.77	−166.01
无线噪声	−161.54	−161.54	−147.49	−147.49
天线输出端噪声	−160.53	−160.53	−155.54	−155.54
临时有效噪声(K)	320.69④	320.69④	674.55④	674.55④
R_x 信道带宽(kHz)	20③	20③	30③	30③
输入信噪比	14.87④	33.71④	9.12④	20.89④
6. R_x 无线电信噪比性能				
信噪比输入→输出文件	9.3②	14.8②	4.21②	12.7②
7. R_x TNC 性能				
信噪比→丢包率(%)	~0%②	~0%②	<10%②	~0%②
丢包率最低容忍度	10%①	10%①	10%①	10%①
结果				
链路关闭?	关闭	关闭	关闭	关闭

注：① 估计或设计目标；
② 测量的或者推导；
③ 制造商或文档；
④ 理论的或者计算。

当无线的最终信噪比计算出来时，分组出错率可通过解调器性能数据进行内插。如果丢包率可以接受，则链路被视为是功能状态或“关闭”。结果表明，最差情况下，上行链路和下行链路在10°的最小仰角下都是关闭的。大约10%的丢包率是相当大的，但只要通信协议能够请求丢包重传，这还是可以接受的。当然，链路仅在仰角增大时会得到改善。

这里给出的分析对ION2也是行得通的，因为ION2将使用同样的地面站硬件，PacComm调制解调器，只是会使用一个不同的卫星无线频率。分析表明，在10°的最小仰角下，链路处在临界状态。在15°时，链路将会关闭，因为更高数据率的调制解调器需要在解调器的输入端有一个更好的信噪比来关闭链路。可用的数据带宽并不是问题，因为ION2的调制解调器的传输率比ION快8倍。

海洋智能无人系统技术

第 20 章　多源异构监测信息深度融合

随着科学技术的发展，近几十年来产生的数据量也开始激增，现在一天产生的数据量甚至超过过去几十年累计的数据量，数据的多样性也在增加。基于数据的新兴技术和服务不断影响着人们的日常生活。各类数据的应用潜力巨大，以数据产品为核心的垂直结构和以大数据相关技术为核心的横向结构相互交错，形成新的价值链。在环境监测领域，近年来环境状况普遍较差，如何从大量的数据中寻找有用的信息并根据这些信息进行决策，已成为环境数据领域的首要任务。

本章主要介绍多源异构监测信息深度融合，分节介绍异构数据和数据融合、融合架构、基于深度学习的深度融合。

20.1　异构数据和数据融合

数据的生命周期和价值链主要涉及数据生成、采集、存储和分析四个阶段。数据的生成和获取相对成熟，数据存储在数据仓库中。然而，考虑到环境监测的大数据是多维的、多源的、异构的、冗余的、动态的、稀疏的，人们希望在环境监测领域实现"数据智能"的转换，传统的单一数据因此资源数据挖掘方法一直很难找到有用的信息，目前还没有很好的解决方案。

数据融合是从各种数据源中提取、合并和组合相关数据，以生成决策智能并将其集成到数据集的过程。数据融合应用于环境监测数据，将多个传感器提供的不完全信息与环境特征信息源进行综合，形成相对完整、一致的感知描述，从而实现更准确的识别和判断功能。

从单源数据分析到今天的多源数据分析，数据融合技术就像一场及时雨，将数据分析推向大气环境监测领域的新水平。

如潘克嘉、王欣关于电力大数据多源异构数据融合技术研究，提出了一种基于 SOA 的多源异构数据融合体系结构，有效地提高了电力系统数据融合效率和数据应用。文献以连霍高速公路为研究对象，通过对薛文石高速公路多源交通数据融合技术的研究和系统开发，建立了基于两类收费站数据的小波神经网络融合预测模型。并建立了基于卡尔曼滤波的实时预测模型，在交通流量预测中取得了良好的效果。在研究公路多源交通数据的数据融合技术和系统开发方面，陈永谦为车间的海量数据融合提供了一种聚类方法，可以有效地整合车间的海量数据。

有许多类似的应用实例，充分说明了数据融合技术在各个领域发挥了重要作用。一种基于大气环境监测数据的融合框架被提出，以实现污染源判断、相关分析、大气动态趋势分析和环境监测等目的。预测、偏差预测数据测试、大气污染预测和预警，以及提出的出行和治理建议。

以河南新乡市大气环境监测数据分析为例，数据结构见表 20.1，体现数据的多源性和异构性。

表 20.1 主要环境监测数据结构

数据类型	数据结构
监测站信息数据	名称、经度、纬度、监控标准、监控内容、使用寿命
空气污染监测数据	时间、地点、PM10、PM2.5、NO_2、CO、O_3、AQI
废气的遥感监测数据	时间、地点、速度、NO、CO_2、CO、HC 浓度值
污染源的记录数据	名称、来源类型、地址、经度、纬度
气象监测数据	时间、地点、天气、温度、湿度、风速、风向

从表 20.1 可以看出数据由五大部分组成。包括监测站信息数据，如名称、经度、纬度、监控标准、监控内容、使用寿命等；空气污染监测数据包括时间、地点、PM10、PM2.5、NO_2、CO、O_3、AQI 等；废气的遥感监测数据，包括时间、地点、速度、NO、CO_2、CO、HC 浓度值等；污染源的记录数据，如名称、来源类型、地址、经度、纬度；还有气象监测数据，包括时间、地点、天气、温度、湿度、风速、风向。

监测数据来源于新乡市 4 个国家监测站、29 个省级监测站、22 个乡镇监测站、107 个六参数微站和 58 个粉尘监测站。废气遥感数据由固定式排气监测站进行监测，气象部门提供气象数据，包括市政总量控制数据和辖区气象数据。由于不同类型的监测站采集的数据性质不同，同一类型的监测站具有多个地理分布，需要注意不同数据时间、位置和属性之间的关系。

除了环境监测领域之外，数据融合也能很好地满足海上监控的需求。

随着全球船舶运输量的增加，沿海地区的自动监控变得越来越重要：油轮、集装箱船和散货船这个时代最重要的运输工具。同时为了减少甲板上的船员，使得采用自动工具成为港口管理的必要要求。此外，海洋环境保护问题和新的危险威胁的存在，包括非法走私和捕鱼、移民、石油泄漏和海盗行为，也敦促着智能监测系统的开发。

开发一个强大的海上监视解决方案的可能策略是收集和合并来自多个异构传感器的数据。例如，将 AIS 数据与 SAR 图像相结合的系统、带地面雷达的浮标安装传感器、基于雷达的视觉监视和多个基于船舶的传感器。然而，仅使用雷达和 AIS 数据不足以确保海上监视问题的完整解决，这是由于：

(1) AIS 信号可能不可用(AIS 设备未激活或出现故障)或非法操作。

(2) 由于电磁辐射排放量大，雷达系统不适合在人口稠密地区进行船舶交通监测。

用摄像机替换雷达传感器是海上监视任务的可行解决方案，无须在居民区放置雷达天线。再配备远程监控摄像机，包括光电(electro-optical, EO)和红外(infra-red, IR)，扩展了当前可用的 VTS 系统的能力，为其添加一个新的视觉维度。VTS 系统提供信息，结合雷达和 AIS 跟踪。视觉传感器(EO 和 IR)可单独使用或与 VTS 数据结合使用，以获得高精度的船舶交通监控系统。该系统可部署在既有 VTS 又不可能或不方便安装雷达的地点。

增强 VTS 系统的各个模块如图 20.1 所示。EO/IR 摄像机是主要的传感器，它可以由人工操作。摄像机控制模块向视频处理单元(video processing unit，VPU)提供摄像机的当前方向和视场(field of view，FOV)，VPU 负责仅使用视觉信息监测和跟踪船只。由于摄像机可以移动和缩放，因此监测任务相当复杂，因为无法创建观察到的场景的模型。

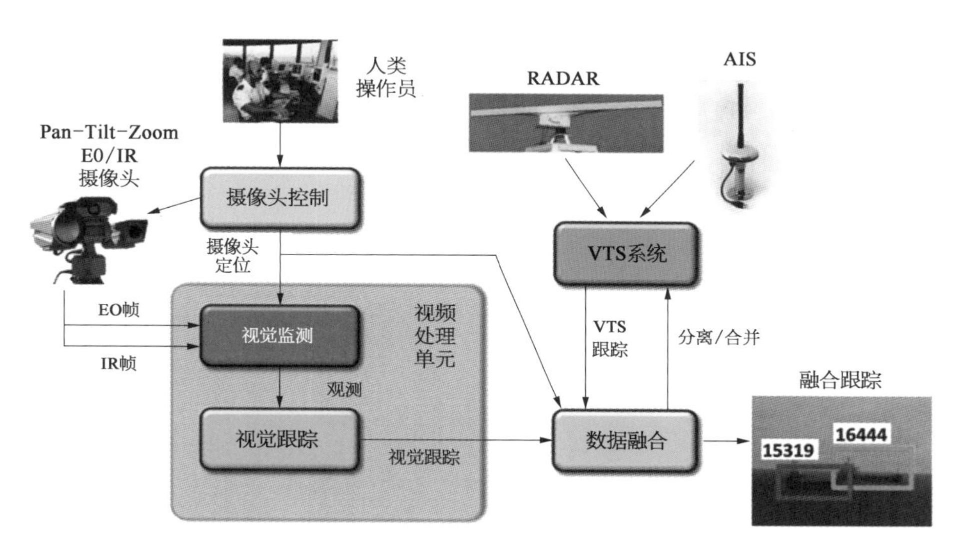

图 20.1　增强 VTS 系统的模块化架构

数据融合模块接收来自 VPU 和 VTS 系统的数据。它的作用是将来自视频分析的视觉轨迹与现有 VTS 系统生成的轨迹融合在一起。这样，除了传统的地理参考，像雷达一样的 VTS 视图之外，还可以为用户提供一个新的视觉尺寸。此外，数据融合模块还可以向 VTS 系统发送反馈信息，以适应雷达参数，提高监测精度。

综合上述两个领域的数据融合实例可以发现，数据融合可以将多个传感器提供的不完全信息与环境特征信息源进行综合，形成相对完整、一致的感知描述，从而实现更准确的识别和判断功能。

20.2　融 合 架 构

海上监视系统的核心是 VTS，旨在为船舶提供高效的中转和安全航行。为了完成这一任务，应该设计技术手段来增强态势感知，克服传统方法如直接视觉和语音通信的局限性。海上区域的监视源多种多样，必须集成这些监视源，以便为操作人员提供实时决策支持。来自合作源（船载AIS应答器）的数据必须与非合作传感器相关联，如海岸雷达、高频雷达或视频（光学/红外/卫星）。这样，VTS操作员可以获得更有代表性的环境图像，这将支持监视任务中的决策过程。

然后，融合系统必须处理不同的信息源，为环境中监测到的每个实体（如容器）提供单一的融合输出。输出通常由一组称为全局跟踪的非冗余跟踪组成。每个全局航迹表示环境中的一个实体，该实体通常由描述船只位置及其电影效果的信息组成：全局航迹ID（对于每个船只都是唯一的）、最后更新的时间戳、测地坐标、在地面上的速度和航向等。这种类型的系统通常被建模为分布式系统，其中第一层包含每个数据源（如传感器）的处理器，然后对这些单传感器跟踪进行比较，以确定它们是否可以在同一个实体中关联。这个过程可以分解为几个步骤，这些步骤在一个融合循环中周期性地执行，如图20.2所示。

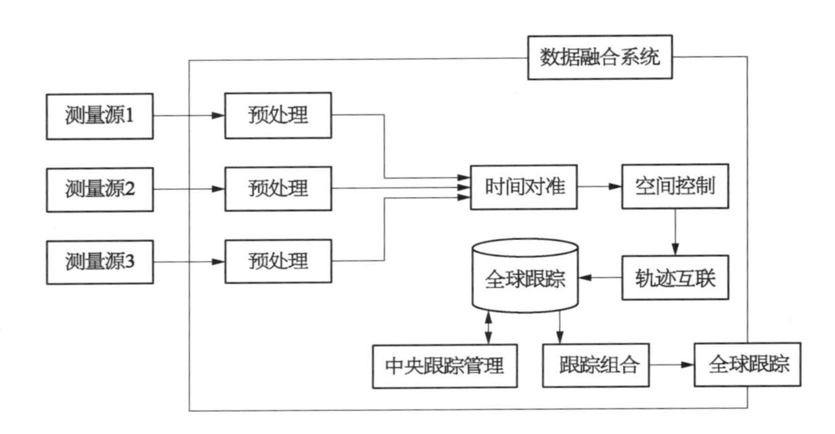

图20.2　分布式数据融合体系结构

然而，海上侦察中多传感器融合的合适架构和算法研究仍有许多需求。在处理大型传感器网络和异构区域（如运动中充满不同对象的高密度区域）时，这个问题具有挑战性。为了保证系统在实际情况下的可靠性，如存在不一致的测量、传感器故障、动态行为、参数变化等，通常需要对系统进行一个重要的分析和调整阶段，对模型进行细化，提出鲁棒过程。因此，该工具将有助于正确设计和评估海上监视环境中的数据融合系统，该工具将允许使用多个可观测实体模拟多个信息源。

图20.3给出了一个概述，描述了考虑到融合体系结构，所提议的工具将如何与融合系统交互。该工具将帮助设计合成实体，如船舶、雷达、AIS站或摄像机，以实时模拟它们。然后，将仿真结果提供给外部融合过程，外部融合过程将处理所有输入源，类似于从真实传感器接收测量值的过程。融合周期完成后，融合系统将报告合并后的全局轨道实体，这些实体可以实时注入工具中，以评估生成的实体是否与模拟实体相关联。由此，得到了一个闭环系统，用户可以在闭环系统中模拟实体，实时观察融合系统抛出的结果。

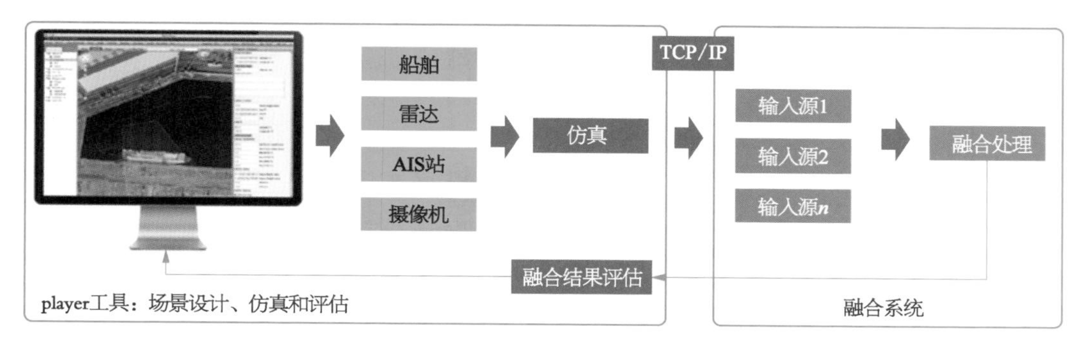

图 20.3　概述了仿真工具与数据融合系统

如图 20.4 所示，环境监测大数据融合系统主要包括三个模块，即多源数据存储模块、环境监测数据融合模块和功能显示模块，每个模块根据分工的不同划分为多个功能模块。

数据存储模块根据一定的规范和组织存储从各个监测站获取的源数据。数据的大小和源数据的获取是实时的、不可重复的，因此需要根据属性将数据存储在不同的数据库中并进行备份。

数据处理模块包括两个具体的功能处理模块。

1）数据预处理

数据预处理是根据决策需要对数据进行排序和合并，有助于提高融合系统的性能。有数据清理、数据集成、数据转换、数据协议等实现数据预处理的方法。数据预处理是数据融合前的必要步骤。

数据预处理的目的是从原始数据中选择适当的属性作为后期融合的属性，该过程首先需要给出属性名和属性值的明确含义，然后统一多个数据源的属性值编码，最后删除唯一属性、重复字段和可忽略字段。在此过程中，为了减少原始数据（无用字段、冗余字段等）中的噪声，采用了子框、聚类等常用方法。大多数时候，数据还是比较大的，但实际使用过程只需要有用的部分。为了在不影响数据完整性的情况下使用比原始数据更小的子集来融合数据，需要对数据进行管理。常用的数据约简方法有维数约简、数据压缩、数值压缩、离散化和概念分层等。

2）多源数据融合模型

据融合模型经过多年的发展，出现了许多功能分类模型，不同的分类标准形成了不同的功能分类模型。

基于数据融合输出结果的分类模型是美国 JDL/DFS 首次提出的，它是从最早的三级模型发展而来的。目前，6 级融合模型比较完善，包括 1 级监测/决策融合、2 级空间（位置）融合、3 级目标识别（属性）融合、4 级态势估计、5 级威胁估计和 6 级精细处理。

在环境监测数据融合的框架下，在现有大气环境监测数据特征 6 级融合模型的基础上，对数据融合模型进行了改进。改进内容包括去除监测/鉴别融合，增加空间融合时间，创造性地增加集成数据集挖掘步骤，将四、五级提升到大气生态评估和污染预测。该模型用于实现大气环境监测数据融合的过程，改进后的模型如图 20.5 所示。

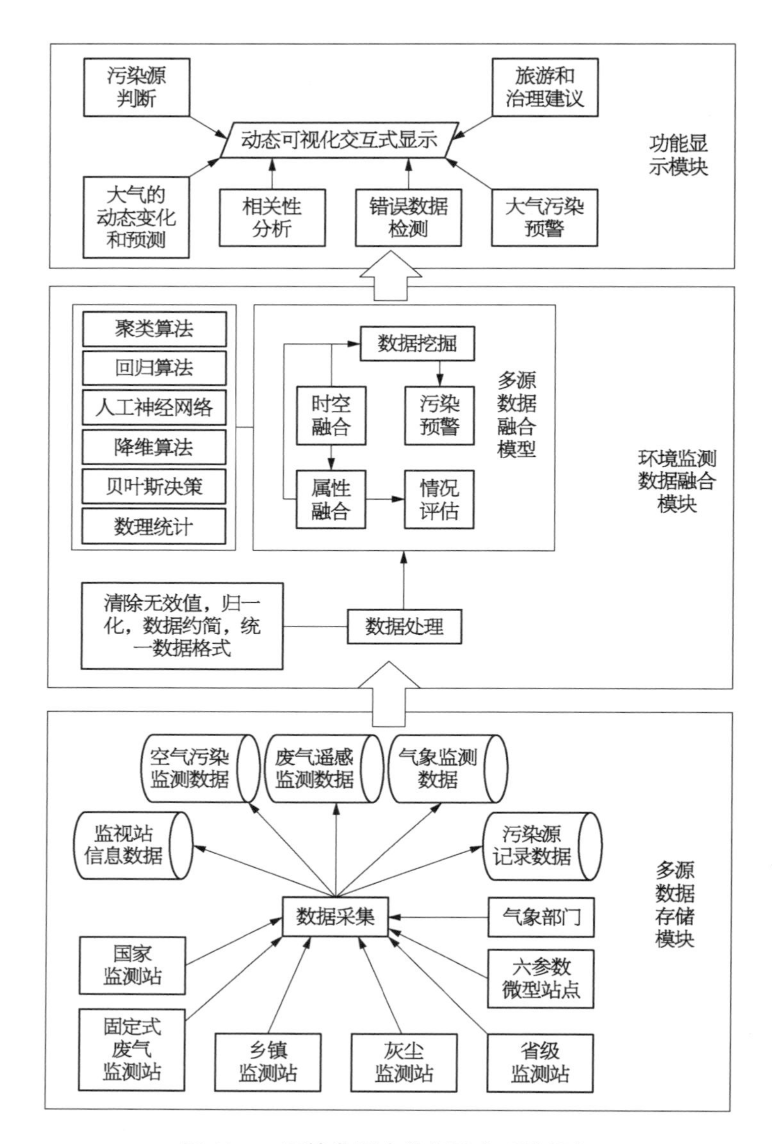

图 20.4　环境监测大数据融合系统框架

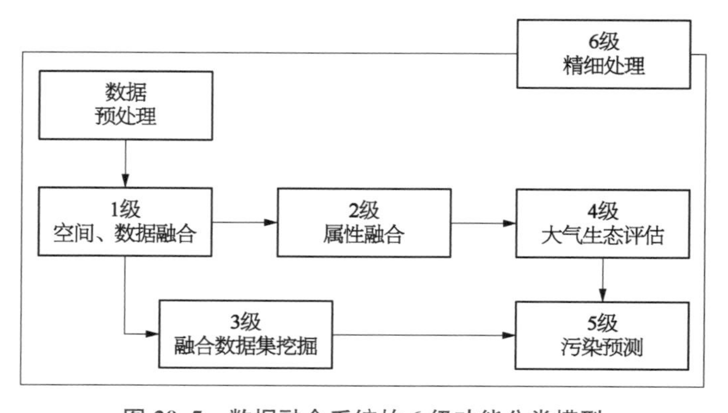

图 20.5　数据融合系统的 6 级功能分类模型

空间、时间融合和属性融合是两个最重要的层次。新增加的融合数据集挖掘是对融合数据集进行处理的过程，在融合数据的基础上进行进一步的数据挖掘，对数据的广度和深度的分析具有很强的可塑性。重要的是要注意顺序不能更改。这三个层次是数据融合模块的主要任务。态势估计和威胁估计是整个态势的控制和预警，也是实际应用的核心部分，其结果主要体现在功能显示模块中。

根据输入信息的抽象层次，将数据融合分为数据层次融合、特征层次融合和决策层次融合三个层次。不同层次的数据融合方法不同，主要融合方法见表 20.2。

表 20.2　不同层次的数据融合方法

<table>
<tr><th>融合层次</th><th colspan="3">方　法</th></tr>
<tr><td>数据层</td><td colspan="3">最小二乘，最大似然估计，主成分分析，卡尔曼滤波</td></tr>
<tr><td rowspan="3">特征层</td><td rowspan="2">基于参数分类</td><td>统计法</td><td>卡尔曼填充，归纳推理，贝叶斯推理，D-S 证据推理</td></tr>
<tr><td>信息技术</td><td>人工神经网络，聚类分析</td></tr>
<tr><td>基于认知模型</td><td colspan="2">投票算法，模糊集理论，产生式规则系统，遗传算法</td></tr>
<tr><td>决策层</td><td colspan="3">投票算法，贝叶斯推理，D-S 证据推理，人工神经网络，模糊逻辑</td></tr>
</table>

由于融合方法的理论和应用原理不同，这些不同的理论呈现出不同的特点。从理论成熟度、计算方法、通用性和应用难度四个方面对表 20.2 所列主要方法进行了比较分析：

(1) 理论成熟度：数理统计方法、卡尔曼滤波、贝叶斯推理、聚类分析、人工神经网络和模糊逻辑理论已基本成熟；Dempster-Shafer 理论在综合规则的合理性方面仍有异议；Dempster/Shafer 理论在综合规则的合理性方面存在异议。投票仍处于完善阶段。

(2) 计算量：Bayesian 推理、Dempster/Shafer 理论和人工神经网络的计算量较大，其中 Bayesian 推理可以保证系统的相关性和一致性，当系统添加或删除规则时，需要重新计算所有可能的结果。因此计算量大。而 Dempster/Shafer 理论的计算是指数增长的，神经网络的计算是随着输入维数和隐层神经元数的增加而增长的，在卡尔曼滤波、聚类分析、模糊逻辑理论等方面的计算是适度的。

(3) 普遍性：在这七种方法中，投票是不常见的，因为投票法会放弃特定的知识领域来适应原有的框架，导致通用性差，其他六种方法的普遍性相对较强。

(4) 应用难点：人工神经网络、模糊逻辑理论和表决更难应用。因为它们模拟人的思维过程，这需要强有力的理论基础；由于 Dempster/Shafer 理论在合成规则方面存在困难，因此很难应用；卡尔曼滤波、聚类分析和贝叶斯推理较难应用。

结果表明，卡尔曼滤波、聚类分析和贝叶斯推理是比较合适的算法。在实际应用中，多采用卡尔曼滤波、聚类分析和贝叶斯推理进行数据融合，证实了上述结论。除了这些常见的方法外，根据源数据的不同，在不同的领域中还有不同的应用方法。目前，人工智能算法发展迅速，这些新技术将在数据融合中发挥越来越重要的作用。

3）功能显示模块

数据融合也是为了帮助更好的决策，前三个模块完成后，对数据的分析有了明确的结果。接下来两个阶段的数据融合模型，对融合结果进行分析和预测，即对整体情况做出判断，并对后续行动做出反应和预测，以期在萌芽阶段解决严重问题。

这也是大数据融合系统最终结果的核心部分，是决策者的决策平台。数据融合、挖掘、分析是整个系统最重要的组成部分。通过这些步骤实现的功能包括以下六个方面：

(1) 污染源判断。通过对环境监测实时数据的聚类分析，找出环境污染严重的区域。检查该区域是否为记录污染源，分析其原因，记录并报告相关决策部门。

(2) 相关性分析。通过比较分析不同类型的数据，找出它们之间是否存在相关性。例如，大气污染数据与气象数据是否相互影响。它可以全面、客观地分析数据变化的原因，然后对症状进行处理。

(3) 大气的动态变化和预测。控制和预测区域大气污染的动态变化，尽可能综合分析变化的影响因素，绘制大气变化云图。

(4) 监测不准确数据。通过比较实时数据和预测数据。如果两者之间有很大的区别，或者实时数据显示跳跃，监控站传感器是否有问题，或者是否有特殊的监控场合。报告问题并分析原因。

(5) 大气污染预警。根据全球情况判断大气污染趋势，并对可能的威胁提出警告。

(6) 旅行和治理建议。根据大气污染预测数据的现状，提出了出行和治理建议，并根据实时数据进行了修正。

结果将呈现给决策者和用户，显示模型还需要考虑显示效果的可视性、多样性和美观性。因此，显示模块可以以多种视觉方式显示结果。除了现有的二维数据对比显示外，还有三维数据显示、实时数据融合结果和动态交互。这样可以实现功能性和良好的效果显示体验。

20.3 基于深度学习的深度融合

利用深度学习对图像数据和 VTS 轨迹数据进行数据融合，可以增强当前的 VTS 功能，生成一个独特的视图，其中来自摄像机和 VTS 轨迹的信息合并在一起。本节使用了一种分布式跟踪方法，能够融合来自多个异构和非同步源的数据。输入观测由视觉监测模块提供。[46]

视觉监测模块是视频处理单元的一部分，其目的是寻找当前输入图像中感兴趣的对象。由于监测精度影响到 VPU 流程中的所有阶段，因此必须尽可能高，同时保持可接受的计算负载。VPU 的三个主要组件，即 HAAR 分类器、水平线监测器和噪声滤波器，如图 20.6 所示。

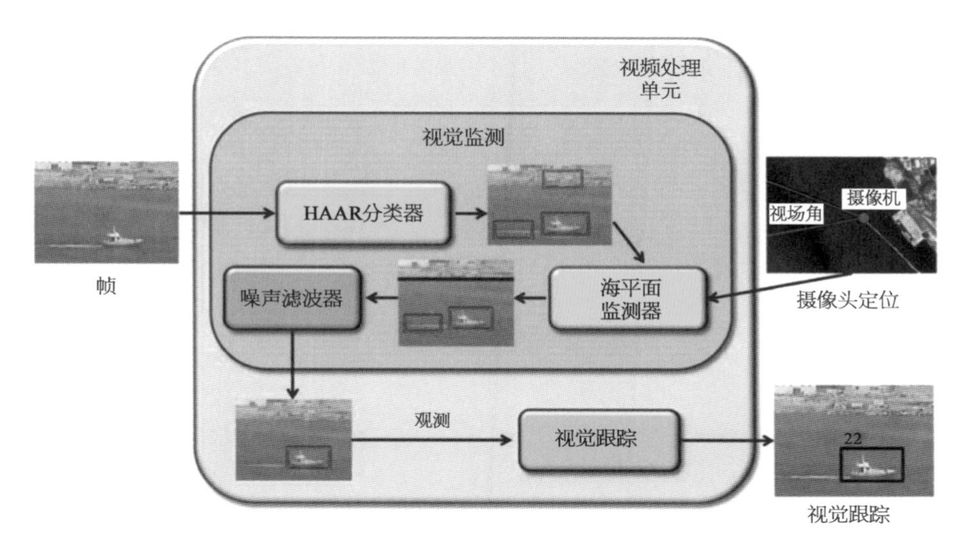

图 20.6　视频处理单元。监测基于 HAAR 分类器

利用多个传感器跟踪多个物体的问题可以表述如下。设 $\boldsymbol{O}=\{o_1, \cdots, o_n\}$ 为所有运动物体的集合，每个运动物体具有不同的标识，$\boldsymbol{S}=\{s_1, \cdots, s_S\}$ 为所有传感器的集合，每个传感器都具有相关的 FOV，通常只覆盖场景的有限区域。将要观察的对象总数 n 未知，并且场景中当前对象的数量 $l(0 \leqslant l \leqslant n)$ 可以随时间变化。关于传感器 $s \in \boldsymbol{S}$ 在一个时间 t 的 FOV 中物体的测量（观察）集由 $\boldsymbol{z}_{s,t}=\{\boldsymbol{z}_{s,t}^{(1)}, \cdots, \boldsymbol{z}_{s,t}^{(l)}\}$ 表示，其中测量 $\boldsymbol{z}_{s,t}^{(i)}$ 可以是实际物体，也可以是假阳性。所有传感器在时间 t 时收集的所有测量值的集合用 $\boldsymbol{z}_{S,t}=\{\boldsymbol{z}_{s,t} \mid s \in \boldsymbol{S}\}$ 表示。

来自传感器的所有测量的时间历史定义为 $\boldsymbol{z}_{S,1:t}=\{\boldsymbol{z}_{S,j}: 1 \leqslant |j| \leqslant t\}$。由于传感器具有不同的刷新率，因此本章不假设传感器生成的测量值是同步的。

目标是以分布式方式（即利用所有可用的传感器）确定场景中所有对象在时间 t 的位置 $\boldsymbol{x}_{s,t}=\{x_{s,t}^{(1)}, \cdots, x_{s,t}^{(l)}\}$ 的估计值。

为了实现这一目标，可能的解决方案是使用贝叶斯递归方法，定义如下：

$$p(\boldsymbol{x}_{s,t} \mid \boldsymbol{z}_{S,1:t})=\frac{p(\boldsymbol{z}_{S,t} \mid \boldsymbol{x}_{s,t})p(\boldsymbol{x}_{s,t} \mid \boldsymbol{z}_{S,1:t-1})}{\int p(\boldsymbol{z}_{S,t} \mid \boldsymbol{x}_{s,t})p(\boldsymbol{x}_{s,t} \mid \boldsymbol{z}_{S,1:t-1})\mathrm{d}\boldsymbol{x}_{s,t}} \tag{20.1}$$

$$p(\boldsymbol{x}_{s,t} \mid \boldsymbol{z}_{S,1:t-1})=\int p(\boldsymbol{x}_{s,t} \mid \boldsymbol{x}_{s,t-1})p(\boldsymbol{x}_{s,t-1} \mid zS, 1: t-1)\mathrm{d}\boldsymbol{x}_{s,t-1} \tag{20.2}$$

式(20.1)和式(20.2)表示一个全局递归更新，只有在完全了解场景的情况下才可以计算该更新。由于情况并非如此，该章采用基于分布式粒子滤波器的算法来近似上述精确的最佳贝叶斯计算。特别是，本章将 ptracking 方法（图 20.7）扩展到多传感器场景，这是一种基于分布式多簇粒子滤波的开源跟踪算法。

位置 $\boldsymbol{x}_{s,t}$ 的估计由向量 $\boldsymbol{I}_{s,t}, \boldsymbol{\Lambda}_{s,t}, \boldsymbol{M}_{s,t}, \boldsymbol{\Sigma}_{s,t}$ 给出，其中包含关于每个物体的特征

输入: 测量 $z_{s,t}$,局部跟踪数 $i_{s,t-1}$,全局跟踪数 $I_{s,t-1}$
数据: 局部粒子集 $\bar{\xi}_{s,t}$,全局粒子集 $\bar{\xi}_{S',t}$,局部 GMM 集 L,全局 GMM 集 G
输出: 全局估计 $x_{s,t} = (I_{s,t}\Lambda_{s,t}, M_{s,t}, \Sigma_{s,t})$
开始
$\bar{\xi}_{s,t} \sim \pi_t(x_{s,t} \mid x_{s,t-1}, z_{s,t})$
使用 SIR 原理重新采样
$L \leftarrow KClusterize\ (\bar{\xi}_{s,t})$
$(i_{s,t}, \boldsymbol{\lambda}_{s,t}, \boldsymbol{\mu}_{s,t}, \boldsymbol{\sigma}_{s,t}) \leftarrow$ 数据关联$(L, i_{s,t-1})$
传达 $(i_{s,t}, \boldsymbol{\lambda}_{s,t}, \boldsymbol{\mu}_{s,t}, \boldsymbol{\sigma}_{s,t})$ 到其他传感器
结束
开始
收集 $L_{S'}$ 从子集 $\boldsymbol{S}' \subseteq \boldsymbol{S}$ 内的传感器数量 Δt
$\bar{\xi}_{S',t} \sim \tilde{\pi} \leftarrow \sum_{s\in S'} \boldsymbol{\lambda}_{s,t} N(\boldsymbol{\mu}_{s,t}, \boldsymbol{\sigma}_{s,t})$
使用 SIR 原理重新采样
$G \leftarrow KClusterize\ (\bar{\xi}_{S',t})$
$(\boldsymbol{I}_{s,t}, \boldsymbol{\Lambda}_{s,t}, \boldsymbol{M}_{s,t}, \boldsymbol{\Sigma}_{s,t}) \leftarrow$ 数据关联$(G, I_{s,t-1})$
结束

图 20.7 ptracking 算法

(i)、重量(Λ)、平均值(m)和标准偏差(Σ)的信息,表示为高斯混合模型(gmm)。跟踪算法执行期间,矢量的大小可能会有所不同,这取决于监测到的对象的数量。

输入: 粒子集 $\boldsymbol{P} = \{p_1, \cdots, p_m\}$
数据: 组的质心 F,粒子簇 c_i,高斯聚类集 $\boldsymbol{Q}$ 和 $\boldsymbol{C}$
输出: GMM 集 $(\boldsymbol{\lambda}, \boldsymbol{\mu}, \boldsymbol{\sigma})$
初始化 $\boldsymbol{F} = \varnothing$
对全部 $p_i \in \boldsymbol{P}$
如果 $\forall f_k \in F\{\| p_i, f_k \| > \delta_{\text{model}}\}$ **然后**
$F \leftarrow F \cup \{p_i\}$
$c_i = \varnothing \quad \forall i \in [1, |F|]$
对全部 $p_i \in \boldsymbol{P}$
对全部 $f_k \in F$
如果 $\| p_i, f_k \| < \delta_{\text{model}}$ **然后**
$c_k \leftarrow c_k \cup \{p_i\}$
初始化 $\boldsymbol{C} = \varnothing$
对全部 c_i
如果 $c_i \nsim N(\mu, \sigma)$ **然后**
$\boldsymbol{Q} \leftarrow KClusterize(c_i)$
对全部 $q_j \in \boldsymbol{Q}$
如果 $q_j \sim N(\mu, \sigma)$ **然后**
$\boldsymbol{C} \leftarrow \boldsymbol{C} \cup \{q_i\}$
根据 $\boldsymbol{C}$ 计算 $(\boldsymbol{\lambda}, \boldsymbol{\pi}, \boldsymbol{\sigma})$

图 20.8 kclusterize 算法

估计过程由四个主要步骤组成:① 预测步骤,该步骤根据传感器提供的观测 zs、t 计算估计的演化;② 聚类步骤,该步骤将确定其 gmms 参数的估计分组;③ 数据关联步骤,该步骤计算估计的演化 $\boldsymbol{x}_{s,t}$;④ 数据关联步骤,通过考虑所有现有轨迹的历史,将每个观测值分配给现有轨迹。

预测:粒子过滤器使用基于过渡状态模型的初始猜测分布。然后,使用先前的状态 $\boldsymbol{x}_{s,t-1}$,应用由测量 $z_{s,t}$ 给出的过渡模型。根据这一推测分布,利用当前观测值 $z_{s,t}$,提取一组样本并进行加权。

聚类:一种新的聚类算法,称为 kclusterize(图 20.8),用于聚类阶段。kclusterize 是为满足以下要求而设计的:① 要监测的对象数量不是预先知道

的；② 实时应用需要较低的计算负载；③ 每个集群都有一个高斯分布。首先，粒子被分组成簇。然后，应用验证步骤来验证每个集群实际上代表一个高斯分布。所有非高斯星团（如果可能）在高斯星团中被分割。最后，得到的簇形成一个 GMM 集 $(\boldsymbol{\lambda}_{s,t}, \boldsymbol{\mu}_{s,t}, \boldsymbol{\sigma}_{s,t})$，表示传感器 s 在 t 时刻的估计。

与其他聚类方法（如 k -均值、em、bsas 或 qt 聚类）不同，kclusterize 不需要预先知道聚类数量，具有线性复杂性，所有获得的聚类都反映高斯分布。

数据关联：必须通过将新的观察结果关联到现有的轨迹，为每个对象分配一个标识（即轨迹编号）。这是任何跟踪算法的关键步骤：对象的方向、速度和位置是关联算法所涉及的特征（图 20.9）。如果两个运动轨迹之间的夹角小于 10°，本文考虑两个方向相同的运动轨迹对象。

输入：GMM 集 $(\boldsymbol{\Lambda}_{s,t}, \boldsymbol{M}_{s,t}, \boldsymbol{\Sigma}_{s,t})$，全局跟踪数目 $I_{S',t-1}$
数据：e_s 由传感器 s 估计得到，估计的集合为 $\boldsymbol{A}$
输出：全局估计量 $x_{s,t} = (\boldsymbol{I}_{s,t}, \boldsymbol{\Lambda}_{s,t}, \boldsymbol{M}_{s,t}, \boldsymbol{\Sigma}_{s,t})$
　对所有的 $s \in \boldsymbol{S}' \subseteq \boldsymbol{S}$ **做**：
　　$\boldsymbol{A} = \varnothing$
　　对所有的 $e_s \in \boldsymbol{M}_{s,t}$ **做**：
　　　$\boldsymbol{A} \leftarrow \boldsymbol{A} \cup \{e_s\}$
　　　对所有的 $\tilde{s} \in \boldsymbol{S}' \subseteq \boldsymbol{S},\ s \neq \tilde{s}$ **做**：
　　　对所有的 $e_{\tilde{s}} \in \boldsymbol{M}_{\tilde{s},t}$ **做**：
　　　　如果 $(e_s, e_{\tilde{s}})$ 方向相同且 $(e_s, e_{\tilde{s}})$ 模组相同
　　　　并且靠近 $(e_s, e_{\tilde{s}})$ **然后**
　　　　$\boldsymbol{A} \leftarrow \boldsymbol{A} \cup \{e_{\tilde{s}}\}$
　　$I_A \leftarrow Re - I$ dentification $(\boldsymbol{A})$
　　如果 I_A 是无效的，**然后**
　　　$I_A \leftarrow$ maxTrack Number $+ 1$
$x_{s,t} \leftarrow x_{s,t-1} \cup$ *Fuse Data* $(\boldsymbol{A}, \boldsymbol{\Lambda}_{s,t}, \boldsymbol{\Sigma}_{s,t}, I_A)$

图 20.9　数据关联算法

数据关联步骤因完全和部分封闭而更加复杂，当船只相对于摄像机视图对齐或彼此靠近时，可能会发生这种情况。本章的解决方案是将崩溃的轨迹视为一组，而不是单独跟踪它们（图 20.10）。当两个或多个轨迹的边界框彼此靠近时（图 20.10a），跟踪器会保存它们的颜色柱状图，并开始将它们视为一组（图 20.10b 和图 20.10c）柱状图用作遮挡阶段结束时重新识别对象的模型（图 20.10d）考虑到估计的轨道和探测器的观测结果，一个小组的发展。当被遮挡对象再次可见时，存储的柱状图用于重新分配正确的标识号，该标识号属于相应的以前注册的轨迹。

数据融合：如上所述，来自摄像头和 VTS 系统的信息被融合，以生成被跟踪船只的增强和可靠的状态。数据融合阶段由于缺乏通用的参考帧而变得复杂：事实上，相机的校准参数通常不可用。为了解决这个问题，本章使用了以下算法。以 v_i^C 为摄像机参考帧

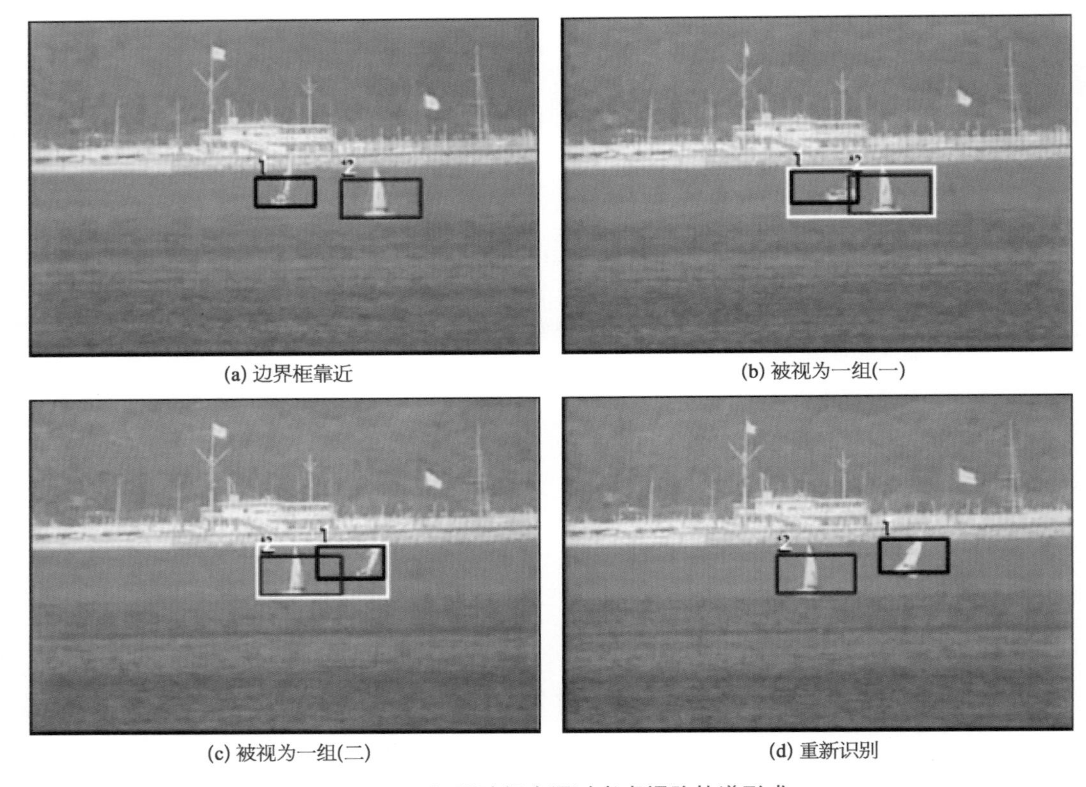

(a) 边界框靠近　　(b) 被视为一组(一)

(c) 被视为一组(二)　　(d) 重新识别

图 20.10　组跟踪闭塞通过考虑塌陷轨道形成

C 中的船 i 的速度矢量，以 V^R 为 VTS 参考帧 R 中船的速度矢量集，通过对每个 $v_j^R \in V^R$ 的计算，选择了虚拟现实中与摄像机参考帧中船 i 融合的最佳匹配候选

$$\begin{bmatrix} v_{x_j}^R \\ v_{y_j}^R \end{bmatrix}^{\mathrm{T}} \cdot \begin{bmatrix} \cos\theta & -\sin\theta \\ \sin\theta & \cos\theta \end{bmatrix} ; \begin{bmatrix} v_{x_i}^C \\ v_{y_i}^C \end{bmatrix}^{\mathrm{T}} \tag{20.3}$$

其中，摄像机和 VTS 参考帧之间的旋转参数 θ 通过策略梯度算法计算。更具体地说，优化过程从预先定义的初始值开始寻找 θ 的最佳值(本章在实验中使用 $\theta=15\%$)。然后，使用指定给 θ 的初始值作为摄像机和 VTS 帧之间的旋转参数进行跟踪和数据融合，以获得定量结果。

然后，并行执行两个计算，分别使用较低和较大的 θ 值。当计算完成后，重新计算定量结果，检查性能的改善方向。本章将这个新值设置为"初始值"，然后执行算法，直到用于评估系统性能的质量指标发生显著变化为止。这种校准相机和 VTS 数据之间 θ 旋转参数的方法需要手动标记输入源序列的 groundtruth，或者需要人类用户帮助更新 θ 参数。对于 v_i^C 的多个匹配，数据融合算法继续计算所有当前匹配的演化，直到最终找到唯一匹配。

在图 20.9 及图 20.11～图 20.13 所展示的图片来自 Mardct 海事探测、分类和跟踪数据库，其中包含带有地面实况注释的图像和视频。这些视频是以不同的观察角度和天气

(a) 检测算法提供的输出

(b) 摄像机传感器的ptracking算法输出

(c) VTS传感器ptracking算法的输出

(d) 最终输出：VTS信息被提供到视觉框架中

图 20.11 数据融合

(a) 检测算法提供的输出

(b) 摄像机传感器的ptracking算法输出

(c) VTS传感器ptracking算法的输出

(d) 最终输出：VTS信息被提供到视觉框架中

图 20.12 在完全闭塞的情况下进行数据融合

使视觉跟踪只为前景中的船提供估计，数据融合模块也可以在背景中显示船。

(a) 检测算法提供的输出

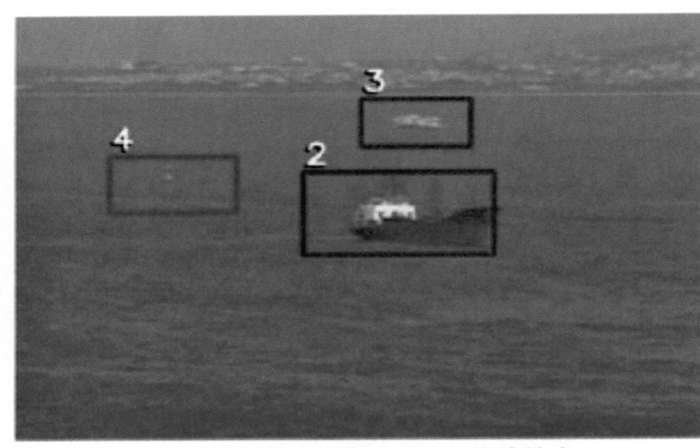

(b) 摄像机传感器的ptracking算法输出

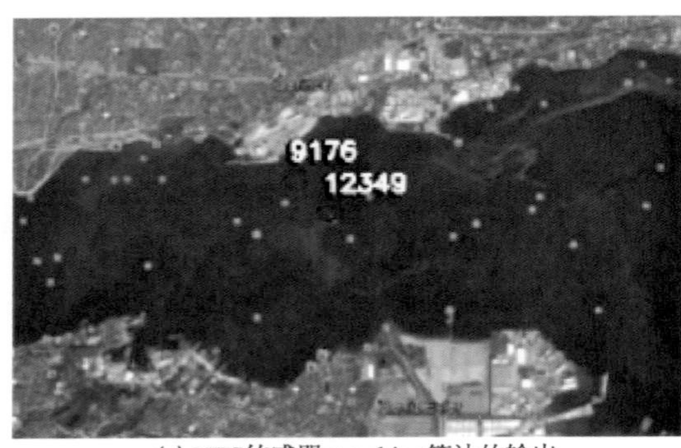

(c) VTS传感器ptracking算法的输出

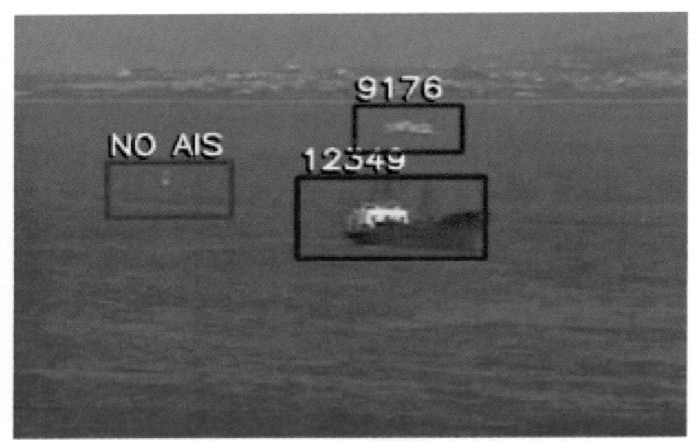

(d) 最终输出：VTS信息被提供到视觉框架中

图 20.13　非 AIS 船的数据融合

视觉跟踪器突出了船只的存在。

条件录制的。特别地，对于每一个关于相机类型(静态或移动、EO 或 IR)和一天中的位置和时间的视频细节，以及用于评估图像分割和带有边界框顶点和标识号的基本事实注释的前景遮罩，以评估跟踪结果。此时，***M*** 数据集包含：

(1) 在意大利 VTS 中心录制的 EO 和 IR 视频。

(2) 在北欧中心拍摄的 EO 和 IR 视频。

(3) Argos 系统的 EO 视频监控意大利威尼斯的大运河。

(4) 东亚某港口的 EO 视频。

MarDCT 数据库还包含两个示例，其中可视化信息和 VTS 信息一起记录，以便进行数据融合测试。

数据融合目前很流行，但事实上，它还不是一种成熟的技术。大气环境监测领域还存在许多有待解决的问题，主要包括：

(1) 数据缺陷：大气环境监测领域公共数据不多。质量也参差不齐。主要问题包括异常和虚假数据、数据形式的多样性、数据认知和性能的不一致，以及没有标准的数据模型。

(2) 数据预处理过程精度不高：大气环境监测数据采集过程中不可避免地存在一些误差。然而，这些客观误差应使用科学方法尽可能减少。

(3) 没有统一的数学融合模型：随着数据融合技术的发展，各种数据融合算法应运而生。然而，由于缺乏统一的数学融合模型，没有系统的理论体系和通用的算法结构。面对不同的应用场景，专家们需要做大量的研究和实验来寻找最合适的方法。

虽然已经识别和研究了许多问题，但上述问题都没有得到解决。然而，随着计算机技术的发展，新的理论和方法正在涌现，可以相信，数据融合技术将不断完善，形成一个完整的研究体系，并应用于广泛的实际。

第 21 章　基于监测信息的大数据挖掘

海洋大数据作为大数据技术在海洋领域的实践，也具备数量（volume）、速度（velocity）、多样性（variety）和价值（value）等大数据特性。多年来，通过卫星遥感观测、走航观测、多种水上水下仪器设备采集，积累了丰富的海洋数据。多种观测、模式数据的不断产生，使得海洋数据快速增长，同时也对数据处理的时效提出更高的要求。由于观测仪器不同，加之海洋大数据的多源异构和数据价值密度低等特点，为数据采集、传输、存储、处理、共享、分析挖掘和安全保障等环节带来了多种挑战。然而，海洋大数据在海洋防灾减灾、生态环境保护、海上目标监测追踪、应急救援等方面所发挥的重要作用，却日益突显出对海洋大数据快速精准分析的迫切需求。本章主要介绍基于监测信息的大数据挖掘，分节介绍数据挖掘产生背景、数据挖掘的流程、数据挖掘算法和基于深度学习的海洋大数据挖掘的实例。如图 21.1 所示为数据挖掘的三阶段过程模型。

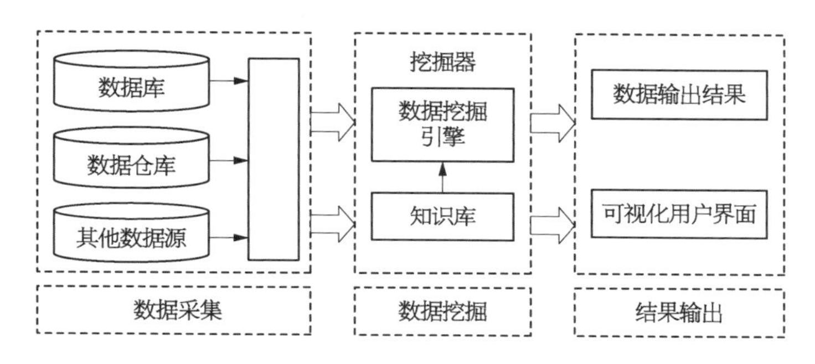

图 21.1　数据挖掘的三阶段过程模型

21.1　数据挖掘介绍

数据挖掘是人工智能和数据库领域研究的热点问题，所谓数据挖掘是指从数据库的大量数据中揭示出隐含的、先前未知的并有潜在价值的信息的非平凡过程。数据挖掘是一种决策支持过程，它主要基于人工智能、机器学习、模式识别、统计学、数据库、可视化技术等，高度自动化地分析企业的数据，作出归纳性的推理，从中挖掘出潜在的模式，帮助决策者调整市场策略，减少风险，作出正确的决策。知识发现过程由以下 3 个阶段组成：数据准备、数据挖掘、结果表达和解释。数据挖掘可以与用户或知识库交互。

数据挖掘是通过分析每个数据，从大量数据中寻找其规律的技术，主要有数据准备、规律寻找和规律表示三个步骤。数据准备是从相关的数据源中选取所需的数据并整合成用于数据挖掘的数据集；规律寻找是用某种方法将数据集所含的规律找出来；规律表示是尽可能以用户可理解的方式（如可视化）将找出的规律表示出来。数据挖掘的任务有关联分析、聚类分析、分类分析、异常分析、特异群组分析和演变分析等。

近年来，数据挖掘引起了信息产业界的极大关注，其主要原因是存在大量数据，可以广泛使用，并且迫切需要将这些数据转换成有用的信息和知识。获取的信息和知识可以广泛用于各种应用，包括商务管理、生产控制、市场分析、工程设计和科学探索等。数据挖掘利用了来自如下一些领域的思想：① 来自统计学的抽样、估计和假设检验；② 人工智能、模式识别和机器学习的搜索算法、建模技术和学习理论。数据挖掘也迅速地接纳了来自其他领域的思想，这些领域包括最优化、进化计算、信息论、信号处理、可视化和信息检索。一些其他领域也起到重要的支撑作用。特别地，需要数据库系统提供有效的存储、索引和查询处理支持。源于高性能（并行）计算的技术在处理海量数据集方面常常是重要的。分布式技术也能帮助处理海量数据，并且当数据不能集中到一起处理时更是至关重要。

21.1.1　数据挖掘产生背景

20 世纪 90 年代，随着数据库系统的广泛应用和网络技术的高速发展，数据库技术也进入一个全新的阶段，即从过去仅管理一些简单数据发展到管理由各种计算机所产生的图形、图像、音频、视频、电子档案、Web 页面等多种类型的复杂数据，并且数据量也越来越大。数据库在提供丰富信息的同时，也体现出明显的海量信息特征。信息爆炸时代，海量信息给人们带来许多负面影响，最主要的就是有效信息难以提炼，过多无用的信息必然会产生信息距离或信息状态转移距离（the distance of information-state transition，DIST or DIT，是对一个事物信息状态转移所遇到障碍的测度）和有用知识的丢失。这也就是约翰·内斯伯特（JohnNalsbert）称为的“信息丰富而知识贫乏”窘境。因此，人们迫切希望能对海量数据进行深入分析，发现并提取隐藏在其中的信息，以更好地利用这些数据。但仅以数据库系统的录入、查询、统计等功能，无法发现数据中存在的关系和规则，无法根据现有的数据预测未来的发展趋势，更缺乏挖掘数据背后隐藏知识的手段。正是在这样的条件下，数据挖掘技术应运而生。

21.1.2　数据挖掘分析方法

数据挖掘分为有指导的数据挖掘和无指导的数据挖掘。有指导的数据挖掘是利用可用的数据建立一个模型，这个模型是对一个特定属性的描述。无指导的数据挖掘是在所有的属性中寻找某种关系。具体而言，分类、估值和预测属于有指导的数据挖掘；关联规则和聚类属于无指导的数据挖掘。如下：

(1) 分类。它首先从数据中选出已经分好类的训练集，在该训练集上运用数据挖掘技术，建立一个分类模型，再将该模型用于对没有分类的数据进行分类。

(2) 估值。估值与分类类似，但估值最终的输出结果是连续型的数值，估值的量并非预先确定。估值可以作为分类的准备工作。

(3) 预测。它是通过分类或估值来进行，通过分类或估值的训练得出一个模型，如果对于检验样本组而言该模型具有较高的准确率，可将该模型用于对新样本的未知变量进行预测。

（4）相关性分组或关联规则。其目的是发现哪些事情总是一起发生。

（5）聚类。它是自动寻找并建立分组规则的方法，它通过判断样本之间的相似性，把相似样本划分在一个簇中。

21.2　数据挖掘算法

在实施数据挖掘之前，先制定采取什么样的步骤，每一步都做什么，达到什么样的目标是必要的，有了好的计划才能保证数据挖掘有条不紊地实施并取得成功。很多软件供应商和数据挖掘顾问公司投提供了一些数据挖掘过程模型，来指导他们的用户一步步地进行数据挖掘工作。比如，SPSS公司的5A和SAS公司的SEMMA。

21.2.1　数据挖掘步骤

数据挖掘过程模型步骤主要包括定义问题、建立数据挖掘库、分析数据、准备数据、建立模型、评价模型和实施。下面具体看一下每个步骤的具体内容：

（1）定义问题。在开始知识发现之前最先的也是最重要的要求就是了解数据和业务问题。必须要对目标有一个清晰明确的定义，即决定到底想干什么。比如，想提高电子信箱的利用率时，想做的可能是“提高用户使用率”，也可能是“提高一次用户使用的价值”，要解决这两个问题而建立的模型几乎是完全不同的，必须做出决定。

（2）建立数据挖掘库。建立数据挖掘库包括以下几个步骤：数据收集，数据描述，选择，数据质量评估和数据清理，合并与整合，构建元数据，加载数据挖掘库，维护数据挖掘库。

（3）分析数据。分析的目的是找到对预测输出影响最大的数据字段，和决定是否需要定义导出字段。如果数据集包含成百上千的字段，那么浏览分析这些数据将是一件非常耗时和累人的事情，这时需要选择一个具有好的界面和功能强大的工具软件来协助你完成这些事情。

（4）准备数据。这是建立模型之前的最后一步数据准备工作。可以把此步骤分为四个部分：选择变量，选择记录，创建新变量，转换变量。

（5）建立模型。建立模型是一个反复的过程。需要仔细考察不同的模型以判断哪个模型对面对的商业问题最有用。先用一部分数据建立模型，然后再用剩下的数据来测试和验证这个得到的模型。有时还有第三个数据集，称为验证集，因为测试集可能受模型的特性的影响，这时需要一个独立的数据集来验证模型的准确性。训练和测试数据挖掘模型需要把数据至少分成两个部分，一个用于模型训练，另一个用于模型测试。

(6) 评价模型。模型建立好之后,必须评价得到的结果、解释模型的价值。从测试集中得到的准确率只对用于建立模型的数据有意义。在实际应用中,需要进一步了解错误的类型和由此带来的相关费用的多少。经验证明,有效的模型并不一定是正确的模型。造成这一点的直接原因就是模型建立中隐含的各种假定,因此,直接在现实世界中测试模型很重要。先在小范围内应用,取得测试数据,觉得满意之后再向大范围推广。

(7) 实施。模型建立并经验证之后,可以有两种主要的使用方法。第一种是提供给分析人员做参考;另一种是把此模型应用到不同的数据集上。

21.2.2 数据挖掘算法分类

国际权威的学术组织 IEEE 数据挖掘国际会议(the IEEE international conferenceon data Mining, ICDM)2006 年 12 月评选出了数据挖掘领域的十大经典算法: C4.5、k-means、SVM、Apriori、EM、PageRank、AdaBoost、kNN、NaiveBayes 和 CART。

按照有监督和无监督可以分为两大类,如图 21.2 所示。其中有监督学习又可以分为分类模型、预测模型两类,其中分类模型代表算法有决策树、KNN、贝叶斯判别、SVM;预测模型代表算法有: 回归分析、神经网络算法等。无监督学习数据挖掘算法可以分为关联分析及聚类分析两类,其中聚类分析比较有代表性的算法有: k-means 聚类算法、密度聚类算法等。下面就代表性算法分别介绍。

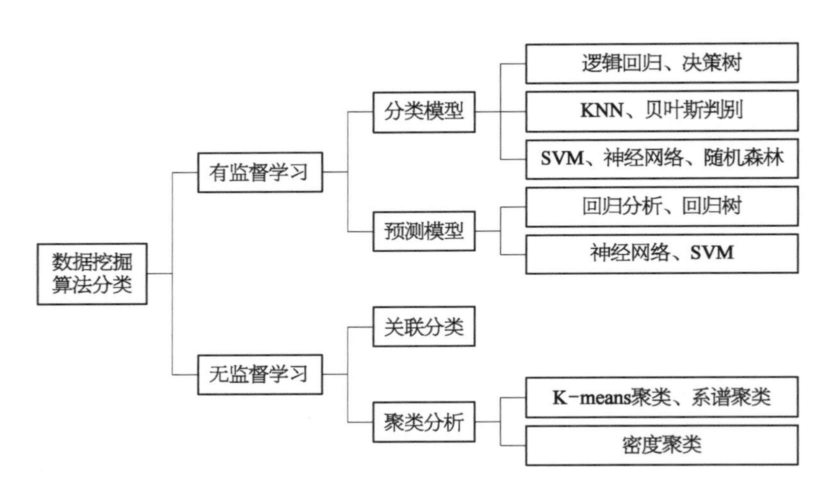

图 21.2　数据挖掘算法的分类

1) C4.5

C4.5 算法是机器学习算法中的一种分类决策树算法,其核心算法是 ID3 算法。C4.5 算法继承了 ID3 算法的优点,并在以下几方面对 ID3 算法进行了改进:

(1) 用信息增益率来选择属性,克服了用信息增益选择属性时偏向选择取值多的属性的不足。

(2) 在树构造过程中进行剪枝。

(3) 能够完成对连续属性的离散化处理。

(4) 能够对不完整数据进行处理。

C4.5算法有如下优点：产生的分类规则易于理解，准确率较高。其缺点是在构造树的过程中，需要对数据集进行多次的顺序扫描和排序，因而导致算法的低效（相对的CART算法只需要扫描两次数据集，以下仅为决策树优缺点）。

2) k-means 算法

k 均值聚类算法是一种迭代求解的聚类分析算法，其步骤是随机选取 k 个对象作为初始的聚类中心。把 n 个对象根据他们的属性分为 k 个分割，$k < n$。它与处理混合正态分布的最大期望算法很相似，因为他们都试图找到数据中自然聚类的中心。它假设对象属性来自空间向量，并且目标是使各个群组内部的均方误差总和最小。

伪代码：

选择 k 个点作为初始质心。

repeat 将每个点指派到最近的质心，形成 k 个簇重新计算每个簇的质心 until 质心不发生变化。

优点：

(1) 原理比较简单，实现也是很容易，收敛速度快。

(2) 聚类效果较优。

(3) 算法的可解释度比较强。

(4) 主要需要调参的参数仅仅是簇数 k。

缺点：

(1) k 值的选取不好把握。

(2) 对于不是凸的数据集比较难收敛。

(3) 如果各隐含类别的数据不平衡，比如各隐含类别的数据量严重失衡，或者各隐含类别的方差不同，则聚类效果不佳。

(4) 最终结果和初始点的选择有关，容易陷入局部最优。

(5) 对噪声和异常点比较的敏感。

3) 支持向量机

支持向量机(support vector machine, SVM)。它是一种监督学习的方法，它广泛地应用于统计分类以及回归分析中。支持向量机将向量映射到一个更高维的空间里，在这个空间里建立有一个最大间隔超平面。在分开数据的超平面的两边建有两个互相平行的超平面。分隔超平面使两个平行超平面的距离最大化。假定平行超平面间的距离或差距越大，分类器的总误差越小。

优点：泛化错误率低，计算开销不大，结果易解释。

缺点：对参数调节和核函数的选择敏感，原始分类器不加修改仅适用于处理二类问题。

适用数据类型：数值型和标称型数据。

4) Apriori 算法

Apriori 算法是一种最有影响的挖掘布尔关联规则频繁项集的算法。其核心是基于两阶段频集思想的递推算法。该关联规则在分类上属于单维、单层、布尔关联规则。在这里，所有支持度大于最小支持度的项集称为频繁项集，简称频集。

优点：编码实现简单，容易理解。

缺点：大数据集上实现速度较慢。

适用于数值型和标称型数据。

5）最大期望（EM）算法

在统计学中，最大期望（EM）算法是在概率模型中寻找参数最大似然估计或者最大后验估计的算法，其中概率模型依赖于无法观测的隐藏变量。

（1）计算期望（E），利用概率模型参数的现有估计值，计算隐藏变量的期望。

（2）最大化（M），利用 E 步上求得的隐藏变量的期望，对参数模型进行最大似然估计。

（3）M 步上找到的参数估计值被用于下一个 E 步计算中，这个过程不断交替进行。

总体来说，EM 的算法流程如下：

（1）初始化分布参数。

（2）重复直到收敛：

E 步骤：估计未知参数的期望值，给出当前的参数估计。

M 步骤：重新估计分布参数，以使得数据的似然性最大，给出未知变量的期望估计。

优点：稳定上升的步骤能非常可靠地找到“最优的收敛值”。有时候缺失数据并非真的缺少了，而是为了简化问题而采取的策略，这时 EM 算法被称为数据添加技术，所添加的数据通常被称为“潜在数据”，复杂的问题通过引入恰当的潜在数据，能够有效地解决问题。

缺点：对初始值敏感：EM 算法需要初始化参数 θ，而参数 θ 的选择直接影响收敛效率，以及能否得到全局最优解。

6）PageRank

PageRank 是 Google 算法的重要内容。2001 年 9 月被授予美国专利，专利人是 Google 创始人之一拉里·佩奇（Larry Page）。因此，PageRank 里的 page 不是指网页，而是指佩奇，即这个等级方法是以佩奇来命名的。

PageRank 根据网站的外部链接和内部链接的数量和质量衡量网站的价值。PageRank 背后的概念是，每个到页面的链接都是对该页面的一次投票，被链接的越多，就意味着被其他网站投票越多。这个就是所谓的“链接流行度”——衡量多少人愿意将他们的网站和你的网站挂钩。PageRank 这个概念引自学术中一篇论文的被引述的频度——即被别人引述的次数越多，一般判断这篇论文的权威性就越高。

PageRank 算法的优点在于它对互联网上的网页给出了一个全局的重要性排序，并且算法的计算过程是可以离线完成的，这样有利于迅速响应用户的请求。其缺点在于主题无关性，没有区分页面内的导航链接、广告链接和功能链接等，容易对广告页面有过高评价；此外，PageRank 算法的另一弊端是，旧页面等级会比新页面高，因为新页面，即使是非常好的页面，也不会有很多链接，除非他是一个站点的子站点。这也是 PageRank 需要多项算法结合的原因。

7）AdaBoost

AdaBoost 是一种迭代算法，其核心思想是针对同一个训练集训练不同的分类器（弱分类器），然后把这些弱分类器集合起来，构成一个更强的最终分类器（强分类器）。其算法本身是通过改变数据分布来实现的，它根据每次训练集之中每个样本的分类是否正确，以及上次的总体分类的准确率，来确定每个样本的权值。将修改过权值的新数据集送给下层分类器进行训练，最后将每次训练得到的分类器最后融合起来，作为最后的决策分类器。

AdaBoost 的一般流程如下所示：

（1）收集数据。

（2）准备数据：依赖于所用的基分类器的类型，这里的是单层决策树，即树桩，该类型决策树可以处理任何类型的数据。

（3）分析数据。

（4）训练算法：利用提供的数据集训练分类器。

（5）测试算法：利用提供的测试数据集计算分类的错误率。

（6）使用算法：算法的相关推广，满足实际的需要。

优点：泛化错误率低，易编码，可以应用在大部分分类器上，无参数调整。缺点：对离群点敏感。

适用数据类型：数值型和标称型数据。

8）K 最近邻分类算法

K 最近邻（K-NearestNeighbor，KNN）分类算法，是一个理论上比较成熟的方法，也是最简单的机器学习算法之一。该方法的思路是如果一个样本在特征空间中的 k 个最相似（即特征空间中最邻近）的样本中的大多数属于某一个类别，则该样本也属于这个类别。

KNN 主要步骤如下：

（1）计算已知类别数据集中的点与当前点之间的距离。

（2）按照距离递增次序排序；选取与当前点距离最小的 k 个点。

（3）确定前 k 个点所在类别的出现频率。

（4）返回前 k 个点所出现频率最高的类别作为当前点的预测分类。

优点：

（1）简单好用，容易理解，精度高，理论成熟，既可以用来做分类也可以用来做回归。

（2）可用于数值型数据和离散型数据。

（3）训练时间复杂度为 $O(n)$；无数据输入假定。

（4）对异常值不敏感。

缺点：

（1）计算复杂性高；空间复杂性高。

（2）样本不平衡问题（即有些类别的样本数量很多，而其他样本的数量很少）。

(3) 一般数值很大的时候不用这个,计算量太大。但是单个样本又不能太少,否则容易发生误分。

(4) 无法给出数据的内在含义。

9) 朴素贝叶斯模型

在众多的分类模型中,应用最为广泛的两种分类模型是决策树模型(decision tree model, DTM)和朴素贝叶斯模型(naive bayesian model, NBC)。NBC 发源于古典数学理论,有着坚实的数学基础,以及稳定的分类效率。同时,NBC 模型所需估计的参数很少,对缺失数据不太敏感,算法也比较简单。理论上,NBC 模型与其他分类方法相比具有最小的误差率。但是实际上并非总是如此,这是因为 NBC 模型假设属性之间相互独立,这个假设在实际应用中往往是不成立的,这给 NBC 模型的正确分类带来了一定影响。在属性个数比较多或者属性之间相关性较大时,NBC 模型的分类效率比不上决策树模型。而在属性相关性较小时,NBC 模型的性能最为良好。

优点:

(1) 朴素贝叶斯模型有稳定的分类效率。

(2) 对小规模的数据表现很好,能处理多分类任务,适合增量式训练,尤其是数据量超出内存时,可以一批批地去增量训练。

(3) 对缺失数据不太敏感,算法也比较简单,常用于文本分类。

缺点:

(1) 理论上,朴素贝叶斯模型与其他分类方法相比具有最小的误差率。但是实际上并非总是如此,这是因为朴素贝叶斯模型给定输出类别的情况下,假设属性之间相互独立,这个假设在实际应用中往往是不成立的,在属性个数比较多或者属性之间相关性较大时,分类效果不好。而在属性相关性较小时,朴素贝叶斯性能最为良好。对于这一点,有半朴素贝叶斯之类的算法通过考虑部分关联性适度改进。

(2) 需要知道先验概率,且先验概率很多时候取决于假设,假设的模型可以有很多种,因此在某些时候会由于假设的先验模型的原因导致预测效果不佳。

(3) 由于是通过先验和数据来决定后验的概率从而决定分类,所以分类决策存在一定的错误率。

(4) 对输入数据的表达形式很敏感。

适用数据类型:标称型数据。

10) CART:分类与回归树

分类与回归树(classification and regression trees, CART)。在分类树下面有两个关键的思想。第一个是关于递归地划分自变量空间的想法(二元切分法);第二个想法是用验证数据进行剪枝(预剪枝、后剪枝)。在回归树的基础上的模型树构建难度可能增加了,但同时其分类效果也有提升。

对回归树稍作修改就可以变成模型树。模型树的生成树关键在于误差的计算。对于给定的数据集,应该先用线性的模型对它进行拟合,然后计算真实的目标值与模型预测值间的差值。最后将这些差值的平方求和就得到了所需要的误差。

树回归优点：可以对复杂和非线性的数据建模。

缺点：结果不易理解。

21.3　基于深度学习的海洋大数据挖掘

经过人工智能中模式识别、计算学习理论的发展，机器学习作为计算机科学的分支，是通过多种算法实现计算机智能工作的一门科学，应用范围已渗透到如网页搜索、垃圾邮件过滤、网络社交好友推荐等社会生活的方方面面。机器学习中人工神经网络发展的过程中，产生了深度学习这一前沿领域。深度学习作为新的研究领域，旨在舍弃传统机器学习需要专家通过实验设计和创建特征提取器的主观性，通过学习自动建立特征提取器，形成能够模拟人脑来解译数据的神经网络，实现解决问题的目的[48]。本节主要介绍深度学习算法原理及基于深度学习的海洋大数据挖掘应用。

21.3.1　深度学习起源

深度学习起源于神经网络。1943 年，麦卡洛克和皮茨最早提出了神经网络数学模型，用以模拟人类大脑神经元的工作原理，采用简单线性加权和模拟输入信息到输出信息的变换，并应用于垃圾邮件的识别处理。为了使简单的线性加权和更自动、更符合实际，1958 年，罗森布拉特提出了感知机模型，这是第 1 个可通过学习获取训练数据特征权重的模型，用于解决简单的图像分类问题。然而由于模型自身的局限性，之后的十多年，神经网络的研究一直处于低潮期。直到 20 世纪 80 年代末期，神经网络因分布式知识表达和反向传播算法的提出而再次兴起，模型的表达能力得以丰富，神经网络的训练效率得以提高。神经网络的发展在 20 世纪 80 年代末 90 年代初进入高峰期。乐村等提出的卷积神经网络(convolutional neural networks, CNN)是第 1 个真正的多层结构学习算法，该算法能够通过特征转换，学习得到复杂的方程，进而对物体的特征进行自动模拟。霍克赖特等提出了长短期记忆(long short-term memory, LSTM)模型，应用于长时序数据建模。然而由于计算资源和数据量的限制，深层神经网络的表达效果仍不理想，20 世纪 90 年代末期渐渐被机器学习的光芒所覆盖。21 世纪以来，随着计算机软硬件性能的飞速发展，特别是图形处理器(graphics processing unit, GPU)的出现，神经网络迎来了崭新的时期。2006 年，欣顿等在《Science》杂志上提出了深度学习理念，开启了深度学习研究的热潮，特别是在科学领域和工业领域，推动了一批深度学习项目的落地实施。2012 年，克里泽夫斯基等在 ImageNet 计算机视觉挑战比赛中，通过使用 CNN 算法中的 AlexNet，将图像分类误判率从 26.2%降到 15.3%，成功回应了外界对于深度学习的质疑。同年，微软公司研发了深度神经网络——隐马尔科夫混合模型，并将其应用于语音识别。深度学习应用于生物制药分子的预测,为发现可能的药物分子提供了较好的分析预测结果。此外,深度学习产品还包括谷歌人工智能软件 AlphaGo 和开源深度学习系统 TensorFlow、波士顿动力公司最新发布的机器人 Atlas 和 Facebook 公司推出的聊天机器人等,其中 2016 年和 2017 年 AlphaGo 与人类围棋对弈的胜出,凸显了深度学习模型对于海量复杂数据的分析能力。如今,深度学习也从最初的图像识别领域渐渐扩展应用至语音识别、生物化学数据处理、网络搜索内容推荐、医疗、金融安全验证等方面,并逐渐进入海洋领域,用以解决不同领域的数据挖掘分析问题。

传统的海洋数据处理分析多采用人工手动分类识别、传统统计分析、海洋模式模拟等方法,这些方法往往受主观因素的影响而不能真实刻画数据中的隐含信息;且海洋大数据多为非结构或半结构化数据,数据之间关系复杂或无关联,对传统的统计分析和海洋模式模拟提出了挑战。而深度学习,以数据为驱动,通过多层学习提取数据中的有用信息,客观挖掘数据之间的可能关系,能够提高数据处理效率和精度,为海洋大数据的智能分析挖掘带来新的契机。

2015 年,奥伦斯坦等采用 CNN 对 340 万个浮游生物图像进行了训练和分类,结果表明该方法在时间和精度方面都优于传统人工分类筛选方法,对大量浮游生物图像的分类效果较好。Bentes 等则采用深度神经网络对 SAR 图像数据进行自动分类,省去大量人工时间。Zeng 等采用人工神经网络和经验正交函数(empirical orthogonal function, EOF)相结合的方法对海表面高度(sea surface height, SSH)数据进行分析预测,实现了对墨西哥湾中的套流变化和涡旋脱落过程的预测。杜古诺和法布莱提出了一种基于深度学习的图像超分辨率模型与复杂的卷积神经网络方法,对海表面温度(sea surface temperature, SST)数据进行研究,评估应用于海洋遥感数据的深度学习体系的效率与相关性,结果验证了“经过专门训练的海洋遥感数据的深度学习模型能支持重建高分辨海洋表面温度场”。利马等将 CNN 方法应用于海洋锋的识别,通过训练学习将数据转化为知识,从而应用于有限的数据识别中,得到的识别精度高于传统算法。杨等基于深度学习中的 LSTM 神经网络模型,引入空间信息,建立了用于 SST 预测的模型,该模型在中国沿海的 SST 数据集中应用效果良好。深度学习逐渐应用于海洋大数据的分类识别、高分重构、现象预测等方面,不断拓展在海洋领域中的应用。

21.3.2 深度学习关键算法原理

深度学习算法常见的模型主要有:栈式自动编码器(stacked auto-encoder, SAE)、CNN、受限玻尔兹曼机(restricted boltzmann machine, RBM)、深度置信网络(deep belief network, DBN)、深度玻尔兹曼机(deep Boltzmann machine, DBM)和循环神经网络(recurrent neural network, RNN)等。模型大致可分为 3 类,即多层感知机模型、深度神经网络模型和递归神经网络模型。本小节分别以 DBN、CNN 和 RNN 作为这 3 类模型的代表,对其原理进行简述。

1) DBN 原理

DBN 由多个 RBM 和一层反向传播网络(back prop agation network, BPN)堆叠而

成，一个 RBM 是一个双层模型，包括 m 个神经元组成的一个可见层和 n 个神经元组成的一个隐藏层，可见层与隐藏层之间的连接权重是双向的，同一层内神经元相互独立，降低概率分布和训练的复杂度，层与层之间神经元全连接(图 21.3)。

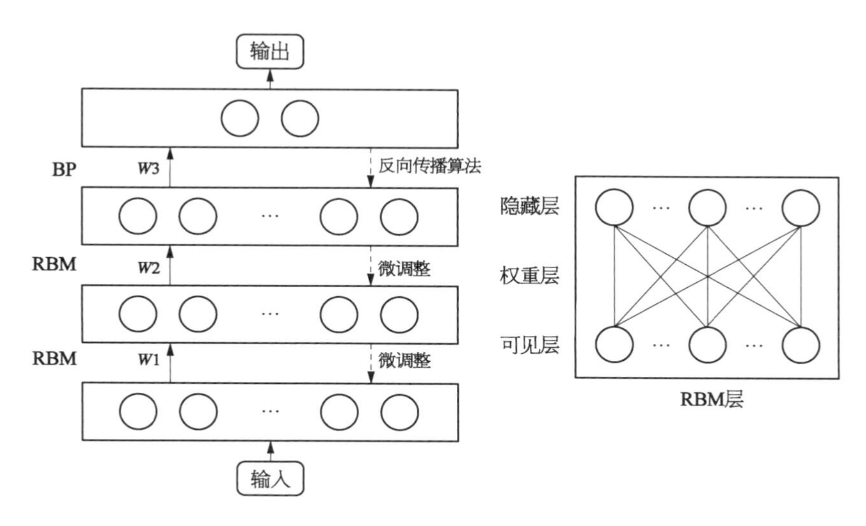

图 21.3　DBN 及 RBM 网络架构

DBN 训练包括两部分：预训练和微调整训练。预训练用于对每层的每个 RBM 进行训练，每一层的输出是下一层的输入。在微调整阶段，采用反向传播算法将训练误差逐层向后传播，对整个 DBN 的权值参数进行调整训练。由于 DBN 的预训练，使得网络中各层参数权重通过训练获得，这与传统神经网络的随机初始化不同，经过预训练获得的网络训练效率高且避免了传统神经网络训练过程中容易陷入局部最优的问题。DBN 的输入数据需将二维信息矩阵转化为一维向量，因此在训练过程中没有考虑图像二维结构信息，对数据分类精度有一定影响。

2) CNN 原理

CNN 以数据为驱动进行模型训练，是人工神经网络不断发展产生的一种方法。CNN 是一个多层神经网络，由卷积、池化(下采样)、全连接和识别等运算组成(图 21.4)。

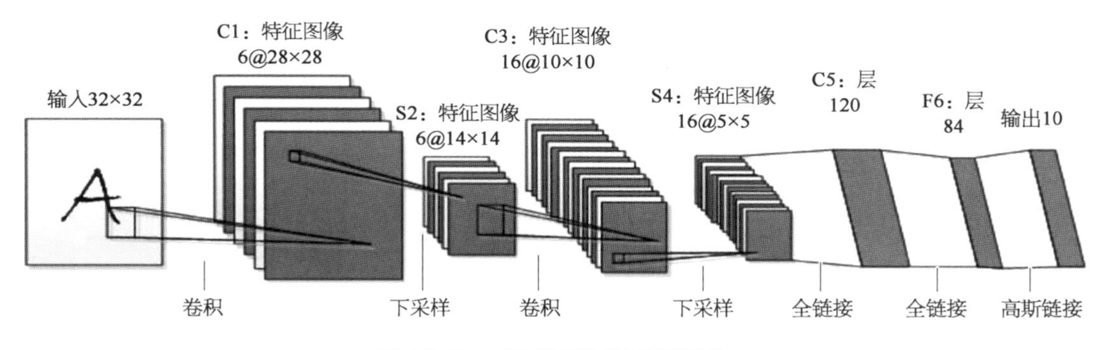

图 21.4　一种 CNN 网络模型示意

CNN每一层的输出作为下一层的输入，每一层由神经元节点组成，每一个神经元的输出是神经元节点特征以一定的权重乘以上一层特征的输入值，再加上偏差值，后经过非线性变换得到。神经元输出的集合组成一个特征图，卷积运算作用于特征图，用于特征提取。池化运算等同于下采样，应用对特征图进行局部平均、对相似的特征进行合并从而减少数据量，降低特征提取结果对图像变形的敏感度，泛化出更一般的特征。全连接运算将经过多次卷积池化后输出的多组信号组合为一组信号。识别运算则根据应用需求增加一层网络用于对信号进行分类识别。CNN网络中神经元权值共享减少了网络训练参数的个数，降低了网络训练复杂度。此外，CNN可以用于对多数组形式的数据进行处理，包括一维的信号和序列、二维的图像、三维的影像或体数据。

3）RNN原理

RNN亦称递归神经网络，通过网络中的环状结构将神经元的输出在下一时间点作用于自身，从而达到RNN对上一时间点的输出进行“记忆”并影响下一时间点的目的，因此通常用于序列数据的处理，结构如图21.5所示。RNN的网络深度即时间长度，通过神经网络主体结构W将历史输入状态进行总结，使得隐藏层h包含现有的输入和过去的“记忆”。其优点是可以处理序列数据，缺点则是容易随迭代的进行，历史输入对隐含层作用会逐渐减小乃至消失，即出现梯度消失问题。此外，RNN不具备特征学习能力。

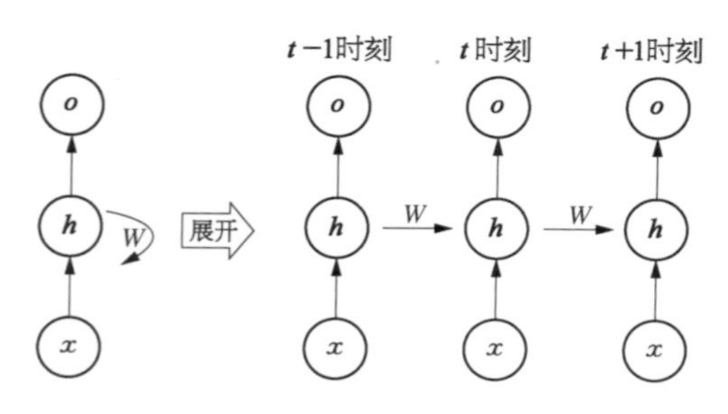

图21.5　RNN网络原理示意

x—输入层；h—隐藏层；o—输出层；W—神经网络的主体结构

21.3.3　深度学习在海洋大数据挖掘中的研究及应用

1）海洋数据重构

海洋数据的准确性和时空连续性，对海洋科学研究至关重要。实际操作中，由于仪器自身的误差、卫星故障、大气中云雾等现象影响，使得部分数据不可用或缺失，这就产生数据重构问题，为海洋数据产品生成、挖掘及现象分析带来困难。传统的数据重构方法多采用插值算法，如最优插值、线性插值等，并广泛应用于Argo、海洋遥感等海洋数据重构，然而由于插值过程中导致重要信息丢失，造成数据重构误差较大，为传统数据重构方法带来巨大挑战。

在从低分辨率到高分辨率的构造过程中，与传统插值方法不同，最新的一些方法有赖于大量样本，并在训练样本中学习从低分辨率到高分辨率的转换规律，从而形成模型。而深度学习可以从大量的样本数据中学习到复杂的模型，并能够控制模型效率，在解决海洋数据重构问题方面发挥了重要作用。以海表面温度数据重构为例，高分辨率CNN(SRCNN)是目前较为常见的高分辨率数据重构方法，该方法能够将低分辨率数据采用双三次插值方法调整大小，使其与目标高分辨率数据的像素数或网格数相同，并作为网络的输入。SRCNN具有3层卷积滤波，第1层是特征抽取，通过密集抽取低分辨率数据的图像来计算高级特征表征；第2层是非线性映射，通过每一个矢量特征的非线性变换作为重构的高分辨率数据的特征表征;第 3 层重构,通过整合高分辨率数据的特征表征输出最终的高分辨率图像(图 21.6)。Ducournau 等采用非洲南部海区(10.025°W~34.925°E,35.975°S~65.925°S)高分辨率业务化海表面温度和海冰再分析(operational seasurface temperature and sea ice analysis, OSTIA)数据(2007 年 1 月—2016 年 4 月,时间分辨率为天,空间分辨率为 0.05°),由于 OSTIA 是由多种实测数据(微波遥感数据、浮标等)融合得到,因此网络以低分辨率数据微波 SST 和高分辨率数据 OSTIA 作为输入,学习两者之间的映射关系,从而建立由低分辨率到高分辨率的模型。合理增加滤波器的个数对于复杂模型的学习效果具有增进作用。SRCNN 与双三次插值方法对比证明,双三次插值方法将数据的特征变得更加平滑,而 SRCNN 则能够增加更多细节,让数据梯度更加明显。

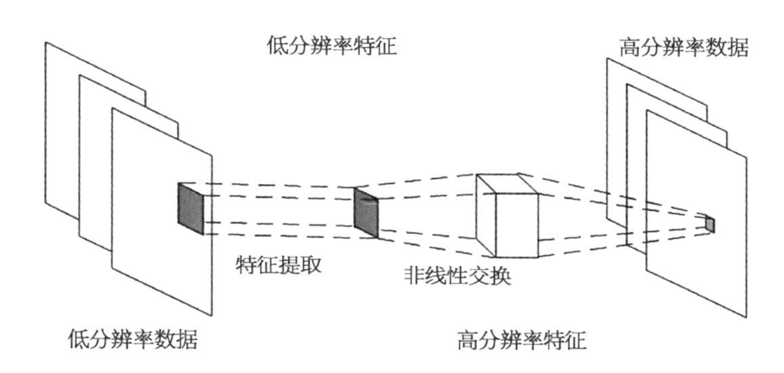

图 21.6　深度学习数据重构示意

2) *海洋数据分类识别*

海洋观测技术特别是遥感技术的发展,一方面为海洋的研究与应用提供了大量数据,另一方面也为数据的智能挖掘带来挑战。如何高效地对海洋数据进行分类识别,成为海洋大数据智能挖掘的热点问题。传统的数据分类识别多采用目视解译、人工分类或复杂的提取算法,然而这些传统方法难以在合理时间范围内完成数据分类识别。目前,许多研究采用深度学习等方法用于遥感影像的分类识别、特征提取。

以海洋中尺度涡的分类识别为例。中尺度涡是能够携带物质和能量进行迁移,引起水体垂直向上混合,空间尺度在几十千米到几百千米的旋转水体。其对海洋动量传输、生物地球化学过程、海气相互作用等具有影响,因此广泛受到海洋学界的关注。传统中尺度涡旋的识别分类研究多采用目视解译法、基于物理几何参数法及混合对比法。然而,算法效率与准确率难以兼得,基于等值线算法虽然在效率和准确率上有了一定的提升,但仍难以满足数据快速挖掘的需求。因此,采用深度学习中的 CNN 方法较为理想。首先,数据准备阶段,以法国哥白尼海洋环境监测中心提供的海表面高度异常数据(archiving, validation and interpretation of satellite oceangraphic-sea level anomalies, AVISO-SLA)为数据源,使用基于等值线的中尺度涡旋识别方法,识别出 1998—2012 年共 15 年间南大西洋海区(65°S~16°S,71°W~31°E)的涡旋数据作为涡旋样本(图 21.7),按时间顺序的 70%、20%和 10%分割为训练数据源、测试数据源和验证数据源。以 9 像素×9 像素的图像按照涡旋样本的位置从对应的 AVISO－SLA 中密集抽取气旋涡图像、反气旋涡图像和非涡旋图像，给予标识并作为网络的输入进行训练。其次，采用多种训练策略和模型(LeNet、AlexNet 和 GoogLeNet)，不断调整网络中的训练参数，以达到更高的准确率。识别结果如图 21.8 所示。

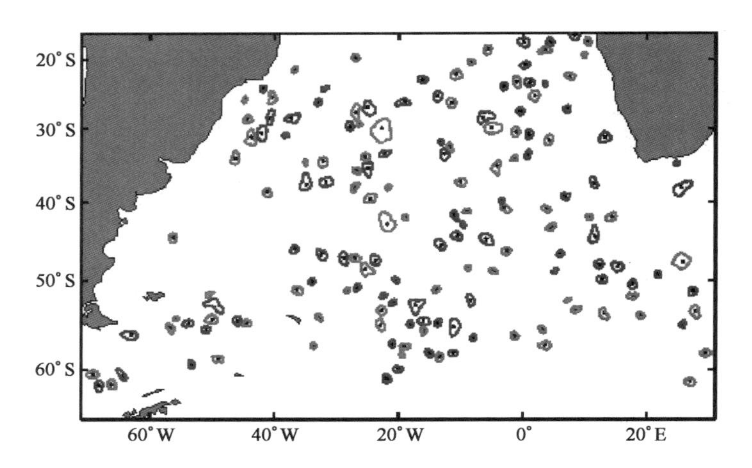

图 21.7　基于 SLA 等值线识别的气旋涡(蓝色)和反气旋涡(玫红色)

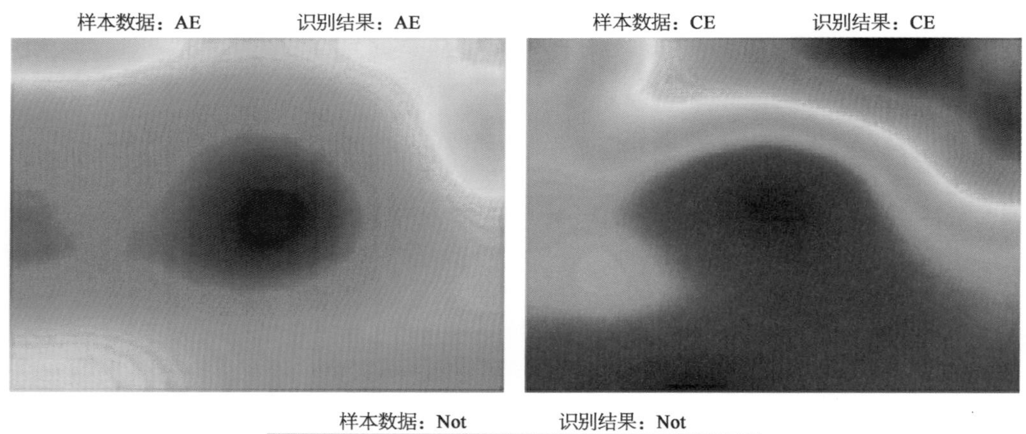

图 21.8　深度学习分类识别结果与样本数据一致

AE—反气旋涡；CE—气旋涡；Not—非涡旋

表21.1是LeNet、AlexNet和GoogLeNet模型的分类精度对比。LeNet虽然框架简单，但是由于是从底层开始训练，而不是像AlexNet和GoogLeNet对基准模型进行微调整训练，所以能够得到更好的分类精度。在时间上，LeNet的训练时间为AlexNet的1/3，为GoogLeNet的1/7。因此，在训练CNN时，综合考虑时间和结果可以看出，针对中尺度涡数据集采用小模型重新训练要比采用复杂模型而只对模型进行微调得到的分类结果更加精确。

表21.1　LeNet、AlexNet和GoogLeNet分类精度对比

模型名称	训练策略	分类精度(%)
LeNet	底层训练	97.24
AlexNet	微调整训练	96.81
GoogLeNet	微调整训练	97.21

通过采用深度学习建立涡旋的识别分类模型，能够大大提高涡旋图像的分类识别效率，且获得较高的准确率，省去了传统算法进行海洋数据分类识别的计算时间。

3）*海洋数据预测*

常用的海洋数据预测方法主要分为3类：人工经验、数值模型和统计预测。这些方法受参数设置和人类认知程度的影响较大，且复杂的海洋过程不能通过复杂的公式和繁琐的计算获得较好的结果。将深度学习应用于海洋大数据的预测研究，是将新一代技术与海洋现象预测应用相结合，打破传统海洋模式预测技术瓶颈与认知水平的限制，拓展人工智能等关键技术在海洋中应用的重要方法。

RNN能够用于处理时序数据，而LSTM作为RNN发展的产物，有效改进了RNN的隐含层，可以应对不同种类的时序数据训练。然而针对海洋大数据，Zhang等虽然采用了LSTM模型预测SST数据，但模型中只包含时间信息，缺少空间信息。实际的海洋数据预测要包含时空信息，因此应充分利用深度学习中图像识别模型对空间信息的捕捉与时序模型对时间序列的记忆，将二者结合，建立适用于海洋数据的预测模型。以SST数据为例，Yang等提出采用LSTM与CNN相结合的方式，在构造模型的过程中先进行时间信息的提取，再增加一个卷积层提取空间信息，并在实验中证明时空序模型比单纯的时序模型更能对中国近海数据集进行精准预测。

海洋数据的深度学习预测可以分为两部分，一是三维时序数据的构造，二是时空模型的构建。基本流程和原理如图21.9所示。

总的来说，深度学习是在计算机软硬件和神经网络发展的基础上提出和发展起来的，本节概述了DBN、CNN和RNN这3种关键算法的原理。传统的大数据挖掘方法往往受主观因素的影响而不能真实刻画数据中的隐含信息，深度学习等关键技术的发展为海洋大数据处理分析带来了新的机遇。针对海洋数据重构、分类识别和预测等3方面的具体应用，详细描述了深度学习的具体应用，包括数据的组织和构造、模型的训练方法和结果

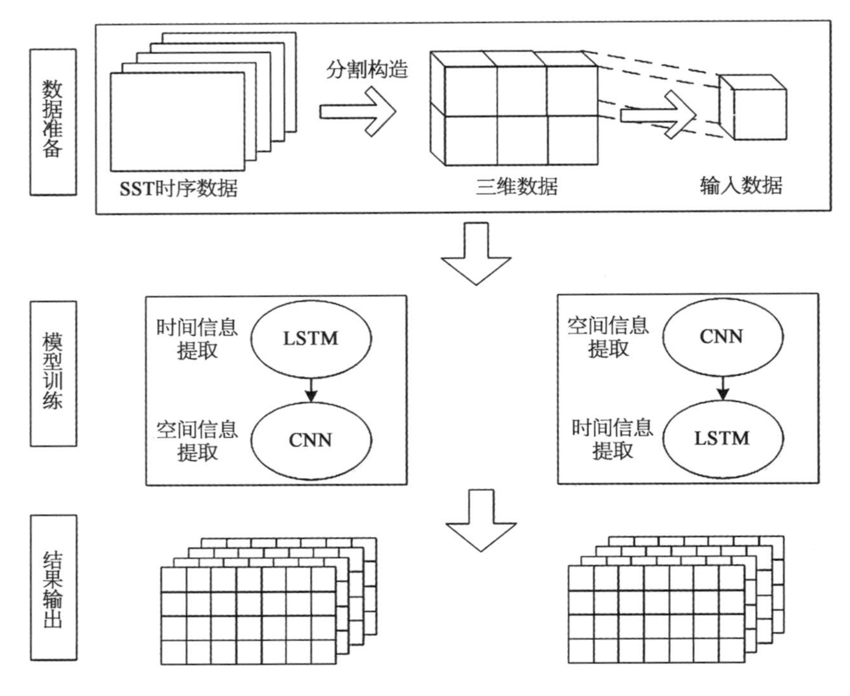

图 21.9　深度学习海洋大数据预测工作流程

分析等。

深度学习对海洋大数据的挖掘，不仅提高了数据挖掘效率，打破了传统技术瓶颈，对于发现海洋规律，认知海洋环境，揭示其相互作用机制，保护利用海洋资源、海洋防灾减灾都有着重要的意义。未来随着深度学习不断应用于社会生活等领域、人们对方法认知不断增强，以及以深度学习为基础的面向海洋的应用服务不断扩大，人们对海洋现象和规律的把握，以及应对风险的防控能力将大大提高，海洋将得到更加合理的开发利用。

第 22 章　监测数据应用实例

随着海上监测技术的发展，自动化海事监测体系结构也越发完备，无人监测体系是未来海事监测的大势所趋，多样化的无人设备产生的大量异构监测数据需要进行及时的分析和应用才能产生应有的防范海上灾害、减少经济损失等作用。

本章对监测数据的应用实例进行介绍，首先介绍了无人海事体系中的各种类型无人系统及海洋自主系统的应用，然后对海洋环保大数据统计分析及信息融合算法进行实例介绍，并用一节内容对实例算法改进做介绍，包括关联规则特征提取、模糊C均值聚类及仿真实验和结果分析，最后介绍了SOM算法在海洋大数据挖掘中的应用初探。

22.1 无人海事监测体系结构

目前先进的海上自动驾驶操作是相当多样化的。本章将涉及自动驾驶载具的操作分为三类。第一个是异构机器人操作。这些活动涉及各种类型的非载人和机器人载具，例如自主水下载具（autonomus underwater vehicle, AUV）、有时称为自主水面载具（autonomus surface vehicle, ASV）的无人水面载具（unmanned surface vehicle, USV）和无人机（unmanned acrial vehicle, UAV）。这些操作背后的想法是利用每架载具的特定能力来完成高层次的任务目标。

浮标和浮动平台通常用于测量环境数据。这些设备的设计特别注重长寿命、高可靠性和在预期海况下的耐久性。由于对通信和电力基础设施的访问非常有限，设备在生成和传输给用户的信息量方面面临着很大的限制。目前正在出现的第三种海洋活动是无人驾驶船舶和自主航运作业。能够在海上航行、将货物和乘客运送到目的地港口的无人驾驶船舶正在被使用，并在长期的产业战略中得到越来越多的关注。本节提供关于每组操作的实际示例的更多细节。

22.1.1 多种类机器人监测类型

海洋环境下的异构机器人操作越来越多地得到验证，这主要是由于多机构和跨学科研究领域的共同努力。这种操作的一个例子是翻车鱼跟踪实验，其中一架UAV和一艘AUV，以及一艘USV和一艘有人驾驶的船只，联合起来跟踪翻车鱼。为了让生物学家更好地理解行为和环境，这项工作需要从多个传感器（从相机到声呐）进行持续监测。

所创建的系统利用了图22.1所示的各种通信技术。载具间的通信采用Wi-Fi、satel-lite、蜂窝网络和声学链接实现。该系统的中心数据元件称为集线器，它从传感器收集数据，通过卫星和蜂窝网络将数据提供给用户和载具。

翻车鱼以不时停留在水面上，以通过太阳辐射取暖而闻名（也叫太阳鱼）。这种行为允许在地表追踪一些样本，方法是用一种定制的设备对它们进行标记，该设备配有GNSS

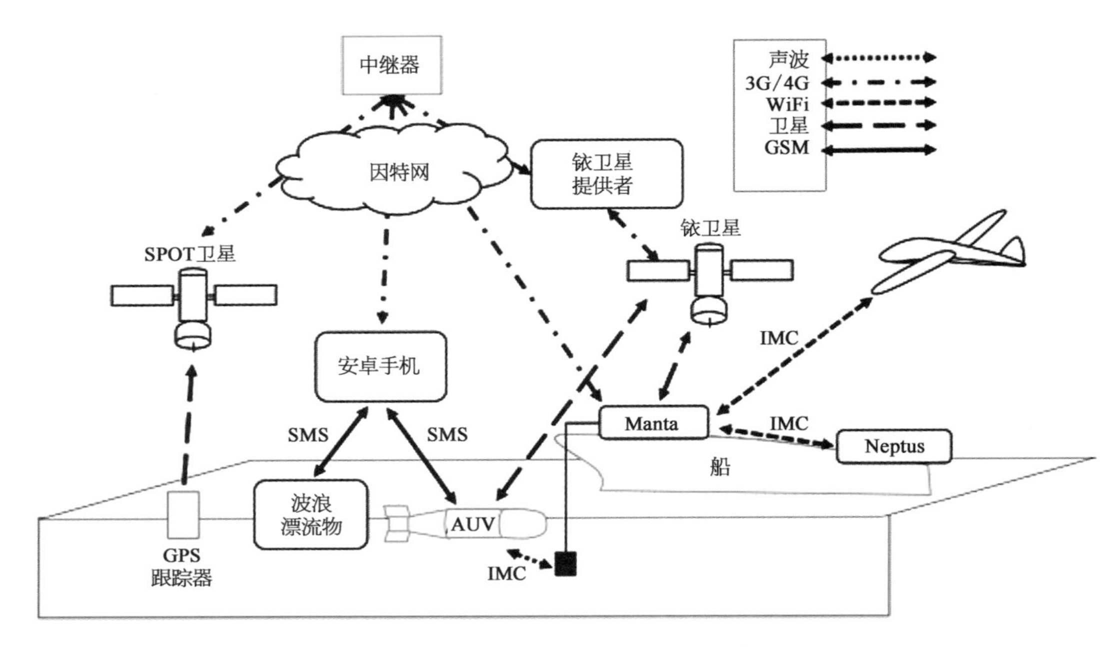

图 22.1　异构操作实例，Mola-mola 跟踪互连

接收器和卫星发射器。

虽然使用的设备提供了鱼的位置信息，但是它们下一次浮出水面的时间和位置是未知的，因此，当试图收集所有需要的数据时，实验具有重要的动态性。这就是为什么在行动期间使用由一个控制中心监测和协调的若干种载具的原因之一。对载具和整个系统的高低控制采用 LSTS 工具链进行。这些无人驾驶载具被用来收集有关翻车鱼生活环境的大量数据。

在考虑空间域、操作和部署时间以及传感器时，UAV、AUV 和 USV 具有非常不同的功能。在 Mola－mola 跟踪监测实验中，只要标记的鱼重新浮出水面，标记的 sGNSS 获得卫星信号，它的位置就通过卫星链路发送到互联网服务器。这使得控制中心的研究人员能够触发适当的动作。例如，经常在该地区作业的 USV 被命令导航到水面上一条鱼的位置，同时记录所需的水参数。最后，如果鱼的位置在可用 UAV 的范围内，另一组研究人员准备发射飞机来跟踪和捕捉水面动物的视频片段。

实验中使用的 UAV 基于天行者 X8 平台，配备高清摄像头，飞行时间为 60 min。该装置射程 8～10 km，巡航速度 18 m/s。实验所用的 AUV 是一种轻型 AUV（LAUV），能在水下航行 8 h，速度为 3 kn，深度为 100 m。它还配备了传导温度和深度（CTD）传感器、荧光计和高清摄像机。如果研究人员需要其他设备，还可以安装侧扫声呐和多波束回声测深仪。USV 是一艘波浪发生器，这是一艘由波浪提供动力的船，能够根据海洋条件以 0.5～1.6 kn 的速度移动。它配备了一个 ADCP，一个 CTD 和一个气象站。被动推进和太阳能收集技术允许这种载具在时间（年）内执行非常广泛的任务，仅受维护需要的限制。

22.1.2　系泊和准静态监测类型

世界各地部署了大量的系泊或漂移节点。全球海洋网络统计数据列出了2002—2016年间活跃的125 518个系泊系统。系泊和准静态系统可以看作是无人操作的节点，能够携带几个不同的传感器，使它们具有物理基础设施、处理和通信能力。它们的特征是由传感器和寿命预期决定的，寿命通常超过至少一年。这需要明智和有效的能源管理，如任务规划和通信调度。通信技术可能依赖于卫星链接，但也可能需要额外的交互来收集由不同节点生成的大量数据。

系泊系统的寿命和耐久性是系泊系统和准静态系统的两个关键方面。这种系统用于长期部署，其中连续观察非常重要。传感器收集数据的方式对于每个设备家族来说都是独一无二的。有限的电源和通信资源会减少检索到的数据量，在采样时间和频率方面，部署持久性可能更受欢迎。许多设备都配备了能量收集模块，可以使用太阳能、波浪或风能来支持它们的电力系统。然而，在某些地方，这些技术可能会失败，例如在波涛汹涌的海域或北极之夜。此外，能量转换器增加了设备的尺寸、成本和复杂性。

浮动节点通常支持水下传感器收集测量数据，如盐度、温度、密度和光照水平。此外，利用漂移节点位置信息对海流进行建模。每一个设备都有一个特定的生命周期。同样，采样频率和持续时间是由熟悉他们所观察过程的科学家选择的。可以提供一些在尺度、范围和方法上不同的系泊和准静力学操作的例子。Argos阵列是全球气候观测系统/全球海洋观测系统（global cimale observation system/global ocean observing system，GCOS/GOOS）的一部分。阿尔戈观测系统包括大约测量2 000 m以上无冰海洋温度和盐度的3 800个自由漂移节点。跟踪节点的运动，提供关于当前的信息。数据是通过卫星通信收集的。目前正在使用两个卫星系统，Argos系统和铱系统。在SystemeArgos的情况下，节点需要花费6～12 h在地表传输数据并测量其位置。最大定位精度约为100 m，取决于卫星的数量和几何形状。当使用铱系统时，从GPS获取位置。2015年，65％的漂浮物部署在铱上，35％部署在Argos上。

另一个例子是声波接收器阵列，用于跟踪感兴趣区域的标记鱼。在这种情况下，节点通常由被动声学接收器组成，记录声学标签传输。由于接收机无法进一步传输信息，需要手工采集数据。由于节点数量众多，检索操作将消耗大量的时间和资源。此外，数据收集活动可能需要每年重复多达4次，并需要专业团队，例如戴水肺的潜水员。整个过程中收集的数据量取决于鱼活动和鱼标签传输设置。例如，每个接收器可以收集多达1 500个条目，大约是12个MBs。收集的数据总量取决于接收器的数量，但不一定是线性的，因为鱼的活动不是均匀分布的。

在某些情况下，阵列数据可能由无人驾驶载具收集。在波激器的一次运动中，一艘被动动力USV被用来收集分布在205 km以上的184个水下跟踪系统的数据。

在另一个场景中，构建了一个技术演示，其中水下接收器由一个水面单元支持。水面部分装有无线传感器网络（wireless senson network，WSN）节点，可以从水下传感器下载数据。mesh型WSN网络采用868 MHz的工业、科学和医学（ISM）通信链路。以一个小型商用现货多转子作为中继节点，对数据中继机制进行了研究。测试得到了几个 kbps 的传输速度，这对于该场景来说已经足够了。

另一种系泊作业是由 Arctic ABC project3 进行的，它涉及从几个不同的和复杂的传感器中广泛收集数据，包括水下高光谱成像仪(underwater hyperspectral imaging, UHI)单元、高清摄像机和声学浮游动物鱼类剖面仪(acoustic zooplankton column profiler, AZFP)单元。

该系统可以部署在没有适当的卫星覆盖或其他典型通信系统的地方，这些地方的实际访问非常有限。为了规避这些限制和高比特率的要求，正在考虑使用无人机进行数据收集，其中系泊节点将收集有关北极环境的信息。

图 22.2　系泊作业实例，ArcticABC 水下高光谱成像节点 P-4(插图：B. Stenberg/ArcticABCproject)

在 ArcticABC 项目中，一组生物学研究人员和工程师正在建造一组冰层表面节点，以记录环境观测结果。目前正在开发用于光学、物理和生态传感器(ICE-POPEs)的 6 种类型的冰系平台集群：

(1) 冰参数监测器(P-1)。

(2) 水下测光节点(P-2)。

(3) 声学浮游动物鱼类剖面仪节点(P-3)。

(4) 水下高光谱成像节点(P-4，图 22.2)。

(5) 气象站(P-5)。

(6) 档案单元(P-6)。

冰原 P-1、P-2 和 P-5 每天产生的数据量很少，测量和控制数据将完全通过卫星链路传送。P-3 和 P-4 携带产生大量数据的仪器。具体地说，P-3 预计每天生成数十 MB 的数据，而 P-4 预计每天生成 1 GB 的数据。P-6 将为 P-3 和 P-4 提供一个后备存储器，根据部署的冰棒的数量和类型，P-6 预计每周收集几十 GB 的数据。

有三种方法可以访问 P-3、P-4 和 P-6 单元上的数据。主要通信通道是一个铱短突发数据(short burst data, SBD)业务调制解调器。SBD 消息到达一个微控制器，并通知它该单元每个组件的电源周期安排：主单板个人计算机(single borad personal computer, SBPC)、高速收音机、铱拨号调制解调器和传感器电源。在一个预定的时间，微控制器发送回一个包含房屋信息的消息，例如，电池电量，设备及其组件的状态。当微控制器启动所有组件时，可以使用铱拨号调制解调器访问每个单元的主 SBPC。通过拨号通道可以应用配置更改，并从世界上任何位置检索记录数据的某些部分。主要的数据检索通道是在

ISM 波段运行的高速无线电。根据地区的不同，可以考虑使用 900 MHz 或 2.4 GHz 技术。由于高速无线电的范围有限，只有几千米，用户或数据机必须在节点附近，以便收集储存在单元上的数据。最初的想法是，数据将从部署区域附近容纳研究人员的船只上收集。第二种选择是使用远程无人机飞到部署区域并检索数据。第三种可能性是物理检索 P-6。

图 22.3 自主航运的例子斯特拉渡轮

冰层的行为可能导致 P-3 和 P-4 单元无法恢复。因此，在部署期间，P-3、P-4 和 P-6 部队应利用高速无线电链路定期同步储存在其内部存储器内的数据。P-6 的设计将使冰的分离变得不那么复杂，因此它可以由乘坐破冰船或飞行器到达的载人探险队收集。

22.1.3 无人驾驶船舶和自主航运

与传统的载人船舶相比，无人驾驶船舶的概念在船舶设计和建造方面提供了潜在的优势，并降低了燃料、劳动力和环境足迹等运营成本。最近对开发这种系统有很大的兴趣。应用范围包括短途货运、长途货运和渡轮。在目前的发展状况下，仍然被认为是一项需要人类操作员负责和指挥无人驾驶船舶。这通常会对船舶和岸上操作中心之间的通信链路做出很高的要求，在那里，除了安全操纵、态势感知和容错外，海盗也是一个需要关注的问题。

水面载具的自主运行要求制导、导航和控制具有高可靠性、容错性和安全性。它实时感知船舶周围环境，以避免搁浅和与其他船舶、人、海洋哺乳动物或可能遇到的其他障碍的碰撞。为了能够探测到大范围的潜在障碍物，并提供自动避碰和态势感知，可以使用雷达、激光雷达(light detection and ranging, LIDAR)等机载传感器和摄像机对船舶环境进行扫描。

电子导航全球策略旨在通过协调海上导航系统和支持岸上服务，满足目前和未来用户的需求。未来用户的需求还必须集中于自主操作，以及载人船舶如何与无人驾驶船舶交互，以及无人驾驶船舶的交通中心的作用。法规和标准化也是令人关注的问题。国际海事组织(International Maritime Organization, IMO)将电子导航定义为以电子方式协调收集、整合、交换、展示和分析船上和岸上的海洋信息，以加强泊位对泊位的导航和相关服务，以保障海上安全和保护海洋环境。2014 年 11 月，《电子导航战略实施计划》会话初始协议(Session Initiation Protocol, SIP)获批，其范围之一涉及海上作业的有效和稳健的通信方法。

船舶避碰规则由国际海事组织《国际海上避碰规则》(Interational Regulations for Preventing Collisionsat Sea, COLREGS)规定。虽然 COLREGS 是为由船员操作的船舶设计的，但它们的关键元素也适用于自动避碰系统，无论是作为船员的决策支持系统，还是在自主或远程操作的无人驾驶船舶中。在自主系统实现中，COLREGS 隐含地要求传感器系统必须提供一些必要的信息，以及在危险情况下应该采取正确的行动。船舶（特别是自治船舶）预计将携带一种 AIS，即广域无线电信号，包含船舶的位置、速度和其他信息，可以被其他船舶和当局接收。COLREGS 还要求光和声信号通信，人们可能期望在未来通过无线电广播协议来扩展，以支持自主驾驶和无人驾驶的船舶操作。

今天的载人飞船有 400 到几千个传感器，它们以某种方式报告数据或用于行动。当船舶实现自治时，传感器的数量不会减少，而且有必要向岸上的控制中心报告一些数据，以便控制船舶的状态。劳斯莱斯宣布，他们将开始开发一个用于舰队管理的远程控制中心，也用于无人驾驶船只的操作。远程控制和自治是优先考虑的。这对通信基础设施以及船舶与岸上中心之间交换的数据的安全性和完整性提出了很高的要求。

自 2015 年以来，劳斯莱斯领导了一个名为“先进自主水载应用计划”（Advanced Autonomous Water Application，AAWA）的行业和学术界联合研究项目，提出了一个无人驾驶船队的概念，由岸上控制中心的有限船员控制。这一概念包括未来桥梁的设想，配备最先进的自动化技术，据信到 2025 年将成为现代舰船的一部分。目前，芬兰计划使用一艘 65 m 长的双头渡轮 Stella 进行一系列测试（图 22.3）。这些测试将回答一个问题，即如何将现有的通信技术与无人驾驶载具的使用结合起来，实现船舶的自动控制。MUNIN 海事无人驾驶导航系统也提出了类似的自主船只的概念，该系统主要由一个自动化的船上决策系统引导，并从岸上控制船只。

22.1.4 小卫星和无人驾驶载具系统

本节为远程位置的网络和数据交换定义一个最先进的体系结构。本文建议小型卫星和无人机（空中、水面或水下）合作，以提高数据检索的效率和全球可用性。本文假设一个任务将只服务于一个或几个最终用户。然而，现有的架构和建议的技术在可能的情况下使用通用和标准化的设备和通信协议。这将简化与其他系统的集成，以及以后类似系统和任务的部署。

具有多个智能体的参考场景包括监视/传感节点、无人驾驶载具、卫星节点和地面站（即能够与无人机或卫星通信的固定或移动站）。一个或多个指挥和控制（command control，C&C）中心也将成为这个参考场景的一部分，负责协调行动。图 22.4 中没有描述这个实体，因为它可能连接到现有的基础设施，直接与地面站通信。

图 22.4 显示了一个地面站，它表示可用的通信基础设施的边缘。在已部署的网络中，通常会有几个地面站，它们具有不同的用途，以适应它们所服务的载具。这些系统将利用互联网络相互连接，并将提供到各种节点的无线连接，例如卫星和无人飞行器。此外，为了减少传感器节点数据的访问时间，地面站的布置应根据场景进行调整。对于卫星地面站，它们可以位于观测区域的边缘，例如一个在卫星轨道的进入点和一个沿卫星轨道的退出点。

小型卫星，也被称为微小卫星，独立部署或成群结队，被视为改善海洋环境通信能力的一个潜在解决方案，目前海洋环境缺乏基础设施。自由移动的卫星群将允许目标区域

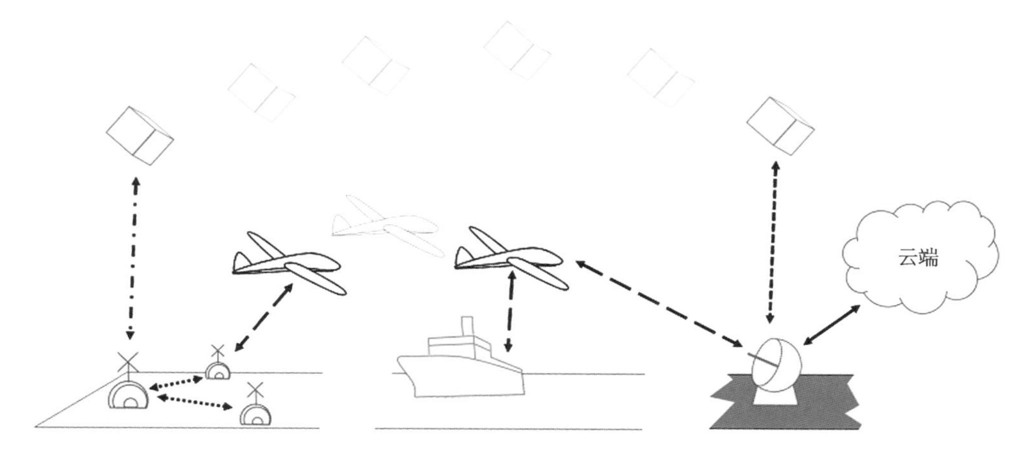

图 22.4　异构通信与各种载具共存

内的节点更频繁地访问，但仍然具有有限的覆盖周期和带宽。没有覆盖的平均时间是卫星群中卫星数量的函数。

在传感器节点附近行驶的无人载具也可以用来收集数据，以及传递配置消息。这种方法不仅使用无人驾驶载具访问传感器节点，而且还包括与其他载具（例如运输船只）的机会性交互，以增加连接。尽管无人驾驶载具可以充当中继节点，但当足够接近基础设施时，它们的主要目标将是充当数据骡子。由于大多数海上作业可能发生在偏远地区，访问载具的资源可能有限，限制了它们的作业，无法到达同一地区的所有节点。在这种情况下，节点之间的多跳协作将再次成为确保所有传感器节点都可访问的重要因素。

过去的工作已经解决了具有边缘链接的节点之间的通信和消息传输的挑战，提出了目前一些系统使用的不同协议。然而，目前还没有一种标准的解决方案可以将远程位置不同载具之间的通信集成在一起。它们中的大多数基于特定的硬件和应用程序，其中许多主要考虑通过点对点链接（如串行链接和星型网络）传递消息，而在星型网络中几乎不需要真正的网络协议。

Goby 水下自主项目就是一个例子，它定义了一个为海洋机器人设计的自主架构，专注于异构的载具间通信。它被创建为 MOOS 的替代品，同时也提供了一个接口。Goby 基于 ZeroMQ2，支持串行化方法，如谷歌协议缓冲区（protobuf）3 和轻量级通信和编组（lightweigh communications and marshalling，LCM）。COSMOS4 是另一个关注受限场景的项目，即小卫星。它采用一种分隔空间和地面段的网络结构，强调空间，采用面向 nack 的可靠组播（NORM）传输原型 col 和 LCM 库。与 Goby 或 MOOS 类似，来自水下系统与技术实验室的 LSTS 工具链也为自动驾驶载具提供了一套工具和协议，使用了它们自己的 IMC 协议。

尽管过去在集成异构资源受限的设备方面做了很多努力，但是现在提出的解决方案主要针对非常特殊的环境。例如，即使采用标准化协议，也没有今天所知道的与 Internet 的集成。这些提议的系统提供了可以连接到 Internet 的本地网络，但是不能以无缝的方式连接,并且忽略了其他协议和格式,比如高效 XML 交换(EXI)格式。

LCM 和 ZeroMQ 等协议将使用任何形式的传输层,无论是串行链路还是 TCP/IP 之类的网络。然而,其他解决方案,如 NORM,依赖于 IP,它可以与日益流行的物联网(the Internet of things, IoT)相结合。类似地,约束环境和物联网的另一个流行解决方案是约束应用程序协议(the comstrained application protocol, CoAP),它提供了自己的链接格式。它是为受约束的节点和网络设计的,支持安全连接以及数字扩展,如 HTTP 映射和组通信。此外,考虑到 IPv6 在资源受限节点(6Lo)工作组网络上的发展前景,它可以提供最优方案,这对于异构网络的互联是理想的。事实上,标准化协议的使用,如 6LoWPAN 用于具有不同功能的互联设备,也可以为地址归属等问题提供解决方案。

在为新系统选择合适的协议栈时,除了网络效率、吞吐量、负载容量等定量参数外,还必须考虑互操作性、标准化、用户基础、活动使用和开发。

卫星和无人驾驶载具之间的合作是一种巨大的协同作用,以丰富数据传输的选择以及全面覆盖。各种类型的无人驾驶飞行器和卫星具有不同的性能特点。能在海洋环境中实现高级操作的自动驾驶载具主要有三大类: UAV;USVs,又称 ASVs;以及 AUV。所有载具都可以配备通信设备,允许它们与邻近的网络节点之间快速传输数据。

由于 UAV 在空中的速度,它们可以在短时间内飞很长的距离,同时能够直接飞到感兴趣的地区。然而,它们的耐力是有限的,通常从几个小时到几天。另一方面,由可再生能源提供动力的某些类型的无人驾驶载具可以在几乎无限的时间内行驶,并能行驶很远的距离。然而,与飞行器相比,它们的速度通常要低得多。最后但并非最不重要的 AUV 可能是所有提到的载具中最慢的。然而,这些可以到达其他类型的载具无法到达的节点,例如冰层下。

所有载具的部署都需要一定程度的后勤保障。这可以是对载具发出的指令的更新,也可以是涉及船员人数和复杂安排的复杂操作,例如船只巡航或空域预订。在所有情况下,数据收集或数据分析都面临各种不确定性。利用紫外线收集数据取决于多种因素,如载具和机组人员的准备情况、经济可行性、监管框架、该地区的交通甚至天气状况。

当无法使用数据骡子时,卫星链接似乎完美地填补了这些空白。与无人机提供的通信链接相比,这些链接通常速度较慢,并且只在较短的时间内可用。但是,它们是可以预测的,因为卫星的可用性和它们的数据传输能力是事先就知道的。最后,基于卫星和无人驾驶载具节点协同作用的网络为用户提供了多种从远程位置下载数据的可能方式。为了进一步加强网络,特别是减少往返延迟,可以利用卫星间的链路在卫星之间中继数据,以便更快地到达地面站。由于对机载电力系统和姿态(指向)系统的要求增加,在这个提议的结构中,没有包括卫星间的连接。这增加了卫星平台的复杂性和成本。此外,由于只有几颗卫星为该系统服务,卫星间的联系将是稀少的,无法使用。在较密集的星座或卫星群中,可以使用卫星间的链路。

拟议的系统应满足若干要求。首先,它应该支持不同通信技术之间的互操作性,这将有助于减轻网络分区。特别是,它将提供多种程度的通信覆盖和性能。

海上作业的特点是间歇性的连接,因此该系统应具有很强的鲁棒性和适应这些条件的能力。系统应包括网络基片中的延迟/破坏容忍语义，允许使用与 Internet 上使用的系统类似的分布式系统。这意味着必须在链路到链路级别或更高级别（端到端消息传输验证）上使用消息确认。这个功能应该实现的级别取决于所选择的（更高级别的）协议、对时间的要求和实现的复杂性。

所有节点都应可伸缩地访问通信。由于服务和参与者的异构性，系统还应根据分配给不同数据源的优先级提供不同级别的通信质量。

虽然卫星链路的可用性早已为人所知，但无人潜航器的使用给系统的运行带来了一些额外的限制。它们的使用容易产生额外的成本，并可能受到天气条件或服务提供商可用性的影响。因此，必须正确规划它们的使用，系统应允许用户选择或自动选择最有效的数据路由，基于预定义的指标，例如每位的成本或延迟敏感性。

整体解决方案应可扩展，符合为 Internet 开发的标准和协议。这将使维持一个最新、稳定和安全的系统，以应付目前和未来海事行动的发展。

为了在恶劣环境中实现现场传感，定义一个清晰的网络体系结构是很重要的。这种体系结构必须包含不同节点的层次角色，以确保可伸缩和有组织的结构，如图 22.5 所示。这种体系结构由 3 类具有不同角色的主要节点组成：地面站节点（Ground Station Nodes，GS）、网关节点（Gateway Nodes，GW）和传感节点（Sensing Nodes，S）。为了满足建议的目标和需求，所选组件及其配置应符合现有标准并可定制。此外，它必须支持其拓扑结构的动态变化，这是由于海上情景（例如间歇性连接和机动性）中条件的变化造成的。

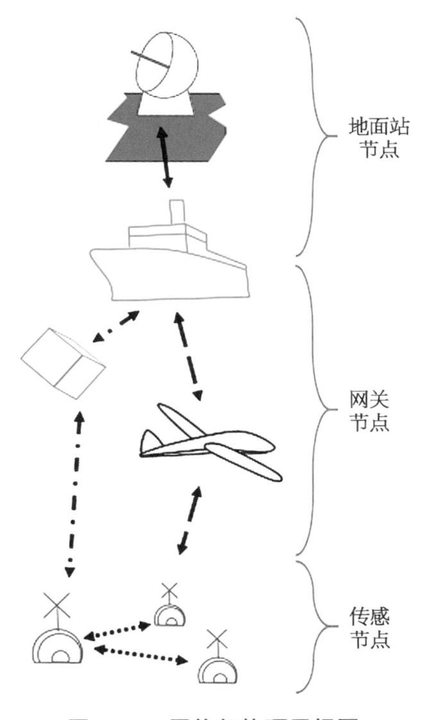

图 22.5 网络架构顶层视图

在提出的分层网络中，地面站节点被视为根节点。它们可以访问大量的资源，例如大型船只或作为基础设施一部分的节点，例如卫星地面站。此外，这些节点将永久连接到 Internet，这允许它们保持网络的同步透视图，而不管它们之间的距离。

根节点还应该包括几个通信接口，使用不同的技术，支持与不同载具的更高级别的连接。它们将是无人驾驶载具和卫星节点（即 GW 节点）的主要交互点，并将负责 GW 节点的接口，并提供与 C&C 中心的连接。

地面站也可负责主办 C&C 中心，不过，只要地面站与所有地面站连接，这个单位也可在其他地方运作。C&C 必须执行所有必要的计划和配置决策，以提高系统的性能和资源使用。所收集的资料亦须由海关处理，因此地面站不仅是海关决策的转运站，亦是所有收集资料的回程站。

网关节点由人工和无人驾驶载具组成，是该网络体系结构的重要组成部分。这些将作为根节点和海上部署中的任何其他节点之间的GW。提出的体系结构的重点是利用不同的网络选项来到达远程位置的孤立节点。例如,无人驾驶载具,如UAV可以被认为是高比特率传输的按需GWs,而小卫星可以用来定期检索或去除少量数据(例如状态信息)。

无人机GW可用于从C&C中心传送或中继数据。这应该由至少两种不同的通信技术来实现,一种侧重于高比特率,另一种侧重于为中继数据实现更长的覆盖范围。这样的异构性将允许GWs充当数据骡子来处理容忍延迟的数据,或者仅仅作为关键数据的中继。

GW、卫星或载具不仅将从传感器收集数据,而且还将交付传感器节点可能要求的任何数据。另外,来自C&C中心的配置消息也将通过节点网络发送。每一个载具应该互相补充,利用其独特的硬件特征和特定的行为或条件,如前面所述。由于GWs可以托管在不同的节点上,因此使用标准化协议对于确保它们之间的互操作性非常重要,可以使用基于IPv6的路由广告或公共地址等机制。

在某些情况下,GW可以充当中继节点,将所有接收到的数据包直接转发给基础设施节点。例如,一颗卫星在通过传感器场的同时与地面站保持联系。然而,由于直接链接到地面站基础设施可能不存在的或有限的资源(如远程low - bitrate链接可能无法继电器实时)中的所有收集的数据,今年前必须能够作为数据骡子,收集所有可能的数据和交付后,接近的基础设施。最后,GW必须能够充当C&C中心的代理,负责向感知节点传递配置消息。

传感节点被设想为准静态节点,旨在从给定区域收集科学数据,尽管可能存在移动节点。此区域可能由单个节点或集群覆盖,其中节点可以彼此通信。当一组集群靠近海岸时,监视的数据将通过多跳链接中继。

该结构中的感知节点是叶节点,可以部署在不同的位置。它们将是主要的数据来源,应该转发给C&C。这些节点受到典型的约束,具有有限的能量、处理能力甚至通信能力。然而,通讯的限制通常是由于缺乏可用的能源,这可以通过努力把不同的无线电组合起来加以缓解。例如,低功率和低比特率的无线电可以在叶子节点之间本地使用,或者在附近有GW时激活更多资源需求的无线电。叶节点之间的接近性可能允许多跳路由,因此数据可以转发到直接连接到网关的节点。例如,这可以由GW作为路由器发送的路由消息产生,也可以由C&C安装的软件定义网络(software defined network, SDN)流产生。

为了基于所提出的体系结构进行实验,允许多个网络集成,开发了一种基于商用现货测试平台的专用硬件解决方案。试验台由四个节点组成,内置在防风雨、坚固耐用的盒子里,带有一套2套无线电系统。目前采用的是短距离、大容量Wi-Fi链路和远程、单通道甚高频无线电。每个节点都是一个完整的系统,具有计算能力和几个小时的电池寿命,可以部署,例如,在研究船上。使用这些节点,可以测量无线链路性能,并使用不同的协议控制网络行为。

海上试验的第一个评估重点是无人机和研究船之间的合作。然而,试验台节点的设计是为了能够与特隆赫姆地区越来越多的研究活动可用的设备进行合作。其中一些设备包括固定翼无人机、轻型自主水下航行器、一艘基于 USV 的摩托艇和一艘研究船。提出的体系结构和试验台也为北极 abc 项目的开发提供了反馈。该体系结构定义了一个由一个或几个传感节点、一个基于无人机的网关节点和一个卫星节点组成的系统，二者相辅相成，可以增强北极地区的数据采集能力。

22.1.5　海洋自主系统的应用

海洋领域的自主系统包括系泊浮标、漂流器、AUV、USV、UAV 和常规载人载具，以及更持久的基础设施，如太空卫星、海底应答器、沿海和陆上通信资产。图 22.6 给出了一个例子。许多系统利用其中的一些资产开展活动，从军事行动、海洋研究，到与工业和航运公司的海上作业。所有载具类型的共同之处是，它们可以手动操作（重新尘埃控制），根据预先编程的路径或轨迹自动操作，或通过机载规划和重新规划自动操作。

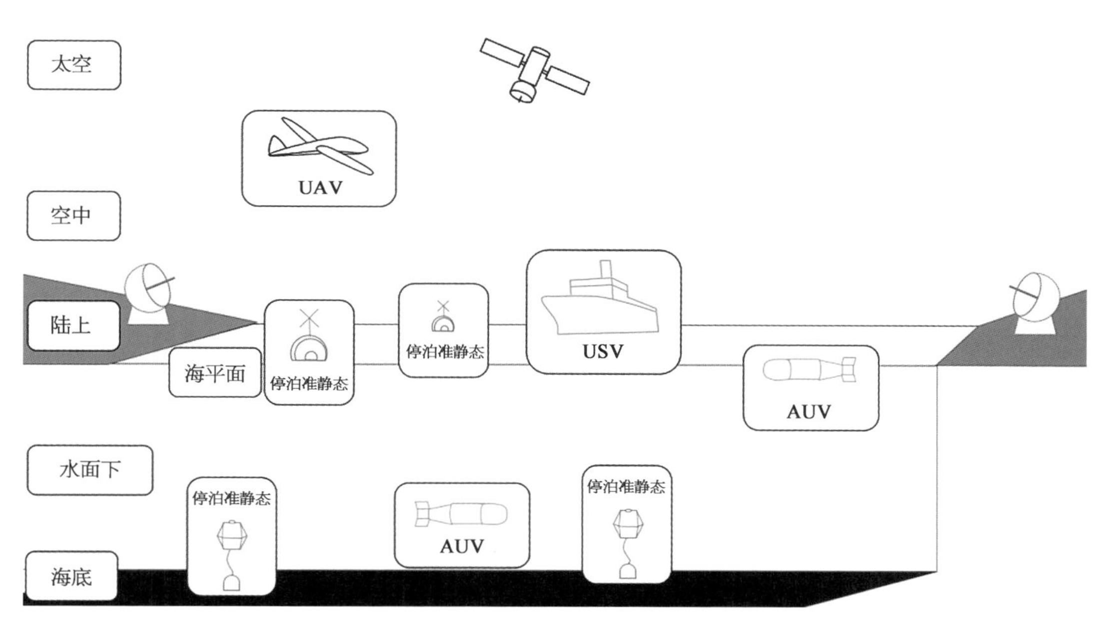

图 22.6　支持自主海洋系统和作业的通信网络中可能存在的典型节点（移动节点和固定节点）类型示例

本节提供了一个关于自动驾驶载具和文献中出现的操作类型的一般观点。海洋测绘、监测、监视和观测具有不同的目的，这些目的在很大程度上影响着所研究的地区。例如，观察一个渔场可能需要不超过几千米的监测。然而，获取大型动物的迁徙数据，如鲸鱼，需要全球范围的观察。考虑到这种多样性，这项工作考虑了四种操作尺度。

小规模：在几千米内协调独立的遥感系统的行动。

中等规模：可覆盖数十千米的传感任务。

大规模：可能包括不同小组的合作和长达数百千米的基础设施建设。

全球规模：没有固定边界的操作，通常涉及多个参与者。对任务规模的感知可能来自单个用户或研究小组的观点,其中可以预见属于该行动的载具之间的互操作性。尽管如此,使用标准协议和接口可以使研究人员即使使用有限数量的载具也能执行全球任务。例如,仅通过部署漂移节点,研究人员就可以通过世界各地运行的其他载具远程访问传感器数据,这些载具能够转发数据。

在许多情况下,由于船的可用性、环境现象周期(例如每年的风暴)或预算,作业需要提前很长时间计划。机器人操作可以涉及各种性能和能力不同的载具。任务目标是根据这些载具的能力量身定制的。虽然主要目标很明确,但任务计划通常需要适应现场情况。

多个载体和基础设施之间的全球合作可能源于不同各方(例如多个研究团队)之间的协议,类似于互联网的创建。可以通过使用标准协议和接口来启用这个全局透视图,同时增加了转发节点的成本。对于某些载具,这种成本可能太高,因此它们不会充当转发节点,但对于其他载具,这种成本可能微不足道。例如,现有的基础设施和大型船舶通常都有足够的资源,可以充当数据骡子来承载研究数据(即中继或转发数据)。

由于兼容的通信和控制架构,涉及不同类型无人驾驶载具的操作计划和执行成为可能。这种体系结构的关键组件之一是 C2(命令和控制)软件或其变体,它为用户提供态势感知,以及控制载具任务的工具。通常情况下,自动驾驶载具执行由人工操作人员定义的行程。然而,当资产在公共 C2 系统下工作时,可以应用新的任务规划机制,并且可以自动化任务计划定义。在许多情况下,只有在对收集到的数据进行后处理之后,才能验证任务计划是否成功。载具上的高度自治,使它们能够调整自己的轨迹和任务,以最大限度地实现在线任务结果。

利用无人驾驶船舶在世界各地运输货物,是一种更安全、更经济可行的运输新模式。与较小的无人驾驶载具相比,这些无人驾驶船舶的自主性显著提高,但仍然需要环境扫描,以避免障碍物和碎片等威胁。除了使用舰载传感器外,这种环境扫描还可以通过诸如 UAV 等手段实现,UAV 可以使用多种不同的传感器在更大的船只前进行侦察调查。采用紧凑、垂直起飞、无人驾驶飞机的载具监视船舶结构,实际上是劳斯莱斯愿景中提出的特征之一。

使用无人驾驶载具可以作为监测设备,需要从较大的船舶基础设施操作。因此,垂直起降(vertical take-off and landing, VTOL)无人机可能是有利的,允许更平稳的操作。这些无人机可能配备几个成像传感器,或者仅仅从系泊系统收集或中继信息,如前所述,可能仍然不可用。其他较小规模的载具,如 AUV,可以用来执行附加环境感知,如水下船体检查,甚至在大型船舶接近它们之前探测水下障碍物。这不仅提高了船只的自主导航能力,而且还降低了维护成本和安全威胁,而这是现有卫星监控解决方案等其他系统无法提供的。

具有类似特性的系泊或准静态系统通常会收集大量数据,这些数据适合在卫星网络上传输一段时间。在某些情况下,由于仪器的复杂性,可能在短时间内产生大量的数据,或者由于设计的限制,卫星通信不能应用。在这种情况下,数据需要手工收集,通常是每年几次。这种操作需要大量的船员参与,通常包括昂贵的船只时间和潜水者。手动拾取节点/数据的伸缩性并不好,因为有许多不鼓励或不允许人类存在的严酷场景。更糟的是，在一些情况下，没有对节点数据和状态的近实时访问，因此研究人员无法洞察情况，也无法对更改或失败做出反应。考虑到这一点，接近实时的数据访问不仅可以让研究人员更快地访问相关的环境信息，还可以降低操作成本和数据丢失的风险。这些互动可能是由于使用额外的无人驾驶载具，如UAV、USV或AUV。

22.2 海事数据分析算法

海洋监测是对采集的海洋相关数据进行统计分析的过程，采用各种传感器设备进行环保数据采集和挖掘，采集的数据主要有水污染数据、空气污染数据，以及重金属污染数据等，这些监测数据为一组非线性统计相关的大数据信息组，需要对环保大数据进行有效挖掘和特征分析，建立环保数据监测的统计自相似回归模型，结合数据聚类和特征挖掘方法，实现海洋环保大数据信息采集和聚类分析。环保大数据的监测的准确度受到的约束因素较多，比如污染信息采集设备的原因以及人为原因等，受到各种环境和人为因素的影响，导致环保数据采集和分析的准确性不高，环保监测的有效性不好。对此，需要进行海洋环保大数据的优化挖掘和信息融合处理，结合多变量和多参量的统计自相关分析模型，进行环境监测和环保智能诊断，研究基于海洋环保大数据的监测与智能诊断方法，在促进环境保护方面具有重要意义。

对环保大数据的监测方法主要有统计学分析方法、时频分析方法，以及小波分析方法等，结合子空间特征重构和高维相空间重组，实现对环保大数据的信息关联特征提取和融合挖掘，提高环保大数据的信息呈现和表达能力，但传统的环保大数据挖掘方法存在计算开销过大和统计特征提取精度不高的问题，导致环保监测的时效性不好。针对上述问题，本节使用一种基于环保大数据关联特征挖掘的环境保护智能监测与诊断技术，构建环境监测的约束参量模型，以空气监测数据、空间污染排放量以及水资源监测数据为原始统计数据，进行大数据分析，实现环保大数据聚类分析，实现环保监测和诊断。最后进行仿真实验。

22.2.1 海洋环保大数据统计分析

为了实现对环保大数据挖掘和监测诊断，首先构建环保大数据的统计特征分析模型，环保大数据可以看作是一组非线性分布序列，采用无线传感器网络设备进行环保数据的原始采样，采集的环保数据主要有空气、水质以及重金属成分等影响环境污染的数据，采用多变量的统计特征序列分析方法分析环保大数据的走势，进行环保大数据的关联特征提取，采用一个多元统计特征方程描述环保大数据的分布式状态模型描述为：

$$\binom{X}{P(X)}=\begin{Bmatrix} a_1, & a_2, & \cdots, & a_m \\ p(a_1), & p(a_2), & \cdots, & p(a_m) \end{Bmatrix} \tag{22.1}$$

其中，$0 \leqslant p(a_i) \leqslant 1\ (i=0,\ 1,\ 2,\ \cdots,\ m)$ 且 $\sum_{i-1}^{m} p(a_i)=1$，表示环保大数据的自回归统计特征参量，对实际监测的环保大数据进行自相关匹配，得到统计特征信息 a_{ii} 的主分量 a 和协方差矩阵，在环保大数据分布的特征空间中，采用离散解析化处理，得到环保大数据分布的高维累积特征量计算为：

$$H(X)=E[I(a_i)]=-\sum_{i-1}^{m} p(a_i)\log_2 p(a_i) \tag{22.2}$$

定义 1 环保大数据统计特征量为一个二阶齐次线性模型，在频域空间内进行相空间重组，构建环保大数据分布的随机分析模型，环保大数据采样序列 x 的有限数据集 $b_{ij}[p_j(t)]$的表达形式为：

$$c_{or3}=\frac{\langle (x_n-x)(x_{n-d}-x)(x_{n-p}-x)\rangle}{\langle (x_n-x)^3\rangle} c_{or3}=\frac{\langle (x_n-x)(x_{n-d}-x)(x_{n-p}-x)\rangle}{\langle (x_n-x)^3\rangle} \tag{22.3}$$

式中　x_n——环保大数据信息统计的元素；

d——环保大数据的采样统计时滞项，$D=2d$；

x——表示环保大数据的监测主成分因子，$\langle x(n)\rangle$代表对 $x(n)$取均值：

$$\langle x(n)\rangle=1/N\sum_{n=1}^{N} x(n) \tag{22.4}$$

根据环保大数据的统计分析结果，进行大数据挖掘和信息融合处理，提高环保大数据的自适应监测和诊断分析能力。

22.2.2 海洋环保大数据信息融合处理

假设环保大数据是由线性相关连续时间序列构成，在每个空间解向量构造环保大数据的特征训练子集 $\boldsymbol{S}_i(i=1,\ 2,\ \cdots,\ L)$，进行大数据融合处理，融合的相空间满足以下条件：

(1) $\sum_{i=1}^{n}=\mathrm{diag}(\delta_1,\ \delta_2,\ \cdots,\ \delta_i)$，$\delta_i=\sqrt{\lambda_i}$，$\forall i \neq j$。

(2) $\bigcup_{i=1}^{L}\boldsymbol{S_i}=V-v_s$。

(3) 令 $x_{n+1}=\mu x_n(1-x_n)$ 是一组环保大数据分布时序的共轭解，满足初始值特征分解条件 $V-U_{i=1}^{k}\boldsymbol{S}_i$，其中 $k=1,\ 2,\ \cdots,\ L$。对于采集的空气质量污染指数序列 $x(n)$，提取影响环境质量的统计特征量为：

$$\begin{gathered} c_{1x}(\tau)=E\{x(n)\}=0 \\ c_{2x}(\tau)=E\{x(n)x(n+\tau)\}=r(\tau) \\ c_{kx}(\tau_1,\ \tau_2,\ \cdots,\ \tau_{k-1})\equiv 0(k\cdots 3) \end{gathered} \tag{22.5}$$

当 $q=2$，对于水质污染的环保大数据，在 Bernoulli 空间中构建(2+1)维的连续泛函

统计特征量,结合关联规则提取方法,得到环保大数据监测的过程优化约束条件为:

$$\Psi_x(\omega)=\ln\Phi_x(\omega)=-\frac{1}{2}\omega^2\sigma^2 \tag{22.6}$$

构造以下 ARMA 模型进行环保大数据信息融合,融合后的输出结果为:

$$x_n=a_0+\sum_{i=1}^{M_{AR}}a_ix_{n-i}+\sum_{j=0}^{M_{MA}}b_j\eta_{n-j} \tag{22.7}$$

式中　a_0——空气污染指数的采样幅值;

x_{n-i}——具有相同的均值、方差的环保大数据标量采样数据分布;

b_j——环保大数据的振荡幅值。

22.3　海洋环保大数据统计分析及信息融合算法改进

22.3.1　关联规则特征提取

在进行统计分析和环保大数据的信息融合处理基础上,进行大数据监测和聚类分析,采用关联规则特征提取方法进行环保大数据的有用信息挖掘,构造环保大数据关联规则分布的概率密度置信域为:

$$g(x_i,\ y_j\mid\mu_k,\ \sigma_k^2)=\prod_{k=1}^{K}\alpha_k\frac{1}{\sqrt{2\pi\sigma_k^2}}\exp\left\{-\frac{(x_i-\mu_k)^2}{2\sigma_k^2}\right\} \tag{22.8}$$

式中　α_k——环保大数据的离散采样幅值;

μ_k——非线性成分的统计量。

考虑传感器设备和人为因素对环保大数据的监测精度的影响,结合关联维特征提取方法,得到环保大数据的关联规则提取结果为:

$$c_k=\frac{1}{j^k}\left[\frac{d^k}{\omega^k}\ln\Phi_x(\omega)\right]_{\omega=0}=(-j)^k\left[\frac{d^k}{\omega^k}\Psi_z(\omega)\right]_{\omega=0} \tag{22.9}$$

根据环保数据的先验分布情况,可得:$c_1=0$;$c_2=\sigma_2$;$c_k=0\ (k\geqslant 3)$。

22.3.2　模糊 C 均值聚类及环保监测诊断实现

结合模糊 C 均值聚类算法实现对海洋环保大数据的分类处理,根据分类结果进行环保监测和智能诊断分析。假设环保大数据关联规则特征提取的分布有限数据集：

$$\boldsymbol{X}=\{x_1, x_2, \cdots, x_n\}\subset \boldsymbol{R}^s \tag{22.10}$$

在关联规则分布数据集合中含有 n 个样本，包括了空气污染监测和水质污染监测等样本，其中样本 x_i，$i=1, 2, \cdots, n$ 的模糊 C 均值聚类的目标函数为：

$$J_m(U, V)=\sum_{k=1}^{n}\sum_{i=1}^{c}\mu_{ik}^{m}(d_{ik})^2 \tag{22.11}$$

式中　m——关于水质污染的关联指数；

$(d_{ik})_2$——空气污染样本 X_k 与水质污染样本 V_i 的关联规则分布的矢量空间距离，用欧式距离表示，为：

$$(d_{ik})^2=\|x_k-V_i\|^2 \tag{22.12}$$

$$\text{且}\sum_{i=1}^{c}\mu_{ik}=1,\ k=1, 2, \cdots, n \tag{22.13}$$

结合约束参量，求得最优解为：

$$\mu_{ik}=1\Big/\sum_{j=1}^{c}(d_{ik}/d_{jk})^{\frac{2}{m-1}} \tag{22.14}$$

$$V_i=\sum_{k=1}^{m}(\mu_{ik})^m x_k\Big/\sum_{k=1}^{n}(\mu_{ik})^m \tag{22.15}$$

在模糊 C 均值聚类中心，根据环保数据的样本类别数 c、模糊度指标 m 等优化指标参量，实现环保大数据的监测和智能诊断。

22.3.3 仿真实验与结果分析

为了测试方法在实现环保大数据监测和环境污染诊断中的应用性能，进行仿真实验，实验采用 Matlab 仿真工具实现，环保大数据采集来自环境监测部门的传感器采集数据，并集成分布于 XC5VLX330 数据库中，数据采样的干扰信噪比 SNR＝12B，分别对空气污染、水质污染等数据的采集结果如图 22.7 所示。

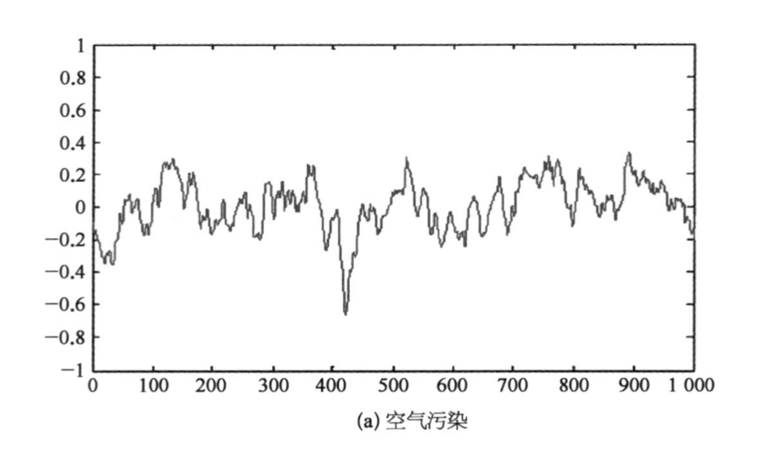

(a) 空气污染

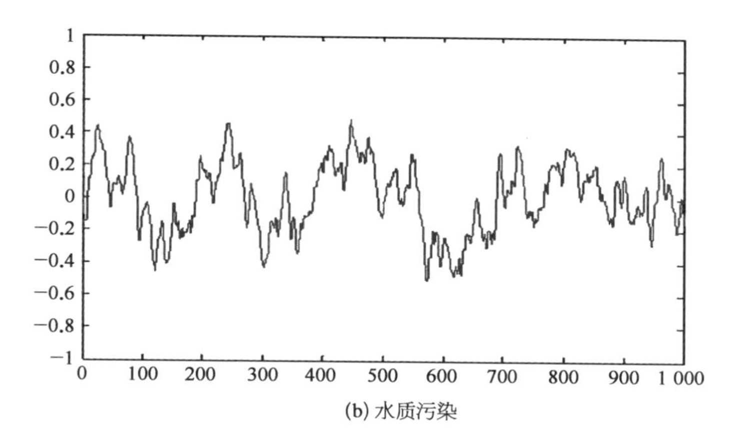

(b) 水质污染

图 22.7　环保大数据原始信息采集结果

以图 22.7 采集的结果为原始数据，进行数据聚类和信息融合处理，提取环保大数据的关联规则特征，在通过模糊 C 均值聚类进行数据分类，得到结果如图 22.8 所示。

分析图 22.8 得知，采用该法进行环保大数据关联规则特征提取后，进行数据聚类处理，能有效准确定位到环境污染存在的大数据分布频段，进而进行污染定位，提高环境监测和诊断能力。

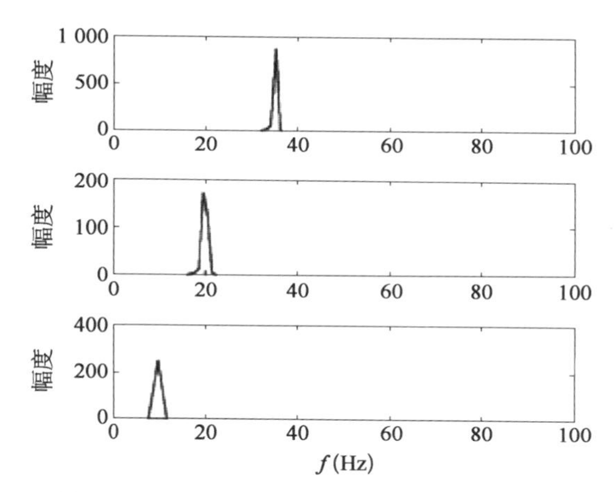

图 22.8　环保大数据监测的特征点提取结果

22.4　SOM 算法在海洋大数据挖掘中的应用初探

海洋是生命的摇篮，也是人类赖以生存的绿色环城。近年来，随着无人船系统海洋环境信息获取能力的迅速提升，获取原始海洋信息的时空分辨率进一步提高。但是在实际的工作中，海洋环境信息挖掘不够，对数据样本之间的关联关系认识如果不足，就会影响对某些海洋学现象产生机理的理解。例如，海洋环境噪声是海洋中固有的背景噪声，海洋环境噪声源主要包括风成噪声，远处行船噪声，水流动噪声等，由于这些噪声源是随机的，因此在不同的时间和地点，起主要作用的噪声源不断，即不同噪声源对环境声场的贡献不同。需要通过对大量海洋环境噪声数据进行聚类分析，得到确定海域环境噪声的统计特性及其影响因素。本节为了实现这一目的,首先对自组织构图算法进行了描述,并基于此算法实现了海洋环境噪声特性的聚类分析。

22.4.1 自组织映射算法

自组织映射网络 SOM 也被称作 Kohonen 映射,是基于"竞争学习"的一种网络,与一般竞争式学习神经网络不同的是,自组织映射在竞争之后,不只获胜神经元有机会学习,它周围的神经元也能够学习。与传统模式聚类方法相比,它所形成的聚类中心能映射到一个曲面或者平面上而保持聚类结构不变,对于未知聚类中心的判别问题可以用自组织映射来实现。

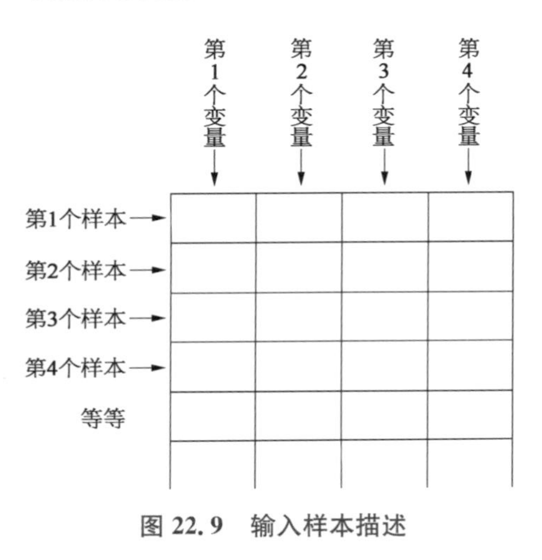

图 22.9 输入样本描述

1) 算法对数据的要求

该算法处理的数据类型称为电子数据表或者列表数据,表格的每一行都是一个数据样本。如图 22.9 所示,每一行的分项是数据集的变量或者分量,变量可以是一个目标的特性或者是在具体时间测量的物理量的集合。对网络输入样本的基本要求是,每个样本具有相间的变量集。

2) 算法流程

实现 SOM 算法主要包括以下几个步骤:

(1) 设定变量。

$\boldsymbol{X}=[x_1, x_2, \cdots, x_m]$ 为输入样本,每个样本有 m 维向量。$\omega(k)=[\omega_1(k), \omega_{12}(k), \cdots, \omega_m(k)]$ 为第 i 个输入节点与输出神经元之间的权值向量。

(2) 初始化。权也使用较小的随机值进行初始化,并对输入向量和权值做归一化处理:

$$x'=\frac{x}{\| x \|} \tag{22.16}$$

$$\omega'(k)=\frac{\omega(k)}{\| \alpha(k) \|} \tag{22.17}$$

变量的标定是非常重要的,因为 SOM 算法使用欧几里得度量来测量矢量之间的距离。如果一个变量值在[0, …, 1 000]范围内,另一个变量的值是在[0, …, 1]范围内,因为前者对距离度量起的作用较大,所以它将几乎完全控制图形组织。通常希望各个变量同等重要。实现这一想法的默认方式是线性的度量所有变量,所以每个变量的方差等于 1。

(3) 将随机抽取的样本输入网络。样本与权值向量做内积,内积值最大的输出神经元赢得竞争。由于样本向量与权值向量均已归一化,因此内积最大相当于欧式距离最小:

$$D = \| x - w \| \tag{22.18}$$

求得距离最小的那个神经元，即为获胜神经元。

$$Y_j = f\left(\sum_{i=1}^{n} X_i \omega_{ij}\right) \tag{22.19}$$

(4) 更新权值。对获胜神经元拓扑邻域内的神经元，采用 Kohonen 规则进行更新：

$$\omega(k+1) = \omega(k) + \eta(x - \omega(k)) \tag{22.20}$$

找到获胜神经元 BUM 后，SOM 的权矢量被更新，已知在输入空间，获胜神经元移动靠近输入矢量，其邻域也被同样处理。图 22.10 给出了这个适应过程获胜神经元和它的拓扑邻域朝向样本矢量的过程，实线和虚线分别对应更新前后的情况。

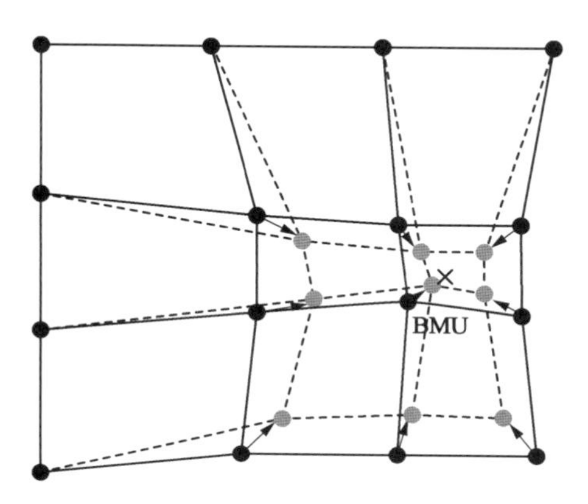

图 22.10 更新的神经元示意图

(5) 更新学习速率 η 及拓扑邻域，并对学习后的权值进行重新归一化。学习率和邻域大小的调整分为排序阶段、调整阶段两步。

(6) 判断是否收敛。判断迭代次数是否达到预设的最大值，若没有达到迭代次数，则转到第三步，否则结束算法。

22.4.2 基于 SOM 的海洋噪声数据分析

利用 SOM 算法对某浅海的环境噪声数据进行聚类分析，以研究 SOM 算法对海洋大数据挖掘的可行性。每隔 10 min，选取长度相同的海洋环境噪声数据做 1/3 倍频程分析。处理得到 20 Hz～31.5 kHz 频率范围内的频带声压级数据。然后将处理所得的数据根据需要输入到 SOM 神经网络。为简便起见，实际的输入 SOM 网络的数据有 24 个变量，即 1/3 倍频程下每个中心频率处的频带声压级相对值。图 22.11 给出了聚类分析后，各个最佳匹配单元最终的权值向量和每一类结果出现的概率。

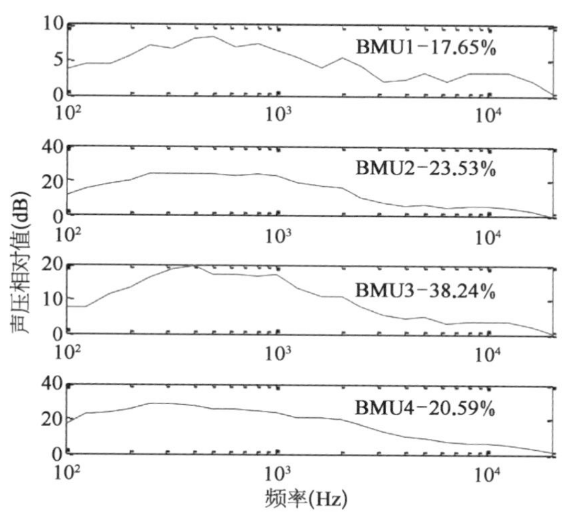

图 22.11 最佳匹配单元 1/3 倍频程分布及概率

从图 22.11 可以看出，每一个最佳匹配单元所占的百分比不同，并且每类样本的 1/3 倍频程频带声压级的大小也不同，在高频段，四类结果的差异较小，可以肯定该海域具有时变特性的环境噪声源主要集中在低频段。第一类同其他三类在声压值上相差约 10 dB，这可能是样本的采样时间段内，周围行船较少。其他三类也存在差别，较明显的是声压级最大值对应的频率都不同，第一类最大值对应：500 Hz 处，第二类最大值在 250～400 Hz 之间，第三类在 400 Hz，第四类在 250 Hz。

图 22.12 给出了某一日环境噪声、风速、潮差及船只个数的变化趋势。从图中可以看出，风速随着时间的推移在慢慢变小，到下午 3 点左右达到最小值。风速的最小值在时频图上对应的区域数值明显变小，尤其是在低频处。在 9 点 30 分到 12 点 5 分之间，根据潮差可以看出，浪潮处在快速变化情况下，对应的时频谱上在 100 Hz 以下的低频段出现了一些波动。从船只个数看，在 10 点到 13 点之间是船只个数的一个峰值，其大体趋势与图 22.13 给出的环境噪声噪声级趋势相符。

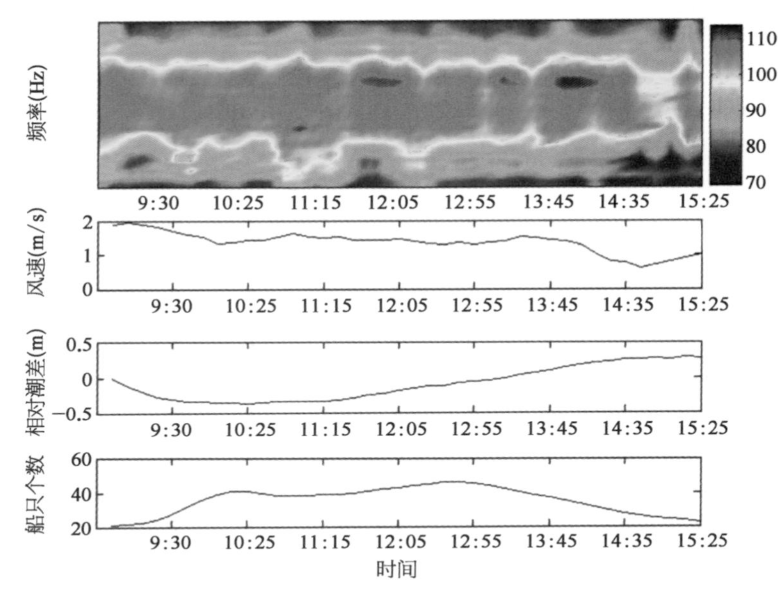

图 22.12　海洋环境噪声要素变化趋势

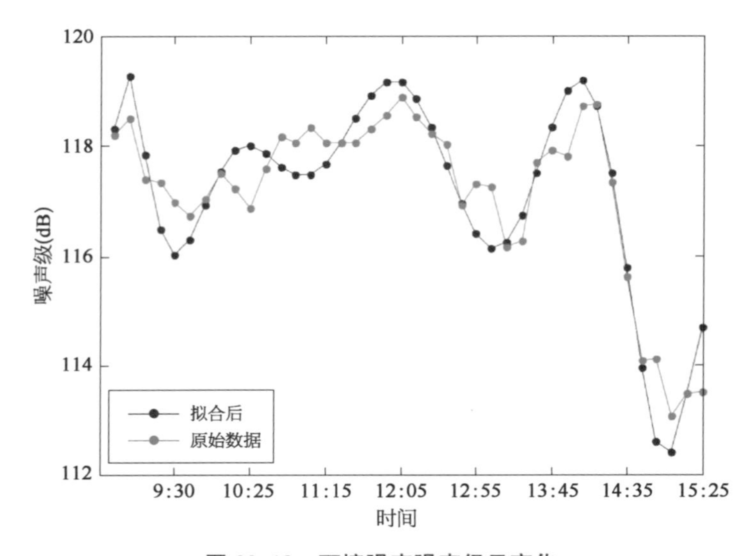

图 22.13　环境噪声噪声级日变化

本节首先对 SOM 算法的原理和实现过程进行了描述，然后利用 SOM 算法对某海域环境噪声数据进行了处理和分析，得到主要包括以下几点有益的结论：

（1）SOM 算法是一种无监管神经网络，适合于未知聚类中心的数据样本特性分析。

（2）海洋环境噪声是一种随机性背景噪声，随地点、时间而变化，行船是浅海的主要噪声源，利用 SOM 方法可以有效地分析出环境噪声级与行船分布的关系，并可实现行船影响环境噪声的结果聚类。

需要利用 SOM 方法对大量数据进行统计分析，并且发掘出海洋环境噪声同风速、风向、降雨、人为活动等其他影响之间的关系，得到更加客观和具有普遍性的规律。

结语 展望与挑战

随着海洋强国战略的全面实施，海洋资源的开发利用和海洋生态文明建设将会成为未来科技发展的主要方向之一。海洋环境监测技术的发展，不仅是认知海洋环境现状、保障海洋生态文明建设和海洋经济绿色发展的重要技术手段，同时也能够为保护海洋环境、预警预报海洋灾害、开发利用海洋资源提供重要支撑。针对目前海洋环境监测技术的发展阶段和趋势，本部分总结了未来海洋监测中的4大重点研究方向和挑战，值得广大科研工作者进一步探索。

（1）高度智能化和网联化的海洋环境监测设备。

当前，由于传感技术、通信和信息技术的高速发展，海洋监测装备呈现高度智能化和网联化的发展趋势，比如岸基海洋环境自动监测平台、自动监测浮标、潜标和海床基固定及移动自动监测平台，以及USV、AUV和微小卫星监测平台。如何研制体积小、耗能低、数据实时传输、适应海洋复杂环境、多功能多参数、可长时间连续稳定工作的无人监测系统，仍是未来海洋环境监测技术发展所面临的挑战之一。

（2）高效、多维海洋环境立体监测网络。

单点监测海洋只能够获得局部的、时空不连续的海洋数据，对海洋环境的变化规律的认识不够全面，难以深入，而由海洋水文气象浮标、潜标、无人机、USV、AUV和微小卫星等多种海洋监测平台组成的海洋环境监测网，能实时、连续、长期地获取所监测海区海洋环境信息，为认识海洋变化规律，提高对海洋环境和气候变化的预测能力，提供实测数据支撑。针对近海和远海应用场景，如何优化多平台协同监测架构和传感器资源，进而完善天、空、岸、海对海探测手段，形成高效对海多维探测网络，是未来海洋环境监测发展的重点方向之一。

（3）基于人工智能的海洋监测数据处理平台。

多维海洋监测信息已经进入大数据时代，深度学习能够获得大数据背后的深层次情报，揭示潜在规律，挖掘人类不能发现的新模式，云计算则为大数据的实时处理提供了平台支持。如何借鉴生物认知和神经科学理论建立海洋监测大数据智能分析技术，提高海洋监测数据的应用价值，值得深究。

（4）监测信息服务与应用平台。

随着国家级海洋经济城市的建设，海洋环境监测不仅是为了满足科研和国家的需要，也为部分企业和个人提供了探索和开发利用海洋资源的机会。已有很多国家将信息服务纳入区域海洋环境立体监测网络，通过互联网与政府相关部门、科研单位甚至是个人共享监测网络的数据信息。因此，如何发展以社会需求为导向，以服务经济、社会发展和国家利益为目标的海洋环境立体监测信息服务和应用平台，是未来海洋环境监测发展的重点方向之一。

参 考 文 献

[1] 李启虎.海洋监测技术主要成果及发展趋势[J].科学中国人,2001(4):30-31.

[2] 羊秋玲.面向海洋监测与用户服务的海洋网络关键技术研究[D].天津:天津大学,2017.

[3] 洪伟东.深圳市海洋生态经济发展空间布局研究[D].长春:吉林大学,2017.

[4] 左加佳.海洋强省发展水平综合评价与监测预警研究[D].杭州:浙江工商大学,2018.

[5] 倪国江.基于海洋可持续发展的中国海洋科技创新战略研究[D].青岛:中国海洋大学,2010.

[6] 孙云潭.中国海洋灾害应急管理研究[D].青岛:中国海洋大学,2010.

[7] 卜志国.海洋生态环境监测系统数据集成与应用研究[D].青岛:中国海洋大学,2010.

[8] 曹敏杰,刘增宏,吴晓芬等.中国 Argo 海洋观测十五年[J].地球科学进展,2016,31(05):445-460.

[9] 路晓庆.我国卫星海洋遥感监测[J].海洋预报,2008(04):85-89.

[10] 林明森,张有广.我国海洋动力环境卫星应用现状及发展展望[J].卫星应用,2018(05):19-23.

[11] 董超,刘蔚,李雪,等.无人水面艇海洋调查国内应用进展与展望[J].导航与控制,2019,18(01):1-9,43.

[12] 马天宇,杨松林,王涛涛,等.多 USV 协同系统研究现状与发展概述[J].舰船科学技术,2014,36(06):7-13.

[13] 马伟锋,胡震. AUV 的研究现状与发展趋势[J].火力与指挥控制,2008(06):10-13.

[14] 何希盈,毛柳伟,陈庆元,等.自主潜航器海洋环境监测发展及运用[J].科技导报,2018,36(24):48-52.

[15] 葛庆.海洋监测系统中卫星通信控制平台关键技术研究[J].舰船科学技术,2016,38(08):106-108.

[16] 吕良良.小型海洋环境监测平台设计与实现[D].哈尔滨:哈尔滨工程大学,2019.

[17] LIU Z, ZHANG Y, YU X, et al. Unmanned surface vehicles: An overview of developments and challenges [J]. Annual Reviews in Control, 2016, 41: 71-93.

[18] BIBULI M, BRUZZONE G, CACCIA M, et al. Path-following algorithms and

experiments for an unmanned surface vehicle [J]. Journal of Field Robotics, 2009, 26(8): 669 - 688.

[19] MOTWANI A, SHARMA S, SUTTON R, et al. Interval Kalman Filtering in Navigation System Design for an Uninhabited Surface Vehicle [J]. Journal of Navigation, 2013, 66(5): 639 - 652.

[20] NAEEM W, SUTTON R, XU T. An integrated multi-sensor data fusion algorithm and autopilot implementation in an uninhabited surface craft [J]. Ocean Engineering, 2012, 39: 43 - 52.

[21] VASCONCELOS J F, SILVESTRE C, OLIVEIRA P. INS/GPS Aided by frequency contents of vector observations with application to autonomous surface crafts [J]. IEEE Journal of Oceanic Engineering, 2011, 36(2): 347 - 363.

[22] VASCONCELOS J F, CARDEIRA B, SILVESTRE C, et al. Discrete-Time Complementary Filters for Attitude and Position Estimation: Design, Analysis and Experimental Validation [J]. IEEE Transactions on Control Systems Technology, 2011, 19(1): 181 - 198.

[23] LEEDEKERKEN J C, FALLON M F, LEONARD J J. Mapping Complex Marine Environments with Autonomous Surface Craft [G]//KHATIB O, KUMAR V, SUKHATME G. Experimental Robotics. Berlin, Heidelberg: Springer Berlin Heidelberg, 2014, 79: 525 - 539.

[24] Naeem W, Sutton R, Chudley J. Modelling and control of an unmanned surface vehicle for environmental monitoring [C]//UKACC International Control Conference. 2006.

[25] YAKIMENKO O A, KRAGELUND S P. Real-time optimal guidance and obstacle avoidance for umvs [J]. Autonomous Underwater Vehicles, 2011: 67 - 98.

[26] GAL O. Automatic Obstacle Detection for USV's Navigation Using Vision Sensors [C]//SCHLAEFER A, BLAUROCK O. Robotic Sailing. Springer Berlin Heidelberg, 2011.

[27] MA Z, WEN J, LIANG X. Video Image Clarity Algorithm Research of USV Visual System under the Sea Fog [C]//TAN Y, SHI Y, MO H. Advances in Swarm Intelligence. Springer Berlin Heidelberg, 2013.

[28] GAL O, ZEITOUNI E. Tracking Objects Using PHD Filter for USV Autonomous Capabilities [G]//SAUZÉ C, FINNIS J. Robotic Sailing 2012. Berlin, Heidelberg: Springer Berlin Heidelberg, 2013: 3 - 12.

[29] JI X, ZHUANG J Y, SU Y M. Marine Radar Target Detection for USV [J]. Advanced Materials Research, 2014, 1006 - 1007: 863 - 869.

[30] HEIDARSSON H K, SUKHATME G S. Obstacle detection and avoidance for

an Autonomous Surface Vehicle using a profiling sonar [C]//2011 IEEE International Conference on Robotics and Automation. Shanghai, China: IEEE, 2011.

[31] CARMINATI M, LUZZATTO-FEGIZ P. Conduino: Affordable and high-resolution multichannel water conductivity sensor using micro USB connectors [J]. Sensors and Actuators B: Chemical, 2017, 251: 1034 - 1041.

[32] LV Z, ZHANG J, JIN J, et al. Link strength for Unmanned Surface Vehicle's underwater acoustic communication [C]//2016 IEEE/OES China Ocean Acoustics (COA). Harbin, China: IEEE, 2016.

[33] LV Z, ZHANG J, JIN J, et al. Underwater Acoustic Communication Quality Evaluation Model Based on USV [J]. Shock and Vibration, 2018: 1 - 7.

[34] YANG T, GUO Y, ZHOU Y, et al. Joint Communication and Control for Small Underactuated USV Based on Mobile Computing Technology [J]. IEEE Access, 2019.

[35] Jain S K, Mohammad S, Bora S, et al. A review paper on: autonomous underwater vehicle [J]. International Journal of Scientific & Engineering Research, 2015, 6(2): 38.

[36] Bogue R. Underwater robots: a review of technologies and applications [J]. Industrial Robot: An International Journal, 2015, 42(3): 186 - 191.

[37] Ludvigsen M, Sørensen A J. Towards integrated autonomous underwater operations for ocean mapping and monitoring [J]. Annual Reviews in Control, 2016, 42: 145 - 157.

[38] Urabe T, Ishibashi J I, Sunamura M, et al. Subseafloor biosphere linked to hydrothermal systems: TAIGA concept [M]. Springer, 2015.

[39] Xue Y, Li Y, Guang J, et al. Small satellite remote sensing and applications — history, current and future [J]. International Journal of Remote Sensing, 2008, 29(15): 4339 - 4372.

[40] Jiang X, Lin M, Liu J, et al. The HY - 2 satellite and its preliminary assessment [J]. International Journal of Digital Earth, 2012, 5(3): 266 - 281.

[41] Hauser D, Tison C, Amiot T, et al. CFOSAT: A new Chinese-French satellite for joint observations of ocean wind vector and directional spectra of ocean waves [C]//Remote Sensing Of The Oceans And Inland Waters: Techniques, Applications, And Challenges. International Society for Optics and Photonics, 2016, 9878: 98780T.

[42] Zhu D, Dong X, Yun R, et al. Recent advances in developing the CFOSAT scatterometer [C]//2016 IEEE International Geoscience and Remote Sensing Symposium (IGARSS). IEEE, 2016.

[43] Yang J, Zhang J, Wang G, et al. Analysis of Arctic seas surface wind field and ocean wave remote sensing observation capability [J]. Haiyang Xuebao, 2018, 40(11): 105 - 115.

[44] Harr J, Jones T, Andersen B N, et al. Microsatellites for Maritime Surveillance — An update on the Norwegian Smallsat Program [C]//Proceedings of the 69th International Astronautical Congress (IAC), Bremen, Germany. 2018.

[45] Qian Y, Zhou W, Wang C. Research on Multi-Source Data Fusion in the Field of Atmospheric Environmental Monitoring [C]//2018 13th International Conference on Computer Science & Education (ICCSE). IEEE, 2018.

[46] Bloisi D D, Previtali F, Pennisi A, et al. Enhancing automatic maritime surveillance systems with visual information [J]. IEEE Transactions on Intelligent Transportation Systems, 2016, 18(4): 824 - 833.

[47] Bustamante A L, López J M M, Herrero J G. Player: an open source tool to simulate complex maritime environments to evaluate data fusion performance [J]. Simulation Modelling Practice and Theory, 2017, 76: 3 - 21.

[48] 孙苗,符昱,吕憧憬,等. 深度学习在海洋大数据挖掘中的应用[J]. 科技导报,2018, 36(17): 83 - 90.

[49] 刘宇. 中国网络文化发展二十年(1994—2014)网络技术编[M]. 长沙: 湖南大学出版社,2014.

[50] 杨良斌. 信息分析方法与实践[M]. 长春: 东北师范大学出版社,2017.

[51] 哈林顿. 机器学习实战[M]. 北京: 北京人民邮电出版社,2013.

[52] 张曾莲. 基于非营利性、数据挖掘和科学管理的高校财务分析、评价与管理研究[M]. 北京: 首都经济贸易大学出版社,2014.

[53] Faria M, Pinto J, Py F, et al. Coordinating UAVs and AUVs for oceanographic field experiments: Challenges and lessons learned [C]//2014 IEEE International Conference on Robotics and Automation (ICRA). IEEE, 2014.

[54] Zolich A, Palma D, Kansanen K, et al. Survey on communication and networks for autonomous marine systems [J]. Journal of Intelligent & Robotic Systems, 2019, 95(3 - 4): 789 - 813.

[55] Birkeland R, Palma D, Zolich A. Integrated smallsats and unmanned vehicles for networking in remote locations [C]//Proceedings of the 68th international astronautical congress. 2017.

[56] 钮卿,程琳. 基于环境保护大数据的监测与智能诊断研究[J]. 环境科学与管理. 2018,242(01): 167 - 170.

[57] 孟春霞,李桂娟,车树伟,等. SOM 算法在海洋大数据挖掘中的应用初探[C]//2016 年全国声学学术会议,2016.

给仞仞寻寻

看不到高级

胡颖

中央编译出版社
CCTP
Central Compilation & Translation Press

图书在版编目（CIP）数据

看不到高级 / 胡颖著 . -- 北京 : 中央编译出版社，2017.5

ISBN 978-7-5117-3296-5

Ⅰ. ①看… Ⅱ. ①胡… Ⅲ. ①设计学－文集 Ⅳ.

①TB21-53

中国版本图书馆 CIP 数据核字 (2017) 第 059697 号

看不到高级

出 版 人：葛海彦
项目统筹：贾宇琰
责任编辑：廖晓莹
责任印制：尹　珺
出版发行：中央编译出版社
地　　址：北京西城区车公庄大街乙 5 号鸿儒大厦 B 座（100044）
电　　话：（010）52612345（总编室）（010）52612341（编辑室）
（010）52612316（发行部）（010）52612315（网络销售）
（010）52612346（馆配部）（010）55626985（读者服务部）
传　　真：（010）66515838
印　　刷：北京文昌阁彩色印刷有限责任公司
成品尺寸：150 毫米 ×230 毫米
字　　数：65 千
印　　张：26.5
版　　次：2017 年 5 月北京第 1 版
印　　次：2017 年 5 月第 1 次印刷
定　　价：98.00 元

网　　址：www.cctphome.com　　**邮　　箱**：中央编译出版社（ID:cctphome）
新浪微博：@中央编译出版社　　**微　　信**：cctp@cctphome.com
淘宝店铺：中央编译出版社直销店（http://shop108367160.taobao.com）（010）55626985

看不到
高級
胡穎
设计
外记

HuYing_DESIGN

序·『自私』之路

“我上午是不上班的，上午要睡觉。”

胡颖坐在我的对面，我还没有问什么问题，胡颖开始谈条件。

其实我也没什么问题，公司要招聘一个设计总监，老板施总让我这个创作总监面试一下。反正需要人干活，就来呗。

这是2001年春天，胡颖上班第一件事就是出差，我们一块儿去南昌。正好，胡颖是南昌人。

坐火车，好像是斜对着的中下铺。北京到南昌的火车是傍晚六点发车，第二天一早到。火车上也不能做别的事，也睡不着，我们开始聊天。

今天回想起来，我们都不是喜欢跟人打交道的人，遇到陌生人还很害羞。同时呢，内心还有那么一些小小的清高，彼此不认识不了解，心里还会想，你谁啊你。

那一晚很重要，我们从零星的话语中，发现隐藏的孤独，有了出路。从南昌回来后，我们两个的办公桌面对面地并到了一起。

每天上班，大部分时候，我们都把脚翘起放在桌子上，开始聊天。

胡颖抽烟，那个时候社会还没有聚集那么多公德。胡颖深吸一口，头一歪，好像就把烟雾吐到了跟我没有关系的远处。重要的是不能断了聊天的气氛。

创作的高峰是瞬间迸发的，很不可思议。我们每天都很兴奋，好像都能听见血管中血流声滋滋作响。

有那么一年，胡颖设计工作量达到了上百个LOGO，每次有新项目，我们还没清点完 LOGO 库房，胡颖新的设计就又出炉了。

每次去提案，一般创作部分都由我主说。我最喜欢抛的悬念，就是胡颖的设计，我很喜欢看到客户错愕的表情，然后面红耳赤地争论。

我们的聊天在继续，有七八年，我们几乎就是这样面对面地坐着。

毫无疑问，我是在那个时期确信了“务虚”的价值。我们都开始形成了一些自己的观念和方法，这些东西大都是在聊天中渐渐稳固成的潜意识。

我开始强烈地感受到胡颖的使命感，这些东西远远超越了设计的价值，胡颖在混沌的商业环境中，毅然决然地走上了“自私”之路。

2006年，胡颖开始做“胡字”。外面环境并不理想，他沉湎向内，内心始终有依托。

我很希望他的“胡字”有用，此时我们都已成为彼此生命的见证，我的要求和建议，胡颖几无推脱，只有这个“胡字”，我“有用”的建议，从来都得不到回应。

显而易见，胡颖有了底。这不就是我们这么多年聊天，最想追寻到的东西么。

2016年4月30日，胡颖微信说：邱，胡字论语，完成了……

我们因为后来的工作有了空间的距离，反而在网上的聊天得以留存。

摘一小段——

我：看《浪漫主义的根源》，我得到了一个关于浪漫主义的最佳定义：浪漫主义就是学会了赋予意义。

胡颖：我记得这样一句话，来解释浪漫主义者：浪漫主义者就是花最大的精力，做一件最普通的事情。

我：书中还说，浪漫主义是宽容，是对不完美生活的体谅，是理性的自我理解的增强。

胡颖：我觉得最准确的描述应该是“对现实的体谅”。浪漫主义者首先理性地明白世界的不完美，并心存宽容，自觉地以赋予意义的方式去体谅现实。

仞仞和寻寻降生，时间至此，我想，没有什么能阻碍胡颖体谅现实了。

邱小石

2016-09-29

目錄

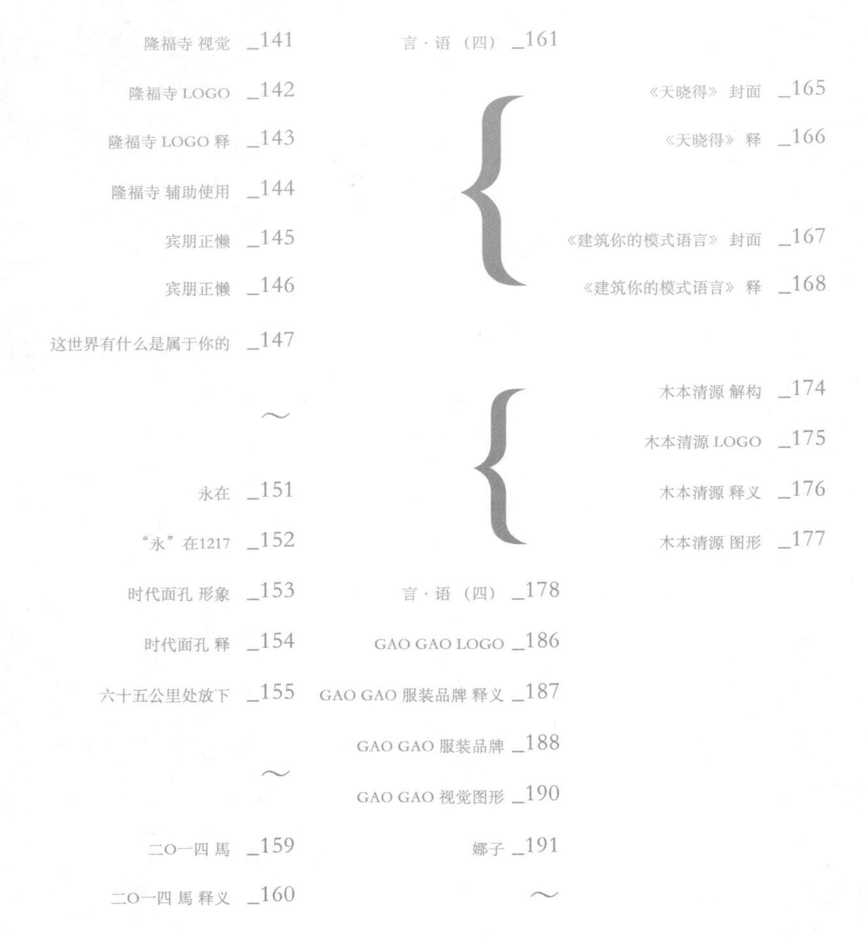

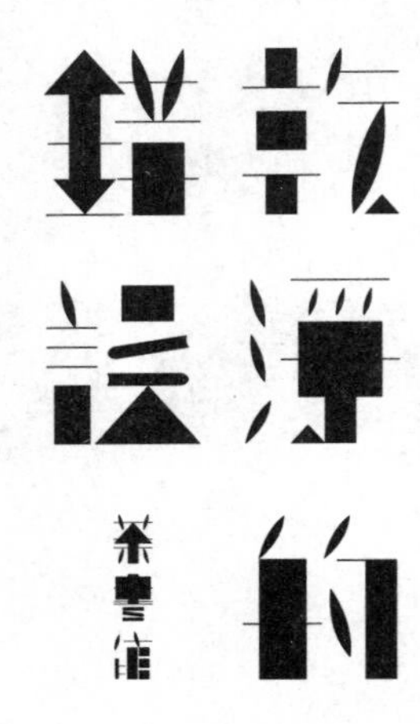
干净的
错误
茶书馆

《干净的错误》封面 _002

《干净的错误》书籍装帧

作为该书的作者和设计者，其实是会分裂的，马咬着自己的辔奔跑，总归是有点拧巴，而不失了重心才好。

“‘2014 中国最美的书’最美书评：该书巧妙地将设计藏于内容背后，作为一本面对设计者的使用指南，有很强的实用性；内文编排有趣，有很强的空间感，标识文字色彩平和，凸显了标志的内涵。这是一本简单却凸显了设计师能力的书。”

感谢“2014 中国最美的书”组委会。

做书的起始是这两年讲了些课，有索要课件和作品的，此行也就名正言顺了。做创作的人都有集结癖，强化心理建设，也满足了自我欣赏。同时，也以虚弱之声告慰了个体生命。

阿武说让设计来看文字，文案看设计，策划看过程。于我而言，这是一本亲友看成长，我看到自己的书。

见自己难，更需要勇气。

2013 年作

乾淨的錯誤

關於乾淨的错誤的設計

先祝贺作者胡颖《干净的错误》获评“2014 中国最美的书”这一殊荣，作为该书的设计者，我确实没想到。

对于作者来说，《干净的错误》算不得“著作”，它只是胡颖工作和关于工作的一次小结，有作无著，真实地记述了他 30 至 40 岁的历程，它是亲友见其成长，他见自己的一本书。文字不多，却还平易。于是我认为其书的调性也应是平易的，温厚娓娓，给阅读多一些空间，看上去不累。

我希望这是一本小书，虽然我知道胡颖想过精装版，我还是说服了他，图文既已垂衣，结集又何必西装革履的距离，道貌岸然般压迫。但这毕竟是他的第一本书，有着平常的心理及过程，所以最后我们决定采用软精装的方式，我笑说：妥协，有时也是一种自信嘛。

人都是有局限的，局限也塑造了人的特质。故此，我在灰底的封面上留局限的白，为起始，亦为干净。

胡颖说：干净是调整舒适的频率，错误是寻求突破的可能。也说：纯熟、不俗。书名字体的设计便介于熟与俗之间，简、繁体的错误之间。胡颖说，其版式易造成误读，错误的干净；我说，我们之所以错误，是尝试的勇气和情趣，可真有误会了，又害怕了，而这不正是所追求的可能性么？读成“错误的干净”的人，正是以其错误体验了你的主旨，夫复何求啊。胡颖哂然不知所云。

书付梓后，有清高者怪用朱红色，俗。我说，我读过这本书，有些作品有灵动，有些思考有躁动，有些故事有感动。人文，是人的文，文，要有人的温度，当然，也是世俗的温度。

起先，胡颖想定书名为“设覆”，谐“射覆”。射覆是一种有趣的游戏，像设计的创作过程，覆盖的未知犹如命题，需要射（猜度）、判断、答案。更重要的是，设计也是一种游戏，也是享受乐趣。不日前，有位多年不联系的朋友短信胡颖：阅读某某新书能降服内心烦恼，开启内心智慧，自利利他，获得喜乐幸福人生。胡颖回复：谢谢，旧书《干净的错误》，阅读此书能降服设计愦懑，开启设计乐趣，没什么利，获得自欺自满态度。再无回复。

最后“设覆”这个名我换了一形式放进了书里——设计的覆记。胡颖与邱小石老师探讨，他说，就用之前你讲课的题目——干净的错误，平实且具故事性，同时是你设计意念的概括，是以为书名。

公布彩蛋，估计很多读者会忽视，如封面的“胡颖”与封底的“胡颖”是两个设计，而封底的含 Huying 英文。内页分两种字号，小的是作品解析，大的是漫兴随笔，期间或也有关联。文本行距较大，胡颖说，父母年纪大了，他们会看得很仔细。

今年六月，中央编译出版社来电，询问该书的英文名，适逢胡颖的双孖降生，小名“仞仞”“寻寻”。友人杨早先生遂取书名“Seven Feet，Eight Feet”，反映了一个设计师对尺度的考量与纠结。仞、寻皆为单位，仞是八尺，寻是七或八尺，暗合了这重欣喜，书也有了另一重的美好。

作为设计者，对这本没有任何工艺和奇、繁、特装帧的书，已没有更多要说的了，不够1500个字就不够吧。就像胡颖在跋中所述：我却也担心文字有修饰作品的嫌疑，这是设计师的洁癖。

此致，再凑不是忽悠就是鬼扯了。

设计者：胡颖

2014-11-28

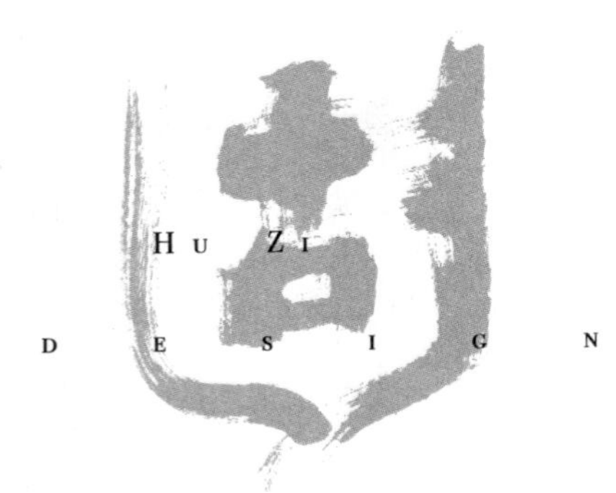
HU ZI
DESIGN

胡字平面设计顾问

“胡”字的减笔、“字”的篆体，找到了结合点。

我在公司简介中写道：我们成立于 2013 年。我们只会做设计。我们所有员工都是设计师。胡字是一个缓存理想，读取快乐的公司，至少，我们希望是这样。

2013 年作

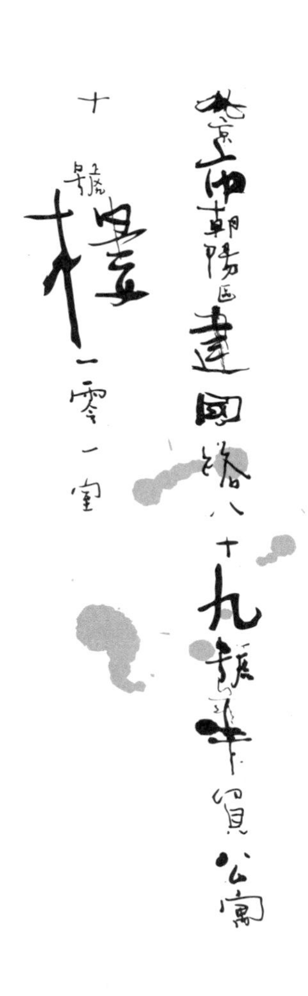
北京市朝陽區建國路八十九號華貿公寓
十號樓一零一室

胡字注冊表

在一刻间度过了近四年的舒适时光。是，舒适，我理想的状态，两三个项目，够维计；几位个性鲜明却又和谐的同事；可漫谈、有共识、存价值的合作伙伴；主要的客户如朋友般相处，没有那些无礼傲慢的甲方嘴脸。这真都不易，舒适的标准也是蛮高的。

春节过后，我决定还是离开一刻间。一则因为小邱的个人轨迹的调整，对公司状态的影响；二来也是由于业务难以为继。感谢一刻间，和曾经一起共事的你们，共同营造的美好不仅是一个公司，也是几年的情谊。

接下来，生活还要继续，于是我想再注册一家公司，单纯地做设计，或给别人当当顾问，没活儿就做做字。起公司的第一件事就是得有个字号。

一，有常设计顾问。

这个名字本是老设计部同学们的调侃。2012年我的产量大，可多数是免费赠与，别人忽悠几句，立马面薄心软，羞于索取费用。大家看不过眼，又发指我破坏行业规则之卑劣行径，须取名为“有偿”设计，我只得求饶转换一字为“有常”。何解？常与裳字同源，上曰衣，下曰裳；《说文·巾部》：常，下帬也，尚声，常或从衣。简单讲，常就是我现在的裤子。人要穿裤子，这是再平常不过的事，劳动报酬，此纲常之天经地义，我可以光膀子干活，但总得有常蔽体吧。故名：有常设计。

二，胡颖设计顾问。

该名全票通过，并首选。但其实我自己还是有顾虑其标榜的嫌疑，讨生活的营生，没必要张扬显赫，又不是什么知名人士、大腕名师，不过求个安静稳妥的度日，只比干私活稍显正式点罢了。当此名被工商核名驳回时，我竟无一丝遗憾。

三，古月七禾设计顾问。

二宝笑取的名，做为胡颖设计通不过时的备选。首先，拆字漏了页字；其次颖字是从禾、顷声，顷字从匕，非七也；所以古月顷禾更准确。

四，一个人设计顾问。

我说设计是一个人的事，索性就取名一个人设计。可公司毕竟不是一个人，于是想加个 Slogan——“他不是一个人在工作”。

五，固意设计顾问。

古是固字的初文；做设计是我的固意；在创作中寻求错误的可能，是故意；当客户发现细末的问题时，我说：这是故意设计的。

六，一篑设计顾问。

这是我相对喜欢的名字。《论语 · 子罕》子曰：“譬如为山，未成一篑，止，吾止也，譬如平地，虽覆一篑，进，吾往也。”篑是担土的筐。孔子说，比方堆土成山，眼看只差一筐土就要堆成了，我停下来，山也不成；平地山，哪怕刚倒下一筐土，只要我继续，终究会堆成山。这是一种释解，莫可功亏一篑，很励志。但我喜欢这个名却是因另一种释解：好比堆土成山，只差一篑土了，如果应该停止，我便停止；好比平地堆土成山，纵是刚倒下一篑土，如果应该继续，我便继续。一篑土就是一篑设计，进取重要，但不滞于物的自由更重要。

七，胡字设计顾问。

审名的工商大姐要我填取这个名的原因，我填的是: 胡是公司股东的姓，字是公司主营和研究的方向。居然通过了。

八，胡颖胡字设计。

还好工商的核名表格只有八个选项。

综上，做了这样一个LOGO。字，胡字，也是固意。

2013-03-12

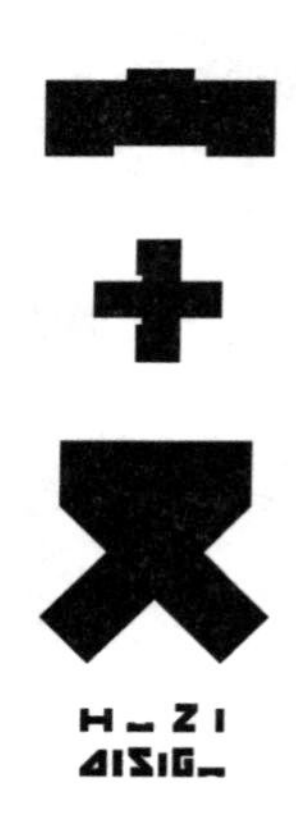

字支 LOGO

胡字设计产品输出的子品牌,“字支”启动。“字”与胡字关联，也是输出的主要方向与内容；“支”有三个表达：一是，作为平面的发展旁支，可能性的培植，希望未来反哺并支持平面；二是，支字从个、从又，个是竹半，一个、一枝，又为手，攥在手的纤弱，一如专业者唯一的所持；三是，字支谐“自知”，自知是自甘自愿的明，是抬头的微笑。我和阿晖说，以后字支出品的产品（礼品）会很贵的，因为贵在字支嘛。

2016 年作

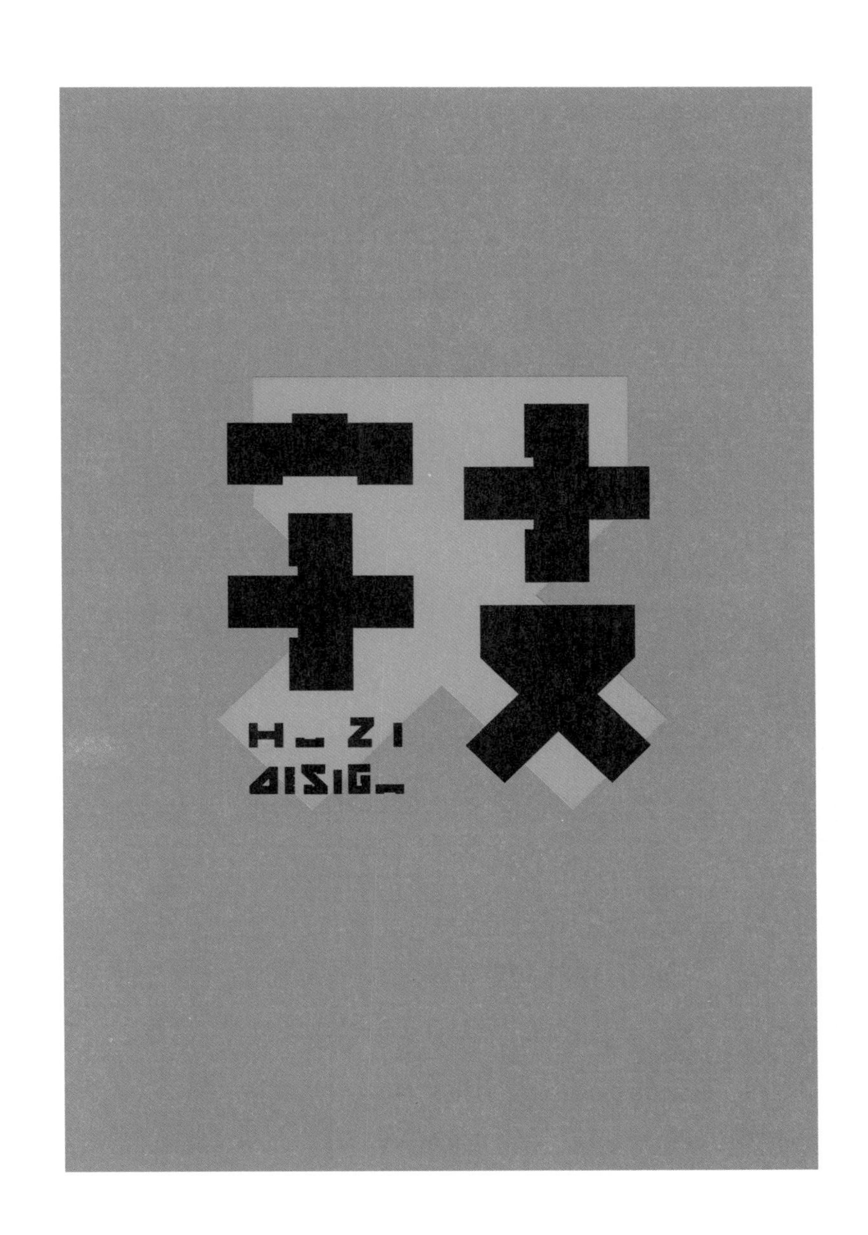

言·語

(一)

真诚就能松弛下来。

言、语的区别在于，主动说的是言，而回答或谈论的是语，所以不言不语的意思是自己不说话也不与人交谈。和自己聊天就是自言自语了。

如果说每个人都有一场和自己的竞赛，提前认输，幸福会长一点。

人性啊，你笑，易遭嫉恨；你怒，易被围观；你哭，始同情终厌烦。怎么办呢？设一道门，在门口哭，在门外怒，在门内笑。

老有老友含蓄说我应该有一位助理，帮助的助，打理的理；掀开一层地讲，就是社会能力太差，不懂得于红尘中修行的关窍，故而总是无助者阻，需得一位助理，襄助的助，理解的理；昨我之挚友言：“世人皆是糊口。”人世飘浮百年内，有些乐子督促着你，其他视作苟且。年后拟缘谋一位助理，援助的助，理想的理。

钱玄同批判明、清两代的文字复古论是倒行逆施，是毒焰。他归纳出简体字的几种构成方法：①整体删减，粗具匡廓，略得形似，如“ 壽—寿 ”。早几年我也说过字型的轮廓阅读，这其实是一个字体设计的方法，特征的把握，而简化却不一定。壽字从老、从𠃬初文并声，减成寿……设计是好的。②采用草书，如“ 為—为 ”。如果文字只是符号，怎么减都行，却不是。為字也作爲，从爫、从象，人牵象劳作。这个字所保留的信息是中国古时是存在大象的，并得以驯化，而后来绝迹，或因气候有关，越人断发纹身等，都有了佐证。③仅写字的一部分，如“ 聲—声 ”。这我也反对。聲字从耳、从殸；殸字从声、从殳，声乃悬磬象形，殳敲声，耳闻之，谓之聲。况殸部还有罄、謦、馨等字。④减字中的多笔画的部分，如“ 劉—刘 ”。劉亦作鉚，留、柳均有其部，折柳留人。⑤采用古体，如“ 從—从 ”。这点也是胡字在做的工作，本质上讲。概括都是从简的，简化字要简得合理而系统，就难了。

文、艺这东西，真要上了点年纪才能熬出些汁来，那是经过温火和荣辱的好。但凡把一件事做好的人，都是有灵气的。靈从巫、需声；气本字作气，非氣，气乃云气蒸腾之状。中医讲气，运化，管理之门在窍穴，所以我想，用灵气，需先开窍。

设计是件创造性的工作，不同于其他物质重组的创造，设计是从精神到精神的过程，如果非以物质决定精神的话，那物质就是设计者本身了。你的知、识、情、感，倾注于你的作品，反过来，作品也以精神的方式回馈你喜悦与满足，并将以物质的形式保存了设计者的精神。我有时也会模糊其中的界线，是我创造了它，还是被它塑造。有形的终会消逝，有一些会以无形存在。这样存在的设计，你的美好便也同时存在。所以那句送给学生的话是“与设计相互存在”。

每个汉字都独立又独特地活在自己的框框里。“小”时候试探着属于自我的世界；“大”了便想完全地体验与占有；“老”了，有了撇的通透，却没了捺的踰矩，倒是峰回路转后最后一笔的放与收。

有时，被人嘲讽为装逼，是因为你对自己和世界还敢提要求。

一切以赢为目的的平常心都是装逼。

不得不说社会心态已从孩童式的茫然期过渡到了少年式的叛逆期。这是一次集体对集体的叛逆，也是个体对个体的叛逆，每个人都充满了厌恶的情绪，都需要借助别人来平复自我，像少年时难耐的狂躁及莫名的冲动。

做设计，非专业地讲，两点，审美和用心。审美包括学识、阅历、观念、情趣甚至情怀，都是诗外的东西，教不了也学不来，一如格局。设计是命题作业，本质上是为别人做，但如果骨子里还是为自己做的，试想着一次本我的申张，就是用心了。

原来围困的险阻障碍，终将变为嬉戏的道具。

论语，学而第一，为什么把学习和有朋来要放在一段说？悦和乐的区别在于程度，悦在内心，而乐在表现，这与愠和怒相同，内心不高兴是愠，表现出来是怒。所以再看一遍这段话，通过学习能获得内心的愉悦，而有朋友来要表现出快乐，别人不了解你，不要心中不爽却表面装没啥。

I
The
Peacock
City

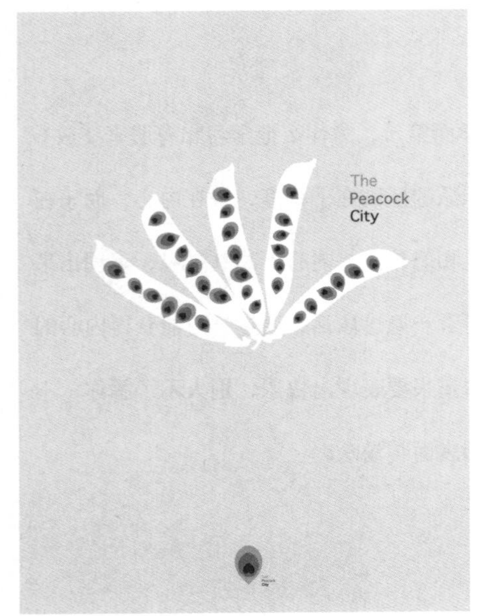
The
Peacock
City

孔雀城海报

形象物的另一种诠释，希望能有生活的平实，和小温暖。

2013 年作

“形义”与“形意”。义随形，形亦随义，却是得意忘形。形之调和于意、义间，方得设计意义。

和陈兵聊书法的形与意，欧阳询楷书兰亭序，有王羲之的意，也有自己的意，八大山人全是自己的意，形重要吗？后来不重要，后来意也不重要。孙过庭说，结构因时而异，用笔千古不易。现代人怎么写也到不了古人的程度，因为整个生活方式变了，就像今天的人写繁体字，也别扭，很少有不出错的，简体的思维了，碑帖里也有不少简体字，但不别扭，这是环境和文化结构的问题。我们今天之所以还习书法，多是为享受艺术的愉悦感，这也是我对设计的追求。

昔人云：作大字要如小字，作小字要如大字。盖谓大字则欲如小字之详细曲折，小字则欲具大字之体格气势也。注：字如其人。

推崇这样的书籍设计：阅读前美好，掩卷后会心。

崤山、函谷关以西为晋国；函字是装箭的袋匣，函谷即是狭长的深险；晋字为铸造的箭镞形，下日部应为模范浇铸口，故而晋义为进。我想也就好理解其正式的含义，如晋谒、晋封；晋是铸箭，函是箭口袋，在地理上又互为关系，古地名好设计。

虽然幸福是抽象的感受，但也大体可具象在情感、智慧和美之中。

人起码要敬畏三样东西：自然、时间、情感。是为神。

人至少有三次生命：出娘胎、知道死、有了理想。

有朋友说我拿姿态，善经营自己。我是这么理解的，做了这么多年的设计，所学所思所想，对专业的敬畏，这是姿态的话，我愿意拿；如果对待每一次的创作，慎重而真诚，我认同如此经营自己。最后，我们做专业，做人，讲高度，也讲厚度。

谈客户和恋爱一样，低端地取悦对方并不能获得回报，一切丧失对等的关系都不会长久。

积极是没什么想什么；消极是想什么没什么。

评价一个人的品格，不在看他获得了什么，而是放弃了什么。

中国的战争，往南打叫“征”，往北叫“伐”，往北很少叫征的，也有，曹操北征乌桓，杜甫有诗北征。征字从彳，表行走，从正；正字从止，即趾。历来中央集权中心多位于北方，有王师平定之义，往南从脚，意思是腿过去就征服了，史上确实南征容易，包括日本侵华，原因很多，气候、粮食供给。北伐就难多了，少有成功的，朱元璋和孙中山勉强算。伐字，从人、从戈，古文字的写法是戈的横笔贯穿过去，割断人字的上部，即砍头，联想一下伐木一词就好理解了，隶定后看不出这个字的关键。北伐就是去砍头的，砍谁的头，头的头，不奉正朔了，有造反之义。中国人用中国字，真是有滋味的美妙。

中国人讲人与人的距离，我相信是受汉字结构的默化，近之不逊，远之则怨，这不远不近最具平面的空间感。我们讲温良恭俭让，是温，不是暖，温是有距离的暖，这才有的让。让，不仅是让别人舒服，自己也要舒服，彼此合适恰当，是中国人追求的智慧。

什么是对的设计？我做设计无外三种对：对得起别人的费用，对映别人的感情，对照别人的精神。

午饭后我一直萦绕着“烧、烤”二字，尧字与陶同源，作高义，也就是说火焰高为烧；考义同老，也就是说老火为烤；烤串不叫烧串呢，那小火煨着，跟老人一样阴着呢，悄不丢地就把你弄妥帖了。相比烤，烧就年轻多了，没别的，就是办你，全凭火力壮；我回想下食材，用烧的，年轻吃新鲜，用烤的，老了吃味道。

其实每次我闻到心灵鸡汤都很纳闷，那肉都谁吃了？

请用“思想”造句：“滚，老子现在没心思想这个。”

benlai.com

本来生活 LOGO

本来的本，本来的来，本来就应该是这样。

设计不仅是单纯的拼字游戏，“本”到“来”，多“人、人”，本只为人人而来。

“譬如‘如来’，来的相对就是去，而翻译非‘如去’，如果是如去，就不亲近了，跑掉了。如来，永远是来的，来，终归是好的。用现在的观念说：他永远在你这里，永远在你的面前。”——《南怀瑾选集 · 第八卷》

2013 年作

本来生活

生本
活来
benlai.com

答问二则:

同学你好，不知道你有没看过《笑傲江湖》，书中有剑宗与气宗之争。剑宗认为奇险精绝是本；气宗认为练好内功，剑法拳脚无不得心应手。似乎是都有道理，而字体设计从碑帖入手，像是气宗所为，我个人是建议练习书法的，长效看，有益无弊，但写一手好字未必就能做好字体设计。令狐冲遇到风清扬，后又得了吸星大法，金庸的这个设定既是妥协也是讽刺。令狐冲性感不羁，不适合师从岳不群气宗，而如郭靖敦厚，心无杂念，气功易精进，所以，找到适合自己的，选择即是性格，去学习，怎样都好。那什么是学习呢?我个人以为，是保持开放的自己。

你好，这是两个问题。一个是就业，或者说职业规划。老话“男怕入错行，女怕嫁错郎”，意思是女找郎和男入行是等同重要，爱情、经济基础、持久性等考量值也相同。当然，现在离婚简单得很，换工作更简单，所以我个人建议，年轻的资本就是尝试的资本。第二个问题是设计师的出路。我一直在做设计，一直也没有出路，或者我们换个角度，好好做设计，就是出路。人生不是很长，答案远比出路重要。

现代很多人解释“福”字：有衣穿，有一口田，知足常乐乃福也。我就奇怪了，明明是“礻”旁，怎么是有“衤”穿呢？畐其实是象形文，大腹的容器，放财宝，埋在家里面（深屋、覆盖，为宀），就是富；祷告着“沙子一袋子，金子满屋子，聚沙成塔，你的就是我的我的还是我的”，就是福，富、福互训。今天要说的是不过，不过穿衣福真有——“福”。洪秀全给他的长子取名洪天贵，后又加了这个变体的福字，并颁诏旨曰：幼主名洪天贵福，见福加点锦添花，桂福省改桂福省，普天一体共爷妈。

此刻帘外溽暑土润，心头兴亡过眼，身旁小儿侧榻，虽不富，也知福。

老设计部交流设计的“放“与“松”，其实不太容易。放，先要有紧实的内核，还要有爆破力；松，也是先要能有密实，更敏感地控制，雀于掌上，振翅而不得飞。放松,便可自如。自如是先有肯定的“自”。

2007年我与邱小石做了本内刊《客观》。客观是作客人观，我们之所以有时候过不去，大抵是因为主人翁的精神太强，忘记了本是客。

“控”字，说文解控为引，弓弦拉开，却会绷得更紧张，所以控不如手空啊。

其实放大了看，再光滑的表面都千疮百痍，再光彩的人生都喜忧参半。

灭绝的都是上帝造的，新生的都是人类造的。

老设计部简介语：设计不如新，设计部如故。

堵车，听的士师傅聊起他的抗日故事：一日本人在国贸上车去老国展，一路埋怨师傅开车慢，被一辆本田超越。日本人指着车说：“看，日本滴，嗖嗖滴。”再过一辆尼桑，又说：“看，日本滴，嗖嗖滴。”师傅铁青着后牙槽，一把轮上了机场高速。扎到新国展，一抬表，日本人急了，问：“怎么这么多钱？”师傅指着计价器说：“看，日本滴，嗖嗖滴！”

打车，司机师傅问我：您知道龙的犄角是哪来的么？我惊诧，言愿闻其详。原来：鸡是长有犄角的，龙想去参加超快十二生肖选，因长相没特点而自惭，于是借了鸡的犄角，并答应选上即还，然而龙当选后就再没还，鸡到处找他，龙就躲进了海里，鸡呢，就每天叫“给给给、给我～给给给、给我～～”

我，是真不想结车钱了。

世上没有免费的午餐，这句话真正要告诫的是，你得有一颗买单的心。

说这“人”“牛”啊，都是看到他做的一“件”事。

蜀之鄙有二僧，其一贫，其一富。贫者语于富者曰：吾欲之南海，何如？富者曰：子何恃而往？曰：吾一瓶一钵足矣。富者曰：吾数年来欲买舟而下，犹未能也，子何恃而往！越明年，贫者自南海还，以告富者，富者有惭色。天下事有难易乎？为之，则难者亦易矣；不为，则易者亦难矣。人之为学有难易乎？学之，则难者亦易矣；不学，则易者亦难矣。——《白鹤堂文集》

常有设计师朋友问，什么是人文？怎样做出人文感的设计？我都说，所谓人文是与这个世界的情感，设计，是我爱你。

醉醒客

醉醒客 LOGO

醉醒客是一套丛书的名。

绿茶兄给的视觉命题，并释义：挚友六人，号六根，持续了八九年的酒局，几乎每个月喝一顿，很固定，每次喝到微醺，也偶醉，但我们相信自己都有清醒的头脑，故名“醉醒客”。

设计的工作从收集整理信息开始，以上可得出的关键词：友、六（固定）、酒（酉本字、象形）、醉、醒（夜饮东坡醒复醉）、客（梦里不知身是客）。把这些信息通过视觉加工出来，设计就完成了。

2015 年作

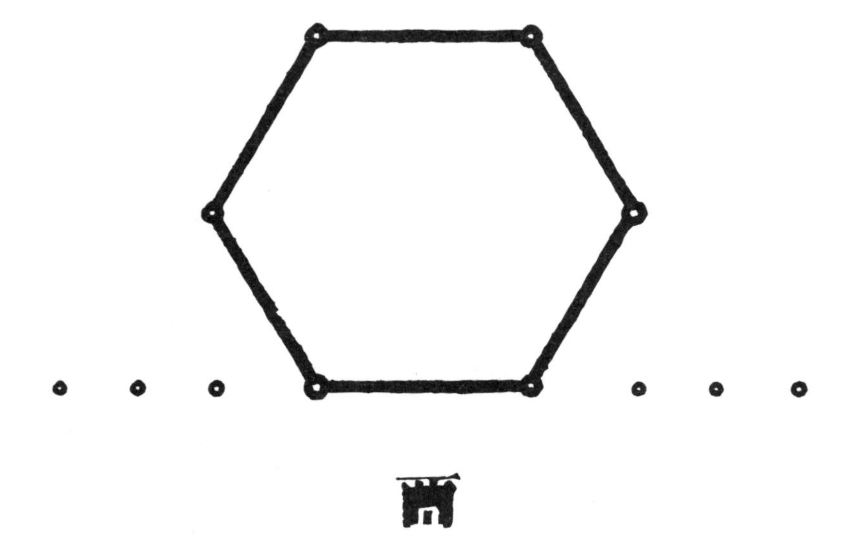
酉

醉。
醒
客/

上周讲设计课，反馈是太深不易理解，甚至有同学说自己连什么是好设计都不清楚，可能不适合干设计。

研究院院长李博士常以方向、方法、方案来构建模式，我想各添加常识性的定语去解读，如：把握方向、拿捏方法、推敲方案。

一一看：僧推月下门还是僧敲月下门？敲有响声，推没有，或者很小声，在鸟宿池边树的静态下，有一点声响，反而是更强化了静，却又静而不寂；而推，似乎没有敲的间歇停顿，没有等待，在气息上反倒破坏了静。所以方案，需要审美；方法有很多种，公说公有理，婆说婆有理，拿捏不是把握，把握是控制力，拿捏更多是谨慎地选择，所以在方法的选择上，大于智力和能力的，是情怀；方向往往是最务实的目标，也最难，有眼光，要坚定，这几乎是一个全面素质的集中体现，而这种素质用一个词概括，就是观念。

什么是好设计呢？观念、情怀、审美。

2015-04-02

The
Smart Press
聪明出版社

聪明出版社 LOGO

有些工作是没有标准答案的，有幸，我所从事的平面设计就是这样一种工作。既如此，还请设计师干吗？我想，设计的价值就是提供一种可能，这种可能既有差异性，又美好。

庖丁在解牛时一定很快乐，至少满足了他的强迫症欲。在我看来他是好的设计师，因为设计在缝隙之中，于生硬间摸寻迹象，然后在缝隙里跃马挥戈。

2015 年作

The
Smart Press
聰明出版社

聪明

一般不太熟的朋友叫我胡老师，熟的叫老胡，家人叫我胡老师。

其实如今叫人老师，就像在菜市场喊人为美女一样，这么理解表示我还聪明。

聪明本是个好词，耳聪目明人机灵。自打造出了个小聪明，好像所有的聪明都小了，归在了机关算尽那一类里；大聪明，后来被唤作智慧。照此推论，忽悠别人的叫聪明，忽悠自己的叫智慧，忽悠别人和自己的叫信仰。

这年头人都聪明，谁也不比谁傻出二里地去。没吃过猪肉，也见过猪晨练，而有些个聪明，不是不能，是不屑。不说，不等于不清楚。所以真聪明，是真实。

可真实实在是要求太高了，需要超凡的能力和勇气，敢活得真实的人，都是强者。

聪明人做糊涂事，是为浪漫；聪明人做无稽事，是为情怀。如此，聪明才有美感。

明字有三种写法，另二是“朙”“明”。这个设计用明，义耳不两听为聪，目不两视为明，出处是《韩非子》，“独视者谓明，独听者谓聪”。

有一次在研究院讨论海报主题时，李院长蹦出一句话：人在选择的时候，都是脑子不清楚的时候。

小时候我常听人说“胡颖就是聪明”，这些年我常听人说“老胡就是不聪明”。我觉得都是在说我好。

2015-05-08

楊早
讲史

勾紙
當墨

纸墨勾当 释义

纸墨勾当已改名为“早读”。但我觉得这四个字好，于是做出来，这是无用功，当然也非无用，不用罢了。好在勾当与纸墨的联系：纸墨金贵，勾当算计，蝇营狗苟的窃私，殊不知携那清莹之物入世，垢油换得灵魂饭，殊不知勾当，只为不辜不负。

2016 年作

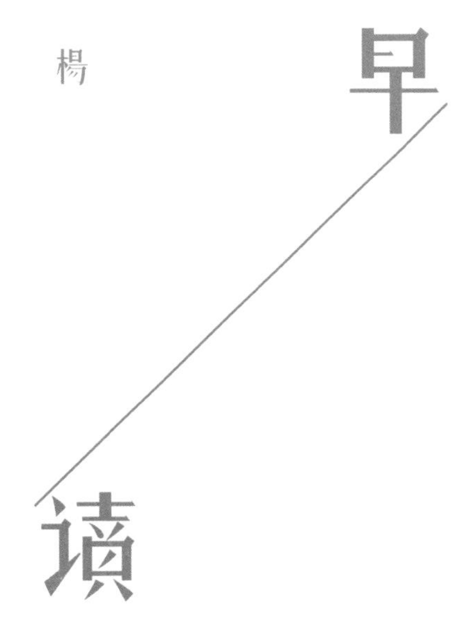
楊
早
读

楊早講史

杨早说：可惜今年《话题》烦不着你了。

杨早说：“杨早讲史”目前主要是野史记，说史记那一系列，你知道我重在叙事，非只史实，所以自认是个历史说书人。我喜欢关注小人物，物质生活，社会各方面的制度，从前宋代说话艺人，就有“讲史”这一行。

我问：“说史”与“讲史”如何区别定性？

杨早说：说史，在我这儿的意义是以小说的方式介入历史，是一种写作方式；讲史，强调讲述的姿态，专注故事的性质，起承转合。比如野史记不是说史，但它属于讲史，所以讲史的范围更大，文体感相对淡化。

我问：说、讲是否如二月河与当年明月？

杨早说：在我看来，他俩都在讲史。二月河没有太强的叙述感，不过，他确更小说一些。像《北京法源寺》显然比二月河的更偏小说。王小波的《青铜时代》则是另一种极端，还有鲁迅《故事新编》，他们这种也不是说史，就是小说。小说 novel 和故事 story，两者现在一般都被称为小说。《民国了》（杨早，著，2012 年）就被国家新闻出版广电总局定为长篇历史小说，我对此很难认同啊。

我说：大体有认识了——说史是把史揣兜里，讲史是把自己装进兜去，小说是把史揣兜里还捂上了。

杨早说：这个理解高妙。

其实不见得是高妙，只是我需要用设计的思考方式来对接学术，使其具画面感。这是设计的方法论。

从我的库里找另一条索道。说（說）由“兑”分化而出，兑通悦；讲（講），冓字象形，上下两条鱼嘴对嘴的碰头；構字马上呈现出榫卯的联想，组合相交、针对、精确等义铺陈开来。講义说，可为什么是講课、講座，而非说课、说座？冓的精确针对延伸出解释义；講解，其注重程度更进而为講究、講卫生、講礼貌。講道理是可行的，说道理就变鸡汤了。

这与杨早说讲是强调姿态，应是相通的。

设计得到了至少两个图形元素：兜、鱼。这就可以有很多跳跃的方式、图形的组合、元素的嫁接，而且，绝不落俗。

然后做“杨早讲史”四个字，字体类宋，我想可在繁、简体中找度衡，在古、今字里寻得支撑，这是可以深入做课题的。好，我是打算这么执行了。

但是。

他就叫“杨早”，这两个字天然地让我看到那条不用思考的道，风吹草低现早杨。

那之前的沟通与思考岂非没价值？

有，它就是那美的草。

2016-04-28

持續
学习
學習

學
学
习
習
持
續

持续学习 海报

华夏幸福城市图书馆的开馆主题海报。

2007 年我做过一系列主题为“消失者”的海报，纪念被历史边缘的人，也是以汉字笔画为元素，意念是笔画消失在文字中，却不可或缺。人终会消失，而灵魂将在文字中存续。竹可纳，字可载。

2016 年作

言·語

（二）

邱化桥下午聊天说：无传承没世袭者，不为富。窃想，文化亦复如是。

由于自我的局限，常陷入朋友关系与公司业务之间的困惑中。一字谜：半朋半友。答：有。有所悟。

《聊斋》，二美狐撩焦生，焦拒。女有一联请生属对：戊戌同体，腹中止欠一点；焦无对，女又代之下联：己巳连踪，足下何不双挑。太淫亵了，哪里是楹联，分明是淫联，但也情色得有趣。有后人替焦生对：用甩异形，尾部仅差半勾。这个好，有狐的形态。亦有：丘兵共身，腰下尚缺两足；甲申共居，头顶高出半分。

《聊斋·牧竖》：两个童子至狼穴，各捉一只小狼爬上树，大狼回来着急，树上的童子扭小狼的脚令其嗥，大狼闻声仰视，怒奔树下，号且爬抓；另一树上的童子也扭小狼，大狼舍此趋彼，口无停声，数十往复，后来奄奄僵卧，久之不动，童子下树视之，气已绝。蒲松龄注解豪强，我读之人性本恶，真个是毛骨悚然。

疏：编木竹，大曰筏，小曰桴。槎亦可乘槎，槎同楂、同茬。我想楂或义在独木，桴义在编木，孔子的意思不是一个人浮于海，而是子路同随，所以还是编木可靠些。

自由自坚定出，平和自固执出。

浪漫，是很用心地做件小事，所以设计是份浪漫的工作。

因为相信感情，所以相信奇迹。

年夜饭后，母亲收拾刷碗。我说，我来吧，回家半毛钱的活都没干。母亲说，不用，你在家我愿意永远这样伺候你。

其实我不赞同“陪伴是最好的礼物”这句话，一是礼物不常态，二是礼物是施受关系。人生到头是一场大功课，陪伴是一次复习。

1985年的这个时候，大舅和大舅母突然来南昌。我记得当时大舅每天回来就睡觉，衬衫搭在床架上，散发着刺鼻的气味，后来我去泳池才知道，那是消毒水的味道。不久，我的双胞胎表弟平安降生了。听母亲说，大舅母是被诊断有危险才从乐平来的南昌。生产时取出来一个孩子后，医生才发现还有一个孩子在里面，现在听起来真是不可思议。大舅母是知识分子家庭，表弟的姥爷给他们取的名字是“川”与“州”，作为卢家的长子长孙，加之先天体弱，爷爷奶奶视若珍宝。

在我三个舅舅中，我和大舅最亲近，他也是我认为最爷们的人，话少，一句是一句；酒多，一杯是一杯。后来，川和州念了大学，州毕业后去了广州工作，川继续读硕。2005年春节，我弟结婚，我见到大舅，有点干枯的身型，不再是小时候我记忆中的强健威严，可想为家庭付出之巨。2011年，大舅中风。我弟带了笔钱，开车去了乐平，回来说，情况不好。这两年稍有好转，能下地了，但行动还是很不方便。昨天，他们都去了南昌。今天，我的两个表弟同时结婚。我在异地祝福，也想着，无非是悲悲喜喜地尝一遍。

Reading
Neighbour

阅读邻居2周年

阅读是很个人的事。

正面一点地阐释：2年了，共同阅读的邻居们纷至沓来。

那个一点地阐释：一群人犯2，2不责众，不孤单。

2013年作

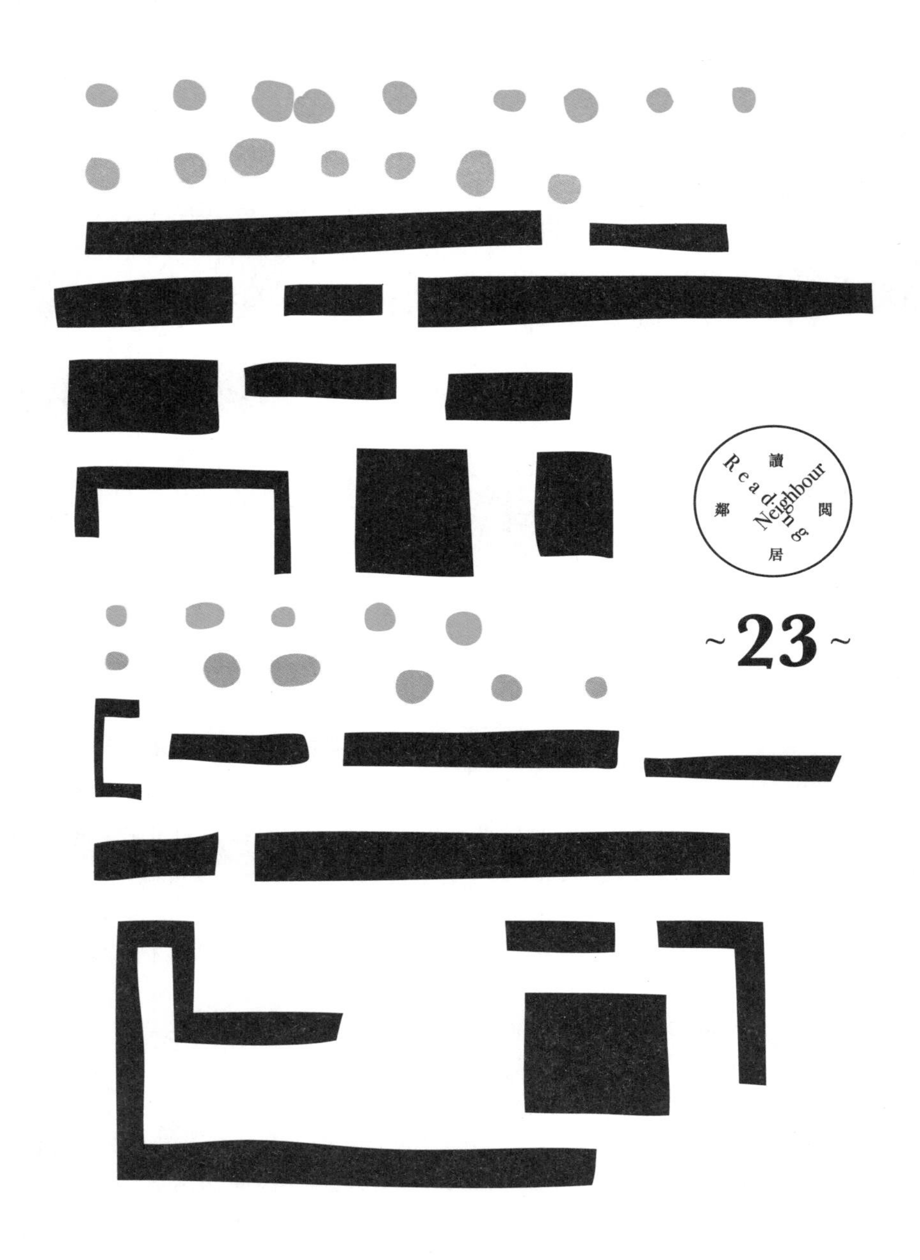
讀
Reading
Neighbour
鄰
閱
居
~23~

阅读邻居 第 23 期封面

有的时候要长话短说，

有的时候要短话长说。

但这都是在照顾对方

的感受。

阅读邻居办了几年，

只记得做过这一期的封面。

2014 年作

中国文化是奢侈品，拉丁字母码一块就行，汉字虽然只是有几笔的部件构成，放到每一个字里却都有差异，如中医因人施药，汉字君子，和而不同。

年轻人总是搞不清苦情和浪漫的区别，其实就是对等的差异。

关系的远近，往往看吃完后，菜盘里剩没剩下最后一筷子菜。

孔子说，古代人有三种毛病，现在或许都没了。古代狂傲的人肆意直言，现在的人不仅狂，还以此放荡无羁；古代自视高的人行为方正也自重，现在矫情的人动辄老羞成怒无理取闹；古代没文化的人还直率，现在没文化的人就只能靠欺诈耍手段罢了。

美国的价值输出是能力越大责任越大；中国的传统道德观则是能力越大越要知谦逊；謙字，从言从兼；兼字从又从秝，一手持二禾，《说文》解为並，我觉得“並得”更为准确；《说文》解謙为敬；我以为言语兼顾他人的感受，既为敬，就是谦。谦卦，坤上而艮下，地在上而山在下，屈躬下物，先人后己，才是大能力。谦不一定受益，满也未必招损，但会招嫌。

嫌恶的言论之一，追求利益最大化。最大化了，人心就生出凶险来。追求利益，不要最大化，也许会更可持续。

未足利，鲜矣仁。

《汉书》：客人拜访主人家，见灶上烟囱直，旁边堆有柴禾，说，曲其突，远其积薪，不者，将有火患。主人不应，不久果然失火，邻里共救之，幸好扑灭。主人杀牛置酒以谢，被火烧伤的坐上席，其余依次入座，却唯独没请言曲突徙薪的客人。

虽有嘉肴，弗食，不知其旨也。虽有至道，弗学，不知其善也。是故学然后知不足，教然后知困。知不足然后能自反也，知困然后能自强也，故曰：教学相长也。——《礼记 · 学记》

是故，以大师自诩的，皆无知者也，教人其实更多是为了解自己的困惑，教与学相互促进。

子墨子曰：我将上太行，驾骥与牛，子将谁驱？耕柱子曰：将驱骥也。子墨子曰：何故驱骥也？耕柱子曰：骥足以责。子墨子曰：我亦以子为足以责。墨子，快马加鞭。这让我记起《庄子》：吾有大树，人谓之樗，其大本拥脉而不中绳墨，其小枝卷曲而不中规矩，立之途，匠人不顾。不夭斤斧，物无害者。

宋人或得玉，献诸子罕，子罕弗受。献玉者曰：“以示玉人，玉人以为宝也，故敢献之。”子罕曰：“我以不贪为宝，尔以玉为宝，若以与我，皆丧宝也，不若人有其宝。”——《左传》

我想，尽管价值观不同，也要彼此尊重；每个人都要自己的宝，可以欣赏，却不可交换的；设计师的宝呢？亦非玉。

传宋徽宗时建设画学，即诗句命题作画。我以为，凡命题创作，都属于设计。名例：竹锁桥边卖酒家，李唐作画务虚，只见竹林中隐约酒幌，锁字意盎然。又：踏花归去马蹄香……我想中国平面设计的出路，不是一味的“中国式”传统的元素，拿来精致堆砌而已，而是文化传统里的意、境。

有一次讲课被问及设计的方法，我说，多看多做多想，无他。这不是敷衍的话，因为别的都是奇言怪论不足取。设计师的毛孔是打开的，感知发达，学习也要发达，无意中的一点可能就会和另一个点对接上，而设计，就是这门对接的艺术。

列子学射，中矣，请于关尹子。尹子曰：子知子之所以中者乎？对曰：弗知也。关尹子曰：未可。退而习之。三年，又以报关尹子。尹子问：子知子之所以中乎？列子曰：知之矣。关尹子曰：可矣，守而勿失也。非独射也，为国与身亦皆如之。想：一，知其所以然才是真的达成；二，法即是身，守而勿失。

陶侃惜分阴：生无益于时，死无闻于后，是自弃也。——《资治通鉴 · 晋纪》

自弃，义：白瞎。子曰：盍各言尔志？子路曰：愿车马、衣轻裘，与朋友共，敝之而无憾。颜渊曰：愿无伐善，无施劳。子曰：老者安之，朋友信之，少者怀之。我想：老者安，朋友信，即益于时，少者怀之，即闻于后。

在人群中要有独立性，在独处时要有人性。

中冶置业
MCC REAL ESTATE
中冶置业(青岛)品牌会刊
Architecture Life Aesthetics
建筑·生活 美学

COMMERCE
PET
No.09 社区宠物

中冶置业
MCC REAL ESTATE
建筑·生活 美学

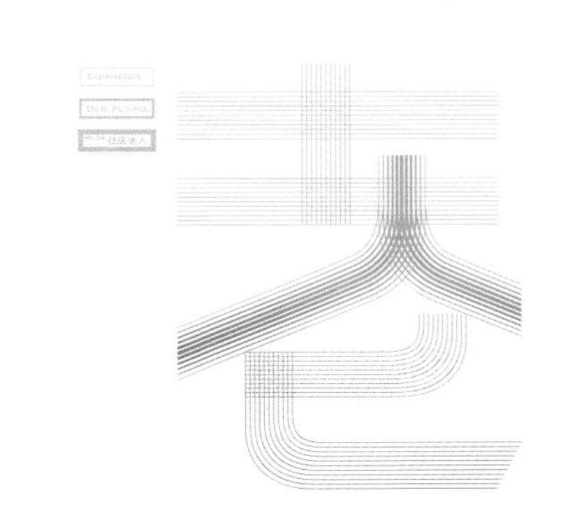
COMMERCE
OLD PEOPLE

中冶置业
MCC REAL ESTATE
建筑·生活 美学

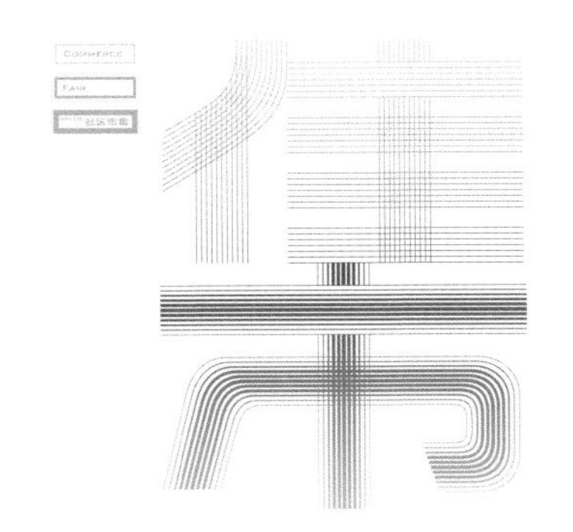
COMMERCE

中冶置业（青岛）品牌

会刊 封面系列 续

加之《干净的错误》中收录的七篇，共十篇，完结。

2013 年作

夜读，记起一词“望洋兴叹”，想，望的哪个洋？洋和海有啥不同？江，专指长江；河，专指黄河；湖，是内陆封闭的水域；海，是大的湖，蒙古人把湖叫海子，这是北京什刹海、中南海的原因。海也表海外舶来，例如海棠，如后来的洋火。《庄子·秋水》说，河伯顺流而东行至于北海，望洋而叹，后解：洋是海的中央，海是洋的边缘。

晚上的春雨下到现在已是沾衣欲湿了，天街小雨润如酥，《说文》中没有的酥字。传说贵妃出浴，懒便服袒酥胸，玄宗戏言：软温好似鸡头肉。一旁安禄山接道：滑腻还如塞上酥。酥即是奶酪，牛羊乳制成的食品，亦即酥油，言虽轻佻，却形象精美。天街因小雨的润泽而变得像奶酪般软稠，滋养万物。有老师说，是小雨给人酥软酥麻的感觉。这很文艺，但学问也有点酥软。

狗是有社会的，也有气味不合或相互不待见的。至于小区里谁家的狗爱掐，我都知道，因为别的家长都会来和我说：您看，我们家狗和冬儿就能玩到一块去。恰遇一双夙怨者，碰面便撕咬起來，冬儿也被卷入其中。各自喝止不住，担心祸及冬儿，牵回来仔细察看，无恙。于是想，不置标准，就是混迹社会的保护吧。

用常识想一个问题：我和物体之间的距离。当物体的作用力大时，我贴近物体，不会被撞击，而我与物体的距离越大，所受的伤害越大。所以，忍受力决定距离尺度。社会也是个物体。

当听不清时，就静下来；当看不清时，就慢下来；当想不清时，就笨下来。

《非诚勿扰》里一人名“ 頔 ”（音笛），结果被非议不可用生僻字，否则从小在学校就吃亏……我不认同此观点，名字是汉字重要的载体，不认识可以查字典，多认识一个字不好么？这也是最实用的学习，如范蠡的蠡，褒姒的姒，嫪毐的毐，不能以怀疑别人看不懂为理由，这和要求设计平庸化同理。

设计的乐趣就在于，在开始创作的时候，我和客户同样未知，并对结果充满期待。

就像要找到适合的螺帽，自己也必先伤痕累累。

志公禅师谶语：两角女子绿衣裳（打一人名）。志公禅师（418 年—514 年）预言唐时事，记于《太平广记 · 谶应》，不知真假。“ 两角女子 ”这个字设计感很强。

骏马滙 LOGO

骏马滙是一家高端礼品订制公司。

以马蹄铁、马头形、滙（汇）字意向，构成的形意 LOGO。

有趣的插曲：骏字乍看像“發”，我笑说，要容俗，这没什么不好。

2013 年作

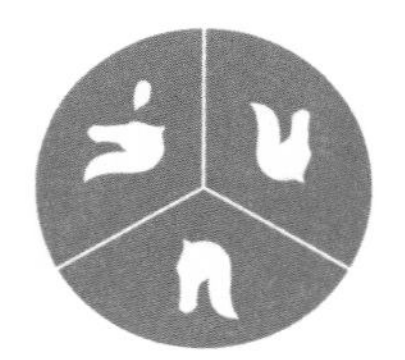

左导今天说孩子的预产期在 19 号，是女孩，让我帮想个名字。我想就叫“左惟”吧，男女皆可。惟字的本义是思考、思维，思考集于一点，作副词为只有、仅，希望孩子能长于思考，并且专注、作为。

左导来电，拟在与凤凰卫视合作一栏目，例如“说字三分钟”，推介胡字，问我是否愿意，我表示感谢，并说，我愿望是做件事，而不是做事件。左导说，你这么说，我其实很高兴。

好事多磨和好事多魔。《红楼梦》：美中不足，好事多魔。好事多磨的意思是：指成就好事前所经历的波折、折磨；而好事多魔则是：美中有不足便是不完美，好事中多有魔鬼便是无好事。所以好事多磨是积极的心态，而好事多魔却是彻底的悲观。

夜里不关电话的，生活健康。关电话的，家人健康。

我认为两种情况都是被洗了脑：一则说什么就是什么；二则说什么偏不是什么。

昨与小卢一席谈，他说正在践行如何通过转换频道，提高客户对于设计的认知与接受。这很了不起，比多一个好的设计师更有益于这个行业。

活到岁数才明白，人都会缺，却不曾少。

很多话题都不好探讨，因为一深究就偏颇，美和差异都重要，如果说美是主观的，那差异也是主观的，偏颇即互为质文之辩，只是行活儿不是公认的美，而疲美，这时候确实需要差异，而当差异到乖张时，又是需要美去规范的。当然，都是主观的，主观只对主见起作用。

设计也是一碗青春饭。

设计于品牌的作用在建立好感，再交与时间，成长情感。

我也在想其根源，可能还与市场有关，如果不用即时销量考量，或许会有更多潜心的学者和时间的著作，所以说，这个争辩是不成立的。本质上讲，有什么样的读者就会有什么样的学者，有什么样的心态就会有什么样的时代。

换了主板、液晶板、维修师傅后，热水器修好了。我问师傅：主板烧坏了，为什么还可以工作，而一拆开就彻底坏了？师傅说：这是常事，就像人病了，知道不行，不动没事，一旦打开，完。他说的是平衡。

筷子的叫法始于宋，古称箸、筯、挟提。吴中一带多水路，而箸与住谐音，行舟讳住，故取反意快儿，后再加回竹部附议，成为今天的常用名词“筷子”。我老家有闹洞房客以箸击新郎的习俗，谐快生子，倒比置办枣、花生、桂圆、莲子简便，简单便宜。我曾见有新郎头被敲破，溅血不为寻仇，实为泄不甘之恶，此乃陋习。行舟亦讳翻，帆谐翻，乌篷船即是乌帆的船。

老外一手用刀一手用叉，是先使其分裂，生切别人，再取食；中国用筷子，是主权归我，搁置争议，共同取食，当然，还留了一手。

Kids'
Dream

童梦世界 LOGO

我想讲一个故事:

一个普通的玻璃球，被丢进了海里，它醒来时忘了世界在哪里。

它碰见了鱼，于是问:“世界在哪里？”鱼说:“世界在外面。”它就去往外面。

它又碰见了蚌，于是问:“世界在哪里？”蚌说:“世界在心里。”

过了很久，当它从海里湿淋淋地上到沙滩，碰见了一个小女孩，于是问:“世界在哪里？”女孩看着它说:“你就是世界啊。”

于是，我有了这样的一个 LOGO。

其中每个点均由徒手标注，这也是那年我最辛苦制作的 LOGO。

2013 年作

童梦世界

Kids'

Dream

昔字会意，洪水漫天日，引伸为从前、久远；《说文》解昔：干肉也，通腊，腊（xī），今做臘字简体，古时把大动物切薄片做的干肉为脯，小动物整个干的为腊，敲打后加佐料的为脩；老师的工资是束脩，孔子的课时费为十条干肉，一条以一斤算，现在市价约 40 元一斤（不常买菜），400 元一人，不多。

昨天看到一新闻说，韩国总统的年薪是 1.8 亿韩元，换算过来差不多 100 万人民币；马英九的是 630 万加 70 万年终奖，700 万新台币约合 150 万人民币；西汉时三公的俸禄是 4200 石（斛），一石 120 斤，当时的一斤约 250 克，也就是相当于现在的 60 斤，以市价 4 元一斤算，薪水也是 100 万。

奥运会颁奖的时候才注意到，颁奖台及背景是紫色，应该是主视觉色，奖牌的绶带也是紫色。秦汉时，丞相和太尉掌紫绶金印，御史大夫、中尉和九卿掌青绶银印，县令掌黑绶铜印。设计在书本里。

昨见一则趣辩，是“撒手锏”还是“杀手锏”？同意撒手锏的说，古战在其最要紧的关头，出其不意把锏飞掷而出以制敌，就是使大招，所以撒手锏更形象；同意杀手锏的说，那你扔出去没砸中呢，岂非手无寸铁了？那秦叔宝回马便走，左手横抢，右手扯锏，待敌将追至马头衔马尾，扭转回身一锏，罗成道：哥哥好杀手锏。

整理访谈作品时翻出 2009 年的一张海报。当时的思路是以强（彊）字为图形，古文字彊，从弓、从口，口字或在弓内，应属会意，彊字，《说文》中解为弓有力也，畺声，典籍亦作强。比对弱字，弱如弦断，强表弦张，故以为满弓为强。

荐 2012 年我读的三本书。

《汉语俗字研究》，张涌泉，商务。前天查查问我“ 広 ”是什么字，我说是日本文字，回忆了才想起这本书有说到是“ 廣 ”的俗字，今简化之“ 尽 ”字繁作“ 盡 ”，据草书楷化而俗体，再，蘓、蘇，书法常俗正通换。裘锡圭先生作序，细读全书后作几百言，学风谨慎，肃然起敬。

《古文字谱系疏证》，黄德宽，商务。研究古文字的书很多，特别在近几年，更是良莠不齐，谱系一书无疑是目前古文字领域里最新、最慎重的成果。《谱系》的治学方法是非常重要的，汉字体系如同棋盘，每一位都有横、纵的关联，其孳乳派生，必有络可循。

《聊斋志异》，蒲松龄，里仁。睡前书，与时下影视臆想遵原著。画皮中佩蓉在路边吃乞丐的痰；倩女幽魂中宁采臣与聂小倩没半毛钱暧昧。开宗卷一考城隍，宋焘死，阎罗请值河南城隍，宋言母在堂，不肯赴任，果生还。记得辽古版的此页留字：人生白驹过隙如向鬼请假。1995 年胡颖。

司马迁记正（音争）月，是因为避讳嬴政（音正）。遇古音我都习惯比对赣、粤音，南昌土语的正字（音今），与粤语相似，而念正月时则（音臧），也与粤语中读郑姓近似。

朋字的甲骨文是两串贝（钱），最早做货币单位，五贝为一系，两系为一朋；友字的甲骨文是两只右手；也就是说朋、友二字都有相同之含义，那么其不同在哪里？郑玄：同师为朋，同志为友；孔颖达：同门为朋，同志为友；或者这样理解：同师门即同价值观，同志向即同人生观。如此，朋友不可得也。

只有从容才能生出优雅，设计也是。

四十岁以前为生活，四十以后为生命活。

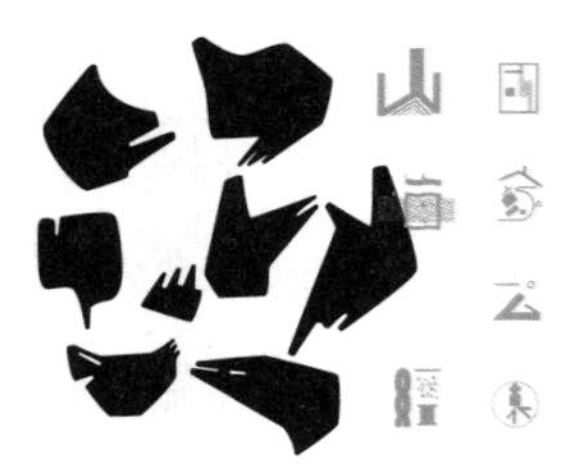

山海经国家公园 LOGO

这是研究院一个实验性的项目，所以视觉我也想实验一点。

如山石似神兽的点，组合出若干草书的“山”字，再可组合出“海”字。

地貌象征的字体，看似无章，其实也有遵循，如山字底部的5根线，是因为《山海经》是五山经，同理，海字的波纹是13根。

“吾国古籍，瑰伟瑰丽之最者，莫《山海经》若。”——袁珂。我想到一个成语，瑰意琦行，指卓越的思想和不凡的行为。

提案到最后，我说，设计是件理性思考，感性创作，我们设想一幅画面，把这个LOGO刻在一面巨大裸露的青石台上，下过雨，那些石坑的点里积了水，倒映着远山如黛，这一刻，就在那里了。

2016年作

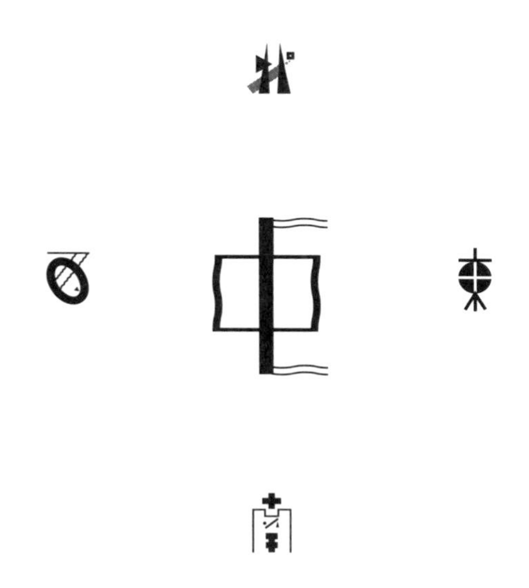

招生启事

昨天发了一条微博，“有愿意跟我学三年设计的同学请私信我”。翌日补充:“三年，第一年学的设计，第二年学了设计，第三年学着设计。”

两日来不少问询，逐一解答费时费电，我想索性写段文字，一并阐述了。

首先我不是大师，我也说过设计里没有大师，不过是在这个行业里耗的时间长短罢了。

社会状态的影响、设计的低门槛、非专业现象、人浮于事等，这里不赘述了，那不是我的事。我只想带两三个学生，当然首先是认可我的设计观念的人。

设计是命题的艺术创作。

设计是表达方式。

设计是美好、差异。

都有两个关键词：命题、艺术。命题是条件，是规则，但一件作品最出彩的地方往往就是最困难的限制处。艺术是设计的给养，这是难以剥离的，就像设计也同样难以从服务于商业的结果中剥离出来一样，这不是一刀了断的事，而是偏倚和高级。

表达、方式。表达是语言，设计就是设计师的语言，同样有起承转合，也同样有伏线千里。方式是多元，设计师自身的差异，产生了作品语言的差异，如能多掌握几种方式，就是设计能力。

美好、差异，是标准，也同时是相互制衡的标准。美，如果没有差异也就不存在美，所以美是需要多样性和选择性的。差异，不美的差异便是矫揉造作、惺惺作态尔。自然，美是无法规范定义的，却可以成熟循迹。

归正题，招生的要求：

一，跟我学的是设计，不是谋职求薪的本事；

二，和我一起工作，为期三年，第一年我不收学费，也没有薪水给；

三，以三个月为期相互了解。

题外话：

二十多年前，我背着画夹去和长我十余岁的表哥学画。第一天他便和我说：画画是聪明人学的，也是笨人学的。聪明人会琢磨，笨人会发奋。而今，我已过了他当时的岁数，或许可以增补一句：精于一业，非是聪明人下笨功夫不可。

表哥半生英姿勃发，前年突发中风，半瘫于家中，我却深感世事无常，人生代谢于晦朔，刻不容缓。

2013-04-10

VOSHERO

水芝容 LOGO

电商品牌。

客户要求：东方、禅意、空静、去繁传心。

2013 年作

言·語

（三）

后来我知道了，人生在世，临到每一个紧要关头，你都是孤军哀兵。——王鼎钧

人还是应克俭自己已有的东西，比如别人对你的信任和尊重，因为这些东西需要很长的时间积累，比获取利益漫长得多。

不必知太多书礼，只待人时平等之心；

不必有太多钱财，唯用情处不存杂念。

设计有时候就像是一个朋友，你不要以为与它太熟就可以妄为妄言。相反，你要轻松而不逾矩地与之相处，保持一点距离的呵护，宁生勿熟。让朋友做得长远些。

我要这么开始写我的简介：有些东西，可能解决不了人生中的问题，却可以解释那些问题。

其实我想的是，设计师里为何没有偶像派？不用实力的那种，就有尖叫着买单的客户，然后特岸然地对人说：“设计就是我的生命，我就是为它而生的。”完了媒体再组织几场中国好设计、中国最强设计、中国偶像设计师、快乐男设计、超级女设计……没准这行业就火了呢。

汉字的创造基于常识，常识是对常态的认识。比如日、月：日的常态是圆的，在特定的天文景象下也会缺；月的常态是缺，到周期点就会圆。当然，不管是日还是月，客观讲都是圆的，所以，常识也是主观的。是否如初见不重要，初见也许赶上看到的是变态。人都是主观的，再怎么样都是，这也是常识。

书不卖了，卖不起，不够饭钱……

同学发来书评：看到年青的理想从现实的罅隙里艰难地发芽成长，如今枝繁叶茂，而每片叶子还保存着最初的美好心性，我很感动……我觉得有趣的是“罅隙”而不是“缝隙”，虽都是空隙之义。缝旨两块拼接处，罅旨于密闭裂开；缝有伸张、排挤，罅却有破除、迸发感。用罅由可见其对现实的压抑与绝望。

佛在世时，周利盘陀伽也想学佛，可阿难、须菩提、舍利子都拦着不让他出家。佛问为何？对曰：其五百生与佛无缘。佛说：五百生以前，他是一条狗，有一次在吊脚楼楼下吃屎，可巧上面有人在拉屎，一坨正掉到他的尾巴上，他吓得跑到一个古塔旁，此乃一有道罗汉的墓，忽又内急，就翘起尾巴屙屎，结果尾巴一甩就把原粘在上面的屎甩到了罗汉墓上，他把他最好的东西供养了我，所以他与我有缘。

安定门内大街路东有家六十公分一眨巴眼就能错过的清真肉铺，牛羊肉都非常棒，还便宜，营业时间是上午八点到十二点，下午三到六点，可大多时候不到中午肉就卖没了。今天去买了二斤牛上脑，忽的明白了为什么妖精小伙伴们都想吃唐僧肉。因为，有信仰的人，肉好。

一友道：所谓清高，只是对自己生命和时间的尊重程度更高罢了。

看到《光明日报》上说简体字能够传承华夏文明。简繁体之争是两种思维模式的不对话，说到底是功能至上主义与人文艺术的争辩。文字是工具不错，但工具也是文明的一部分，谁说工具书就不是书了？就像设计，很多时候也是被当作工具，但也是人文艺术。

水水问：胡字是怎样的公司？我说：平等、价值、专业。水水诠释：进来的客户瞧好了，首先您不是爷，其次咱很贵，最后您甭对我指手划脚。我笑：好像是。

做设计，不要爱上自己的作品，可我有时偏偏会做到爱上，以至于客户采不采用都变得无所谓，这似乎也是我的人生态度。

京、鲁一带管“找”叫“踅摸”。踅是往返地走，摸有寻试义，这就把找字具象化了，生动有趣。

有一些人，会在某个时间遇到，以后就不再谋面了，直到很多年后，你会忽然觉得，他来，是为告诉你一句话的，你也可能在另一个人的生命里如此的角色过，所以每个人，都是相互的巫觋，每个人说的和历经的，都是传达，只是传达。

爱情和亲情怎么区别？爱情是：只要我有，只要你要。亲情是：只要你要。

有时想，这个世界的标准是趋低的，为什么还有人会去选择做个有道德标准的人？这好像违背人性，自找了许多复杂，甚至生存的危机，也让别人不自在。后来似乎明白，提一口气做人，活得真，存一分高尚的优越感，无挂碍。

如果是100分，努力占99分，这世上有的是抱定那1分被害死的。

带冬儿上下电梯时我尽量避开邻居，除非有的邻居主动表示不介意。楼里住着一家德国人，我领冬儿进来时遇到她推着两岁的女儿在等电梯。电梯门开，她进，稍等，用我能听懂的中文问：“你们不进来吗？”我说：“您先上吧。”这场景平常吧，其实却有文化的反映。因为我注意到她说的是“你们”，而不是“你”，只有这种自然的状态才能体验到别人的平等心，有些东西，装不出来也是喊不出来的。

我在想，也许我和一些设计师的差异在于，我为自己做设计，这决定了衡量标准的主、被动关系，也决定了关注价值要高于价值量，当然，也决定了当价值与价值量不对等时，我还能平和且热情投入。

文子说他视金钱如粪土，如粪土都愿把、握，直至信手拈来，还会赚不到钱吗？好吧，我承认我有点洁癖。

民族品牌设计师创作方法刍议：

作为中国设计师，民族品牌的责任和探索，都是绕不开的课题，也许目前思考的答案还很肤浅，但每一次答案都是使命的脚印。

我的答案是文化。

文化这个词有时太无力也太空泛了，但为什么还要用这个词做答案呢？因为一谈到所谓的中国元素，图形就是龙，手法就是笔触，色相就是红，今天我必须肯定一点讲，如果这些元素是设计师的首选，那就是没文化。

没文化就没厚积，土壤肥沃才能长成大树，一层盐碱地只能扬沙，大家的扬，就成了困惑的沙尘暴。

文化很难，是因为文被化了，文的印记和化的程度差异，导致各人对文化认知的不同。

2005 年我说的“意念不怕深，表现不怕随意”就是要不担心大众评判标准，这需要勇气，或者转换设计的态度，设计是一个人的表达方式。

文化是创作的源泉也是答案，视觉不能解决疲劳性及其循环性，所以作为专业者，做旧如新，突破，是唯一的方法。

民族，缩小来看，就是一个人，人为什么要有文化？因为通过知识和思考的积累，形成自我独立的价值体系与判断标准，甚至审美情趣的建立。也就是说，文化使人独立。

当下，文化是不被尊重的，除非能迅速转化为利益的“文化”，也许所有的时代都如此，这需要设计师以传播文化者自居，并有勇气承担其寂寞，而非裹挟在利益中。

文化是民族品牌的出路，文化使民族独立。

义山诗：日射纱窗风撼扉，香罗拭手春事违。回廊四合掩寂寞，碧鹦鹉对红蔷薇。纱窗动光影，香罗轻拭手的女子，回廊环抱关住了寂寞，而碧鹦鹉对红蔷薇的色彩对照是寂寞的浓烈。我觉得这首诗很有设计感，并非清清淡淡的梨花满地不开门，是瞬间强烈加深的寂寞感，色彩运用得放肆却精彩。

仲秋月夜。一句“不应有恨”，现在方体悟出，是无所谓遗憾的意思。

唐 · 韦应物《滁州西涧》：独怜幽草涧边生，上有黄鹂深树鸣。春潮带雨晚来急，野渡无人舟自横。世事春潮，人心急雨，才有这舟自横的阒静，在其中，在其外。宋 · 寇准《夏日》：离心杳杳思迟迟，深院无人柳自垂，日暮长廊闻燕语，轻寒微雨麦秋时。另，宋 · 王安石《悟真院》：野水从横漱屋除，午窗残梦鸟相呼。春风日日吹香草，山北山南路欲无。王荆公诗也好。

《迷失》大体我已不记得了，但对有一个情节印象深：困在岛上的人分成了两拨：一拨伐木造船；另一拨伐木造庙，这拨人说，自救的方法不止一种。我想，如果我在那岛上，我会加入造庙的那拨。有朋友劝立伟，你和老胡在一起无益，立伟回答说，如果我不和老胡在一起，可能我就不做设计了。造船的会认为造庙的愚蠢，这没什么，我们成天说国人没有信仰，其实没有信仰的人永远不理解别人的信仰。信仰有那么重要么？我觉得有，因为，我们其实就在岛上。

晚上两点收到邮件，睡觉。早上又看了一遍，决定放弃这个项目。邮件最后一句“别被自己的视觉审美意识困住”，我的理解是，别被自己的底线绊住，这当然不行。昨天陈兵说我，你不就想不赚钱吗？偏激点解读，是。或者我直白地讲，设计是鸡，赚钱是鸡下的卵，我不是不想要卵，而是不想杀鸡取卵。把鸡养好，卵是自然而然的事。把鸡养好，就算取不了太多的卵，也能陪你说说话，也能昂首一唱。

kins
plaza

金普广场 LOGO

商业地产项目的形象。

在宏观视角，单一却有联系，直接视觉得以强化。

但这稿未被采用，几经沟通后，时间紧任务重，于是有了下面一稿。

2013 年作

金普广场
kins plaza

金普广场
kins plaza

金普广场 LOGO 方案二

这个 LOGO 改得急，《干净的错误》的读者都知道的“必杀技”。

中文的“金普”，倒过来（逆时针转 90 度），就是金普的“英文”，可巧的是严丝合缝。

快速提给甲方后，得到认可通过，连夜上户外广告。

翌日，有领导视察，责备说：怎么能倒了呢，我刚上任就要倒吗？！

来不及翌日，连夜撤下所有发布。

同事来电告知，并说：老胡，要不咱算了吧。我说：算了吧。

又翌日，我退出了这个项目。

以对设计的标准，坦率讲，这个 LOGO 其实还很不完善，甚至存在美感的问题，包括之前的那个，也还有调整的空间，今收录进来，皆因故事性。

2013 年作

老夫聊发少年狂一把地说说我最反感的几句话：

一，“客户是上帝。”上帝给你付过费啊？天国冥币结算的？不就想挣人点钱嘛，光明正大的，工作然后回报，何其正常平等的关系，无事装孙子，非无能即坑骗。

二，“你改变不了世界的时候只能改变你自己。”我可以拍着你的大腿告诉你，你变得你妈都不认识了，也改变不了世界。所以，你改变不了世界的时候，最有力的生命，就是不被世界改变。

三，“年轻时不要把尊严看得过重，如果你没成功，没人在乎你的尊严。”我觉得，万一尊严折了还没成功呢？我觉得，能在这操蛋的世界保持住自己的尊严，就是最大的成功……这些傻缺的话不知道弄傻多少梦想成功的孩子。

每个人，都要有自己的骄傲，否则，你会厌恶所有人，也被所有人厌恶。

为啥我觉得老锣和龚琳娜的创作好，因为他们是比我好的设计师，我会像个客户一样对他们的创作充满期待，而有时候也会失望，因为有失望，就是比我强的地方。

最近我总是在探讨老锣和龚琳娜，其实不是要表达我有多么喜欢他们，而是为什么喜欢他们。

任性，是不管别人舒不舒服；圆滑，是让别人觉得舒服；成熟，是让别人舒服自己也舒服；自我呢，是不管别人和自己舒不舒服。

对上等作品的定义是：设计与人生并轨的自由表达。设计是命题的艺术创作、从心所欲不逾矩，矩就是命的题，从心所欲就是自由，自由的创作和自由的人生就是并轨了。

总的说来，真实要高于技巧，情感可包容真实。

看着自己年轻时照片想，如果我能回到那时候，我会对这个少年说，慢慢生长，因为春天只有一次；去经历吧，在你还未厌倦时；保持你的敏感，因为感知会让你丰盛；爱你的父母，因为他们将为你而劳累老去；不要在乎别人说什么，因为人与人是无法沟通的；要相信你以后会很好，而好的标准取决于你的智慧；如果你做不到勇敢和智慧，那你就正直、善良；如果你喜欢她，就去告诉她；多读点书，知识不是力量，安静才是；现在重要的，将来都不重要；不要用凉水洗头；世界不是他们的，也不是你们的，是傻逼们的。等你到了我这个年纪，没有什么不可以怀疑，就像没有什么东西会属于你。

有时，默默无闻就是品格。

今年设计的作品虽没有去年的高峰产值，却笔笔更着心血；虽然顾头不顾腚地奔忙，还跟打了鸡血似的亢奋；今年出版了《干净的错误》，有些个轻描淡写的文，其实字字如血；这种话不好讲，就像明明想说阳光，表达出来都是紫外线，我说血汗和钱；马上董得的爹来接我去保定，还不都是在和生活血拼；手艺人也不包打天下，即便穿一双铁鞋走天下，最后走下来的也只有血泡。2013 年，我的年度汉字，“ 血 ”。

佳福木業

佳福木业 LOGO

董得的爹一边操持着天启堂的业务，一边回东北老家开了家木材加工厂。

我帮他做了这套设计后，有一次他和我聊起他的合伙人想在名片上加“经营项目”，被他当场否了，好歹也是设计师出身，要求还是有的。我笑说，加上也是客户的合理要求，设计也可能有设计的玩法。

他当时义正严辞地愤愤然，至于后来真的加上了没有，不得而知了。事实上，一年后这家木业工厂就歇业了。

但是我和他都喜欢这个设计。

2014 年作

福
木
佳
業

佳
福
木
業

天啟堂

这一段是我曾经绕行的记述。

2013 年，春节，南昌，雨夜。我和成刚挑拣着脚下泥泞，且行且聊:

“年后我打算出本书，关于一些作品和随笔的，接活用。”我说。

“自己出？需不需要资金？我给你拿几十万。”成刚说。

“不用，出版社给出，有版税。”

“好，需要用钱和我说……前几年有点艰难，这两年缓过来些了。”

“这本书基本涵盖了我三十至四十岁的历程，唯一的遗憾是天启堂的那段没写。”

“没写就别写了。”成刚笑了笑说，“我去买包烟。”

2005年，夏，北京，南昌。我给成刚电话：

“我从典晶出来了。”

“好啊，需不需要资金？我有点，不多，全部才十万。”成刚说。

“你回北京吧，可以做我们的天启设计公司了。”我说。

2000 年，夏，我从上海到的北京。成刚和刘伟接了本杂志，我们想做个平面设计工作室。

夏夜，洗完澡，成刚一丝不挂地站在阳台上抽烟，说：

“工作室就叫‘天启’，今年称千禧年，这个说法是《旧约》中的天启故事，传说基督复活，失乐园将重拾欢乐。”

“好名，就它了。”我感受着西坝河 20 层的塔楼上穿裆而过的风。

2005 年，秋，天启成立，因注册名故，天启堂设计顾问。

办公地点我选择在了典晶未搬之前的北照企业发展大厦，我对那里有感情，去年我和大术、盛仔还特意去拍了张合影，已改为了快捷酒店。

我、成刚，和因我离开典晶而辞职的李永娜、阿晖，都是这个公司的出资股东。小董是后加入的，不占股份。所以我题写了一块天启堂的匾，落款是“胡吕李陈共书”。

2005年，冬，天启堂没什么业务，唯一签的一个是典晶的施总介绍的，剩下的是一些散碎鸡肋和渺无希望的竞标。我去见客户的时间比去银行对账多，做账的时间比做设计多，开会说着一些自己厌恶的话，我开始反思，这是不是我想要的状态，还是我要变成那个原来自己讨厌的人，才能把公司维系下去，可我要的是做设计啊。

我们每人每月的薪水是三千，成刚、李永娜和阿晖在打工期间都薪水过万，现在这点，只够他们交月供，如果他们是因为情感与我共事，那无疑我在透支这份情感，由此每天我都有亏欠的心理压力。

2005年，冬，在厦门，我对小董说：“我想退出公司。”

回京后，我和大伙说了我的想法，一片沉默。

成刚问我：“你觉得公司有什么问题？”

我说：“没有，是我个人的问题，我觉得很累。”

“你如果觉得股份的利益分配和你的投入不匹配，我可以减少。”成刚说。

“绝不是。”

“……你想怎么退出？”

“退股，撤资。我看了看账面，目前持平。”我说。

“容我考虑考虑。”成刚说。

成刚问阿晖怎么想。

阿晖说：“老胡撤了，这公司就黄了。”

成刚说：“如果公司要继续，就不能退股撤资。”

“可行么？”

“以我对他的了解，他决定了的事就一定要做，怕是他连投资都可能不要了。”

（这是多年后我了解到的，他们从外馆斜街走往安定门路上的谈话。）

第二天，集体午饭时，我见成刚一直在发短信。下午，股东开会，小董旁听。

“我反对你退股撤资。”成刚第一个说，“我刚咨询了律师，你可以离开，不参与经营，但董事投票决定你是否可以撤资，如不同意，你还必须做公司的股东。”

我大怒，难道我们近廿年的同学，你他妈跟我讲法律！

还是忍了忍，我尽量平静地说：“那就不废话，投票吧。”

“小董不算，我们是四个人，要超过半数的话，就得三票同意你退股。”

“好。”我看了看李永娜和阿晖说，“阿晖你表态吧。”

“我认为该怎么样就怎么样。”阿晖没有看我，补充说，“按法律的来。”

这是我完全没想到的事情，完全没有。

“既然已经超不过半数，李永娜就不用问了。”成刚总结说。

“不，我还是想知道。”我看着李永娜说。

“我同意老胡退股撤资。”李永娜说。

大家再没有话可以说了，剩下的都是彼此的埋怨和尴尬。

我草拟了一份股份转让书，把名下的股权并资金无条件全额转给成刚，然后让大家签字确认。

李永娜哭了，问我，一定要这么做吗？我绝决地说，是。

后来家人问我为什么，我说，这钱，谁拿走都是负担，包括我自己。

那天下午我在青年湖公园坐了一整个下午，雪一直下。

晚上，栋子给我电话，指责我撂了兄弟，自己拣高枝去了。我说，我没有任何高枝可去，他们跟着我还不如去打工，相濡以沫莫若相忘于江湖。

2006 年，春节过后，照例的老设计部年饭，阿晖也来了。

二宝提杯说："过年了，大家又在一起了，老胡先讲两句。"

我刚想拿杯子，阿晖已一饮而尽，旋即离席而去。

此后的一年，阿晖每喝酒必生气。听二宝说，有一次在家把杯子都摔了。

成刚把李永娜和阿晖的股资退了，天启堂的企业执照转让过户给了小董，回了南昌。

我们也再无联系。

春节过后，我开始找工作。

2007 年，老设计部年饭。二宝给我短信，说想请阿晖来，问我意见。我回，不请。

下午，我给阿晖发去短信：明天年饭，你有时间就来。

年饭上，我们都说了对不起。

2009 年，春节，南昌，同学聚会，我和成刚都喝醉了。后来我们又去酒吧喝，说了什么，已经不记得了，只记得我们都哭了。

此后，也没联系。

2013 年，一月的一天，夜，电话响：

“我，成刚。”

“你好。”

“给我个你的账号，我把当年你的钱汇给你。”

“怎么？发财了？”

“拿了你的钱，我怎么能不发财。”

“我不是那意思。”

“呵呵，我知道。”成刚笑声有点勉强，“我给你打过好几次电话，都关机。”

“……”

“我以为早就失去了一个兄弟。”我说。

“没有，你从没失去。”成刚说。

“钱你给我多打了。”我给成刚电话。

“不多，其实拿着那笔钱，我也难受，后来想做点事，算你的投资，依旧是我们俩的。”

成刚接着说：“可前些年一直没有起色，我每个月只拿一千块钱的工资，还不起你，呵呵。”

那天我们电话里聊得并不长。

2000年，夏，我和成刚站在三元西桥上，看着脚下如梭的车流，我说：

“钱财是可求的，情感是不可求的，所以将来我们不要因为钱财伤了情感，不值得。”

“是，不会。”成刚笑着说。

2014-08-04

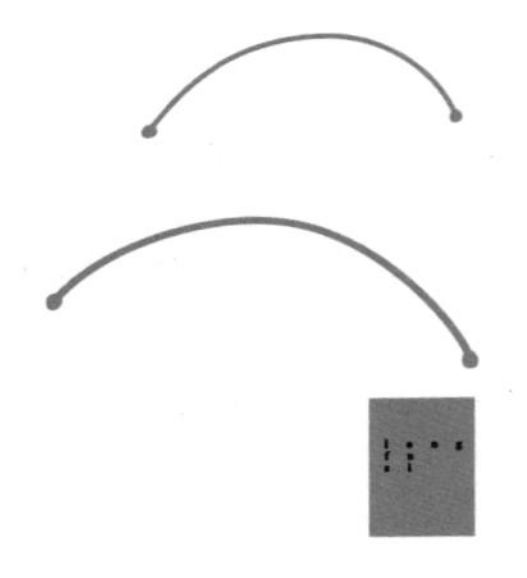

隆福寺

隆福寺商业广场 LOGO

隆福寺商业改造项目，除了手书字体，我加了两根红绳，是手袋的提绳，强调其商业属性。

有人说当地有神秘传说，我说那正好，红绳一锁，大红块糊上去就给镇住了。

这个对话很中国。

2014 年作

福

賓朋正懶

三哥正宾的离世是2014年我最耿耿于怀的事。

四月，因我一篇与三哥不愉快的记述，黄天生我的气。他这样才是三哥最好的朋友，我理解，甚至羡慕三哥。

二十多天后，三哥走了。

六月，黄天发信息给我，三哥的缅怀仪式，我独自前往。

人很多，我坐下，被吕泾和小妮招呼着往前再往前坐，直到坐到了最前面，那儿离三哥最近。

我和黄天握了握手，我不知道说什么，他说：来了，晚上留下来吃饭，别走。

因要照顾未满月的孩子，我没有留下。仪式结束后，我给石头信：先走了，很感动。石头回：你能来是今天最高兴的事。

我顺着道走了很久。

莫待朋欲友而友不在。

日前，黄天发来邀请，懒人朋友跨年大会，说：一定来，带娃也行的，好生热闹下，今年太难过了。

我想家事细琐，恐不能成行，唯有手书一纸，献丑以表寸心，百年老店怎么能没个无名骚人的笔墨，百年人生怎么能没点故事欷歔。

倒是更想在懒人餐厅膳罢，撑到歪斜倚靠，念起三哥，高喝一嗓“宾朋正懒”啊。

2014/12/21

附

這世界有什麼是屬于妳的

算来，我认识三哥的时间并不太长，我以为很长了。

十年，或者更早一点，第一次听石头说到他。望京有家川菜馆，石头恰巧去用餐，遇见，发现老板原来是桥桥哥的同学陈三，那时石头住望京。

年后，石头和我说，春节去了陈三的木匠工作室，老乡聚会，那陈三神得很，刚给员工发的红包，就找别个赌博，再把红包赢了回来。我道，这人太有趣了。

2005年的春天来得特别迟，我们刚接了保利垄上的项目，创意了一组画面，需要道具拍摄。石头给陈三去电话请配合，然后给我地址。我说，初谋面，不好直呼人陈三。石头说，他们都喊他三哥，只我很少这么叫，因为我喊的三哥另有其人。

陈三人爽气，全无所谓艺术家的所谓细腻深邃，工作室也没有我预期的那么拷问生命的气息，倒是生活感很强。我问，这地儿是买的还租的？他说，租村里的，三十年。我委婉道，倘是自己的，可以弄得更好些。陈三哂然反道，这世界有什么是属于你的？

我一时语塞，如香严击竹般似有顿悟。

回来石头问我何感，我说，三哥是个通人。

而后的两年，我常去三里屯的金谷仓，也总能碰到三哥。他说工作室要注册了，能否给他设计个LOGO，我说好，免费的。

2008年，汶川大地震后，三哥组织了一次义捐，我正好做了一个“济汶川”的设计，他特别喜欢，找我要去文件，说放在会场拍卖，回头拍了照片给我看。会后，三哥恨恨地说，那帮人眼拙。我大笑。

2009 年，我想打一对顶箱柜，咨询三哥报价。他给我画样式、讲解，最后定价八千。后来我买了几个塑料的归纳箱。

2010 年，一刻间的装修工程请三哥做设计，并监理施工队伍完成。

2011 年末，三哥的懒人餐厅开业，再次请我帮忙设计 LOGO，也没想收三哥的费。交稿时正值岁末，一刻间的同学们决定去懒人餐厅庆祝。临出门，小妹问我要带钱吗？我说不用，收我们的饭钱，我就不给他 LOGO，一笑。欢乐饭罢，结账，小妹玩笑说，三哥，我们没带钱。三哥回，刷卡也行。我特别不愉快，后来我也真的没给三哥那个设计。

这是我与他唯一的一次不愉快。直到一个多月前，我记述这件事，却引发了更多人的不愉快和对我的反感。此文再录，一是载其实，二是守我业，三是信三哥通达，说出来比存积于心要强。

可是我错了。

一个月后，我看石头微信言“ 三哥走了，让我哭一会儿 ”。我尚未与陈三联系起来。后多人证实，方惊愕出神。

难过之余，更有愧疚。是夜，做一设计以寄哀思，也请求他的原谅。

情绪低落，暗自翻看照片，原来，胡字木刻时他在，我的新书发布他也在，可忽然，他就不在了……三哥在我看来是这样的一个人，他倾尽全力地活了一生，其华彩已不必时间度量。

回忆时，总记起他说的那句话，这世界有什么是属于你的？

香严击竹。

沩山问香严：生死事大，请问在父母未生前，你是怎样的？

香严茫然无对，从此弃佛法云游。

一日于山中锄草，拾得一瓦砾，随手抛至脑后，击中空竹，其声清脆，遂顿悟。

声因人起，人以闻声。

三哥，再见。

2014/6/5

“永”在1217

2014年12月7日晚，我看到杨早兄的朋友圈消息，知黄永兄已是弥留，心下怅惋，是夜做了此设计。

我想，黄永兄未必看见，但他会知晓的。知晓了，好便去往。

翌日8时40分，黄永兄走了。

后追悼日，1217的朋友们题：永在。

2014年作

时代面孔

“时代面孔“主题摄影展

反正摄影是二宝的摄影公司（见《干净的错误》）。二宝不富裕，新买了燕郊的房子。2013年十月，其妻回东北生产，因他有工作，滞留在北京。妻临盆前三日，岳丈送饭从医院出来，遭遇车祸，拖了一天，过世了。翌日，诞下一女，取名丁十七。

反正摄影“时代面孔”主题摄影展于2016年十月十七日在798举行。

2016年作

六十五公里處放下

“您要不要喝点水？”老裴问我，“我看您喝了酒。”

“谢谢。”我接过一瓶水，也接过了些许好感。

下午四五点钟，春天的太阳招摇却不讨嫌，开一点车窗，正好，像一个讲诉的开始。

“那我开始给您计费了，全程，六十五公里。”

我有些昏昏欲睡的，所以忘了怎么开启的交谈。二宝和立伟送我上的车，老裴说他也有两个特好的哥们，现在不常联系，但那仿佛是后话。前面的话，他说：我们这代人，还是相信一些东西的。我问他多大年纪，他说七零年的。

“您专职开专车？”我问他。

“不是，我在一学校教务处工作。”老裴说，“我那届留校了三个人，另俩是我同寝室的哥们……”

老裴是哈尔滨人，大学是在北京念的。考上大学的那年，家里摆了能摆得下的几桌酒席。留校的那年，又摆了几桌能摆得起的酒席。在中国所有的普通家庭，这都是件大事，是荣光门楣的大事。

老裴有两个孩子，妻子是大学同学，南方人，苏州的。

结婚前，妻子有了身孕，岳母来京发难，结婚，必须要有房子。老裴只得向家里开口，父母一千两千的借够了七万五千块钱，买了套广渠门小两居的二手房，算是把婚结了。

为了安抚岳母，房产的名字写的是妻子的名字，没敢让自己父母知道。

不久，生下了一个闺女。父母来京探望，岳母说孩子太小，房子也小，容不下。老裴生了气，很少回家。老裴说，其实后来想起来，最对不起的是他闺女。

老裴说他一辈子平庸，没占过公家一针一线的好处。当年在学校医务室，教工开药是免费的，有人开了消炎药，拿出去黑市卖，他没干，他说那样不对，我们这代人，还是相信一些东西的。

后来学校分房，只分给名下没有房产的人，他分到了。

对，说说另外俩哥们，同寝室一块儿留校的，人不在乎北京户口。开始还在学校点个卯，后来直接就不来了，去瑞丽淘换玉石。一般的也就一两百，最好的不过一千，收回北京来卖给那些港澳和外商，一块玉转手就敢卖一两百万。干了六七年，不干了，买下了 798，改造了厂房，租给那帮画画搞艺术的……

“其实那时候我也很矛盾，也想干，每天都在自我斗争。”老裴说，“您抽烟吗？”说着掏出一盒蓝利群，摇下车窗。

进京的高速拥堵不堪，余晖落日，云彩阴晴。

“您现在也挺好啊。”我忽然觉得应该去安慰一下这位给讲他半生故事的陌生人，“有一份体面的工作，有房出租，还有大把富裕的时间，享受平稳就要甘于平淡。”

“我在学校待了快三十年，现在的校长是我的学生，挑担的事都愿意交给年轻人，我不过是可有可无的落个清闲。”老裴的情绪没被我扭转。我想，那些消极的、抵挡的话，他也许已经和自己说过无数遍了。

老裴还和我聊了很多，六十五公里的半生。

我经常听人说“放下”，知道人心里都有一个缺口，“放下”的，就是正好要填那个缺口的。

2016-04-17

二〇一四 馬

胡字二 O 一四马年

二 O 一四组成的“馬”字。

2013 年底，胡字公司想开发一些文化设计的产品，这个设计后来制成了马克杯，贺岁，作为伴手礼还挺好的。

2013 年作

言·語

（四）

甲午，一四，马年。可能是我生命里最重要的年份，来了。

四十多我才整明白三件事：自己的脸、别人的钱、相互的情感，这其实是一件事。

陈兵问变字何解？回：变字从䜌、从攵，《说文》释为更。䜌字与聯字同初文，同义不同形，聯义不绝，更亦有续义，即，变是不变时的延续。现在有些精英意识，觉得自己有能力开天辟地换人间，变对他们来说就是全盘否定过去，收拾屋子另起炉灶。其实，变是相对未变时而成立的，就像道理都是在前提下成立一样。

“妈，喝汤去。”“不去，这么晚，我又不能喝，难道看着啊？”“那，您，也来一盅？”“好，走。”其实我知道她是想多陪我待会儿。

回京前嘱托：爸，照顾好我妈；妈，照顾好我爸；弟，照顾好我爸妈……

我说想吃我妈炒的米粉，可她年纪大了，口味也重了，米粉炒得咸呐，咸得像掺了娘的眼泪。

小学的时候，读过一篇小说，故事是这样的：有一条流浪狗，很可怜，我把它抱回了家，给它洗澡，给它食物，跟它玩，还给它取了个好听的名字。后来，有一天，我忽然找不见它了。再后来，又在路上发现了它，它干干净净的，正在跟别人玩。于是我喊它的名字，它似乎朝我这边看了看，走开了。我很难过，拿书给母亲看，她看后说，就是这样的呀。我难过了很久。

出租车司机说，可以微信付费也可以支付宝付，立减十元。我想了想，我没有信用卡也没有支付宝，没有要陪酒和送礼的客户，没有拍胸脯表忠心的领导，也没有要维系和经营的圈子，我除了上班下班不怎么外出，也没有什么非怎么着不可的物欲，这是我和世界的距离。

有人评《干净的错误》里的设计是小清新。我想这么理解，见微知著、清新脱俗。嗯，这是理想的设

1988年阿城在《遍地风流》的自序里写道——他说：“像你这种出生不硬的，做人不可八面玲珑，要六面玲珑，还有两面是刺。”这个意思我受用到现在。我暗想，像我这种人脉不硬的，做人不可八面是刺，六面就好了，还有两面玲珑，一面给亲友，一面给真诚待我者。这意思我受用不了什么，但可以简单，有时预设底线是为彼此安全。

索契最后发布的LOGO是字体，虽然粗壮、肯定，或许和现在普京的强人理念有关，但不符合我个人的审美标准。说羽毛那个，可能是申奥所用，据说元素是斯拉夫文化中的一种鸟，设计意念是团结、桂冠，作为国家活动的LOGO，可以说是及格了，虽然不出彩，但也比字体的要强。这就引申出另一个话题，客户多数时候不需要设计师的理念，他们只需要一个觉得好看的图形，所以，设计师们也无需悲观。设计，先要做好看了，再谈别的，没机会谈，就自求心安，因为职业是客户标准，专业是行业标准，乐趣才是自我标准。

天曉得

王曉天 著

《天晓得》书籍封面

邱小石的《荷尔蒙》（《干净的错误》中有记载）在豆瓣的阅读量巨大，中华书局后来出版了纸质本，与这本“天晓得”的合辑，定名为《天晓得》。作者王晓天老师是邱小石的母亲。

我在这个字体的“晓”字中，融进了“天”字，也是为呼应书名与人名的机巧，也示尊敬。

2013年作

《建筑你的模式语言》封面

《建筑你的模式语言》

封面

年假期间，石头和我说了他新书的构架，定名为《建筑你的模式语言》。这个设计，读易洞的 LOGO 是一个前提，然后我想在开个“10”年的脑洞。我希望能出现夫妇俩，像耕耘、像开凿，这是一个向内的空间，可开放，也可阻隔，是安放，也是逃离。

2016 年作

我说设计有三重标准：客户标准、行业标准、自我标准。有同学问能不能套用其他，我答能。比如生活，客户标准就是大众标准，有房有车有存款，有情儿有蜜有小三，人觉得不错了；行业标准是亲友标准，他们会关心你是否幸福；自我标准是自问是否真的幸福如意。

设计是一个人的事；设计是一，个人的事；设计是一个，人的事。

创作，多不是推陈出新，而是守陈出新。有些人喜欢弄高深，动辄说放下。没有呢你放下什么，守就是有。

意以治标，思以治本。设计。

学问和生活有一个通理，当受困于某一个问题时，往往都不是这个点的问题，而是体系尚未建立。

“好设计”是不是一个伪命题？我个人的理解是这样的：伪命题的根据是“没有好设计，只有合适的设计”。这话看上去似乎挺唬人，却经不起反推，难道好的还不是适合吗？或，如果好或不好都判断不了，那合适或不合适又以何为标准？很多原本根本“不合适”的设计，后来成为了经典，及合适的范本。做专业，首先就要有专业的标准，我自己觉得不好的，不会对客户说这个适合你们，掩耳盗铃。说得决绝点，好，不好，设计师判断，合不合适，客户判断。也或者说，设计师不可能合适所有的客户，但不要因此而刻意模糊自己的专业标准，标准清晰，“好设计”就不是伪命题。

当别人说“你强”“你牛”时，其实是在说你“犟”。

《老子》：不自见，故明；不自是，故彰；不自伐，故有功；不自矜，故能长。伐在这里作夸耀，有个成语“自矜功伐”。矜在这里作牛逼，自矜即自负，老子说不自负能久长。我换个思路来解读。矜字，古文解为矛柄，音勤；另一音今，义持重谨慎。《论语》：君子矜而不争，群而不党。可见老子与孔子并非在矜的问题上有分歧，而是字义的引申变化。持重到自负，是度的问题。

大多时候，当别人征求你意见时，基本都是想得到肯定来强化自己的意愿。而我的意见就是鼓励别人去追求自我，包括自己的理想，和自己想要的生活，追求自我，就是证明自己活过的唯一途径。只有活过，才有可能活过。

抱怨他人，多因无自我；

抱怨现实，多因无理想。

文字学六书，不好理解。举个今天的例子：中午幺、尹两位请吃火锅，我吃得很象形。半场，幺总说，尹总再点些肉。这是会意，这个过程是指事，吃进去的叫假借，长在我身上的，是转注。

今天和陈兵聊《狂野飙车》：

一，人生就那几个难点。

二，看你要分数还是要成绩。要分数，得第一就好；要成绩，就要对自己提更高的要求，然后你的成绩就会被载入史册。

三，当你感觉在平缓行进时，你需要做几个不安全的动作，让自己获得动力的加速度。

四，知道途径，否则再玩命也没用。

五，遇到实在过不去的弯，就让自己飘一会儿。

和小余聊设计。设计是不断的理性和感性的交织，只有理性会庸俗，只有感性会轻浮。

黄鹂又名鸧鹒。黄鹂都知道，都知道的即俗，但为什么不是两个鸧鹒鸣翠柳，而是黄鹂？一行白鹭上青天，窗含西岭千秋雪，门泊东吴万里船。这是多棒的设计啊。两个，点；一行，线；青天，面。黄、翠、白、青，色彩小清新。窗、门，版式结构。千秋雪，静；万里船，动。一行白鹭动中有静，两个黄鹂是信手之笔，工整亦灵动。如换鸧鹒，便成了碎花裙女脸上的眼屎。所以，设计用俗即是用巧，要命的往往也是救命的。

早年有位老师教我读词。她念：人，有悲欢离合；月，有阴晴圆缺。我说：明白。她又念：七八颗星，天外；两三点雨，山前。我说：明白了。这是我后来一直说的设计的节奏感。

视觉的东西，最后的落脚点还是在审美上。审美是一个人的秉性、学养、情趣的镜子，它是格调的体现。

木本
清源

木本清源 LOGO

木本清源是家室内设计公司。有趣的是他们一直不满意自己企业形象的平面设计，因偶然看到我的设计，觉得应该是对味了的，于是请来一试。可能都是做设计这行的，语境上也好沟通，这真让人愉快。

这个设计有三个关于设计公司的思考：

一，设计就是提供可能；

二，设计公司的形象是让客户相信你有提供可能的能力；

三，可能性也同时是包容性。

由此也就有了明确的创作方向：

一，朴实的方式说有味道的话语；

二，简单的表现做有气质的设计；

三，朴实、简单，方能回归本源。

字体以木本为材质，图形以鸟巢为意向，同时具有解构的属性和可能。

2014 年作

www.ESSEI.cn

奶爸第一天。这么说吧，以为是小荷才露尖尖角，结果是听取蛙声一片；以为是风吹草低见牛羊，结果是两岸猿声啼不住；以为是野渡无人舟自横，结果是不破楼兰誓不还。太阳最红没有眼睛红，毛主席最亲没有月嫂亲，噫吁嚱，父道难……

朝为得失暮不休，韶华若水空自流。

奔波到处何所益，人生至此已无求。

我想成为这样的人：以人类的明天为己任，生活忙碌而充实，亲历见证人性中伟大的力量，尊重妇女，感恩父母，呵护家庭，日日洁净如新，时时吟诵莫扎特名曲……养娃后我发现自己竟然成了。

遛娃。遇见一老太太，驻足问：哟，双棒儿，多大了？告之。指着其一问：这个是要大点吧？回是。接着夸：真好啊，真好，是孙子吧？白眼回否。没完了，还问：外孙？我实无可忍道：姐，别问了。

那些从属于精神的东西，只有通过孤独才能转化为能量。

有一天在 7-11，人巨多。一位妇女结完账，颐指气使地对收银员说：服务员，去给我把饭团热一下。收银员是个女孩：对不起，微波炉在那里，您自己热一下。妇女不干了：你是服务员，这是你该做的。收银员没抬头：我不是服务员。妇女：把你领导喊来！店长碎步至，忙不迭：我给您热，今儿人太多。说完看了收银女孩一眼，女孩小声却清晰地又说了一遍：我不是服务员。我喜欢这闺女。无论哪一行，说到底都是服务。但，我不是服务员。

一年，陪我妈逛颐和园。她感叹，这园子真不错。我说，挪用北洋水师的军费扩建的，老佛爷说，过个寿，讲点场面，邻居家也高看你一眼。我妈点了点头说，她说的也有道理。那年春节我早早备好礼，赶在我妈生日当天回的家。

其实俗有乐趣，雅也有趣味。雅不要招人烦，俗不要让自己讨厌就好了。无论雅俗，发乎情最美，恋爱美吧，不都是发了情的产物。

说理想啊，就跟说艹他大爷一样，可能并不真想得手，但反映了情绪和状态。

人不要被别人或自己的付出所绑架。包括对自己孩子的付出。

畧、峯、羣、𫛢、枀，下来，别闹。

略、峰、群、鹅、松。

看明了，还能与之平心相处，方才静气，人生也罢，人情也罢。

生存就是混人际，生活就是混人迹，生命就是混人记。

某晚报记者来电采访。第一个问题：您作为《干净的错误》的设计者，会不会在设计之前通读一遍书的内容和文字？……

理发。“大哥,你这白头发挺有艺术家的范儿啊。”“呵呵,是嘛。”“你是艺术家吗？”“不是,媳妇不让。”

食堂打菜的师傅是高手，一勺下去，稳准狠，绝不多给。有一天，我买菜时她突然问我：经常出来遛的双胞胎是你孩子啊？我笑应是。至此，每次她给我打菜都会多给点。今天海燕说，晒太阳时，她见推孩子出来就过来看一会儿。挺好的，没想到我这么快就享上儿子的福了。

客户和我谈费用，谈艰难，谈情谊，很久。我目光询问了一下立伟，接不接？立伟微微地点头。我说，那行吧，就这样。出来，立伟问我，你刚那意思是说我们走么？我一口鲜血喷到了嗓子眼……

设计，我收预付款，50%，只提一稿，其实我对自己的要求更苛刻，因为只有做到自己有底气，觉得作品好到可以退还预付款的时候，我才给客户提方案。

我觉得“微”字好，比如说，最好的表情，微笑；最触动的情景，微雨；最宜人的天气，微风；最难听的话，微词；最大义的话，微言；最玄虚的感受，微妙；最深的体贴，入微；最可爱的人，微缺；最佳的状态，微醺；最远的距离，微信。这算见微知著了么？

夜晚电梯里充斥着人们食道中呼出的酒气。这气味像是一年的收尾。

2014 年就要过去了，但注定会是辛辣的残留。

幸、卒。

孩子的到来，无疑是我在 2014 年里最幸福的事。虽然一度减重十余斤的辛苦，而当他们对临哑笑，似又无所畏惧了，紧紧地拥抱幸福。

今年几乎停止了工作，还好年末收获了最满意的作品，好作品对于客户和创作者都是幸运的。

《干净的错误》被评为“2014 年中国最美的书”。作为作者和设计者，自然更多一重的感谢，我是获奖当天才得知，因未有期许，故是幸事。

今年受惠于友人眷顾，略尽绵力即得以无虑衣食，力赴于家庭，亦表深谢。

如此，幸字几乎贯彻了我的 2014 年。

卒字训为刑具象形，俗作幸，今混。《说文》解：吉而免凶也，死，谓之不幸。

年中，陈三哥猝然辞世。年终，黄永兄也解除了痛苦。或许正值迎来送往的年纪，只在惶噩之余自问，活着的不知是幸，还是不幸?

在大悲苦里，过得些小日子，就是侥幸了。

困。

2014年一直很困，不是引申义，是真的缺觉。两个孩子二马一错镫，这溜溜的一天就睁眼过去了。安慰自己的话，嗯，他们又长大了万分之一。

新为人父，会有亲朋问及体验。我盖答：自己老了，房子小了，媳妇少了。

在两顿喂奶之间，有些尴尬时间，写字太短，设计太长，看部片子正合适。今年的影片以《少年时代》为最佳，拍了十多年，没讲道理，可不时间就是人生的道理吗。

困字一训为梱字初文，从口、从木，口者象门，上楣、下阈、左右枨，困义为橛。就是门槛。

今年困于门槛，与老设计部也少聚。倒是弟兄们体恤，改为午餐欢饮，我以求速醉，因下午六点前须赶进家门和育儿嫂交班。

人过不惑，着实感觉迈过了一道门槛，犹如球赛吹响了下半时，或更坚守，或更释放。

圉。

幸、困相交。

圉通圄。同籞，皆指禁止自由出入。

2014，圉。马年，圉义养马。

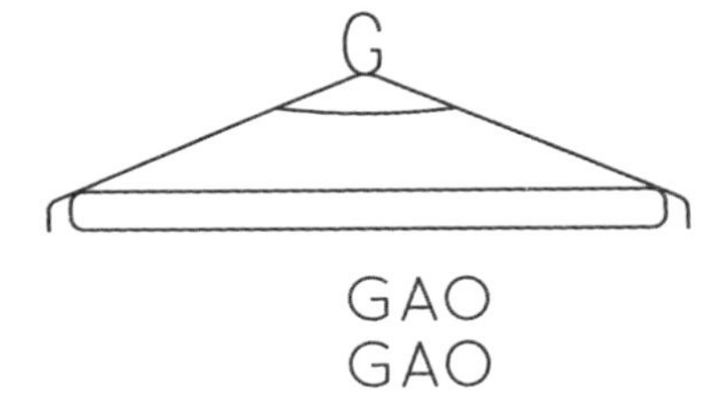
G
GAO
GAO

GAO GAO 女性服装品牌

女性品牌，要求熟女。作为不同星球的男人，我很难理解女性对服装的占有欲，于是，永远缺的“那么一件衣服”成为了我创作的引线，也就有了这个等待的衣架。

2014 年作

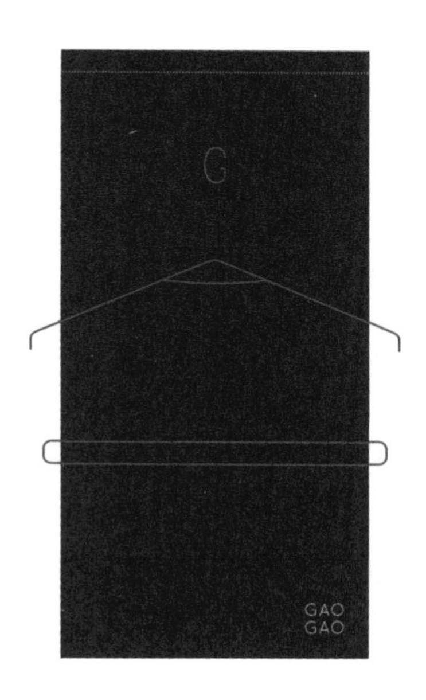
G
GAO
GAO

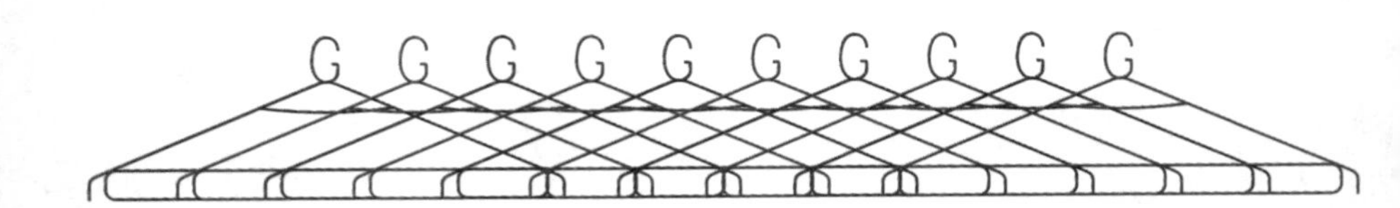
G G G G G G G G G G

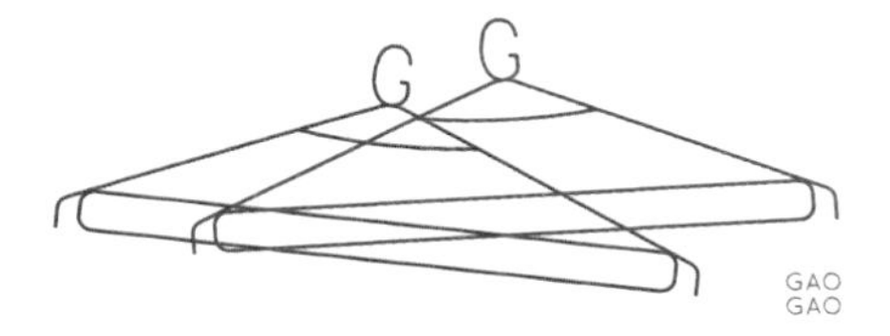
G G
GAO
GAO

娜子

娜子叫李永娜，我从没叫过她娜子。

2002 年的夏天，典晶出现辞职潮，设计部已没几个人了，我希望李永娜能留下，但现实的公司状况也有必要告诉她。有选择的权利，是我认为的尊重。

她的回答很快，也很简短：只要你在。

责任大都是源于信赖，情感也是。

之后我请她做我的助理，内容包括协助我的所有工作，和组里的工作。繁重之下，病倒了，施总去她住处看望，还送了粥，这也同时感动了我。

李永娜刚来公司时的薪金起点比较低，随着公司经营的改善，我有责任关怀下属的待遇，并平衡员工与公司的利益，于是向公司争取，却传闻我与她有私情，还好，她与我都不在意脏心人的话。

2003 年高峰来了北京。高峰有着艺术家的心性，也有直接的世界观，这让我见第一眼就喜欢他。公司有项目前期的工作，我都请来他帮忙，他也会发他写的诗文给我读。那时，他们就像我的弟弟妹妹，一家人。那年我们住在同一个小区。

一天凌晨三点，李永娜来电话问我睡了没，说和高峰刚从大连老家回来，给带了点海鲜。其实不是一点，是一箱。于是乎，那天成了我今生都不会爱上海鲜的决定夜，一箱子海鲜在不知道怎么吃的情况下，一律水煮，然后睡眼惺忪地塞进嘴里。

2003、2004 年是典晶项目最多的时期，我平均每年一百个 LOGO 的产量，李永娜也有大脑停摆的时候。一次我给一个项目做了两个 LOGO，对她说，其中一个就说你做的，对组里有交代。她正色道，不是我做的就不是我做的，不能算。我一下憋在了那儿，只说了个好字，其实却是为自己的言行，和有可能对她造成的侮辱，深深自惭。

高峰的直接一直没对接好和这个社会的接口。2004年底，他和李永娜决定辞职回大连买房结婚。

2005年初，我给她打电话，说了我对设计部的调整，打算出典晶的设计年鉴，我需要一个助手。春节后不久，他们回到北京。我一直觉得，在这个节点上，我改变了他们的人生。

2005年夏，我被离开典晶，让李永娜帮我整理文件。她惊诧地看着我，不相信。可我走的第二天，她也辞职了。

2008年的一天，李永娜和我说她昨天做梦，梦见施总给我们道歉了，我们又在一起快乐地工作，哭醒了。

2005年底，我离开天启堂时，她也哭了。

此后的几年，我和她的交集越来越少。

高峰找到了接口，置了几套房，换了大奔车，李永娜也从设计转行为了会计。除了转会计，我觉得都是好事。但后来我也找补，说女人的事业是家庭，而非设计，为家庭做会计总好过为工作做设计。

接下来，是孩子。真是千辛万苦，其中有过一个，五个月时停育了。我去看望她，干干地坐了一会儿，不知所云。

2012年，高峰和李永娜的孩子终于来到了世界。他们征集名字，我想，叫“未末”吧，因为娃是2012年12月20日落的地，未到世界末日，故名未末；虽历经艰难，终偿所愿，持之便是未末；将来孩子会有自己的生活，必不事事遂意，须记，希望即是未末。

孩子后来叫高润一，也叫李子木，据说是大师算的。

明天是孩子满周岁，忆起十余年来的种种，我想就做张海报吧。虽然我反感大师，但不妨碍传递我的祝福。

2013-12-19

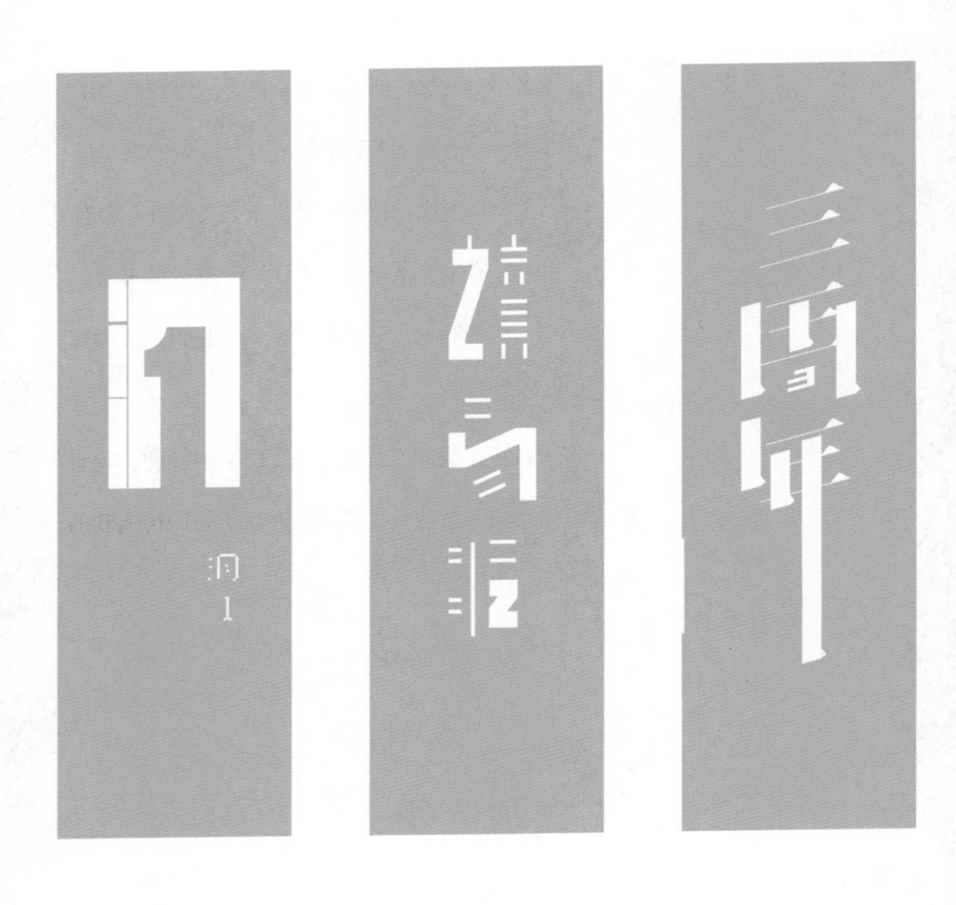

读易洞7年

读易洞历年庆

2006年春，石头兴奋地领我看他刚买下的那间最角落的铺子。他说开个书店，一个开放的书房，叫读易洞，我们说北面的墙要开几扇窗户，否则采光不足，倒真是洞子了。2006年9月9日，读易洞开起来了，蝴蝶效应地说这未必不是中国文化界的一件大事。只是我老派地觉得少了幅字挂着，于是想当然写了“书无道，洞有石”当作贺礼。挂在那儿业已九年，成了洞中的标识之一，虽然现在看来书法有稚气，但时间大多会超越事物本身的价值，当然，情谊也是。年纪大了后，有两件是最吝啬的，一是感情，二是时间，恰好这又是一个事。种曰吝，敛曰啬，不移不舍地种下，爱惜不计算的收成。说白了，越长久越珍惜，越珍惜越长久。

10年，读易洞已经成为了石头夫妇生命中的礼物。

感谢读易洞许我参与，感谢岁月让我们平凡，感谢生活从不曾辜负。

历年作

言·語

（五）

2015 年了。

24 年前，我在牛栏山，春节时有副对联：食堂中搞晚会，牛栏里过羊年。那年给珠宝厂做设计，公款买了一支 20 元的毛笔给我写字，后来厂里把笔送了我做纪念。文庆说，要是我们能一辈子做设计就好了。

12 年前，我在典晶做设计。

我去邱老师家的次数很少。有一天赶上饭点，老爷子拎出一白酒桶，问：喝点？我说，喝点。菜不特意，席间也无多话，我倒也吃喝得自在。我其实蛮不喜欢不把自己当外人的主，但那天我没把自己当外人。今年邱老爷子和老娘金婚，邱老师和洞婆瓷婚，真是人间之美好。还是惯用的喜帖形式，虽俗，却以当贺。

没有大智慧，过不了小日子，没有大满足，只有小快活。这就是邱老师。读易洞九年了，可不算短，我在考虑洞婆夫妇若离京，是否要替他们代管洞子。九年时间，我肯定是读易洞的一部分了。《做个小人真快活》，一直是邱老师的追求，可他也就过过嘴瘾，干不出什么格外格外的事，在小人的世界里意淫一下，画个乱人类什么的行。为九年纪念版设计封面，是读易洞的专用字体，与《业余书店》同。我改良了，更松弛，问题在断句上，“做个，小人真快活”，“做个小，人真快活”，最后我选择“做个小人，真快活”。这有什么不一样么？有，我的意思是，不快活，做不出小人儿来……

邱、王金婚

邱、阮瓷婚

邱老爷子和晓天老师金婚的这年也是邱小石与阮丛的瓷婚，以喜帖的形式做个设计，也是看见美好了。

2015 年作

集句：

青春作伴好还乡，欲行不行各尽觞。

此情可待成追忆，溪头让与少年郎。

什么是“仁”？就是壳里的东西。

不懂卑微，便不懂爱。

买来一斤桃酥，酥却不脆，原料研磨得过细，我觉得应该有点颗粒，那会口感更好一些。这和视觉一样，要有点颗粒感，不是糙，是硬挺的结构力。太过精细容易腻，如同生活，计划入微反倒会失去乐趣。

自我的追求通常是德艺双馨，市场的要求往往是色艺双绝。

世界观不同，不师；

价值观不同，不友；

人生观不同，不妻。

事看格调，人看格局。

也许只有证明自己，才能忘记自己，忘记生命的卑微。

相信自己，是肯承担；不相信别人，是能原谅。

看到“览要”一词，我想了想，览重点是见，揽重点是扌，总览是全面地看，总揽是全面掌握，览要是看重点，揽要是抓重点。

洁癖，通常是一个人时间久了。

敏感，是由于自我世界完整，并且有秩序。

善，常于言；恶，藏于心。

“吃人不吐骨头”这句话说明，人活着，得有骨头。

拴冬儿进电梯，后进来一群人。其中一老太太瞥了一眼冬儿，一脸的嫌恶。楼下再遇，其指指戳戳道：讨厌，太讨厌了。冬儿啊，你看，不是所有人都会待见你的，咱不往心里去，别人讨厌你，只说明你对她，她对你，都不重要而已。

李院长对学生说：其实我也有设计作品，我女儿就是，所以好的设计作品要有三个要素——要有爱，要合作，要生长。

见未见、闻未闻。见、闻为学，未见、未闻其为思。子曰：学而不思则罔，思而不学则殆。因此，思危于学。故而审学慎思……我已去知天命之年，应做一个看得出，听得懂，管得嘴，憋得尿的老夫了。

试了试茶，很本色，日常可饮，找个词形容就是草根。本真却缺点厚度，俗话说的滋味。这和设计一样，多年的尘埃才撒那薄薄的一层，要积到能种菜养花的厚度，不容易。反观，草根文化的盛行，也是当下社会缺乏鉴赏厚度的体现。

从今往后啊，做自己认为美的事，而不是对的事。

你最美的时候就是我最美好的时候。

晋峰问什么是情怀？我答：价值观超过价值的，追求超过了索求的，意义超过利益的，死乞白赖要去做的，就是情怀。

满足是两个恰好，花你钱的人和花你时间的事，恰好都是自己喜欢的。

去年这个时候有朋友问我新为人父的感受，我说：自己老了，房子小了，媳妇少了。今天又有同学问，我说：能做育儿嫂了，世界又变吵了，等他们再大点儿就好了……后来有人说，等他们大点儿就好了的这种鬼话你也信？我说，不信，但又不得不信。

我相信每个人都是有使命的，使命是一件很重要的事情，重要到别的很多事都不那么重要了。

我待过的城市不多，在洪、京、鹏、沪生活过。相较而言，喜欢京城多一些，因为在艺术文化的包容和认同度上，京城不敢说最，却是基础性最好的，这几乎成为了生活在这里的人们的共识。有很多东西是超越金钱和权力的，如此便多元起来，人们不会在乎你掏出什么牌子的烟，多数人懂得个体的差异，至少我看到的是这样。我对父亲说，北上广生活成本这么高，不如卖了房回家，还能照顾你们。家父道，你清高，回家得饿死。

年轻的时候，总是想着索取，能从中获得什么；后来长大了，知道付出与获得是对等的，便公正严明起来；有了孩子后，明白了最终所获得的，恰恰是自己给予的。

惊闻《四明别墅对照记》的作者老张先生于2015年3月25日因病去世，一时回不过神来地哀伤。我们老说价值，人的价值，活着的价值，今天我想，当你死了，连不认识你的人都为之惋惜，就是有价值的人。做任何事，任何专业，你会发现最后传达的还是观念。比如设计，观念映射，画面即人生。越活越简单，却又无惧繁复；懂得了留白，却也敢于着墨。观念左右我们做一些事，有些事等老了以后拿出来给儿孙说，还有一些，等死了留给别人说。我悼念老张先生，也是悼念他的那件事。

空心菜，南昌叫嗯菜，白话叫嗡菜，都有中空发音的意思。就像老先生讲汉字，皇帝死叫崩，声音大；诸侯死叫薨，声音降了；大夫死叫不禄，如石头扔水里。嗯菜粗放的做法是择段蒜末炝锅炒，精细点就叶归叶的炒一盘；梗才是好东西，择段后再撕开，入味，猪油、豆豉，红椒要辣，好吃还下饭。原来几乎整个夏天都吃，再加冬瓜汤拌饭，就是汗淋淋的记忆了。

今天修改“衣”字，纠结了，做了一百个可能和衍伸，还是纠结，我知道症结在平衡点上。犹豫就是不好，纠结就要放弃。这时需要跳脱一点，中国文人文化最核心的是什么？是会意。会意是什么？当然不是像，是比像还要像。电影《梅兰芳》里请齐如山听戏，齐看得呱嗒一声口水，旁边有人道：怎么样，比女人还女人吧。

冒着酷暑，“衣”字做了决定，暂时如此，编字典时或再修改。决定一个字的重要因素：象形、符合方块字的结构、笔划多少、部首的差异性、应用延展性、美……还有这个字的信息承载必须完整……要避开（包容）这许多，真的不容易。纠结了三天的衣字，比如包含信息“右衽”，这是非常重要的。孔子点赞管子说，如果不是管仲，我们就可能被髪左衽了。《论语》的这个记录说明，在先秦时期，右衽已经是件严肃礼仪文明的标志。而我对现今的汉字不满意，不正是象形尽失，信息不完整吗？

囍
色亦難

颜、羽喜帖

我在《干净的错误》中记述了一个刚来北京想做设计的青年，他是小颜。昨天小颜羞涩地告诉我月底回家结婚，可否求书颜、羽二字，是名中各取的一个字。我想那还是做个喜帖吧，以为贺。

颜羽固有谐言语，字面义颜色轻柔。《论语·为政》:“子夏问孝，子曰:色难。”孝顺，难在和颜悦色，其实夫妻相处之道也是如此，于是添了三字，色亦难。祝小颜同学大喜。

2015 年作

囍
五月
廿四日
施以方安

施、安喜帖

祝施华成、安瑶幸福。

施与即是获得。

我老说如果设计做得不够好，是因为做得不够多。换句话说，如果生活过得不幸福，是因为付出的不够多。所以这个喜帖我取名“施以方安”。

2014年作

刘、朱喜帖

结识刘兄微波是在2009年做大同项目。他说久仰是客套话，但收藏了很多我的设计，特别是喜帖，确让我惊讶。今年他们夫妇结婚10周年，1999年相识，2006年9月9日结婚，都是9，久便很自然提炼出来了。

冬儿近来身体每况愈下，已有两次大小便失禁，在医院住了两周，今天接回来了。春夜，它又习惯地倚睡在我脚边，我又能习惯它倚睡在我脚边。不一会儿，鼻息深沉，花开有声。

也与冬儿近来影响我心绪有关，情若是久长时，请许在朝朝暮暮。

2016年作

冬儿原来有很多名字，我们随便叫，冬小嘌、杰克冬、冻米糖、冬小乜……去年起多了两个，冬儿哥哥或毛哥哥。冬儿 12 岁了，很懂事，也很安静，只在我睡下时，过来看看我，然后躺我床边。我听见他摆好伸展的姿态后舒口气的声音，知道我们这一天都安稳了。

遛冬儿，看见混凝泥石上生出的蒲公英，想着春天里，不恐惧。《说文》中常有互训字，如：恐，惧也；惧，恐也。那恐、惧有什么区别？恐，从心、巩声，巩字非从工、从凡，此讹误也。“凡”当作“丮”，丮字象人双手握持之形，义握持；工，工具，或说筑杵，筑墙、夯土，所以巩字与工程有关，筑（築），如此，恐字就形象了。惊惧时，心跳得像工地的打桩声。再看惧，繁作懼，从心、瞿声，瞿字本身就很快活，隹是鸟，突出的双目，虽是懼，却有喜感，惊恐得瞪大眼。由此可见，懼比恐更紧迫，所以我们说临危不惧，而说“临危不恐”好像就没那么危了。还有一个近义字“畏”，畏字象形，一个鬼一样的恶人，执棒侍立。其实我想的是，生活，有畏，却无须恐、惧。

生活就是这样，永远会有一群人簇拥，另一群人叫骂，他们像两个丰满的乳房。簇拥者心有玫瑰，叫骂者心有猛虎；簇拥者多幸福感，叫骂者多存在感。

路遇一对母子。孩子不休止地问：妈妈妈妈，谁最有钱？妈妈妈妈，谁最有钱？我想如果我孩子问我，我马上就回答他：中国古时候有个叫端木赐的最有钱，他读书也好；现今有个美国人最有钱，他读书不好。谁知，孩子妈妈回答说：土地公公最有钱。我天，这是多高的智慧啊，这不就是厚德载物嘛……

再说“厚德载物”。这年月，人情薄、德薄，物质财富积累得还不够，对利害的计算谓之精明，是被颂扬的。厚德载物是坤卦，坤为地，为母，为布，为釜，为吝啬。何谓吝啬？疏：取其地生物不转移也。吝是不移不舍，种曰稼，敛曰啬，收获。地上生长出万物，都附着于地，而地呢，皆爱惜吝惜不舍，不以利害转移。

有娃后才知道父母对我们的期许根本不是彪炳青史。我每次抱睡他们都默念四个词：健康、长寿、幸福、平安，排名有先后。不管怎样，健康是第一位的，别的后果都能接受；我妈叮嘱我也到了该注意身体的年纪，我说您好好的，我孝顺就是保证不死前头；幸福，健康和长寿才有意思；我知道他们是独立的个体，他们是我生的，却不是我私有，我唯一的私心，利己的念想，就是他们一生平安。

天下父母无不愿给孩子最好的，而最好的你，就是最好的。

我儿已经会用摇头来表示自己不愿意的事了，我要开始尊重他说不的权利。可见自由的前提是自我意识，没有自我便无从谈自由。自由是可以对不喜欢的事说不。

一年说快也快，一天一天的，说慢也慢，这一天天的。昨天收到了父亲节礼物，哪天收礼物不重要，重要的是把日子当礼物过。四十多岁了，开始有人叫你爸，自己还有爸可叫，蛮好的。

我怕我站在你的身前挡住了美好，我怕我站在你身后忘记了忧伤，好在我们还有时间成长，忧伤是记忆里的糖，美好是生命中的匆忙，我就在你身旁。

虽然我常调侃做设计不如卖茶叶蛋挣得多，但我并没有去卖茶叶蛋，因为设计里有挣不来的东西。设计是一份自我的工作，享受自我是件高级的事，可是人记住痛苦的能力强于对快乐的记忆，存储更多的美好，也是设计给你回馈。李零说，凡是回不去精神家园的人都是丧家狗。那么我想告诉你,时间长了,设计,是故乡。

北京書評
書評

北京书评 LOGO

设计语言是我常用的方式，不同的是不再强求，比如北字的嵌入，是完全可以的，但不是必要。就像一些可以的，却没必要。

绿茶问我哪个是标准 LOGO，黑底阴文还是白底阳文？我说黑底。书我们习惯白底黑字，白纸黑字是文化中的一种深刻，而书评却要黑底白字，不是颠覆，是视觉的反补，也是深刻的深刻。

2014 年作

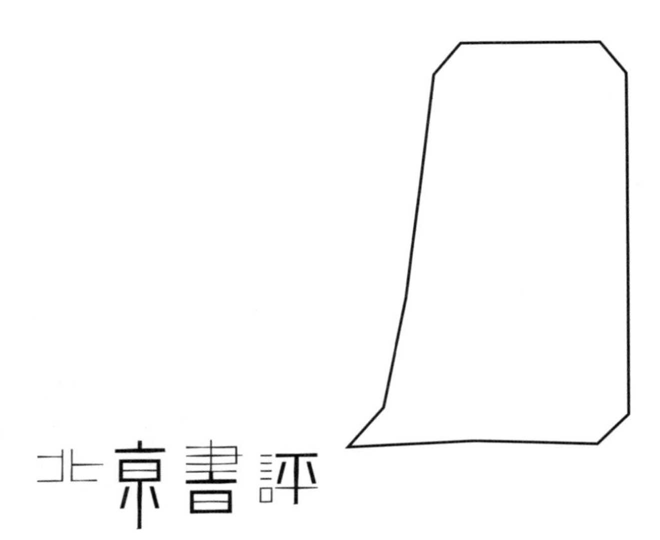
北京書評

总的来说我一天要做三件事：做字，做活，做爹。要都做好了，一辈子也就过去了。要都做不好，一辈子也就过去了。

我和助手大鹏说，为什么把横线改成斜线？设计控制的精妙，想象一下，如同去抓捕鸡仔，要用两只手，不是增加一只手的力量，而是抵消力量带来的僵硬，力量转化为了速度和准确性，是必须的，而在接触的瞬间，有适度的空间，有柔和的顺势。

我猜想人在投胎时，也是摇号的。摇到的，凭前世业德积分换取肉身一具，标有使用期限；没摇到的继续在其他五道里轮回。如果每个人都有产品包装，有的会写上赏味时限，人们都清楚，启封后请尽快使用。这是当今世界，时效性已是伥鬼。

细想起来那是一件很有趣的事，你所有的过往，所学所长都在积聚着等待；阅历的人、经历的事，最后映射于心的慈悲；你的不甘与妥协，都得到了安放，你会清晰地触摸到叫人生的那个东西；生命即是灵魂的附着点，它适时、适地地使然；历经等待后，你会猛地听见它哦了一声，那件事，叫使命。

如果，悲观出文学，绝望出艺术，那什么出设计？

关于什么出设计的问题，各位老师的妙评让我茅塞顿开。汇编一下：

热爱，放诸四海皆准；欲望，放诸五湖皆准；法度，御法度么？喜悦，喜悦、伤感皆出音乐；速成班，出挖掘机；酒肉，出诗人；温饱，出行活；熬夜，出痘痘；闷骚，出文青；失常，这个不好理解，您是认为不变态无设计么？中，出河南人；两者之上的乐观，是不是记者和学者？那什么，我们台湾叫闹哪样；闲淡，出超人好不好……

十年前我经常会说：一定要收在最有味道的地方。今天我忽然说了：在最有味道的地方一定要收。

有一次快答常识题。唐宋八大家？记得曾巩，居然不记得了王安石，江西人实不该，也可见因其政治性太强之故。荆公作《游褒禅山记》云：世之奇伟、瑰怪，非常之观，常在于险远，而人之所罕至焉，故非有志者不能至也，有志矣，不随以止也，然力不足者，亦不能至也，有志有力，而又不随以怠，至于幽暗昏惑而无物以相之，亦不能至也……此文作于 1054 年 7 月，王安石 33 岁，正值他踌躇满志，世间事成须志、力、物也，但物不可强求，唯有尽力守志，不随、不止、不怠。另记二则：一，王安石评张藉秋思语："看似寻常最奇峻，成如容易却艰辛。"设计同理。二，王安石作《字说》，书已散逸不传（2005 年版，《王安石"字说"辑》，福建人民出版社）。例——人皆需之谓之儒、波者水之皮。据书成于王安石晚居江宁时（熙宁九年，即 1076 年），也就难怪他已云淡风轻，信口诌来了。虽无训诂价值，却很可爱。

20一4

201五

一个4岁左右的孩子在小区练习网球，有几次击球的声音清亮，应该是在球拍的甜区上。甜区击球是有效地发挥了的力量，反作用力的震动最小，同时自己会产生愉悦感。甜区击球是会打球，甜区设计是会设计。

做人不要讨喜，设计不要讨巧。

人世间基本靠两样东西维系，情感和利益。二者无需置换，就是美好人生了。

年轻时总在意别人怎么说，如今更在意怎么对自己说。人还是不够自私的，倘若凡事只为自己而做，以不伤害到他人为前提，会少却很多怨怼。所以，我不希望你为我做什么，你只做你愿意的，我愿意这样。

世间皆喜包浆足，我惟愿你清澈，清澈了，岁月才有甘甜。

争论，多数时候会把自己逼向偏执，从而悖离初衷。

我是这么觉得的：上帝赋予人爱的能力，是因为同情我们的孤独。

设计重要么？重要。人们对见到的东西很在意，比如，眼见为实；耳无目，却是听见；鼻有齉，却言闻见；发梦也能梦见；稀罕你是待见，不待见你就是成见；真知我们称灼见，不真知的也可以各抒己见；见微知著、见贤思齐、见机而作、见异思迁；一见就钟情，见钱多数人都眼开，见义勇不勇为不好说，但见风使舵的大有人在。所以做好设计，见仁见智。

每天要洗一大堆玩具，白天摊得到处都是。用南昌方言说“作了窠”，窠（kē）赣方言念 kuō，出果古音。穴中曰窠，树上曰巢，引申为动物的窝。作，造；作了窠，很形象了。

守，从宀，甲骨文从又，后加饰笔短横，写成了寸。

守，积极面是护卫、看管，如家庭、孩子。消极面是维持原状，我确实是个不善改变的人，工作也好，情谊也好，都是多年积累起来的，多多少少回的尘埃落定，薄薄的一层又一层覆盖后，终于成了土壤，可以收小麦，可以看花开，这是守。

守，今译一则是在一个地方不动，宀为屋象形。今年因终止一些外出顾问的工作，所以几乎全额时间在家，不动，体型明显激增到以往的极值，再不敢上称约了。守啊，不若译成趴窝更生动。

每与父母通电话，常忧虑我公司的业务状况。我也只得坦言，那是我力所不能及的，唯一能笃守的就是做好每一个设计，诚恳以待，设计师有老幼，设计无大小。有守，必是有所持，持操守。

今年减少了很多狂妄之言，为此我撰了一联自省：“说话要轻，说话要慢，话说不要轻慢。”可惜还没有好的下联。

守，《说文》解：官守也，从门，寺府之事也（寺，廷也；府，文书藏也）。今日想着此篇，说“口无雌黄，心有伽蓝”。雌黄，古时用来修改错字，即涂改液；伽蓝，寺庙。

2015年，守，心里的庙。

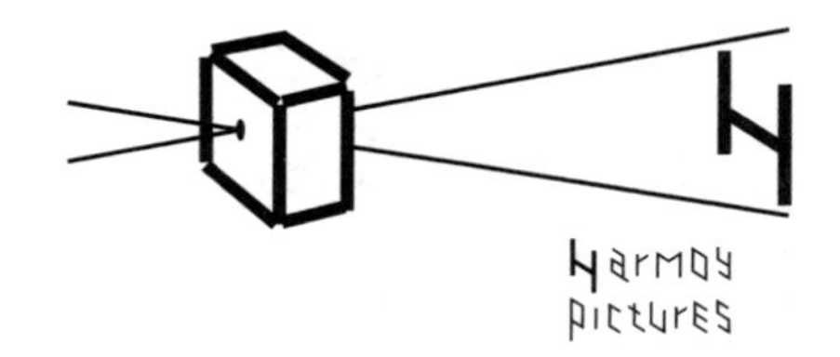
Harmoy
pictures

佳晖合映 LOGO

三个层级：一是影、像、光的属性层级；二是形象辨识；三是视觉的故事性。

符号捕捉：He 合、Humanities 人文、History (Hi story)。

图形捕捉：Hole 孔。

意念表达：再虚拟的电影都有现实的投射；再精彩的故事都是平凡的倒影。

设计者言：盒子里的是什么？人们容易看到被放大的，而放大是需要填补心中的洞。

你所看见的都是自己内心的映射，就像这个 LOGO 里的“H”，镜像还是 H。

2014 年作

佳暉和映

Harmoy pictures

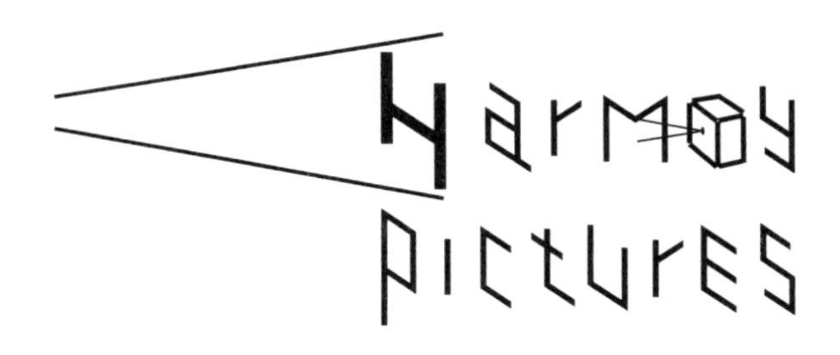
Pictures

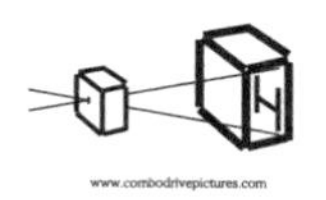
www.combodrivepictures.com

Power Book G4

2002 年典晶只有两台苹果笔记本电脑，一台提案时机动使用，另一台我用。

两台是完全一样的 Power Book G4，刚上市不久，价格不菲。那段时间，我上班用它工作，下班用它看碟，基本是不关机的。

苹果笔记本的散热一直是没有克服的弱点，时间长了机器烫手，我开始用打火机支在下面，后觉得可能会爆炸，改用了大号的烟灰缸使其隔空。后来同事看到我这态势就知道我在赶活儿呢。

这台机器在我手上三年，只修过一次。那是有位新潮的设计师来应聘，给我看的作品存在一张小光盘里。我没想就放进了光驱，结果吸附式的怎么也出不来了，任凭吹拉弹奏，敲倒晃抠。

2005 年我离开典晶的时候施总问我有什么要求，我说唯一的，能不能把我用的电脑留给我，习惯了，也有感情，不合适就算了。施总说，没问题。

我走，设计部罢工，听说施总那两天坐镇设计部，因有传言是我“鼓”惑的。他迁怒于我，叫我去公司，对我喊：还欠你的奖金不给了！电脑还回来！晶晶，去，陪他去取回来。晶晶小声和我说：胡哥，我一会儿开车送你回家。

2006 年初，我花了几乎全部的积蓄买了一台新款的 Power Book G4，现在我的手指就在它的键盘上。

2006 年回典晶时，行政从储藏间把落满土的、我的那台公司的电脑还给了我。施总对我说：他妈的邪，你走之后就开不了机了。我干笑了笑。

果然是开不了机，这是它的第二次维修。

我擦了它很久，很干净，每个缝隙，像我的朋友，像抚摸一段戛然而止的感情。

后来，施总说：这机器拿回来后，我让他们搁仓库，谁也不许用。

苹果 Power Book 系列出完 G4 就没有了。软件在日新月异更新，老款的机器已经逐渐被淘汰，我用它的时间也越来越少。

今天我问晶晶：原来我用的那台苹果笔记本还在不？她回：不在了。

我很想念它。

2013-09-29

言周正

言周正养生 LOGO

同学的食疗养生坊，向我征名。我想，“言周正”，言周调，言正证，可调可证，正者整也，即调整，周其身、正其气，言善。

我以为同学未必采纳，没想到几天时间店头就出来了，如此判断及魄力，怪道女强人呢。

其实她的另一用意是问我，那 LOGO 做了没？

2015 年作

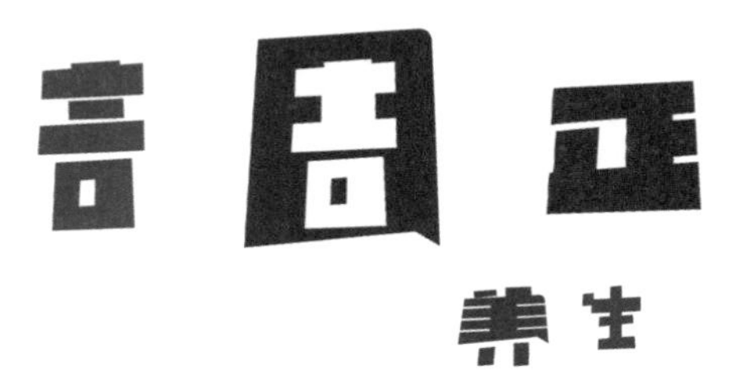
言周正

字·説

中国的文化美学一言以蔽之，会意。

这是我认字以后才更强烈感知到的。

字的字形从古文字至今变化不大，从屋从子，《说文》解为乳也。本义为生子。

由生子引申为孕育，进而引申为许嫁、待嫁，如待字闺中。

上古先民依照物体形象，经简化、概括而创造出独体的象形符号，叫“文”。文即纹的本字。

在文的基础上滋生出的合体，叫“字”。

《说文》叙：仓颉之初作书，盖依类象形，故谓之文；其后形声相益，即谓之字。

文字从图画起始，但文字和图画之间必须有个界线，所以文字狭义派认为文字是记录语言的符号，基于此，在象形图画中加入了表意功能，成为了真正意义上的文字的开始。

不同的“文”相组合，形成不同的“字”，会不同的意，其组合的过程本身就是一个指导会意的过程。

用“字”作为文字的统称，其意也在于衍生和孳生。

《礼记》孔颖达疏：人年二十，有为人父之道，朋友等类，不可复呼其名，故冠而加字。

上古人有姓有氏，姓是母系族名，氏是姓的分支。平民没有姓氏。一般男称氏，用以明贵贱；女称姓，用以别婚姻。至战国，人以氏为姓，姓、氏基本合而为一。古人也有名有字，旧说婴儿出生三个月由父亲命名；男子到二十岁行结发加冠的成年礼，取字；女子十五岁许嫁行笄礼取字。

名、字有意义上的联系，如名、字的同义词。杜甫字子美，说文：甫，男子之美称也；颜回字子渊，

《说文》：渊，回水也。也可有反义词，如曾点字皙，点是小黑，皙是人色白。我觉得还有一种是补充式的，如王维，字摩诘，被后人称为“诗佛”，而《维摩诘经》是大乘佛教的早期经典，王维受其影响深而取字。

今人多舍弃传统，甚至言论：不就是玩点文字游戏吗？我想说：是，有文字游戏可玩，至少有文化归属的寄托。

平原六十

2014

原

"平"寿

2013年应杨早约，设计其恩师陈平原先生的六十寿卡。"平"字中的两点，多写成内角，而有些字体是外角的，像"八"。《说文解字》：平，语平舒也，从亏、从八。可见外角的两点更严谨并符合其字之本义。且外角也为把平字解构为六、十奠定了基础，这当然是设计的突破口。

接下来是设计的控制，比如，六字的上点不宜突出得面积过多，否则平字的字形将弱化；六与十的距离，太远构不成一个字的视觉常识，太近了更糟糕，就会像"卒"字，这是给人贺寿还是去报仇呢。

2013年作

覺字,《说文》解为悟也。我认为是从學省,从見,學字是双手摆爻在屋里教子，其子所見，即是覺。义为明白、清楚。

“兕”与“犀”的区别：兕，印度犀，又名中国犀，大独角犀；《说文》，如野牛而青；郭璞注《山海经》，兕，青色一角；似牛。犀，苏门答腊犀牛；《说文》，一角在鼻，一角在顶，似豕。李零老师在《丧家犬——我读论语》季氏 16.1 中释犀为爪哇犀,似不确?

“不”字，我同意根须象形说，“丕”字指事，为“胚”之本字。另我想,不字由根须形亦可指裂纹,引申为嫌隙，“坏”字从墉从不，当是会意，表城墙裂隙为坏,引申为破，“败”字从鼎从攴，败坏乃敲击使之破裂，破坏。由嫌隙之义加口部为“否”，表否定。再加饰笔短横为“咅”。“部”字出。

“良”字多数认为是“糧”的本字，上下通，中间是斗。我记得小时候和大人去国营粮油店打米，上面一个闸口，牵根绳子，像旧式的马桶冲水，一拉，米就哗哗地激流进斗里，过好磅再拉开斗下面的闸，米袋子就在那等着呢。那时我总喜欢在接完后敲敲木斗，那可是我们家的米！这和后来我见人加油后抖管子类似。

“良”字的另一解释是象形两穴之间的廊道，“廊”之本字。再一种是尤仁德所释，引《山海经》虎首人身的强良，强良即方良，亦即罔两（魍魉）。良氏以强良神兽为图腾的氏族，良氏之女为娘。思量，思良……保不定日后做强梁，强良，强梁。

虫读若虺，本义为毒蛇；䖵读若昆，本义为昆虫；蟲音虫，泛指一切动物。蠢字，春天来临，昆虫们都复苏，开始慢慢地爬行，蠢蠢欲动，这个蠢字好可爱，用于骂人可惜了。

“體”字有多种形体：从身从豊、从肉從豊、从骨从豊、从身从本、从骨从本等。不论以何为体现，身体都是份禮物。身固然是人本，肉体亦是所得，但骨头才能支撑起个人。这可能是以“體”为正的原因吧。

“礼”字与“禮”字，禮的本字为“豊”，从珏、从鼓，击鼓奉玉成禮之义，后讹从豆，再加示旁；礼是禮的异文，从示从乙；乙字的训释多种，或刀，或鱼骨，我同意水流；那礼字就当是水边祭礼，难道是河伯娶妇?

北京女孩说“討厭”，我想：討字，从言从寸，《说文》解为治，即言以治，这就有度的问题了，轻则探討，重则谴責，省討，討伐，不论轻重都是招惹了；厭字，金文无，厂旁，从口（或甘）从月（肉）从犬，会意饱食。所以我想討厭的意思是：差不多得了啊，别招人膩味了。也有为招惹对方而起膩的意味。

“肖”字有一释为从小从肉，表细碎，肉末。我查应从月不从肉，肖字通宵。早年给中唱设计 CD 包装，二胡曲《良宵》，表现个满月，现在想来其实错了，该是一弯残月。

毛朝外是“裘”字,毛在内是“表”字,释为外在。妻子称内人，外室（二奶）称婊子，后泛指了，现在男人如能婊、里如一，女人之福。毛泽东称江西人为老俵，俵字音 biào，或与湖南口音有关，义为分给。

吃着肘子想，肘字的本字是九字，究字是手伸进洞穴探究，设计得非常妙啊，因为手全伸进去可能感觉还不见底，而只是大半只手，却似乎到尽头了，所以《说文》解究字义为穷尽；仇字我想得有趣，肘子搭人肩上很狎昵，一解为配偶，给人一肘子挺狠，另一解为仇敌，难怪说不是冤家不聚头；仇、雠音异义近。

寿

2010年夏，家父做了一次大手术。2014年春节，他七十寿诞，我从没为他做过设计，可他都到了古稀之年。家父一辈子与车打交道，这个设计便也就自然而然了。

中国把七十七岁称为喜寿，因七十七书写像草书的喜字；八十八岁为米寿；九十九岁为白寿，即百岁少一；一百零八岁为茶寿，即十、十、八十八相加。回家我对他说，为祝您长寿，我把这一系列都已经做好了。

文字图形化和图形文字化，再附义，如宋徽宗的“天下一人”花押，八大山人的“哭之笑之”，都是设计。

2014年作

爿字象形，士字也象形，一说为男性器官；爿加士就是壯，会意；裝？可另会意，壯就袒露，穿上衣服就裝。

一不用说，一到四都是横笔画，后四假借泗，涕泗的象形，十和七甲骨文很相似，七是切，为区别十而改弯勾，十的横原是圆，可能理解为一竖运动一周回到原点，义圆满和新的起始，所以中国人认为九是最大的数。综上所述，十一十一，就是折腾一圈下来，还是一个人。

古时涕是眼泪，泗、洟是鼻液，而古书弟、夷二字多相乱，于是自鼻出液皆涕，自眼出者后起淚字。淚音戾，在南昌方言中依然发戾的音，俗作泪。《字汇 · 水部》：泪与淚同，目液也。这个俗字不错。

南窗为牖，北窗为向，天窗为囱；“陽”字初文为昜，加阜旁为陽，表向陽面，而北面为陽，南面为陰，故尔“向陽”，引申为朝向、对；“陰”字同理，初文为侌，从雲，今声。我想，今为倒口，含字的初文，故陰天义如雲含于天上，汉字之诗意。

“緣”字义为衣服的饰边，边缘，从絲从彖。“彖”字从彑从豕，彑表豕首，因其上吻部半下吻部，故义为包括、包边。所以我想，緣结于边，既始既终，既因既果，谓之緣分。

書、寫，有什么区别？“書”字从聿、者声，者为楮的初文，花簇、树皮做纸，故者字聚、大、多义；“寫”字从宀、舄声，舄象形鵲，《说文》解为置物，我想，根据原物抄摹而来的就是寫，故而寫生、描寫；所以，書是今天的寫，寫是抄。

“ 東 ”字古文字释解有二：一，“ 杲 ”字，日升于树木顶，喻大放光明；“ 杳 ”字，日落于树木下，喻天色昏暗；故“ 東 ”字释为日在木中，借以方位；二，构析为两端束缚的囊形，“ 東 ”字派生作容器，借以方位，“ 重 ”字乃人负東也。采信二。

“ 西 ”字古文字释解多认同为象形，竹木所编圆形篮筐，篆书讹误饰笔为鸟形，故《说文》解：鸟在巢上，因为栖的本字，鸟日落西而栖，所以借指方位；另一说，西、“ 囟 ”同字，分化而来，待考。据说，汉时存东京、西京，两地易货，即买东、西货，后简称为东西，不是东西，便不是好货。

是“ 磨叽 ”还是“ 磨唧 ”？唧，即字相当于现在进行时，正在吃；磨是迟缓、循环；磨唧的前提是正在发生，意迟缓。

“诸”“多”有什么区别？诸，《说文》解为辨，本义是区别，之所以要区别是因为有众多，在众多中的各种，之于；多，《说文》解为重，古文字形是叠肉，多是指在某一已有的基础上叠加。

泛、氾、汎，用法相同，《论语》中“汎爱众”也作“泛爱众”；范、笵、範，笵是法则，以木曰模，以竹曰笵；範为出行时的一种祭祀，但鲜用本义，多用以模子法则，即模範；范本义是草名，古籍也常用以模子法则；区别在于笵不用于姓，范用于姓，範有用于姓，但二者不同。

“邻”字，《尚书》：八家为邻，三邻为朋；《说文》：五家为邻，五邻为里；《旧唐书》：四家为邻，五邻为保。后索性释义为近，共识是最小的聚居单位；“若比邻”就像挨着一样近；里比邻大，闾本是里的外门，也代为里；阎是里的内门，闾阎泛指民间；乡比里大，周25家为闾，12500家为乡；乡设庠，庠生即秀才。

无题

听闻一句话说：人生，近看是喜剧，远看都是悲剧。我想做这个设计，近则喜，远则悲，不近不远，不喜不悲，则慧。

2016 年作

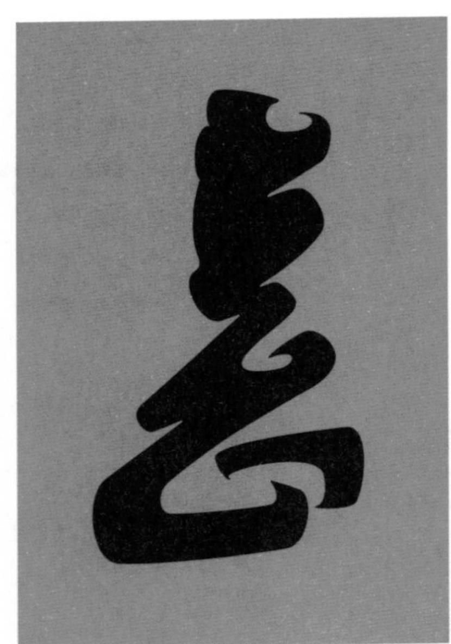

臺与台本是两个字，臺是高而上平的建筑物，高好理解，高臺，为何顶要平？原來臺上再建屋子，为榭；亭是有顶无墙的建筑物；樓从婁，说明是两层以上的建筑物；这是亭、臺、樓、榭的区别。台字，当从巳、从口，胎之本字；三台，星名，喻三公为敬称，故称呼兄台。今台字为臺及颱之简化字。

《说文》常互训，如諷、誦，本义都是背，区别在于諷是唸，誦是高声的唸；甬字象形，有悬柄的钟形，直、高义，故有甬道，不通则痛；咏是詠的或体，永字象人游泳形，训长也，所以詠义应为歌之长调，歌詠；与歌頌、歌誦不同，頌字從頁，頭形，本作仪容，借以頌扬；訟，公开言；誦通訟，誦通誦。再总结一下：諷是背唸，意在暗指；誦是背，意在高声；訟是争辩，意在公开；詠是长声，意在长远；頌是頌扬，意在赞美。

“能”字，因为能就是熊；熊强壮有力，耐寒，即能干、能力、能耐；能专用于才能，熊义以表火势的熊字附义；維熊維羆，羆指棕熊；熊本能兽，方言有表反义为怯懦无能，所以，我能！不可通用于我熊；熊心为態，其態可掬，活取熊胆的真他娘变態。罒为网，罒熊者罷，劝龟真堂，罷手吧。

“易”字象形，《说文》：蜥易也；蜥蜴，变色龙。故易字有转换、变化义；与畧、略字不同，易、昒不可混，昒音胡，义为天色将明未明之时。我想，《易经》是本讲变化的书，如不变的否卦，变而通达的泰卦，第六十四卦未济之无穷尽；古文字中易、益、溢，有一字型（两杯、水溅出）同源，故释交易。讀字从賣，賣字我察之当从“省、貝”，所以我想，讀字应有明白、审视之义，所以抛开《易经》，“讀易洞”只字面义可理解为：观察着外界变迁的深处。

王玲今为新妇，就说媳婦二字。“婦”字从女、从帚，洒掃义，为人婦，干家务；婦与女的区别在于婦为已婚，女是未嫁；男女授受不亲，却不说男婦授受不亲。“媳”字从女、从息，后起字，本作息婦；息字从自，自字为鼻之初文；下为指事，金文讹为心字；息字义气息，引申生息、繁育；为人媳，需生育。

“前进”一词，觉得小学练习的组词还是很重要的。《廉颇蔺相如列传》中“于是相如前进缶”。古文看单字，“前”字从止从舟，行舟，是水平方向的运动；“进”字则是从止从隹，常态下鸟飞都往上，所以进是向上运动；前进的意思是走近、献上，如果用现代组词法，前往、进献，意思就差不多了。

“趣”字，邱老师的文采生趣，为人善“取”，常说不管好事情坏事情，能进入内心的就是好事情；其志在“走”，深宅，却喜精神游历；读易洞新开时提语：乐趣在，生活在。

《訓詁方法新探》：宋杨太真外传记，玄宗封大姨为韩国夫人，三姨为虢国夫人，八姨为秦国夫人，皆月给钱十万，为脂粉之资，然虢国夫人不施妆粉，自衔美艳，常“素面朝天”。素面肯定不是素麵，但天也不是那个天，而是天子，文青女多用这词，喻己自信又美丽，自然又清新，但，素面朝夫更准确。

释“风马牛不相及”很有趣：一，马喜逆风而走，牛喜顺风，故不相及；二，牝牡相诱谓之风，马和牛碰上也不会交配，故不相及；三，风训放，为放假借，释放逐、佚失，结合下文当释为：你们家走丢了马和牛，跟我半毛钱的关系都没有。原来学生时企盼下课铃，词曰放风，如缧绁也。

简体字中因声乱义的字：“姜”代“薑”，姜乃古姓，凭什么就成了生姜；“斗”代“鬥”，李嫡仙到底是斗酒还是鬥酒诗百篇；以“丑”代“醜”，子丑，不是子醜；“谷”代“穀”，还有以“胡”代“鬍”，鬍颖。

端

鬼

仲秋

春

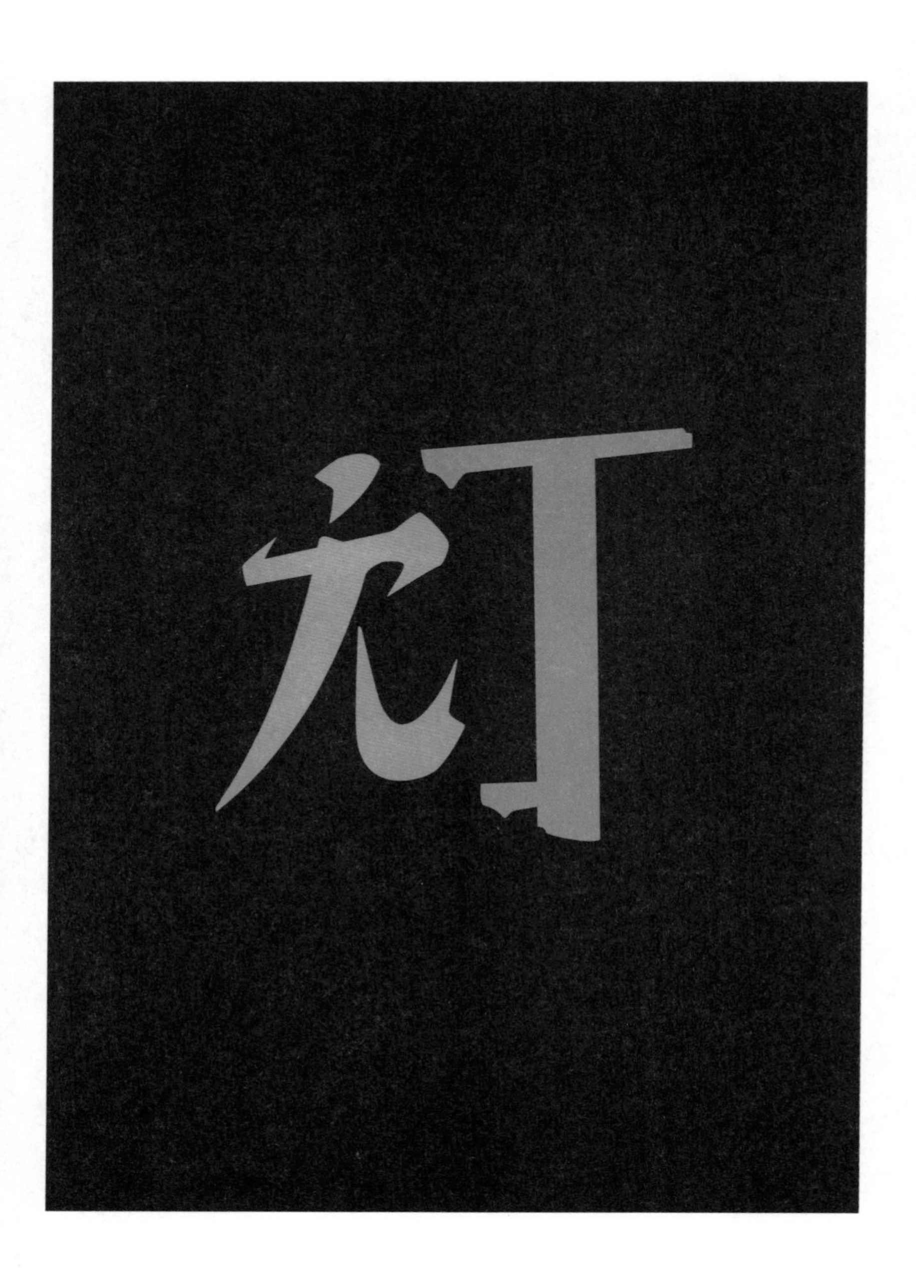
灯

中国节

这套设计已做了四年之久，不着急，有想法了，有更深认识或体验了，再陆续完成。

仲秋是第一个完成的。中国的节日，有两个亘古的主题，“祭祖”和“团圆”，中秋月圆。

七夕节除了现今做情人节，知道七巧节、乞巧节的怕不多。我觉得女儿巧，是很美的事。

完成重阳节这个设计后，娘问，你做的是什么？我只看见个“壽”。我说，您得寿就是最好的了。那年小雪和那娜的婚礼时我在场，总归是要对父母说些感恩的话的，至今记得那娜当时说，下辈子，请让我做你们的父母。热泪盈眶。重阳，壽。

端午，耑则端，义初始。端午即端五，五月节。

中元节这稿是我个人最满意的。七月半，鬼节，终会是我们的万圣节。

除夕，福；元日春；上元灯节。

后来知道，中国人爱过节，不只图热闹，调剂生活，更是一次情感的连结与释放。

历年作

“嗟”字从口、从差，差字从麦省、从左，左、右皆手，差是搓的初文，搓麦粒形，故而《说文》解为不相值也，引申为差错、区别，不整齐，差事。我想，搓掌附口为叹，嗟乎，表忧伤。《礼记 · 檀弓》：黔敖左奉食，右执饮，曰：“嗟，来食！”扬其目而视之。曰：“予唯不食嗟来之食！”所以，授受都是有原则的。

五一说“五”字。古文字中一就画一笔，二就两笔，三就三笔，三就三笔，唯独到五变了，《说文》：五行也，从二，阴阳在天地间交午也。字形两画相交，这产生了大量的联想阐释，可以是中心，表数字一、九之间，吾；可以是禁止，如圄、铻；可以是交流，如语，再引申出觉醒明白义，如悟、晤。“飞龙在天，利见大人”，九五之尊，九最大，五居中，既尊贵又调和。唯一次去天地一家吃饭，其格局便是楼下九间，楼上五间。我察诸家之言，五字只是一个刻识符号。（见商务印书馆，裘锡圭先生著《文字学概要》第4页，“在文字形成过程刚开始的时候，通常是会有少量流行的记号被吸收成为文字符号的。如五”。）

“狗”字从犭、从句。“句”字从丩从口，音勾，勾是句的俗字；丩字象形，是纠的本字；句字在《说文》解为曲，古文没标点，停顿画勾为断句，本义为语调曲折，句子的来由；引申为弯曲，著名的句（勾）股定律，句是较短的直角边；《尔雅》疏，大者为犬，小者为狗，另小马，驹；所以五环内可以养狗，随便养，只要不说养犬。我家的狗叫“冬儿”，它的父亲是喜乐蒂战神“普多”，母亲叫“小东西”，只怕它自己都不记得了，2004 年立冬那天把它抱回家，它晕车，扒在我脖子上，吐了我一身。

每周去医院，大夫开方后都会问：是自己熬么？我答：自己煎。这有三个信息：生病就得受煎熬；自己煎比代煎靠谱；煎和熬是不同的。煎字前声从火，前是剪的本字，前应作歬，舟行于水，故我想，放少量水或油干烧的是煎。熬字敖声从火，敖字从出从人从攴，遨的本字。《说文》：干煎；即小火焙干。总结一下：煎是少水、武火；熬是焙干、文火；煎容易焦，熬容易干；煎时间短，熬时间长；煎、熬，都难受。所以别熬了，睡吧。

只因为在人群中看了一眼1988年湖南人民出版社的《汉字改革史》，结果一下午都在想是“幡然”好，还是“翻然”好？其书言：幡比翻笔画少；翻比幡有群众性，要照顾群众基础……我是幡然醒悟呢？我是翻然醒悟呢？汇报一下学习心得：古时小孩在木板上写字，写得乱七八糟的就擦掉，擦的那块布叫“幡”，所以我觉得幡字有彻底更改的意味；而翻字既然从了“羽”，就与飞有关，应是上下舞动，所以我想翻字有反、覆的意思，同反，故有翻脸、翻译等词组；翻然、幡然都行，但醒悟还是幡然更合适。

简体字也有的合理：如废“採”作“采”。采字从爪，从木，《说文》解为捋取，后世繁化，再加手旁，爪已精准其义，无需再提手附义，当简化之；又如“桼”字，从木、从八（表切分）、从水，段注《说文》曰：木汁为桼。亦无需再加水旁为“漆”字，然今不用本字桼；而“衚衕”从音译而来，应不应去彳、亍，简为胡同呢？

聿是“筆”的本字。聿字象形，从又，就是手拿着一支笔的形，筆是后起字，加竹字头成了会意；现在简化为“笔”，毛笔的会意，很形象。字形的变化也是社会演变的体现，很多年以后，当我们成为了历史，毛笔已经消失了，他们会通过“笔”这个字想到曾经的文明，那时的笔字是不是会是这样呢？

“舊”字从萑从臼，臼兼表音，萑同雚，猫头鹰是也。猛禽，善捣他鸟臼巢取食幼鸟。传说古代捕捉时，先训练萑（可能和熬鹰一样），然后以萑为媒捕之他鸟；媒鸟为舊，难怪说鹰犬爪牙。我们说舊事，可以理解为过去、原先的，却可关联和紧扣当今的事；舊简为旧，是否暗示现代人快速体验和加速度生活，一日为旧？

“線”字与“綫”字的区别。查：许慎说線是綫的古文或体，可想汉代用綫为正字，至晋代则以線为正字，《玉篇》以線为綫的或体，而不以为古文。另：“綫”字从戋，戋是殘的本字，双戈表殘杀，殘余引申细小；線字从泉，泉字象形，我想其本身就有细长之义；当以“線”字为正体。

甲午
二〇一四
茶書館
新浪微博 @茶書館
淘寶店址 http://tushuguan.taobao.com

乙未
二〇一五
茶書館
新浪微博 @茶書館
淘寶店址 http://tushuguan.taobao.com

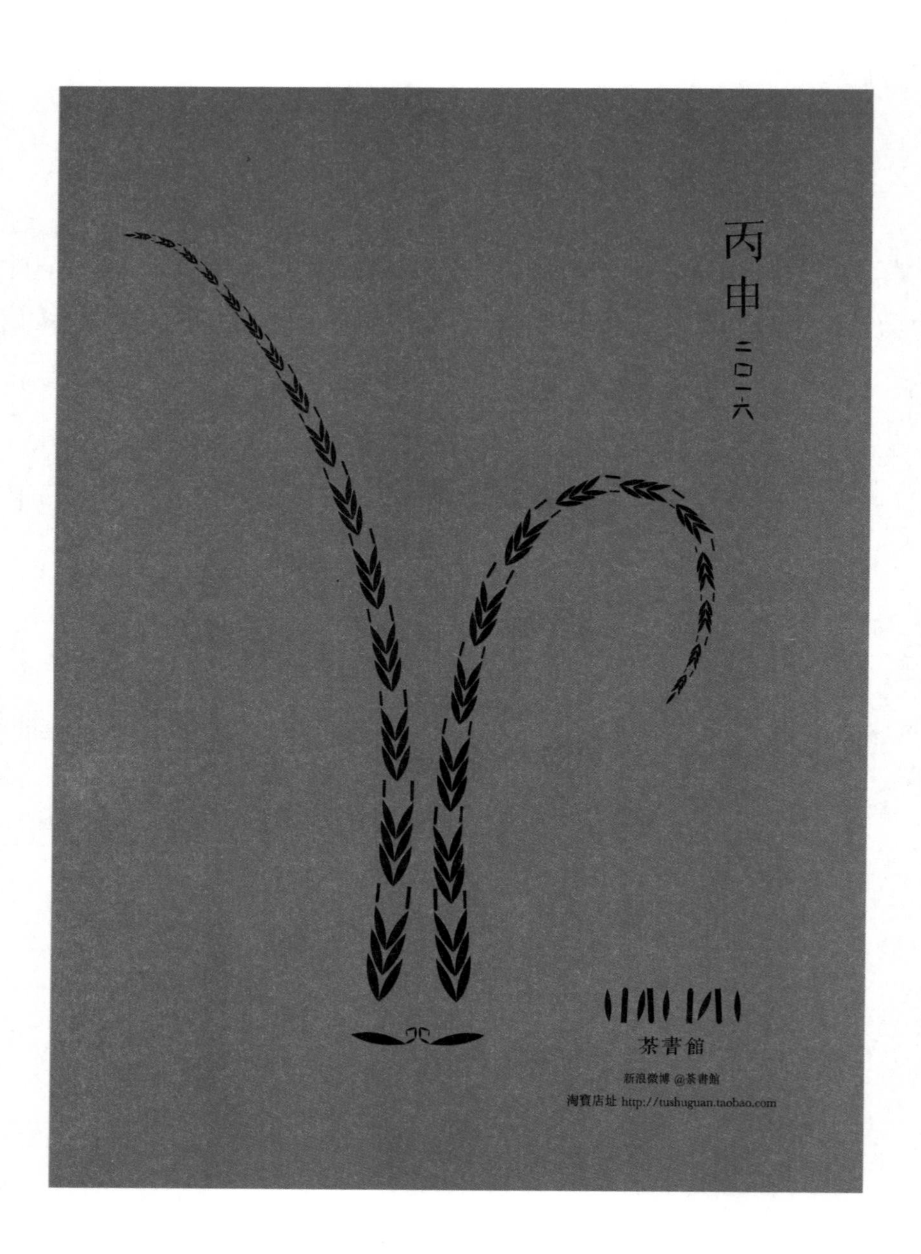
丙申
二〇一六
茶書館
新浪微博 @茶書館
淘寶店址 http://tushuguan.taobao.com

丁酉
二〇一七
茶書館
新浪微博 @茶書館
淘寶店址 http://tushuguan.taobao.com

茶书馆 贺岁明信片

这个系列和读易洞一样，也会继续下去。

早年自己集邮，觉得第一套生肖邮票好看，后来做设计，自己也想做一套，立意上想着一些民俗的寻常物件，如 2014 年，马年，这年我的孩子们出生，摇啊摇的。

甲午。木摇马。

第一年的奶爸生涯，简直苦不堪言，没睡过一个囫囵觉，睡眠倒成了奢求，因此，当设计贺岁卡时，自然地想到了绵羊，无所谓美国人问中国人的羊年的羊，是山羊还是绵羊的问题。

乙未。小眠羊。

孙大圣先后戴过凤翅紫金冠（鹖冠）、金箍儿（紧箍咒）。

人生大多是要自觉不自觉地，经历这样两个迥异的阶段，或轻狂昂扬或坚忍敬畏，终都取了下来，成了佛。

丙申。找找猴。

如同包括设计等很多事物一样，散了，就是一地鸡毛。

丁酉。鸡毛掸。

历年作

多年来我们似乎已经认从了简的理论。简是什么？走直线、讲效率、求到达。而简掉了什么？衚衕成了胡同，里衖成了里巷，没有了表街巷的彳、亍，被拆了，是迟早的事。舂手简成了扒手，小时候听指扒手是三只手，原是汉字的来由。简可以，但不要减了情趣。如果啤酒倒出来一点沫都没有，那能好喝吗？

简化字特别喜欢“又”旁，这像小时候不会写的字就画个叉：鷄字叉成鸡，對字叉成了对，艱難叉成了艰难，鄧字叉成邓（在右边的燈叉成了丁），戲字叉成戏，勸字叉成劝。我确实不了解当初简化时的依据是什么，但至少给个解释，凭什么就把漢（汉）字叉叉成形又不行，声又不生的呢？

“染”字从水、从九、从木，“九”应是“肘”的初文，会揉曲意，非多次义，缯布置染中皆揉曲之，释见林义光《文源》。

几个所谓异体字：猨－猿，爰是援的本字，攀援，善缘木之猨，比猿字好；脣－唇，脣从肉，唇在口，似乎都有道理，但唇的定义是开口的围绕部分，所以唇比脣好；豬－猪，豬从豕，豕是猪的象形，自然比泛指的犬旁好；恥－耻，无心者无耻，恥走心才能后勇，比耻好；峯－峰，峰义山耑，应该峯的结构更端。

天将降大雨于斯也。“需”字，上从雨，下从天，义为雨天不宜出门而有所待，等待。“糯”字不明，查，原需、耎同源，糯可作穤，穤亦可作稬；耎即软，从禾、从软，软塌塌黏嗒嗒的南方呼糯米，而北方呼江米，故而糯以稬字为正体最准确。俺娘是酿米酒的高手。小时候巴望着那凹坑里白晶晶的酒酿子，想着都甜。《说文》中“蠕”作“蝡”；“輭”同“軟”，《说文》无軟字；《文选》中“耎”作“懦”；“懦”同“愞”，《说文》无愞字。耎、軟、蝡、輭、愞、懦、媆，同源。胡字或区分“耎”专柔软义，蠕应作蝡；“需”专等待义，懦还是愞呢？

春色三分，二分尘土，尘是塵的俗体，“塵”字籀文从三鹿、二土，义为鹿奔跑扬起的灰土，但这字笔画太多，也有个疑问，一鹿也能扬土，所以塵字再由三鹿一土简为一鹿一土，唐时俗字作尘，也会意小土为尘。我想，多小的土算尘呢？还是有“扬”的概念更形象些，如果非小土为尘，不如从末从土，如䘤，袜也。

“女”字象形，男字会意。“女”字象形交臂、危坐、柔顺貌；“男”字从田、从力，力是农具象形，加横木的尖头木棒，用以点种谷物，原始需气力，故引申为力气。由此可见，具有美感的社会形体就是，女人好看，男人好用。

“近”字《说文》解释为“附也”，指空间、时间距离短，引申为差不多；“盡”字是会意字，有聿（手拿着刷子）和皿（食物容器）组成，表示没有了，刷了锅了。举个应用例子：我“将近”五个小时没吃肉了，直到一盆肘子“将盡”，依然没有擦嘴的意思。

300000

“穿”字。《说文》：穿，通也，从牙在穴中。古玺文交代不清楚，身、牙、耳三个字近似，而我看“穿”字应该从身、从穴。《诗·行露》：谁谓鼠无牙，何以穿我墉。牙和齿不同，牙是槽牙，齿是门牙，所以鼠是啮齿类而不叫啮牙类。所以用牙凿洞不合常识，鼠穿洞的意义在于身体通过，符合身体谓穿，因此叫穿衣服。

家庭探讨《左传·隐公》十一年里的“餬口”一词，是“糊口”还是“餬口”？杨伯峻注：餬口之餬，即今餬纸餬窗之餬，以薄粥涂物也。讨论由此展开：餬，义稠粥，粥稠曰糜，淖曰鬻，糜、鬻、餬、饘相类。《尔雅·释言》：餬，饘也。郭璞注：餬，糜也；糊，《说文》无糊字，糊作黏，粘、糊为俗体，义黏，浆糊，把黏性物体粘起来。问题出在杜预，古训中餬都是稠粥，到他却注成了鬻，变成薄粥了；杨伯峻承薄粥说，也就从餬口转成了糊口。精准一点理解：餬口，就是能吃上稠粥；糊口，就只能薄粥涂嘴了，这就文艺了。所以，餬口更准确。

汇报一下“汇”。汇是匯、彙二字的简化，匯指河流水相会合，所以匯合，也指款项的划拨，匯款，匯简成汇就是从银行用字开始。“彙”字《说文》解虫似豪猪者，胃省声，也就是说彙即刺猬，《尔雅 · 释兽》为毛刺，引申为类、聚合；彙有字彙、辭彙、彙编，其刺猬义另造蝟字，今做猬；因都有合意，所以有时彙做匯。彙报完汇。

“兆”字有三种解释：一，最多的一种也是从《说文》解为龟裂象形，兆卜之义；二，黄德宽释为兆、涉同字分化，因其金文形同，并以姚字证，跳、逃、眺等字均有闪动不定、跳跃不正之意；三，于省吾释从水、从北，古兆、逃通，当为洮、逃之初文，像两人背水而逃，有分别之义。

鞀的或体是鼗、鞉、磬，今以鼗为正体。乐器，义为长柄小鼓，即今拨浪鼓。革为去除，有皮质义，召音兼召唤义，鞀字成立；拨浪鼓是鼓，兆音亦有相背、闪动义，鼗字精确；鞉可依据推演；磬以殸（磬）召。

挂碍写成“罣礙”,《说文》中“掛”作“挂”，“挂”、“掛”同字不同形。挂字从扌（手），为悬义，悬挂，而罣字从罒（网），原指挂网捕鱼的方法，也引申为被挂住、受牵连。挂与罣都有钩、牵之义，似乎“罣”字被简化、被异体和废除是合理的，然而细想还有里外的区别。比如，牵挂，是指勾连物体；牵罣，则是惦念，在心里面，这就精准了。在里面、被挂住，就可引申为“困住”，这才是罣字的本义。而心无罣礙，原是指心无所困、心无迟疑。

字从上天下道，《字彙补 · 大部》：古东切，无私也。音公,即公的会意俗字。“公”字本从八（表分）、从口（表器皿），义为平分，像切蛋糕。后口讹误为厶（即私），结果成了分私有者为公，这不是强盗吗？中国各朝的更迭，都寄希望于新秩序的建立者能公分天道，说到底就是等贵贱均贫富，但那只是当初革命的借口。

“得”字会意，从贝（财货）、从寸（手），手执财物为得；后加彳（行走）旁。我臆想，加彳旁是告诉我们，所得的不过是个过程。“疑”字会意，一人持杖张望状、从亍。“礙”字会意，表因遇石阻挡，犹疑而止。“礙”字俗体为碍，明《正字通》收。我想，有趣的释“碍”是：不要因手里的财，成为你前行的石障。

“钟”字有两个：一则“鐘”，从金、童声，童字从辛（表刑罪）、从人（金文加从東），男曰童，女曰妾。我想，童敲金响器为鐘。另一则“鍾”，从金、重声，重字从人、从東（表容器），或加土，义酒器。我想，是否可能一字两义分化为从童的响器和从重的容器？錢鍾書先生名不简钟字，或意愿为容器，而非响器也。

膺，指事，从隹，指脯。我记得燕郊黄泥烧鸽子，确是惟脯厚肉，膺义胸。應，会意，从膺、从心，《说文》释为當，應當。“膺”字常引申作心，如填膺、服膺。應再加心部，谓之应当。

三影社

三影社

老设计部的二宝、欧阳、立伟，都在燕郊买了房子。他们离得近，经常聚，于是撺掇着弄个摄影社玩。我给他们设计了这个LOGO，“对影成三人”。

2014年作

三影社

《论语 · 八佾》：与其媚于奥，宁媚于灶。俗译就是，与其向县官献媚，不如向现管献媚。奥是屋内的西南角，为一室的主神位。有趣的是灶，灶是竈的俗字，今作正体，从火、从土，很会意。“竈”字从穴，形旁也没问题，而黽部是何意？黽是蛙的一种，或加虫旁，灶上飞苍蠅？但古文字明有脚，另一说是蟑螂。

复、復、複、覆：复古字上部象形，为穴居和进出的阶口，下从夂，表左脚，本义应为往来，《说文》解“复”字义为行故道；“復”字义为往来；“复”字后加衣旁为“複”字，《说文》解为重衣，即有裹的夹衣，引申义为重複、繁複；覆义翻倒。山重水複不是山重水复或復。復興不能是複興。覆盖不能是復盖。

“湯”字從氵、从昜，昜即陽的本字，构析不明。我查当从日、从示，示常为祭祀祷告，艳陽高揚，所以“湯”字本义可为“揚之水”。

南昌方言中有个字念“起”，组词如“起到”，就是站立的意思。北京话叫别人闪开、边上待着，念“起开”。“起”字从走、从巳，段注：发步之称，引伸训为立，又引申为凡始、兴之称。而我想，这个字的文本当写作“企”。“企”字从人、从止（趾），义为站立，与“立”字指事不同的是突出了脚趾这一特征。《说文》解为举踵，即踮起脚跟，这个就形象了。也就有“企盼”一词生动的动作描述。

从前有个高富帅“閒”，段玉裁注：门开了月光进来，门关了有缝，月光也进来，会意。所以“閒”字在《说文》解为隙,間隙,音（件）。閒又作中间义，这时来了个屌丝“間”，其和閒就是六耳猕猴与孙悟空的关系。屌丝不服气，说月光能进门，那日光也能进撒，閒就让其作了俗体。閒也作閒暇。另一家有两兄弟“闌”和“閑”，《说文》解閑，闌也。閑一直被排挤，一赌气去找閒，说你的活儿太多，又用了我的音（嫌），不如把閒暇的工作给我吧，閒也答应了……后来，大家都知道，閒被废了，間和閑被阉割成了间、闲。

一个有趣的问题：“朱门酒肉臭，路有冻死骨”中，冻死，得多冷的天啊，肉会臭吗？人类都知道肯定不会，所以此臭应通嗅，朱门有肉香溢出引来狗嗅。“臭”字是嗅的本字，自，象形，人的鼻子，“鼻”字加畀附声，狗的鼻子是臭（嗅），因臭字义专指，后再加口旁表嗅义。有演绎说自大一点念个臭，就是鼻子大就臭呗。晶是星的本字，“星”字从晶、生声，星xīng怎么是生shēng呢？这就得用方言了。我庆幸自己是江西人，赣方言的生念sāng，星的读音是xiāng，这就好理解古音了。腥，从肉、星声，星星点点，说文中腥作胜，胜指生肉，很直白的会意，引申为生鱼生肉的气味。另有腥字，指肉上生出的小息肉。

女人结婚叫“嫁”。现在说有家室，其实家与室不同，女子嫁到夫“家”，男子娶妻“室”，妻是正室，现在室、房不分。建筑中的房在室侧，所以妾以房称，如偏房、二房。妾义接，只有妻不育才可纳妾。塾是耳房传达室，私塾就是家教。古时候中国人讲规矩，规矩就是礼数。

每进出高大上的场所，总见“盥洗室”。“盥”字从双手、从水、从皿，真是很形象，洗手嘛，双手互搓，中间是水，下面还得有盆接着，否则不得溅湿秋裤了？原来洗手是盥，而古文字的“洗”字，从足、从皿、从水，就是打盆水把脚泡里面，所以洗脚是“洗”。这就有问题了，谁会在盥洗室洗脚呢？洗脸倒是可以。沬（音昧，非沫字）本字从水、从廾（音拱）、从页，页是人面部，双手捧水至脸，洗脸是“沬”，洗头是“沐”。古文字的“沐”不是左右结构，而是上下结构，三点水在上，水从上而下才能洗头，后来有成语“沐猴而冠”。《现代汉语词典》把沐猴解释为猕猴，恐失草草。洗身是“浴”，这好理解，至今我们依然叫浴池、浴缸。其实今天我要区分“洒”与“灑”字，二字通，都有 sǎ、xǐ，两个音。我想了想粤语的发音，西字粤语音塞，麗字粤语音来，也都含 ai，原本洗涤义是用“洒涤”。

作到“散”字,想以“柀”作分散义,散作散碎义,两个音。“散”在《说文》中的肉部,从肉,柀声,字作霰(雨下)。“柀”字从林、从攴(攵),以攴芟杀草木,义分柀;以柀为部的字都含有分散、散落之意,例“霰”“馓”,《说文》,馓,熬稻粻程也。段注程为餭(楚辞:粔籹蜜饵,有餦餭兮),云:熬,干煎也,稻,稌也,稌者,今之稬米(糯米),米之黏者……既又以干煎之,若今煎粢饭然,是曰馓。段玉裁是江苏人,他说的煎粢饭就是今天江浙沪一带著名的小吃粢饭糕,油氽,与我们今天说的馓子有区别。徐灏笺:以餹(蔗糖)熬稬米谓之馓,亦谓之粻餭。这又有趣了,徐灏说的不就是江米条嘛。胡字按,以分散、散落字意,现今的馓子靠谱些。东周时期,寒食节禁火,吃的食物就是馓子,故也叫“寒具”,《本草纲目》寒具即食馓也。以糯粉和面,入少盐,牵索纽捻成环钏形……入口即碎脆如凌雪。有点饿了。

帛定画廊 LOGO

帛定的拼音是 bó dìng，英文是 boding，凶兆的预感，我的理解是不确定性，所以这个 LOGO 在“boding”和“帛定”间找到不确定的确定可能。

这是我在 2014 年最满意的设计。

2014 年作

帛
畫
廊
定
Boding
Gallery

“釋”字写成米旁是有道理的。釋字从釆、从睪，“釆”字的甲骨文字形更接近今天的“米”字，本义是鸟兽的爪蹄印，“番”字的初文，这就理解汉人管异族叫番邦，原来也说过鄱阳湖的鄱，同理，正体写法釆字丿不左露头。另一个丿不左露头的字是禾(jī)，《说文》解：木之曲头，止不能上也，例：稽。不由得想，今之汉字，真个已不象形，形声亦危矣。

繁体的“盜”与简体“盗”只有一点的区别，而一点即是鸿沟。“盜”字从㳄、从皿,㳄即涎,“㳄”字从欠、从水，义人张嘴流出口水。这多么形象会意，见(别人)的器物流口水,遂起偷窃之意。“次”字从欠、从二，而非从冫。《说文》解为不前不精，义副贰。盜俗作盗，今盗为正体，实是废㳄正涎,㳄、次字形相近之故。这个问题在胡字中得到了解决，这是胡字的意义。

上海方言中有的读音很有意思，比如“贵”字念“巨”，词组如“介（gā）巨”，意思是好贵、太贵了。这有什么意义呢？我觉得可作为“櫃”简化为“柜”的佐证。櫃、柜本是不同义的两个字：櫃本指小匣子，后泛指用于存放的器具；柜，居许切（音举），本义为榉树，《说文》解为木也。《说文》无櫃、欅。胡字的增删节选应以形意为本，兼声为辅。

我会讲的上海方言统共三句：侬好、再会、洽塌伊。上海的亲人知我实诚，每饭尾必招呼，洽塌伊，洽塌伊。我也无知羞涩，个么好呀。他、它，沪音发yī，它与也字，古字相同，都是蛇的象形。它字今有两个读音，tā、tuó，橐它即骆驼。橐是袋子，小而无底曰橐、大而有底曰囊。橐它既象声骆驼的步伐，又指向负重，好词，由此，坨、陀、佗、沱等同音字出。“蛇”字另一音yí，例虚与委蛇，也字亦有两音，yě、yí，故委蛇也作逶迤或逶迱。蛇字在南昌方言中音sā，又发回了ā的音……好在汉字强于表意而非表音，否则早玩坏了，造不？

昨天看电视，便讨论“杀人越货”的“越”字是什么意思？难道不是抢占的意思？查一下《书经·康诰》：“杀越人于货，暋不畏死。”注：杀人，颠越人，于是以取货利。不是，也不是杀了越国人，颠越义为坠落。“杀人越货”完整一词出现在《清史稿》，义抢劫。越字从戉，戉乃好斧之形，“劫”字从刃，“奪”字从寸（手），意思是拿了家伙去抢是抢劫，徒手抢的是抢奪。

楼下开了个美容机构，我想这个“构”字，繁体作構，多好，“冓”字象形，上下两条鱼嘴对嘴地碰头，“構”字马上呈现出榫卯的联想，组合、相交、针对、精确等义铺陈开来。講义说，可为什么是講课、講座，而非说课、说座？冓的精确、针对义延伸出解释之义，講解，其注重程度更进而为講究、講卫生、講礼貌。講道理是可行的，说道理谁不会啊。再如溝，溝壑纵横、溝渠相通，很形象，简化为沟，勾句同字，义小，沟作小水，虽也可，但词义窄了很多。再如“媾”字，一看就明白表什么意了，广东白话还有“媾女”一词。冓部分别简化为了勾、井，简化字的问题是断了字义的经纬……

在醫院扎针无聊时想，“醫”字简化了酉，就是不用药酒了，这不对，刚使的碘酒也是酒；简化了殳，也不对，这不正被手拿针扎嘛；没简矢，“疾”字的矢表快速的，引申为轻微，甲骨文从大从矢，和“病”字不同，病是卧了床了，严重了，所以如今的“医”字意思是小疾可醫，大病就不管了呗。

“我”字象形，锯齿钺，假借为第一人称代词，古音yíng、yìng；“羲”字从兮、義声，义气，设计角度看，“羲”字减了一笔，却保证了美感；以“羊”为部的多有美好意，如“善”“義”等，“犧”字高義，简省作“牺”，義尽失；“余”“予”同音同义，“我”“吾”同义，“吾”字魏晋之前不做宾语，“我”字原是谦词，前秦“我”可称“朕”。我疑问的是，为何以礼儀之器借代我？或为尊严。

看到一微博，字解“且”，象形，男性生殖器之形，且行且珍惜，意思就是：你屌再行，也要省着用……且字有此一解，盖由“祖”字推衍而来。但也另有两个溯源；一是象案俎之形，且是俎的初文，阻、沮、柤等字均有阻隔之义；二是象神主形，且是祖的初文。我偏向且是俎初文一说，金文宜字，从宀、从且，且字中加多字，多为二肉叠加形，案俎之义明确。

“保”字，把“子”抱在胸前或背后的象形，后加了饰笔，子就变成了“呆”字。古文字中人旁的都指男人，女旁的指女人。襁褓是两个东西，褓是抱被，襁是绑褓的宽带子。清时有官职曰太子太保，其实是荣誉性的加衔，不是实职，从一品，也并不真给太子上课，上意是我的娃让你抱抱，就是拿你当家人看待了。

皇，是个象形字，每次我察训诂便想象如古人做了一个 LOGO，后人揣度其义，甚有趣。吴大澂释：皇，大也，日出土则光大，日为君象；王国维释：上象日光放射之形，引申大义；徐中舒释：成王之冠，皇字向上三出之形；郭沫若释：皇字本义原为插有五彩羽毛的王冠；朱芳圃释：皇即煌之本字，下即镫之初文，上象镫光参差之形。许慎：皇，大也，从自，自，始也，今俗以始生子为鼻子。原来“鼻祖”是如此由来。胡字从黄德宽释：皇，煌初文，象火炬光焰上腾之形，繁化下加王声旁，遂像王冠，光芒四射也闪烁不定，故派生出煌、惶、徨等字。

上与群臣论止盗。或请重法以禁之，上哂之曰：民之所以为盗者，由赋繁役重，官吏贪求，饥寒切身，故不暇顾廉耻耳。朕当去奢省费，轻徭薄赋，选用廉吏，使民衣食有余，则自不为盗，安用重法邪！——《资治通鉴·唐纪》。注：上：唐太宗；饥：吃不饱，饿比饥严重，饿在微部，义为灾荒。

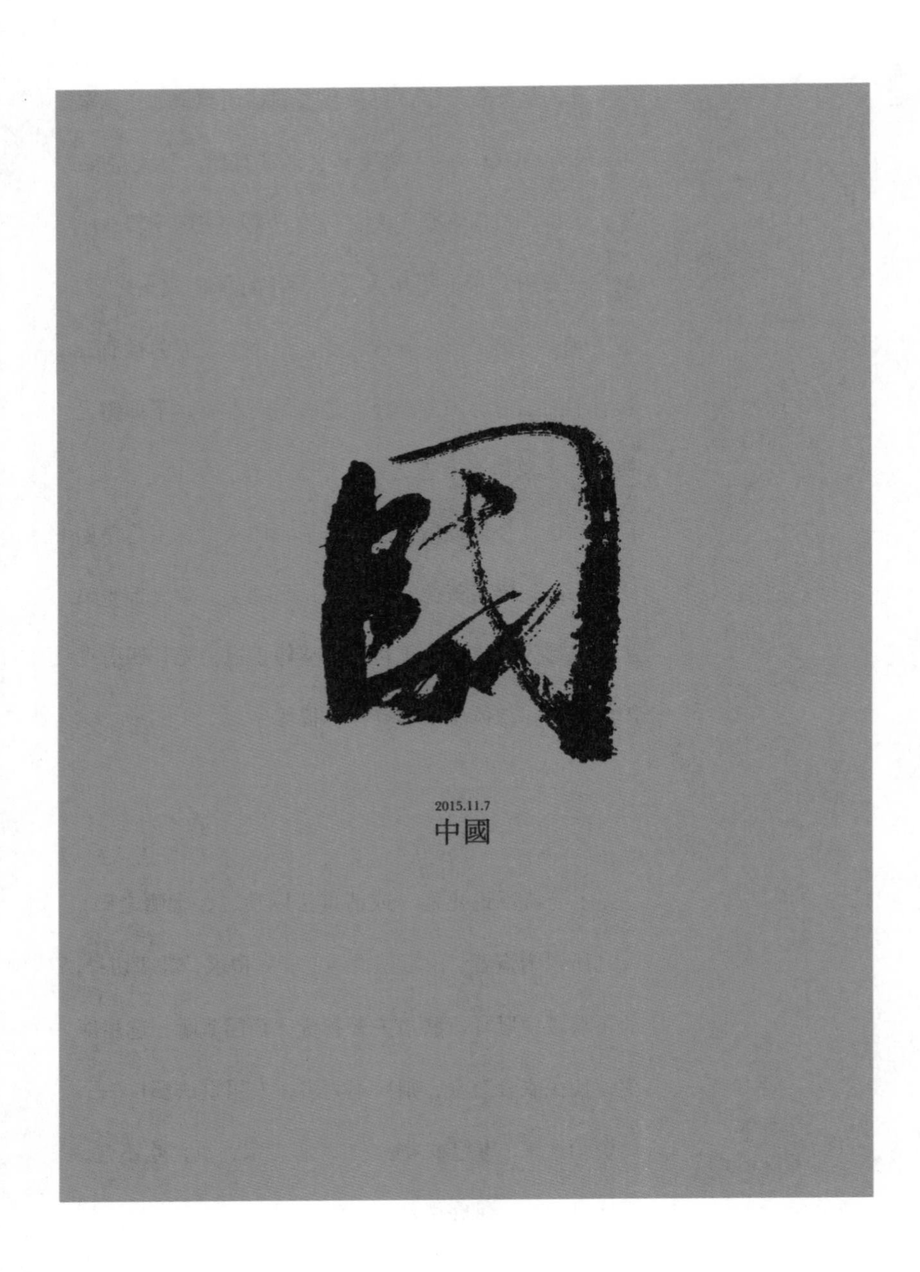
2015.11.7
中國

习马会

中国台湾叫“马习会”，不管怎么叫，终究是隔了66年，历史会记住这天。

设计是前一天晚做的，第二天我看直播，画面正好是马左习右，真巧。

國。

2015年作

智是知日，知是矢口，矢箭象形，快速说中是知；智是后起字，古同知。什么是智？快速中的巧妙。急中生智，急中生不了知；慧字彗心，彗为拂扫，帚心者慧。这就有问题了，好的坏的都被清扫了，都是垃圾，所以慧有个制约条件，就是智。快速而巧妙地清扫内心，是智慧。智慧的本质是什么？我觉得，是留下的。

心旁一直是我觉得有趣的部首，有不同的形态，心、忄、慕（莫下部），位置也有趣，如忘、忙，愈、愉，换个位置就是另一个字。更有趣的字义：春心荡漾是惷（蠢同源）；秋心寂寥是愁；满心欢喜是懑（义烦闷）；真心的是慎；原来的心是愿；若有心就是惹；勇敢的心是憨（义傻气）；我有颗江西的心，是戆。

法古文灋，灋有構件：氵、廌、去，《说文》解水为平，廌是独角兽，触不直者，把嫌疑犯顶到水里去，更有演绎说水能净洁，或廌依水而生……今查水为水神，古判疑犯置于水，没死的说明没罪；廌触无疑，如一刑判使犯踩虎尾，虎怒而回身，被吃者有罪活该；去部解矢离弓，射中为判，吕温侯辕门射戟？

今天看到电影字幕的“修”字，很一般的楷体，强调的细节却让我一惊：“修”字从攸、从彡，很显然攸是从“攵”，而非从“夂”，攵同“攴”，表示手，扑之本字，夂则表示脚，其文出现的字皆与足部有关，如降、後等。可见平素因习惯而忽视的，亦有并非如是。

櫌，摩田器也，音憂。《说文》存櫌无耰，古本《论语》作櫌，今本作耰，耰而不辍。櫌义碎土平田的农具；耰义粉碎土块的农具（王力）；义同。作动词义为播种之后，再以土覆之，摩而平之，使种入土，鸟不能啄，这便叫耰（杨伯峻）。胡字当择櫌还是耰呢？耒部皆与耕耘有关，而木部宽泛，故当去櫌录耰。

幺、丝、糸、絲，古为一个字。幺为糸（mì）初文，丝（yōu、zī）为絲初文。一条蚕宝宝，吐出来的那细的单位为“忽”，五忽为糸，十忽为絲。延伸例如：幺—幼，力象形耒耜，古时耕作，年幼者在前拉，年长而有力者在后扶耒，这幼字多形象；丝—幽，山间有羊肠小道，山谷幽深、山林幽暗，现在想“曲径通幽”一词有多精妙，一点也不俗。胡字糸（纟）旁概从幺。

非，象形，鸟展开的一对翅膀，与习不同的是习重点在羽，翅左右相背，故非有违背、不合义，《说文》解为违也；鸟展开翅膀不是抻懒，是飞，如果飞得特别快呢？古人智慧，造卂字，即迅本字，意思是快到连羽毛都看不到；如果把卂加上非，就是飛字了。无论是简体还是繁体，都看不出非、卂、飛三个字的源头关系。

我写“纣着眉头”，错别字。纣，义为马緧，义收紧。緧、鞧同字。方言“鞧着眉头”，可见纣眉头，也对。《论语 · 子张》子贡说的两句话：商纣的坏，并不像现在传说的那么厉害，所以君子憎恶居于下流，一居下流了，什么脏水都会集中在他身上（纣之不善，不如是之甚也，是从君子恶居下流，天下之恶皆归焉）；君子的过失，如日蚀、月蚀，每个人都看得见，而改过的时候，每个人都仰望着（君子之过也，如日月之食焉，过也，人皆见之，更也，人皆仰之）。无奇，但我想，奇在这两句话是连着的，第一句君子不居下流，无疑是为人清洁，善己身；第二句的重点不在改过，而是胸怀。一个人，清洁易，清洁的同时饱有胸怀，难。清洁以见己身，胸怀以见众生。

“允”字的释义有四：允，信也，从儿，㠯声；卜辞允字象人回顾形；夒字简化出，犹本字；由畯字析出，头巾农人形。允加夂繁作夋。由此，夋部字体当以允形为正。不采信从儿㠯声说。

爐，初文象形，加虍声；盧，从皿、爐声，《说文》解饭器也；膚，从肉、爐声。爐子象形，有款足。我小时候也会生爐子，用几个细柴空悬支在爐内，再把一些易燃的如纸、刨屑点着，待柴着，添入少量煤球。此时谨记要闪远点，我因想了解过程而被烟呛过，一氧化碳与血红蛋白的结合比氧气快 200 倍。有趣的来了，爐子经久烧熏后变黑，所以黑成了爐和盧部的均含义，黑土谓之壚；黑犬谓之盧；黑水谓之瀘；常见的鱸鱼；有黑斑点，驢，黑的多。简化字的问题来了，驴，最早见宋刊《大唐三藏取经诗话》字作驴，1932 年收入，1935 年《简化字总表》馬简化为马，驴就成了这样了。随之，炉、芦、庐等皆简。问题又来了，盧字本身怎么办？伟大的“现代群众”创造了卢字。由此，垆、泸、鲈找到了组织……

我想，这么美的东西，真不能被我们再创造殆尽了。

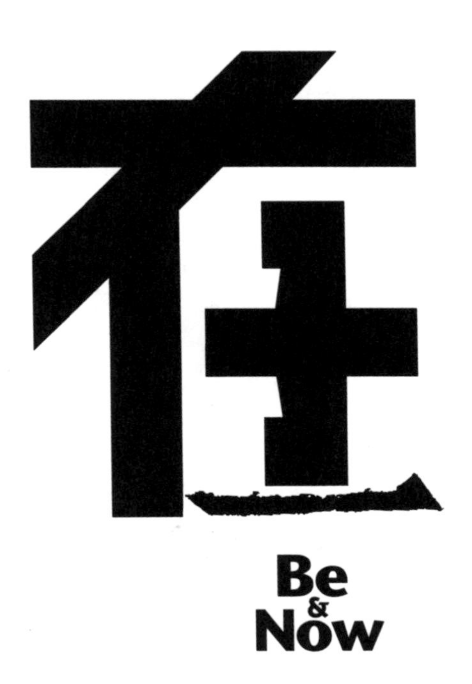
Be
&
Now

现在 · 存在 画展

画家胡勤武“现在 · 存在”主题个展。

现在，即在；存，在，一线之隔。

2008 年作

諾千年裡的十年

2016年4月30日深夜，胡字论语完成了，从2006年开始，整十年。

初夏，夜有微风，有感受到我。

十年前有人问，为什么要做这样一件事？我说，人总要去做一件事，来让自己安静。十年后，我反倒想不起原因了，这也许就是所谓的跟随内心吧。这么说可能很文艺，或者换一个果决的说法，这就是命。

十年，诺千年里的十年。

十年前有人说，为什么不去赚钱？我说，我要做字，够生活就好。那你可以挣够了钱再做啊。是，那会无忧些，但我想把我最好的时光，做自以为更有价值的事。钱重要吗？我肯定地说，不重要。我在说重要时，只是为了保全，理想是一个人的，个人的理想不能由你的家人和家庭承担，任何方式的自私，都会影响一件事的品格。

2008 年，我工作少，基本赋闲在家，几乎所有的时间用在做字，每有妙趣或犹豫，都 msn 与小邱分享。胡字不论繁简，只存信息，而信息的部分取舍，由观念、意识决定，如“得”字，古文字可作“㝵”，从贝（财物）、从寸（手），手拿财物谓之得，以简论，无须“彳”（街道、行走）部，但我还是加上了彳旁，因为人世间的一切所得，皆过程。

2008 年，洪卫兄意举荐我加入深圳平面设计师协会，我的心思已经不在于此，却一直想假借个时机感谢洪卫兄的厚爱与提携。2008 年飞雪去腾讯工作，与我相约，待完成，他做第一媒体采访。我虽无意推广，也不忍驳其美意。未曾想，两年后，飞雪撒手西去。适值今日，更为喟然，思念。

十年做的第一个字是“子”，最后是“纳”字，是否像是言，执子之手，还请笑纳呢。第二个字和倒数第二个字更贴切些，“曰”“虐”，“虐”字从虎、从反爪、从人，后考爪乃虎身一体，当从虎、从人，人不可省。文化猛于虎，余是那既无金箍棒又无哨棒之人。

之所以以《论语》为底本，一是典籍无后起字，二是《论语》有15917的字次数，而字种数只有1355个，相对少。

我还没想好科学简便的检索方式，这在下一步编撰胡字字典时亟待解决。今以拼音首字母呈今之统计：A：8字；B：93字；C：117字；D：83字；E：10字；F：68字；G：86字；H：87字；J：182字；K：41字；L：109字；M：81字；N：40字；O：7字；P：48字；Q：84字；R：42字；S：176字；T：70；W：65字；X：130字；Y：182字；Z：211字。共计：2020字。

十年，该怎么形容呢？是于黑夜的泥潭，无知无惧，一意孤行。

但走过去，就是灯。

2016-05-01

“一只手”设计分享会

三年前，胡字的公司主旨语是: 平等、专业、价值。这话剑拔弩张的，2016 年开始，调整为: 让我们享受设计。是设计者和客户的我们，都能享受到设计的美好与愉悦，这当然是高级的价值、专业、平等。阿晖提议近期做一次作品分享会，我赞同并取主题名“一只手”，因为几乎是一只手擒娃，一只手揿鼠标，日日如斯，倒分不清是享，是受。马姐中午做好饭菜，把碗筷递给我时，都会说一句“一只手呵”。开始没注意，反应了一下才知道是谦词敬语。这样，我是要对设计说:“一只手呵”。

2016 年作

一

手

匀 享

《雒原风》封面

《雒原风》封面

三哥（我跟着石头叫三哥）一辈子做了这一件事，临终前把手稿交予了石头，这本书的设计对我来说也像石头。我准备了很久，查阅三星堆的古蜀文字，有不少与先秦的古文字相同相似，更早的文字来源于彝族说也由此。然而“雒原风”三字中只有风字明晰，且形态各异，雒原只靠我参考先秦文字及三星堆图形特征杜撰了。在查阅资料的过程中，有一尊玉立人吸引了我，鸟首、人身，凝思仰望，十分奇怪的是一只人手，一只鸟爪。我不知道是什么打动了我，有精神的契合，雒字义鸥。赤手、抓握、仰望等一系列的叠加形成了我的肯定，三哥的仰望和抓握，有风。

2016 年作

育兒嫂

㑇㑇寻寻已经25个月了。这25个月来有三个难点。

第一个是他们出生的那天晚上，月嫂要第二天上午到岗，我一个人给他们擦胎便，擦吐出来的羊水。虽是老来得子，却也初为人父。北京五月底，那天气温38度，在不能开冷气的产妇病房里，手足无措的慌忙中，更新了我无数个的第一。

第二个是月嫂感冒，提前离职，一时我们没找好育儿嫂。七月中旬，最热的当口，仞仞一直在声嘶力竭地哭号，我哄不住他，只能抱着寻寻在客厅里一直轻轻晃。晚上九点多，我们才坐下来吃了几个包子当晚饭。

我们请过两位育儿嫂，第一位是海燕。

海燕比我小，湖南人，是个很有趣的人。例一：十一月的一天，她说自己身体好，从不生病，可第二天来就鼻齉了。我怕她感冒了影响孩子，于是问她是否感冒，她说原由是昨晚与人打赌，看谁敢露天睡一宿，结果她敢。例二：我打来的饭菜中，有一份炒藕丁。她问我，这藕是炒成的丁么？我答，是切成的。例三：海燕从不吃冰箱里拿出来的东西，必须微波炉热透才吃，仞仞寻寻 6 个月时我们订了奶油蛋糕，放冰箱里让她自己拿了吃，一会儿，就听见微波炉转动的声音……

第三个难点是 2014 年底，特别大的风，海燕照常推车带仞仞寻寻出去晒太阳，我实在不放心，跟着下楼。几分钟的时间，猛又发现海燕粗心得没给他俩系围脖，赶紧带他们回来，却还是晚了，当晚㑩㑩寻寻因受寒，吐奶、发烧，那是他们第一次生病，同时，那些天我焦头烂额。

即便如此，我们还是谅解了海燕。直到元旦后去打疫苗，我无意中发现寻寻的舌尖上有一道长的血印，可见是喂辅食时的强力所致。这是我们绝无法容忍的，当天即解除了与海燕的雇佣关系。

第二位是马姐，她从㑩㑩寻寻不到 8 个月，带到 25 个月。

马姐是四川雅安人，大我三岁，已经当了两回姥姥了。马姐人实在，主要照顾㑩㑩寻寻的辅食和给他们洗澡、洗衣服，其他的，她说做得过来就做。

马姐也是有传奇历史的人。在老家开饭馆，老公出过书，应该算作一乡之绅了。可是老公好赌，几年光景便倾家荡产了，马姐一气之下只身去了云南，后又辗转来了北京，在工地打活儿。后来她老公来找到她，她气也消了，两口子就在北京待了下来。一个做育儿嫂，一个当保安，老家还有一儿一女。

马姐开过饭馆，自己也能做饭菜，四川人只要说会做饭的，做的饭都好吃。我们给她另加酬劳，中午多做一顿大人的饭菜，她自己也吃，我们从不提要求，她做什么吃什么。

马姐做的麻婆豆腐、芋儿烧鸡、凉拌折耳根、酸菜鱼，都好吃，好于北京多数我吃过的川菜馆，而绿叶蔬菜她只会煮，连汤带叶的，倒也不难吃。而当我想着江南鲜蔬小炒时，马姐都会说，我们南方怎么怎么样，完全把我们当北方人的口吻。

在 17 个月中，我们给马姐加过两次薪，加上每月单给的搭伙费，差不多七千元每月。刚开始面试时说好没有节假日，后来她说辛苦，每月想休息一天，我们理解同意了。又后来希望每两周休息一天，我们也同意了。然而一再包容，马姐还是请假频繁，这使得我们无法正常规划，而且我尚有必须要外出的工作和事务。于是最后一次加薪，我们也附加了一个条件，每两周休一天，其余如请假，扣除当月加薪的部分。她不乐意，但见我们态度严明，终还是接受了。

马姐是不爱看孩子的，她宁可消耗时间在硬性的工作上。仞仞寻寻随着成长，也越来越淘，喂饭成了件苦差事，几乎每顿他俩都把饭菜扔得满身满地，这确实需要极大的耐心，而马姐的耐心也在消磨中殆尽。

近日来，马姐在工作中状况频出。有几次在喂饭过程中表现出极度的厌烦，并在看护时有推搡孩子的现象。我们开始考虑如何过渡到孩子上幼儿园之前，马姐的留用问题。

昨日，马姐再次把柜门防孩子开启所粘的门闩弄坏。这本没什么，她却使了一个计谋，假意忘记取柜中的衣物，让内人去开柜取与她，然后异讶道，怎么坏了？顿时我厌恶之情尤甚，但也没说话。

今日，马姐接了几个电话，下班时说想做完这月就不做了。内人言道，那就到今天为止吧。

前些天帮石头做三哥遗作《雒原风》的封面设计，总是想着他和“保保”的感情。石头是保保带大的，是三哥的母亲，保保还给石头取了自家陈姓的名字，这个名字出现在三哥的追悼会上。

感情，都是难得的。

2016-07-03 等欧洲杯德国 vs 意大利

启蒙 视觉

启蒙研究院是胡字设计公司 2015 年主要的工作方向和内容。

LOGO 的初始图形是一个万能型，基础的方、圆、三角，叠加，切割，于是有了无限的设计可能。

由简至繁，视觉也历经了一次启蒙。

2015 年作

启蒙 字体

启蒙研究院每月都出一期刊物，这是由启蒙构形延伸出的一套字体。

虽是字体，但不固态，比如其中两个“先”和三个“业”字，不重复，却在同一视觉体系内。这是我以为的真诚的设计态度。

2015年作

Enlighten
institution

城市研究院 LOGO

“i”和“E”。

i 也可以是“我”。

启蒙刊物的封底一直放着康德的一句话：“启蒙是一个时刻，人们开始运用理性，而不臣服于任何权威。”

独立意志，周边黑暗，我还是我。

2016 年作

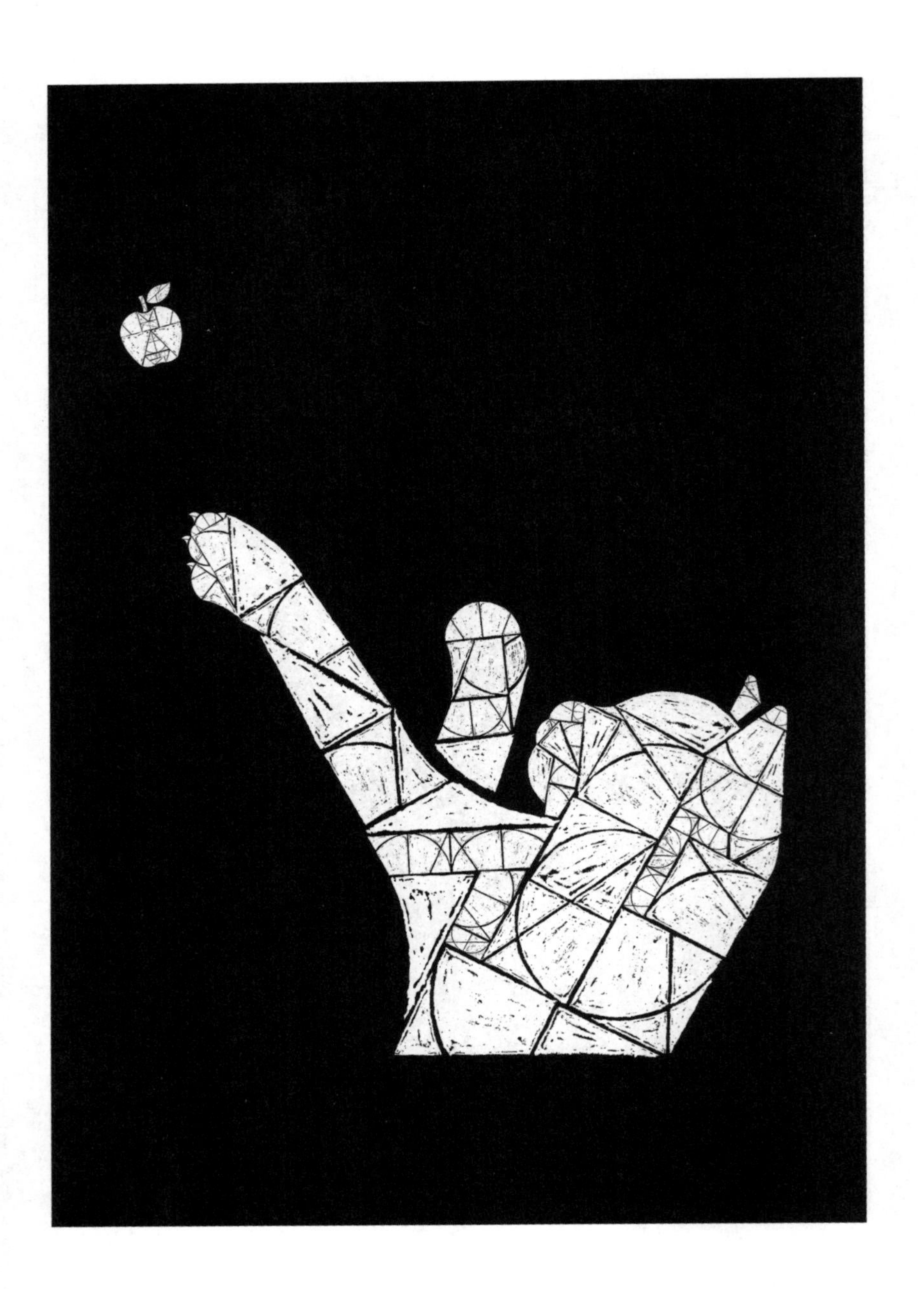

启蒙 海报 系列

1. 错失试错
2. 生产生活
3. 色彩不是彩色
4. 理性娱乐
5. 民以食为天
6.green is great
7. 未知的未知
8. 现在即未来
9. 一方水土养一方人
10. 我们都在起点散步
11. 教育即生活
12. 感同身受

例释：错失试错

当你知道什么是正确，试错才有意义。这是勇气，甚至盲目的愚蠢，可那就是要去做的事。别人看到的是风车，你看到的是妖魔。是的，堂吉诃德。转到设计上，如果是冲向风车，我觉得平庸了一些，不如冲下风车。先锋者先峰，因势而时矣。

例释：现在即未来

开始想的蝉，但又觉得没搔到思考的痒。中午忽然记起《金刚经》中一句：过去心不可得，现在心不可得，未来心不可得。不可得，不可有，这句偈子其实我简单理解就是不悔、不憾、不忧，三个忄，佛心。两条线，双手合十。不念不猜，现在即未来。

2015 — 2016 年作

仞仞尋尋妳們好

（一）

仞仞寻寻你们好，我们特别感谢你们的到来。家人都非常高兴，奶奶说，这就完整了。

我知道奶奶指的完整不仅是家庭，也是我的生命。

生命是一个过程，每个人都会有因缺失导致的盲区，甚至偏颇、狭隘，完整了，就健全了。

2009 年，我们有了一个孩子，但妈妈自怀孕始就感到不适。

一天夜里，我去买粥，她晕倒在家，脸上磕了一道口子。一周后我们去医院建档，才知道那天她已经大出血了，是宫外孕，那算命悬一线了，当晚便做了手术，一侧输卵管切除。

我在手术室门口等着，大夫跑出来说，因破裂，腹腔淤血，要开腹。我说她从小没有母爱，请保留她做母亲的权利。大夫说，能保住性命就万幸了。万幸的是虽然大出血，但被腹腔膜兜住，没有造成血崩，否则那天在家里人就没了。

第二天，妈妈醒来后给姥爷打电话，第一句话就说，我的孩子没了，说完就哭了。

我们有一段时间在生活中避让阴影，我不和她说任何关于其他朋友怀孕的消息，把关于孕期的书都书脊朝里地放在书柜内侧。有一天她忽然和我说，我也许已经死了，现在的一切都是我死后的事。

2012 年，你们的妈妈开了茶书馆，这是她的心愿，这一年我们才真正地有智慧地面对生活。

2013年是我人生前四十年中最重要的一年，有三件事：胡字设计公司、《干净的错误》、有了你们。

我和妈妈给你们取名仞仞和寻寻，哥哥“胡良墉”，弟弟“胡良垣”。

胡姓源于妫姓，舜帝后裔，妫满封邑于陈，谥号胡，后人以胡、陈为姓。

我们可考的祖籍在婺源，宋元间迁至太平（今黄山太平），你们的高祖讳大庆，生于1880年，随姑母徙至南昌，卒于1954年。

曾祖讳竹山，生于1919年，卒于1965年。

祖父名晋如，后改名徽，义勿忘徽州，生于1945年。

泾县胡氏一族自明末清初立20字世辈：天尚一麒麟，承先世泽贞，有道传家永，贤良奕载兴。你们正是良字辈。

后20字世辈由道静先生所拟：经纶帮国懋，树义仰高功。善习文典敏，勤求福盛隆。

妈妈姓郭，墉、郭同字，都是城墙，高曰墉、卑曰垣。

人要有自己的城墙，有墙才有界限，有隔阻才有为与不为，有方寸、尺度的自我。

仞与寻都是长度单位，仞是八尺身高，寻是伸展双臂的八尺，也是身高，孖同也。

于高墙，应知人视野之局限；于矮墙，应存人骨气之巍峨。

人生总会有不如意、遭曲解，甚至被嫌恶，那时我会想想你们，那些就都不重要了，即便不能消解也可以屏蔽，因为你们，是我的墙。

仞仞寻寻你们好，我特别感谢你们的到来，我将用我今生对你们的爱作为答谢。

2014-05-02

（二）

2014年5月5日，星期一，你们在妈妈的肚子里已经35周3天了。

今天去做产检，寻寻很健康，仞仞的脐动脉S/D值是3.95，正常最好应该小于2.5，超出了很多，怕有缺氧或给养不足，妈妈和我都非常担心。

B超大夫说仞仞是坐姿，检测不是特别准确，不排除有脐带绕颈一周的可能。我们上网查，也有可能是暂时性的瞬间增高，但胎心监测又是良好的。最让我们忧虑的是仞仞的发育状况只有34周，比实际孕周小了十天，医生让妈妈增测血糖，以便考虑是否打激素针促进仞仞的肺部发育，为早产做准备。还好，妈妈的血糖正常，现在的方案是吸氧三天，再做观察。

妈妈和我忧心忡忡，我们只能相互宽解，仞仞有一点点的胎动，她都告诉我，用常态的喜悦表情。

我的孩子，你要坚持住。妈妈在知道有了你们后，就和我说，我们一家人无论怎样都不要分开。

人都会经历些小考验，如果没有，将来哪有谈资告诉你们的孩子呢。

爸爸刚出生没多久，奶奶带着我还在下放的农场，那时候精神生活极度匮乏，看电影是件隆重的事情。有一天晚上，临村要放露天电影，奶奶也想抱我去看，可那天我哭闹得特别厉害，奶奶无奈，只得不去了，当晚去的人多，又起风，结果摆渡船倾覆了。奶奶后来对我讲起时，依然会有后怕。

你们未来也一定会遇到些不顺遂如人意的事，不在意，那也许是上天在保护你们。

还是在农场，物资和精神同样匮乏，爸爸没有什么零食可吃，奶奶就偶尔抱我去医务室，因为奶奶的同学会给我喝葡萄糖水，甜的。有一天又去了，奶奶把我搁在桌上，就去拿葡萄糖，可爸爸已经会爬了呀，爬到了窗口，窗户是虚掩着的，窗外就是那条江水，我就一头掉了下去。奶奶说，她吓傻了，站在那儿，连喊都忘记了。大伙儿冲出去找，结果发现我被江边的一棵树绊住了。

奶奶说爸爸大难不死有后福的，其实，奶奶是在说自己，而爸爸，就是奶奶的后福。

此时，妈妈已经睡了，不知道你们睡了没有。彻彻寻寻你们好，你们也是妈妈的福。

2014-05-06 凌晨

（三）

今天去吸氧，妈妈留意到安德路上有成群着校服的孩子，说胡同里有家地坛小学，以后彻彻寻寻应该就在这里念书了。我查了，或属安外三条小学就近招生的范围。

有了你们后，我和妈妈聊得最多的可能是关于你们的教育。而在很多观念上，我们都一致。

比如，我们希望你们有快乐的、将来可怀念的童年。不必学前就能识很多字，会背多少首诗，甚至表演个什么节目，去博人一笑，父母还以为荣耀。我们知道将来你们最怀念的是无忧无虑，无拘无束且无矩。我们不会给你们托关系、花大钱转读什么方史府等名牌小学，也不会占用你们的玩耍的时间去报什么补习班，有的父母太急太想赢，认为不要让孩子输在起跑线上，而我们觉得，不要输在终点线上，才是赢得了人生。

教育确是件难事。姥爷说父母爱孩子要在心里，不要表现出来。爸爸不同意这个观点。妈妈说，姥爷从来不鼓励她，除了课业不许有其他爱好，并以别人认为好的标准作为评判，这让她非常抵触。爸爸也认为，跟健康的自我心理建设相比，世俗的标准皆可蔑弃。

爸爸小时候最爱在夏天的午后跑去书店，因为酷热，街道上没什么人，只有知了声嘶力竭地喊着寂寞，然后我和自己对话，说很多话，渐渐有点自闭，课堂上也不主动回答老师的提问。爷爷就激我，你敢把答案告诉老师吗？！后来爸爸读了《三国演义》，最不喜欢的人就是诸葛亮。

姥爷不鼓励，爷爷激将法，其实都不好。爸爸今天和你们说这些，是提醒自己不忘记，陪伴是好的教育方式，而最好的，是用我小时候的心去陪伴你们。

仞仞寻寻你们好，爸爸妈妈不会要求你们的学习成绩有多好，只要家长会不被老师惦记就好。但希望你们多读书，我和妈妈也读过几本书，我们商量着我教你们习字，妈妈教你们经典，我们共同学习，有疑义我们一起论证。

读书有何意义？读书会使人高级。想人所不能想，享人所不能享。

读书有何作用？读书能人格独立。思人所不能思，斯人所不能斯。

2014-05-07

（四）

吸了三天的氧，再查 B 超单项，仞仞的 S/D 值降为了 2.89，低于了 3，我和妈妈也舒了口气。

在孕早期，有一个胎盘的位置偏低，我们也有过类似的焦虑，每天都对你们说，仞仞寻寻你们要加油，美好的世界就在眼前了，等你们出来了，爸爸妈妈带你们去吃好吃的。

世界，有好吃的，也有美好。爸爸经常说，只有心存美好，才能看见美好。这需要祛除内心的杂质，“慧”字帚心，人活得透亮了，光才能进来，才会纯净斑斓。

去年爸爸生日的那天，妈妈一早推醒我，给我看试纸，中队长啦。激动啊，说这是我收到的最好的生日礼物，试纸我都要珍藏起来。

第二天我就订了一部大存储量的手机，把要对你们说的话都录下来，将来能解答你们的困惑，给你们力量。

妈妈问我，那你想说什么呢？我说，仞仞寻寻你们好，我是爸爸。没了？还没想好呢。

过了几天，妈妈又问，想好没？我说，Hi，仞仞寻寻你们好，我是爸爸。妈妈说，你就这一句啊。是。其实，我就想说一句，我是爸爸。

后来，你们有轻微的胎动了，妈妈说，就像蝴蝶扇动翅膀时触碰到皮肤，也像小鱼儿吹着泡泡从水里游过。

现在，妈妈的肚子大得惊人，很辛苦，睡觉不能翻身，大夫说尽量左侧卧，她就左侧卧，可是压着肋骨疼，也怕压着你们，只能半坐着仰面睡，睡一会就腰疼，要起来倚靠一会缓解，半梦半醒的，还轻抚着肚子说，两个小子，好嘞，睡觉嘞。

我觉得特别美好。

2014-05-08 凌晨

（五）

这两天爸爸给你们刻了两枚方印，“良墉知仞”“良垣存寻”。同样的石材，为区分，寻寻那方虽垣却高，仞仞那方虽墉却矮。刻的是胡字，我第一次刻胡字。

刻完仞仞的，手已起了水泡，想想今天还是把寻寻的也刻了，给自己个暗示，明天去医院做 36 周的产检，这样就安稳了。

妈妈问什么时候把印给你们，我说等你们大了，能教你们胡字的时候。可那又着什么急呢，我想，在你们降生之前，意义更大些吧。

胡字是我从 2006 年开始的一项工作，至今完成不到五分之一，剩下的恐怕要耗尽我的余生。但知道自己的余生何以所持，也是幸福的事。

这些字里有我的生命和承载，也有我的态度和情感，这是别人无法洞悉的。

这些字我坚持不做任何的商业用途，即便日后侥幸有公认的价值，也不会。

我可以做商业的设计养活你们，自从有了你们，我变得凶恶多了。无知会使人无畏，无畏却未必无知，也有可能是有爱。

上周，姥爷从上海来帮我照顾妈妈，妈妈是单亲的孩子，很小就独立生活，如今妈妈做妈妈了，我想她会弥补起她生命的缺失，因为你们。

姥爷喜欢喝酒，我偶尔也陪他喝点，姥爷酒后总是一遍遍地聊起在“文革”期间，他如何倾尽所能把支内散落在各地的弟弟妹妹调回上海。你们可能无法想象在那个年代，改变命运是多么难。而这也许是他今生最值得让自己和别人记住的事。

人总归是要做一件事，来让自己安静，也让历史记住。胡字就是这样的一件事。

人只有有了别人拿不走的东西，才会有平等心，才能平视这个世界。

有所持，必有所定，定能生慧，慧解人生之苦。

2014-05-12

（六）

周一，妈妈做了36周的产检，各项指标都非常好，我们很开心。胎心监测时要放点音乐，护士说最好是节奏欢快的，你们会动得更好。我给你们播放了神曲串烧版忐忑，妈妈说寻寻吓得颤了一下，我大笑。妈妈还特意下了些她平常不怎么听的曲目，后来她和我说，这俩小子喜欢周杰伦，嚯嚯哈咿。

月朗当空时，妈妈坐在摇椅上，闲絮地聊着，轻轻地摇着，我们开始计算着你们坠地的日子，也在数着，如此静详的岁月，将永不再来。从此，我们多两份牵挂，直至末日，甚至末日之后。

妈妈问我，第一眼看到你们时会哭么？我不知道。

妈妈说，你们长得像谁都不难看，最好骨骼像爸爸，皮肤像妈妈，性格呢，也像爸爸，与人温和，内在刚直。其实刚直的含义，远之清冷，近之压迫。

我的书第一遍是妈妈校对的，她校完写了一段话：“初见他的人会觉得他冷，初见我的人会觉得我温和，其实他的冷是预备拥抱的观望，我的温和是恒久距离的包容；他的冷捂得暖，我的温烧不热。他有使命感，我丁点没有，丁点不想有；他装着世界，装着与他生命交集的所有人，我孤绝在小岛自娱自乐。这本书再次让我动容，见众生的路上他一步一印迹。”

爸爸小的时候，奶奶的单位离家远，她总是休息不好，爸爸不懂事老吵着她，奶奶是个火爆的脾气，有一次奶奶生了很大的气，动手打了我，那是我唯一一次记得的她打我。我顽固地站在原地，一动不动。奶奶事后说，你怎么就不知道躲一下呢？！

仞仞寻寻你们好，将来爸爸一定不会打你们，因为爸爸知道奶奶打我时，比我还疼。

有时示弱是对家人的体谅。

爸爸性子执拗，如今年纪大了，依旧是这样。尽管由此而转换的，在有的人看来是令人反感的骄傲，但终究是改不了了。接受反感，就是对“有的人”更骄傲地骄傲。

彻彻寻寻，你们将来不非要温良恭俭让，也可以有争议的性格，但你们要有为自己性格买单的勇气和能力。

真诚待人，更要真诚待己。

然后，站直了就是骄傲。

2014-05-13

（七）

彻彻寻寻你们好，序曲已经奏响，你们的剧本就要上演了。

爸爸已是不惑之年，我很想把我半生的经验另存给你们，可是不行，即便我是你们最亲的人，也没有资格在你们的剧本里加入我的导演。

可惜，人的动物性太弱了，我无法教给你们生存的技能。可惜，人的社会性太强了，处世之道即是生存之道。可惜，我和妈妈都不精通此道。

人们说世俗会把人磨平。可我半生了，磕碰多于磨砺，而磕碰只会让人更多尖锐。

爷爷在一次大病后说，好了，不好的都由我挡了。现在爸爸有了你们，方心有戚戚，倍觉疼惜。

世途之艰险，险在人心。

你们一生会遇到很多的人，或真或伪，或善或恶，或美或丑，却都是世界的折射面。

所以，你们不必去要求他们，也不必听从他们的要求。

不需要按照任何人的意愿，扮演他们给你所设定的角色，你们是自己生活中唯一的主角。

但，人也不只为自己而活着。这个世界是圆的，也是丰富的，你们要学会包容各种角度的人性存在。

我和妈妈相信你们终会懂得宽人、守己，因为你们有城、有墙。

我们希望你们有真实美好的自我世界，也希望你们善于保护自己，没有什么比你们更重要，没有什么比你们对于我们更重要。

世人，没有谁有义务对你们好。

世人，往来互敬无不逊，可交之；互敬且志同，可近之；祸福同舟，多年不负，可友之。

爸爸有一帮老设计部的老兄弟，虽然这有点江湖气，也虽然我们之间少有志同道合，但我们有时间积累的信任，和无附加条件的情谊。

我们喝酒，就是单纯的快活，只有主题，没有目的。而能没有利害关系地坐在一起欢颜一醉，是多么干净而畅快的事。

无，享大有。

2014-05-14

（八）

这些天我减少了工作，与其说是照顾妈妈，不如说陪同等待更为准确，真是数着日子过啊。每个无所事事的一天，你们就会更健壮一些。我们做了一切的预案，却都不过多提及，生怕破坏了你们和妈妈稳定的气场。

我是个计划性很强的人，这不能算优或缺点，是习惯。

我和妈妈每年都会制定一个我们都认同的家庭纲要，提炼出节点，然后执行。这有几个好处：一，家庭是家庭成员共同的建设；二，有规划，就有生活节奏，不至得患顾失；三，有空间和自由地去协调个体的计划，避免矛盾的产生；四，便于记录和回忆，这点看似无用却最有价值。

2014 年咱们家的目标就是迎接你们。而我个人，在照顾好你们的前提下，尽量保障家庭的收支平衡。

这是个简单而有效的方法，如此，今年哪些事要做，哪些不做，哪些可选择地做，就有判断依据了。

未来，你们也有权利提案家事，并有义务履行。但你们俩算一票，所以你们要首先达成统一，爸爸和妈妈各一票，咱们少数服从多数。

其实，今天爸爸想告诉你们的是，理想即是人生的提案。

理想不一定能实现，但过程却可以使生命有质量。当老去时回首，岁月无辜。

有了理想，人就好高骛远，这不是坏事，至少心慕高远，比蝇营狗苟鼠目寸光强。况且，人生烦忧多是一翳在眼，空花乱坠，拂乱心智之业。

我的理想是超越我生命的长度。我想，这是物种最本能的愿望，比如繁衍。

有了你们，我在物理上已经得到了超越，而胡字，是我意图在灵魂上的超越。

有的人死了，他还活着。倘思想和精神得以留存，便是对生命最完美的诠释了。

知道自己想做什么样的事，才知道自己该怎么样的活。

仞仞寻寻你们好，爸爸也希望你们将来有自己的理想。因为理想是自我的实现，是坚毅与超脱，是所有平凡日子的价值。

2014-05-15

（九）

2014 年 5 月 16 日，你们 37 周，足月了，这对妈妈和你们来说都是巨大的胜利。

人生如若是一场丰盛的筵席，那就健康着，好胃口的入席吧，然后有滋有味，至足方休。

这 37 周来，我们小心翼翼地怕外界惊扰到你们，直到你们四个月，才告诉爷爷奶奶和姥爷这一喜讯。今年爸爸在老设计部的年饭上，请各位叔叔阿姨每人给你们讲一句话，并都记录了下来，将来给你们看。那都是一担担的对你们的祝福啊。

这几天你们动的幅度特别大，妈妈会乍猛地喊我过来看，喔唷，南拳北腿，妈妈就说，寻寻在打嗝了，仞仞抖了一下。我问，抖一下是在干吗？妈妈说，在嘘嘘啰。我，咦……

妈妈在怀你们的时候，曾梦见你们在始龀之年与人讲《金刚般若波罗蜜经》，醒来喜悦道，竖子福修至此。旋即又虑，倘若成年出家如之奈何？爸爸笑说，纵有千般无奈万般不舍，也要尊重他的选择。悉达多王储之身尚未滞于红尘，何况他们还不是富二代。

设计是一个人的，理想是一个人的，成长也是一个人的。

2005年，我离开了我喜欢的公司，我原以为我会在那里一直工作到老。年底，我又离开了自己刚刚创建的公司。那天，我一个人坐在公园的湖边，想了很久，一下午都在下雪，晚上回到家，你们的妈妈做好了饭，等着我，我们安静地吃完，爸爸对妈妈说，我们结婚吧。

爸爸小时候家里不富裕，直到十五岁初中毕业那年，要填写报考志愿了，我习惯地交给爷爷。可是一整天，爷爷没有填，晚上空白地还给我，对我说，你大了，将来的路要自己走。那天我也想了很久，那是爸爸第一次长大。

后来爸爸常年在外。有一年回家，家里吃螃蟹，我很自然地帮爷爷剥好蟹壳。他居然愣了一下，道，是长大了。我却莫名的一阵心酸。

切切寻寻你们好，爸爸不知道你们会在什么时候，或者什么缘化突然进入了内心，就长大了。那时，我会是怎样的一种心情？也许欣慰过后，也是一阵心酸吧。

2014-05-16

（十）

今天妈妈做了最后一次产检，彻彻比两周前的四斤四两重了七两，勉强够达标了。寻寻比两周前的四斤八两重了一斤，良好。彻彻的 S/D 值依然相对偏高，这会直接影响你吸收母体的营养。妈妈说，彻彻乖，妈妈努力吃，你多长一点。

我们和孙主任约生产时间，她说 21 号可以，但我们想能晚一天都是对你们有益的，可如果 28 号生，医生担心危险系数太大，说，双胞胎基本 36 周就生了，妈妈能坚持到现在已经非常了不起了。妈妈看着我，但我也很难下决定，最后还是坚持按照我们原先的商定，在你们满 38 周，即 2014 年 5 月 23 日，与你们见面。

彻彻寻寻你们好，马上你们就要作为家人，成为家的一部分了，不知道你们会不会像爸爸一样感到兴奋并惶恐。

爷爷喜欢喝汤。他有个不好的习惯，只有一个汤勺时也从不把汤盛到自己碗里，而是直接用公勺喝，喝完再放回汤里。爸爸很小就有卫生意识，给爷爷提意见，爷爷笑着说，小时候喂给你吃的哪一口不是我嘴里的。爸爸大些了，又一次就此向爷爷提出异议。而这回，爷爷没有笑，他默然地接受了。而我没有半点成功感，却仿佛做错了什么似的内疚。

2010年，爷爷做了个大手术，公立医院里没有单间病房，十来人的病房里也没有卫生间。爷爷术后第一次内急，可身上还插着好多管子，来不及，只能就地解决。我一个人陪护，甚至没有办法给他遮挡，只能象征性地站在他前面。同室的病友和家属无不嫌恶鄙夷的样子。初时羞惭，但随即，我便回头旁若无人地问，爸，好点了没?

我知道，还可以替家人在精神上遮挡。

爸爸记得小时候，每逢春节时，奶奶都问爸爸想吃什么？我喜欢咕咾肉，奶奶就熬糖、炸肉做给我吃。有一年奶奶出差了，年三十也没回来，整个春节我都很想她。直到一个还在下雪的晚上，奶奶回到家，特别的高兴，对爷爷说，这次工作外派挣了三百多呢。那天的晚饭很简单，却像年夜饭一样。

很多年后，每逢春节时，奶奶都要提前两个月问爸爸订票了没有，然后就算啊，盼啊，等着年三十前的一两天她的儿子回来，仿佛一年都是为这几天准备的。回来了，就是家。可没多久，她儿子又要走了。奶奶就说，儿大分家，树大分桠。回京后我给叔叔打电话，他说，你走，妈又哭了。我也难过，说，这有啥好哭的。叔叔说，妈说你这次回来都没给你做什么吃的。我的嗓子就再也讲不出话来。

我的孩子们，家，就是家人；家人，就是家。

爸爸这次真的要分桠了。

2014-05-20

（十一）

21 日，主刀的孙主任来电话，时间安排的缘故，询问生产日期可否选择 22 日或 26 日。同时考虑到月嫂的衔接，我和妈妈商量定在 26 日，但提前入院，这样原本诸多拧巴的琐碎，一下子就都顺当了。

大期在即，我总有不安定感，如此折腾了一下，反倒踏实了。妈妈笑问原因，我说，死生之事，不可由人，乃气、机使然。

22 日，爸爸的一位朋友突然辞世，惊诧难过之余，也很愧疚。我完全不知道他的病情，在上月末曾撰短文记述了我与他的一次不愉快，且因为这篇文字还招致了别人对我的厌烦。文字是实录，说出来是爸爸对职业的守护。人们委托我设计是点对点，而我却是点对众，所以我不在乎有非议。只是事件相隔太近了，没有过渡，也再没有消解的机会了。当晚，我做了一个设计，在心里送他一程，也希望能得到他的原谅。他叫陈正宾，朋友们都唤他三哥。

去年的设计中，有一个是我偏爱的，后记中我写道：年轻时看山是山，看水是水；而后看山非山，看水非水；再后看山还是山，看水还是水。其不同处，已存慈悲心。

可是，我还没有到。

爸爸单名颖。颖字从禾、顷声，本义为锋芒。我想，六十以后改写为颢，从示。之前依坚壳、以芒锐，之后，依天示、以随化。

人，若与世间的牵连越少，越清高超脱。我四十余年，只嫉俗稀薄，只念理想。如今，有了你们，我也落地了。

仞仞寻寻你们好，还有十个小时，我们就见面了。让我和你们一同入世吧，不要怕，有爱，爸爸什么都可以忍受。

2014-05-26

（十二）

2014 年 5 月 26 日 11 时 52 分、55 分，仞仞你好，寻寻你好。我们周一见了。

仞仞出生体重 2250 克，体长 46 厘米；寻寻出生体重 2670 克，体长 48 厘米。

爸爸进了产房，妈妈躺在手术台上任人宰割。我觉得真是太不容易了，难受得完全冲淡了第一眼见到你们时的激动。倒是妈妈术后说，当把你们抱到还在手术台上的她看看、亲亲时，她才感受到什么是心都化了。

如果这世上仅存一种伟大，那一定是爱。如果仅存一种爱，那一定是母亲。

你们长大了要对她好。

下午抽空发了条信息：“内人剖得二子，志感以示諸友——孖生為母難，雙懷今破蛋，十月苦兼辛，憂喜两相盼。此情牽有絆，此景了無憾，新人怪白髮，衹做爺孙看。”

由于囡囡体重轻于 2500 克，大夫询问是否同意进新生儿科危重监护室，我问需不需要用药，或者温箱、紫光等，大夫说不用，以观察为主。我拒绝了，坚持把囡囡和寻寻一齐带回休养室。因为我不相信只是观察照顾的话，谁能比我和妈妈更专心。

奶奶说，儿子呀，以后你要劳碌了。我说，我享得了这份福，就吃得起这份苦。

于是第一夜，我轮流给你们喂奶粉、拍嗝、擦屁股、换尿布，给妈妈揉腿、接尿袋。我也在想，那些所谓高大上的视觉，金黄、墨绿，就是尿液和胎便色嘛。

妈妈也没睡，帮我做记录。我知道她刀口疼，也想陪着我，是分担。

晚上我吃了第一顿饭，一个人，还特意要了一瓶啤酒，再简单也要庆祝下，感谢这个有情的世界。

好在 27 日月嫂到位了，我才有时间回放这漫长而又神圣的一天。

刚我给妈妈发信息问，囡囡还哭吗？寻寻小便了没有？妈妈没回，想是安稳地睡下了。

㑊㑊寻寻你们好的这一题，到此十二篇，不再写了。

爸爸的家乡有一习俗，祝人长寿要说一百二十岁，从而十二就成了完满、长寿的特指数，无以复加。

孩子，昨夜爸爸托抱着你们时，你们就那么清澈地打量着我，仿佛示意我主动介绍自己，我倒情怯了。唯有四目相对，轻声与道，嘿，㑊㑊寻寻你们好。

2014-5-28

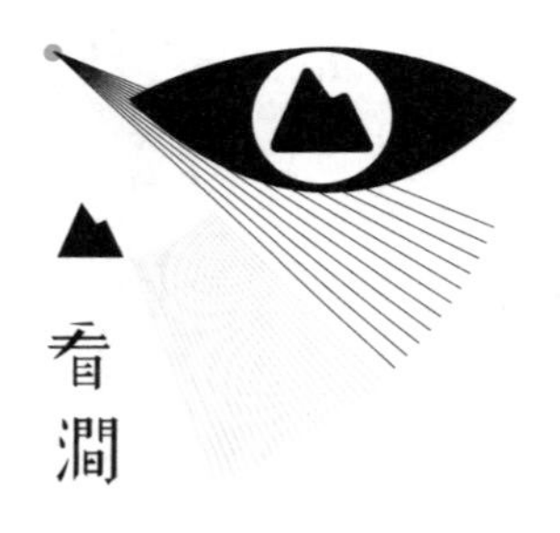
看
澗

“看涧”茶品牌 形象

看为目至，涧为水于两山之间；看为状态，涧为形态。

现实的山依旧峭崿，眼中的山已是温柔。

2013年作

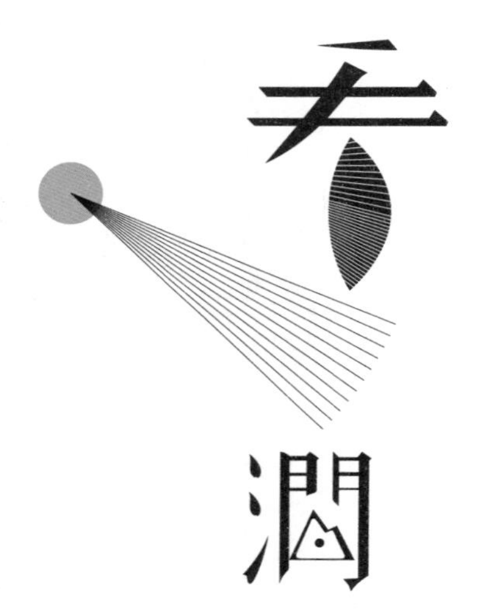
看
澗